Hétérosis
et variétés hybrides
en amélioration des plantes

Hétérosis
et variétés hybrides
en amélioration des plantes

André Gallais

Éditions Quæ
c/o Inra, RD 10, 78026 Versailles Cedex

Collection Synthèses

Éthologie appliquée.
Comportements animaux et humains, questions de société
Alain Boissy, Minh-Hà Pham-Delègue, Claude Baudoin, coord.
2009, 264 p.

La forêt face aux tempêtes
Yves Birot, Guy Landmann, Ingrid Bonhême, coord.
2009, 472 p.

Génétique moléculaire des plantes
Frank Samouelian, Valérie Gaudin, Martine Boccara
2009, 208 p.

La multifonctionnalité de l'agriculture
Une dialectique entre marché et identité
Groupe Polanyi
2008, 360 p.

Virus des Solanacées.
Du génome viral à la protection des cultures
Georges Marchoux, Patrick Gognalons, Kahsay Gébré Sélassié, coord.
2008, 896 p.

© Éditions Quæ, 2009   ISBN : 978-2-7592-0374-1   ISSN : 1777-4624

Table des matières

Avant-propos

L'hétérosis[1] est l'augmentation de vigueur observée au niveau de la descendance du croisement entre deux individus génétiquement éloignés. De façon plus précise, il correspond à la supériorité de l'hybride par rapport au meilleur parent. Il a pour corollaire la baisse de vigueur chez les individus issus de croisements entre apparentés. C'est une manifestation biologique universelle chez les organismes supérieurs qui traduit un avantage de l'hétérozygotie du génome. Bien que les grandes hypothèses pour expliquer cet avantage, dominance et superdominance, aient été formulées au début du XXe siècle, il est encore difficile aujourd'hui de conclure avec précision sur l'importance relative de ces deux mécanismes ; l'hétérosis est même parfois considéré comme un phénomène mystérieux. Pourtant, de nombreux travaux pour en comprendre les bases génétiques ont été réalisés en près d'un siècle de recherches, avec des approches de génétique des populations, de génétique quantitative et des expériences de sélection. À partir des années 1990, le développement des marqueurs moléculaires a permis une étude plus analytique par l'identification de locus impliqués, alors que les expériences de génétique quantitative « statistique » et les expériences de sélection ne permettaient de conclure que de façon globale au niveau de l'ensemble de tous les gènes intervenant. Aujourd'hui, avec les progrès de la génomique fonctionnelle, les outils d'analyse sont devenus plus puissants et permettent d'étudier le fonctionnement des gènes en cause ; des pistes nouvelles apparaissent alors pour expliquer ou reformuler l'avantage de l'état hétérozygote à des locus particuliers ou sur l'ensemble du génome.

Malgré une compréhension encore assez imprécise des bases génétiques de l'hétérosis, c'est un phénomène très utilisé en amélioration des plantes. Son existence est même souvent avancée pour justifier le développement de variétés hybrides. Il est vrai que s'il est dû à l'avantage de l'état hétérozygote à un locus, les variétés hybrides s'imposent, alors que si cet avantage n'existe pas, il serait envisageable de développer des lignées homozygotes aussi bonnes que les hybrides. Pourtant, du point de vue de la méthodologie de la création de variétés, ce n'est pas ce phénomène qui fonde la sélection de ce type de variétés. En effet, le concept à la base des variétés hybrides est équivalent à celui des variétés clones ou des variétés lignées : c'est le concept « d'isolement » d'un génotype pour pouvoir reproduire à grande échelle le meilleur génotype d'une population. Ainsi, les hybrides simples entre lignées homozygotes permettent de reproduire à grande échelle des génotypes très performants d'une population ou d'un hybride de population. Cependant, c'est le corollaire de l'hétérosis, la dépression de consanguinité, qui fait que la voie lignée pure n'est pas développée chez la plupart des plantes où ce phénomène est

---

1. Dans cet ouvrage, consacrant un usage largement répandu et reconnu par l'Académie française, j'utilise hétérosis au masculin.

très marqué. Notre relative ignorance des bases de l'hétérosis n'a d'ailleurs pas été un obstacle à la mise au point de variétés hybrides très performantes.

Le sujet « variétés hybrides » n'a cependant pas qu'une dimension génétique et technique, il a aussi une dimension socio-économique importante. En effet, avec les variétés hybrides, pour bénéficier de la vigueur hybride maximum, l'agriculteur est pratiquement obligé de renouveler ses semences pour chaque semis, alors qu'il pourrait s'auto-approvisionner dans une certaine mesure avec des variétés populations ou des variétés lignées. Le développement des variétés hybrides a donc affecté toute l'organisation de la sélection et de la production de semences et il amène à s'interroger sur le financement de l'amélioration génétique des variétés. Par ailleurs, les variétés hybrides ont souvent été associées à une agriculture qualifiée d'intensive ; aujourd'hui la remise en cause de cette agriculture se traduit par une controverse sur l'intérêt des variétés hybrides pour l'agriculteur. Pourtant, les variétés hybrides se sont imposées en amélioration des plantes et en amélioration des animaux domestiques (porc, volailles, poissons). En amélioration des plantes, elles ne sont pas limitées aux espèces allogames où l'hétérosis est le plus fort, elles sont aussi développées chez les plantes autogames. En fait, pour les plantes à reproduction sexuée, elles se sont développées dès que le contrôle du croisement à grande échelle est devenu techniquement et économiquement possible. Pourquoi ? Est-ce l'obtenteur qui les imposerait à l'agriculteur ou est-ce pour l'intérêt qu'elles représentent pour l'agriculteur ou l'utilisateur des productions de ces variétés ? Nous verrons que c'est souvent dans l'intérêt des trois parties : sélectionneur, agriculteur et utilisateur (consommateur ou industriel).

L'ensemble des résultats obtenus depuis un siècle sur l'hétérosis par différentes voies d'approche, le développement de nouveaux outils à la disposition du sélectionneur, ainsi que la remise en question par certaines analyses socio-économiques de l'intérêt des variétés hybrides justifiaient une mise au point, avec une synthèse des faits et connaissances sur les deux sujets : hétérosis et sélection des variétés hybrides. C'est à une telle mise au point que correspondent les deux parties de l'ouvrage. La première partie rappelle les faits expérimentaux, discute des différents mécanismes explicatifs de la vigueur hybride et montre ce que les très nombreuses études réalisées depuis près d'un siècle permettent de conclure sur l'importance respective des divers mécanismes en jeu. La seconde partie est consacrée à la justification et à la sélection des variétés hybrides. À ce niveau est intégrée l'utilisation d'outils puissants à la disposition du sélectionneur, tels que l'haplodiploïdisation et les marqueurs moléculaires. La discussion sur la recherche de l'efficacité à court terme et à long terme de la création variétale amène à une organisation particulière de l'ensemble du processus de sélection au centre duquel se trouve l'amélioration par sélection récurrente. Enfin, le dernier chapitre est consacré à la justification économique des variétés hybrides par rapport à d'autres types de variétés. Elle conduit à reposer le problème de l'organisation de la sélection pour que l'agriculteur ait bien toujours à sa disposition les variétés lui permettant d'avoir la meilleure marge économique.

Au niveau des deux parties, l'aspect historique n'est que brièvement évoqué. J'ai surtout voulu faire une synthèse suffisamment détaillée sur les connaissances du phénomène d'hétérosis et sur les bases scientifiques du développement des variétés hybrides, à court et à long termes, en y incluant certaines considérations économiques. Dans cette synthèse, particulièrement sur l'hétérosis, de nombreuses références sont citées. Elles témoignent de l'importance des recherches réalisées sur ce sujet dans le monde. Elles ne sont pourtant qu'une petite partie de tous les travaux publiés sur l'hétérosis et la dépression de consanguinité ; en particulier, les travaux de génétique des populations sont très peu cités. Le lecteur pourra ainsi facilement retrouver les travaux et résultats originaux pour avoir plus de détails. Dans les exemples, le maïs est privilégié, car chez le maïs la vigueur hybride est très forte, et c'est chez cette espèce que les premières hypothèses pour expliquer ce phénomène ont été formulées et qu'il y a eu, et qu'il y a encore, le plus de recherches sur ce phénomène et le plus d'expériences de sélection pour étudier les diverses méthodes d'amélioration de la valeur des hybrides. Cependant, pour illustrer la généralité du phénomène d'hétérosis, d'autres exemples sont donnés, en particulier chez les plantes autogames (blé, riz, etc.).

Cet ouvrage est destiné à un public assez large. Il s'adresse à toute personne qui se pose des questions sur le phénomène d'hétérosis - son importance, son explication - ou sur les variétés hybrides - leur intérêt et leurs méthodes de sélection. Le niveau de la première partie devrait être accessible à un public avec un minimum de culture en biologie. Tous les aspects trop théoriques ont été évités, seules les conclusions des développements théoriques sont données. Le niveau des connaissances requises en génétique pour suivre les présentations est assez faible. Les principales notions sont toujours rappelées, soit dans le texte dans des encadrés, soit dans des « rappels » placés en annexe de l'ouvrage, donnant quelques bases en génétique, génétique des populations, génétique quantitative et amélioration des plantes. La deuxième partie est plus technique, avec certains aspects plus théoriques ou détaillés ; ceux-ci s'adressent plus aux lecteurs ayant déjà des bases en génétique des populations et génétique quantitative et qui s'interrogent sur les méthodes de sélection des variétés hybrides. En revanche, la justification des variétés hybrides par rapport à d'autres types de variétés, les principes des méthodes de sélection et les conclusions de tous les développements sur les méthodes sont accessibles à tout lecteur intéressé par le sujet. Dans l'ensemble de l'ouvrage, les étudiants en génétique, génétique des populations, génétique quantitative et amélioration des plantes devraient y trouver des éléments susceptibles de compléter leur formation. Les ingénieurs de sélection et les formateurs en génétique et amélioration des plantes pourront, les uns y puiser une présentation des concepts et méthodes pour justifier leurs choix, les autres, à côté des concepts, y trouver des exemples et des références pour enrichir leurs présentations sur les sujets abordés. Les synthèses réalisées et les exemples donnés devraient aussi intéresser les chercheurs en génétique et amélioration des plantes qui développent des travaux sur l'hétérosis ou sur la sélection des variétés hybrides.

Remerciements

Mes remerciements vont d'abord aux étudiants de l'AgroParisTech qui ont suivi la formation de Génétique et amélioration des plantes que j'ai animée de 1983 à 2005. Ils m'ont stimulé et m'ont beaucoup apporté par leurs questions et réflexions. Juste retour des choses, j'adresse en particulier cet ouvrage aux étudiants en amélioration des plantes.

Merci au département de Génétique et d'amélioration des plantes de l'Inra. J'ai beaucoup apprécié de travailler dans ce département, d'abord comme chercheur, puis comme professeur à l'AgroParisTech et directeur de la station de Génétique végétale du Moulon. J'ai pu y développer en toute liberté des recherches sur les méthodes d'amélioration des plantes et j'ai bénéficié de relations avec de nombreux collègues de ce département. Les travaux de la station de Génétique végétale du Moulon m'ont évidemment beaucoup apporté. Merci à Hélène Lucas, chef de ce département, pour son soutien à l'édition de l'ouvrage.

Merci à tous les sélectionneurs avec qui j'ai pu avoir des relations privilégiées dans le cadre de mes fonctions de professeur de Génétique et d'amélioration des plantes à l'AgroParisTech ou comme chercheur sur le maïs, avec des travaux en particulier dans le cadre de l'association PROMAIS. J'exprime plus particulièrement ma reconnaissance à tous les établissements qui ont bien voulu participer aux frais d'édition de l'ouvrage (voir la liste ci-dessous). Leur soutien est une nouvelle contribution à l'enseignement d'amélioration des plantes puisque, en permettant d'abaisser le prix de l'ouvrage, celui-ci sera plus accessible à de nombreux étudiants, enseignants, ingénieurs et chercheurs intéressés par l'amélioration des plantes, l'hétérosis et la sélection de variétés hybrides en particulier. Cette aide ne peut pas être vue comme une dépendance du contenu à l'égard des entreprises de sélection. Dans cet ouvrage, je me suis en effet exprimé en toute liberté avec, par exemple, certains commentaires assez critiques sur l'organisation actuelle de la sélection qui ne prépare pas suffisamment l'efficacité à long terme.

Merci aux collègues qui m'ont fourni des informations, des documents, ou des photos sur les sujets abordés. Comment ne pas en oublier ! Je pense en particulier à André Bervillé, Alain Charcosset, Mathilde Causse, Catherine Damerval, Marie-Christine Daunay, Régine Delourme, Catherine Dogimont, Claire Doré, Julie Fiévet, Mireille Faurobert, Joël Guiard, Louis Jestin, Jean-Claude Marcombe, Laurence Moreau, François-Xavier Oury, Michel Pitrat, Michel Renard, Pierre Roumet, Michel Rousset, Jean-Luc Sauvage, Felicity Vear, Philippe Verschave, Dominique de Vienne, Patrick Vincourt, Clémentine Vitte.

Merci à Stéphane Lemarié, du département SES de l'Inra pour les discussions très passionnantes sur l'économie des méthodes de sélection et pour tout ce qu'il a apporté dans ce domaine à mes étudiants.

Enfin, merci aux lecteurs officiels et non-officiels de tout ou partie du manuscrit, qui ont bien voulu m'en souligner certaines imperfections tant sur le fond que sur la forme : Henri Feyt, Jean-Pierre Henry, Julie Fiévet, Alain Charcosset, André Charrier, Stéphane Lemarié, Christophe Montagnon. J'ai essayé de tenir compte le plus possible de leurs observations.

Organismes ou établissements ayant contribué à l'édition de l'ouvrage

Département de Génétique et d'amélioration des plantes de l'Inra

Agri-Obtentions

Caussade Semences

CETIOM

Euralis Semences

Florimond-Desprez

FRASEMA

Gautier Semences

GNIS

Jouffray-Drillaud

KWS France

Limagrain Verneuil Holding

Maïsadour Semences

Monsanto

RAGT (R2n)

Rijk Zwaan

Saaten-Union France

Sakata Vegetables Europe

SECOBRA Recherches

SEPROMA

SERASEM

Syngenta

Première partie

Hétérosis et dépression de consanguinité

Chapitre 1

Description des manifestations de l'hétérosis

Dans ce chapitre, nous présentons les manifestations de l'hétérosis et de la dépression de consanguinité selon les espèces, leurs systèmes de reproduction et les caractères. Les interprétations physiologiques qui sont en fait des descriptions de ces manifestations sont incluses dans ce chapitre. De même, une première interprétation génétique concernant la liaison statistique entre la vigueur et le niveau de consanguinité est présentée puisqu'il s'agit encore d'une description de l'hétérosis. Les mécanismes génétiques explicatifs des manifestations de l'hétérosis sont présentés au chapitre suivant.

▸▸ Définition de l'hétérosis et de la dépression de consanguinité

Historique et définition de l'hétérosis

La nécessité de la pollinisation était connue pour certaines plantes comme le palmier depuis l'Antiquité, au moins 1 000 ans avant J.-C. Toutefois, la découverte de la sexualité chez les plantes a été très tardive : ce n'est qu'en 1694 que le rôle du pollen fut démontré par Camerarius. Il a fallu attendre le XVIIIe siècle pour voir les premiers travaux sur les effets du croisement aux niveaux interspécifique et intraspécifique. En 1766, Koelreuter publia des résultats d'expériences montrant la vigueur des hybrides chez les plantes et remarqua qu'elle devait être liée à la dissimilarité des parents. Il s'agissait surtout de croisements interspécifiques au sein de différents genres (*Nicotiana, Datura, Dianthus,* etc.). Au XIXe siècle, Darwin rassembla de nombreuses observations et expériences sur les effets du croisement et de la consanguinité chez les plantes : il compara de façon précise les performances de descendances en autofécondation et en croisement intraspécifique chez 57 espèces de plantes et conclut à la supériorité assez générale du croisement et aux effets néfastes de l'autofécondation. Dans un ouvrage remarquable, il conclut : « *The first and most important conclusion which may be drawn from the observations given in this volume is that cross-fertilization is generally beneficial and self-fertilization injurious* » (Darwin, 1876). Par autofécondation de croisements réalisés manuellement, Darwin observa aussi que les effets défavorables de la consanguinité étaient plus importants chez certaines espèces que chez d'autres. En fait, les espèces les plus sensibles à la consanguinité correspondaient le plus souvent à celles à fécondation croisée, et les moins sensibles à celles s'autofécondant naturellement.

Au début du XXe siècle, East et Shull constatèrent, de façon indépendante, que la consanguinité chez le maïs par autofécondations successives entraîne une diminution de la vigueur des plantes, parallèlement à un accroissement de la variation génétique entre familles et de la variation génétique totale. Il apparaissait impossible de « fixer[1] » par cette méthode la vigueur des meilleurs individus d'une population de maïs car il y avait « détérioration » de la valeur des familles issues des meilleures plantes. La technique de la sélection généalogique proposée par Louis Lévêque de Vilmorin (1856), largement mise en œuvre chez les autogames, ne pouvait pas être appliquée pour « isoler » le meilleur génotype. Shull (1908) suggéra alors que chez le maïs, espèce allogame, les meilleurs individus d'une population devaient correspondre à des génotypes fortement hétérozygotes ; il n'était pas possible de les reproduire par autofécondation ou croisement mais, en revanche, il était possible de reproduire de façon stable les lignées obtenues par autofécondation et ensuite de les croiser entre elles pour reproduire à grande échelle des individus hétérozygotes vigoureux qui existaient au départ dans la population (cf. Chapitre 3). Cette réflexion a été le point de départ de travaux importants sur les variétés hybrides ainsi que sur la vigueur hybride et la dépression de consanguinité.

En 1914, Shull définissait la vigueur hybride comme : « *l'accroissement de vigueur, de taille, de fertilité, de vitesse de développement, de résistance aux maladies et aux insectes, ou aux adversités climatiques de toutes sortes, manifesté par les organismes issus de croisement par rapport aux individus consanguins dont ils dérivent, et résultant spécifiquement d'une dissemblance dans la constitution des gamètes parentaux qui s'unissent* » (Gowen, 1952). Shull, en 1914, proposa alors le terme hétérosis par contraction de « hétérozygosis », d'abord proposé par East et Hayes en 1912, pour éviter un terme faisant trop penser à une hypothèse sur l'origine du phénomène. Dans ce qui suit, hétérosis et vigueur hybride seront considérés comme synonymes.

Bien que dans la définition de Shull il soit fait référence à des parents consanguins, les parents d'un hybride peuvent être de nature très variée : il peut s'agir de lignées homozygotes, de clones (chez les plantes à multiplication végétative), de populations ou de toute famille d'individus plus ou moins hétérozygotes. Ainsi, la quantification de l'hétérosis ne sera évidemment pas la même selon la nature des parents (qui servent de référence) ; la référence devrait donc toujours être précisée. Dans cet ouvrage, c'est essentiellement l'hétérosis entre parents lignées qui est considéré, mais les parents d'hybrides peuvent être plus ou moins hétérozygotes. L'hétérosis entre populations, entre familles consanguines non fixées ou entre clones est aussi abordé, surtout au niveau de la création variétale. Pour simplifier l'expression, lorsqu'il s'agira d'hybrides entre lignées pures, la référence ne sera pas précisée ; en revanche, lorsqu'il s'agira d'hybrides entre populations ou entre clones, elle sera toujours précisée.

La définition de l'hétérosis donnée par Shull n'est pas suffisamment précise pour permettre une quantification du phénomène d'hétérosis. Diverses définitions ont été proposées en précisant la référence, indispensable, pour quantifier l'expression de l'hétérosis. Les généticiens et surtout les sélectionneurs ont défini l'hétérosis, pour un

---

1. Fixer la vigueur signifie obtenir des lignées aussi vigoureuses que les hybrides ou que les plantes de départ.

caractère donné, comme la supériorité *HPmax* de l'hybride par rapport au meilleur de ses parents (quelquefois appelé *hétérobeltiosis*) (Figure 1.1) :

$$HPmax = F_1 - Pmax,$$

F_1 représentant la valeur de l'hybride et *Pmax* la valeur du meilleur parent.

C'est l'hétérosis « meilleur parent » qui peut être exprimé en valeur relative par rapport au meilleur parent. C'est la définition la moins ambiguë de l'hétérosis. Cependant, pour les études de génétique quantitative et le traitement statistique de l'hétérosis, l'écart *HPmoy* entre la valeur de l'hybride et la moyenne des deux parents est plus simple à considérer :

$$HPmoy = F_1 - (P1 + P2)/2,$$

P1 et *P2* représentant les valeurs des parents.

C'est l'hétérosis « parent-moyen » du généticien quantitativiste qui peut aussi être exprimé en valeur relative par rapport à la moyenne des deux parents. Appeler cet écart hétérosis même si l'hybride n'est pas supérieur au meilleur parent est un abus de langage ; il importe donc, face à une expression de l'hétérosis, de toujours bien prendre garde à la référence prise : le parent-moyen ou le meilleur parent.

La « potence d'un croisement » ($\mathscr{P}$), proposée par Mather (1949), définie par le rapport de l'hétérosis parent-moyen à la différence des valeurs des deux parents (Ecochard et Huet, 1961), est un paramètre qui décrit parfaitement la situation de l'hybride par rapport aux parents :

$$\mathscr{P} = HPmoy / [(P1 - P2)/2], \text{ avec } P1 > P2.$$

En effet, $\mathscr{P} = 0$ correspond au cas où l'hybride est égal à la moyenne des deux parents ; $0 < \mathscr{P} < 1$ correspond au cas où la valeur de l'hybride est comprise entre la moyenne des parents et la valeur du meilleur parent ; si $\mathscr{P}$ est égale à 1, l'hybride est égal au meilleur parent, et si $\mathscr{P}$ est supérieure à 1, l'hybride est supérieur au meilleur parent, ce qui correspond à la situation où il y a hétérosis au sens du sélectionneur. Ce paramètre a aussi une signification génétique (de Vienne, communication personnelle). Cependant, ce n'est pas un paramètre qui mesure l'hétérosis au sens du sélectionneur. Il n'a été que rarement utilisé car, étant le résultat du rapport de deux différences, il est estimé avec une faible précision ; de plus, c'est une quantité difficile à considérer dans les études théoriques de génétique quantitative.

Deux autres expressions de l'hétérosis sont encore utilisées pour un ensemble de croisements et leurs parents :
– la différence entre la moyenne des hybrides F_1 et la moyenne de tous les parents. C'est la moyenne des hétérosis du généticien, encore appelé *hétérosis moyen*, qui n'implique pas la supériorité par rapport au meilleur parent : la moyenne des croisements peut être supérieure à la moyenne des parents, sans même qu'aucun croisement ne soit meilleur que le meilleur de ses parents ;
– *l'hétérosis économique* qui correspond à l'écart en valeur absolue ou en valeur relative, entre la valeur des meilleures F_1 et la valeur des meilleurs parents. C'est la seule expression de l'hétérosis qui permette au sélectionneur d'avoir une vision sur l'intérêt des hybrides par rapport aux lignées au sein d'une espèce améliorée.

L'hétérosis, dans son acception la plus générale, est donc défini au niveau phénotypique, sans hypothèse génétique. Malheureusement on trouve parfois, et aujourd'hui encore dans les travaux sur l'expression des gènes, une confusion entre hétérosis et

superdominance (qui correspond à l'hétérosis à un locus). Il s'agit pourtant de deux notions à bien distinguer :
– l'hétérosis, ou vigueur hybride pour un caractère phénotypique, polygénique est la supériorité de l'hybride par rapport au meilleur des deux parents ;
– la superdominance est la supériorité de l'hétérozygote à un locus donné (A_1A_2) par rapport au meilleur homozygote (A_1A_1 ou A_2A_2).

Pour un caractère monogénique, les deux notions se confondent évidemment ; mais pour un caractère contrôlé par plusieurs locus, ne manifestant pas tous de la superdominance, l'hybride entre deux génotypes homozygotes ne manifestera pas nécessairement de l'hétérosis (au sens de la supériorité de l'hybride par rapport au meilleur parent). De plus, l'hétérosis peut exister sans qu'il y ait superdominance à aucun des locus en cause. La superdominance est seulement l'un des mécanismes qui peut conduire à l'hétérosis (cf. Chapitre 2).

Il est à noter, comme le mentionnait Shull (1948), que l'hétérosis en tant que stimulation due à l'état hétérozygote ne peut pas être négatif, sauf si cette situation est due à un problème de sens de l'échelle de mesure ou est une conséquence d'une liaison négative avec un caractère affecté positivement par l'hétérosis. Si la F_1 n'est pas supérieure au meilleur parent, il est difficile de parler d'hétérosis, mais il est encore plus difficile de parler d'hétérosis si elle est inférieure au plus mauvais des parents. D'ailleurs, dans ce cas, les mécanismes en cause pourraient être différents de ce qu'ils sont lorsqu'il y a stimulation (voir par exemple l'étude d'une telle situation chez le haricot par Koinange et Gepts, 1992, ainsi que les commentaires sur ce sujet de Templeton, 1986 et de Burke et Arnold, 2001). Ces cas « d'hétérosis négatifs » ne sont pas considérés dans cet ouvrage.

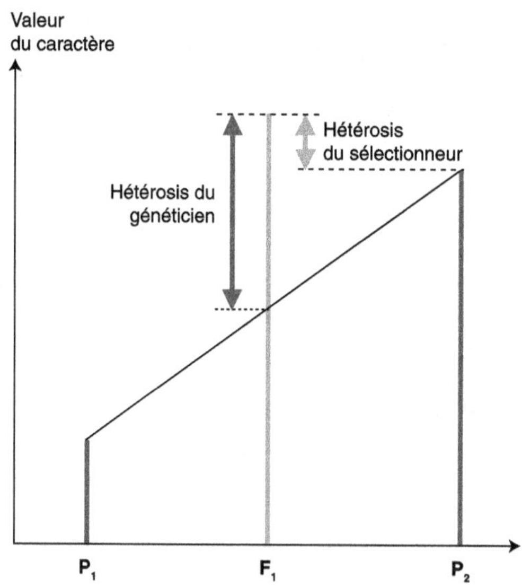

Figure 1.1. Les deux définitions de l'hétérosis : l'hétérosis meilleur parent (hétérobeltiosis), ou hétérosis du sélectionneur, et l'hétérosis parent-moyen, ou hétérosis du généticien.

Hétérosis et dépression de consanguinité

La consanguinité (« *inbreeding* » en anglais) est un régime de reproduction où les unions se font entre individus apparentés. Un individu est dit consanguin si ses deux parents sont apparentés, c'est-à-dire s'ils ont un ou plusieurs ancêtres en commun. La conséquence de la reproduction en consanguinité est souvent une diminution de vigueur plus ou moins marquée par rapport aux individus non consanguins. C'est ce que l'on appelle « la dépression de consanguinité » ou encore, « la dépression consanguine » ou même « l'effet d'*inbreeding* ». Chez les espèces diploïdes, le croisement d'individus consanguins (donc manifestant une dépression de consanguinité) avec d'autres individus consanguins non apparentés restaure la vigueur dans la descendance : on observe de l'hétérosis « parent-moyen » (la moyenne des croisements supérieure à la moyenne des parents). Inversement, si un croisement entre deux lignées non apparentées donne un hybride hétérotique (manifestant de l'hétérosis), l'autofécondation de cet hybride s'accompagnera d'une baisse de vigueur. Si l'hétérosis est fort, la dépression de consanguinité est forte également, et inversement (Figure 1.2). Dépression de consanguinité et hétérosis apparaissent donc, à ce niveau, comme les deux expressions d'un même phénomène : les mécanismes biologiques qui expliquent l'une expliquent l'autre. Brieger (1950) proposait d'ailleurs de ne parler d'hétérosis que s'il y avait consanguinité des parents. Cependant, il peut y avoir de l'hétérosis sans consanguinité connue des parents par croisement entre individus de populations génétiquement « distantes » (voir p. 43). Dans cette situation, il reste justifié de parler d'hétérosis car les mécanismes génétiques en cause sont les mêmes qu'avec une consanguinité connue des parents. Il existe toutefois des exemples d'hétérosis en F_1 qui ne sont pas associés à une dépression de consanguinité en F_2 (voir p. 69).

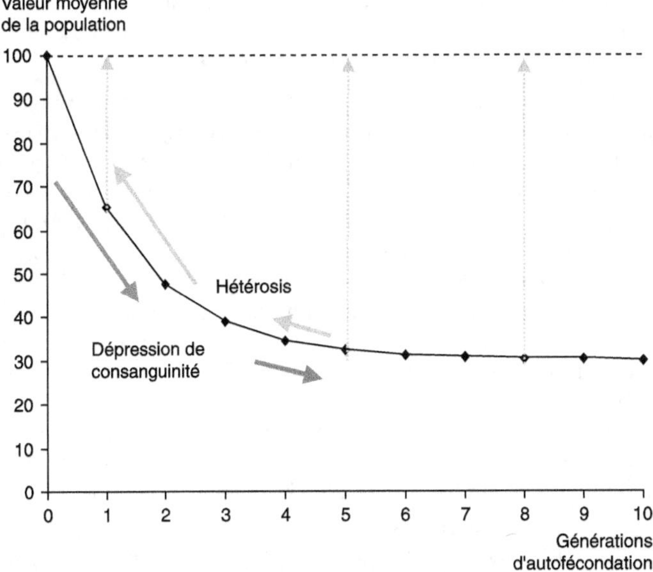

Figure 1.2. Hétérosis et dépression de consanguinité au niveau d'une population.

Au sein d'une population, les deux phénomènes sont souvent le corollaire l'un de l'autre : la dépression de consanguinité est la conséquence du développement de la consanguinité, tandis que l'hétérosis est la conséquence de la suppression totale (ou partielle) de la consanguinité.

L'hétérosis est un phénomène très général, mais d'importance très inégale selon les espèces, les caractères considérés et les conditions de milieu. Quant à la dépression de consanguinité, ainsi que l'ont souligné Shull et East en 1908 et 1909, elle n'est pas une dégradation régulière de la vigueur ; en autofécondation, elle est surtout sensible dans les premières générations, puis une limite est atteinte. Nous verrons que cette limite correspond à l'état pratiquement homozygote, avec un éclatement de la variabilité (isolement de génotypes homozygotes différant entre eux pour de nombreux caractères).

▸▸ L'hétérosis varie selon le système naturel de reproduction des espèces

L'hétérosis et son corollaire, la dépression de consanguinité, sont des phénomènes très répandus. Ils sont observés chez pratiquement toutes les espèces de plantes et d'animaux où ils ont été étudiés : par exemple chez le maïs pour le rendement en grains, chez la luzerne pour le rendement en fourrage, chez le porc pour la production de viande, chez le ver à soie pour la production de soie, etc. Toutefois, l'hétérosis pour ces caractères de production est d'importance inégale, selon les espèces, en fonction de leur système de reproduction (Tableau 1.1).

L'hétérosis chez les plantes allogames

L'hétérosis est très important chez les plantes allogames. Ainsi, le rendement des hybrides F_1 de maïs excède celui des lignées parentales couramment de plus de 150 % et jusqu'à 300 %, ce qui représente une dépression de consanguinité maximale de 60 à 75 % (Hallauer et Miranda, 1981 ; Letty, 1986 ; Photo 1 sur planche couleur 1). Il en résulte une véritable discontinuité entre la distribution des valeurs phénotypiques des hybrides et celle des parents lignées homozygotes (Figure 1.3). Le plus mauvais des hybrides est souvent supérieur à la meilleure des lignées.

Chez la luzerne (*Medicago sativa*), plante très allogame avec un avantage fort de l'allopollen par rapport à l'autopollen, la dépression de consanguinité pour la production de fourrage est plus forte que pour la production de grains chez le maïs ; elle est encore plus forte pour la fertilité (– 80 à – 90 %, les plantes devenant pratiquement complètement stériles ; Photo 7 sur planche couleur 3) (Gallais, 1977b, 1984). Cela se traduit par une sensibilité à la consanguinité plus importante dès les premières générations d'autofécondation. Allard (1960) cite le cas d'une astéracée de Californie, *Hemizonia congesta*, encore plus sensible à la consanguinité que la luzerne : après seulement deux générations de croisement frère × sœur, ce qui génère pourtant moins de consanguinité qu'une génération d'autofécondation (voir p. 35), la réduction de fertilité est très forte, de nombreuses plantes sont stériles. Parmi les plantes allogames très sensibles à la consanguinité, se trouvent des espèces autotétraploïdes naturelles comme la luzerne, le poireau, le dactyle, etc. Chez ces espèces, la dépression de consanguinité observée est souvent supérieure à celle observée chez leurs homologues diploïdes.

Globalement, dans diverses études chez des plantes allogames, l'hétérosis pour le rendement en grain ou en biomasse a varié approximativement de 100 à 400 % (voir Hallauer et Miranda, 1981 ; Sprague, 1983 pour de nombreuses données chez le maïs ; Gallais, 1975, 1977b chez la luzerne ; Kobabe, 1983 chez les graminées fourragères ; Dowker et Gordon, 1983 chez l'oignon, Frankel, 1983 pour différentes espèces, etc.) (voir Photo 3 sur planche couleur 1 pour le chou et Photo 4 sur planche couleur 2 pour le radis).

Tableau 1.1. La biologie de la reproduction des principales espèces cultivées (autogames/allogames).

Autogames	Allogames
Arbres fruitiers	Arbres fruitiers
Abricotier	Avocatier
Citronnier	Bananier
Pêcher	Cerisier [5]
Graminées (céréales)	Palmier-dattier [4], Palmier à huile [3]
Avoine	Poirier [5], Pommier [5]
Blé	Prunier [5]
Riz	Olivier [6]
Sorgho [1]	Vigne
Légumineuses à graines	Crucifères
Arachide	Choux [5], Moutarde [5], Navette [5], Radis [5]
Pois d'Angole	Rutabaga
Haricot	Graminées Céréales
Haricot d'Espagne	Maïs [3], Seigle [5]
Lentille	Graminées fourragères
Lupin	Dactyle [6], Fétuque élevée [6],
Pois	Fétuque des prés, Fléole [6], *Ray grass* [6]
Soja	Légumineuses fourragères
Vesce	Luzerne [6], Trèfle blanc [5], Trèfle violet [5]
Vigna	Autres espèces
Légumineuses fourragères	Ananas, Artichaut, Asperge [4]
Coronille	Betterave [5], Carotte [6], Céleri
Trèfle souterrain	Caféier robusta [5]
Solanacées	Chanvre
Aubergine	Chicorée [5], Chrysanthème [5]
Poivron	Citronnelle [3]
Tomate	Concombre [2] [3]
Autres espèces	Épinard [4]
Caféier arabica	Fraisier
Carthame	Houblon [4], Manioc [3]
Colza [1]	Melon [3]
Cotonnier	Oignon
Laitue	Patate douce, Poireau
Lin	Salsifis
	Topinambour, Tournesol [5]

[1] Tendance autogame ; [2] tendance allogame ; [3] monoïque ; [4] dioïque ; [5] auto-incompatibilité plus ou moins forte ; [6] compétition pollinique.

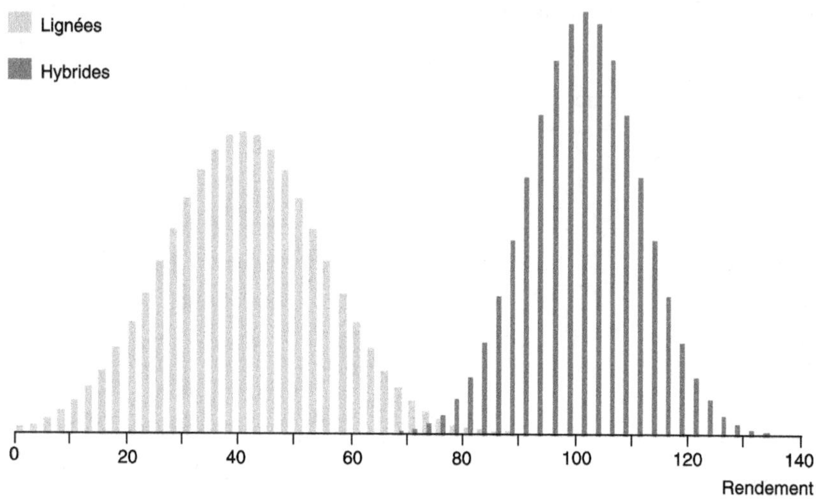

Figure 1.3. Distributions théoriques du rendement de tous les hybrides simples entre lignées et du rendement de toutes les lignées dérivables d'une population chez le maïs.

Il y a pratiquement discontinuité des deux distributions : les hybrides simples les moins performants sont généralement supérieurs aux meilleures lignées.

L'hétérosis chez les plantes autogames

Chez les plantes autogames ou présentant un fort taux d'autogamie, l'hétérosis apparaît nettement moins important que chez les plantes allogames. Ainsi chez le blé tendre d'hiver, avec le matériel utilisé en Europe, le croisement entre deux lignées donne souvent un hybride dont le rendement en grain n'est pas supérieur à celui du meilleur parent (Figure 1.4) ; dans les cas les plus favorables, l'avantage de l'hybride par rapport au meilleur parent est seulement de 5 à 15 % (Oury *et al.*, 1990a ; Photo 5 sur planche couleur 2). Chez cette espèce, avec le matériel utilisé, la distribution de tous les hybrides est juste un peu décalée par rapport à la distribution de toutes les lignées et il est donc important de bien préciser la référence (parent-moyen ou meilleur parent) dans l'expression de l'hétérosis. Chez le blé de printemps, Dreisigacker *et al.* (2005) ne trouvent en moyenne pratiquement aucune supériorité des hybrides par rapport au parent-moyen, mais avec cependant des variations de − 15 % à + 15 % entre hybrides. Dans d'autres études chez le blé tendre, avec des lignées moins sélectionnées (Singh *et al.*, 2004), l'hétérosis (meilleur parent) qui est très variable selon le milieu et les croisements a pu atteindre des valeurs nettement plus élevées, assez fréquemment supérieures à 30 %.

Chez le riz, l'hétérosis pour le rendement en grain est plus important que chez le blé, mais toujours plus faible que celui observé chez le maïs. Ainsi les travaux de Zhang *et al.* (1994) montrent un hétérosis parent-moyen de près de 100 %, alors que l'hétérosis « meilleur parent » n'est que de 40 %. Chez *Arabidopsis,* une crucifère sauvage autogame, l'hétérosis parent-moyen a été en moyenne de 55 à 60 % et l'hétérosis meilleur parent de 33 à 40 % pour la production de biomasse, mais avec une très grande variation selon les croisements (Barth *et al.*, 2003 ; Meyer *et al.*, 2004 ; Photo 6 sur planche couleur 2). Chez le colza plante semi-allogame (Lefort-Buson et Dattée, 1982, 1985 ; Lefort-Buson, 1986), l'hétérosis pour le rendement en grain n'était que de 23,5 % par rapport au parent-moyen et de 12 % par rapport au meilleur parent (Figure 1.5). Ainsi, cette espèce est plus proche d'un comportement autogame que d'un comportement très allogame.

Globalement, dans diverses études chez des plantes autogames, l'hétérosis moyen pour le rendement en grain a varié approximativement de 0 à 100 % (Ramage, 1983 chez l'orge ; Wilson et Driscoll, 1983 chez le blé ; Yordanov, 1983 chez la tomate ; Pearson, 1983 ; Bannerot 1986 ; Bannerot et Pécaut 1992 chez les plantes légumières). Des cas d'hétérosis négatifs sont aussi observés chez ces espèces.

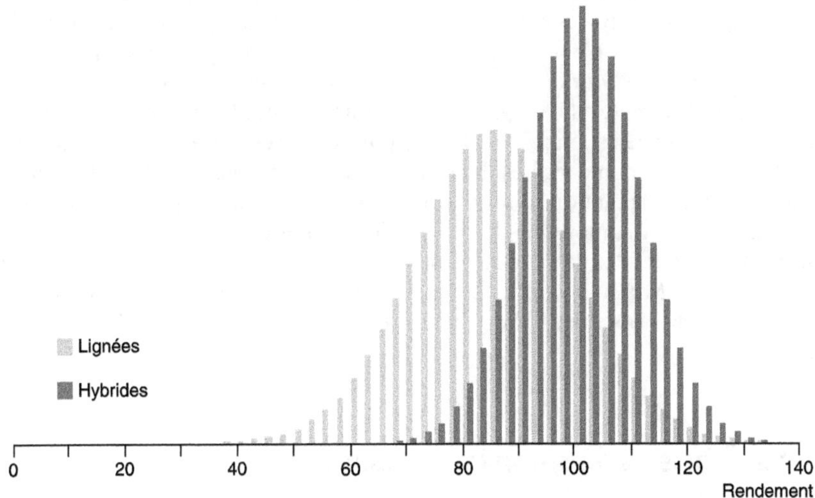

Figure 1.4. Distributions théoriques du rendement de tous les hybrides simples entre lignées et du rendement de toutes les lignées dérivables d'une population chez le blé.

Les deux distributions se superposent largement : les meilleures lignées sont proches des meilleurs hybrides.

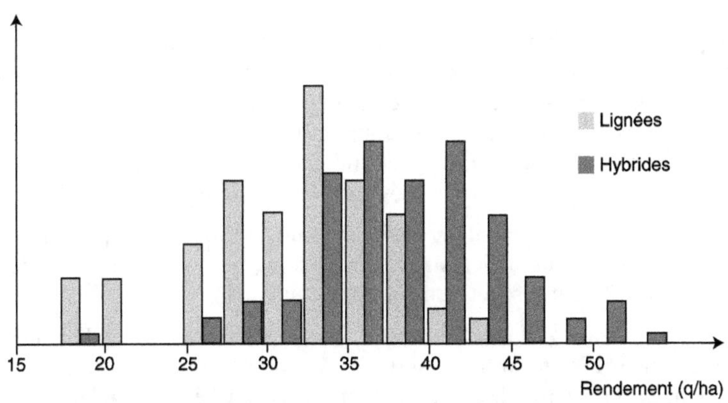

Figure 1.5. Distributions observées du rendement des hybrides et des lignées chez le colza (Lefort-Buson, 1985).

Même si les deux distributions se superposent largement, les meilleurs hybrides sont supérieurs de 15 à 20 % aux meilleures lignées.

Conclusion

L'ensemble des études réalisées sur de nombreuses espèces améliorées montrent que l'ampleur de l'hétérosis observable au niveau de la production de grains ou de biomasse aérienne totale apparaît très liée au régime naturel de reproduction de l'espèce : l'hétérosis et la dépression de consanguinité sont forts chez les allogames et faibles chez les autogames. De plus, chez les plantes allogames, l'hétérosis pour la production de grains ou de biomasse a un caractère assez général, alors que chez les autogames, il est très dépendant du génotype.

Sans entrer ici dans les causes de cette différence entre plantes autogames et plantes allogames (qui sont analysées p. 97), on peut cependant déjà remarquer que la référence « lignées homozygotes » n'a pas la même signification pour les plantes allogames et pour les plantes autogames. Pour les autogames, la référence lignée est parfaitement justifiée puisque la sélection naturelle a agi au niveau homozygote. En revanche, pour les allogames, cette référence est un peu artificielle puisque la sélection naturelle n'agit pas au niveau de génotypes homozygotes, mais au niveau d'individus résultant de croisement à l'intérieur d'une population. Il serait donc plus logique de comparer la moyenne des hybrides de lignées à la moyenne des populations. Dans ce cas, l'avantage des hybrides est beaucoup plus faible, de 10 à 25 % au niveau du croisement entre populations de maïs (Hallauer et Miranda, 1981) ; les valeurs observées pour cet avantage se rapprochent donc de celles observées pour l'hétérosis chez les autogames cultivées (comme le blé, l'orge).

▶▶ L'hétérosis varie selon les caractères

L'hétérosis au niveau des caractères morphologiques et agronomiques

Exemples

L'hétérosis et la dépression de consanguinité affectent un grand nombre de caractères quantitatifs. Chez le maïs, par rapport aux lignées, les plantes des hybrides sont plus hautes, avec des feuilles plus longues et plus larges, des épis plus longs, des grains plus nombreux et souvent plus gros. Il en résulte des rendements supérieurs en biomasse et en grain. C'est pourquoi Shull, dans sa définition, parle de stimulation due à l'état hétérozygote. Cependant, les effets sont plus ou moins marqués selon le caractère considéré (Figure 1.6).

Ainsi, chez le maïs, le rendement en grain est toujours plus affecté par l'hétérosis et la consanguinité que la hauteur des plantes, elle-même plus affectée que la largeur des feuilles (Tableau 1.2 ; Photos 1 et 2 sur planche couleur 1).

De même, le nombre de grains est bien plus affecté que le poids de mille grains (Photo 1 sur planche couleur 1) ; en revanche, il semble que le nombre d'ovules soit peu affecté. Le poids d'un grain est peu hétérotique, voire avec un hétérosis négatif, puisque les lignées étant peu fertiles, elles tendent à donner des grains plus gros (Coque et Gallais, 2008). Le nombre de feuilles et le nombre de rangs par épi sont aussi des caractères peu affectés par la consanguinité, souvent additifs (manifestant peu ou pas d'hétérosis parent-moyen).

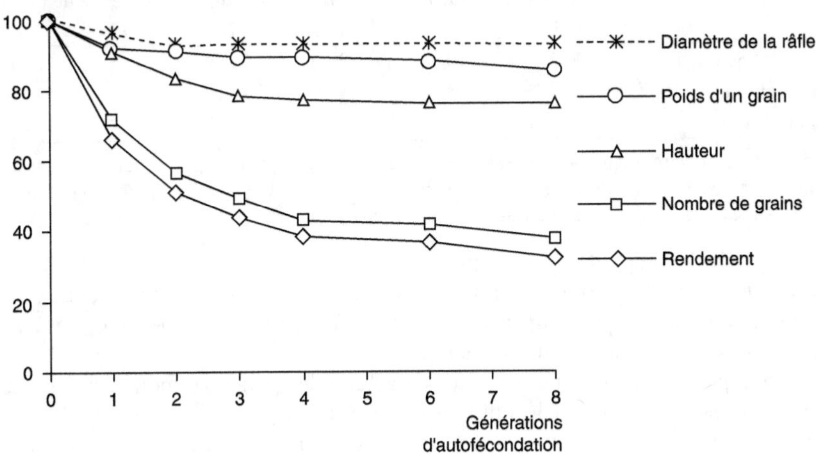

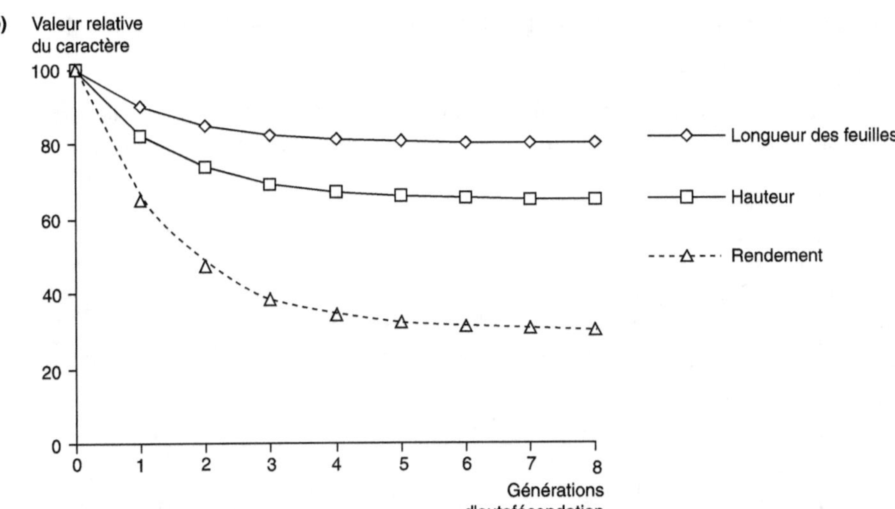

Figure 1.6. La dépression de consanguinité au cours des générations d'autofécondation chez le maïs, pour différents caractères.

(a) D'après les données de Good et Hallauer (1977). (b) D'après des données non publiées de Gallais (données calculées à chaque génération à partir de la différence observée entre hybrides et lignées). Le rendement en grain est le caractère le plus affecté par la consanguinité.

Chez la luzerne, le rendement en biomasse est très affecté par l'hétérosis et la consanguinité, nettement plus que la hauteur des plantes (Figure 1.7). Mais le caractère le plus affecté est la fertilité : le nombre de graines par gousse et le nombre de gousses diminuent très rapidement avec la consanguinité, au point que certaines plantes deviennent stériles dès la première ou la deuxième génération d'autofécondation (Gallais, 1977b).

Tableau 1.2. Hétérosis moyen (H) et dépression de consanguinité (D) chez le maïs [1].

Auteurs	Rendement en grain		Hauteur des plantes		Largeur de feuilles	
	H	D	H	D	H	D
Hallauer et Sears (1973)	233 %	70 %	32 %	24 %	13 %	11,5 %
Good et Hallauer (1977)	212 %	68 %	31 %	24 %	-	-
Letty (1986) [2]	300 %	75 %	65 %	39 %	-	-

[1] La dépression de consanguinité correspondante est donc : $D = H/(1 + H)$. $\overline{F1}$ représente la valeur moyenne des croisements étudiés et $\overline{P}$ la valeur moyenne des parents. [2] Matériel plus précoce que dans les autres études et plus sensible à la consanguinité : $H = (\overline{F1} - \overline{P})/\overline{P}$.

De façon générale, on peut conclure que :
— l'hétérosis est plus important pour des caractères complexes (comme le rendement en grains ou en biomasse) que pour des caractères à déterminisme génétique plus simple, tels que la longueur ou la largeur des feuilles ;
— l'hétérosis paraît plus marqué pour les caractères les plus fortement liés à la valeur sélective comme la fertilité et le nombre de grains (en génétique des populations, la valeur sélective pour une plante sauvage se mesure par le nombre de descendants qu'elle laisse à la génération suivante).

Hétérosis, dépression de consanguinité et complexité des caractères

Hétérosis et complexité des caractères

Les caractères complexes sont souvent multiplicatifs. Richey (1942) a été le premier à faire la liaison entre la multiplicativité et l'hétérosis des caractères complexes, puis cette

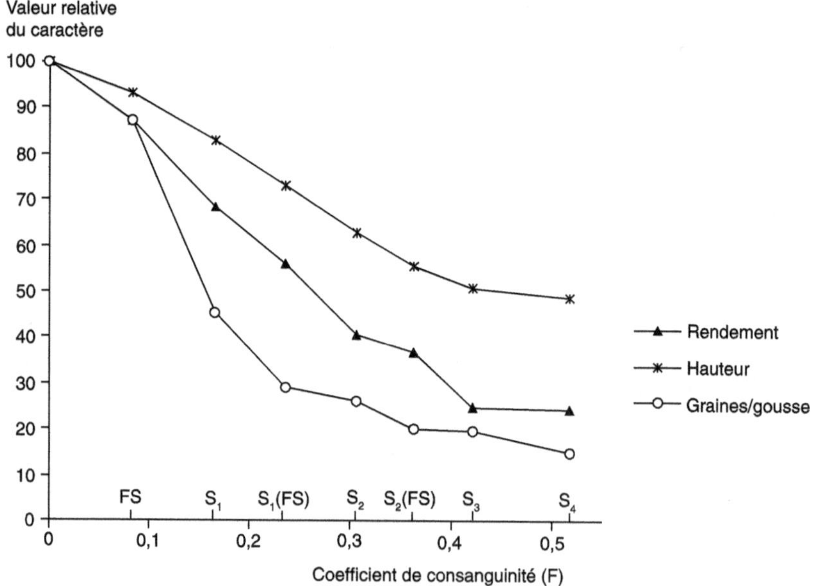

Figure 1.7. La dépression de consanguinité au cours des générations d'autofécondation chez la luzerne pour différents caractères (d'après Gallais, 1977b).

S_1, S_2, S_3, S_4 : descendances en autofécondation à partir d'une plante S_0 ; FS : croisement entre plantes sœurs ; S_1(FS), S_2(FS) : autofécondation à partir de plantes FS. Le nombre de graines par gousse est plus affecté par la consanguinité que le rendement en biomasse.

idée a été développée par Grafius (1959, 1960, 1961), Williams (1960), et plus récemment par d'autres auteurs (Geiger et Wahle, 1978 ; Keller et Piepho, 2005). En effet, le rendement en grains, comme la valeur sélective, peut être décomposé selon un modèle multiplicatif en diverses composantes élémentaires : par exemple chez une céréale, le rendement en grain est égal au produit du nombre d'épis par plante, du nombre de grains par épi et du poids d'un grain. Ainsi chez l'orge, Immer (1941) a observé un hétérosis parent-moyen de 8,3 % pour le nombre d'épis, de 11,1 % pour le nombre de grains par épi et de 4,9 % pour le poids d'un grain. Au niveau du rendement, l'hétérosis était de 27,3 %. C'est donc le caractère « produit » qui manifeste le plus d'hétérosis. On peut noter que la valeur relative observée de la F_1 par rapport au parent-moyen était proche du produit des valeurs relatives de la F_1 pour les composantes du rendement :

$$1,083 \times 1,111 \times 1,049 = 1,262,$$

soit un hétérosis « attendu » de 26,2 %, proche de celui observé.

De même, chez de nombreuses plantes, la hauteur des plantes peut être considérée comme le produit du nombre d'entre-nœuds par la longueur des entre-nœuds. Le tableau 1.3 décrit l'exemple d'hétérosis multiplicatif chez le haricot pour la hauteur des plantes, étudié par Coyne (1965). Aucune des deux composantes (nombre de nœuds et longueur des entre-nœuds) ne présentait d'hétérosis meilleur parent et cependant, l'hétérosis au niveau du caractère complexe est assez élevé. Là encore, le produit des valeurs relatives de la F_1 pour chaque composante donne bien une bonne approximation de la valeur relative de la F_1 pour un caractère complexe.

Tableau 1.3. L'hétérosis pour la hauteur des plantes chez le haricot (Coyne, 1965).

	Nombre de nœuds	Longueur des entre-nœuds (cm)	Hauteur calculée [1]	Hauteur observée [2]
P1	24,2	4,9	118,6	116
P2	17,3	6,6	114,2	114,4
Parent-moyen	20,7	5,7	116,4	115,2
F_1	23,8	6,8	161,8	161,9
F_1/parent-moyen	1,15	1,18	1,35	1,40

[1] Produit des moyennes des composantes ; [2] équivalente aussi aux moyennes des produits des composantes au niveau de chaque plante.

La surface foliaire d'une plante peut aussi être considérée comme le résultat de la multiplication du nombre de feuilles par la taille d'une feuille (qui elle-même peut être considérée comme proportionnelle au produit de la longueur par la largeur). Comme précédemment, le même type de résultat est observé, la valeur relative de la F_1 pour la surface foliaire est pratiquement égale au produit des valeurs relatives de la F_1 pour chaque composante (Duarte et Adams, 1963, chez le haricot). La longueur et la largeur foliaire peuvent elles-mêmes être considérées comme le produit d'un nombre de cellules par la taille des cellules, le nombre étant plus affecté par l'hétérosis que la taille, comme le montrent les travaux de Kiesselbach (1922) et de Uchimiya et Takahashi (1973) chez le maïs. De nombreux exemples de ce type pourraient être donnés. Certains d'entre eux sont regroupés dans le tableau 1.4.

Les résultats expérimentaux chez différentes espèces montrent que la valeur relative de la F_1 pour un caractère complexe est souvent proche du produit des valeurs relatives de la moyenne des parents pour chaque caractère (cf. Tableau 1.4). Comme cela est montré dans l'encadré 1.1, ce type de résultat signifie que la contribution due à la divergence des parents est assez faible. Cependant, chez la féverole, par le croisement d'une lignée à petites graines et d'une lignée à grosses graines, Melchinger *et al.* (1994) ont observé que la valeur relative de la F_1 était assez nettement supérieure à la valeur relative attendue par le produit des valeurs relatives de la F_1 pour les composantes. Ce résultat s'explique par la forte divergence entre les parents.

Encadré 1.1. Décomposition de l'hétérosis pour un caractère produit de plusieurs composantes

L'hétérosis parent-moyen H_{XY} pour un caractère complexe, produit de deux composantes X et Y, est la somme de quatre parties ($A = H_X\overline{P_Y}$, $B = H_Y\overline{P_X}$, $C = xy$ et $D = H_XH_Y$) :

$$H_{XY} = H_X\overline{P_Y} + H_Y\overline{P_X} + H_XH_Y] + xy,$$

H_{XY} représentant l'hétérosis parent-moyen pour le caractère produit, H_X et H_Y l'hétérosis parent-moyen pour les composantes X et Y, $\overline{P_X}$ et $\overline{P_Y}$ la valeur des moyennes parentales pour X et Y, et xy étant le produit des demi-différences entre les parents pour les composantes X et Y (Grafius, 1959 ; Geiger et Wahle, 1978). Dans cette formulation, les deux parents sont considérés complémentaires : si pour le caractère X, P1 est supérieur à P2, alors pour Y, P2 est supérieur à P1 ; inversement, si pour le caractère X, P1 est inférieur à P2, alors pour Y, P2 est inférieur à P1.

Cette expression comprend essentiellement deux parties, une première partie qui dépend de l'hétérosis pour les composantes et une deuxième partie qui dépend de la complémentarité des parents (Schnell et Cockerham, 1992). Plus les parents sont différents, plus cette contribution est élevée. Si les deux composantes sont additives (pas d'hétérosis pour X et pour Y), alors l'hétérosis au niveau du caractère produit se réduit à ce qui est dû à la complémentarité des parents, soit la quantité xy.

En considérant la valeur relative (f) de la F_1 par rapport à la moyenne des parents (Grafius, 1959 ; Geiger et Wahle, 1978 ; Melchinger *et al.*, 1994), d'une façon générale, il est possible d'écrire :

$$f_{XY} = M_{XY}f_Xf_Y,$$

où M_{XY} est un facteur de correction égal ou supérieur à 1 (pour des parents complémentaires), qui fait que la valeur relative de F_1 pour le caractère complexe n'est pas égale au produit des valeurs relatives de la F_1 pour les composantes :

$$M_{XY} = \frac{\overline{P_X}\,\overline{P_Y}}{\overline{P_{XY}}},$$

soit le produit des moyennes parentales des composantes ($\overline{P_X}, \overline{P_Y}$), divisé par la moyenne des produits chez les parents ($\overline{P_{XY}}$). M_{XY} est très affecté par la divergence des parents (leur distance phénotypique pour le caractère considéré). Il est possible de montrer que :

$$M_{XY} = 1 + \frac{xy}{\overline{P_{XY}}},$$

x et y étant les demi-différences entre les deux parents pour le caractère X et pour le caractère Y. Donc, M_{XY} équivaut à 1 en l'absence de divergence et M_{XY} est supérieur à 1 dès que les parents divergent. La figure montre qu'il faut des parents très divergents pour avoir M_{XY} significativement supérieur à 1 ; f_X et f_Y ne dépendent que du mode d'hérédité des composantes, avec f_X ou f_Y équivalent à 1 lorsque pour les composantes X ou Y la F_1 est égale à la moyenne des parents, et f_X ou f_Y supérieur à 1 dès

...

qu'il y a hétérosis parent moyen. Cette formulation s'étend au produit d'un nombre quelconque de caractères.

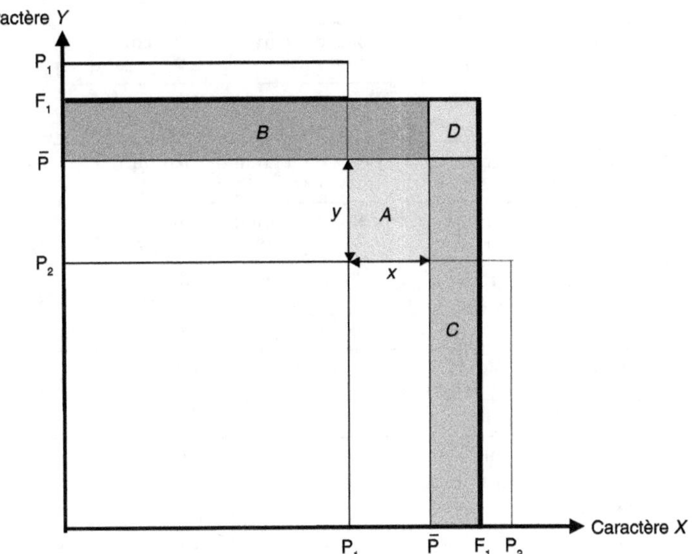

L'hétérosis parent-moyen pour un caractère résultat du produit de deux caractères X et Y se décompose en quatre parties : deux parties (A et B) égales au produit de l'hétérosis parent-moyen pour un caractère par le niveau du parent-moyen pour l'autre caractère, une partie ($C = xy$) égale au produit des écarts au parent-moyen de chaque caractère, et une partie D égale au produit des hétérosis parent-moyen de chaque caractère (d'après Geiger et Wahle, 1978). Dans cet exemple, bien que les deux parents soient assez divergents (x et y élevés par rapport à la moyenne), le rapport M_{XY} entre la valeur relative de la F_1 par rapport à la moyenne des parents pour le caractère complexe et la valeur prévue par le produit des valeurs relatives de chaque composante est égal à 1,06, ce qui est assez proche de 1.

Ces exemples montrent que la multiplication de caractéristiques complémentaires chez les parents peut être à l'origine de l'hétérosis, sans qu'il y ait nécessairement hétérosis pour l'une des composantes du caractère complexe : il « suffit » de croiser des parents complémentaires. Par exemple, pour augmenter la surface foliaire, on peut croiser un parent à feuilles étroites et longues avec un parent à feuilles larges et courtes : avec une situation d'hétérosis parent-moyen positif pour chaque composante, on attend une surface foliaire supérieure au parent-moyen chez l'hybride. La F_1 peut même être exactement intermédiaire entre les deux parents pour les composantes (cas d'additivité), si les deux parents sont complémentaires pour deux caractères multiplicatifs, alors il y aura hétérosis parent-moyen au niveau de la F_1 (Tableau 1.5).

Tableau 1.4. Valeur relative prévue de la F_1 par multiplication des valeurs relatives composantes (f_X, f_Y, f_Z) par la valeur relative observée pour différentes espèces.

	Composante 1	Composante 2	Composante 3	Produit	Observé	M_{XY}
Orge [1]	Épis/plante 1,08	Nb grains/épi 1,11	Poids d'un grain 1,05	Rdt/plante 1,26	1,27	1,01
Orge [2]	Épis/plante 1,22	Nb grains/épi 1,06	Poids d'un grain 1,03	Rdt/plante 1,33	1,37	1,03
Blé [3]		Nb grains/m^2 1,19	Poids d'un grain 1,05	Rdt/plante 1,25	1,20	0,96
Seigle [4]	Épis/m^2 0,84	Nb grains/épi 2,51	Poids d'un grain 1,55	Rdt/m^2 3,27	3,20	0,98
Maïs [5]		Nb grains/épi 1,79	Poids d'un grain 1,17	Rdt/plante 2,10	2,18	1,04
Féverole [6]	Gousses/plante 0,89	Graines/ gousses 1,10	Poids d'une graine 1,08	Rdt/plante 1,07	1,38	1,29
Tomate [7]	Fruits/plante 1,18	Poids d'un fruit 1,19		Rdt/plante 1,40	1,48	1,04
Haricot [8]	Nombre nœuds 1,15	Longueur entre-nœud 1,18		Hauteur 1,35	1,40	1,04

M_{XY} est le rapport entre la valeur relative observée et la valeur prévue. Les problèmes d'échantillonnage dans la détermination des composantes 1, 2 et 3 peuvent affecter les résultats, alors que le rendement est toujours connu avec précision. Rdt : rendement. [1] Immer (1941), [2] Grafius (1959), [3] Oury *et al.* (1990a), [4] Geiger et Wahle (1978), [5] Coque et Gallais (2008), [6] Melchinger *et al.* (1994), [7] Williams et Gilbert (1960), [8] Coyne (1965).

Tableau 1.5. Hétérosis pour un caractère complexe par multiplicativité des composantes avec additivité au niveau des composantes.

	Composante 1	Composante 2	Caractère produit
Parent 1	2	4	8
Parent 2	4	2	8
F_1	3	3	9

Effet de l'échelle de mesure sur l'hétérosis

En supposant que ce sont des gènes différents qui contrôlent les composantes, la multiplicativité de celles-ci introduit une non-additivité des effets des locus. Williams (1959, 1960) a proposé de distinguer cette forme d'interaction entre locus, qu'il qualifie d'interaction « somatique », de l'interaction entre locus pour un même caractère. Cette distinction a d'ailleurs entraîné une violente réaction de Hayman (1960) pour qui cette forme d'interaction pouvait être supprimée par transformation logarithmique. Le problème est que la transformation logarithmique peut atténuer fortement l'hétérosis. D'une façon plus générale, l'hétérosis est dépendant de l'échelle de mesure et certaines transformations (« *Box-Cox transformation* », Box et Cox, 1964) peuvent même supprimer l'hétérosis (Keller et Piepho, 2005). Quelle est alors l'échelle la plus « naturelle » pour mesurer l'hétérosis ? L'échelle décimale n'est sans doute pas la plus biologique. De ce point de vue, avec cette échelle, une part de l'hétérosis peut donc effectivement être due à un effet d'échelle, mais ce qui compte pour le sélectionneur, c'est l'avantage de la F_1 pour le caractère complexe dans l'échelle de mesure « économique ».

D'un point de vue statistique, la multiplicativité des composantes d'un caractère complexe peut se traduire par une distribution non normale (par exemple log-normale) de ce caractère, imposant pour le traitement des données une transformation pour satisfaire aux hypothèses de l'analyse de variance : normalité et homogénéité des variances résiduelles (Hayman, 1960 ; Keller et Piepho, 2005). La transformation peut donc être réalisée pour des raisons statistiques, voire biologiques, mais ensuite pour tirer des conclusions économiques sur l'intérêt des hybrides, il est nécessaire de revenir à l'échelle décimale.

Dépression de consanguinité et complexité des caractères

La dépression de consanguinité étant le corollaire de l'hétérosis, tout caractère complexe, multiplicatif, est attendu plus sensible à la consanguinité. S'il y a dépression de consanguinité sur la largeur et la longueur de feuilles, la dépression sera encore plus grande sur la surface foliaire (assimilable à un produit de la longueur par la largeur, Figure 1.8) et encore plus importante au niveau de la biomasse de la plante (assimilable à un volume, c'est-à-dire à un produit de la largeur par la longueur et par la hauteur). Ainsi, chez la luzerne, la dépression relative de consanguinité de la production de matière verte est très bien approximée par la dépression du carré de hauteur (c'est-à-dire en assimilant la biomasse à une surface par plante) (Gallais, 1977b, 1984). Chez le maïs, la dépression de consanguinité importante du rendement « s'explique » également bien par son caractère

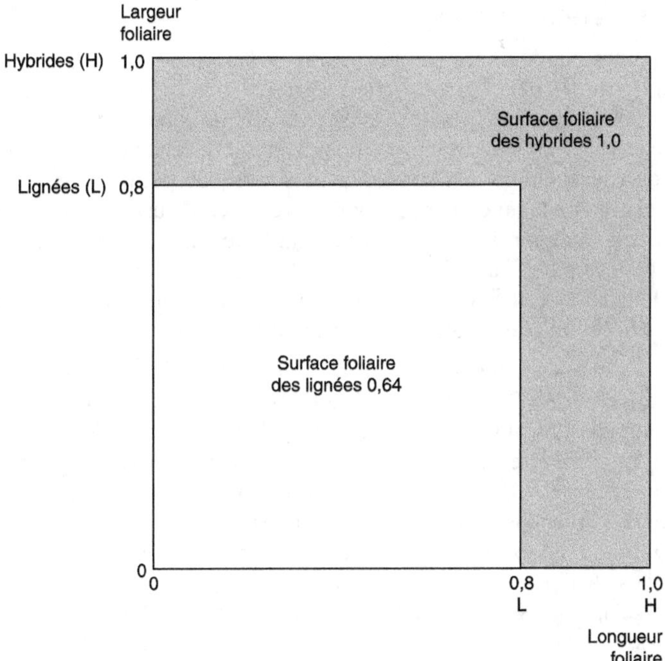

Figure 1.8. Effet de la multiplicativité des composantes d'un caractère sur la sensibilité à la consanguinité de ce caractère.

Exemple de la surface foliaire. Avec une troisième dimension, réduite dans la même proportion, la représentation conduirait à un cube dont le volume, caractère sans doute plus proche du rendement, serait réduit de 49 %.

multiplicatif. Il suffit de multiplier la valeur relative des composantes par rapport à la F_1 pour avoir une bonne estimation de la valeur relative du caractère complexe (le rendement du maïs pour un épi est égal au produit du nombre de rangs multiplié par le nombre de grains par rang et multiplié par le poids d'un grain). Ainsi, à ce niveau, il n'y a pas tout à fait symétrie entre dépression de consanguinité et hétérosis : dans le cas de la consanguinité, on peut considérer que $M_{XY} = 1$ (les deux parents sont identiques dans le cas d'autofécondation ou statistiquement identiques dans le cas de croisement d'individus apparentés d'une même génération de consanguinité).

En conclusion, de nombreux caractères quantitatifs peuvent sans doute être considérés comme multiplicatifs, y compris des caractères éco-physiologiques (comme le rendement photosynthétique d'un couvert végétal, Monteith, 1972). Cependant, le modèle multiplicatif ne tient pas compte de la manifestation précoce de l'hétérosis (voir ci-dessous), ni de l'aspect « stimulation générale ». Il est essentiellement une description de la manifestation de l'hétérosis, et non une explication. La morphologie, qui affecte les composantes d'un caractère complexe, n'est qu'une contrainte dans la répartition d'un potentiel de croissance que représente l'hétérosis. Cependant, la modification de ces contraintes par le milieu peut expliquer des variations d'hétérosis selon l'environnement. Ainsi, il est possible de passer, avec le même matériel et malgré la multiplicativité des composantes, d'une situation avec hétérosis à une situation sans hétérosis : Griffing (1990) en a donné un exemple chez la tomate pour le rendement en fruits, en fonction des conditions de culture.

Hétérosis et valeur sélective

Les caractères les plus affectés par l'hétérosis et la dépression de consanguinité sont aussi ceux qui sont les plus liés à la valeur sélective d'un individu (très liée au nombre de graines produites par une plante). Ainsi chez le maïs, l'hétérosis pour le nombre de grains est beaucoup plus important que pour le nombre de feuilles ; chez la luzerne, la dépression de consanguinité est beaucoup plus marquée pour la fertilité que pour la hauteur des plantes ou le rendement en matière verte (cf. Figures 1.6 et 1.7). En revanche chez *Arabidopsis,* la dimension de la rosette manifeste autant ou plus d'hétérosis que le nombre de graines par plante (Barth *et al.,* 2003 ; Photo 6 sur planche couleur 2). La dimension de la rosette chez cette espèce est sans doute, en conditions naturelles, une composante importante de la valeur sélective (survie en conditions de compétition).

De même, en dehors du règne végétal, chez la drosophile, une forte dépression de consanguinité est observée pour le nombre d'œufs, et une très faible pour le nombre de soies sternopleurales (un caractère quantitatif « modèle », classiquement étudié chez cette espèce, assez neutre du point de vue de la sélection naturelle) ; chez le porc et chez la souris, la dépression de consanguinité est plus forte pour la taille des portées que pour le poids des individus. Certaines espèces d'oiseaux sont particulièrement sensibles à la consanguinité : par exemple chez la caille, les croisements entre frère et sœur sont souvent stériles. À l'intérieur d'une espèce, hétérosis, dépression de consanguinité et valeur sélective apparaissent donc liés. Cependant selon Cook (2007), dans les populations sauvages, la valeur sélective maximale ne correspond pas toujours à la vigueur maximale (mesurée par la production de biomasse) : il peut exister une vigueur optimale.

En revanche, dans les croisements entre espèces, il peut exister chez l'hybride une luxuriance (développement végétatif plus important chez les hétérozygotes) qui peut être sans liaison avec la valeur sélective, voire même liée négativement. Les bases génétiques de cette luxuriance sont d'ailleurs sans doute assez différentes de celles de la vigueur hybride intraspécifique. Les interactions nucléo-cytoplasmiques et le manque d'homologie des chromosomes peuvent en particulier jouer un rôle important (cf. par exemple les travaux de Beavis et Frey en 1987 chez l'avoine). C'est pourquoi Dobzhansky (1950) proposait de bien distinguer chez l'hybride les situations de luxuriance et d'hétérosis.

Hétérosis au niveau de caractères physiologiques

L'hétérosis se manifeste aux différentes étapes de la vie de la plante et peut affecter diverses fonctions physiologiques.

L'hétérosis se manifeste précocement

Hétérosis dès le début de l'embryogenèse

L'hétérosis se manifeste dès les premiers jours de l'embryogenèse. Chez le maïs, Meyer *et al.* (2007) ont montré que 6 jours après la fécondation, l'hétérosis parent-moyen pour la taille de l'embryon était déjà de 23 %. Certaines activités enzymatiques sont nettement supérieures chez l'embryon hybride en développement. Ainsi, Bulant (1996) et Bulant et Gallais (2000) ont mis en évidence chez le maïs, sur un même épi, une activité ADPase (ADP glucose pyrophosphorylase) plus importante chez les grains de maïs issus de croisement que chez les grains issus d'autofécondation, dès 14 jours après la fécondation. Il est d'ailleurs probable que l'hétérosis se manifeste au niveau du développement de l'embryon dès les premières heures après la fécondation. Cet avantage se manifeste aussi au niveau de l'albumen qui est triploïde (deux génomes maternels et un génome paternel). Chez le maïs, graine albuminée, il en résulte à maturité un avantage de 10 à 15 % du poids des grains issus de croisement par rapport à celui des grains issus d'autofécondation, produits sur le même épi (Bulant et Gallais, 1998). C'est un cas de xénie (définie comme l'effet des gènes apportés par le pollen sur les caractéristiques des graines ou des fruits). Au niveau de la taille de l'embryon, en comparant la moyenne des lignées à celles de leurs hybrides, Ashby (1930, 1932) puis Murdoch (1940) et Wang (1947) ont montré un hétérosis de 20 à 40 %. Cet accroissement de taille est dû à une augmentation du nombre de cellules, donc à une division plus rapide des cellules dans les premières étapes du développement de l'embryon (Kiesselbach, 1922 ; Ashby, 1930).

Hétérosis à la germination

L'avantage des grains des hybrides se retrouve à la germination (Photo 7 sur planche couleur 3). Chez les hybrides de maïs, la radicule apparaît plus rapidement que chez les lignées (Sarkissian *et al.,* 1964 ; Sinha et Khanna, 1975 ; Mino, 1980). Au cours de la germination, chez les hybrides hétérotiques, les teneurs en sucres réducteurs de l'albumen et de l'embryon augmentent et parallèlement, la teneur en saccharose diminue rapidement alors que chez les lignées ces teneurs ne changent pas[2] ; la respiration est aussi plus importante chez les hybrides. D'une façon générale, les racines se développent plus rapidement chez la plantule d'un hybride avec, par exemple chez le maïs à 5 jours, un hétérosis parent-moyen de 25 % pour la longueur de la radicule primaire et de 51 % pour la densité des racines latérales (Hoecker *et al.,* 2006). Cette croissance plus active des racines chez la plantule est associée à une synthèse plus forte d'ARN et de protéines (Cherry *et al.,* 1961 ; Mino, 1980 ; Mino et Inoue, 1980).

---

2. Ce qui conduit donc à un hétérosis négatif pour la teneur en saccharose.

La théorie du capital initial

Constatant l'avantage des grains issus de croisement par rapport aux grains des lignées, Ashby (1932) a émis l'hypothèse que ce serait l'avantage au départ des hybrides, dû à la taille de l'embryon, qui expliquerait l'hétérosis au stade adulte (dimension des feuilles, hauteur des plantes, rendement en grain). En effet dans ses études, les taux de croissance relatifs n'étaient pas très différents entre les parents et leur hybride (Figure 1.9). Avec une croissance exponentielle, une faible différence à un stade précoce du développement peut se traduire par des différences importantes au stade adulte : « *Heterosis is nothing more than the maintenance of an initial advantage in embryo size* » (Ashby, 1932). Cependant, la relation entre la taille des embryons des grains hybrides et l'hétérosis pour le rendement en grain n'est pas générale. Des hybrides peuvent même être à grains plus petits que leurs parents (parce que plus nombreux), donc avec des embryons plus petits, ce qui n'empêche pas la vigueur hybride de s'exprimer. De plus, au niveau F_2, ou dans des générations d'autofécondation plus avancées, de gros grains ne donnent pas nécessairement des plantes très vigoureuses. Cette explication physiologique n'est donc pas générale. Dès 1955, Lewis reformulait l'idée d'avantage initial d'Ashby : ce n'est pas la taille de l'embryon qui est en cause mais la vitesse de croissance au départ. Cependant, des cas d'hétérosis sur le taux relatif de croissance ont été observés, sans que cela conduise à des hybrides supérieurs aux meilleurs parents (Donaldson et Blackman, 1973). Quoiqu'il en soit, il apparaît que lorsqu'un hybride manifeste un hétérosis important au stade adulte pour la production de matière sèche, il manifeste généralement de l'hétérosis pour la production de matière sèche au stade jeune. L'avantage hétérotique à ce stade peut être vu comme une manifestation précoce de l'efficacité générale du métabolisme au niveau de la plante.

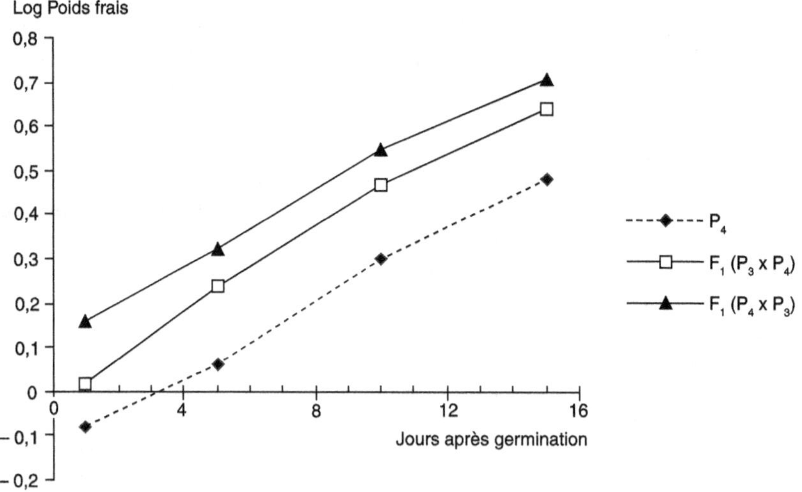

Figure 1.9. Résultats de l'expérience de Ashby (1932).

Le taux de croissance relative des hybrides est très parallèle à celui des parents lignées. Dans une telle situation, l'hétérosis pour la croissance en matière sèche s'explique par un avantage au départ des plantules d'hybrides.

Hétérosis au niveau de grandes fonctions physiologiques

Hétérosis pour l'absorption et le métabolisme azoté

L'absorption racinaire est un caractère complexe qui dépend du volume des racines (volume exploré par le sol), de leur longueur totale (surface de contact avec le sol), de leur efficacité d'absorption (par unité de longueur), mais aussi du fonctionnement de la partie aérienne, en particulier de la photosynthèse. Chez le blé, Wang *et al.* (2006) observent un hétérosis meilleur parent de 30,8 % pour la longueur totale des racines (pour 15 croisements sur 20) et de 55,5 % pour le diamètre des racines, mais selon les caractères, ce ne sont pas les mêmes hybrides qui manifestent l'hétérosis le plus fort. Dans cette étude, l'hétérosis pour le système racinaire était plus important que l'hétérosis pour le rendement en grain. Un exemple d'hétérosis pour l'absorption de phosphate a été étudié chez *Arabidopsis* (Narang et Altmann, 2001). L'un des parents a un chevelu racinaire important et une forte expression des transporteurs de phosphate, tandis que l'autre parent a des racines très longues : l'hybride est à racines longues et denses, efficaces dans le transport du phosphate. Il s'agit donc d'un hétérosis par complémentation des apports génétiques parentaux.

Pour l'absorption de l'azote, un effet d'hétérosis très fort (+ 185 %) a été mis en évidence chez le maïs par Coque et Gallais (2008). Chez le blé, les hybrides absorbent aussi plus d'azote, en particulier pendant la phase de remplissage du grain (Oury *et al.*, 1995 ; Le Gouis *et al.*, 2002). Il en résulte une certaine « rupture » de la liaison négative entre rendement en grains et teneur en protéines : les hybrides permettent un rendement en grain plus élevé que les lignées pour une même teneur en protéines ou une teneur plus élevée pour un même rendement. Cependant, les hybrides n'apparaissent pas beaucoup plus efficaces d'un point de vue métabolique : ils ne produisent guère plus de grains pour une même quantité d'azote absorbée. En revanche, chez le maïs à faible fumure (environ 100 kg d'azote par hectare), les hybrides montrent bien une efficacité métabolique (rendement par unité d'azote absorbé) plus grande que celle des lignées. Il est toutefois difficile de conclure avec précision par une expérimentation au champ. Certes, les hybrides produisent plus à faible fumure azotée mais au total, ils absorbent aussi mieux l'azote du sol grâce à leur système racinaire plus développé. Qu'auraient été les résultats si les hybrides n'avaient pas disposé de plus d'azote ? Chez la tomate, par contrôle de la nutrition en chambre de culture, Griffing (1990) a pu montrer qu'un hybride hétérotique au champ n'était plus hétérotique lorsqu'il ne pouvait pas disposer de plus d'éléments nutritifs que ses parents lignées.

Au niveau des enzymes impliquées dans le métabolisme azoté, une vigueur hybride a été observée pour l'activité nitrate réductase (NR) chez des croisements entre lignées à faible activité NR, alors que les croisements de deux lignées à forte activité ou les croisements d'une lignée à forte activité par une lignée à faible activité ne montraient aucun hétérosis (Schrader *et al.*, 1966). Pour le croisement hétérotique, l'analyse précise des descendances F_2 à F_4 et des deux rétrocroisements a montré que la complémentarité des deux parents à deux locus indépendants permettait d'expliquer les résultats observés (Warner *et al.*, 1969). C'est l'un des exemples illustrant l'explication de l'hétérosis par le mécanisme de la complémentarité des parents pour des gènes dominants favorables (voir p. 59). L'hétérosis pour l'activité NR a été aussi observé chez le sorgho par Ramani et Kannan (1986). Pour l'activité glutamine synthétase (GS) et glutamine-déshydrogénase (GDH), Chanda *et al.* (1988) ont observé chez le mil (*Pennisetum americanum*) un faible hétérosis (parent-moyen ou meilleur parent).

Hétérosis pour la photosynthèse et le métabolisme carboné

L'absence d'hétérosis pour la photosynthèse par unité de surface foliaire semble plus fréquente que sa présence, même chez les plantes où l'hétérosis pour le rendement est fort. Chez le maïs, l'hybride est souvent intermédiaire entre les deux parents ou égal à l'un des parents pour différentes activités enzymatiques liées à la photosynthèse, en particulier la PEPC[3] et la RubisCo[4] (Sinha *et al.*, 1976 ; Morot-Gaudry *et al.*, 1987 ; Crafts-Brandner et Poneleit, 1987 ; Rocher *et al.*, 1989). Cela est aussi vérifié chez le riz (Yamauchi et Yoshida, 1985). Chez l'avoine, les hybrides sont généralement intermédiaires entre les deux parents (Henshaw, 1973). Cependant, quelques cas d'hétérosis ont été observés pour la photosynthèse par unité de surface foliaire chez le maïs (Mehta et Sarkar, 1992), pour l'activité RubisCo chez le sorgho (Nagy *et al.*, 1972) et pour l'activité PEPC chez le maïs (Sinha et Khanna, 1975). En revanche, au niveau de la plante ou d'un peuplement végétal, dès qu'il y a hétérosis pour le rendement, il est bien observé de l'hétérosis pour la photosynthèse sur l'ensemble de la vie de la plante (par exemple Sinha *et al.*, 1976 ; Yamauchi et Yoshida, 1985 chez le riz, Mehta et Sarkar, 1992 chez le maïs) : il est le résultat de l'augmentation de la surface foliaire (*leaf area index*) associée à une augmentation de la durée de vie des feuilles, avec des plantes plus résistantes aux stress, absorbant mieux les éléments nutritifs du sol et avec une photosynthèse active pendant une phase plus longue. La plus grande efficacité photosynthétique des hybrides est observée durant toute la vie de la plante. Ainsi chez le maïs, les travaux de Tollenaar *et al.* (2004) montrent que l'hétérosis pour le rendement en grain résulte d'une accumulation de matière sèche plus grande chez les hybrides, d'une part avant floraison, due à une plus grande interception de la lumière par une surface foliaire plus importante, et d'autre part après floraison, par une plus grande interception de la lumière associée à une durée de vie plus grande des feuilles.

D'autres enzymes du métabolisme carboné ont été étudiées. Au niveau de l'activité de la sucrose phosphate synthase (SPS), une supériorité de l'hybride a été observée chez le maïs, au stade jeune, par Causse *et al.* (1995). Sur plusieurs hybrides, cette activité est même apparue en relation avec la production totale de matière sèche au champ ; en revanche, dans une autre étude sur un hybride différent, Rocher *et al.* (1989) n'ont observé aucun hétérosis pour cette activité enzymatique. De même pour l'activité d'une autre enzyme du métabolisme carboné, l'ADPase, Causse *et al.* (1995) n'ont montré aucun hétérosis, alors que pour cette même enzyme Rocher *et al.* (1989) ainsi que Bulant et Gallais (2000) à un stade très précoce, avec des matériels génétiques différents, ont mis en évidence de l'hétérosis. En fait, d'une façon assez générale, les résultats sur la présence d'un hétérosis au niveau des activités enzymatiques varient beaucoup selon le matériel génétique utilisé, les systèmes enzymatiques, le stade et les organes considérés.

Hétérosis pour la respiration et hétérosis mitochondrial

Les mitochondries jouent un rôle important dans la respiration et le transport d'énergie au sein de la cellule. Les manifestations de l'hétérosis au niveau des mitochondries ont été signalées dès 1960 par Hanson *et al.* : des hybrides de maïs présentaient des mitochondries plus riches en azote protéique que leurs parents. McDaniel (1969), au niveau de plantules d'orge, a montré chez l'hybride une augmentation de l'activité respiratoire,

---

3. Phosphoénolpyruvate carboxylase.
4. Ribulose bis-phosphate carboxylase/oxygénase.

en particulier de l'activité oxydative et phosphorylative des mitochondries, quantifiée par le rapport entre l'ADP phosphorylé et l'oxygène consommé, associée à une augmentation des quantités de sucres réducteurs comme déjà observé chez le maïs par Sarkissian *et al.* (1964). Bervillé *et al.* (1976) ont aussi montré, chez le maïs, au stade plantule, une consommation en oxygène supérieure chez un hybride (INRA 508) par rapport à celle de ses parents.

Il existe de nombreux échanges, voire interactions, entre la mitochondrie et le cytoplasme ou le noyau : sur environ 1 000 protéines exprimées au niveau de la mitochondrie, seulement 80 sont codées par des gènes mitochondriaux (Bervillé, communication personnelle). La majorité des protéines mitochondriales sont donc codées par le noyau et interagissent avec les protéines codées par le génome mitochondrial. Sur la base de ces interactions, mal connues, McDaniel et Sarkissian (1966) ont alors proposé ce qu'ils ont appelé le test de complémentation mitochondriale : le mélange des mitochondries des parents révèlerait (simulerait) l'hétérosis observé chez l'hybride. Dans leurs expériences, le mélange avait une activité supérieure à la moyenne des activités parentales (McDaniel, 1973). Il y avait là une perspective de prédiction de l'hétérosis par test *in vitro*, ce qui aurait été plus rapide et moins coûteux que de réaliser tous les croisements entre lignées. Malheureusement, les résultats sont souvent apparus sans liaison avec l'hétérosis ou non reproductibles (Hanson *et al.*, 1975 ; Sen, 1981). De plus, aucune explication claire de ce phénomène n'a été proposée, phénomène posant d'autant plus question que les mitochondries, comme les plastes chez de nombreuses plantes (angiospermes), ne sont en général pas transmises par le pollen et sont donc d'origine maternelle.

En revanche, la mesure au stade jeune de l'activité mitochondriale des hybrides pourrait avoir des applications en sélection. C'est parmi les hybrides ayant l'activité respiratoire la plus importante au stade jeune que pourraient se trouver les hybrides les plus hétérotiques. Cela a été mis en application dans l'amélioration du palmier à huile (Kouamé, 1989). Cependant, cette liaison entre l'activité mitochondriale des hybrides et l'hétérosis, ou la valeur des F_1 pour des caractères agronomiques, n'a pas toujours été vérifiée, en particulier chez le maïs (Rodgers, 1976).

L'hypothèse hormonale de l'hétérosis

Le fait que l'hétérosis soit un phénomène global, affectant la croissance de la plante dès la germination, a fait penser à une cause hormonale puisque les hormones contrôlent différents aspects de la croissance et du développement des plantes. Compte tenu du rôle connu de l'acide gibbérellique (AG) à différentes étapes de la vie de la plante, de la germination au stade adulte, au niveau de grandes fonctions comme le métabolisme des sucres (Sarkissian *et al.*, 1964), il apparaissait comme une hormone pouvant jouer un rôle dans l'hétérosis. Cette hypothèse était renforcée par l'observation d'un hétérosis très fort chez le maïs pour la teneur en AG : le niveau d'AG chez les lignées est beaucoup plus bas que chez les hybrides (Rood *et al.*, 1983a,b, 1988). De plus, les lignées répondent plus que les hybrides à l'apport exogène d'AG par une augmentation de taille (Rood *et al.*, 1988, 1990). Il en résultait donc une forte diminution de l'hétérosis avec l'apport d'AG. Rood *et al.* en concluaient donc que le faible niveau d'AG était un facteur limitant de la croissance des lignées et que cela pouvait être la cause de la dépression de consanguinité. Inversement, le fort niveau d'AG chez les hybrides serait responsable de l'hétérosis. Cependant, des mutants de nanisme (*dw1*) ont aussi un faible niveau d'AG (et répondent à un apport exogène d'AG). Si le haut niveau d'AG était responsable de la vigueur hybride, alors les hybrides homozygotes pour le gène de nanisme *dw1*, à faible niveau d'AG, ne devraient pas manifester d'hétérosis ; or l'hétérosis est bien observé au niveau de ces hybrides et pratiquement dans les mêmes proportions chez les formes naines et les formes normales (Auger *et al.*, 2005b). Donc l'augmentation d'AG chez les hybrides « normaux » est une conséquence et non une cause de l'hétérosis. En fait, cette expérience montre que les lignées « normales » sont carencées en AG.

Cas particulier d'hétérosis au niveau de la croissance des tubes polliniques chez les plantes autotétraploïdes

Chez les plantes autotétraploïdes, les gamètes mâles et femelles sont diploïdes. Il est remarquable que les grains de pollen issus d'une plante très hétérozygote germent plus vite que les grains de pollen issus d'une plante plus ou moins consanguine (par exemple après une génération d'autofécondation) (Groose et Bingham, 1991). De plus, la vitesse de croissance des tubes polliniques a même pu être reliée au degré d'hétérozygotie de la plante qui a produit le pollen. En fait, cela signifie que les grains de pollen, qui sont diploïdes, fonctionnent comme un organisme diploïde et la moyenne de leur vitesse de croissance est proportionnelle à leur degré d'hétérozygotie. C'est donc bien un cas d'hétérosis, montrant que de nombreux gènes s'expriment déjà au niveau du pollen et de la croissance du tube pollinique (Mulcahy et Ottaviano, 1983).

Hétérosis et dépression de consanguinité au niveau du génome

Effet d'hétérosis et de dépression de consanguinité sur la méiose

Chez les plantes très allogames, la méiose est souvent perturbée par la consanguinité : il en résulte une fertilité plus faible. Ainsi, la consanguinité affecte la fréquence des chiasmas chez le seigle (Rees, 1956) et chez le dactyle (Myers, 1948), deux plantes très allogames. De même, chez *Arabidopsis*, qui est une plante autogame, Barth *et al.* (2001) ont montré une réduction du taux de recombinaison chez les lignées, de 0 à 50 % selon les paires de locus considérées, par rapport à ce qui est observé chez l'hybride. Chez le haricot, autre plante autogame, Srivastava (1980) a aussi observé une fréquence de chiasmas plus élevée chez l'hybride (+ 83 %) que chez les parents. Ces effets apparaissent donc liés au degré d'hétérozygotie, indépendamment du système de reproduction.

Hétérosis pour la teneur en ADN et pour les quantités d'ARN synthétisées

Dans une étude réalisée chez le maïs, Mino et Inoue (1989) ont montré qu'un hybride hétérotique entre deux lignées synthétisait l'ADN plus rapidement que ses parents au cours des premières heures de la germination (après 36 heures d'imbibition). Il en résultait une teneur plus élevée en ADN des embryons. Au cours des premiers stades de la germination, les ARN, comme l'ADN, apparaissent synthétisés plus rapidement et en quantités plus importantes chez les hybrides que chez les lignées (Cherry *et al.*, 1963 ; Mino et Inoue 1980 ; Nebiolo *et al.*, 1983 ; Romagnoli *et al.*, 1990). Tsaftaris et Polidoros (1993), Tsaftaris (1995), Tsaftaris et Kafka (1998) observent également de l'hétérosis pour l'expression, avec une liaison entre l'importance de l'expression et le niveau d'hétérosis. Cependant, les études d'un grand nombre de gènes ne montrent pas d'hétérosis systématique pour l'expression, voire pas d'hétérosis (cf. Chapitre 3, p. 123).

Conclusion

Lorsque le rendement en grain ou en biomasse est affecté par l'hétérosis, tous les caractères quantitatifs moins complexes en liaison avec l'élaboration de ce rendement, qu'ils soient multiplicatifs ou non, ne sont pas nécessairement affectés par l'hétérosis (au sens de la supériorité par rapport au meilleur parent). Ce sont surtout les caractères de vigueur générale et/ou liés à la valeur sélective qui sont les plus affectés. Les caractères de développement comme la précocité ou le nombre de feuilles chez le maïs, très liés à la précocité, sont en général peu affectés par l'hétérosis. En revanche, la taille des organes est augmentée et en conséquence les échanges de la plante avec le milieu sont augmentés : par exemple l'absorption *via* le volume du système radiculaire et la photosynthèse *via* la surface foliaire. Il en résulte une croissance plus rapide des hybrides.

D'un point de vue physiologique, même s'il y a hétérosis pour le rendement en grains ou en biomasse, les hybrides n'ont pas toujours des fonctions plus efficaces (par exemple ils ne produisent pas toujours plus pour une même quantité d'azote absorbé, ou ils n'ont pas toujours une photosynthèse plus élevée par unité de surface foliaire, etc.) et leurs activités enzymatiques ne sont pas systématiquement augmentées à un stade donné. Selon Hageman *et al.* (1967), l'hétérosis au niveau des activités enzymatiques est même plutôt l'exception et non la règle. Les résultats obtenus apparaissent très dépendants des génotypes utilisés. Enfin, de façon générale, il n'apparaît pas de corrélation forte entre l'hétérosis observé au niveau d'un caractère global comme le rendement en grain ou en biomasse et l'hétérosis pour des caractères physiologiquement et génétiquement plus simples.

L'hétérosis observé au niveau du rendement en grain ou du rendement en biomasse, pour un hybride donné, ne correspond donc pas à une stimulation de tous les caractères quantitatifs liés, morphologiques ou physiologiques, contrairement à une interprétation restrictive de la définition de Shull.

▶▶ L'hétérosis dépend du milieu

L'hétérosis est plus élevé en conditions défavorables

Les faits expérimentaux

D'une façon assez générale, l'hétérosis apparaît plus important en milieu limitant ou défavorable à la croissance. De nombreux exemples peuvent être donnés. Dans une étude de Breese (1969) chez une graminée fourragère allogame, le dactyle, espèce très sensible à la consanguinité, l'hybride entre deux populations était intermédiaire entre les deux parents en conditions de bonne fertilité ; en revanche, en milieu limitant, il était supérieur aux parents (Figure 1.10).

Chez le maïs, Zaidi *et al.* (2007) donnent un autre exemple d'adaptation des hybrides aux conditions défavorables : en situation d'humidité excessive, les hybrides sont mieux adaptés, car plus tolérants à l'asphyxie radiculaire. De même, Welcker *et al.* (2005) observent pour des croisements entre populations tropicales un hétérosis moyen plus fort en sols acides (défavorables) qu'en sols non acides (32 % *versus* 20 %). Toujours chez le maïs, Uzarowska *et al.* (2007) montrent un hétérosis pour la hauteur qui est plus fort au champ (milieu défavorable) qu'en serre (milieu favorable). En effet, les lignées sont de

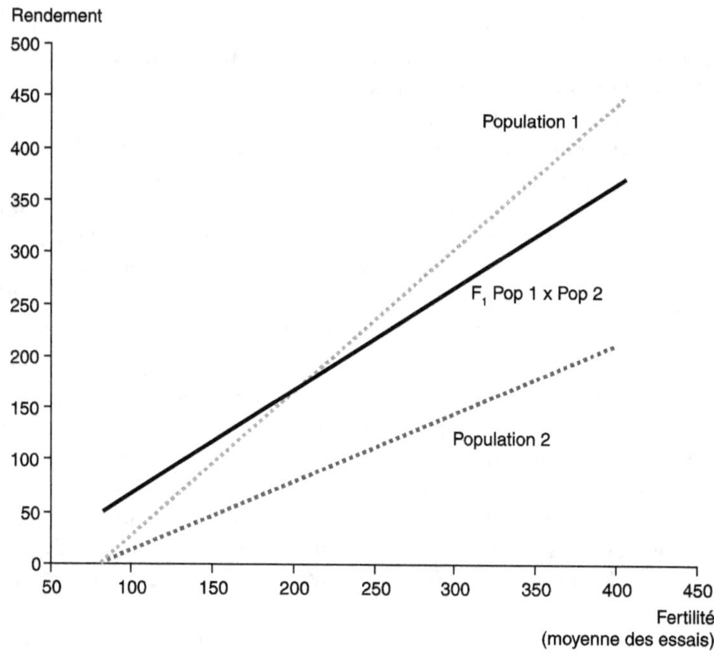

Figure 1.10. L'hétérosis entre deux populations chez une graminée fourragère allogame, le dactyle (d'après Breese, 1969).

L'hétérosis meilleur parent n'apparaît qu'en milieu pauvre.

hauteur nettement plus faible au champ qu'en serre car elles souffrent des conditions défavorables du champ, alors que les hybrides montrent de plus faibles différences de hauteur entre les deux conditions : ils sont plus stables de comportement.

Chez le blé, la supériorité des hybrides est plus nette à faible niveau de fumure azotée qu'à fort niveau : 15 % *versus* 5 % (Le Gouis et Pluchard, 1996). Les hybrides ont sans doute une plus grande capacité à « extraire » l'azote du sol en conditions de faible fertilisation. Un autre exemple de plus grande stabilité des hybrides a été observé lorsqu'il y a des variations accidentelles de densité (dues à des problèmes de levée ou à des effets du climat) (Tableau 1.6). Elle s'explique par l'aptitude des hybrides à compenser une faible densité de peuplement, alors que les lignées sont pénalisées par cette densité trop faible (Auriau *et al.*, 1992). Cette compensation résulte d'un potentiel de tallage plus élevé qui peut s'exprimer si par accident la densité devient trop faible. La faible densité pouvant être assimilée à une condition défavorable (pas assez de tiges reproductives à l'unité de surface), on retrouve ici encore l'avantage des hybrides en conditions défavorables.

Tableau 1.6. Expression de la vigueur hybride chez le blé selon la densité (Auriau *et al.*, 1992).

	Forte densité	Faible densité
Rendement des parents	79,2 q/ha	68,4 q/ha
Rendement hybride	93,2 q/ha	94,4 q/ha
Hétérosis moyen rendement	17,5 %	38,2 %
Hétérosis moyen tallage	− 3,1 %	6,2 %

q/ha : quintaux par hectare.

Dans différentes expériences chez *Arabidopsis,* Griffing et Zsiros (1971) ont montré que l'hétérosis est dépendant des conditions environnementales (nutrition, température, densité de peuplement, compétition), avec un meilleur comportement des hybrides en conditions extrêmes. En particulier, la vigueur hybride apparaissait à forte température (31 °C), alors qu'à température plus faible (plus optimale) il n'y avait pas d'hétérosis.

Au niveau même du champ expérimental, donc dans un milieu donné, les hybrides montrent en général une moindre sensibilité aux variations micro-environnementales. Dans les expériences avec des répétitions, cela se traduit par un coefficient de variation résiduel[5] plus faible pour les hybrides que pour les lignées (Tableau 1.7).

La plus grande stabilité des hybrides par rapport aux lignées est observée aussi bien chez les plantes à forte dépression de consanguinité que chez les plantes à faible dépression de consanguinité. Ainsi, bien que de façon moins nette par rapport au maïs, elle est observée chez différentes espèces où l'hétérosis est assez faible : le colza (Lefort-Buson, 1986), le soja (Kunta *et al.*, 1985), le blé (voir précédemment) et plusieurs plantes légumières autogames (Bannerot, 1986).

Tableau 1.7. Coefficient de sensibilité au milieu (coefficient de variation résiduel) des lignées par rapport aux hybrides, dans différentes expériences, chez le maïs.

Expériences	Milieu	Lignées	Hybrides
Coque et Gallais (2008) [1]	N0	24,1 %	7,4 %
Coque et Gallais (2008) [1]	N1	19,5 %	4,0 %
Sampoux *et al.* (1989) [2]	-	11,7 %	7,5 %

[1] Rendement en grain. N0 : faible fumure azotée ; N1 : forte fumure azotée. [2] Rendement en matière sèche au stade ensilage.

L'avantage plus important des hybrides en conditions défavorables leur confère une plus grande stabilité dans des conditions de milieu variables : c'est l'homéostasie des hybrides. C'est là un aspect essentiel de la manifestation de l'hétérosis. Cette caractéristique des hybrides est importante pour le producteur car elle apporte une certaine sécurité de production. Ainsi, même chez les espèces légumières autogames comme la tomate, l'aubergine ou le poivron, où l'hétérosis est assez faible, la plus grande régularité de production des hybrides avec une meilleure nouaison en conditions difficiles et leur aptitude à produire en climat plus froid, qui conduit à une récolte plus précoce, sont des avantages importants pour le producteur (Bannerot, 1986).

Première explication de l'homéostase des hybrides

La stimulation par l'hétérosis de l'adaptation aux conditions extrêmes

L'homéostase des hybrides peut être directement une conséquence de l'hétérosis qui, s'il est suffisamment important, peut entraîner une certaine tolérance à différentes adversités : maladies, sécheresse (avec une aptitude des hybrides à mieux prospecter l'eau en profondeur dans le sol grâce à un système racinaire plus développé), froid, etc. Dans tous ces cas, il apparaît généralement une aptitude des hybrides à mieux « supporter » le stress qui est liée à une meilleure reprise de croissance après le stress. Il s'agit donc en

---

5. Le coefficient de variation résiduel est défini par le rapport de l'écart-type résiduel sur la moyenne ; c'est un coefficient qui mesure la sensibilité aux micro-variations du milieu dans un champ.

fait de manifestations dues à l'augmentation de la vigueur. Un tel effet a été observé par Rohde *et al.* (2004) pour la résistance au froid, après endurcissement, chez *Arabidopsis*. En effet, dans cette expérience, la plus grande tolérance au froid des hybrides n'est pas apparue en relation avec l'expression des gènes de résistance au froid, ce qui tend à montrer qu'elle était le résultat d'une stimulation globale au niveau de la plante.

Une plus grande richesse en gènes d'adaptation des hybrides

Lorsque l'hétérosis est suffisamment important, les lignées peuvent être considérées en milieu défavorable « pauvre » comme des plantes carencées en nombreux éléments ; elles sont toutefois moins « pénalisées » en milieu favorable « riche » car celui-ci permet à la plante de mieux satisfaire ses besoins en éléments nutritifs. En revanche, les hybrides réunissant plus de gènes d'adaptation à différentes conditions de milieu sont nécessairement plus stables. Cela est bien illustré par la carence en acide gibbérellique des lignées de maïs, mise en évidence par Rood *et al.* (1988, voir p. 25). En fait, les lignées sont déficientes pour de nombreuses activités métaboliques et il n'y a aucune raison d'en privilégier une plus que les autres. Pour obtenir un développement plus équilibré des lignées, il faudrait non seulement leur fournir de l'acide gibbérellique, mais aussi beaucoup d'autres éléments. S'il était possible de leur apporter tous les éléments nutritifs qui leur manquent pour leur croissance, elles seraient sans doute proches du niveau des hybrides. En fait, chez les lignées des espèces allogames, il semble y avoir « rupture » – ou au moins un affaiblissement – de nombreuses chaînes métaboliques (photosynthèse, assimilation et réduction des nitrates, etc.). Chez les hybrides, les flux métaboliques sont plus ou moins rétablis. De ce fait, les lignées sont très sensibles aux variations du milieu, comme le montre l'examen de leur coefficient de variation par rapport à celui des hybrides (cf. Tableau 1.7). Cette plus grande sensibilité des lignées aux variations du milieu était attendue chez les plantes allogames : ce sont en effet des plantes « anormales », contre-nature, n'ayant que peu donné prise à la sélection naturelle. Mais l'homéostase des hybrides est aussi observée chez les plantes autogames chez lesquelles les lignées sont beaucoup moins « déprimées » par rapport aux hybrides. Nous verrons qu'elle s'explique cependant de la même façon : la réunion chez l'hybride de plus de gènes d'adaptation à des conditions de milieu variées (voir p. 64 et p. 94).

Stabilité, hétérogénéité, hétérosis et productivité

L'hétérogénéité d'un peuplement végétal est à l'origine d'une plus grande stabilité de comportement qu'un peuplement homogène (cf. 2e Partie, p. 142). Or, de façon simpli-fiée, les hybrides peuvent être vus comme un mélange de deux constituants : les gènes, au lieu d'être dans des individus différents, sont réunis dans un même génotype. Une partie de l'homéostase des hybrides peut donc être due à leur hétérogénéité génétique interne. Sans entrer dans les analyses génétiques qui seront présentées ultérieurement (cf. Cha-pitre 3), nous allons examiner quelques résultats expérimentaux montrant les perfor-mances de mélanges de lignées homozygotes et de leurs hybrides, dans des conditions de milieu variées. Trois expériences sont considérées, l'une chez une plante très allogame, le maïs, une autre chez une plante autogame, le sorgho, et enfin une expérience avec une plante semi-allogame, le colza.

Pour le maïs, Schnell et Becker (1986) montrent que, comme attendu, la performance moyenne (rendement en grain) des hybrides simples est nettement supérieure au mélange des deux lignées parentales. La stabilité des hybrides simples est également supérieure à celle des lignées en monoculture ou en mélange (Tableau 1.8). Les hybrides simples, génétiquement homogènes, permettent d'associer rendement et stabilité. Les hybrides génétiquement hétérogènes (hybrides doubles) sont plus stables que les hybrides simples, mais ils sont moins productifs (cf. 2e Partie). L'association raisonnée de deux hybrides simples performants non apparentés est une meilleure solution que l'hybride double : il permet une stabilité comparable, associée à une meilleure performance.

Tableau 1.8. Effets de l'hétérogénéité et de l'hétérozygotie sur le rendement et la stabilité de rendement du maïs et du sorgho (d'après Reich et Atkins, 1970 chez le sorgho ; Schnell et Becker, 1986 chez le maïs).

Caractère	Espèce	Lignées en monoculture	Effet de l'hétérozygotie [1]	Effet de l'hétérogénéité [2]	Effet combiné [3]
Rendement q/ha	Maïs	24,0	+ 52,7**	+ 0,3[ns]	+ 52,9**
	Sorgho	48,2	+ 12,1**	+ 0,8[ns]	+ 13,2**
Stabilité (CV) [4]	Maïs	22,8	− 16,6	− 11,4	− 17,2
	Sorgho	18,7	− 3,2	− 3,9	− 6,4

** Significatif à 1 % ; [ns] non significatif ; q/ha : quintal par hectare. [1] Différence entre hybrides simples et lignées en cultures pures ; [2] différence entre lignées cultivées en mélange et lignées en cultures pures ; [3] différence entre hybrides doubles et lignées en culture pures ; [4] CV : coefficient de variation résiduel en pourcentage (donc une faible valeur signifie une plus grande stabilité et une diminution de cette valeur signifie un gain en stabilité).

Pour le rendement du sorgho (plante autogame), Reich et Atkins (1970) obtiennent des résultats de même nature que ceux de Schnell et Becker chez le maïs ; même si l'effet d'hétérosis est beaucoup plus faible, il y a un effet net de l'hétérozygotie et un effet non significatif de l'hétérogénéité (cf. Tableau 1.8). En revanche, avec le paramètre de stabilité considéré, les deux espèces réagissent de façon différente à la combinaison hétérozygotie et hétérogénéité. Chez le maïs, il apparaît une forte interaction entre hétérozygotie et hétérogénéité, les lignées réagissant beaucoup plus que les hybrides au mélange, alors que chez le sorgho, les effets sont plus faibles et additifs. Schnell et Becker relient cette différence de comportement au système de reproduction des deux espèces, c'est-à-dire à l'importance de l'hétérosis. Si l'hétérosis est important, l'hétérozygotie des hybrides fait gagner beaucoup en stabilité, tandis que l'association de deux hybrides fait relativement peu gagner en stabilité ; en revanche, si l'hétérosis est faible, l'association de deux hybrides apporte un gain non négligeable en stabilité.

Pour le colza, plante semi-allogame, les mêmes expériences montrent que le mélange de lignées a un rendement en grain supérieur de 6 % à celui des cultures « pures » (Léon, 1991). Les variétés hybrides sont supérieures de 15 % aux variétés lignées et le mélange des F_1 est lui-même supérieur de 6 % aux hybrides en culture pure. L'hétérogénéité et l'hétérozygotie ont eu un effet significatif sur la stabilité (avec un effet plus grand de l'hétérogénéité). Cet effet de l'hétérogénéité est plus fort que chez le maïs. Cependant, le gain en stabilité dû au mélange est plus net au niveau des lignées qu'au niveau des hybrides, ce qui montre bien l'homéostase des hybrides. Ces résultats tendent à confirmer l'hypothèse de Schnell et Becker sur l'effet du système de reproduction.

En conclusion, l'hétérosis est fortement dépendant du milieu et conduit à une plus grande stabilité de performances, avec une supériorité des hybrides plus importante en conditions limitantes (faibles intrants, températures extrêmes, humidité excessive, etc.).

Il est donc difficile de parler d'hétérosis sans parler de milieu. Les hybrides apparaissent comme un moyen d'avoir des variétés performantes, homogènes et assez stables lorsque le milieu varie. L'hétérogénéité génétique des peuplements n'apparaît pas indispensable à la stabilité et si elle est trop forte, non contrôlée, elle fait perdre en performance (Gallais, 1992a). De plus, il est possible de sélectionner des génotypes stables de comportement en accumulant dans ces génotypes des gènes d'adaptation à différents milieux. Ainsi, la supériorité des hybrides modernes de maïs par rapport aux hybrides anciens est plus nette en conditions défavorables qu'en conditions favorables (Derieux *et al.*, 1986). L'amélioration accumule donc, au cours des cycles de sélection, de plus en plus de gènes d'adaptation à des conditions de milieux variées.

▸▸ L'hétérosis dépend de la distance génétique entre les parents

Dans une population panmictique, de grande taille, la moyenne de tous les croisements entre plantes prises au hasard (non apparentées) est égale à la moyenne de la population. En revanche, avec des croisements entre plantes apparentées, il apparaît une perte de vigueur par rapport à cette moyenne qui représente la dépression de consanguinité. Cette perte de vigueur est d'autant plus forte que les parents des croisements sont plus apparentés : il existe une relation entre la valeur des croisements et la distance génétique entre parents, mesurée par leur apparentement. Nous verrons que c'est ce que traduit la perte de vigueur moyenne au cours des générations d'autofécondation, en considérant l'autofécondation comme le croisement d'une plante avec elle-même. D'une façon plus générale, il peut exister une relation entre la valeur attendue d'un croisement et la distance génétique entre les parents, même lorsque ceux-ci ne sont pas apparentés. Il s'agit alors d'avoir des indices de distance génétique pertinents.

La dépression de consanguinité et l'hétérosis selon le degré de consanguinité au niveau intrapopulation

Dans les systèmes de reproduction en consanguinité, le niveau de ploïdie peut affecter fortement la progression vers l'homozygotie et l'importance de la dépression de consanguinité. Or les plantes améliorées autopolyploïdes sont assez fréquentes (pomme de terre, poireau, luzerne, dactyle, etc.) ; elles sont même parfois créées artificiellement par doublement chromosomique, comme chez les plantes fourragères, afin d'augmenter leur qualité. Nous allons donc d'abord considérer la dépression de consanguinité chez les espèces diploïdes, plus particulièrement au cours de l'autofécondation, puis nous présenterons quelques éléments chez les espèces autotétraploïdes.

La modélisation de la dépression de consanguinité chez les espèces diploïdes

Définition du coefficient de consanguinité et évolution de la consanguinité selon le système de reproduction

La reproduction en consanguinité se traduit par l'augmentation de la fréquence des locus homozygotes et la diminution de la fréquence des locus hétérozygotes. Ainsi, à un locus, l'autofécondation d'une plante diploïde hétérozygote (Aa) donne une descendance formée de ¼ AA, ½ Aa, ¼ aa : la fréquence des hétérozygotes est divisée par 2. En poursuivant par l'autofécondation de nombreuses plantes, sans sélection, dans la génération suivante, la fréquence des hétérozygotes est encore divisée par deux et la population obtenue a pour composition : ¼ AA, ½ Aa, ¼ aa. Après de nombreuses autofécondations sans sélection, ni dérive (perte aléatoire de gènes), les génotypes hétérozygotes disparaissent et les deux homozygotes AA et aa ont une fréquence voisine de 0,50. À une génération quelconque d'autofécondation, la composition de la population obtenue peut donc s'exprimer à l'aide d'un seul paramètre, la fréquence des homozygotes, qui peut être considérée comme le coefficient de consanguinité de la population. Pour décrire la structure d'une population consanguine quelconque, dérivant d'une population panmictique de grande taille, on considère qu'à un locus, toute plante de cette population, hétérozygote ou homozygote, a deux gènes indépendants dans leur origine. Il est donc encore possible de mesurer la consanguinité par la probabilité d'homozygotie pour un même gène de départ, c'est-à-dire la probabilité que les deux gènes à un locus dérivent d'un même gène ancêtre présent chez un individu de la population panmictique de départ. Ces deux gènes sont dits *identiques* ; d'une façon générale, le coefficient de consanguinité F d'un individu est la probabilité d'avoir deux gènes identiques à l'un quelconque de ses locus (Encadré 1.2).

Le coefficient de consanguinité permet d'étudier la vitesse de progression vers l'homozygotie de différents systèmes de reproduction en consanguinité. Chez les plantes, les deux systèmes de reproduction en consanguinité les plus fréquemment utilisés sont l'autofécondation et le croisement frère × sœur. L'autofécondation est le système « naturel » de reproduction en consanguinité le plus étroit, c'est-à-dire celui qui fait progresser le plus vite vers l'homozygotie. Chez les espèces diploïdes, la progression vers l'homozygotie en croisement frère × sœur est environ trois fois plus lente que par autofécondation : alors qu'en autofécondation la valeur F, égale à 0,984, est atteinte en six générations, il faut 18 générations en croisement frère × sœur pour atteindre cette valeur (cf. Encadré 1.2). Le système de reproduction en consanguinité affecte aussi la distribution des locus hétérozygotes dans le génome. Fisher (1949) a en effet montré qu'en consanguinité, ce sont des blocs entiers de chromosomes qui deviennent homozygotes ; parallèlement, l'hétérozygotie est concentrée en quelques « blocs » sur chaque chromosome. En croisement frère × sœur, comme il y a plus de méioses pour un même niveau de consanguinité, les blocs sont plus petits et plus nombreux.

À noter que par les systèmes « naturels » de reproduction en consanguinité, l'homozygotie parfaite pour un grand nombre de locus ne peut jamais être atteinte. Par exemple avec 10 000 locus à l'état hétérozygote en F_1 et après 6 générations d'autofécondation, plus de 100 locus seront encore dans cet état et ceci en excluant les mutations spontanées. Seule l'haplodiploïdisation permet d'obtenir, au moins théoriquement, cet état. Ce processus qui permet de passer « directement » de l'état hétérozygote à l'état homozygote peut aussi être considéré comme un système de reproduction en consanguinité.

Relation entre la moyenne d'une population et son degré de consanguinité

Approche théorique

La diminution non linéaire de vigueur avec le nombre de générations d'autofécondation (forte à la première génération puis évolution vers une limite) observée par East et Shull (cf. Figure 1.2) s'explique très facilement, sans hypothèse sur l'hétérosis. Considérons un locus pour lequel l'hétérozygote est supérieur à la moyenne des deux parents, alors en l'absence de sélection, la moyenne à ce locus va diminuer à chaque génération d'autofécondation pour tendre vers la moyenne des homozygotes, puisque les hétérozygotes sont remplacés par les homozygotes de valeur moyenne plus faible. L'écart avec la valeur atteinte après de nombreuses autofécondations est divisé par deux à chaque génération d'autofécondation, comme la fréquence de l'état hétérozygote. Avec plusieurs locus indépendants, il suffit de sommer sur le nombre de locus impliqués : la diminution de vigueur suivra toujours la diminution de la fréquence des hétérozygotes. Ainsi chez les diploïdes en l'absence d'épistasie, la dépression de consanguinité est directement proportionnelle au coefficient de consanguinité (Encadré 1.3). Réciproquement, l'hétérosis est donc proportionnel au degré d'hétérozygotie mesuré par $(1 - F)$.

Cette modélisation montre que pour qu'il y ait dépression de consanguinité, il faut *i)* qu'il y ait de la dominance (déviation à l'additivité) et *ii)* que la somme des effets de dominance sur l'ensemble des locus qui interviennent pour le caractère considéré soit positive. Dans ces conditions, alors la dépression de consanguinité existe et est proportionnelle au coefficient de consanguinité F, indépendamment de toute hypothèse sur les mécanismes génétiques de l'hétérosis, et en particulier sans superdominance.

De façon plus générale, au niveau intrapopulation, les résultats théoriques montrent que la valeur moyenne d'un croisement augmente lorsque le niveau d'apparentement entre ses parents diminue (cf. Encadré 1.3). En utilisant le coefficient de parenté Φ comme mesure de la proximité génétique, il existe en l'absence d'épistasie une relation linéaire positive entre la valeur moyenne des croisements et la distance génétique mesurée par $(1 - \Phi)$ ou distance généalogique.

Encadré 1.2. Définition probabiliste du coefficient de parenté et du coefficient de consanguinité

Lorsque deux individus sont apparentés, ils peuvent avoir reçu une copie d'un même gène de leur ancêtre commun. Cette copie se réalise au moment de la formation des gamètes chez cet ancêtre commun ; les gènes ainsi « copiés » sont dits *identiques*. Le coefficient de parenté Φ_{XY} de deux individus X et Y est alors défini par la probabilité pour qu'en tirant un gène chez X et un gène chez Y, ces deux gènes soient identiques. Ainsi, dans une population panmictique, le coefficient de parenté de deux individus frères ou sœurs est égal à ¼ ; le coefficient de parenté d'un individu non consanguin avec lui-même n'est pas égal à 1, mais à ½.

Le degré de consanguinité se mesure par la probabilité d'avoir à l'état homozygote une copie d'un même gène dérivant d'un ancêtre commun. C'est le coefficient de consanguinité, représenté par la lettre F. Pour un individu Z résultant du croisement de X et de Y, il est donc égal au coefficient de parenté de ses parents :

$$F_z = \Phi_{XY}.$$

Après autofécondation d'un individu issu d'une population panmictique, le coefficient de consanguinité F est égal à ½ (égal au coefficient de parenté d'un individu avec lui-même puisque l'autofécondation est la reproduction d'un individu avec lui-même). Le croisement de deux plantes sœurs conduit à F équivalent à ¼, tandis que le croisement de deux plantes demi-sœurs conduit à F équivalent à 1/8. À noter que F équivalent à 0 ne correspond pas nécessairement à l'état hétérozygote au locus considéré ; dans une population panmictique, cela correspond à un génotype dont les deux gènes sont

...

indépendants (non identiques) dans leur origine, F mesurant la probabilité d'avoir deux gènes identiques.

Calcul du coefficient de consanguinité

En autofécondation, à partir d'individus non consanguins, puisque l'hétérozygotie est divisée par deux à chaque génération, on a la relation suivante :

$$1 - F_n = (1 - F_{n-1})/2,$$

d'où avec F_0 équivalent à 0 :

$$F_n = 1 - (1/2)^n.$$

En croisement frère × sœur, l'équation est un peu plus complexe à écrire (voir Fisher, 1949 ; Crow et Kimura, 1970). Nous n'en retenons que le résultat :

$$F_n = (1 + 2F_{n-1} + F_{n-2})/4.$$

La figure ci-dessous représente l'évolution du coefficient de consanguinité F, pour les deux systèmes de reproduction, autofécondation et croisement frère × sœur. Il faut environ trois fois plus de générations de croisement frère × sœur que par autofécondation pour atteindre des niveaux d'homozygotie supérieurs à 0,98.

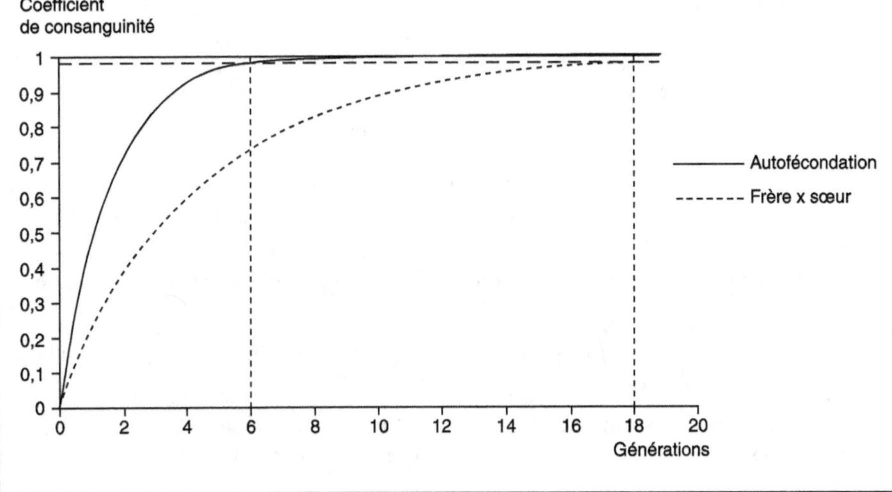

Résultats expérimentaux

L'expérience montre, comme attendu, que *i*) la dépression de consanguinité est proportionnelle au coefficient de consanguinité (Figure 1.11) (exemples chez le maïs : Neal, 1935 ; Hallauer et Miranda, 1981) et *ii*) pour un même niveau de consanguinité, la dépression de consanguinité ne dépend pas du système de reproduction utilisé pour y parvenir. Ainsi, Good et Hallauer (1977) ont obtenu la même dépression de consanguinité pour un même coefficient de consanguinité, en autofécondation et en croisement frère × sœur chez le maïs, mais il a fallu 3 fois plus de temps pour l'atteindre en croisement frère × sœur (cf. Encadré 1.2).

Au niveau intrapopulation, la relation entre la valeur d'un croisement et la distance génétique entre ses parents est bien vérifiée :
– d'abord dans toutes les expériences montrant une linéarité de la perte de vigueur en fonction de la consanguinité F ; il suffit en effet de remplacer le coefficient de

Encadré 1.3. Modélisation de la dépression de consanguinité en autofécondation et modélisation de l'hétérosis en l'absence d'épistasie

Modélisation de la dépression de consanguinité

Considérons d'abord le cas d'autofécondation à partir d'une F_1. Soit à un locus un parent AA de valeur G_{AA} et un parent aa de valeur G_{aa}. La valeur Aa de la F_1 est notée G_{Aa}. La valeur moyenne d'une génération quelconque (n) d'autofécondation d'un individu Aa peut s'écrire :

$$\mu_n = f^n_{Aa} G_{Aa} + f^n_{AA} G_{AA} + f^n_{aa} G_{aa},$$

f^n_{Aa}, f^n_{AA} et f^n_{aa} étant respectivement la fréquence des génotypes Aa, AA et aa, avec f^n_{AA} équivalent à f^n_{aa}. Mais ($f^n_{AA} + f^n_{aa}$) représente le coefficient de consanguinité F_n de la génération n, donc :

$$f^n_{AA} = f^n_{aa} = F_n/2 \text{ et } f^n_{Aa} = 1 - F_n.$$

D'où :

$$\mu_n = (1 - F_n)G_{Aa} + F_n(G_{AA} + G_{aa})/2.$$

Ainsi en posant :

$$m = (G_{AA} + G_{aa})/2,$$

la moyenne des deux homozygotes est :

$$\mu_n = m + (1 - F_n)d,$$

$d = G_{Aa} - (G_{AA} + G_{aa})/2$ étant la dominance « biologique » ;

$d = 0$ dans le cas d'absence de dominance (additivité des effets des allèles aux différents locus) et $d > 0$ dans le cas de dominance.

Avec plusieurs locus indépendants (absence d'épistasie), il suffit de faire la somme sur l'ensemble des locus, d'où :

$$\mu_n = m + (1 - F_n)\sum d = \mu_0 - F_n \sum d, \tag{1}$$

μ_0 étant la valeur de la F_1. Cette expression s'extrapole à la moyenne des familles consanguines dérivées d'une population panmictique ; μ_0 représente alors la moyenne de tous les croisements entre lignées dérivables de la population, qui est aussi la moyenne de la population.

Comme le coefficient de consanguinité d'un individu est égal au coefficient de parenté de ses parents, la relation (1) est aussi une relation entre la valeur d'un croisement et un indice de distance génétique entre ses parents.

Modélisation de l'hétérosis entre deux lignées

En l'absence d'épistasie, l'hétérosis H (hétérosis parent-moyen) entre deux lignées homozygotes non apparentées se relie directement au nombre l de locus hétérozygotes et à la déviation :

$$d_i = G_{Aa} - (G_{AA} + G_{aa})/2,$$

définie pour chaque locus i :

$$H = \sum_i d_i, \tag{2}$$

...

le signe Σ signifiant la somme sur l'ensemble des locus hétérozygotes. Si la valeur d est constante selon les locus, alors :

$$H = l\ d.$$

L'intérêt de cette formulation est de montrer l'origine de l'hétérosis : le nombre de locus hétérozygotes et les effets des allèles à ces locus qui déterminent les valeurs des paramètres d_i.

En l'absence de sélection, le recroisement de familles non apparentées plus ou moins consanguines dérivées d'une population panmictique, redonne le niveau moyen de la population panmictique de départ, égal à la moyenne de tous les hybrides F_1 (voir le schéma ci-dessous). Au niveau d'une population, l'hétérosis moyen (H_n) entre plantes consanguines non apparentées, ayant un coefficient de consanguinité F_n, peut alors s'écrire, d'après l'expression (1) :

$$H_n = \mu_0 - \mu_n = F_n \sum_i d_i.$$

Le gain en vigueur, c'est-à-dire l'hétérosis moyen, est d'autant plus important que les parents sont plus consanguins ; mais c'est la valeur de référence qui diminue, la valeur moyenne des croisements ne change pas. L'hétérosis moyen est évidemment nul si F équivaut à 0, et il est maximum pour F égal à 1, ce qui redonne l'expression (2).

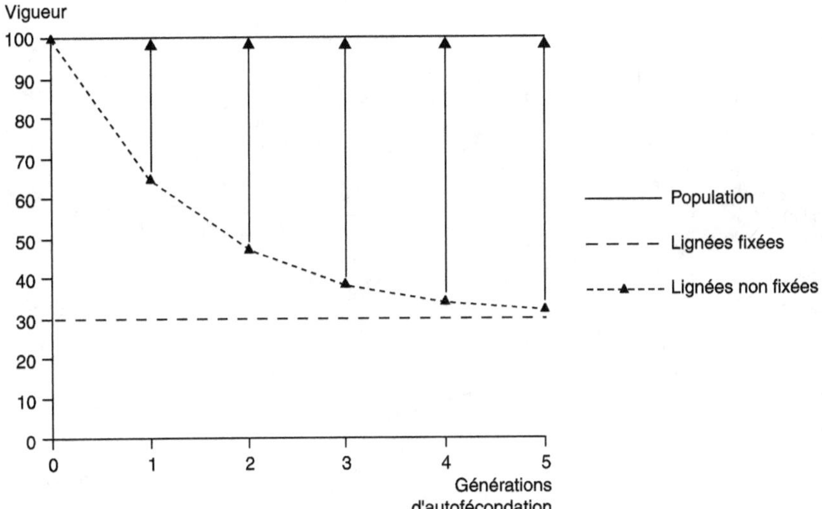

En autofécondation, l'écart entre la dépression de consanguinité maximale et la moyenne de la génération précédente est divisé par deux à chaque génération d'autofécondation (suivant en cela l'évolution de la fréquence des hétérozygotes). Si à une génération donnée les familles consanguines obtenues sont intercroisées, on retrouve le niveau de la population de départ. L'hétérosis moyen, au niveau de la population, est alors l'opposé de la dépression de consanguinité. Si l'autofécondation a été faite à partir d'une F_1, l'intercroisement des familles au niveau F_3, ou F_4, ou F_5, etc., redonne en moyenne le niveau de la F_2. Il est impossible de reconstituer la F_1.

consanguinité par le coefficient de parenté (Neal, 1935 ; Martin et Hallauer, 1976 ; Good et Hallauer, 1977) ;

– puis au niveau de croisements entre lignées plus ou moins apparentées, de pedigree connu. Ainsi chez le maïs où l'hétérosis est fort, Smith *et al.* (1990) ont bien observé cette liaison linéaire pour le rendement en grain, avec une très forte corrélation (r = 0,9). Chez l'avoine, plante autogame où l'hétérosis est faible, Cowen et Frey (1985) ont aussi observé une corrélation significative entre la distance généalogique et la hauteur des plantes.

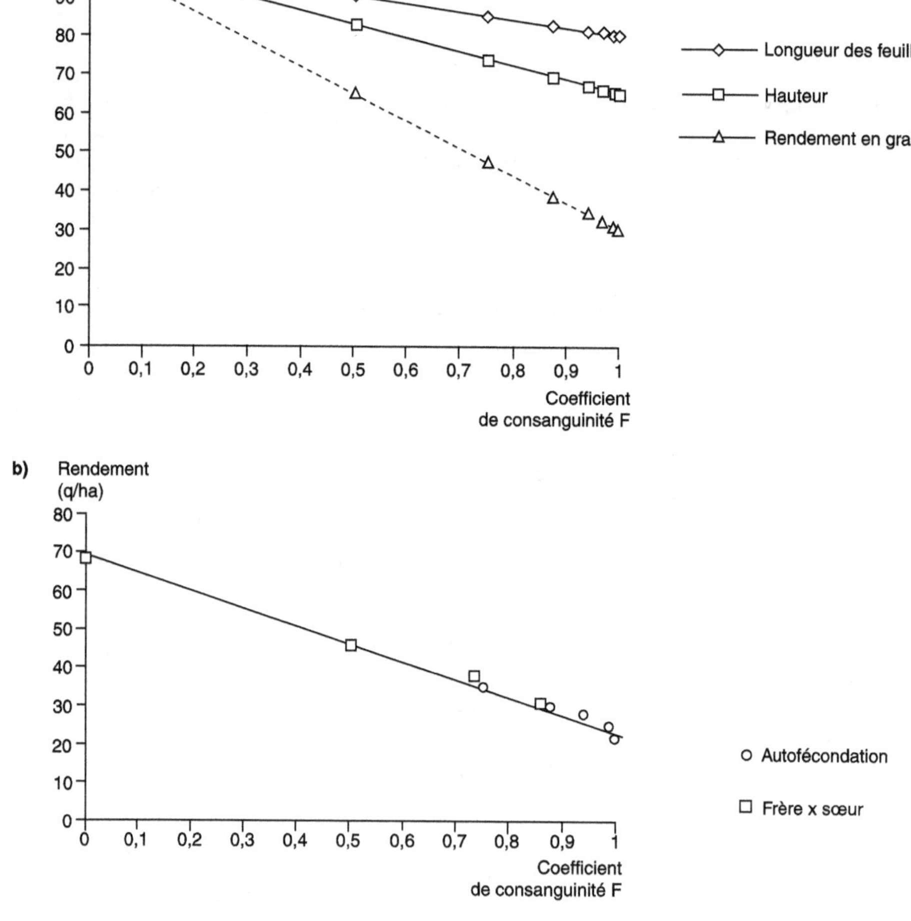

Figure 1.11. La relation entre la dépression de consanguinité et le coefficient de consanguinité, pour le rendement, chez le maïs.

(a) D'après Neal (1935). (b) Comparaison de la dépression de consanguinité en autofécondation et en croisement frère × sœur : pour un même coefficient de consanguinité, la dépression est la même (Good et Hallauer, 1977).

Encadré 1.4. Contribution de l'épistasie à la dépression de consanguinité

Si l'épistasie est considérée, et en ne prenant en compte que les interactions entre paires de locus, la valeur d'une population consanguine dérivée d'une population panmictique de grande taille est une fonction du second degré du coefficient de consanguinité F (Gallais, 1970, 1989b) :

$$\mu_{Fn} = \mu + F_n \sum D + F_n^2 \sum (DD)$$

$\sum D$ représentant la somme, sur les locus impliqués, des moyennes des effets de dominance « statistique » à l'état homozygote, et $\sum(DD)$ la somme sur les paires de locus des moyennes des effets d'épistasie dominance × dominance à l'état homozygote. Avec une dominance positive, $\sum D$ est généralement négatif (voir la figure ci-dessous), mais $\sum(DD)$ peut être négatif ou positif. Donc si les interactions dominance × dominance sont positives, la diminution de vigueur au cours du développement de la consanguinité sera plus faible qu'en l'absence d'épistasie. On parle alors de « *diminishing epistasis* », le développement de l'homozygotie des gènes défavorables ayant un effet inférieur à celui attendu sur la base de l'additivité des effets des locus. Si les interactions dominance × dominance sont négatives, la diminution de vigueur sera plus élevée qu'attendue en l'absence d'épistasie : c'est la situation de « *reinforcing epistasis* », le développement de l'homozygotie des gènes défavorables ayant un effet supérieur à celui attendu sur la base de l'additivité des effets des locus (Crow et Kimura, 1970).

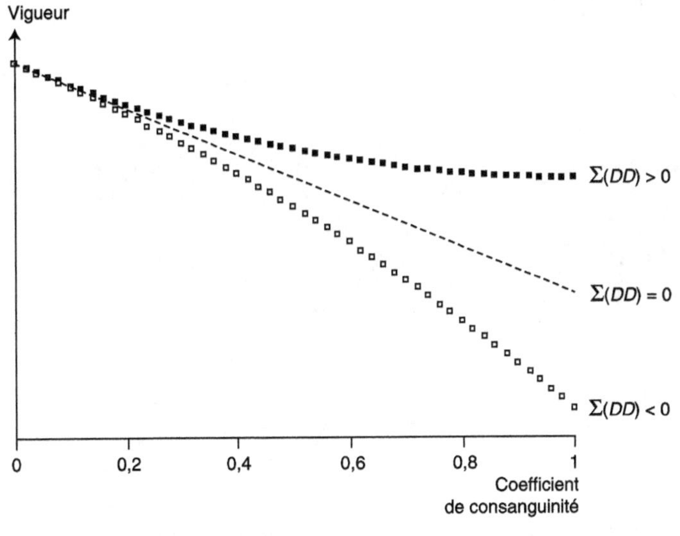

Effet de l'épistasie sur la relation entre la vigueur et le coefficient de consanguinité

Si l'épistasie (c'est-à-dire la non-additivité des effets des locus) est introduite, la relation entre la dépression de consanguinité et le coefficient de consanguinité devient curvilinéaire (Gallais, 1989b) avec un effet « accentuant » (*reinforcing epistasis*) ou un effet « diminuant » (*diminishing epistasis*, Crow et Kimura, 1970 ; Gallais, 1989b) (Encadré 1.4). La linéarité observée chez le maïs entre la dépression de consanguinité et le coefficient de consanguinité montre, au niveau des moyennes, que l'épistasie joue un rôle assez faible, ce qui ne signifie pas pour autant l'absence d'effets de cette nature. En effet, sur l'ensemble du génome, des effets positifs entre certains locus peuvent être annulés par des effets négatifs entre d'autres locus.

La dépression de consanguinité et l'hétérosis chez les espèces autopolyploïdes

La notion d'hétérosis progressif

Chez les autopolyploïdes sur la base du coefficient de consanguinité F, la progression vers l'homozygotie, pour un système de reproduction en consanguinité donné, est beaucoup plus lente que chez les diploïdes. Elle est d'autant plus lente que le degré d'autopolyploïdie est élevé (Gallais, 2003). Ainsi, chez les autotétraploïdes en autofécondation, la progression vers l'homozygotie est plus de trois fois plus lente que chez les diploïdes (Figure 1.12). Sur cette base, le développement de la dépression de consanguinité est attendu plus lent que chez les diploïdes. Cette caractéristique des espèces autopolyploïdes a été, au moins en partie, à l'origine du doublement chromosomique utilisé dans l'amélioration de certaines graminées fourragères allogames où l'on développe des variétés synthétiques : la tétraploïdisation a été considérée comme un moyen

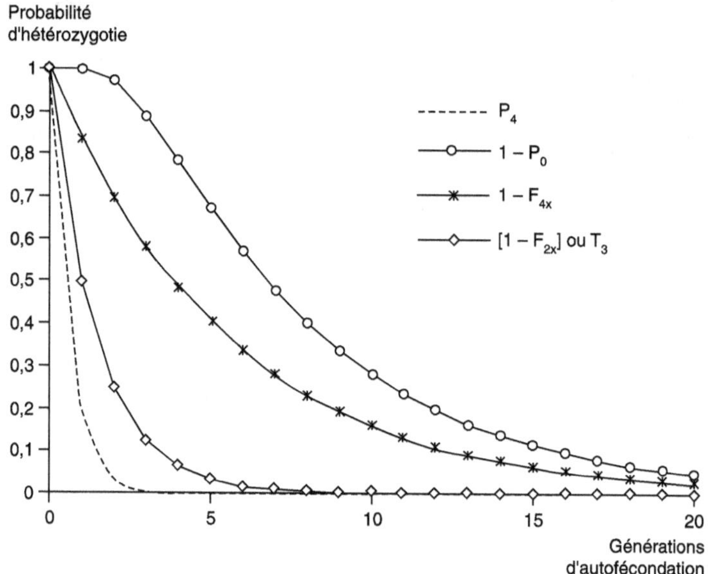

Figure 1.12. Diminution, au cours des générations d'autofécondation, du degré d'hétérozygotie mesuré par différents paramètres chez une espèce autotétraploïde (Gallais, 2003). Comparaison à l'évolution de la fréquence des hétérozygotes chez les diploïdes $(1 - F_{2x})$.

L'état hétérozygote maximum *abcd* (P_4) est très rapidement détruit, alors que l'hétérozygotie mesurée par $(1 - F_{4x})$, F_{4x} étant le coefficient de consanguinité, ne diminue que très lentement ; cette diminution est encore plus lente sur la base de $(1 - P_0)$, P_0 étant la fréquence des homozygotes *aaaa*. Sur la base de la fréquence des associations de trois allèles *abc* (T_3), elle correspond à celle calculée chez les diploïdes. Donc, au cours des premières générations d'autofécondation, si la vigueur est liée à la présence de l'état tétragénique *abcd*, la dépression de consanguinité sera très forte, plus forte que chez les diploïdes ; au contraire, si la perte de vigueur est conditionnée par l'apparition des formes complètement homozygotes (*aaaa*), elle sera plus lente que chez les diploïdes.

de stabiliser la vigueur hybride au cours des générations de multiplication en panmixie. Une dépression plus faible est effectivement observée dans certains cas de tétraploïdie artificielle ou d'autopolyploïdie naturelle (comme la fléole qui est autohexaploïde). Cependant, chez la plupart des autopolyploïdes naturels, la dépression de consanguinité en une génération d'autofécondation est plus forte que chez les diploïdes. Ce résultat s'explique par la liaison entre la vigueur et le degré d'hétérozygotie.

Chez les espèces autotétraploïdes, à un locus, il peut exister des génotypes à 4 « allèles » (tétragéniques *abcd*), à 3 « allèles » (trigéniques *aabc, abbc,* etc.), à deux « allèles » (digéniques *aabb, bbcc* ou *aaab, accc,* etc.) et enfin les homozygotes (monogéniques *aaaa, bbbb,* etc.). Le terme « allèle » est ici un peu abusif. Il s'agit de gènes indépendants dans leur origine, c'est-à-dire non-identiques, au sens vu précédemment. Nous verrons plus loin (p. 101) que ces « allèles » ne sont pas nécessairement des gènes homologues avec des fonctions différentes, mais qu'ils peuvent aussi correspondre à des blocs chromosomiques indépendants. L'expérience sur la luzerne (Gallais, 1977b, Tableau 1.9) montre que, pour différents caractères :

$$G4 > G3 >> G2 \text{ duplex ou } G1 \text{ simplex} > G0,$$

avec $G4$ la moyenne des tétragéniques, $G3$ celle des trigéniques, $G2$ duplex ou $G1$ simplex celle des digéniques et $G0$ celle des monogéniques, conformément avec ce qui est attendu sur la base d'une liaison entre la vigueur et le degré d'hétérozygotie.

Tableau 1.9. Estimations des valeurs des différentes états génotypiques pour différents caractères, chez une plante allogame autotétraploïde, la luzerne (d'après Gallais, 1977b).

État génotypique		Rendement en biomasse	Hauteur
Tétragénique (*abcd*)	G_4	100 ± 10	$100 \pm 7,5^{*}$
Trigénique (*aabc*)	G_3	66 ± 10	$81 \pm 7,5$
Digénique duplex (*aabb*)	G_2	28 ± 14	57 ± 11
Digénique simplex (*aaab*)	G_1	18 ± 12	46 ± 10
Monogénique (*aaaa*)	G_0	0 ± 22	13 ± 14

* Intervalle de confiance à $P = 0,05$.

En l'absence d'épistasie, pour décrire l'évolution de la moyenne d'une génération consanguine, il faut donc 4 paramètres (associés aux probabilités des différents types de génotypes à un locus), alors que chez les diploïdes il suffisait d'un seul paramètre, le coefficient de consanguinité F (Gallais, 2003). Chez les diploïdes, en l'absence d'épistasie, la situation est en effet plus simple puisqu'il n'y a que deux sortes de génotypes, les homozygotes et les hétérozygotes, avec la moyenne $G1$ des génotypes hétérozygotes supérieure à la moyenne $G0$ des génotypes homozygotes.

Or, chez les autotétraploïdes, la fréquence des tétragéniques diminue plus vite en consanguinité que la fréquence des hétérozygotes chez les diploïdes : en une génération d'autofécondation, elle est divisée par 6, alors que la fréquence des « hétérozygotes » chez les diploïdes est divisée par deux (cf. Figure 1.12). La fréquence des associations de trois « allèles » est divisée par deux ; quant à la fréquence des associations de deux « allèles », elle diminue plus lentement que chez les diploïdes. Une diminution de vigueur au cours des premières générations de consanguinité, plus forte chez les autotétraploïdes que chez les diploïdes, signifie donc un avantage très fort des associations de quatre « allèles ».

Pour un degré d'autopolyploïdie quelconque, la conclusion est que la vigueur maximale est en moyenne assurée par la plus grande diversité « allélique », avec comme conséquence que le croisement de deux lignées homozygotes non apparentées ne restituera pas l'hétérozygotie maximum. En effet, un tel croisement entre deux lignées *aaaa* et *bbbb* donne des descendants *aabb* qui sont encore consanguins puisqu'ils présentent à un locus des gènes identiques.

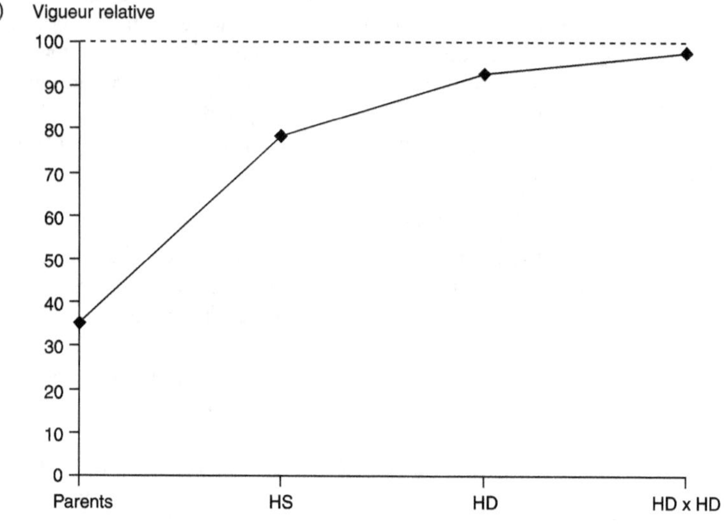

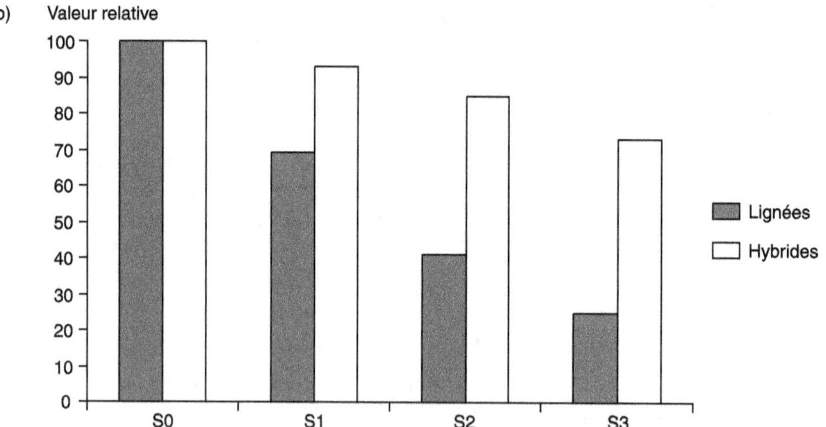

Figure 1.13. L'hétérosis progressif chez les plantes autopolyploïdes.

a) La vigueur augmente encore en passant du niveau hybride simple (HS) au niveau hybride double (HD). L'état hétérozygote maximum est impossible à reconstruire par hybridation sexuée. b) Une génération d'hybridation ne supprime pas la consanguinité : l'hybride simple entre lignées non fixées (S_1, S_2, S_3) est d'autant plus faible que ses parents sont plus consanguins (résultats observés pour le rendement en biomasse chez la luzerne, Gallais, 1977b).

Si la consanguinité a été développée à partir d'une population panmictique, l'hybridation de familles plus ou moins consanguines, même non apparentées, ne restaure pas complètement la vigueur de la population de départ comme chez les diploïdes. Les populations obtenues sont encore consanguines. Pour diminuer la consanguinité, il faut croiser entre eux deux hybrides simples indépendants, c'est-à-dire réaliser des hybrides doubles, voire octuples (croisement de deux hybrides doubles indépendants). Ainsi le croisement de deux hybrides simples *aabb* × *ccdd* donne une descendance composée de 1/9 de génotypes digéniques *aabb*, 4/9 de génotypes trigéniques *aabc* et 4/9 de génotypes tétragéniques *abcd*. Il en résulte une augmentation de vigueur par rapport à celle observée chez l'hybride simple *aabb*. Cette situation est qualifiée d'*hétérosis progressif* (Groose *et al.*, 1989) (Figure 1.13).

Mais, il n'est pas possible dans ce cas de reconstruire par voie sexuée un individu aussi hétérozygote que celui existant dans une population panmictique à l'équilibre. Il n'y a donc pas de symétrie totale entre hétérosis et dépression de consanguinité.

Effet du doublement chromosomique

Le doublement chromosomique a en général un effet négatif sur la vigueur des clones diploïdes hétérozygotes, comme cela a été montré chez la pomme de terre et la fétuque élevée (Mendoza et Haynes, 1974 ; Gillet et Gallais, 1985 ; Gallais, 2003). Il s'agit d'un effet tout à fait analogue à la dépression de consanguinité, puisque le doublement chromosomique d'un individu ab conduit à un individu duplex *aabb*, avec deux copies de *a* et deux copies de *b*. L'individu duplex obtenu peut être considéré comme consanguin puisqu'il présente à un locus donné des gènes identiques dérivant par copie d'un même gène ancêtre. Le doublement chromosomique peut alors être considéré comme l'équivalent d'un système de reproduction induisant de la consanguinité. Compte tenu de la liaison entre vigueur et degré d'hétérozygotie, cette consanguinité explique que l'état duplex *aabb* obtenu par doublement chromosomique est en moyenne inférieur à l'état tétragénique *abcd* (qui peut être progressivement développé par l'intercroisement de nombreux génotypes duplex, non apparentés). Donc, s'il existe des mécanismes physiologiques ou génétiques conduisant au fait qu'un génotype diploïde hétérozygote *ab* a en moyenne le même potentiel qu'un génotype tétraploïde tétragénique *abcd*, alors l'effet négatif du doublement s'explique bien par l'effet de la consanguinité (Gillet et Gallais, 1985). Cependant, l'effet défavorable du doublement chromosomique pourrait aussi être dû à la modification du dosage des gènes qui affecterait leur régulation (voir p. 132).

La relation entre hétérosis et distance génétique en l'absence d'apparentement

Au niveau intrapopulation, l'hétérosis qui a été relié à la distance généalogique entre les deux parents de l'hybride correspond au gain de vigueur obtenu par la suppression plus ou moins totale de la consanguinité. Cependant, il peut exister de l'hétérosis au niveau du croisement entre individus non apparentés ; en particulier, le croisement de populations peut manifester de la vigueur hybride. Peut-on alors prévoir cette vigueur hybride par un indice de distance génétique ?

L'hétérosis entre populations

Chez le maïs, l'intérêt des hybrides entre populations a été remarqué par Beal dès 1880 et a été confirmé plus tard par différentes études (par exemple Lonnquist et Gardner, 1961 ;

autres références dans Hallauer et Miranda, 1981 ; Welcker *et al.*, 2005). En moyenne, comme attendu, l'hétérosis parent-moyen entre populations est beaucoup plus faible que l'hétérosis parent-moyen entre lignées non apparentées. Sur un assez grand nombre d'études, Hallauer et Miranda (1981) concluent chez le maïs à un hétérosis de 15 à 25 %, qui est donc environ 3 à 4 fois plus faible qu'entre lignées. Ce chiffre se rapproche alors beaucoup des ordres de grandeur des hétérosis observés entre lignées chez les plantes autogames. Comme nous l'avons déjà souligné, les deux types d'hétérosis sont en effet beaucoup plus comparables : dans les deux cas la référence prise correspond au niveau d'action de la sélection naturelle, les populations pour les espèces allogames et les lignées pour les espèces autogames.

Lorsque des individus de populations différentes sont croisés, l'expérience montre qu'en moyenne l'hétérosis est plus élevé avec le croisement d'individus génétiquement « distants ». La réussite des hybrides de maïs « cornés européens » × « dentés américains » en est un exemple. Toutefois, il n'y a pas toujours accroissement de l'hétérosis lorsque la distance génétique entre les deux parents augmente : c'est le cas des croisements entre individus de populations génétiquement trop éloignées, pour lesquels l'hétérosis peut être plus faible que pour des croisements entre individus de populations plus proches (Lefort-Buson et de Vienne, 1985). Chez le maïs, l'expérience de Moll *et al.* (1965) illustre bien cette situation (Tableau 1.10). Il peut même y avoir un « hétérosis négatif », c'est-à-dire une dépression due au croisement ou « *outbreeding depression* » (Templeton, 1986). C'est souvent le cas lorsque le niveau de divergence interspécifique est atteint : le résultat est très variable et imprévisible. Certains croisements entre espèces différentes fournissent des produits vigoureux (même s'ils sont plus ou moins stériles) comme chez les hybrides de peupliers entre espèces américaines et européennes, à croissance rapide, qui représentent 90 % de la populiculture française. Dans d'autres cas, au contraire, les hybrides interspécifiques sont plus ou moins chétifs et anormaux : par exemple les hybrides *Picea mariana* × *Picea rubens* sont à photosynthèse et croissance « déprimées » et les hybrides *Nicotiana glauca* × *N. langsdorfi* développent des tumeurs.

Tableau 1.10. Effet de la distance génétique entre parents sur la vigueur des hybrides, chez le maïs (Moll *et al.*, 1965).

Croisements	Niveau de distance	Rendement (livre/plante)
Interpopulation, intrarégion	1	0,040
Sud-Est EU × Centre-Ouest EU	2	0,076
Sud-Est EU × Porto-Rico	3	0,134
Centre-Ouest EU × Porto Rico	4	0,140
Sud-Est éU × Mexico	5	0,081
Centre-Ouest EU × Mexico	6	0,061
Porto-Rico × Mexico	7	0,022

Les populations mexicaines sont considérées comme très distantes du matériel américain. Le niveau de distance est évalué qualitativement d'après la connaissance des pédigrees et de l'origine géographique. EU : États-Unis.

La létalité ou la stérilité assez générale des hybrides interspécifiques (c'est le critère génétique de délimitation des espèces) peuvent être considérées comme des manifestations de la « dépression de croisement ». Cette dépression liée au croisement, qui peut aussi s'observer dans des croisements entre populations d'une même espèce, peut s'expliquer par la rupture des coadaptations entre gènes : au sein d'une population, la sélection naturelle favorise les gènes de bonne adaptation à l'environnement local. Il faut inclure dans cet environnement non seulement le milieu extérieur, mais aussi le reste du génome : sont favorisés les gènes qui fonctionnent de façon harmonieuse avec les autres gènes de la population ; les gènes d'une population sont donc « coadaptés ». Au contraire, le croisement entre des populations distantes réunit dans un même génotype des gènes qui n'ont pas été sélectionnés pour fonctionner ensemble, ce qui peut conduire à des génotypes fonctionnant mal, peu vigoureux.

Différentes approches de la distance génétique pour du matériel non apparenté

L'hétérosis entre populations est dû au fait que la population hybride est plus hétérozygote que chacune des populations parentales : il dépend directement de la différence de fréquences des allèles entre les deux populations aux différents locus intervenant dans le caractère considéré, différence qui est une mesure de la distance génétique entre les populations (Encadré 1.5). Ainsi, pour du matériel non apparenté, une façon de mesurer la distance génétique impliquée dans l'hétérosis entre deux parents lignées serait de considérer, parmi les gènes intervenant dans un caractère, la proportion de gènes différents qu'ils portent. Cela nécessiterait donc de connaître le génotype des parents pour tous les gènes polymorphes impliqués dans la variation du caractère. Comme cela est encore actuellement impossible avec assez de précision (mais envisageable à terme avec le développement du séquençage à haut débit à des coûts assez faibles), différentes approches de la distance génétique ont été tentées.

Une première approche a été réalisée au travers de la mesure de la distance phénotypique entre deux génotypes (Figure 1.14). L'hypothèse faite est que des morphologies très différentes doivent correspondre à des génotypes très différents. Mais, en général,

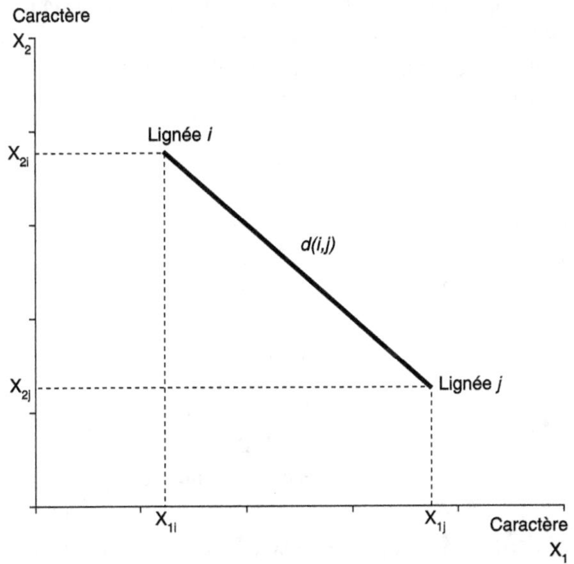

Figure 1.14. Distance phénotypique $d(i,j)$ entre deux génotypes i et j dans le plan des caractères X_1 et X_2.

Encadré 1.5. La modélisation de la vigueur hybride entre populations et définition d'une distance génétique entre populations

Modélisation de l'hétérosis entre deux populations

En croisant deux populations panmictiques bialléliques, la contribution à l'hétérosis d'un locus, mesurée par la différence à ce locus entre la valeur de la population hybride et la moyenne des deux populations parentes, est directement fonction d'une part de la différence (y) de fréquences de l'allèle favorable entre les deux populations et d'autre part, de la différence entre l'hétérozygote et la moyenne des deux homozygotes au locus considéré (d) :

$$H = y^2\, d.$$

Pour plusieurs locus, il suffit de sommer les contributions de chaque locus :

$$H = \sum_l y^2\, d.$$

Avec les mêmes effets à chaque locus, alors l'hétérosis dépend directement de $\sum_l y^2$ qui représente la distance génétique entre les populations parentes et du paramètre d lié aux effets des gènes. Avec $y = 1$ (c'est le cas si les deux populations se réduisent à une lignée homozygote et si elles ont fixé des allèles différents au locus considéré), alors on retrouve :

$$H = \sum_l d \text{ (cf. Encadré 1.2).}$$

À un locus, y^2 représente la différence entre la fréquence des hétérozygotes dans la population hybride et la moyenne des fréquences des hétérozygotes dans les deux populations parentes. L'hétérosis entre populations est donc encore lié au gain d'hétérozygotie, comme au niveau intrapopulation. Il peut être considéré comme un cas d'hétérosis sans consanguinité des parents. Cependant, cela montre plutôt que l'hétérosis reste lié à la distance génétique entre les parents ; au niveau intrapopulation, avec des apparentements, la quantité $1 - \Phi$ est un indice de distance génétique de même que y^2 au niveau interpopulation.

Si la population hybride est multipliée en panmixie, l'hétérosis est divisé par deux, comme en passant de la F_1 à la F_2 pour un hybride simple entre lignées homozygotes :

$$H_{F_2} = 1/2 \sum_l y^2\, d.$$

Définition générale d'un indice de distance génétique entre deux populations

La distance génétique entre deux populations x et y, sur un ensemble de locus, est souvent exprimée par la distance de Rodgers (1972) :

$$MRD_{xy}^2 = \frac{1}{2L} \Sigma_l \Sigma_a (f_{la}^x - f_{la}^y)^2$$

où f_{la}^x (f_{la}^y) est la fréquence de l'allèle a au locus l pour la population x, et L est le nombre total de locus. Dans le cas de lignées pures (f_{la}^x ou f_{la}^y équivalent à 0 ou 1), MRD_{xy}^2 est égale à la proportion de locus pour lesquels les lignées ont fixé des allèles différents.

La distance géométrique à un locus avec biallélisme illustrée dans la figure ci-dessous est égale à la racine carrée de la distance de Rodgers multipliée par $\sqrt{2}$.

...

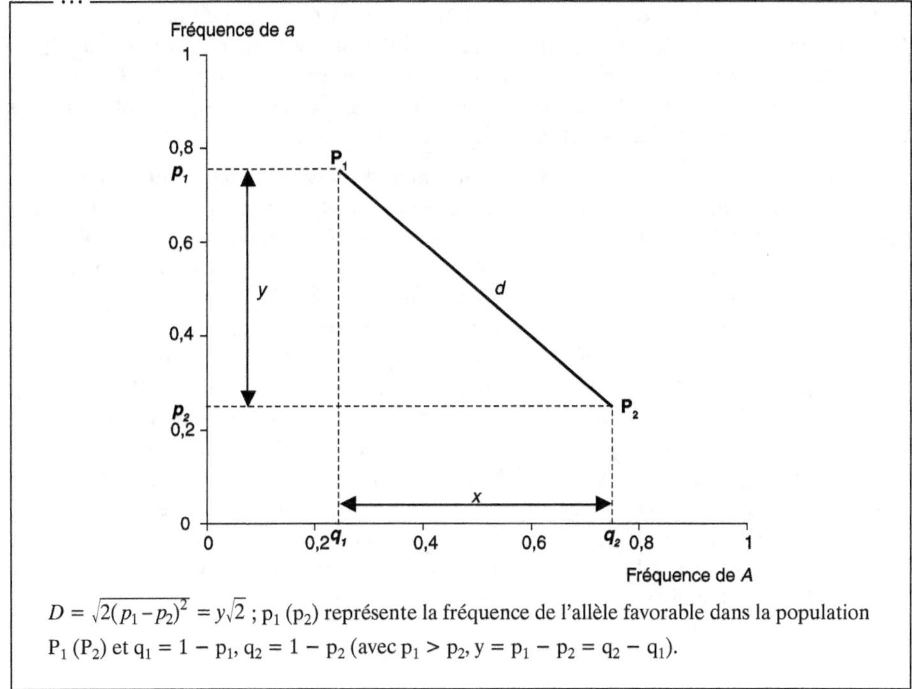

$D = \sqrt{2(p_1 - p_2)^2} = y\sqrt{2}$; p_1 (p_2) représente la fréquence de l'allèle favorable dans la population P_1 (P_2) et $q_1 = 1 - p_1$, $q_2 = 1 - p_2$ (avec $p_1 > p_2$, $y = p_1 - p_2 = q_2 - q_1$).

les corrélations observées entre cette distance et la valeur des hybrides sont le plus souvent non significatives (voir la synthèse dans Lefort-Buson et de Vienne, 1985). Les différences morphologiques, d'une façon générale, n'apparaissent pas comme une bonne mesure de la distance génétique.

Avec les systèmes isoenzymatiques, il devenait possible d'avoir quelques dizaines de marqueurs du génome. Les résultats obtenus ont là aussi été très variables selon les études (voir par exemple les études de Heidrich-Sobrinho et Cordeiro, 1975 et de Price *et al.*, 1986 chez le maïs, ainsi que la synthèse de Chevallier et Dattée, 1984 dans Lefort-Buson et de Vienne, 1985). En général, dans tous ces travaux, le nombre de marqueurs était très insuffisant (au mieux quelques dizaines de locus) pour marquer de façon correcte le génome et donc apporter une information suffisamment précise sur la distance génétique, notamment parce que pour des caractères quantitatifs, des phénotypes identiques peuvent être observés pour des génotypes très différents (Burstin et Charcosset, 1997).

La mise au point et le développement de multiples méthodes de marquage moléculaire du génome (RFLP[6], AFLP[7], microsatellites, etc.) – en permettant un « balisage » dense du génome et assez uniformément réparti sur l'ensemble du génome (voir de Vienne, 1995) – a relancé les études sur la relation entre hétérosis et distance génétique, toujours dans le but d'arriver à prévoir la performance des hybrides. Grâce à ces nouveaux outils, il est en effet possible d'avoir accès à une estimation plus précise de la distance génétique entre deux génotypes. Toutefois, les résultats expérimentaux montrent que cette relation entre hétérosis et distance est très variable (voir la synthèse de Charcosset in de

---

6. *Restriction Fragment Length Polymorphism.*
7. *Amplified Fragment Length Polymorphism.*

Vienne, 1995 ; Godshalk *et al.,* 1990 ; Melchinger *et al.,* 1992 ; Boppenmaier *et al.,* 1993 ; Melchinger, 1999). Chez le maïs, Smith *et al.* (1990) montrent une relation très significative entre la distance RFLP et la valeur des F_1 ou l'hétérosis (Figure 1.15). Cependant, cette relation est nettement plus faible, voire non significative, lorsque sont exclus les croisements entre matériels génétiques apparentés ou peu distants.

Dans une autre expérience sur le maïs, utilisant 194 marqueurs RFLP et un ensemble de croisements denté × denté, denté × corné et corné × corné entre des matériels non apparentés, lorsque tous les types de croisements sont considérés, il apparaît bien une relation entre la valeur F_1 pour le rendement en épis (au stade ensilage) ou en grain et la distance génétique calculée à partir des marqueurs (Melchinger *et al.*, 1992). La relation est encore significative au sein des combinaisons corné × corné ou denté × denté, mais pour les combinaisons corné × denté, qui correspondent à ce qui est largement pratiqué par les sélectionneurs en Europe, il n'y a plus aucune relation (Figure 1.16). Chez le tournesol, Cheres *et al.* (2000) trouvent bien une corrélation entre distance et hétérosis pour des hybrides entre des lignées mâles, stériles et des lignées restauratrices, mais elle est trop faible pour être utilisée efficacement en sélection. Chez le colza, avec des lignées d'origines diverses, Shen *et al.* (2006) ne trouvent pas de relation entre la valeur des hybrides et l'hétérozygotie évaluée sur la base des marqueurs, malgré l'importance de l'hétérosis. Chez le haricot, Nienhuis et Sills (1990) observent aussi une relation entre l'hétérosis et la distance génétique basée sur des marqueurs RFLP. De même, chez

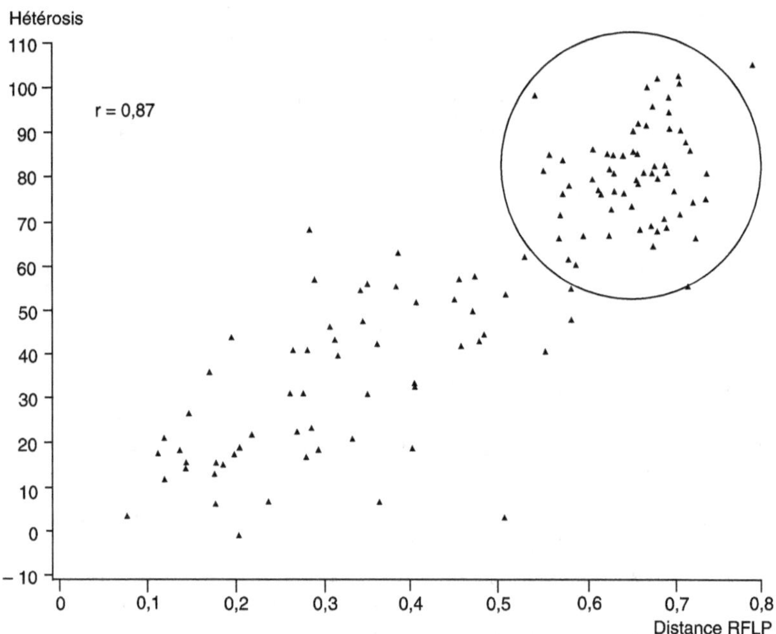

Figure 1.15. Relation entre hétérosis et distance génétique entre les parents mesurée par les marqueurs moléculaires (Smith *et al.*, 1990).

Cette relation ne fait que traduire la relation entre vigueur et le coefficient de consanguinité. L'élimination des croisements entre apparentés (ceux à l'extérieur du cercle) se traduit pratiquement par une suppression de la relation. Cela signifie qu'il n'y a pas de relation, ou une relation très faible, entre la valeur des croisements de lignées non apparentées et leur distance génétique mesurée par les marqueurs moléculaires.

Arabidopsis (Barth *et al.*, 2003) et chez le blé (Dreisigacker *et al.*, 2005), aucune relation n'a pu être mise en évidence entre l'hétérosis et la distance mesurée par les marqueurs moléculaires. Toutefois pour ces deux espèces, l'hétérosis est plus faible que chez le maïs.

L'augmentation du nombre de marqueurs n'est pas nécessairement la solution pour l'amélioration de la corrélation entre la distance génétique entre parents et la valeur de la F_1. Avec du matériel non apparenté, pour qu'il y ait liaison entre hétérosis et hétérozygotie estimée par les marqueurs moléculaires, il faut qu'il y ait une liaison entre les marqueurs moléculaires et les gènes impliqués dans l'hétérosis (Charcosset *et al.*, 1990 ; Bernardo, 1992). Cela sera plus facilement vérifié au sein d'un ensemble de matériels de même origine qu'avec des parents de groupes hétérotiques différents. Dans cette situation, pour qu'il y ait une liaison entre l'hétérosis et la distance génétique des parents, les associations entre allèles marqueurs et allèles des QTL[8] doivent être de même sens dans les différents groupes, ce qui est peu probable compte tenu de leur histoire indépendante (Charcosset et Essioux, 1994). En conséquence, s'il n'y a pas de structure en groupes hétérotiques, il y aura en général plus de liaison entre hétérosis et distance génétique que s'il s'agit de croisements entre lignées de deux groupes complémentaires. Ainsi, chez les plantes autogames où il n'existe pas de structures en groupes hétérotiques, on pourra observer une liaison entre distance génétique et valeur F_1, alors que chez le maïs, avec le croisement de lignées issues de groupes complémentaires, la relation sera en général faible.

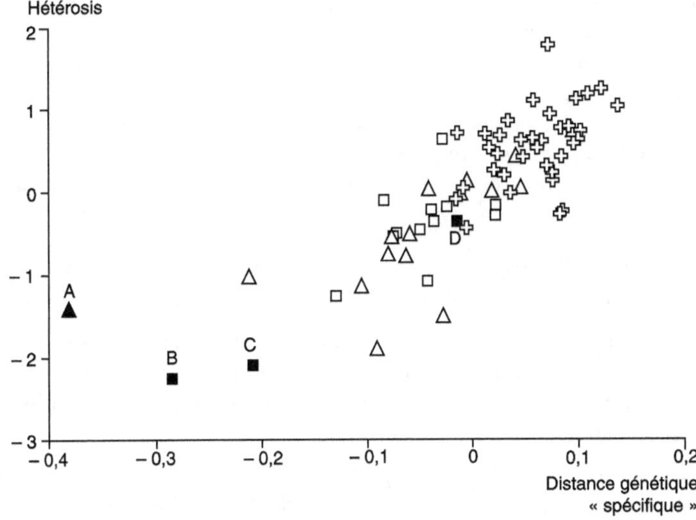

Figure 1.16. Relation entre hétérosis et distance génétique chez le maïs selon l'origine des parents (d'après Melchinger *et al.*, 1992).

Globalement, il apparaît une relation, mais cette relation disparaît lorsque les croisements entre lignées d'un même groupe hétérotique sont éliminés. Ainsi en ne considérant que le groupe corné × denté largement utilisé par les sélectionneurs, il n'existe plus de relation hétérosis-distance. Les croix vides représentent les croisements corné × denté, les carrés vides les croisements denté × denté et les triangles vides les croisements corné × corné. Les symboles pleins montrent des croisements entre lignées très apparentées.

---

8. *Quantitative Trait Loci.*

▶▶ L'hétérosis affecte aussi l'expression de la variabilité génétique

Il s'agit là d'un aspect beaucoup moins souligné de l'hétérosis et de la dépression de consanguinité qui pourtant complète bien les études sur les manifestations phénotypiques de ces phénomènes. Nous verrons même au chapitre 2 (p. 123) que c'est à ce niveau que les données moléculaires posent question quant à la nature des bases génétiques de l'hétérosis.

Expression de la variabilité génétique en consanguinité

À partir d'un génotype hétérozygote *Aa*, l'autofécondation pendant un nombre assez grand de générations conduit à la fixation, c'est-à-dire aux génotypes *AA* et *aa*. À partir d'un génotype *AaBb,* ce sont 4 génotypes homozygotes différents qui vont être fixés. D'une façon plus générale avec n locus, ce sont 2^n lignées homozygotes qui vont être fixées. En réassociant à l'état homozygote les gènes non allèles des deux parents, l'autofécondation fait donc passer d'une variabilité potentielle, présente chez les génotypes hétérozygotes, à une variabilité libre entre génotypes homozygotes. Cela se traduit par une augmentation de la variation génétique entre familles et de la variance génétique totale au cours des générations d'autofécondation. C'est typiquement ce que East et Shull ont observé chez le maïs dès 1908 (Shull, 1911a,b). De nombreuses expériences vérifient bien cette augmentation de la variance génétique en régime de consanguinité assez étroite (voir Hallauer et Miranda, 1981). Cependant, plusieurs expériences tendent à montrer que pour des caractères complexes, affectés par la dépression de consanguinité, la variance n'augmente pas nécessairement de façon continue : elle peut augmenter d'abord puis diminuer, voire diminuer dès la première génération d'autofécondation (Gallais, 1977b chez la luzerne ; Gouesnard, 1988 ; Wardyn *et al.,* 2007 chez le maïs) (Figure 1.17).

Un modèle assez simple peut expliquer ces résultats observés. Deux forces contradictoires agissent sur l'expression de la variance génétique en régime de consanguinité :

− un effet ségrégationnel qui tend à augmenter la variance en transformant une variance potentielle (à l'état hétérozygote) en une variance « libre » ; c'est l'éclatement attendu de la variabilité génétique (qui fait que la consanguinité est largement utilisée en sélection) et observé pour tout caractère additif ;

− un effet de liaison variance-moyenne qui tend à diminuer la variance lorsque la consanguinité augmente. En effet, pour des raisons purement biologiques, la variance du rendement d'une population consanguine très affectée par la consanguinité ne peut pas être aussi élevée que celle de la population non consanguine, vigoureuse, dont elle dérive. Il est alors logique d'exprimer la variance ou plus exactement l'écart-type par rapport à la moyenne ; ainsi, en général, le coefficient de variation génétique (écart-type génétique/ moyenne de la population) augmente en régime de consanguinité (Gallais, 1977b, 1984 ; Gouesnard, 1988). Dillmann et Foulley (1998) ont donné une base théorique de ce fait à partir d'un modèle multiplicatif des effets des locus.

D'autres explications sont sans doute possibles avec différentes hypothèses sur l'origine de l'hétérosis (voir p. 102).

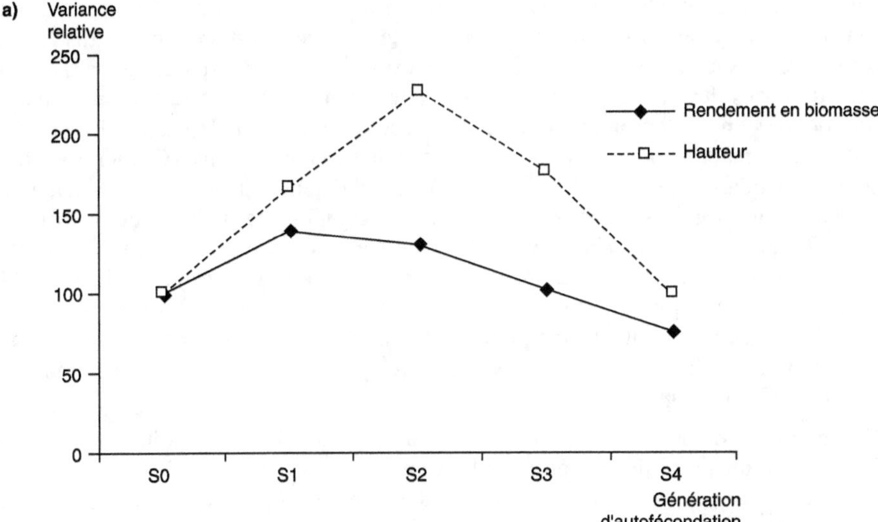

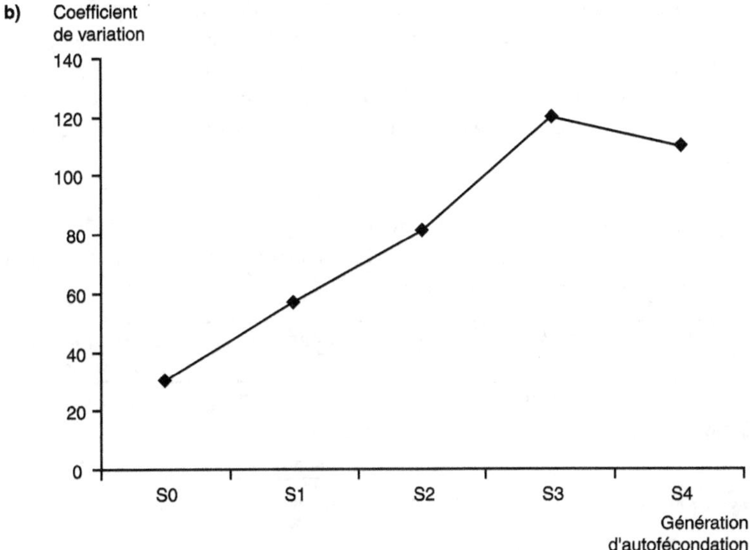

Figure 1.17. Expression de la variabilité génétique en consanguinité chez la luzerne (rendement en biomasse, Gallais, 1977b).

En valeur absolue (a), la variance passe par un maximum, alors qu'en considérant le coefficient de variation génétique (b), il y a une augmentation régulière.

Expression de la variabilité génétique en croisement

Les caractères les plus affectés par la consanguinité sont les moins héritables en croisement, c'est-à-dire les moins additifs et les plus influencés par le milieu (Tableau 1.11), ce qui rejoint le fait que les caractères liés à la valeur sélective sont souvent peu héritables (Merila et Sheldon, 1999). Cette liaison négative entre l'héritabilité en croisement et la dépression de consanguinité est observée de façon assez générale, notamment chez le maïs (Hallauer et Miranda, 1981) et chez le riz (Mei *et al.*, 2003). Une plus grande contribution à la variance génétique totale de la variance d'effets non additifs (dominance) pour les caractères complexes est conforme avec ce qui est attendu car *i*) l'existence de fortes déviations à l'additivité des effets génétiques doit se traduire par une forte dépression de consanguinité et *ii*) la sélection directionnelle (naturelle ou artificielle, au niveau de populations) diminue surtout la variance additive (Crnokrak et Roff, 1995). Cependant, chez le maïs et dans plusieurs expériences, la variance additive pour le rendement en grains est apparue comme une composante majeure de la variation (Moll et Robinson, 1967 ; Hallauer et Miranda, 1981). Chez les populations de plantes allogames peu sélectionnées (comme la luzerne, les graminées fourragères allogames) la variance génétique apparaît essentiellement due à des effets additifs (sans forts effets de dominance) ; cette « additivité apparente » coexiste donc avec une dépression de consanguinité qui, par définition, ne peut s'expliquer que par l'existence d'effets de dominance (Gallais, 1977b chez la luzerne).

Ainsi un aspect paradoxal apparaît, puisque s'il y a essentiellement additivité, la dépression de consanguinité devrait être faible. Cependant, une forte variance d'additivité, malgré la présence de dominance, peut être due dans les populations peu sélectionnées à une faible fréquence des allèles favorables (Falconer, 1981). Si la variance des effets non additifs n'est pas significative, cela doit être attribué à un manque de précision des dispositifs expérimentaux pour estimer les composantes de la variance génétique. Nous verrons qu'une organisation particulière de la variabilité génétique mise en place par l'évolution chez les plantes allogames pourrait aussi expliquer la coexistence d'effets additifs apparents et d'une forte dépression de consanguinité, donc d'un fort hétérosis (voir p. 99 et 103).

Tableau 1.11. Importance de la variance de dominance, des héritabilités et de la dépression de consanguinité chez le maïs selon les caractères (ordre de grandeur sur un grand nombre d'expériences, d'après Hallauer et Miranda, 1981).

Caractère	V_D/V_A	Héritabilité	Dépression de consanguinité
Rendement	0,50-1,20	0,15-0,30	0,60-0,70
Hauteur des plantes	0,30-0,60	0,35-0,65	0,30-0,50
Nombre de rangs	0,10-0,20	0,45-0,65	0,05-0,15

V_A : variance des effets additifs ; V_D : variance des effets de dominance.

Corrélations entre la valeur des lignées et la valeur des hybrides

Les corrélations entre la valeur des lignées et celle des hybrides dépendent du système de reproduction de l'espèce, de l'histoire du matériel et de la complexité du caractère. Pour un caractère complexe comme le rendement en grain ou en biomasse, la corrélation est toujours beaucoup plus forte chez les autogames que chez les allogames. Par exemple, chez une plante autogame comme le blé de printemps, Dreisigacker *et al.* (2005) ont observé une corrélation phénotypique *r* égale à 0,75 (significative à 1 %) pour le rendement en grain. Chez les plantes allogames, la corrélation phénotypique entre les lignées et les hybrides est plus forte pour les caractères les plus héritables, c'est-à-dire à la fois les plus additifs et les moins affectés par le milieu (Hallauer et Miranda, 1981 ; Tableau 1.12). Une corrélation inférieure à 0,70 doit être considérée comme faible : en effet une telle valeur signifie que la variance entre lignées n'explique que 50 % de la variance entre hybrides. Chez le maïs, cette corrélation est souvent inférieure à 0,50 (Gama et Hallauer, 1977 ; Russell et Machado, 1978 ; Hallauer et Miranda, 1981). On comprend donc pourquoi le sélectionneur de maïs, pour améliorer le rendement en grain des hybrides, ne fait pas une sélection très forte sur le rendement des lignées.

Tableau 1.12. Corrélations (r) phénotypiques ou génotypiques entre lignées et hybrides observées dans différentes expériences chez le maïs.

Caractères	Expérience de Gallais [1] r phénotypiques F_1-parent-moyen [2]	Expériences (Sampoux *et al.*, 1989) r génétiques et valeur propre des familles S_1-valeur topcross [3]
Précocité de floraison	0,83	0,86-0,97
Longueur feuille épi	0,76	0,60-0,86
Hauteur de l'épi	0,75	-
Hauteur totale	0,62	0,20-0,95
Biomasse aérienne	0,40	-
Rendement en grains	0,35	0,11-0,31

[1] Expérience non publiée ; [2] 27 lignées croisées 2 à 2 ; [3] 100 familles S_1.

La hiérarchie des corrélations phénotypiques lignées-hybrides observées selon les caractères n'est pas due qu'à l'influence du milieu, qui est plus grande pour la production de biomasse aérienne ou le rendement en grain que pour la précocité de floraison. Les mêmes résultats sont en effet obtenus par Sampoux *et al.* (1989) au niveau des corrélations génétiques (c'est-à-dire les corrélations obtenues après élimination des effets du milieu). Chez trois populations, les corrélations génétiques entre valeur propre de familles S_1 et leur valeur en croisement avec un testeur sont toujours plus faibles pour la production de biomasse aérienne et plus fortes pour la précocité de floraison ou la longueur de feuilles. La même hiérarchie des corrélations selon la complexité des caractères est observée dans d'autres études (Presterl *et al.*, 2002 ; Mihaljevic *et al.*, 2005 ; Coque et Gallais, 2008). C'est toujours pour le rendement que la corrélation est la plus faible (entre 0,28 et 0,56 contre 0,52-0,87 pour les autres caractères). Ces corrélations sont par ailleurs affectées par les conditions de test. Ainsi chez le maïs, Zaidi *et al.* (2003, 2007) ont montré pour le rendement en grain une bonne corrélation lignées-hybrides en conditions de stress ($r = 0,66$), alors qu'en conditions plus optimales, la corrélation est plus faible ($r = 0,41$). Ce résultat rejoint celui de Presterl *et al.* (2002) qui ont montré une corrélation plus forte à faible fumure azotée.

▸▸ Conclusions

L'ampleur du phénomène d'hétérosis et de dépression de consanguinité est liée au système de reproduction : elle est plus importante chez les plantes allogames et pour les caractères complexes liés à la valeur sélective. Pour les caractères plus simples, l'hétérosis apparaît plus dépendant du croisement, même lorsqu'il y a hétérosis pour le rendement en grain ou en biomasse, et ceci est valable chez les plantes allogames comme chez les plantes autogames. Les hypothèses dites physiologiques (hypothèse hormonale, hypothèse mitochondriale, avantage initial) et l'aspect multiplicatif des caractères complexes n'expliquent pas l'origine de l'hétérosis. Elles en décrivent ou en expliquent les manifestations à différents niveaux ou différents stades. Une manifestation essentielle de l'hétérosis pour le rendement en biomasse ou en grain apparaît être une augmentation des vitesses de croissance, dès le stade jeune, associée à un potentiel de croissance plus important. Ainsi que le notait East en 1936 : « *Heterosis is largely a matter of reaction speed* ».

À côté de l'effet du croisement et de la consanguinité sur les moyennes d'un caractère quantitatif, il apparaît que la variabilité génétique s'exprime différemment dans un fond génétique homozygote, comme les lignées, et dans un fond génétique hétérozygote, comme les hybrides, particulièrement chez les plantes allogames. Chez ces espèces, la corrélation lignées-hybrides est en général faible pour les caractères complexes qui sont aussi les plus affectés par l'hétérosis et la dépression de consanguinité.

Il faut donc considérer les hypothèses génétiques à la base de l'hétérosis et voir si elles peuvent contribuer à en expliquer les diverses manifestations et si, réciproquement, telle manifestation de l'hétérosis peut permettre d'en éclairer les bases génétiques.

Chapitre 2

Les bases génétiques de l'hétérosis

L'hétérosis est un phénomène qui résulte de la complémentation des apports génétiques des parents. De ce point de vue, les hypothèses ou plutôt les mécanismes génétiques pour expliquer la liaison entre vigueur et degré d'hétérozygotie peuvent être présentés en deux grands groupes :
– la complémentation pour des gènes à des locus différents, qui recouvre les mécanismes de la dominance et de l'épistasie,
– la complémentation pour des gènes allèles, qui correspond au mécanisme de la superdominance.

D'autres hypothèses ont été formulées, comme les interactions nucléo-cytoplasmiques et l'épigénétique. Elles peuvent se superposer aux deux hypothèses précédentes mais seules, elles sont insuffisantes pour expliquer tous les faits observés. Les interactions nucléo-cytoplasmiques ne sont pas directement considérées dans cette synthèse. Elles le sont toutefois indirectement au travers de l'examen des mécanismes épigénétiques susceptibles d'affecter la dépression de consanguinité et l'hétérosis.

▸▸ La complémentation interlocus : les mécanismes de la dominance et de l'épistasie

La complémentation par le mécanisme de la dominance

Définition quantitative de la dominance et de sa mesure

Un allèle B est dit dominant sur son allèle b lorsque la valeur génétique de l'hétérozygote Bb (G_{Bb}) est égale à la valeur de l'homozygote BB (G_{BB}). C'est la situation de dominance complète. En définissant le degré de dominance δ par le rapport de la différence (d) entre la valeur de l'hétérozygote et la moyenne des deux homozygotes (m) à la demi-différence (a) entre les valeurs des deux homozygotes, soit :

$$\delta = 2(G_{Bb} - m)/(G_{BB} - G_{bb}) = d/a,$$

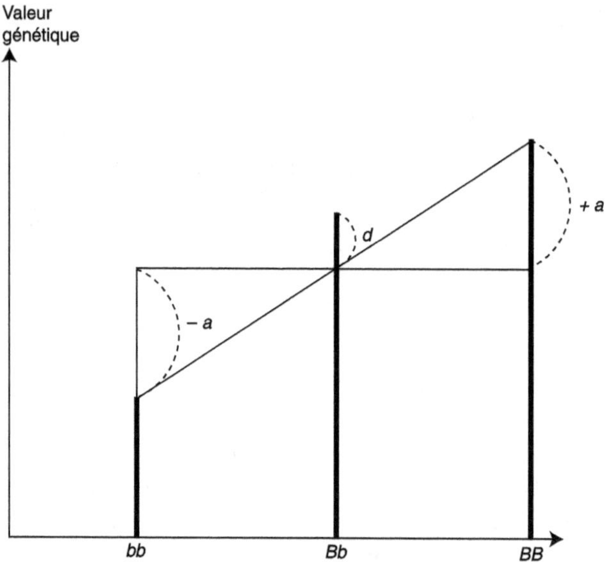

Figure 2.1. Définition du degré de dominance (δ) entre deux allèles B et b.

La différence entre la valeur de l'hétérozygote et la moyenne des deux homozygotes est représentée par d ; a est la demi-différence entre les valeurs des deux homozygotes ; $\delta = d/a$.

différentes situations de dominance peuvent être définies (Figure 2.1) :
− $\delta = 1$ correspond à la situation de dominance complète ;
− $\delta = 0$ correspond à la situation d'additivité ; la valeur de l'hétérozygote Bb est égale à la moyenne des valeurs des deux homozygotes ;
− $0 < \delta < 1$ correspond à la situation de dominance partielle ; la valeur de l'hétérozygote Bb est comprise entre la moyenne des deux homozygotes et la valeur de l'homozygote BB ;
− $\delta > 1$ correspond à la situation de superdominance ; la valeur de l'hétérozygote est supérieure à celle du meilleur homozygote.

Dans cette définition, l'allèle B dominant est supposé favorable : la dominance est dite positive ; mais l'allèle défavorable peut être dominant, la dominance est alors dite négative. La présente section relative au mécanisme de la dominance ne considère que les cas de dominance partielle à complète ($0 \leqslant \delta \leqslant 1$). La situation de superdominance où δ est supérieur à 1 est considérée dans la section suivante.

Historique et premier exemple

Dès 1891, Johnson (cité par Zirkle, 1952) attribuait les effets favorables du croisement à la correction des imperfections qui existaient chez les deux parents : « *That crossing commonly gives better offspring than in-and-in breeding is due to the fact that in the latter both parents are likely to possess by inheritance the same imperfections which are thus intensified in the progeny, while in cross breeding the parents more usually have different imperfections, which often, more or less, compensate each other in the immediate descendants* ». En 1908, Davenport fait remarquer que les caractères favorables sont habituellement dominants et les caractères défavorables récessifs ; l'effet dépressif de la consanguinité pouvait alors s'expliquer par l'apparition des récessifs à l'état homozygote. C'est en 1910 que Bruce, d'un point de vue théorique, montra le rôle des gènes dominants dans l'hétérosis et, réciproquement, le rôle des gènes récessifs dans la dépression de consanguinité. La même année, Keeble et Pellew donnèrent une formulation claire du mécanisme de la dominance pour expliquer la vigueur hybride, suite à l'étude d'un croisement hétérotique de deux lignées chez le pois potager (*Pisum sativum*). Les tiges des deux variétés croisées (Autocrat et Bountiful) étaient de même longueur (1,80 mètres) mais elles n'avaient pas la même morphologie : pour la variété Bountiful les entre-nœuds étaient peu nombreux mais longs, alors que pour la variété Autocrat ils étaient nombreux mais courts. Les plantes de la F_1 obtenue mesuraient 2,41 mètres, soit 0,61 mètre de plus que les deux

---

Encadré 2.1. La ségrégation en F_2 pour un couple de gènes et valeur des génotypes dans le cas de dominance complète à chacun des locus

Soit deux parents, P_1 équivalent à *AAbb* et P_2 à *aaBB*. L'hybride obtenu est *AaBb*. Avec des gènes non liés, la composition des gamètes donnés par cet hybride est : ¼ *AB*, ¼ *Ab*, ¼ *aB*, ¼ *ab*. Ces gamètes s'unissent au hasard pour former la F_2 (voir le tableau ci-dessous). En supposant la dominance complète à chaque locus avec :

Aa = AA et *Bb = BB*,

4 classes de phénotypes peuvent être observées en F_2 (voir tableau ci-dessous) :
– des phénotypes [*AB*] avec les génotypes (*AA* ou *Aa ; BB* ou *Bb*) dans la proportion 9/16 ;
– des phénotypes [*Ab*] avec les génotypes (*AA* ou *Aa ; bb*) dans la proportion 3/16 ;
– des phénotypes [*aB*] avec les génotypes (*aa ; BB* ou *Bb*) dans la proportion 3/16 ;
– des phénotypes [*ab*] avec (*aa ; bb*) dans la proportion 1/16.

Au total, on trouve la ségrégation : 9/16, 3/16, 3/16, 1/16.

Application à un caractère quantitatif avec les mêmes effets génétiques aux deux locus

Gamètes femelles	Gamètes mâles			
	AB ¼	*Ab* ¼	*aB* ¼	*ab* ¼
AB ¼	*AABB* 1/16 (8)*	*AABb* 1/16 (8)	*AaBB* 1/16 (8)	*AaBb* 1/16 (8)
Ab ¼	*AABb* 1/16 (8)	*AAbb* 1/16 (6)	*AaBb* 1/16 (8)	*Aabb* 1/16 (6)
aB ¼	*AaBB* 1/16 (8)	*AaBb* 1/16 (8)	*aaBB* 1/16 (6)	*aaBb* 1/16 (6)
ab ¼	*AaBb* 1/16 (8)	*Aabb* 1/16 (6)	*aaBb* 1/16 (6)	*aabb* 1/16 (4)

* Valeur attendue du génotype

Si les valeurs [*G*] des génotypes sont telles que $G_{AA} = G_{Aa} = 4$, $G_{BB} = G_{Bb} = 4$ et $G_{aa} = G_{bb} = 2$, avec additivité des effets des deux locus, on obtient 4 classes de génotypes, mais au niveau phénotypique, il n'y a que trois classes : 9/16 de valeur 8, 6/16 de valeur 6 et 1/16 de valeur 4. Avec ces valeurs, la moyenne de la F_2 est de 7.

parents : il y avait donc hétérosis par rapport au parent-moyen et par rapport au meilleur parent. Les plantes de la F_2 pouvaient sans ambiguïté être réparties en quatre classes :
– plantes de la taille de la F_1 ;
– plantes de la taille du parent 1 ;
– plantes de la taille du parent 2 ;
– plantes naines.

La répartition des plantes dans ces 4 classes suivait la distribution 9/16, 3/16, 3/16, 1/16, conformément à l'hypothèse d'une hérédité digénique, formulée par les auteurs (Encadré 2.1). Ainsi dans cette expérience, Keeble et Pellew montrent que l'augmentation de taille de la F_1 est due à une complémentation d'effets d'allèles dominants favorables aux deux locus impliqués : un parent (Autocrat) apporte à la fois l'allèle récessif déterminant des entre-nœuds courts et l'allèle dominant déterminant un nombre élevé d'entre-nœuds, le génotype *llNN* pouvant lui être attribué ; l'autre parent (Bountiful) apporte l'allèle dominant déterminant des entre-noeuds longs ainsi que l'allèle récessif déterminant des entre-nœuds peu nombreux, le génotype *LLnn* pouvant lui être attribué. Du fait de la dominance de *L* sur *l* et de *N* sur *n*, l'hybride qui est de génotype *LlNn* est donc à la fois à entre-nœuds longs et nombreux d'où sa supériorité par rapport aux deux parents.

Principe et autres exemples du mécanisme de la dominance

Formulation générale

D'une façon générale, avec le mécanisme de la dominance, l'hétérosis résulte de la réunion chez l'hybride des allèles dominants favorables de différents locus présents chez les deux parents. Ainsi, reprenons la situation de l'encadré 2.1 avec la convention qu'une lettre majuscule représente un allèle dominant favorable et une lettre minuscule un allèle récessif défavorable. Chez l'hybride F_1 obtenu par croisement de deux lignées, P1 de génotype *AAbb* et P2 de génotype *aaBB*, l'allèle dominant favorable *A* apporté par le parent P1 masque l'allèle *a* défavorable apporté par le parent P2 ; réciproquement, l'allèle *B* apporté par P2 masque l'allèle *b* défavorable apporté par P1. L'hybride de génotype *AaBb* est alors supérieur à chacun de ses parents : il y a hétérosis. Par exemple, supposons qu'à chacun des locus il y ait dominance complète avec les valeurs suivantes pour les génotypes : $AA = Aa = 4$, $BB = Bb = 4$ et $aa = bb = 2$, alors, avec additivité des effets de chacun des locus, la valeur de chacun des deux parents est égale à 6 (c'est-à-dire 4 + 2) et la valeur de leur F_1 est égale à 8 (c'est-à-dire 4 + 4).

Pour un nombre quelconque de locus, avec le mécanisme de la dominance partielle à complète, la valeur de l'hétérozygote à un locus étant supérieure à la moyenne des deux homozygotes, l'hétérosis parent-moyen est la somme des effets de dominance de chacun des locus pour lesquels les parents sont différents (comme cela a déjà été montré p. 36). Si la dominance est complète, la valeur de la F_1 ne peut être que supérieure à la valeur du meilleur parent. En effet, l'hétérozygote rassemble à chaque locus les gènes dominants favorables des deux parents, il sera donc meilleur que le meilleur parent.

Ce mécanisme explique bien la diminution de vigueur liée à la consanguinité. Dans l'exemple pris avec deux locus (Tableau 2.1), l'autofécondation de la F_1 conduit à une descendance F_2 de moyenne 7, alors que la valeur de la F_1 était 8. Cette dépression de consanguinité est causée par l'apparition à l'état homozygote des gènes récessifs défavorables qui étaient masqués à l'état hétérozygote ; elle se relie donc directement à la diminution de la fréquence des hétérozygotes à chaque locus (passage de 100 % en F_1

à 50 % en F_2). Au cours d'autofécondations successives, la fréquence des hétérozygotes diminuant de 50 % à chaque génération, la perte de vigueur continuera progressivement. Après 6 à 7 générations d'autofécondation, la population tendra à être composée uniquement de génotypes homozygotes et aura pour moyenne la moyenne des deux parents (6 dans l'exemple à deux locus).

Autres exemples illustrant le mécanisme de la dominance

L'analyse de la longueur des tiges du pois potager (*Pisum sativum*) par Keeble et Pellew (1910) est le premier exemple donné d'explication de l'hétérosis par le mécanisme de la dominance, mais c'est un cas un peu particulier puisqu'il correspond à des caractères multiplicatifs (longueur et nombre d'entre-nœuds pour déterminer la hauteur). En effet, dans cette situation, avec seulement additivité des effets génétiques des gènes à chaque locus, il peut y avoir hétérosis : il suffit que les deux parents soient complémentaires (voir p. 68). En fait, les exemples bien étudiés d'hétérosis expliqué par la théorie de la dominance sont rares, peut-être parce que le mécanisme est tellement évident qu'il n'a pas été recherché. En effet, pour les caractères monogéniques, les exemples de dominance partielle à complète sont très fréquents. De plus, pour un caractère polygénique, il est difficile d'isoler un nombre limité de locus pour démontrer le mécanisme de complémentation. Les trois exemples qui suivent sont donc relatifs, comme l'exemple de Keeble et Pellew, à des cas d'hérédité digénique dont on peut se demander s'ils ne sont pas trop réducteurs ou même s'ils ont bien à voir avec l'hétérosis.

La coloration des grains chez l'orge (Hovanovitz, 1953)

Chez l'orge, deux locus sont connus avec des allèles de coloration du grain « pourpre clair » et blanc (P_1 dominant sur p_1 à un locus et P_2 dominant sur p_2 à un autre locus). Le croisement de deux lignées « pourpre clair » $P_1P_1p_2p_2$ et $p_1p_1P_2P_2$ donne une F_1 pourpre foncé. La coloration correspondant à une quantité d'anthocyane, la F_1 peut être considérée comme présentant de l'hétérosis pour ce caractère. En F_2, la ségrégation est du type : 9/16 « pourpre foncé », 6/16 « pourpre clair » et 1/16 blanc, ce qui correspond à la ségrégation 9/16, (3/16, 3/16), 1/16 attendue avec deux locus indépendants, dominance complète à chaque locus, additivité des effets des deux locus et identité des effets des deux locus, d'où le regroupement des deux classes « pourpre clair ». Un exemple analogue est connu chez les animaux pour la coloration du porc « Duroc Jersey » : le croisement de deux porcs « blond roux » donne une F_1 « rouge » et la F_2 ségrège en trois phénotypes : 9/16 « rouge », 6/16 « blond roux » et 1/16 blanc (Snyder, 1946).

L'activité nitrate réductase (ANR) chez le maïs (voir p. 23)

Dans une expérience de Warner *et al.* (1969), le croisement de deux lignées de maïs (Oh43 et B14) à faible ANR donne un hybride à forte activité. L'analyse génétique réalisée montre que l'allèle dominant apporté par B14 contrôlerait la vitesse de synthèse de l'enzyme, alors que l'allèle dominant apporté par Oh43 contrôlerait sa vitesse de dégradation. À l'état hétérozygote, il y aurait une combinaison « équilibrée » de ces deux vitesses, conduisant à une plus grande activité ANR. Le génotype double récessif a bien la plus faible ANR. Le déterminisme génétique simple (essentiellement digénique) qui a été montré pour cette activité enzymatique explique pourquoi l'hétérosis n'est pas toujours observé : il dépend des apports génétiques des parents.

Aujourd'hui, l'utilisation des marqueurs moléculaires pourrait permettre de mettre en évidence des situations de complémentarité entre parents pour des locus impliqués dans le contrôle de la variation d'un caractère quantitatif (QTL) et manifestant de la dominance partielle à complète (voir p. 114).

L'hypothèse de la dominance favorable et le modèle des flux métaboliques

L'explication de l'hétérosis par la dominance suppose que les allèles favorables soient dominants. C'est bien ce qui a été observé chez la drosophile, espèce chez laquelle de nombreuses mutations sont défavorables et récessives (Crow et Simmons, 1983). Ce résultat peut s'expliquer par le fait que la plupart des mutations font perdre une partie ou la totalité de la fonction du gène. Dans ce cas, si un génotype possède à chaque locus un gène fonctionnel, la voie métabolique n'est pas stoppée : les hétérozygotes expriment le phénotype sauvage pour cette fonction, la mutation est donc récessive. La dominance des gènes favorables peut aussi être favorisée par la sélection naturelle. Selon Fisher (1928), en présence d'une mutation très défavorable à effet additif, donc diminuant très fortement la valeur sélective de l'hétérozygote, la sélection naturelle sélectionnerait des gènes modificateurs conduisant à la dominance favorable afin de minimiser l'effet des mutations. Cependant, la théorie des flux métaboliques explique facilement et directement la récessivité des mutations défavorables.

Dans une cellule, les réactions catalysées par des enzymes appartiennent presque toujours à des chaînes métaboliques et les variations de flux au niveau de ces chaînes peuvent avoir un impact sur le phénotype. Dans une situation de chaînes linéaires avec des enzymes non saturées (dites michaéliennes réversibles), Kacser et Burns (1981) ont montré que

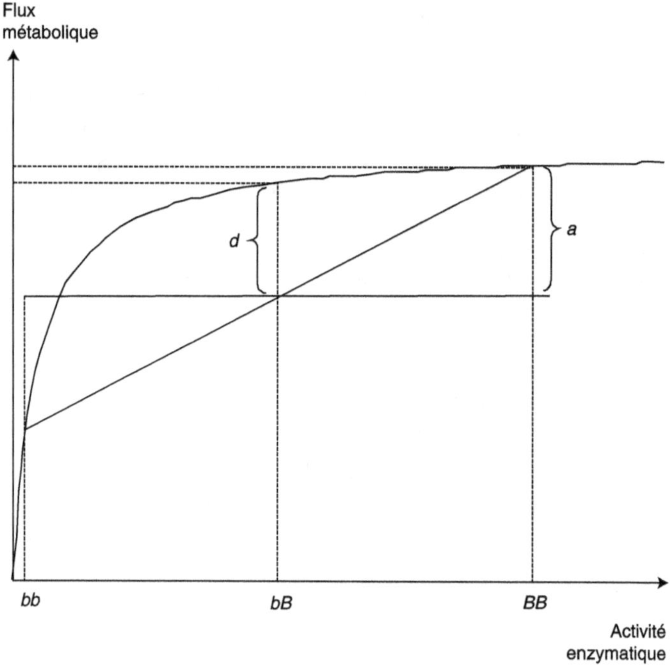

Figure 2.2. L'explication de la dominance favorable, quasi-complète, dans un modèle de flux métabolique (Kacsers et Burns, 1981).

Si les activités enzymatiques des deux homozygotes *BB* et *bb* sont très différentes, l'une très forte pour *BB*, l'autre très faible pour *bb*, alors le flux métabolique chez l'hétérozygote sera voisin du flux de l'homozygote ayant la plus forte activité enzymatique : la dominance sera presque complète. Au contraire, si les deux activités sont proches, le flux métabolique de l'hétérozygote sera pratiquement intermédiaire entre les flux des deux homozygotes : il y aura additivité. *d* : dominance « biologique », *a* : demi-différence entre les valeurs des deux homozygotes.

la relation entre l'activité d'une enzyme et le flux métabolique est hyperbolique convexe et cela d'autant plus que le nombre d'enzymes de la chaîne est élevé. Ainsi toute mutation ne détruisant pas totalement l'activité d'une enzyme donnée (ce qui couperait la chaîne) a un effet négligeable sur le flux (Figure 2.2). La conséquence est une récessivité des mutations et une dominance quasi-complète des allèles favorables. À une situation d'additivité des activités enzymatiques, en général vérifiée, correspond une situation de dominance quasi-complète au niveau des flux métaboliques (Keightley et Kacser, 1987). C'est donc un modèle très simple et réaliste pour expliquer que les allèles favorables sont en général dominants. D'une façon plus générale, il montre que les gènes peuvent avoir des effets additifs à un certain niveau, proche de leur expression, et des effets non additifs à un niveau plus complexe lorsqu'ils participent à une chaîne métabolique ou à un réseau de gènes. Ainsi Omholt *et al.* (2000) ont montré que la dominance et l'épistasie peuvent être une conséquence du fonctionnement des gènes d'un réseau de régulation.

Effet du nombre de locus sur la distribution des valeurs phénotypiques et possibilité de fixation de l'hétérosis

Le mécanisme de la complémentation pour des gènes dominants favorables s'étend facilement à un nombre quelconque de locus. Une particularité introduite par la dominance complète, pour un nombre limité de locus, est que la distribution des valeurs génotypiques en F_2 est attendue asymétrique. Cela peut être illustré facilement en supposant les mêmes effets pour chaque locus ; dans ce cas, la valeur des génotypes ne dépend que du nombre de locus favorables, c'est-à-dire du nombre de locus homozygotes ou hétérozygotes pour le gène dominant favorable. Avec deux locus, il existe 3 phénotypes possibles avec 0, 1 ou 2 locus favorables, de fréquences 1/16, 6/16 ou 9/16, respectivement ; avec 3 locus, il existe 4 phénotypes avec 0, 1, 2 ou 3 locus favorables, de fréquences 1/64, 9/64, 27/64 ou 27/64, respectivement ; etc. Avec l'augmentation du nombre de locus, la distribution en F_2 tend très rapidement vers une loi normale, même pour un nombre assez faible de locus : dès 12 locus, la distribution des valeurs apparaît normale (Figure 2.3), ce que Collins a démontré dès 1921. Cette normalisation de la distribution est encore accentuée par l'effet du milieu. Pour un caractère quantitatif, déterminé par de nombreux gènes et affecté par le milieu, il sera tout à fait impossible d'observer une distribution asymétrique qui serait une preuve du rôle de la dominance dans l'explication de l'hétérosis. L'observation de la normalité de distribution ne sera donc pas une preuve de l'intervention d'un autre mécanisme pour expliquer l'hétérosis.

En conclusion, avec l'hypothèse de la dominance, l'hétérosis est dit fixable, c'est-à-dire qu'il est en théorie possible d'obtenir des génotypes homozygotes de même valeur que la F_1. Dans le cas de deux locus en F_2, la probabilité de tels génotypes est de 1/16. Si le nombre de locus en cause augmente, la probabilité P des génotypes homozygotes pour les gènes dominants favorables diminue rapidement. Ainsi cette probabilité est égale à 1/64 avec 3 locus, à 1/256 avec 4 locus et d'une façon générale :

$$P = (1/4)^n \text{ avec } n \text{ locus.}$$

Avec 32 locus, P est égale à $5{,}4.10^{-20}$, ce qui est infinitésimal, bien que le nombre de locus considéré ne soit pas très élevé. La probabilité de fixation peut toutefois être augmentée en dérivant d'abord toutes les lignées possibles sans sélectionner, soit par la méthode de « *Single Seed Descent* » (une seule graine par plante F_2 pour passer par autofécondation d'une génération à l'autre), soit en utilisant l'haplodiploïdisation. Cela correspond aussi à la probabilité totale de fixation à n locus par sélection à chaque génération d'autofécondation des plantes qui portent tous les allèles favorables, à l'état homozygote ou hétérozygote. Avec 32 locus, cette probabilité devient $(\frac{1}{2})^{32}$, c'est-à-dire $2{,}3.10^{-10}$, soit encore moins d'une chance sur un milliard. Pour donner une idée plus concrète de ces probabilités, avec 46 locus en ségrégation, si toute la surface cultivable de la planète (1,5 milliards d'hectares) était consacrée à la culture d'une F_2 de maïs, à une densité de 100 000 plantes par hectare, il apparaîtrait une seule plante homozygote pour les 46 locus, et comment la détecter compte tenu des effets du milieu ? Or 46 est un nombre bien faible par rapport au nombre total de locus susceptibles d'intervenir dans le contrôle de la variation génétique d'un caractère quantitatif complexe comme le rendement. En considérant plusieurs centaines de locus, l'hétérosis apparaît alors infixable à l'échelle du sélectionneur. Sa fixation (théorique) ne peut s'envisager qu'à très long terme par le cumul de très nombreux cycles de sélection généalogique. Pratiquement, ce résultat pourra ne jamais être atteint compte tenu des phénomènes de dérive (perte aléatoire de gènes du fait des effectifs limités manipulés à chaque génération) et des mutations qui se produiront sur un intervalle de temps si long (cf. Chapitre 3).

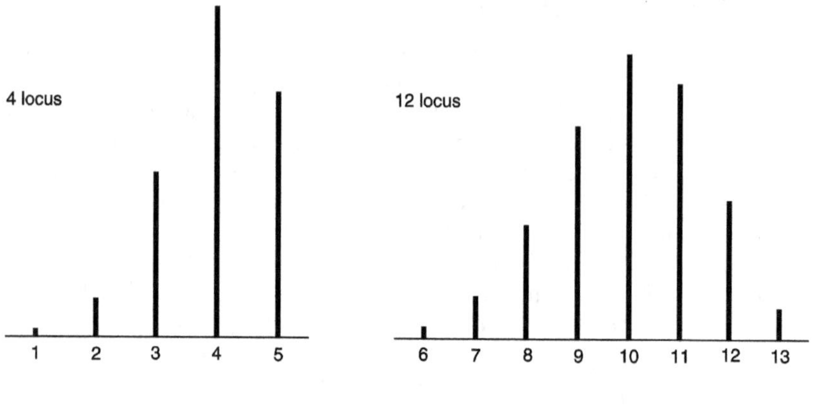

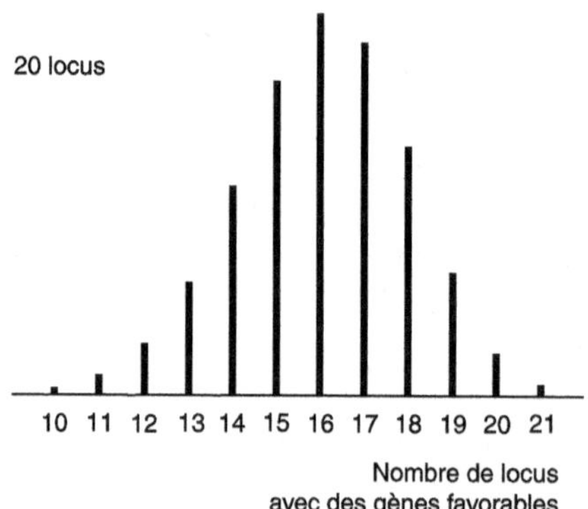

Figure 2.3. Effet du nombre de locus sur la forme de la distribution des valeurs génotypiques, avec dominance complète à chaque locus et même effet de chaque locus.

La distribution très asymétrique pour un faible nombre de locus devient de plus en plus symétrique avec l'augmentation du nombre de locus. La distribution apparaît pratiquement normale dès 12 locus. L'effet du milieu (non pris en compte dans la représentation) contribue aussi à la normalisation de la distribution.

Effet de la liaison entre locus sur la possibilité de fixation de l'hétérosis

Deux gènes très liés, c'est-à-dire très proches l'un de l'autre sur un même chromosome, tendent à se comporter comme une seule unité de ségrégation (Figure 2.4). Ainsi dans cette situation, en considérant deux parents complémentaires, P_1 de génotype *AAbb* et P_2 de génotype *aaBB*, les gamètes donnés par le parent P_1 sont l'équivalent d'un allèle A_1 (correspondant à *Ab*) et les gamètes donnés par le parent P_2 sont l'équivalent d'un autre allèle A_2 (correspondant à *aB*). Les gènes sont dits liés en répulsion, un gène favorable à un locus étant lié à un gène défavorable à l'autre locus. Avec dominance complète à chaque locus, cette situation simule chez l'hybride A_1A_2 une situation de superdominance ($A_1A_2 > A_1A_1$ et A_2A_2) appelée *pseudo-superdominance*. La probabilité de fixation de la vigueur hybride devient alors encore plus faible que dans le cas d'indépendance des locus, comme l'a montré Jones dès 1917. Ainsi, avec la situation précédente, supposons que les deux locus soient à 10 centiMorgan (cM) l'un de l'autre. Cette distance génétique étant faible, elle peut être assimilée au pourcentage de recombinaison (c) ; alors, la fréquence des gamètes *AB* (f_{AB}) donnés par la F_1 sera $c/2$. Avec c égal à 0,10, f_{AB} a une valeur de 0,05 et la probabilité de l'individu *AABB* en F_2 sera seulement de 0,0025 au lieu de 0,25, soit 100 fois plus faible. Avec seulement 8 paires de ce type, la fréquence $(f_{AB})^8$ des gamètes donnés par la F_1 porteurs de tous les gènes dominants sera de $3,9.10^{-11}$ au lieu de $1,5.10^{-5}$ dans le cas d'indépendance totale. La liaison entre locus diminue donc très fortement la probabilité de fixation, même pour des nombres faibles de locus.

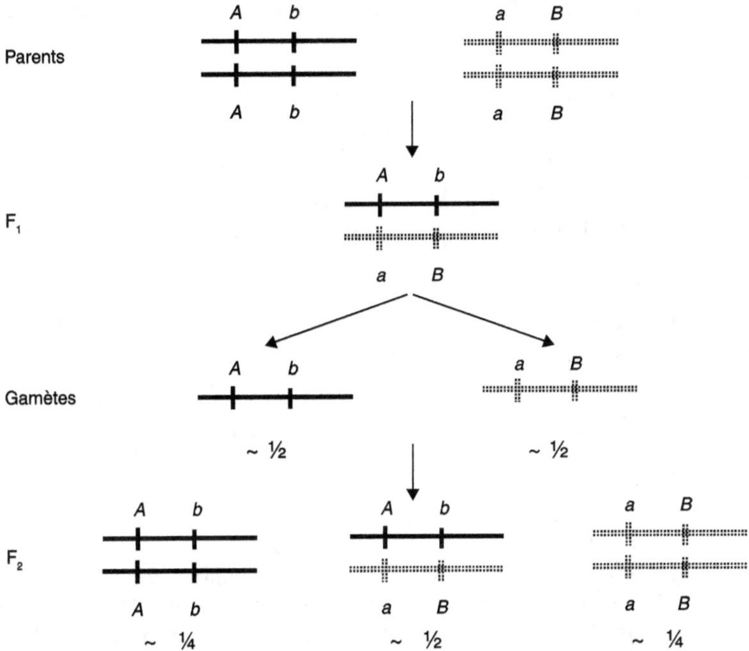

Figure 2.4. Illustration de la pseudo-superdominance.

Lorsque des gènes sont très liés en répulsion, c'est-à-dire avec un gène dominant favorable (*A*) à un locus, lié à un gène récessif (*b*) défavorable à l'autre locus, la F_1 produit très peu de gamètes recombinés : les deux gènes liés tendent à se comporter comme une seule unité de ségrégation. En F_2, la probabilité d'obtenir des génotypes homozygotes pour les deux gènes dominants est très faible. L'hétérosis observé en F_1 apparaît alors pratiquement infixable.

L'interprétation de l'homéostase des hybrides : la complémentation pour des gènes d'adaptation

Considérons deux locus, un locus 1 avec les allèles A et a, A dominant sur a entraînant l'adaptation au milieu M_1, et un locus 2 avec les allèles B et b, B dominant sur b entraînant l'adaptation au milieu M_2. La lignée $AAbb$ sera adaptée au milieu M_1, la lignée $aaBB$ sera adaptée au milieu M_2 et l'hybride sera donc adapté aux deux milieux M_1 et M_2. C'est le cas pour la résistance aux maladies lorsque la résistance est dominante. Ainsi chez la tomate où il existe de nombreux gènes dominants de résistance aux maladies (au moins une quinzaine, cf. Tableau 2.1), les variétés hybrides sont généralement résistantes à plus de maladies que les lignées, car il est plus facile et plus rapide de réunir les gènes dominants de résistance chez un hybride que de les accumuler chez une lignée. De même, chez le blé, les hybrides sont plus stables de comportement dans des milieux variés, en particulier parce que possédant plus de gènes dominants de résistance aux maladies. Cette plus grande stabilité de comportement peut expliquer aussi une partie de leur supériorité au niveau du rendement en grain. Ce mécanisme peut même expliquer l'hétérosis dans un milieu donné : les différentes maladies n'intervenant pas au même stade, l'hybride sera avantagé.

Tableau 2.1. Gènes dominants de résistance aux maladies chez la tomate (d'après Philouze et Laterrot, 1992).

Agent pathogène et maladie	Gène de résistance
Champignon	
Verticillium (verticilliose)	*Ve*
Fusarium oxysporum (fusariose vasculaire) race 0	*I*
Fusarium oxysporum (fusariose vasculaire) race 1	*I-2*
Fusarium oxysporum (fusariose du collet et racines)	*Frl*
Cladosporium fulvum (cladosporiose)	*Cf*
Phytophtora infestans (mildiou)	*Ph-2*
Stemphylium	*Sm*
Bactéries	
Pseudomonas tomato (moucheture)	*Pto*
Virus de la mosaïque du tabac (mosaïque commune)	*Tm-2*
Nématodes	
Meloidogyne (anguillulose)	*Mi*

Le modèle ci-dessus de l'homéostase s'étend à une situation plus générale où les milieux sont représentés par des stades ou des organes de la plante. Si, selon les organes et/ou les stades, ce ne sont pas les mêmes gènes qui s'expriment alors, avec un modèle sommant les effets des gènes pour des situations allant de la dominance partielle à complète, il pourra y avoir hétérosis même par rapport au meilleur parent (Tableau 2.2). S'il y a dominance complète à chacun des locus, la F_1 sera toujours avantagée quelle que soit la distribution des gènes, alors que si la dominance n'est pas complète, la distribution des gènes favorables entre les deux parents intervient et il vaut mieux avoir une symétrie dans les apports. Ainsi l'hétérosis pourrait être le résultat de la complémentation des apports parentaux pour différents caractères physiologiques sans qu'il y ait hétérosis au niveau des différents caractères physiologiques, ce qui est assez souvent observé (Sinha et Khanna, 1975 ; Chanda *et al.*, 1988). Ce modèle explique bien le fait qu'il y ait d'une part de l'hétérosis pour un caractère complexe et d'autre part pas d'hétérosis, ou un hétérosis dépendant beaucoup des parents, pour des caractères génétiquement plus simples en cause dans la réalisation du caractère complexe.

Tableau 2.2. L'hétérosis par complémentarité des parents pour des gènes s'exprimant à des stades différents de la vie de la plante.

Génotype	Stade 1 (*A,a*)	Stade 2 (*B,b*)	Stade 3 (*C,c*)	Stade 4 (*D,d*)	Total
Parent 1 (*AAbbCCdd*)	4	1	4	1	10
Parent 2 (*aaBBccDD*)	1	4	1	4	10
F_1 (*AaBbCcDd*) [1]	3	3	3	3	12
F_1 (*AaBbCcDd*) [2]	4	4	4	4	16

[1] Dominance partielle ; [2] dominance complète.

Le masquage en croisement du fardeau génétique des parents. Liaison entre hétérosis et système de reproduction

L'existence d'un fardeau génétique, dont l'importance est liée au régime de reproduction (Encadré 2.2), permet d'expliquer la liaison entre hétérosis et système de reproduction (avec une dépression de consanguinité beaucoup plus forte chez les plantes allogames que chez les plantes autogames). Dans une population se reproduisant en fécondation croisée, des individus apparentés peuvent avoir reçu une copie du même gène de leur ancêtre commun ; ils peuvent la transmettre par leurs gamètes à leurs descendants. Le résultat de la consanguinité est donc que des copies d'un même gène peuvent se retrouver à l'état homozygote chez les descendants des croisements entre individus apparentés. Ainsi, si l'ancêtre est porteur d'une tare à l'état hétérozygote, celle-ci peut apparaître à l'état homozygote, deux générations après lui. Plus le ou les ancêtres communs seront proches, plus la probabilité de voir apparaître à l'état homozygote des copies d'un même gène (gènes dits « identiques ») sera forte. Or, toute plante allogame est porteuse à l'état hétérozygote de gènes très défavorables, maintenus à très faible fréquence dans les populations par un équilibre entre sélection et mutation, sans que sa valeur sélective soit abaissée puisque ces allèles défavorables ne s'expriment pas au niveau phénotypique (cf. Encadré 2.2). Avec une population de grande taille, lors de la reproduction par fécondation croisée, la probabilité que les deux plantes qui se croisent portent à un même locus à l'état hétérozygote un allèle très défavorable est très faible, la probabilité d'apparentement étant très faible. À l'inverse, en régime d'autofécondation, ¼ des génotypes porteront le génotype défavorable à l'état homozygote ; la valeur moyenne des descendants sera donc inférieure à celle du parent F_1. Avec seulement quelques dizaines de « tares » à l'état hétérozygote, la probabilité est très forte pour que tout individu issu d'autofécondation porte au moins une tare à l'état homozygote. Il peut alors en résulter un effet général de la consanguinité, dû à la rupture de chaînes métaboliques, avec une discontinuité entre la valeur des plantes consanguines et celle des plantes non consanguines. L'homozygotie pour les gènes défavorables (par exemple des mutants chlorophylliens très déficients, type albinos, *aurea*, etc.) empêche en effet l'expression de la variation pour de nombreux caractères.

Les lignées homozygotes dérivées des populations de plantes allogames sont donc porteuses de tares à l'état homozygote. Ainsi Cauderon (1959) rapporte que pour les premières lignées dérivées des populations françaises de maïs, 10 % montraient des

Encadré 2.2. Fréquence à l'équilibre sélection-mutation d'un gène défavorable dans une population allogame, panmictique.

Considérons à un locus deux allèles B et b de fréquence p et q. S'il y a union au hasard des gamètes et absence de sélection (panmixie), la fréquence attendue des 3 génotypes dans une population de grande taille est celle de la loi de Hardy-Weinberg : p^2 pour BB, $2pq$ pour Bb et q^2 pour bb.

Supposons maintenant qu'il y ait sélection contre les homozygotes récessifs, telle qu'à chaque génération disparaisse une fraction s des génotypes bb. Sans mutation de B vers b, le résultat sera l'élimination progressive du gène b de la population. S'il y a mutation, à chaque génération il y aura réapparition de génotypes bb par mutation à partir des hétérozygotes Bb. Soit u la probabilité de mutation, il y aura équilibre de fréquence lorsque les deux mécanismes sélection et mutation s'équilibreront, soit quand :

$$sq^2 \sim u, \text{ ou } \sqrt{u/s} \text{ et } q : \sqrt{u} \text{ pour un gène létal, soit avec } u = 10^{-5}, q \sim 0{,}003.$$

Avec 5 000 locus susceptibles de muter, dans une population panmictique en moyenne, chaque plante porterait ainsi environ 30 locus à l'état hétérozygote pour un gène létal ou sublétal. Cette charge en gènes très défavorables, masqués à l'état hétérozygote, est appelée le *fardeau génétique*.

Dans une population autogame stricte (dérivée d'une population allogame panmictique), il ne peut exister que deux génotypes BB et bb de fréquence p et q en l'absence de sélection et de mutation. La sélection seule conduira là encore à l'élimination de b, mais beaucoup plus rapidement que dans le cas d'une population allogame où le gène récessif est protégé à l'état hétérozygote. S'il y a mutation, un équilibre s'établit entre sélection et mutation lorsque :

$$s\,q \sim u,$$

soit $q \sim u$ pour un gène létal et soit avec $u = 10^{-5}$, une fréquence de b qui est 300 fois plus faible qu'avec allogamie.

Effet du système de reproduction sur l'apparition de la tare

En partant d'une population allogame, panmictique avec une génération d'autofécondation, les homozygotes aa peuvent avoir deux origines : l'autofécondation des bb et l'autofécondation des Bb. Au total, cette fréquence devient :

$$q^2 + \tfrac{1}{2}pq = 10^{-5} + \sqrt{10^{-5}}\,(1 - \sqrt{10^{-5}})/2 \sim 0{,}5\sqrt{10^{-5}} = 0{,}0016,$$

ce qui est donc 160 fois plus fort qu'en panmixie. Avec 5 000 locus susceptibles de muter, l'homozygotie pour une tare pourrait concerner en moyenne 8 locus. Il s'agit toutefois d'une surestimation car la dominance n'est pas toujours complète, ce qui entraîne une sélection au niveau hétérozygote pouvant aller jusqu'à l'élimination de la tare.

Le fardeau génétique chez les autopolyploïdes

Chez une espèce autopolyploïde, les mutations récessives seront plus protégées à l'état hétérozygote que chez les diploïdes : elles sont plus facilement masquées puisqu'il existe différents génotypes hétérozygotes ($BBBb$, $BBbb$, $Bbbb$). Le fardeau génétique accumulé sera donc plus grand (Gallais, 2003). Chez une espèce autotétraploïde, à l'équilibre entre sélection et mutation, on aura dans l'hypothèse d'une dominance complète ($BBBB = BBBb = BBbb = Bbbb$) :

$$u = s\,q^4$$

$$\text{soit } q_e = \sqrt[4]{u/s}.$$

...

···

> Pour un même taux de mutation et une même valeur sélective s, la fréquence q_e sera donc beaucoup plus forte que chez les diploïdes. Avec s équivalent à 1 (gène létal), q_e est égale à 0,003 chez les diploïdes et à 0,06 chez les autotétraploïdes, soit une fréquence 20 fois plus élevée. Le fardeau génétique d'une plante allogame autopolyploïde sera donc beaucoup plus important que celui d'une plante diploïde. Ainsi, d'un point de vue évolutif, l'état autopolyploïde est avantageux au départ car il masque les récessifs défavorables, mais à l'équilibre sélection-mutation il est désavantageux. Cependant, ce désavantage est contrebalancé par les effets de dosage (5 doses possibles pour un gène au lieu de 3 chez les diploïdes) et surtout avec multiallélisme, l'état autopolyploïde permet d'avoir jusqu'à quatre allèles à un locus, ce qui donne une souplesse d'adaptation à différents milieux (Gallais, 2003).

---

ségrégations pour des déficiences chlorophylliennes et 5 % montraient des ségrégations pour des gènes de stérilité mâle. Ces deux types de « tares » ont été éliminées, mais d'autres gènes à effet très défavorable à l'état homozygote ont nécessairement été fixés. Ces tares rendent les lignées plus dépendantes du milieu et plus sensibles à ses variations accidentelles. Par croisement entre lignées non apparentées, la probabilité d'avoir l'homozygotie pour une tare au même locus est très faible ; chez les hybrides, ces tares récessives sont donc masquées à l'état hétérozygote. Il en résulte une plus grande stabilité de comportement selon le milieu et une manifestation d'hétérosis, ce qui correspond bien aux faits observés. L'apparition au cours de la consanguinité de tares masquées à l'état hétérozygote et leur masquage chez l'hybride expliquent donc les aspects essentiels de la dépression de consanguinité et de l'hétérosis chez les espèces allogames.

À l'inverse, chez les espèces autogames ou partiellement autogames (telles que le colza où le taux d'autogamie est de 70 %), le fardeau génétique a soit été éliminé, soit n'a guère pu se développer. En effet, si une mutation entraîne l'apparition d'un allèle défavorable, celui-ci est immédiatement éliminé si l'allèle est dominant, ou progressivement si l'allèle est récessif, et ne se maintient qu'à une fréquence très faible (à une fréquence d'équilibre voisine du taux de mutation, ce qui est largement inférieur aux fréquences d'équilibre en panmixie, cf. encadré 2.2). Les lignées ayant une bonne valeur agronomique, le phénomène de complémentation lors d'un croisement est beaucoup moins important et la vigueur hybride est donc très inférieure à celle observée chez les espèces allogames.

La sélection artificielle chez les plantes allogames tend à éliminer ou réduire ce fardeau génétique. Par autofécondation et sélection, les gènes majeurs très défavorables tels que ceux contrôlant des déficiences chlorophylliennes sont éliminés en partie (Cauderon, 1959). Mais il reste nécessairement de nombreux gènes défavorables à l'état homozygote. Les premières lignées de maïs étaient tellement faibles, avec des fertilités mâles et femelles très affectées, qu'il était impossible de les utiliser directement comme parents d'hybrides simples commerciaux, d'où le développement d'hybrides doubles, résultat du croisement de deux hybrides simples. Depuis, les lignées parentales ont été améliorées et de ce fait, les valeurs d'hétérosis diminuées (en valeur relative) (voir p. 109). Ce résultat est bien une preuve de l'importance du fardeau génétique. S'il était possible d'éliminer tout le fardeau génétique des plantes allogames, celles-ci ressembleraient de plus en plus aux plantes autogames, avec un hétérosis plus faible.

Encadré 2.3. Un cas extrême de fardeau génétique

Une des hypothèses de base de la génétique pour la cartographie génétique est que les génomes des individus appartenant à la même espèce ont le même ensemble de gènes et dans le même ordre : c'est l'hypothèse de la colinéarité. Or, depuis les travaux de Fu et Dooner (2002) sur des lignées de maïs, plusieurs études ont montré que la colinéarité des génomes n'était pas absolue. Des gènes présents chez une lignée peuvent être absents chez une autre ; ils peuvent être aussi à une autre place ou même fragmentés. L'absence de colinéarité a été montrée par Song et Messing (2003) au niveau des gènes de la zéine qui sont fortement dupliqués. Les travaux de Brunner *et al.* (2005) ont montré que pour de longues séquences d'ADN répétées avec des gènes isolés (structure en île), plus de 50 % des séquences comparées n'étaient pas colinéaires. Cette absence de colinéarité est souvent due à l'insertion de rétrotransposons (Lai *et al.,* 2005). Plus d'un tiers des gènes de séquences longues étudiées (27/72) étaient absents dans une des lignées aux locus considérés. Cette forte proportion a été confirmée par Morgante *et al.* (2005) : sur 20 500 gènes ou fragments de gènes, 80 % étaient présents chez les deux lignées *B73* et *Mo17*, 11 % étaient spécifiques à *B73* et 9 % spécifiques à *Mo17*. Chez le maïs, la non-colinéarité apparaît donc assez générale. Toutefois, les séquences spécifiques concernent souvent des séquences non fonctionnelles (Brunner *et al.*, 2005). Si elles concernent des séquences qui s'expriment, la conséquence pour les lignées est l'équivalent d'un fardeau génétique, conduisant à un moins bon fonctionnement que les hybrides. En effet, les hybrides entre lignées non apparentées ont une probabilité très forte de réunir tous les gènes (la probabilité pour deux lignées non apparentées d'avoir la même délétion de gènes étant très faible). Cette situation peut donc être vue comme un cas d'hétérosis dû à la dominance. La présence de séquences spécifiques peut aussi affecter la régulation des gènes chez l'hybride (voir Chapitre 3, p. 128).

Extensions du mécanisme de la complémentation interlocus

La complémentation avec des locus à effets multiplicatifs

La situation considérée par Keeble et Pellew (1910), pour expliquer par le mécanisme de la dominance l'hétérosis observé pour la longueur de tige chez le pois, correspond à une situation de caractères multiplicatifs avec dominance complète à chaque locus. Cependant, avec un caractère complexe, produit de composantes contrôlées chacune par un locus, la dominance n'est pas nécessaire pour obtenir de l'hétérosis : il y a aussi hétérosis dans le cas d'additivité (Richey, 1942 ; Powers, 1944, 1945). Soit à un locus contrôlant un caractère C1 (longueur des entre-noeuds) deux allèles A et a avec des effets additifs et à un autre locus contrôlant un caractère C2 (nombre d'entre nœuds) deux allèles B et b aussi à effets additifs. Considérons deux génotypes complémentaires *AAbb* et *aaBB*. Au niveau du caractère produit C1 $\times$ C2, le double hétérozygote *AaBb* présente une supériorité par rapport aux deux homozygotes, bien qu'il y ait additivité (absence de dominance) pour chacun des caractères composant (Tableau 2.3). C'est une autre illustration de l'hétérosis, par complémentation de gènes favorables.

Pour un caractère résultant d'un produit, il y a donc hétérosis parent-moyen dès qu'il y a complémentation des parents pour des gènes favorables, même avec additivité des

Tableau 2.3. L'hétérosis par complémentarité des parents et caractères multiplicatifs.

Génotype	Caractère 1 (A,a)	Caractère 2 (B,b)	Produit
P1 (*AA bb*)	4	2	8
P2 (*aa BB*)	2	4	8
F_1 (*Aa Bb*)	3	3	9

La multiplicativité des effets des locus conduit à une supériorité de la F_1 bien qu'il y ait additivité au niveau de chaque locus.

effets géniques à chaque locus (mais ceci n'est pas toujours vrai pour l'hétérosis meilleur parent). Par contre, il ne faut pas de dominance (même partielle) défavorable. Une des conséquences de ce modèle d'hétérosis sans dominance est que, avec des gènes non liés (et non pléiotropes), la vigueur hybride sera stable de la F_1 à la F_2. En effet, pour chaque locus, la moyenne en F_2 est égale à la valeur en F_1 (à cause de l'additivité) et pour le caractère produit, si les gènes sont indépendants, la valeur attendue est celle de la F_1 (dans l'exemple du tableau 2.3, on aurait toujours la valeur 9 en F_2). Par sélection dans la F_2 et dans les générations suivantes, il serait en théorie possible d'obtenir des génotypes homozygotes pour les gènes favorables pour les deux caractères qui seraient alors supérieurs à la F_1. C'est une nouvelle illustration du fait que l'hétérosis et la dépression de consanguinité ne sont pas toujours le corollaire l'un de l'autre. Si les gènes sont liés, le résultat est nécessairement différent. S'ils sont très liés, en répulsion, les associations parentales (*Ab* et *aB*) se comportent comme des allèles et il en résulte une situation de pseudo-superdominance, avec une diminution de vigueur de la F_1 à la F_2. D'une façon plus générale, Minvielle (1987) a montré que dans la situation de locus à effets multiplicatifs, mais avec additivité à chaque locus, l'hétérosis parent-moyen en F_2 (H_{F_2}) se relie à l'hétérosis parent-moyen en F_1 (H_{F_1}) par la relation suivante :

$$H_{F_2} = \tfrac{1}{2}\,(1 + 2c)\,H_{F_1},$$

où c est le pourcentage de recombinaison entre les deux locus : c équivalent à ½ correspondrait au cas d'indépendance des deux locus ($H_{F_1} = H_{F_2}$) et c équivalent à 0 correspondrait à un cas de superdominance.

Ce modèle multiplicatif avec effets additifs ne peut pas conduire à des hétérosis très importants (Richey, 1944) et de plus, il ne doit pas être très fréquent, car les cas d'hétérosis avec absence de dépression de consanguinité de la F_1 à la F_2 sont rares. Cependant, des situations de ce type ont été observées chez le blé, plante autogame (Rousset, communication personnelle). Elles ont été expliquées par des problèmes de compétition entre plantes au niveau F_2. Mais, sans exclure cette compétition, il est possible que la stabilité observée ait aussi été due à la multiplicativité d'effets de gènes additifs. Ce phénomène est d'ailleurs attendu plus probable chez les plantes autogames, où la sélection naturelle a moins agi sur le linkage des gènes de la valeur sélective, que chez les plantes allogames où la sélection naturelle tend à regrouper en répulsion les gènes des composantes de la valeur sélective (voir p. 99).

La complémentation avec des locus épistatiques

L'épistasie peut être une composante de l'hétérosis

L'épistasie peut être définie comme l'interaction entre gènes non allèles ; les gènes présents à un locus peuvent affecter le fonctionnement des gènes à un autre locus. Pour introduire de façon simple le rôle de l'épistasie dans l'hétérosis, considérons le cas de génotypes réduits à deux locus avec additivité (absence de dominance) à chaque locus. Soit A et a les allèles à un locus et B et b les allèles à l'autre locus. Le tableau 2.4 illustre un cas d'épistasie entre les deux locus, avec additivité à chaque locus. Pour chaque génotype à un locus, il y a bien additivité à l'autre locus (la valeur de l'hétérozygote est toujours égale à la valeur moyenne des deux homozygotes). Cependant, l'écart entre les valeurs des génotypes à un locus dépend du génotype à l'autre locus : c'est une situation d'épistasie. Dans ce cas, le croisement des deux génotypes complémentaires $AAbb$ et $aaBB$, chacun de valeur 2, conduit à un génotype $AaBb$ de valeur 2,5. Il y a donc hétérosis, bien qu'il y ait additivité des effets génétiques à chaque locus. D'une façon plus générale, on peut montrer que l'épistasie est une composante de l'hétérosis, comme la dominance (Encadré 2.4).

Il est remarquable que, dans la situation avec additivité mais épistasie additive × additive, il n'y a pas de dépression de consanguinité, bien qu'il y ait hétérosis (dans l'exemple du tableau 2.4, la valeur de la F_2 du croisement $AAbb \times aaBB$ est 2,5). C'est un exemple de non symétrie entre hétérosis et dépression de consanguinité. On retrouve là la situation

---

Encadré 2.4. Formulation générale du fait que l'épistasie est une composante de l'hétérosis

Dans le cas de deux locus, avec des effets génétiques quelconques, la valeur génotypique peut se décomposer comme il est indiqué dans le tableau ci-dessous (Gallais, 1989b). Elle est la somme des effets des gènes à chaque locus et d'un effet d'interaction entre les deux locus. Ainsi en se basant sur ces expressions, l'hétérosis parent-moyen résultant du croisement des deux parents complémentaires $AAbb$ et $aaBB$ s'écrit :

$$H = Y_{AaBb} - (Y_{AAbb} + Y_{aaBB})/2 = d_1 + d_2 + l + i,$$

Y représentant la valeur du génotype mentionné en indice. L'hétérosis apparaît donc comme la somme d'une part des effets de dominance et d'autre part des effets d'épistasie hétérozygote × hétérozygote et homozygote × homozygote.

L'hétérosis H se réduit à $d_1 + d_2 + i$, s'il n'y a que de l'épistasie additive × additive, et à i en l'absence de dominance. Donc, même sans dominance, il peut y avoir de l'hétérosis dû à l'épistasie. Dans ce cas, en effet, avec la notation utilisée :

$$Y_{AAbb} = m + a_1 - a_2 - i, \ Y_{aaBB} = m - a_1 + a_2 - i, \ Y_{AaBb} = m \text{ et } H = i.$$

Modélisation des valeurs génotypiques à deux locus, dans le cas de biallélisme, avec dominance et épistasie (Gallais, 1989b).

Locus 1 \ Locus 2	BB	Bb	bb
AA	$m + a_1 + a_2 + i$	$m + a_1 + d_2 + j$	$m + a_1 - a_2 - i$
Aa	$m + d_1 + a_2 - k$	$m + d_1 + d_2 + l$	$m + d_1 - a_2 - k$
aa	$m - a_1 + a_2 - i$	$m - a_1 + d_2 - j$	$m - a_1 - a_2 + i$

A et a sont les allèles au locus 1, B et b les allèles au locus 2. Pour chaque locus pris individuellement, les effets sont toujours définis de la même façon : m représente la moyenne des lignées, a_1 et a_2 représentent la demi-somme des homozygotes, d_1 et d_2 la différence entre la valeur de l'hétérozygote et la moyenne des deux homozygotes ; i, j, k et l représentent respectivement des effets d'interactions homozygote × homozygote, homozygote × hétérozygote, hétérozygote × homozygote et hétérozygote × hétérozygote. S'il n'y a que de l'épistasie additive × additive, alors : $j = k = l = 0$.

Tableau 2.4. Illustration d'un cas d'épistasie avec additivité à chaque locus.

Locus 1	Locus 2		
	BB	**Bb**	**bb**
AA	6	4	2
Aa	4	2,5	1
aa	2	1	0

Pour un génotype à un locus, la valeur de l'hétérozygote à l'autre locus est toujours égale à la moyenne des deux homozygotes correspondants. Cependant, l'écart entre les deux génotypes homozygotes à l'un des locus varie selon le génotype à l'autre locus. Dans ce cas, le croisement des génotypes complémentaires *AAbb* et *aaBB* conduit à une situation d'hétérosis, malgré l'additivité des effets à chaque locus.

déjà signalée pour des locus à effets multiplicatifs et avec additivité à chaque locus. Dans les deux cas, la valeur de la F_1 obtenue est toutefois inférieure à la valeur du génotype homozygote cumulant tous les gènes favorables. En fait, ces deux situations sont analogues. En effet, tout modèle multiplicatif avec effets additifs des gènes à chaque locus peut être transformé en un modèle avec épistasie additive × additive et effets additifs des gènes à chaque locus (Cockerham, 1959). Cela est illustré par le tableau 2.5.

Tableau 2.5. Correspondance entre un modèle multiplicatif et un modèle avec épistasie additive × additive, avec effets additifs des gènes à chaque locus.

Locus 1	Locus 2		
	BB = 4 [1]	**Bb = 3**	**bb = 2**
AA = 4 [1]	16 [2]	12	8
	9 + 3 + 3 + **1** [3]	*9 + 3 +* 0	*9 + 3 − 3 −* **1**
Aa = 3	12	9	6
	9 + 0 + 3	*9 + 0 + 0*	*9 + 0 − 3*
aa = 2	8	6	4
	9 − 3 + 3 − **1**	*9 − 3 +* 0	*9 − 3 − 3 +* **1**

Dans cet exemple, le croisement des génotypes complémentaires *AAbb* et *aaBB* conduit bien à une F_1 supérieure au meilleur parent, mais en F_2, il n'y aura pas de dépression de consanguinité.
[1] Valeur du génotype au locus ; [2] produit des valeurs génotypiques des deux locus ; [3] décomposition de la valeur génotypique du caractère produit selon le modèle linéaire (cf. Encadré 2.4), avec $a_1 = a_2 = 3$ (en italique) et $i = 1$ (en gras). Le 1er chiffre représente la moyenne de la F_2, ou la valeur du génotype double hétérozygote, le 2e chiffre est la contribution du locus 1, le 3e chiffre la contribution du locus 2 et le 4e chiffre la contribution de l'épistasie (i). Les valeurs 0 correspondent aux effets de dominance, qui sont nuls.

Dominance, épistasie et flux métaboliques

L'épistasie peut être facilement introduite dans l'hypothèse de complémentation pour des gènes dominants favorables. C'est l'hypothèse du « goulot d'étranglement » ou du facteur limitant (« *bottleneck* ») proposée par Mangelsdorf (1952). Soit un processus métabolique contrôlé par deux locus : le locus 1 avec les allèles *A* et *a* contrôle le passage de S_1 à S_2 et le locus 2 avec les allèles *B* et *b* contrôle le passage de S_2 à S_3 (Figure 2.5). Si une plante est homozygote *aa* au locus 1, le flux métabolique est arrêté ou fortement ralenti, et si une plante est homozygote *bb* au locus 2, le flux métabolique est aussi arrêté ou fortement ralenti. Pour que le flux soit maximum, il faut avoir à la fois *A* au locus 1 (*AA* ou *Aa*) et *B* au locus 2 (*BB* et *Bb*), une dose d'un gène favorable étant suffisante.

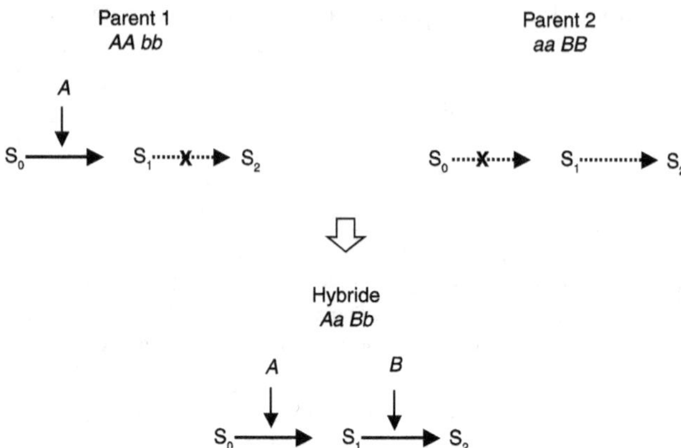

Figure 2.5. L'hétérosis par complémentarité des parents pour le contrôle génétique du flux métabolique.

Chez le parent P_1, la transformation du substrat est bloquée au stade S_1 du fait de la présence de l'allèle défavorable b qui coupe la chaîne métabolique ; chez le parent P_2, la transformation du substrat est bloquée dès le début du fait de la présence de a ; chez l'hybride, les gènes a et b étant masqués, la transformation du substrat pourra aller jusqu'en S_2.

Il en résulte que deux parents *AAbb* et *aaBB* ont un flux métabolique très faible, tandis que le flux est complètement rétabli chez l'hybride *AaBb*. C'est donc une situation qui fait intervenir à la fois la dominance (*A* domine *a* et *B* domine *b*) et l'épistasie (l'état récessif homozygote à un locus empêche l'expression des gènes à l'autre locus), qui est appelée épistasie complémentaire. Au niveau de la F_2, il en résulte une disjonction 9/16-7/16 (Tableau 2.6). Ce modèle s'étend facilement à un flux linéaire contrôlé par *n* locus : « *The excellence of a genotype, like a chain, depends not upon its strongest link but upon its weakest link* » (Mangelsdorf, 1952).

Tableau 2.6. La ségrégation digénique 9/16-7/16.

Gamètes femelles	Gamètes mâles			
	AB ¼	*Ab* ¼	*aB* ¼	*ab* ¼
AB ¼	*AABB* 1/16 (1)	*AABb* 1/16 (1)	*AaBB* 1/16 (1)	*AaBb* 1/16 (1)
Ab ¼	*AABb* 1/16 (1)	*AAbb* 1/16 (0)	*AaBb* 1/16 (1)	*Aabb* 1/16 (0)
aB ¼	*AaBB* 1/16 (1)	*AaBb* 1/16 (1)	*aaBB* 1/16 (0)	*aaBb* 1/16 (0)
ab ¼	*AaBb* 1/16 (1)	*Aabb* 1/16 (0)	*aaBb* 1/16 (0)	*aabb* 1/16 (0)

(0) ou (1) : valeur attendue des génotypes.

Il n'y a pas de différence formelle entre l'hypothèse de la dominance et l'hypothèse de l'épistasie : dans les deux cas, ce qui entraîne l'hétérosis c'est la complémentarité des parents. L'épistasie complémentaire peut donc être incluse dans l'hypothèse de la dominance de Jones. C'est l'épistasie complémentaire qui est à la base de l'effet du fardeau génétique en consanguinité (voir p. 65) : une mutation très défavorable à l'état homozygote qui empêche l'expression d'autres gènes, même sans interaction directe entre les gènes, est l'équivalent d'une situation avec épistasie. Une certaine équivalence peut d'ailleurs être notée dans les définitions de la dominance et de l'épistasie additive × additive : la dominance est une interaction entre deux allèles à un locus et l'épistasie additive × additive est une interaction entre deux gènes à des locus différents. Toutefois, si l'on considère plus de deux locus, une différence apparaît : avec le modèle de rupture de flux, sans compensation, il n'y aurait que deux phénotypes, celui du flux maximum et celui du flux minimum correspondant à au moins une rupture de la chaîne par présence d'un allèle récessif à l'état homozygote, alors qu'avec l'hypothèse de la dominance sans épistasie, il y aurait une variation plus continue des phénotypes. La rupture du flux métabolique sur un grand nombre de locus en cause permettrait de bien expliquer, chez certaines allogames, l'effet très fort de la dépression de consanguinité dès la première génération d'autofécondation d'où il résulte la discontinuité entre la distribution des hybrides et la distribution des lignées. Toute lignée peut sans doute être considérée comme un génotype avec une ou plusieurs ruptures du flux métabolique.

L'épistasie apparaît comme une propriété intrinsèque des systèmes de flux métaboliques. Comme la théorie des flux métaboliques, formulée par Kacser et Burns (1981), permet de montrer que la dominance favorable est une propriété de tels systèmes (voir p. 60), dominance favorable et épistasie complémentaire sont donc attendues être fréquemment associées (de Vienne *et al.*, 2001 ; Fiévet 2004 ; Fiévet *et al.*, 2006). La figure 2.6 représente une situation d'hétérosis due à l'épistasie avec deux locus complémentaires contrôlant un flux métabolique.

Exemples de ségrégation 9/16-7/16 illustrant le mécanisme des flux métaboliques

La croissance in vitro des racines de tomate

Dans une expérience de culture *in vitro* réalisée par Robbins (1941), les racines de la variété de tomate Red Currant étaient stimulées par l'addition de pyridoxine (vitamine B6), par contre, les racines de la variété Johannesfauer ne montraient pas de réponse à cette vitamine, mais exigeaient pour mieux croître de la nicotinamide (l'une des formes de la vitamine B3). Les racines de l'hybride entre les deux variétés étaient capables de croître sur un milieu sans pyridoxine et sans nicotinamide et la croissance observée était nettement supérieure à celle observée avec les racines des parents. L'analyse génétique a démontré qu'il s'agissait d'une hérédité digénique, avec en F_2 une ségrégation 9/16-7/16. Ces résultats s'expliquent bien en considérant la croissance *in vitro* des racines de tomates comme le résultat d'un flux métabolique (par exemple la production d'une substance de croissance), sous la dépendance de deux gènes, l'un contrôlant la synthèse de la nicotinamide et l'autre la synthèse de la pyrodoxine ; l'absence de synthèse de l'une ou l'autre de ces vitamines entraîne alors l'arrêt de la croissance par rupture du flux métabolique conduisant à la production de la substance de croissance.

Le déterminisme de la couleur de fleur

Cet exemple est souvent donné pour illustrer une ségrégation à deux locus avec épistasie, conduisant à une disjonction 9/16–7/16. Ainsi chez la gesse *Lathyrus odoratus*, le croisement de deux lignées blanches *CCpp* et *ccPP* sans synthèse de pigments conduit à une F_1 à fleurs pourpres avec beaucoup de pigments (Sinnott et Dunn, 1939). C'est un

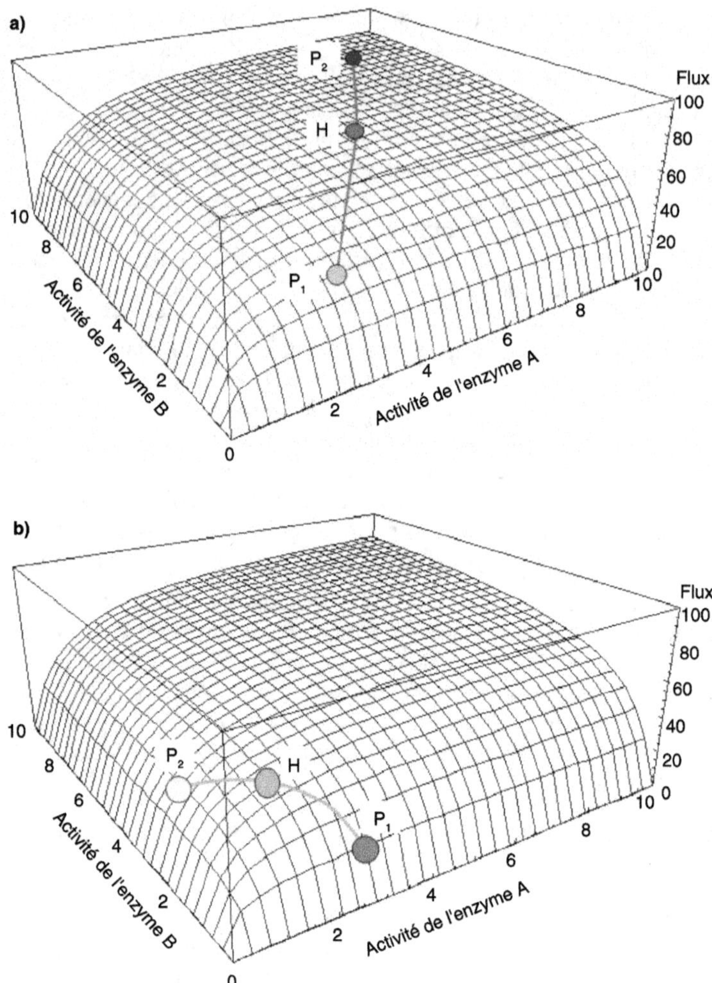

Figure 2.6. Épistasie et flux métabolique.

a) Les parents P1 et P2 présentent la même relation de dominance pour les enzymes A et B ; l'hétérozygote présente de la non-additivité positive pour le flux, mais il ne dépasse pas le meilleur parent P2 car celui-ci a un flux élevé, au niveau du plateau. b) Les parents P1 et P2 présentent des relations de dominance différentes pour les enzymes A et B ; ils ont tous les deux un faible flux et l'hétérozygote est supérieur aux deux parents (Fiévet *et al.*, 2006).

exemple d'hétérosis par rétablissement d'un flux métabolique (la synthèse des pigments anthocyaniques) chez l'hybride, alors que chez les homozygotes le flux est interrompu : la présence des gènes dominants C et P est nécessaire pour ce flux. La même situation se retrouve pour la couleur de la fleur chez le muflier *Antirrhinum* ou pour la couleur du grain ou des parties végétatives, due à la présence d'anthocyanes, chez le maïs.

La sensibilité à la photopériode chez le sorgho (Sorghum bicolor)
Chez le sorgho, Rooney et Aydin (1999) ont montré que le croisement de deux lignées particulières insensibles à la photopériode (de génotypes $Ma_x Ma_x ma_y ma_y$ et $ma_x ma_x Ma_y Ma_y$) donnait un hybride sensible à la photopériode par masquage des gènes de

maturité récessifs ma_x et ma_y (les gènes Ma_x et Ma_y étant nécessaires pour avoir la sensibilité à la photopériode). La présence d'un seul gène ma suffit à entraîner l'insensibilité à la photopériode. Tout se passe comme si la sensibilité à la photopériode était le résultat de la production d'une substance hormonale dont la synthèse comprendrait deux étapes, chacune sous contrôle d'un gène Ma. La vigueur hybride est alors à voir au niveau de la quantité synthétisée de cette substance hormonale.

En fait, parmi les exemples d'hérédité digénique étudiés pour un caractère donné, tant chez les plantes que chez les animaux, le mécanisme de dominance avec épistasie dite complémentaire, conduisant en F_2 à une segrégation 9/16-7/16, semble plus fréquent que le mécanisme avec dominance à chaque locus et additivité des effets des deux locus. De plus, on ne trouve pas d'exemples avec épistasie seule. Ainsi, comme prévu par la théorie de flux métaboliques, dominance favorable et épistasie complémentaire apparaissent souvent associées. Ce fait est donc un élément en faveur de l'explication de l'hétérosis par la restauration des flux métaboliques interrompus chez les parents lignées. De nombreux caractères quantitatifs, y compris le rendement en grain ou en biomasse, pouvant être considérés comme le résultat d'un flux métabolique plus ou moins complexe (avec plusieurs branches), un rôle important de l'épistasie associée à la dominance est attendu dans l'explication de la vigueur hybride. Cela semble se confirmer, au moins au niveau des plantes autogames (voir p. 107 et 116).

Conclusion

Le problème ne se pose pas de savoir si, pour expliquer l'hétérosis, l'hypothèse de la dominance est vérifiée ou non. Il est évident que la dominance existe à de nombreux locus. De plus, l'existence du fardeau génétique (fardeau de mutation) est largement démontrée par les études de génétique des populations ; chez les plantes allogames, elle explique une part importante de la différence entre hybrides et lignées. Enfin, une liaison forte en répulsion entre les deux locus génère une situation de pseudo-superdominance, équivalente à celle de superdominance. La question est donc plutôt de savoir si le mécanisme de la complémentation des parents pour des gènes dominants ou partiellement dominants favorables, avec ou sans épistasie, est le seul mécanisme en cause dans l'hétérosis ou si la superdominance joue aussi un rôle non négligeable.

▶▶ La complémentation intralocus : le mécanisme de la superdominance

La superdominance correspond à un degré de dominance supérieur à 1 (l'hétérozygote est supérieur au meilleur des homozygotes). Dans ce cas, pour un caractère gouverné par plusieurs locus, l'avantage de la F_1 par rapport au meilleur parent est évident si ce phénomène existe à chacun des locus pour lesquels les parents diffèrent. Cependant, il n'est pas nécessaire qu'il existe à chacun de ces locus : il suffit qu'il existe à certains locus de façon telle que la sommation des effets de dominance sur l'ensemble des locus en cause conduisent à une valeur de la F_1 supérieure à la valeur de la meilleure lignée possible.

Historique et présentation du phénomène de superdominance

Indépendamment, en 1918, Shull et East « expliquent » de façon assez vague la vigueur hybride par un effet stimulant de l'état hétérozygote en lui-même. Ce n'est qu'en 1936 qu'East propose d'expliquer l'hétérosis par la présence d'allèles différents à un locus. À un locus, il existerait une série multiallélique, avec des allèles à effets assez voisins (A_1, A_2 ..., A_n) tels qu'un génotype hétérozygote, par complémentation interallélique, pourrait conduire à une valeur supérieure ($A_1A_2 > A_1A_1$ ou A_2A_2). East n'exclut d'ailleurs pas la présence d'un allèle à effet très défavorable a, qui serait masqué à l'état hétérozygote par tous les autres allèles A_i. Mais, selon lui, l'élimination de ce fardeau génétique ne change rien à la vigueur hybride : il faut donc rechercher l'explication des effets dépressifs de la consanguinité et de la vigueur hybride au niveau des interactions entre les allèles de la série multiallélique A_i. Ce n'est toutefois qu'en 1946 que Hull propose le terme de superdominance (« *overdominance* » en anglais) pour cette situation. La théorie de la superdominance est alors clairement formulée comme la supériorité de l'état hétérozygote à un locus donné ($aa < Aa > AA$).

La superdominance est une notion importante en génétique des populations puisqu'elle permet, avec un modèle simple, d'expliquer le maintien du polymorphisme à un locus dans les populations malgré l'action de la sélection naturelle au niveau des génotypes à ce locus. C'est l'existence même de ce polymorphisme qui est à l'origine de la découverte de quelques cas de superdominance.

Plusieurs mécanismes peuvent conduire à une situation de superdominance :
– un dosage optimal d'un allèle chez l'hétérozygote pour l'activité enzymatique. En effet, les enzymes peuvent présenter un optimum de fonctionnement pour le pH, la température, etc. Avec deux allèles, cela fait trois dosages possibles de chacun des deux allèles chez les espèces diploïdes : absence de l'allèle chez un homozygote, une dose chez l'hétérozygote et deux doses chez l'autre homozygote. L'hétérozygote peut alors représenter un dosage optimum, lui conférant un avantage (Fincham, 1972) ;
– la diversité allélique à un locus, avec deux allèles A_1 et A_2 ayant des fonctions différentes et s'exprimant de façon indépendante (codominance) au niveau du phénotype ;
– une gamme plus large de fonctionnement de l'hétérozygote, avec une *superdominance marginale* telle que l'hétérozygote est avantagé dans un ensemble de conditions (organes, moments, milieux) sans qu'il le soit dans aucune des conditions ; à la base de ce mécanisme se trouve une inversion de dominance selon le milieu au sens large (stade de la plante, organe, condition de culture) ;
– une expression nouvelle chez l'hybride, avec par exemple la présence d'une nouvelle enzyme plus efficace donnant plus de possibilités d'adaptation à l'hétérozygote.

Nous allons voir quelques exemples illustrant de façon plus précise ces différents mécanismes. Dans un certain nombre d'autres exemples, la situation de superdominance est constatée mais n'est pas expliquée au niveau moléculaire. Pour qu'un cas de superdominance soit bien reconnu et séparé d'un cas de pseudo-superdominance, il faut que les gènes soient bien identifiés et que leurs effets soient bien expliqués au niveau moléculaire.

Exemples de superdominance

Superdominance par dosage allélique optimum

Principe et premier exemple

Dans ce modèle de superdominance, l'hétérozygote Aa est supérieur car il permet la production d'une quantité optimale d'une protéine ou d'une enzyme, alors que chez

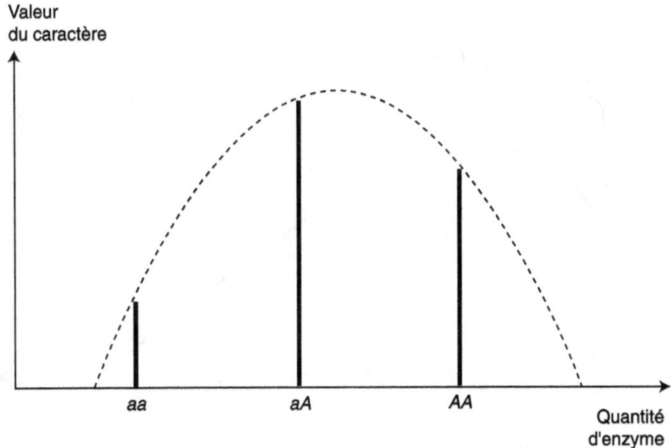

Figure 2.7. Explication de la superdominance par l'existence d'un dosage optimal de la quantité d'enzyme déterminant le caractère.

l'homozygote *aa* la quantité produite n'est pas suffisante et que chez l'homozygote *AA* la quantité produite est trop importante (Figure 2.7). Hall et Wills (1987) en donnent un exemple chez la levure au niveau du locus codant pour l'enzyme alcool déshydrogénase (ADH) qui affecte la vitesse de croissance. À une température de 37° C et en présence d'allyl-alcool, l'homozygote *AA* produit une grande quantité d'ADH, ce qui induit la production d'acroléine et « empoisonne » la levure. L'homozygote *AA* est donc défavorisé car il produit trop d'ADH, l'homozygote *aa* est aussi défavorisé car il n'en produit pas assez, quant à l'hétérozygote *Aa*, il produit suffisamment d'ADH pour sa croissance et comme il ne produit pas d'acroléine, sa vitesse de croissance est supérieure à celle des deux homozygotes. C'est aussi un exemple de superdominance conditionnelle, c'est-à-dire qui ne se manifeste que dans certaines conditions.

Les possibilités de dosage sont encore plus grandes chez les autopolyploïdes : chez un autotétraploïde, dans le cas de biallélisme (avec les allèles *A* et *a*), il est possible d'avoir 0 dose de *A* avec l'homozygote *aaaa*, 1 dose avec le génotype *Aaaa*, 2 doses avec le génotype *AAaa*, 3 doses avec le génotype *AAAa* et 4 doses avec l'homozygote *AAAA*. Ces effets de dosage peuvent être particulièrement importants au niveau des gènes de régulation (Birchler *et al.*, 2003, 2005, 2006).

Une explication biochimique de l'hypothèse du dosage optimal avec les flux métaboliques

En considérant une chaîne métabolique, nous avons vu que, pour une chaîne linéaire avec des enzymes à l'état stationnaire et non saturées par leur substrat, la liaison entre l'activité d'une enzyme et le flux métabolique est curvilinéaire convexe, ce qui explique facilement le phénomène de dominance (voir Figure 2.2, p. 60). Avec les hypothèses considérées, il ne peut pas y avoir de superdominance. Cependant, au niveau d'une cellule, il existe des contraintes de volume cellulaire et de régulation de la concentration en protéines ; la synthèse elle-même des protéines a un coût métabolique important. Donc, la concentration des enzymes est sans doute globalement contrainte et elle ne peut varier que dans certaines limites. En supposant alors que la concentration totale d'enzymes allouées à une voie métabolique est contrainte, de Vienne *et al.* (2001), Fiévet (2004) et Lion *et al.* (2004) ont montré que le flux métabolique peut passer par un maximum, puis diminuer

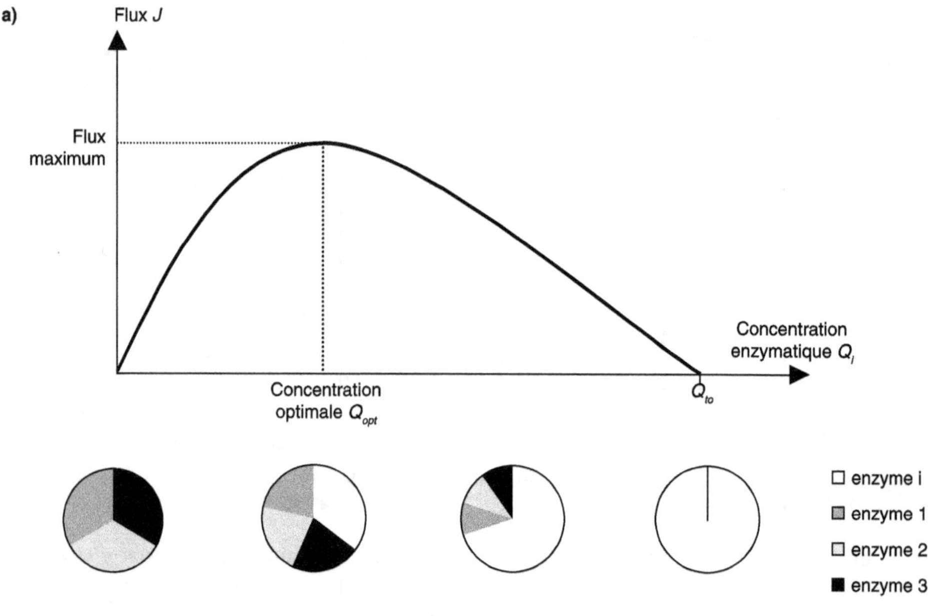

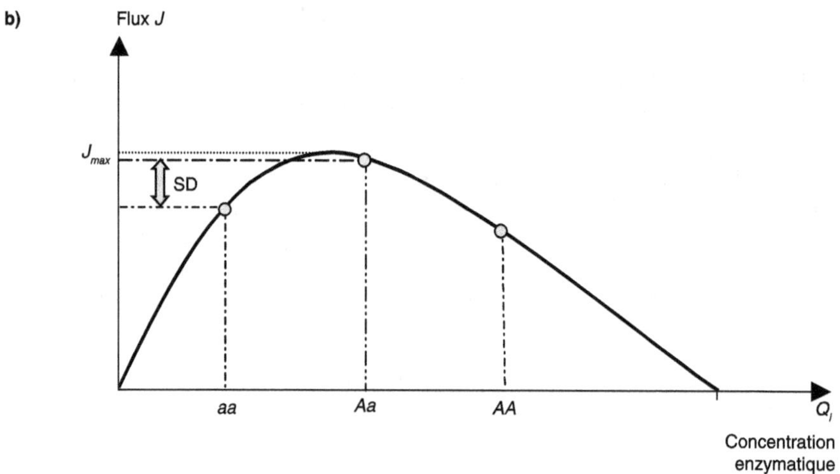

Figure 2.8. La superdominance peut être le résultat d'un dosage optimal de l'activité enzymatique en présence de contraintes au niveau cellulaire (de Vienne *et al.*, 2001 ; Fiévet, 2004).

(*a*) Relation entre le flux (*J*) et la concentration d'une enzyme (Q_i) dans un système métabolique contraint. Lorsque la concentration d'une enzyme augmente, la concentration des autres enzymes intervenant dans la même chaîne métabolique diminue. (*b*) Si pour un locus biallélique avec les allèles *A* et *a* les homozygotes sont de part et d'autre de l'optimum, il en résulte une superdominance pour le flux, malgré une additivité des concentrations chez l'hétérozygote. SD représente la différence entre la valeur du flux chez l'hétérozygote et la valeur du flux chez le meilleur homozygote : c'est une mesure de la superdominance.

avec les fortes concentrations enzymatiques. Il y a donc une concentration enzymatique optimale qui assure le flux maximal : les faibles concentrations sont limitantes et les fortes concentrations sont défavorables (Figure 2.8a). Considérons alors deux allèles *a* et *A* contrôlant la synthèse enzymatique, le génotype homozygote *aa* entraînant une faible concentration enzymatique et *AA* une forte concentration. Avec l'additivité des effets d'activité ou de concentration enzymatique, l'hétérozygote *Aa* va manifester un flux métabolique supérieur à celui des homozygotes : il y aura donc superdominance (Figure 2.8b). Ce modèle a été simulé et étudié au niveau expérimental (Fiévet *et al.*, 2006). Omholt *et al.* (2000) ont aussi montré que la superdominance peut apparaître comme une conséquence du fonctionnement des gènes dans un réseau de régulation. Ils montrent en particulier que les effets de dominance et de superdominance peuvent être la conséquence d'interactions épistatiques liées à la régulation des effets des gènes du réseau.

Un autre exemple chez le blé

Chez le blé, deux locus avec des mutants de nanisme (*Rht* pour « *Reduced height* ») sont connus, l'un sur le chromosome 4B avec les allèles *a* (forme « sauvage »), *b* (mutant de demi-nanisme) et *c* (mutant de nanisme), l'autre sur le chromosome 4D (avec les allèles *a* et *b*), les allèles *a* qui codent pour une taille normale étant récessifs par rapport aux allèles *b* ou *c* (Gale *et al.*, 1986 ; Flintham *et al.*, 1997). Des lignées quasi-isogéniques (ne différant en théorie que par le gène introgressé) ont été construites avec ces différents gènes. Ces mutants, tous dominants, ont été étudiés à l'état homozygote et hétérozygote. Les résultats pour le rendement en grain et la hauteur des plantes sont présentés dans le tableau 2.7. Alors que pour la hauteur le génotype hétérozygote *ac* au chromosome 4B est intermédiaire entre les deux génotypes parentaux *aa* et *cc*, concernant le rendement ce génotype *ac* apparaît nettement supérieur aux deux homozygotes dans deux fonds génétiques sur trois étudiés (avec un avantage de 5,5 % par rapport au meilleur homozygote). Il s'agirait donc d'un cas de superdominance conditionnelle, c'est-à-dire de superdominance dépendant du génotype par des effets d'épistasie. Cette dépendance du fond génétique s'explique par les effets pléiotropiques du gène. Pour les lignées Bersée (B) et Maris Widgeon (W), le génotype *ac* au locus du chromosome 4B permettrait une optimisation de la hauteur et de la répartition de biomasse : une hauteur intermédiaire entre les lignées normales (hautes) et les naines (*cc*) permettrait un meilleur rendement en grain ou une meilleure efficacité photosynthétique pour la production de grain. L'effet négatif de tiges trop hautes est bien connu chez les céréales : le progrès génétique

Tableau 2.7. Valeurs des génotypes homozygotes et hétérozygotes pour différents gènes de nanisme (*Rht*) chez le blé, pour le rendement et la hauteur (Flintham *et al.*, 1997).

Caractère	Génotype *Rht*		Lignées d'introgression		
	Chrom. 4B	Chrom. 4D	Bersée (B)	Maris Widgeon (W)	Maris Huntsman (H)
Rendement (g/m²)	*aa*	*aa*	771	732	915
	ac	*aa*	*877*	*803*	767
	cc	*aa*	830	762	861
Hauteur (cm)	*aa*	*aa*	123,7	112,3	106,2
	ac	*aa*	89,4	83,9	74,3
	cc	*aa*	63,9	62,5	53,0

Chrom. : chromosome ; *a* : gène « normal » ; *b* et *c* : gènes de nanisme.

pour le rendement en grain s'est accompagné d'une augmentation de l'indice de récolte (poids de grain/biomasse aérienne) liée à une réduction de hauteur (Grignac *et al.*, 1981 ; Austin *et al.*, 1980). Mais une réduction trop forte de la hauteur a aussi un effet négatif sur le rendement, d'où le rendement supérieur de l'hétérozygote grâce à sa hauteur intermédiaire. Cet effet d'optimisation n'est pas observé dans le fond génétique de la lignée Maris Huntsman (H) car cette lignée est déjà proche de l'optimum. Cette explication est donc favorable à l'hypothèse d'une véritable superdominance.

Dans cette expérience, un autre résultat est en faveur de l'hypothèse de superdominance. En effet, une interaction très favorable est observée dans les deux fonds génétiques (Bersée et Maris Widgeon), d'une part entre le gène *a* sur le chromosome 4B et le gène *b* sur le chromosome 4D et d'autre part, de façon réciproque, entre le gène *b* sur le chromosome 4B et le gène *a* sur le chromosome 4D (Tableau 2.8). Il s'agit donc d'un effet d'épistasie, mais entre homéoallèles, c'est-à-dire entre gènes issus d'un même gène ancêtre par duplication du génome (chez le blé, le génome global est formé de trois génomes homéologues A, B et D) ; cet effet d'épistasie est donc l'analogue d'un effet de superdominance. Là encore, l'avantage de la combinaison *aa bb* ou *bb aa* s'explique bien par un effet d'optimisation de la hauteur.

L'ensemble des résultats montre que les effets des gènes peuvent être additifs au niveau d'un caractère « simple » comme la hauteur et non additifs, avec même un phénomène de superdominance, au niveau de caractères plus complexes. Ce type de résultat est cohérent avec ce qui est attendu sur la base de la théorie des flux métaboliques avec contrainte. Dans cet exemple, l'analogue de la concentration enzymatique pourrait être la concentration en acide gibbérellique (mesurée par la hauteur des plantes) et le résultat du flux métabolique serait le rendement.

Tableau 2.8. Interaction entre deux locus homéologues de nanisme (*Rht*) chez le blé (Flintham *et al.*, 1997).

Génotype *Rht*		Lignées d'introgression		
Chrom. 4B	Chrom. 4D	Bersée (B)	Maris Widgeon (W)	Maris Huntsman (H)
aa	*aa*	771	732	915
aa	*bb*	*891*	*852*	929
bb	*aa*	*907*	*829*	948
bb	*bb*	830	749	948

Chrom. : chromosome ; le rendement en grain est indiqué en g/m^2 ; *a* : gène « normal » ; *b* : gène de nanisme.

Superdominance comme conséquence de l'expression indépendante des deux allèles (codominance)

Dans ce modèle de superdominance, les deux allèles s'expriment de façon indépendante et ont des « fonctions » différentes.

L'hérédité des taches foliaires chez le trèfle blanc

Un exemple très ancien, pouvant être considéré comme un cas de superdominance avec « fonctions » différentes des deux allèles, est celui de l'hérédité des marques foliaires chez le trèfle blanc (*Trifolium repens*). Il y a trois allèles *Vb*, *Vf* et *Vh* ; chez les hétéro-

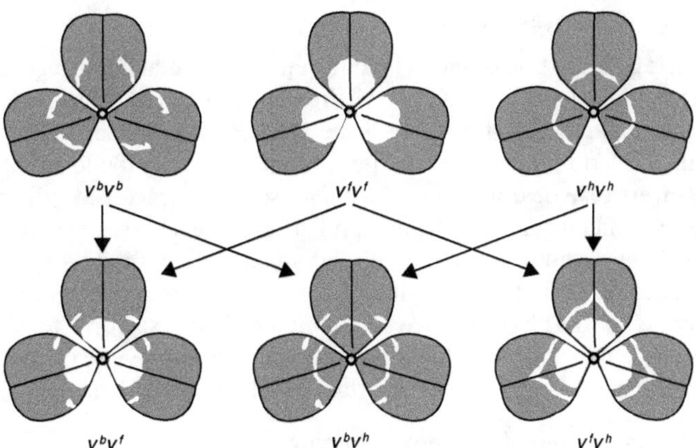

Figure 2.9. L'hérédité des marques foliaires chez le trèfle blanc, un exemple de codominance.

Chez l'hétérozygote, la « superposition » des effets phénotypiques des deux allèles (*VbVf*, *VbVh* et *VfVh*) entraîne plus de marques, d'où l'assimilation de cet exemple à un cas de superdominance (d'après Brewbaker, 1964).

zygotes *VbVf*, *VbVh* et *VfVh* les deux allèles s'expriment de façon indépendante : il y a codominance. Le phénotype de n'importe quel hétérozygote s'obtient par « superposition » des marques des deux phénotypes homozygotes correspondants (Figure 2.9) : il présente donc globalement plus de marques.

Le cas de certaines résistances aux maladies

Dans le cas de maladies où il existe différentes races physiologiques (génotypes d'agressivité du parasite), la résistance à une race donnée R_i est conférée par un allèle spécifique A_i. Chez une espèce diploïde, un homozygote ne sera donc résistant qu'à une race, tandis que l'hétérozygote sera résistant à deux races, les deux allèles s'exprimant de façon indépendante. Dans une condition de culture donnée, les deux races pouvant exister simultanément, l'hétérozygote apparaît donc comme plus résistant. Cela a d'abord été observé pour la résistance à la rouille chez le lin (*Melampsora lini*, Flor, 1954, 1955). Il en est de même pour la résistance au mildiou chez la pomme de terre, avec une particularité remarquable : comme la pomme de terre est autotétraploïde à un locus, il est possible d'avoir 4 allèles de résistance et donc un génotype $R_1R_2R_3R_4$ sera résistant à 4 races différentes, lui conférant une résistance globale.

Résistance aux nématodes chez la tomate

Chez la tomate, le gène *Mi* entraîne la résistance aux nématodes mais par pléiotropie, à l'état homozygote, il entraîne aussi une mauvaise qualité de pollen en conditions de culture précoce. À l'état hétérozygote, la résistance est présente et la pollinisation est bonne. Il s'agit apparemment d'une situation de pléiotropie avec inversion de dominance des allèles selon le caractère : pour la résistance aux nématodes, *Mi* est dominant sur l'allèle normal *mi*, alors que pour la qualité du pollen, *mi* est dominant sur *Mi*. Au niveau de l'hétérozygote, cette situation de codominance conduit à avoir à la fois la résistance et une bonne qualité du pollen ; cet avantage de l'état hétérozygote peut être assimilé à un cas de superdominance. Cependant, les causes de la pléiotropie n'étant pas connues, il pourrait aussi s'agir de deux locus très liés.

La résistance à l'oïdium chez le melon

Chez le melon, le gène *R* de résistance à l'oïdium entraîne à l'état homozygote des nécroses en conditions de jours courts et de faible éclairement ; à l'état hétérozygote, la résistance est toujours active mais il ne se forme pas de nécrose (Pitrat et Risser, 1992). Les nécroses sont dues à une réaction d'hypersensibilité. Il s'agit là encore d'une situation de pléiotropie avec « inversion » de dominance des allèles selon le caractère : pour la résistance à l'oïdium, *R* est dominant sur *r*, alors que pour l'absence de nécrose, *r* est dominant sur *R*. Au niveau de l'hétérozygote, la situation de codominance conduit à avoir à la fois la résistance et l'absence de nécrose. Cette situation peut aussi être considérée comme résultant d'un effet de dosage : la résistance à l'état homozygote est trop « forte » et entraîne des nécroses par hypersensibilité, alors qu'à l'état hétérozygote elle est plus faible, d'où l'absence de nécroses et quelquefois un certain développement de la maladie.

La couleur et la fermeté du fruit chez la tomate

Chez la tomate, le gène *rin* à l'état homozygote conduit à un fruit vert non climactérique, c'est-à-dire qui reste ferme pendant une longue période (plusieurs mois), et qui est aussi sans parfum. La mutation correspond à une délétion dans une « *MADS-box transcription factor* » qui régule le développement floral et la maturation (Vrebalov *et al.*, 2002). À l'état hétérozygote, les tomates mûrissent, deviennent rouges et parfumées mais elles restent encore fermes durant trois semaines environ contre une semaine pour les fruits de plantes « normales » (Lippman et Zamir, 2007 ; Causse, communication personnelle). Il s'agit toujours d'une superdominance par pléiotropie et inversion de dominance selon le caractère. Pour la couleur, le gene *rin* est récessif (plus ou moins selon les conditions) tandis que pour la fermeté, il est dominant. Par codominance, les deux caractéristiques couleur rouge (ou orange-rouge) et fermeté sont réunies chez l'hétérozygote. Dans cet exemple, il est bien démontré qu'il s'agit d'un seul gène, d'ailleurs lié très fortement à un autre gène codant une *MADS-box*, qui affecte le développement des sépales et le caractère déterminé de l'inflorescence (Vrebalov *et al.*, 2002).

La résistance à l'anémie falciforme et à la malaria chez l'homme

La combinaison de la résistance simultanée à l'anémie falciforme et à la malaria (paludisme) chez l'homme peut être classée dans ce type d'exemple de superdominance. L'anémie falciforme ou drépanocytose est une maladie génétique qui entraîne une déformation des globules rouges du sang (en forme de faux), ce qui ralentit la circulation sanguine dans les capillaires (à pression normale d'oxygène, les hématies sont moins efficaces dans le transport de l'oxygène, d'où l'anémie qui est mortelle chez les nouveau-nés). Deux allèles codent deux types d'hémoglobines : *HbA* la forme normale et *HbS* la forme mutée. Chez l'hétérozygote, on observe les deux formes d'hémoglobine dans les hématies : c'est donc une forme de codominance. En zones saines, sans paludisme, l'allèle *HbS* est récessif, donc seuls les individus homozygotes *HbS HbS* sont sensibles à l'anémie et meurent peu de temps après la naissance. En zones impaludées, les homozygotes *HbA HbA* sont résistants à l'anémie, mais sensibles à la malaria ; les homozygotes *HbS HbS* sont sensibles à l'anémie, mais résistants à la malaria et les hétérozygotes *HbA HbS* sont à la fois résistants à l'anémie et résistants à la malaria. Tout se passe comme si l'allèle *HbS* entraînait la résistance à la malaria et l'allèle *HbA* la résistance à l'anémie falciforme (Tableau 2.9). En fait, chez les hétérozygotes *HbA HbS*, les hématies parasitées contenant l'hémoglobine *HbS* se lysent rapidement avant que le parasite termine son cycle de multiplication (les hématies étant renouvelées régulièrement, et n'étant pas toutes parasitées, le nombre d'hématies parasitées diminue et l'individu survit). C'est

Tableau 2.9. Valeur des génotypes au locus *HbS/HbA* selon les conditions de milieu.

Milieux	*HbS/HbS*	*HbA/HbS*	*HbA/HbA*
Zones sans paludisme	Individus anémiés	Individus normaux	Individus normaux
Zones impaludées	Individus anémiés, résistants à la malaria	Individus non anémiés, résistants à la malaria	Individus non anémiés, sensibles à la malaria

encore un exemple de superdominance conditionnelle comme celui de l'ADH chez la levure, cité pour la superdominance due à une concentration optimale de l'enzyme.

Cas de caractères multiplicatifs

Les exemples précédents correspondent à des situations de codominance ou de pléiotropie (un locus agissant sur plusieurs caractères) où les effets des deux allèles s'additionnent. Les effets des allèles peuvent aussi se multiplier. Soit à un locus deux allèles A_1 et A_2, A_1 étant favorable pour le caractère C_1 (longueur de foliole) et l'allèle A_2 étant favorable pour le caractère C_2 (largeur de foliole), chaque allèle étant dominant pour le caractère où il est favorable (Tableau 2.10). Le caractère produit (surface de foliole) sera alors supérieur chez l'hétérozygote.

Tableau 2.10. Modèle de superdominance avec pléiotropie, inversion de dominance et caractère multiplicatif.

Génotype	Caractère 1	Caractère 2	Caractère produit
A_1A_1	4	2	8
A_2A_2	2	4	8
A_1A_2	4	4	16

Ce système a été montré pour la taille du foliole chez la vesce (Hutin, *in* Demarly, 1977). À noter qu'avec additivité des effets des allèles pour un ou pour les deux caractères élémentaires, l'hétérozygote sera toujours avantagé. Dans le cas du foliole de vesce, il y a dominance pour la longueur et additivité pour la largeur (Figure 2.10). Avec ce modèle, pour qu'il y ait superdominance, il suffit qu'il y ait inversion des effets favorables des allèles selon la composante. Cet exemple n'a toutefois pas été suffisamment approfondi pour savoir s'il s'agit d'un seul gène ou de deux gènes très liés.

Un autre exemple est celui de l'effet des gènes de nanisme (*Rht*) chez le blé, déjà cité comme situation de superdominance par dosage optimum. En effet, il peut aussi y avoir superdominance comme conséquence de la pléiotropie des gènes et multiplicativité des caractères (Flintham *et al.*, 1997). Ainsi, pour le locus sur le chromosome 4B, les allèles *a* et *c* montrent pour les composantes du rendement en grain (nombre de grains/épi, poids d'un grain) soit de l'additivité, soit une dominance partielle à complète, mais avec une inversion de l'allèle favorable : pour le nombre de grains par épi, l'allèle *c* est favorable, alors que pour le poids d'un grain c'est l'allèle *a* qui est favorable. Le produit de ces deux composantes conduit chez la lignée Bersée à une nette superdominance pour le poids de grains par épi : le génotype hétérozygote *ac* permet de « rompre » la liaison négative entre le nombre de grains et leur grosseur. Cette situation pourrait être la conséquence de la hauteur optimale chez l'hétérozygote, entraînant pour les composantes du rendement des valeurs intermédiaires entre celles des deux homozygotes, ou proches de celles du meilleur homozygote (Tableau 2.11).

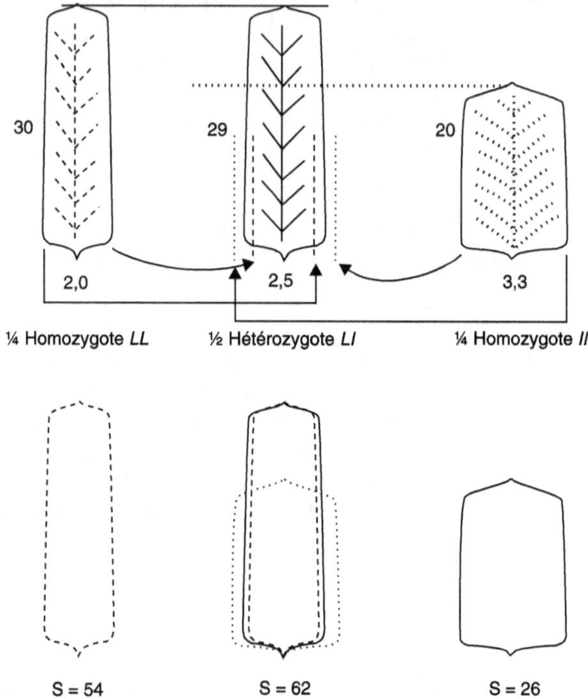

Figure 2.10. Un exemple de superdominance par pléiotropie et multiplicativité des caractères : cas de la surface du foliole chez le vesce (Hutin, d'après Demarly, 1977).

L'allèle *L* entraîne à l'état homozygote des folioles longs et étroits, tandis que l'allèle *l* entraîne des folioles courts et larges. Chez l'hétérozygote, il y a dominance complète pour la longueur et additivité pour la largeur ; il en résulte une superdominance pour la surface (S).

Tableau 2.11. Superdominance au locus *Rht* du génotype *ac* (chromosome 4B) pour le poids de grain par épi dans le fond génétique de la variété de blé Bersée (d'après Flintham *et al.*, 1997).

Caractères	Génotype au locus *Rht* (chromosome 4B)		
	aa	*cc*	*AC*
Nombre de grains/épis	39,8	49,3	54,4
Poids d'un grain (mg)	43,1	39,6	44,4
Poids de grain/épi (mg) [1]	1 715	1 952	2 415

[1] Produit des deux composantes ; *a* : allèle « normal » ; *c* : allèle de nanisme.

Superdominance marginale

Principe et exemples

Si un allèle est favorable dans une condition de milieu et l'autre favorable dans une autre condition, chaque allèle étant dominant dans le milieu où il est favorable, l'hétérozygote sera alors globalement supérieur sur l'ensemble des milieux sans avoir jamais été à un instant donné supérieur aux homozygotes (Tableau 2.12). Dans chacun des milieux, il y a dominance (partielle à complète), mais sur l'ensemble, c'est une situation de super-dominance qui est observée. La superdominance ne peut être mise en évidence qu'à la « marge », d'où le nom de *superdominance marginale*. La différence avec la superdominance par codominance est que les deux allèles ont la même fonction (même caractère) mais dans des « milieux » différents. C'est pourquoi il est possible de parler de dominance dans un milieu donné.

Ce mécanisme rend bien compte de la meilleure homéostasie qui accompagne l'hétérosis. Il peut expliquer la plus grande stabilité des hybrides, observée même chez les autogames, alors que l'hétérosis est plus faible que chez les allogames. Il peut être étendu à d'autres situations où les milieux sont remplacés par des stades ou des organes. Avec une inversion du sens de la dominance d'un stade à l'autre, l'hétérozygote est alors avantagé sur l'ensemble des stades sans qu'à aucun stade il soit apparu avantagé. Avec une inversion du sens de la dominance d'un organe à l'autre, l'hétérozygote est avantagé sur l'ensemble de la plante sans qu'il soit apparu avantagé à aucun stade.

Tableau 2.12. Modèle de superdominance marginale.

Génotype	Milieu E_1	Milieu E_2	Moyenne
A_1A_1	4	2	3
A_2A_2	2	4	3
A_1A_2	4	4	4

Avec dominance partielle à complète dans chaque milieu, il en résulte une supériorité de l'hétérozygote au niveau de la moyenne dans les différents milieux (E_1 et E_2). Les milieux peuvent être des organes différents, ou des stades différents ; il en résulte un avantage de l'hétérozygote au niveau global de la plante ou dans ses derniers stades de développement.

La synthèse des pigments, par exemple les anthocyanes des fleurs, en fonction de la température est un exemple de superdominance marginale (Brewbaker, 1964). Un allèle R_1 contrôle la synthèse des pigments avec une expression maximum à 27 °C : chez l'homozygote R_1R_1 la couleur « parfaite », très intense de la fleur n'apparaît qu'à cette température. Un autre allèle R_2 contrôle la synthèse des mêmes pigments avec une expression maximum à 10 °C : chez l'homozygote R_2R_2 la couleur de la fleur est « parfaite » à 10 °C. Chez l'hétérozygote R_1R_2, la synthèse des pigments est maximum entre 10 et 27 °C. La couleur de la fleur est ainsi intense dans une gamme plus large de températures, ce qui est très important pour la production de fleurs en conditions plus ou moins contrôlées.

La base de la superdominance marginale est l'inversion de dominance en passant d'une situation (milieu, stade, organe) à une autre. Des cas d'inversion de dominance sont bien connus en biologie au cours du développement des organismes. C'est le cas de l'anémie falciforme chez l'homme où toutes les situations de codominance, dominance complète et superdominance peuvent être trouvées selon la pression d'oxygène. Ainsi à faible pression d'oxygène, en altitude, le gène *HbS* qui code l'hémoglobine devient dominant. Chez *Drosophila melanogaster*, le gène *Bar* en est un autre exemple avec deux allèles B et B' qui affectent le nombre de facettes de l'œil (Hersh, 1934). À 25 °C, l'hétérozygote BB' est très proche de l'homozygote $B'B'$, mais lorsque la température diminue, l'hétérozygote devient plus proche de l'homozygote BB ; à 19 °C, c'est une situation d'additivité et à 17 °C, B est complètement dominant sur B'. Si la température diminue encore, c'est une situation de superdominance qui apparaît. Cependant, la situation est sans doute un peu plus complexe que celle décrite par Hersh, puisque l'on sait maintenant que le

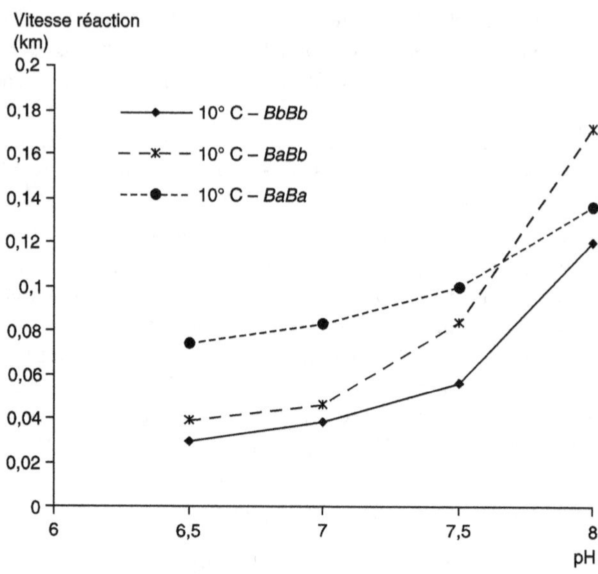

Figure 2.11. Variation de la dominance selon le pH et la température pour deux allèles codant les formes B^aB^a et B^bB^b de la lactate déshydrogénase chez le poisson *Fundulus heteroclitus* (d'après Place et Powers, 1979).

locus « *Bar* » correspond en fait à deux locus. De même, chez le poisson *Fundulus heteroclitus* (Place et Powers, 1979), pour la lactate déshydrogénase (LDH) à pH 6,5-7,0 et basse température (10 °C), l'allèle codant la forme B^bB^b est dominant sur l'allèle codant la forme B^aB^a, tandis qu'à 25 °C c'est l'opposé (Figure 2.11). Des exemples de ce type sont sans doute nombreux. Avec cette vision de l'effet du milieu sur la dominance, la superdominance apparaît tout à fait « naturelle ». Elle explique en particulier l'aspect « conditionnel » de certains exemples de superdominance.

La superdominance marginale : une propriété des organismes supérieurs ?

Les inversions de dominance dans le temps, les milieux, les organes et selon les caractères (cas de pléiotropie) sont sans doute assez fréquentes chez les organismes diploïdes ou polyploïdes. La superdominance marginale qui en résulte pourrait donc être assez fréquente. Elle pourrait même être une propriété, une conséquence de l'état diploïde ou autopolyploïde chez les organismes à fécondation croisée. Associée à l'état diploïde et à la fécondation croisée, elle présente de nombreux avantages du point de vue de l'adaptation à des milieux variables, plus particulièrement pour les plantes pérennes. Pourquoi alors une propriété qui pourrait être aussi fondamentale reste-t-elle une hypothèse ? En fait elle n'est pas facile à mettre en évidence et est très coûteuse à étudier. Qu'il s'agisse des gènes de régulation ou des gènes de structure, sa mise en évidence nécessite de bien identifier ces gènes et de bien connaître leur fonctionnement dans différentes conditions de milieux, ainsi que leur expression dans différents organes au cours de la vie des organismes, c'est-à-dire d'avoir une appréhension globale et dynamique des organismes vivants. De plus, il peut suffire d'un faible avantage de l'état hétérozygote à différents locus pour conduire à un avantage global important au niveau d'un caractère complexe. Il faut donc aussi pouvoir étudier l'expression des gènes avec une grande précision. On peut donc comprendre, alors que l'on commence juste à identifier les gènes (après le séquençage des génomes d'*Arabidopsis*, du riz, du peuplier et celui du maïs), que l'on n'ait pas encore pu étudier la fréquence du mécanisme de la superdominance marginale.

Superdominance par expression nouvelle chez l'hétérozygote

La complémentation au niveau des enzymes oligomériques

Une enzyme est une protéine qui peut être formée d'une (enzyme dite monomérique) ou plusieurs sous-unités homologues (enzyme dite polymérique : dimérique, trimérique, tétramérique, etc.). Les gènes codant les sous-unités peuvent être allèles ou non (dans ce cas, ils résultent souvent de duplication d'un même gène ancêtre). Chez l'hétérozygote, les différentes unités s'associent au hasard. Ainsi, pour une enzyme dimérique codée par un seul locus, il y a formation de trois types de molécules : deux homomères (correspondant à ceux qui se trouvent chez les homozygotes) et une molécule nouvelle, hybride, un hétérodimère (Figure 2.12). Avec plus de deux unités, le nombre de formes hybrides augmente très rapidement (de Vienne, 1983). Des mutations peuvent affecter les gènes codant les sous-unités, au point de rendre inactive l'enzyme chez un individu homozygote. Dans le cas d'une enzyme dimérique, la molécule hybride formée de deux sous-unités différentes est active car « l'altération » d'une sous-unité est « masquée » par l'autre sous-unité (qui peut être altérée à un autre site) (Fincham, 1966). C'est une situation analogue au masquage de gènes récessifs défavorables par des gènes dominants favorables, mais nous sommes ici au niveau de sous-unités d'enzymes. Or, plus de 75 % des enzymes sont des oligomères ; il a donc été supposé à une période (entre 1965 et

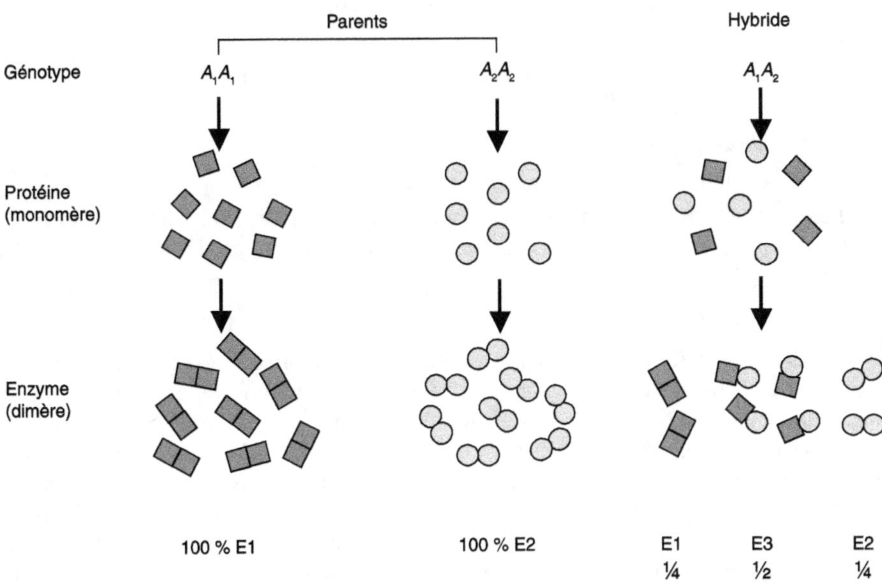

Figure 2.12. Illustration de la complémentation au niveau des enzymes polymériques.

Exemple d'une enzyme dimérique. L'hétérozygote produit trois molécules différentes : celles des deux homozygotes et la troisième qui correspond à une enzyme « hybride ». Si E1 est adaptée à un milieu M1 et E2 à un milieu M2, l'hybride sera adapté aux deux milieux ; de plus, au niveau de la molécule E3, l'hybridation des monomères des deux parents peut masquer les défauts des dimères parentaux et donc conduire à une enzyme efficace chez l'hybride, alors qu'elle ne l'était pas, ou faiblement, chez les parents.

1985) que ce mécanisme pouvait jouer un rôle important dans l'hétérosis et l'homéostase des hybrides.

Différents exemples de cette situation sont connus. L'exemple le plus pédagogique est celui de l'alcool déshydrogénase chez le maïs, étudié *in vitro* par Schwartz et Laughner (1969). Un allèle A_1 code une forme peu active et résistante à la chaleur, tandis que l'autre allèle A_2 code une forme active et instable à température élevée : les deux homozygotes A_1A_1 et A_2A_2 sont donc défavorisés. L'hétérozygote A_1A_2 quant à lui produit un dimère stable et actif dans une grande gamme de températures : il est donc favorisé.

Un système analogue existe avec une autre ADH du maïs (un locus différent du système précédent). Au locus en cause, il existe deux allèles : B_1 qui code pour la forme E_1 (*FF*) de l'enzyme active dans le scutellum à la germination et l'allèle B_2 qui code pour la forme E_2 (*SS*) de l'enzyme active à la pollinisation (Efron, 1973). L'homozygote B_1B_1 conduit donc à une bonne germination mais à une mauvaise pollinisation, l'homozygote B_2B_2 ayant le comportement inverse, tandis que l'hétérozygote B_1B_2 conduit à la fois à une bonne germination et une bonne pollinisation. Il produit d'ailleurs trois formes enzymatiques, E_1 (*FF*), E_2 (*SS*) et E_3 (*FS*) qui résultent de l'hybridation des monomères E_1 et E_2, l'ADH étant une enzyme dimérique.

Quelques autres exemples de complémentation enzymatique

La catalase

La catalase, enzyme très importante qui catalyse la conversion du peroxyde d'hydrogène (toxique pour les cellules) en oxygène gazeux, est un tétramère comportant quatre sous-unités *F* ou *V* avec 5 formes possibles *FFFF, FFFV, FFVV, FVVV* et *VVVV*. Chez le maïs, Scandalios *et al.* (1972) ont mis en évidence, *in vitro*, que les hétérotétramères *FFVV* et *FFFV* ont une activité spécifique plus forte que celle des homotétramères *FFFF* et *VVVV, FVVV* se comportant comme *VVVV*.

L'octanol déshydrogénase

Chez la drosophile *D. pseudoobscura*, au locus *ODH1*, Singh *et al.* (1974) ont observé *in vitro* que l'activité de l'enzyme d'individus hétérozygotes était plus « résistante » aux températures élevées que la forme enzymatique produite par l'homozygote le plus « résistant ».

La phosphatase acide

Chez la drosophile *D. malerkotliana*, pour cette enzyme dimérique codée par un locus (*Acph1*) avec deux allèles *F* et *S*, Trehan et Gill (1987) ont montré, à partir de souches isogéniques, que l'activité chez la souche hétérozygote *FS* est supérieure (+ 34 %) à celle des souches homozygotes *FF* et *SS*. La vitesse maximale (*Vmax*) de l'hétérodimère est supérieure de 44 % à la moyenne de celle des homodimères. Mais cette supériorité de l'enzyme *FS* est fonction du pH, les trois formes ayant un pH optimum différent. La forme *FS* autour de son optimum a une activité supérieure aux deux autres formes (Figure 2.13, Trehan et Gill, 2002). C'est encore un exemple illustrant que les effets de dominance dépendent du milieu et que, selon le milieu, il est possible de passer d'une situation de dominance à une situation de superdominance.

L'AGPase chez la tomate

L'AGPase (ADPglucose pyrophosphorylase) est une enzyme tétramérique qui catalyse la synthèse de l'ADP-glucose ; c'est une des premières enzymes de la synthèse de l'amidon. Elle est formée de deux grosses sous-unités et de deux petites sous-unités codées par

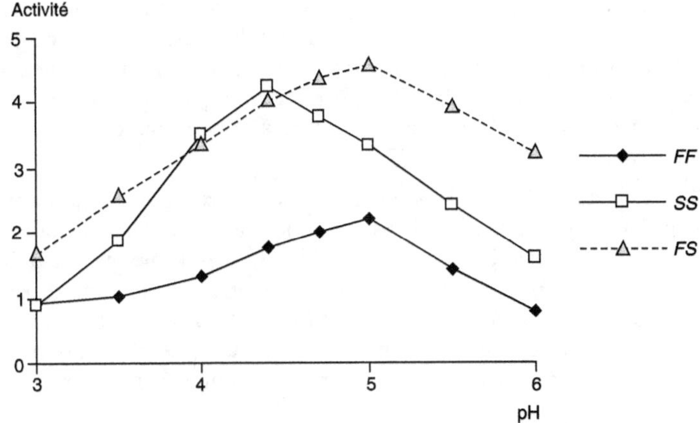

Figure 2.13. Superdominance conditionnelle pour l'activité de la phosphatase acide chez la drosophile (d'après Trehan et Gill, 2002).

La superdominance apparaît pour des pH supérieurs à 4,6 ou inférieurs à 3,7. Entre ces deux pH, l'allèle *S* est dominant sur l'allèle *F*.

des gènes différents. Chez la tomate, il y a trois gènes pour la grosse sous-unité (*L1*, *L2* et *L3*) et un seul gène pour la petite sous-unité (*S1*), mais dans le fruit, l'enzyme exprimée est du type *S1-L1* (deux sous-unités *L1* et deux sous-unités *S1*). Les deux types de sous-unités L et S ont une origine commune. Une variation allélique a été trouvée pour le gène de la grosse sous-unité. La tomate cultivée porte l'allèle normal (*AgpL1E*) ; l'espèce sauvage *Solanum habrochaites* porte un allèle différent (*AgpL1H*). Lorsque cet allèle est introgressé dans le génome de la tomate cultivée, il entraîne, par rapport à l'allèle *AgpL1E*, une activité AGPase plus grande avec une teneur en amidon plus élevée dans les fruits immatures, alors que le donneur est caractérisé par une faible teneur en amidon (Petreikov, 2006). Cela est dû à une meilleure complémentation au niveau de l'hétérotétramère avec une grosse sous-unité *AgpL1H-S1* qu'avec une grosse sous-unité *AgpL1E-S1*. C'est un cas d'interaction positive entre deux gènes non-allèles ayant une origine commune, qui traduirait l'existence d'une superdominance chez l'ancêtre commun de ces solanacées.

Limites de la théorie de la complémentation au niveau des enzymes oligomériques

La théorie de la superdominance par la complémentation enzymatique se base sur le fait que chez l'hétérozygote le nombre de formes possibles pour des protéines oligomériques est supérieur au nombre de formes obtenues par des génotypes homozygotes. Cette multiplicité de formes permettrait soit d'atteindre des performances supérieures, soit de mieux s'adapter à des milieux variés. Malheureusement, les études de complémentation ont souvent été réalisées *in vitro*. Il n'est pas toujours démontré qu'*in vivo* il y aurait bien un avantage de l'état hétérozygote. Beaucoup de facteurs sont en effet différents : les substrats, la concentration, les cofacteurs, etc. Si cet avantage existait, compte tenu de l'effet de la sélection naturelle, les enzymes oligomériques devraient donc être plus polymorphes que les enzymes monomériques (Encadré 2.5 sur le maintien du polymorphisme). Or, c'est le contraire qui a été observé par Zouros (1976) : dans 20 cas sur 27 étudiés, ce sont les enzymes monomériques qui sont associées au plus haut niveau d'hétérozygotie. Pour des raisons de structure (de conformation), les enzymes polymériques accepteraient mal le polymorphisme. L'hétérosis par complémentation au niveau des enzymes polymériques n'est donc sans doute pas le mécanisme général attendu pour expliquer la superdominance. En revanche, l'avantage donné par l'hétérozygotie pour des systèmes enzymatiques monomériques (adaptation à une gamme plus large de milieux, Gillespie et Langley, 1974) expliquerait que le polymorphisme soit plus élevé pour les enzymes liées à un substrat externe à l'organisme que pour les enzymes liées à un substrat interne (Johnson, 1973).

D'une façon plus générale, la superdominance associée aux systèmes enzymatiques serait plutôt l'exception. En effet, pour les locus impliqués dans la valeur sélective, si l'hétérozygote est avantagé, on devrait constater plus de polymorphisme que lorsqu'il n'est pas avantagé (cf. Encadré 2.3). Or, différents travaux montrent qu'il n'en est pas ainsi. Par exemple, chez le pin (*Pinus radiata*), Strauss et Libby (1987), par l'étude de 27 systèmes enzymatiques, ont montré que le polymorphisme n'était pas plus important pour les systèmes enzymatiques où l'hétérozygote apparaissait avantagé ; la superdominance y est

---

Encadré 2.5. Maintien du polymorphisme sous sélection dans le cas de superdominance

Soit à un locus deux allèles A et a de fréquence p et q. Si la population se reproduit en panmixie, la fréquence des trois génotypes AA, Aa et aa sera p^2, $2\,pq$ et q^2 respectivement. Maintenant supposons qu'il y ait sélection naturelle en passant d'une génération à l'autre. Il faut alors considérer le nombre de descendants laissés par chaque génotype, c'est-à-dire leur valeur sélective. Soit s_1, s_2 et s_3 les valeurs sélectives de AA, Aa et aa. S'il y a superdominance au niveau de la valeur sélective :

$$s_2 > s_1 \text{ et } s_2 > s_3.$$

Après sélection, la nouvelle fréquence de l'allèle A, soit p' est donc après simplification :

$$p' = p\,\frac{s_1 + s_2 q}{s_1 p^2 + 2 s_2 pq + s_3 p},$$

soit une variation de fréquence :

$$\Delta p = p' - p = pq\,\frac{s_1 + s_2 q}{s_1 p^2 + 2 s_2 pq + s_3 q^2}.$$

Le signe de Δp indique donc dans quel sens la fréquence de l'allèle A varie sous l'effet de la sélection.

Pour un gène dominant ($s_1 = s_2 > s_3$), Δp ne peut s'annuler que pour p équivalent à 1 ; la sélection naturelle fixera le gène favorable. Mais avec superdominance, la variation Δp s'annule pour une valeur de p intermédiaire entre 0 et 1, ce qui correspond à la maximisation de la valeur sélective moyenne de la population (voir la figure ci-dessous établie avec $s_1 = 2$, $s_2 = 3$ et $s_3 = 1$). Dans ce cas, la sélection naturelle maintient le polymorphisme. La présence de polymorphisme à un locus non neutre peut donc être un indicateur de présence de superdominance pour la valeur sélective à ce locus. Mais d'autres modèles peuvent permettre de maintenir le polymorphisme à un locus.

Dans le cas de la sélection artificielle, l'existence de superdominance conduit à une limite dans la réponse à la sélection, un équilibre, avec maintien des deux allèles à une certaine fréquence. À cet équilibre, les populations ne répondent plus à la sélection (voir Chapitre 4, p. 266). C'est d'ailleurs l'absence de réponse des populations à

...

---

la sélection massale qui avait conduit Hull (1945) à considérer que la superdominance devait jouer un rôle important. En fait, il est apparu plus tard que l'absence de réponse à la sélection massale était essentiellement due à une très faible héritabilité des caractères sélectionnés.

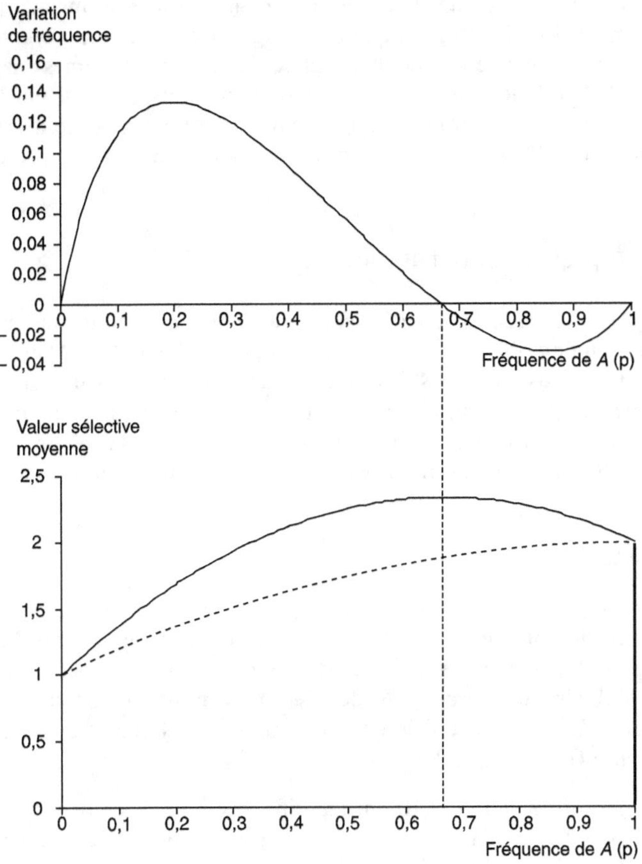

Variation de la valeur sélective d'une population en fonction de la fréquence p du gène favorable dans le cas de dominance et de superdominance.

Avec dominance complète, il ne peut y avoir que fixation de l'allèle favorable (*A*). Avec superdominance, les deux allèles se maintiendront dans la population.

donc peu probable. Houle (1989) concluait aussi, suite à l'étude de nombreux systèmes enzymatiques dans les populations de drosophile : « *There is little evidence favoring the hypothesis that functional overdominance plays a role in observations of allozyme heterosis* ». Le risque est de confondre l'effet des locus des systèmes enzymatiques avec l'effet d'autres locus auxquels ils sont liés et manifestant de la superdominance. C'était aussi la conclusion de David *et al.* (1995) après l'étude chez des mollusques marins bivalves de la liaison entre l'hétérozygotie pour des systèmes enzymatiques et l'hétérosis au niveau de la croissance : l'hétérozygotie pour des systèmes enzymatiques n'apparaissait pas impliquée dans l'hétérosis au niveau de la croissance.

Même quand l'avantage de l'hétérozygotie est bien prouvé au niveau de quelques locus contrôlant diverses activités enzymatiques, il faudrait expliquer la liaison entre la superdominance à ces quelques locus et l'hétérosis constaté au niveau d'un caractère complexe. Berger (1976) a proposé que l'avantage global des hétérozygotes (hétérosis) soit dû à une efficience catabolique plus grande de quelques systèmes enzymatiques, ce qui libérerait de l'énergie utilisable dans d'autres fonctions, en particulier dans la fonction de reproduction. On aurait alors dû trouver une association entre l'hétérosis ou la valeur sélective et l'hétérozygotie pour ces systèmes enzymatiques, ce qui ne semble pas le cas.

Autres exemples de superdominance

Les exemples qui précèdent font partie des exemples de superdominance les plus couramment reconnus, même s'ils ne sont pas tous clairement démontrés. Dans certains cas, il pourrait s'agir de deux locus très liés, conduisant donc à une pseudo-superdominance. Selon Gemmell et Slate (2006), pour conclure à la superdominance, il faudrait avoir identifié le gène en cause et connaître son mode d'action sur la valeur sélective (ou sur le caractère étudié). Quelques autres exemples plus ou moins bien démontrés peuvent être cités.

Chez les plantes

Chez *Arabidopsis,* les plantes hétérozygotes pour le gène mutant *erecta* montrent une plus grande fertilité que l'homozygote sauvage et l'homozygote mutant (qui est à inflorescence compacte, une tige réduite et des siliques courtes, mais avec une fertilité voisine de l'homozygote sauvage) (Redei, 1962). La mutation affecte un gène codant un « récepteur-*like* kinase » qui intervient dans la régulation de la croissance et le développement (Torii *et al.*, 1996).

Chez l'orge, Gustafson *et al.* (1950) ont identifié des mutants chlorophylliens (*albina 7, xantha 3*) létaux à l'état homozygote, qui à l'état hétérozygote augmentent le poids de grain par plante et le nombre d'épis. Il s'agit d'un cas de superdominance, dépendante du milieu, qui n'apparaît qu'en milieu « stressant » à forte densité, alors qu'en plantes isolées, la dominance n'est que partielle.

Chez le sorgho, Quinby et Karper (1946) ont montré que les hétérozygotes *Ma/ma*, à un locus affectant la maturité, sont plus tardifs et ont en conséquence un poids de panicule plus élevé, plus de tiges et une période de maturité plus longue que les homozygotes. Il s'agit d'un locus épistatique (au sens premier) sur deux autres locus affectant aussi la précocité (sensibilité à la photopériode). Toutefois, ces deux exemples ne semblent pas clairement démontrés sur le plan génétique ; il pourrait s'agir de deux locus très liés (Sedcole, 1981).

Chez le maïs, Hollick et Chandler (1998) ont mis en évidence un cas particulier de superdominance au locus *Pl* (*purple plant locus*) qui contrôle la synthèse d'anthocyanine dans les feuilles. Le niveau d'anthocyanine est plus élevé chez les hétérozygotes pour un gène *Pl* modifié épigénétiquement que chez les homozygotes.

Quelques exemples chez les oiseaux, les mammifères et l'homme

Chez les pigeons

Chez les pigeons, le polymorphisme de la transférine a été étudié (Frelinger, 1987). Les femelles hétérozygotes pour le locus codant pour la transférine inhibent le développement microbien au niveau des œufs, d'où un plus fort taux d'éclosion (et des descendants plus sains) que chez les femelles homozygotes. Il a été vérifié *in vitro* que la transférine des hétérozygotes a une activité microbienne supérieure à celles des homozygotes.

Chez les mammifères

Chez le rat, le gène de résistance à la warfarine (un anticoagulant) à l'état homozygote entraîne une faible viabilité car il demande de fortes quantités de vitamine K, mais à l'état hétérozygote, il entraîne la résistance avec des besoins beaucoup plus faibles en vitamine K (Greaves *et al.*, 1977). Il pourrait s'agir d'une superdominance par dosage optimal.

Chez les lévriers, un mutant du gène de la myostatine[1] a été découvert : les hétérozygotes pour ce mutant sont plus rapides que les homozygotes pour la forme « sauvage » (Mosher *et al.*, 2007) et les homozygotes pour la mutation ont une hypertrophie musculaire, mais ne sont pas plus rapides que la forme normale.

Chez la brebis, Gemmell et Slate (2006) ont étudié deux cas de superdominance qui ne dépendent pas du milieu (et ne sont pas associés à une maladie, comme l'anémie falciforme). Dans chaque cas, l'hétérozygote a un taux d'ovulation plus fort et une fécondité plus grande que les deux homozygotes (l'homozygote mutant entraînant des ovaires peu développés et une certaine stérilité).

Chez l'homme

Selon Gemmell et Slate (2006), sur les 19 cas de superdominance apparente considérés, seul celui de l'anémie falciforme n'aurait pas d'explication alternative. La revue de Comings et Mac Murray (2000) cite 13 autres cas « d'hétérosis moléculaire » où il apparaît nettement un avantage de l'état hétérozygote au locus considéré (dont certains systèmes enzymatiques). On y relève en particulier les locus *HLA-DR* et *HLA-DQ* qui font partie du complexe de locus impliqués dans les réactions d'histocompatibilité, connu pour présenter une très grande diversité allélique ; cette diversité pourrait s'expliquer par des avantages associés à l'état hétérozygote à ces locus. Ainsi chez les individus hétérozygotes, avec les allèles *DR* et *DQ*, le virus de l'hépatite C persiste moins longtemps. Un cas de polymorphisme équilibré, expliqué par la superdominance a été mis en évidence au niveau du gène codant la protéine PRNP du prion chez une tribu cannibale de Nouvelle-Guinée (Mead *et al.*, 2003) : au codon 129 du gène, l'un des allèles code la méthionine et l'autre allèle code la valine. Les deux allèles ont une valeur sélective équivalente à l'état homozygote, mais à l'état hétérozygote, ils entraînent une valeur sélective 3 à 4 fois plus forte.

Les cas de superdominance deviennent donc maintenant assez nombreux. Cependant, dans certains de ces exemples, il est difficile d'exclure la liaison en répulsion entre deux gènes non homologues.

---

1. La myostatine est la protéine qui compose les fibres musculaires.

La superdominance et l'adaptation au milieu

La superdominance pourrait être en cause dans des interactions génotype × milieu. Selon Orozco (1987), la superdominance jouerait seulement un rôle en conditions défavorables, ce qui expliquerait que la vigueur hybride soit plus importante en conditions défavorables qu'en conditions favorables. Plus généralement, plusieurs exemples de superdominance montrent qu'elle dépend du milieu (superdominance dite conditionnelle). Enfin, différents modèles de superdominance expliquent bien l'homéostase des hybrides ; c'est en particulier le cas de la superdominance marginale qui confère à l'hétérozygote, lorsqu'il synthétise deux molécules différentes (enzymes ou régulateurs) ou une « troisième » molécule, une aptitude à s'adapter à des milieux plus variés que les homozygotes. Cependant, le modèle de dominance explique aussi très bien l'homéostase des hybrides.

Conclusion

Compte tenu des nombreux exemples maintenant connus, il est possible de conclure que le phénomène de superdominance existe bien à certains locus. Cela n'est toutefois pas suffisant pour dire qu'il peut expliquer une partie plus ou moins importante de l'hétérosis. Les exemples donnés montrant la supériorité de l'état hétérozygote à certains locus n'apparaissent pas toujours clairement en relation avec l'hétérosis. Cependant, puisque la superdominance a été démontrée à certains locus, il est difficile de l'exclure des mécanismes explicatifs de l'hétérosis.

Nous allons maintenant voir ce que la génétique des populations, la génétique quantitative, les expériences de sélection et la génomique fonctionnelle apportent comme éclairage sur l'importance relative de chacun des deux mécanismes, dominance et superdominance.

▸▸ Discussion des deux mécanismes de l'hétérosis

Hétérosis fixable ou infixable

Les parts respectives qu'occupent dans le phénomène d'hétérosis la dominance et la superdominance restent aujourd'hui un sujet parfois polémique car, au-delà de la compréhension d'un phénomène biologique, c'est toute la stratégie de l'amélioration des espèces et de la production de semences qui est en jeu, avec des conséquences socio-économiques qui peuvent être importantes (cf. 2e Partie). En effet, si l'hétérosis ne s'explique que par la réunion chez l'hybride d'un certain nombre d'allèles dominants favorables, comme le suggère la théorie de la dominance, il est alors possible de concevoir un génotype à l'état homozygote rassemblant l'ensemble de ces allèles favorables : l'hétérosis serait alors « fixable » et la création de variétés lignées aussi performantes que les hybrides devrait être possible. Si, au contraire, la superdominance est en partie responsable de l'hétérosis, alors les meilleures lignées produites n'égaleront jamais les meilleurs hybrides, même si ce phénomène ne concerne que quelques locus. Par nature, pour les locus manifestant de la superdominance, l'hétérosis est infixable et si ces locus ont un impact significatif sur la valeur de l'hybride, seule la voie hybride permettra d'utiliser leurs effets et d'atteindre l'hétérosis maximum, sans pour autant exclure une amélioration importante de la valeur des lignées.

Il est pourtant nécessaire de nuancer. Dans le premier cas, avec l'hypothèse de la dominance, la durée de fabrication d'un « super » génotype homozygote augmente d'autant plus que le nombre de gènes impliqués dans le caractère à améliorer est important. En effet, à partir d'un croisement, la probabilité d'obtenir par autofécondation dans la descendance un génotype réunissant l'ensemble des allèles favorables des deux parents à l'état homozygote devient rapidement nulle (cf. Chapitre 2, p. 61) ; un cycle de sélection généalogique ne permet de fixer qu'un nombre assez faible de gènes favorables pour lesquels les parents diffèrent (guère plus d'une dizaine). De plus, deux parents, même très complémentaires, ne peuvent pas porter tous les gènes dominants favorables, ceux-ci étant dispersés entre les individus au sein d'une population. Pour avoir des chances de réunir le maximum de gènes favorables dans un génotype homozygote, il faudra donc conduire en parallèle des sélections généalogiques à partir de nombreux croisements, puis croiser entre elles les meilleures lignées pour former de nouveaux départs de sélection généalogique et ainsi de suite pendant de nombreux cycles. C'est le but même de la sélection récurrente (cf. 2e Partie). Donc, chez une plante où l'hétérosis est important et relève du phénomène de la dominance, il est théoriquement fixable, mais il ne pourra l'être qu'à très long terme, à l'issue de plusieurs générations de sélectionneurs. Dans la pratique cela est irréaliste et la voie hybride représente donc un compromis intéressant : de nombreux gènes favorables peuvent être présents dans deux lignées complémentaires (bien plus que ce qui pourra être fixé en un cycle de sélection généalogique) et la fabrication de l'hybride permet de les réunir facilement et rapidement dans un même génotype. Cependant, là encore, pour réunir dans un même hybride le maximum de gènes favorables, il faut améliorer les parents par récurrence (augmenter le nombre de gènes favorables chez les parents) et ce n'est qu'au bout de nombreux cycles que le meilleur hybride pourra être développé. L'avantage essentiel de la voie hybride est donc de conduire plus rapidement à un niveau très supérieur, chez les plantes allogames, à celui atteint par les lignées (cf. Chapitre 3, p. 157).

Dans le cas de superdominance, l'hétérosis est par définition infixable sans modifier l'organisation du génome de l'espèce. Cependant, il est envisageable de « fixer » l'avantage donné par la superdominance à un locus, par duplication du locus en cause ou allopolyploïdisation (qui correspond à la duplication de l'ensemble du génome). Ces phénomènes ont dû se produire au cours de l'évolution de certaines espèces (Ohno, 1970). L'exemple de l'AGPase chez la tomate (p. 88) peut être considéré comme une fixation, par duplication d'un locus, d'un avantage potentiel lié à l'hétérozygotie de ce locus. Le blé, espèce comprenant 3 génomes différents (*A*, *B* et *D*), serait un exemple de fixation naturelle de l'hétérosis par allopolyploïdisation. Dans de telles situations, les relations de dominance sont alors transformées en relation d'épistasie (Figure 2.14). Les travaux déjà signalés de Flintham *et al.* (1997) sur les gènes de nanisme *Rht* montrent bien l'existence d'interactions entre gènes homéologues, équivalentes à une situation de superdominance, à l'un des trois locus étudiés. Dans une telle situation, l'hétérosis est intégré dans le fond génétique. De fait, l'hétérosis est bien plus faible chez le blé et chez toutes les espèces autogames. Des études pour allotétraploïdiser des autotétraploïdes ont été entreprises, pour voir si l'hétérosis pouvait être fixé (Sybenga, 1973). Doyle (1979, 1982) a tenté, à partir d'un maïs autotétraploïde *MMMM*, de sélectionner ou d'induire un appariement non au hasard des chromosomes qui pourrait conduire à une méiose disomique (de type diploïde) avec un génome *MMM'M'*. Mais le problème est complexe et pour le moment ces travaux n'ont pas été couronnés de succès.

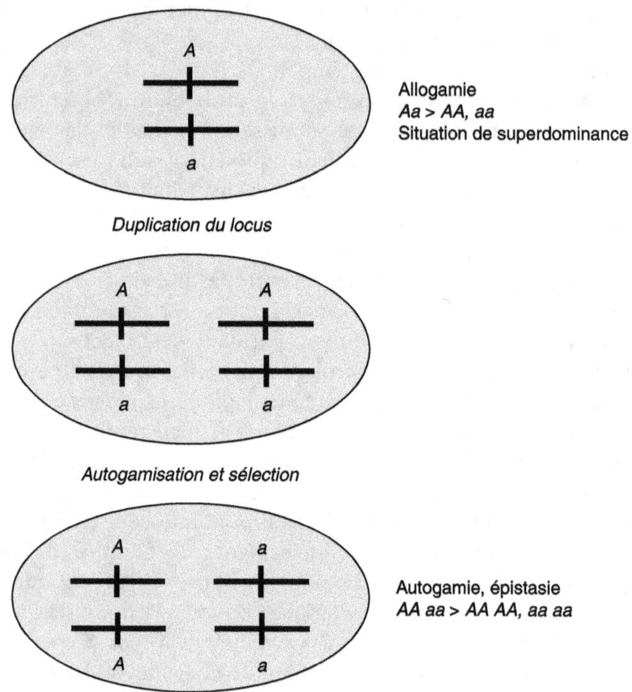

Figure 2.14. La fixation de l'hétérosis par duplication d'un locus.

L'interaction entre les deux gènes (allèles) *A* et *a*, entraînant la superdominance, existe aussi chez le génotype *AAaa* obtenu par duplication du locus. Il peut toutefois exister aussi des effets de dosage des gènes *AA* et *aa* à l'état homozygote qui n'existent pas chez le génotype de départ.

Point de vue de la génétique des populations

L'existence du fardeau génétique

Dans les populations allogames, des gènes récessifs très défavorables sont masqués à l'état hétérozygote. Ils constituent le fardeau génétique (cf. Encadré 2.2). L'apparition de ce fardeau génétique à l'état homozygote explique sans doute une grande partie de la dépression de consanguinité. Compte tenu de l'effet très défavorable de l'autofécondation chez les plantes allogames, traduit par la discontinuité de distribution des familles obtenues avec une seule génération d'autofécondation (S_1) et des croisements entre plantes non apparentées (cf. Chapitre 1), on peut supposer que tout individu obtenu par autofécondation est porteur d'au moins un gène très défavorable à l'état homozygote. Cela impliquerait que chaque individu d'une population allogame soit hétérozygote pour une « tare » à un nombre de locus, tel que chacun de ses descendants en autofécondation soit porteur d'au moins une tare à l'état homozygote (Brieger, 1950). En assimilant le rendement en grains à la valeur sélective, dans une population en équilibre sélection-mutation (cf. Encadré 2.2) et avec un taux de mutation de 10^{-5} (chiffre généralement accepté comme taux de mutation), Brieger a calculé qu'il faudrait que toute plante soit hétérozygote pour environ une trentaine de locus, ce qui impliquerait que beaucoup plus de 5 000 locus soient concernés par la possibilité de mutation. Il en conclut alors que l'hypothèse de la dominance seule ne suffirait pas à expliquer l'hétérosis. Avec l'hypothèse de la superdominance, il faut évidemment beaucoup moins de locus hétérozygotes dans la population pour expliquer tous les effets de la consanguinité et du croisement.

Crow en 1948, par un raisonnement plus simple et avec les mêmes hypothèses, arrivait aussi à une conclusion analogue à celle de Brieger. Dans une population à l'équilibre sélection-mutation, la fréquence des homozygotes récessifs q^2 est égale au rapport u/s (u étant le taux de mutation, q la fréquence de l'allèle défavorable et s le désavantage sélectif relatif) et la perte relative de valeur sélective est égale au taux de mutation u (sq^2). Avec additivité des effets des locus et le même effet à chaque locus, si N locus sont concernés, la perte de valeur sélective au niveau de la population est de Nu. Donc avec N égal à 5 000 (chiffre pris par Crow à une époque où l'on pensait que le nombre total de locus chez le maïs était entre 5 000 et 10 000) et u égal à 10^{-5}, la perte relative de valeur sélective serait de 5 %. En assimilant la valeur sélective et le rendement en grain, cela signifie qu'avec l'hypothèse de la dominance, en remplaçant les allèles récessifs par des allèles dominants, le gain attendu en rendement serait seulement de 5 % ; autrement dit, par rapport à la moyenne de la population, le meilleur hybride qui cumulerait tous les gènes dominants n'aurait qu'une supériorité de 5 %. Ce potentiel d'amélioration est bien faible par rapport à la valeur des meilleurs hybrides dérivables d'une population (chiffres de 20 à 30 %). Cependant, selon Hallauer et Miranda (1981) pour satisfaire à l'hypothèse d'équilibre entre sélection et mutation, il serait plus logique de comparer à l'hétérosis interpopulation : cela revient à considérer l'espèce maïs comme la population en équilibre. L'hétérosis interpopulation étant chez le maïs de 10 à 20 %, le modèle de Crow n'explique pas encore les résultats. De plus, pour différentes raisons, le chiffre de 5 % serait une surestimation, en particulier parce que la dominance n'est pas toujours complète, ce qui donne prise à la sélection. Selon Fisher (1949), une valeur de 1 % serait plus réaliste. Cela signifie t-il que l'hypothèse de la dominance seule ne suffit pas à expliquer le phénomène d'hétérosis ?

Le modèle génétique de Crow et Brieger peut apparaître inadapté à la situation : assimilation totale de la valeur sélective et du rendement en grain, additivité des effets des différents locus, biallélisme, équilibre sélection-mutation, etc. Cependant, le choix de valeurs plus réalistes pour le nombre de locus susceptibles de muter et pour le taux de mutation conduit avec les deux approches à des prédictions tout à fait compatibles avec les faits expérimentaux. En effet, le nombre de locus impliqués, susceptibles de muter, est sans doute bien supérieur à 5 000 (pour un nombre de 40 000 locus estimé chez le maïs). Ensuite, la valeur du taux de mutation en moyenne pourrait être comprise entre 10^{-4} et 10^{-5}. Il semble donc difficile de conclure par les deux approches que la dominance seule ne peut pas expliquer les résultats observés. D'ailleurs, chez la drosophile, à partir d'un modèle voisin de celui de Crow, Charlesworth et Charlesworth (1999) concluent que les mutations délétères jouent un rôle majeur dans l'explication de la dépression de consanguinité au niveau de la valeur sélective et que, dans la plupart des cas, la superdominance ne semble pas jouer un rôle important. Crow lui-même en 1999 conclut qu'il en est ainsi chez le maïs.

La relation entre hétérosis et allogamie

Le système hétérotique et le déséquilibre de liaison

L'hétérosis et la dépression de consanguinité sont nettement plus importants chez les plantes allogames que chez les plantes autogames (cf. Chapitre 1). Est-ce l'allogamie qui a entraîné l'hétérosis ou l'hétérosis qui donne un avantage à l'allogamie ? Il semble bien que cela soit « comme l'œuf et la poule » (Figure 2.15). Du point de vue évolutif, l'allogamie aurait précédé l'autogamie (Stebbins, 1963). La fécondation croisée présente de nombreux avantages pour l'évolution des populations et des espèces, qui peuvent être considérées comme des arrangements momentanés de gènes échangés par les populations. Avec les possibilités de réassociation des gènes allèles et non allèles qu'elle entraîne, l'allogamie permet une adaptation à des milieux variables, alors que l'autogamie peut être vue comme le résultat d'une adaptation à des milieux peu variables (correspondant à des niches écologiques restreintes) ou avec des populations peu denses. Dans ces conditions de milieux peu variables ou avec des conditions défavorables à la reproduction sexuée, la multiplication végétative peut aussi être une réponse. L'allogamie permet aussi de limiter l'effet des mutations défavorables. Si de telles mutations sont récessives, ce qui est le cas le plus fréquent, l'allogamie permet de les masquer à l'état hétérozygote, et il en résulte l'accumulation d'un fardeau génétique. Si elles sont additives ou partiellement récessives, la sélection de gènes modificateurs peut les faire évoluer vers la récessivité (Fisher, 1928). Enfin, des mutations donnant l'avantage à l'état hétérozygote à un locus (superdominance) seront sélectionnées. De plus, dans un contexte de milieu variable, des mécanismes comme la superdominance marginale auront un avantage. D'un point de vue évolutif, tous ces avantages de la fécondation croisée pourraient en partie expliquer le fait que ce soit la phase sporophytique (diploïde) qui s'est développée chez les plantes supérieures et les animaux, et non la phase gamétophytique comme chez certaines mousses et algues.

Les avantages de l'état hétérozygote, quelle qu'en soit l'origine, ne peuvent conduire qu'à un renforcement de l'allogamie avec la mise en place par la sélection naturelle de mécanismes spécifiques : auto-incompatibilité, nécessité de pollinisateurs, séparation des sexes sur la plante (monoécie comme chez le maïs) ou sur des plantes différentes (dioecie comme chez l'asperge ou le houblon), etc. Un autre mécanisme contribuant au maintien de l'hétérozygotie dans les populations existe chez les plantes très allogames, c'est celui de la compétition entre auto et allo-pollen : les grains de pollen à génotype très différent de celui du stigmate germent plus vite que les grains de pollen moins

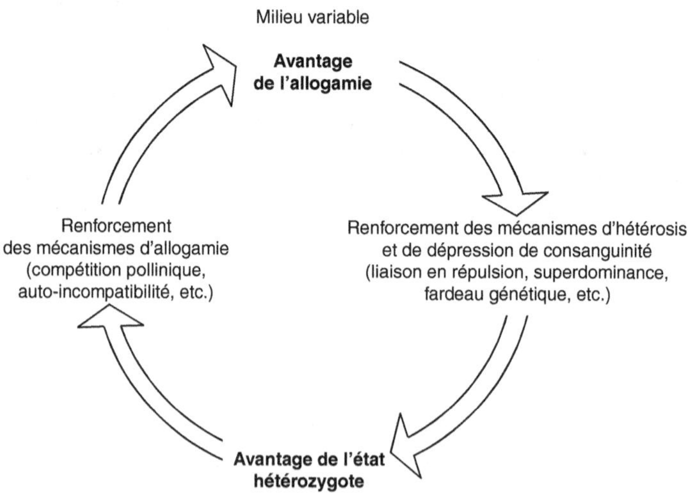

Figure 2.15. Le système hétérotique chez les plantes allogames.

distants (ou parentaux). C'est une sorte de généralisation de l'auto-incompatibilité, d'où il résulte une sélection gamétique et des embryons plus hétérozygotes qu'attendus.

Le renforcement de l'allogamie, qui revient à une « lutte » contre la consanguinité, peut avoir des conséquences au niveau du génome à deux niveaux. D'abord, le niveau de ploïdie peut être affecté. En effet, les autopolyploïdes permettent d'avoir à un locus un plus grand nombre d'allèles. Cela donne donc une capacité d'adaptation plus grande des plantes, avec en même temps, en général, une plus grande sensibilité à la consanguinité que les espèces diploïdes (exemple la luzerne, le dactyle, le poireau). Mais il faut distinguer deux types d'autotétraploïdes, ceux pour qui la tétraploïdie présente vraiment un avantage sélectif et qui sont restés avec une reproduction sexuée allogame, et ceux qui pourraient être qualifiés d'autotétraploïdes « accidentels », comme la pomme de terre, non strictement allogames (la pomme de terre est plutôt autogame) et associés à une dégénérescence de la reproduction sexuée (développement d'une multiplication végétative en relation avec les conditions de milieux défavorables à la reproduction sexuée). Une preuve indirecte de l'avantage de l'autopolyploïdie en régime d'allogamie est donnée par la faible fréquence de plantes autopolyploïdes autogames.

L'autre modification du génome est au niveau des liaisons entre gènes intervenant dans la valeur sélective. La sélection naturelle, avec la fécondation croisée, tend d'abord à regrouper certains gènes favorables pour la valeur sélective. Certains de ces regroupements pourraient correspondre aux « points chauds »[2] de Khavkin et Coe (1997). L'effet de regroupement des gènes impliqués dans une même fonction est nécessairement plus fort chez les allogames que chez les autogames. Un exemple en est donné avec les gènes de la domestication : chez le maïs ou le mil, les gènes de domestication sont assez fortement liés (Pernès, 1983), alors qu'ils le sont beaucoup moins chez les céréales autogames. Un autre exemple extrême est celui des gènes d'auto-incompatibilité (série *S* chez les Crucifères) qui sont en fait des supergènes. Ils sont en effet formés de trois gènes très liés, coadaptés : un des gènes *SCR (S-locus Cysteine-rich Protein)* code une protéine déterminant la spécificité du pollen, l'autre *SRK (S-locus Receptor Kinase)* code un récepteur déterminant la spécificité au niveau des stigmates et le troisième *SLG (S-Locus Glycoprotein)* code une glycoprotéine spécifique aux papilles stigmatiques. Les interactions entre ces trois gènes permettent la reconnaissance de l'autopollen à l'origine de signaux entraînant son « rejet » (de Nettancourt, 1997 ; Nasrallah, 2000). Chez les espèces dîtes distyliques comme les primevères, la base génétique de la dimorphie florale (fleurs brévistyles à styles plus courts que les étamines et fleurs longistyles à styles plus longs que les étamines, ce qui favorise la fécondation croisée par les insectes) correspond à trois gènes très liés *G, P* et *A* contrôlant respectivement la longueur du style, la taille du pollen et la longueur du filet. Dans ce cas, l'allogamie est souvent renforcée par une auto-incompatibilité et les gènes des deux mécanismes sont très liés au point de former des supergènes, les recombinaisons entre les gènes étant très rares (Richards, 1997).

De plus, chez les plantes allogames, la sélection naturelle pour un optimum en milieu fluctuant tend à créer des déséquilibres de liaison avec des associations de gènes en répulsion du type $+ - + - / - + - +$ qui mettent en « réserve » une variabilité génétique (Mather, 1943 ; Lewontin, 1964a, 1964b, 1971, 1974 ; Jacquard, 1975 ; Hedrick, 1976 ; Bürger, 1989 ; Della-Chiesa, 2004). Il y aurait ainsi regroupement en répulsion des

---

2. Zones chromosomiques détectées dans de nombreuses expériences comme impliquées dans la variation génétique de caractères, liés à la croissance et au développement des plantes ainsi qu'au rendement en grain.

locus intervenant sur la valeur sélective (Lewontin, 1974 ; Della-Chiesa, 2004). Ces blocs polygéniques, plus ou moins bien définis, associeraient en répulsion des gènes contrôlant les composantes de la valeur sélective. Ils présenteraient donc de nombreux « allèles », tels qu'entre segments d'allèles différents il y aurait une très grande probabilité de complémentation (Demarly, 1972 ; Bingham *et al.,* 1994 ; Bingham, 1998). Cette structuration du génome en blocs plus ou moins individualisés reste encore une hypothèse, au moins quant à sa généralité, et il n'y a pas de données expérimentales montrant la taille moyenne des blocs. En revanche, la création de liaisons en répulsion par la sélection naturelle est une réalité. Des cas de liaison en répulsion sont maintenant identifiés après dissection de certains QTL considérés comme « superdominants » (voir plus loin p. 117). Ces types de liaisons entre gènes non allèles conduisent à augmenter l'hétérozygotie dans les populations allogames naturelles et expliquent bien l'hétérosis par complémentation ainsi que la dépression de consanguinité, sans faire appel à la superdominance. Cependant, un tel mécanisme n'est pas exclu de ce type d'évolution.

Tous ces mécanismes, à la fois cause et conséquence de l'allogamie, contribuent au maintien de l'hétérozygotie dans les populations et augmentent la sensibilité à la consanguinité. La dépression de consanguinité apparaît ainsi comme une conséquence du développement de l'allogamie. Il est donc attendu que la consanguinité déstabilise toute l'organisation mise en place par la sélection naturelle dans les populations allogames. Cela est bien vérifié dans différentes situations. Ainsi chez *Melandrium*, espèce normalement dioïque, un régime de consanguinité forcée provoque l'apparition de fleurs hermaphrodites (Mather, 1947). De même chez *Antirrhinum*, le système d'auto-incompatibilité est perturbé par la consanguinité (cité par Mather, 1956). La situation d'hétérostylie chez *Primula sinensis*, bel exemple pour favoriser l'allogamie (voir précédemment), est aussi très perturbée par la consanguinité. La diminution du nombre de chiasma est encore une illustration du système génétique mis en place par la sélection naturelle chez les plantes allogames (Myers, 1948 chez le dactyle ; Rees, 1956 chez le seigle ; Barth *et al.,* 2001 chez *Arabidopsis*). En fait tout le système génétique mis en place par la sélection naturelle chez les plantes allogames pour favoriser l'allogamie et lutter contre la consanguinité est très sensible à la consanguinité. La sensibilité à la consanguinité elle-même peut être vue comme une conséquence de l'adaptation à l'allogamie.

Chez les plantes allogames, les effets très négatifs de la consanguinité sur le système génétique mis en place par la sélection naturelle, ajoutés à l'existence d'un fort fardeau de mutation rendent difficile le passage à l'autogamie. Si, par mutation, un gène d'autogamie arrive dans une population de plantes allogames, les plantes qui le portent auront une très faible valeur sélective et de ce fait, il ne pourra pas se propager. Chez les plantes à multiplication végétative, le fardeau génétique s'accumule encore plus. En conséquence, chez ces plantes, lorsque la reproduction sexuée existe encore (ou n'a pas trop dégénéré), une grande sensibilité à la consanguinité est attendue et est bien observée. De plus, elles sont souvent allogames, voire autopolyploïdes.

Les plantes autogames ont trouvé un autre moyen de s'adapter : la duplication partielle ou totale de leur génome qui permet la fixation à l'état homozygote de l'avantage hétérozygote (cf. Figure 2.14) (Ohno, 1970 ; Mac Key, 1970). On comprend alors que les autogames manifestent en général nettement moins d'hétérosis que les allogames. À cela s'ajoute la purge du fardeau génétique. Ainsi les autogames allopolyploïdes, comme le blé, sont des espèces qui doivent présenter peu d'hétérosis : elles ont éliminé leur fardeau génétique et ont fixé la superdominance. De nombreuses autres plantes ont eu recours au cours de leur évolution à la duplication partielle ou totale de leur génome.

C'est par exemple le cas du riz où de nombreux caractères qualitatifs ont une hérédité digénique. L'allopolyploïdie semble s'être beaucoup plus développée chez les autogames que chez les allogames (Stebbins, 1957, 1963 ; Gallais, 2003) et est présente chez de nombreuses plantes cultivées (blé tendre, blé dur, colza, etc.).

Ainsi, du fait de l'effet de la sélection naturelle, l'organisation de la variabilité génétique est assez différente chez les plantes allogames et les plantes autogames (Mather, 1956). Cette organisation affecte essentiellement l'importance de la dépression de consanguinité, avec un fardeau génétique nettement plus fort chez les allogames, et des associations en répulsion sans doute moins fréquentes chez les plantes autogames.

L'hétérosis progressif chez les autopolyploïdes

Chez les plantes autopolyploïdes, nous avons vu qu'en moyenne le croisement de deux lignées homozygotes non apparentées ne restaure pas la vigueur hybride maximum : les hybrides doubles sont attendus supérieurs, en moyenne, aux hybrides simples. L'hétérosis est dit « progressif » (voir p. 40). Cette situation est présentée par Birchler *et al.* (2003, 2006) comme une preuve de l'existence d'un avantage de l'état tétragénique (chez les autotétraploïdes) à un locus (sorte de superdominance avec 4 allèles). En fait, il s'agit d'une liaison statistique entre vigueur et degré d'hétérozygotie d'un individu, sans que cela implique nécessairement une relation directe entre la vigueur hybride et le degré d'hétérozygotie à un locus donné (c'est en fait la même situation que chez les diploïdes, voir p. 33). Le résultat de la sélection naturelle, comme chez les diploïdes, pourrait alors être la construction de blocs polygéniques tels que les états de répulsion soient plus fréquents que les états de « *coupling* ». La sélection naturelle tendrait, comme chez les diploïdes, à développer la complémentarité des gamètes : ceux-ci étant diploïdes, la sélection agirait donc sur les interactions entre plus de deux blocs homologues et favoriserait les interactions, la complémentation, entre trois et quatre blocs homologues. L'état le plus hétérozygote (tétragénique chez les autotétraploïdes) augmente donc les possibilités de complémentation (par rapport à ce qu'elles sont chez les diploïdes) (Bingham *et al.*, 1994). Cette explication relève de l'hypothèse ou du mécanisme de la dominance de gènes liés de Jones, étendue à plusieurs locus, chez les autopolyploïdes et en introduisant l'effet de la sélection naturelle. L'hétérosis progressif peut donc s'interpréter de deux façons : par l'hypothèse de la pseudo-superdominance (en fait l'hypothèse de la dominance) ou par l'hypothèse de la superdominance. Ce n'est que la dissection des locus impliqués dans l'hétérosis qui permettra de savoir quel est le mécanisme en cause.

L'apport de la génétique quantitative « statistique »

La génétique quantitative peut-elle contribuer à préciser la part de superdominance et de dominance dans l'expression de l'hétérosis ? Au sein des populations panmictiques, la génétique quantitative permet d'estimer les composantes de la variance génétique, la variance d'additivité et la variance de dominance en particulier, mais ces estimations ne permettent pas d'avoir une idée, même approximative, du degré de dominance. Chez le maïs, dans des populations panmictiques à base large, le rapport de l'estimation de la variance de dominance à l'estimation de la variance d'additivité peut être supérieur à 1 pour les caractères les plus hétérotiques (voir Tableau 1.11, p. 52, Hallauer et Miranda, 1981) et est inférieur à 1 pour les caractères moins hétérotiques, mais cela n'apporte aucune information précise sur le degré de dominance. Seules les populations bialléliques où $p = q = \frac{1}{2}$ peuvent permettre d'approcher ce problème (Encadré 2.6).

Encadré 2.6. Estimation du degré de dominance dans les populations panmictiques issues de F1.

D'une façon générale, dans une population panmictique de grande taille, la variance génétique à un locus peut être décomposée en variance des effets additifs (V_A) et en variance des effets de dominance (V_D). On peut montrer (Falconer, 1981) que :

$$V_A = 2\,pq\,[a - (p - q)d]^2 \text{ et } V_D = (2\,pqd)^2.$$

Les variances V_A et V_D estimables par l'analyse de plans de croisement correspondent à la somme des expressions élémentaires pour chaque locus impliqué dans la variation du caractère quantitatif. Donc, même en supposant les mêmes fréquences alléliques et les mêmes valeurs a et d à chaque locus, la racine carrée du rapport V_D/V_A ne renseigne pas sur le degré de dominance d/a. En revanche, si $p = q = \frac{1}{2}$, comme dans les populations panmictiques dérivées de F_1, il devient possible d'estimer le degré moyen de dominance δ par :

$$\widehat{\delta} = \sqrt{2(V_D / V_A)}.$$

En effet, dans ce cas :

$$V_D = 1/4 \sum d^2 \text{ et } V_A = 1/2 \sum a^2 ,$$

le signe $\sum$ représentant la sommation sur l'ensemble des locus impliqués.

En supposant que les valeurs des paramètres d et a aux différents locus soient assez proches, $\widehat{\delta}$ donne une estimation de d/a.

L'expression de la variance génétique en consanguinité

Au fur et à mesure du développement de la consanguinité, la diminution de la variance génétique entre familles consanguines, observée dans certaines expériences (Gallais, 1977b, Gouesnard, 1988) et attribuée au moins partiellement à la liaison variance-moyenne (voir p. 50), s'explique bien avec l'hypothèse de la superdominance. En effet, avec le modèle simple dit de « pure superdominance » dans lequel à un locus donné Bb est supérieur à BB qui lui-même est très proche de bb, la variance génétique ne pourrait que tendre vers zéro au fur et à mesure de la disparition des génotypes hétérozygotes en autofécondation. Une telle évolution de la variance sera encore observée si :

$$Bb >> BB > bb.$$

Cependant, la diminution de variance génétique en consanguinité peut aussi s'expliquer par l'hypothèse de la dominance, ou plus précisément par le mécanisme de masquage du fardeau génétique à l'état hétérozygote. En effet, un gène très défavorable (codant par exemple pour une déficience chlorophyllienne), amené à l'état homozygote, empêche ou limite l'expression de la variabilité génétique de beaucoup d'autres gènes. C'est l'équivalent d'une « rupture » dans une chaîne métabolique (voir p. 65). Ces gènes défavorables étant masqués en croisement, il en résulte une variation entre lignées plus faible qu'entre hybrides, sans doute due à des effets génétiques différents. L'hypothèse des blocs polygéniques en répulsion expliquerait aussi ce résultat : la consanguinité amènerait à l'état homozygote les blocs polygéniques qui ont intégré le fardeau génétique.

Les deux mécanismes de l'hétérosis, dominance et superdominance, peuvent donc expliquer de la même façon la diminution de variance en consanguinité.

La coexistence de la dépression de consanguinité avec une variance souvent additive en croisement

Nous avons vu (p. 51) que les résultats expérimentaux chez des plantes très allogames montrent une forte dépression de consanguinité, coexistant avec une variance génétique en croisement essentiellement additive. Ces résultats peuvent encore s'interpréter de deux façons, soit dans le cadre de l'hypothèse de la superdominance, soit dans le cadre de l'hypothèse de la dominance.

Dans le cadre de l'hypothèse de la superdominance, il pourrait exister aux locus en cause un grand nombre d'allèles A_1, A_2..., A_n tels que les hétérozygotes à un locus soient supérieurs aux homozygotes, mais qu'au niveau hétérozygote, les effets des allèles soient additifs. Il y aurait alors une forte dépression de consanguinité coexistant avec une forte additivité en croisement. Dans le cadre de la dominance, il suffit de considérer la pseudo-superdominance sur plusieurs locus pour avoir exactement le même type de résultat qu'avec la vraie superdominance. Avec les blocs polygéniques mis en place par la sélection naturelle, intégrant des effets d'épistasie et de dominance, et les effets de compétition gamétique favorisant l'union de gamètes complémentaires, la complémentation serait assez systématique en croisement avec additivité des blocs polygéniques homologues, alors qu'en consanguinité l'homozygotie de ces blocs serait très défavorable (Demarly, 1972, 1977 ; Gallais, 1977b, 1984). La dépression de consanguinité serait essentiellement due à l'apparition du fardeau génétique qui est masqué en croisement. Donc là encore, il n'est pas possible de séparer les deux mécanismes.

La corrélation lignées-hybrides

La plus forte corrélation lignées-hybrides observée chez les plantes autogames (cf. Chapitre 1, p. 52) s'explique par le fait que les autogames ont purgé une partie de leur fardeau génétique. Chez les plantes allogames, l'existence de ce fardeau fait que ce n'est pas la même variabilité génétique qui s'exprime au niveau des lignées et au niveau des croisements. Ce type de résultat est donc plutôt en faveur de l'hypothèse de la dominance (masquage du fardeau génétique).

L'amélioration des corrélations lignées-hybrides chez les plantes allogames au cours de la sélection est aussi un résultat en faveur d'un rôle prépondérant de la dominance (élimination du fardeau génétique). Avec la diminution du fardeau génétique, les espèces allogames améliorées ont un comportement qui se rapproche de celui des plantes autogames pour lesquelles la corrélation lignées-hybrides est en général forte, en tout cas plus forte que chez les espèces allogames.

Les estimations du degré moyen de dominance

Dans les populations F_2, il est possible d'avoir accès à une estimation $\hat{\delta}$ d'un degré moyen de dominance (cf. Encadré 2.4). Les résultats des expériences réalisées chez le maïs au niveau de ces populations montrent souvent des valeurs de $\hat{\delta}$ supérieures à 1 pour le rendement en grain, alors que pour ses composantes, ou un caractère comme la hauteur de plante, les estimations $\hat{\delta}$ sont inférieures ou égales à 1 (Robinson et al., 1949 ; Comstock et Robinson, 1952 ; Gardner et al., 1953) (Tableau 2.13). En fait, les estimations de $\hat{\delta}$ selon les caractères montrent la même hiérarchie que pour l'hétérosis : les valeurs de $\hat{\delta}$ supérieures à 1 correspondent aux caractères les plus hétérotiques et les valeurs entre 0 et 1 aux caractères les moins hétérotiques. Il serait donc tentant de conclure à la présence de superdominance pour le rendement et dominance partielle pour des caractères comme la hauteur de plantes et le nombre de rangs par épi, c'est-à-dire expliquer l'hétérosis par le mécanisme de la superdominance pour le rendement et par le mécanisme de la dominance pour la hauteur des plantes. Il est cependant difficile de conclure à une situation de superdominance pour le rendement et à une situation de dominance partielle à complète pour ses composantes, si elles sont contrôlées par des locus différents. En effet, dans le cas de deux locus, avec un locus pour chaque composante, pour observer la superdominance au niveau du caractère produit, il faut au minimum que la superdominance affecte l'une des composantes (Moll *et al.*, 1962). S'il y a pléiotropie, la situation est différente, du fait de la multiplicativité des effets : il est possible d'avoir additivité au niveau des composantes et superdominance au niveau du caractère produit.

Tableau 2.13. Estimations en F_2 du degré moyen de dominance chez le maïs (d'après Hallauer et Miranda, 1981)

Caractère	Degré moyen de dominance
Rendement	1,40-2,15
Hauteur	0,50-1,15
Nombre de rangs/épi	0,40-0,70

Cependant, l'estimation du degré de dominance peut être biaisée par le déséquilibre de liaison (non association au hasard de gènes non homologues). Avec des gènes très liés, au niveau des gamètes produits par la F_1 pour donner la F_2, il y aura un net déficit des gamètes recombinés. Ainsi dans un croisement de deux parents complémentaires *AAbb* et *aaBB*, si *c* est le pourcentage de recombinaison entre les deux locus (assimilable à la distance en centiMorgan [cM] pour de faibles taux de recombinaison), au lieu d'avoir ¼ de gamètes de chaque type (*AB, Ab, aB* et *ab*), comme dans le cas de gènes indépendants, on aura *c/2 AB*, *(1-c)/2 Ab*, *(1-c)/2 aB* et *c/2 ab*. Avec *c* égal à 0,05, cela conduit aux proportions gamétiques suivantes : 0,025 *AB*, 0,475 *Ab*, 0,475 *aB* et 0,025 *ab*. C'est une situation de déséquilibre de liaison. Dans l'exemple pris, il y a un excès des gamètes avec un gène favorable à un locus et un gène défavorable à l'autre locus : cette situation est qualifiée de *liaison en répulsion*. Avec des gènes très liés, les associations *Ab* et *aB* tendent à se comporter comme des unités de ségrégation et cela conduit à une estimation d'un degré de dominance apparente en F_2 supérieur à 1. Par multiplication en panmixie de la F_2 pendant plusieurs générations, il doit être possible de « rompre » la liaison entre les deux gènes et faire apparaître des gamètes recombinés *AB* et *ab* en proportion suffisante pour que leurs effets contribuent de façon significative à la variance génétique. Après un nombre de générations plus ou moins grand dépendant de l'intensité de la liaison entre les deux locus, les fréquences gamétiques correspondront à ce qui serait obtenu par l'union au hasard des gènes non homologues : c'est la situation d'équilibre de liaison (Encadré 2.7). Le degré de dominance apparente doit donc aller en diminuant au cours des générations de multiplication en panmixie à partir de la F_2.

L'importance et la nature du déséquilibre de liaison peuvent donc être étudiées expérimentalement par les estimations de la variance des effets additifs et de la variance des effets de dominance pour différentes générations de multiplication à partir de la F_2. Avec en F_2 un excès de liaison en répulsion, la variance des effets additifs apparents augmentera (par apparition de plus d'associations extrêmes *AB* et *ab*) au cours des générations de multiplication en panmixie, et la variance de dominance apparente diminuera (par suppression de l'effet de superdominance apparente) (Gallais, 1974, 1989b). Il en résultera donc une diminution de l'estimation du degré moyen de dominance.

L'étude expérimentale de l'évolution de l'estimation du degré moyen de dominance, avec la multiplication en panmixie de la F_2 pendant plusieurs générations, montre chez le maïs une diminution du degré moyen de dominance estimé pour le rendement (Gardner et Lonnquist, 1959 ; Moll *et al.*, 1964). Dans une population, après 6 générations de multiplication en panmixie, le degré moyen de dominance estimé passe de 1,98 en F_2 à 0,72 ; dans une autre population F_2, après 11 générations de multiplication en panmixie, il passe de 1,68 en F_2 à 1,09 (Gardner, 1963). Moll *et al.* (1964) relatent d'autres expériences où les estimations diminuent de 1,69 à 1,09 et de 1,08 à 0,77. Dans toutes ces expériences, il y a donc passage d'une superdominance apparente à une situation de dominance partielle à complète. Ces résultats sont conformes à ce qui était attendu avec un excès de liaison en répulsion en F_2, simulant de la superdominance. Pour les composantes du rendement, le degré moyen de dominance estimé en F_2 n'est pas supérieur à 1, mais il tend aussi à diminuer au cours des générations de multiplication en panmixie. Le fait que la pseudo-superdominance affecte surtout le rendement et beaucoup moins ses composantes s'explique par l'effet de la sélection naturelle. En effet, nous avons vu que la sélection naturelle tend à développer des associations en répulsion pour les gènes contrôlant la valeur sélective (voir p. 99). Les liaisons en répulsion sont attendues plus fréquentes pour le rendement en grain, proche de la valeur sélective, que pour ses composantes, le nombre et la grosseur des grains. La conséquence est que la superdominance apparente est attendue plus fréquente pour le rendement que pour ses composantes.

Ces résultats démontrent donc un rôle important du mécanisme de la dominance, ou plus précisément de la pseudo-superdominance, dans la détermination de l'hétérosis d'un caractère complexe comme le rendement. Cependant, cela n'exclut pas la présence de locus avec superdominance qui pourraient contribuer de façon non négligeable à l'hétérosis. En effet, c'est un degré moyen de dominance qui est estimé. Une contribution non négligeable de la superdominance peut donc être masquée par une contribution équivalente de locus à effets additifs. De plus, les résultats ne sont valables que si les valeurs des paramètres d et a sont approximativement les mêmes aux différents locus, sinon la signification des estimations n'est plus claire. Il apparaît là, la limite de l'approche par la génétique quantitative « statistique ».

L'importance de l'épistasie et son rôle possible dans l'hétérosis

Une des conséquences de la théorie des flux métaboliques est que la dominance et l'épistasie sont associées (Kacser et Burns, 1981 ; Fiévet, 2004). De plus, Omholt *et al.* (2000) ont montré à partir de modèles de régulation que les effets d'interaction entre gènes non homologues seraient à l'origine de la dominance, voire de la superdominance. Pour les caractères complexes, une certaine association entre hétérosis et épistasie est donc attendue (voir p. 71).

La génétique quantitative permet de tester globalement dans une population la présence d'épistasie. L'estimation des composantes de la variance génétique est une première voie. Cependant, même en se limitant à l'épistasie digénique (entre paires de locus), cela conduit à trois composantes pour l'épistasie (V_{AA}, V_{AD} et V_{DD}) en plus des variances d'additivité (V_A) et de dominance (V_D), soit au total cinq composantes à estimer : cela demande donc des dispositifs très lourds. Avec des dispositifs de taille limitée, les estimations sont donc imprécises et il est difficile de conclure sur l'importance de telle ou telle

Encadré 2.7. Évolution du déséquilibre de liaison dans une population panmictique issue d'une F$_2$.

Considérons une population F$_2$ issue du croisement de deux génotypes complémentaires *AAbb* et *aaBB*, avec deux locus liés. Soit c le pourcentage de recombinaison entre les deux locus. Les gamètes donnés par la F$_1$ sont de deux types, parentaux (*Ab*, *aB*) et recombinés (*AB*, *ab*) avec un excès de parentaux de fréquence $(1 - c)$ par rapport aux recombinés de fréquence (c). À chaque méiose, une association de deux gènes, réalisée à la génération précédente, est reconstituée avec la probabilité $(1 - c)$ correspondant à l'absence de recombinaison ; avec la probabilité c il y a recombinaison, c'est-à-dire association des gènes au hasard. La fréquence d'un gamète parental donné, par exemple *Ab* à la génération m de multiplication peut donc s'écrire :

$$f_{Ab_m} = (1 - c)f_{Ab_{m-1}} + c/4,$$

soit $f_{Ab_m} = (1 - c)^m(1 - 2c)/4 + 1/4$.

Si $c = \frac{1}{2}$, la fréquence d'équilibre est atteinte dès la F$_2$ et si c est quelconque (inférieure à $\frac{1}{2}$), avec $m = 0$, on retrouve bien la fréquence de *Ab* dans les gamètes de la F$_1$:

$$f_{Ab} = (1 - c)/2.$$

L'équilibre correspond à l'association au hasard des locus, ce qui entraîne la même fréquence pour tous les types gamétiques (comme pour les gamètes de la F$_1$ pour des gènes non liés).

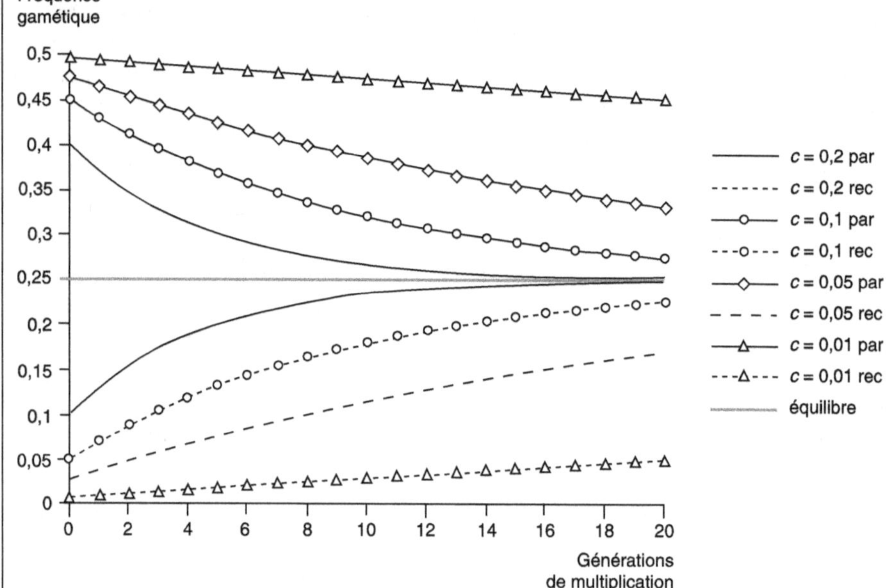

Le graphique (ci-dessus) montre l'évolution de la fréquence des gamètes parentaux (par) et des gamètes recombinés (rec) en fonction du taux de recombinaison (c). Avec

...

$c = 0{,}20$, l'équilibre est pratiquement réalisé en 7 à 8 générations. Pour réduire de 92 % le déséquilibre de liaison, avec $c = 0{,}10$, il faut 20 générations ; avec $c = 0{,}01$, il faudrait 256 générations. Pour des gènes très liés (distants de l'ordre du centiMorgan), le déséquilibre de liaison ne disparaît donc que très lentement.

Le raisonnement développé pour une population F_2 peut s'extrapoler à toute population de grande taille qui se reproduit en panmixie. Un déséquilibre gamétique qui peut s'être produit à une génération quelconque sous l'effet de différents facteurs (sélection, non-reproduction au hasard) peut se maintenir très longtemps dans une population. Il sera donc présent dans les lignées extraites de ces populations. Mais pour que la pseudo-superdominance soit fréquente, il faudrait que les associations en répulsion (*Ab vs aB*) soient plus fréquentes que les associations en « *coupling* » (*AB vs ab*). C'est ce qui est attendu par l'organisation du génome, mise en place par la sélection naturelle chez les plantes allogames (voir p. 99).

---

composante de la variance génétique. Une autre voie consiste à comparer les moyennes de différentes générations (par exemple comparaison de la moyenne des lignées dérivées d'un croisement à la moyenne des parents). Cette voie est en général plus puissante pour révéler la présence d'épistasie que la voie d'estimation des composantes de la variance génétique.

Ainsi, chez le maïs, les expériences basées sur l'estimation des composantes de la variance ne permettent pas vraiment de conclure, bien que l'épistasie ait été observée dans quelques expériences (Chi *et al.*, 1969 ; Silva et Hallauer, 1975). D'une revue de ces expériences, Hallauer et Miranda (1981) concluent : « *It seems that epistasis for a complex trait, such as yield, must exist… but realistic estimates of additive by additive epistasis have not been obtainable…* ». Par contre, les études moins nombreuses basées sur les comparaisons de moyennes de générations mettent plus régulièrement en évidence de l'épistasie (Darrah et Hallauer, 1972 ; Lamkey *et al.*, 1995 ; Eta-Ndu et Openshaw, 1999 ; Wolf et Hallauer, 1997 ; Coque et Gallais, 2008). Ces études au niveau des moyennes démontrent de plus que l'épistasie peut être une composante importante de l'hétérosis (Moreno-Gonzales et Dudley, 1981 ; Lamkey *et al.*, 1995 ; Wolf et Hallauer, 1997).

Chez les autogames, avec des études basées sur la comparaison des moyennes, l'épistasie a été mise en évidence chez plusieurs espèces, par exemple chez le blé, le soja, le riz, l'orge (Thomas *et al.*, 1995), l'arachide, le tabac, etc. (voir la synthèse de Holland, 2001). Chez *Arabidopsis*, Syed et Chen (2004) et Kusterer *et al.* (2007) ont aussi mis en évidence de l'épistasie pour le diamètre de la rosette, la production de biomasse ou la hauteur, caractères les plus hétérotiques.

D'une façon générale, l'épistasie apparaît plus souvent mise en évidence chez les plantes autogames que chez les plantes allogames (Holland, 2001). Une telle conclusion pourrait être due aux dispositifs utilisés, plus puissants chez les autogames (comparaison de moyennes), mais elle pourrait aussi signifier une importance plus grande de l'épistasie chez les autogames, résultat de la fixation de l'hétérosis par duplication partielle ou totale de leur génome. De plus, chez les plantes allogames, il pourrait y avoir un effet de la sélection naturelle sur les gènes épistatiques : une partie importante de l'épistasie pourrait avoir été « intégrée » dans les blocs polygéniques construits par la sélection naturelle et donc être difficile à détecter. Chez les plantes autogames, le rôle du linkage étant plus faible (la liaison entre gènes est remplacée par l'autogamie), l'épistasie serait plus facilement mise en évidence car elle concernerait des locus assez distants les uns des autres. Cependant, quel que soit le système de reproduction, l'analyse au niveau des moyennes de générations met en évidence la présence d'épistasie et montre que cette épistasie peut être une composante importante de l'hétérosis. Il est donc difficile de conclure si le système de reproduction a un fort impact sur la mise en évidence de l'épistasie.

En ce qui concerne le type d'effets épistatiques impliqués dans l'hétérosis, certaines expériences montrent l'importance de l'épistasie additive × additive, mais d'autres expériences mettent en évidence une épistasie dominance × dominance, comme les travaux de Moreno-Gonzales et Dudley (1981) et de Wolf et Hallauer (1997) chez le maïs. Cependant, ces études ne permettent pas de conclure s'il s'agit d'interactions entre locus manifestant de la dominance partielle à complète, ou entre locus manifestant de la superdominance.

Les limites des approches de la génétique quantitative « statistique »

Les études de génétique quantitative permettant d'évaluer le poids relatif de la dominance et de la superdominance dans l'explication de l'hétérosis, montrent en général un fort rôle de la dominance. Cette conclusion était déjà celle de Hallauer et Miranda (1981) après une revue de tous les travaux réalisés sur le maïs. Jinks (1955, 1983) et Kearsey et Pooni (1992) à partir de travaux réalisés sur les plantes autogames (orge, tabac) et sur des plantes allogames (ray-grass, chou de Bruxelles), concluaient aussi qu'une partie importante de l'hétérosis est fixable à long terme. Toutefois, compte tenu de l'effet de la sélection naturelle sur l'organisation de la variabilité génétique, l'hétérosis serait plus facilement fixable chez les autogames que chez les allogames. En fait, la génétique quantitative « statistique », utilisée dans les études précédemment rappelées, ne permet pas d'évaluer avec précision la part relative des deux hypothèses dans l'explication de l'hétérosis. Cependant, elle permet de conclure que la dominance joue un rôle plus fort que la superdominance.

Il faut en fait distinguer deux types de génétique quantitative, celle d'avant les marqueurs moléculaires et celle d'après. Avant l'arrivée des marqueurs moléculaires dans les années 1990, la génétique quantitative était essentiellement statistique (Gallais, 1978c). Elle décrivait en termes statistiques la variation génétique, avec des erreurs d'interprétation possible des concepts par le non spécialiste. Ainsi les effets additifs n'ont qu'un sens statistique (de transmission des parents aux enfants) et ils renferment une part de l'effet de dominance observé par le biologiste chez l'hétérozygote, ce qui peut dérouter le non quantitativiste (cf. Annexe 1). En fait ces modèles ont surtout été construits pour prédire, pour des caractères quantitatifs, la valeur des descendants de croisements, connaissant la valeur des parents, ce qui est essentiel dans la théorie de la sélection artificielle. Cette modélisation a donc beaucoup apporté à la théorie de la sélection artificielle, mais elle n'a que peu apporté à l'analyse des bases génétiques de la variation des caractères quantitatifs, en particulier en ce qui concerne le nombre de gènes en cause et les effets génétiques pour chaque locus. Cela est dû au fait que la génétique quantitative « statistique » est « aveugle » ; elle n'identifie pas les gènes et s'intéresse au résultat global de l'effet des gènes contrôlant un caractère, avec un modèle assez « fruste » pour passer du plan des gènes au plan des caractères : celui de la sommation des effets. Aujourd'hui, les marqueurs moléculaires permettent d'avoir une approche plus analytique en identifiant certains gènes en cause dans la variation des caractères quantitatifs (voir p. 309). De plus, de nouveaux modèles, plus réalistes pour passer du plan des gènes au plan des caractères, font l'objet d'études. C'est un des enjeux de la biologie intégrative. La modélisation des flux métaboliques en est un exemple (de Vienne *et al.*, 2001).

Le modèle de la génétique quantitative « statistique » ne permet donc pas de répondre avec précision à la question de l'importance relative de la dominance et de la superdominance dans l'interprétation de l'hétérosis. Ainsi, bien qu'elles aient permis d'établir que le mécanisme de la dominance joue un rôle plus important que le mécanisme de la superdominance, les bases génétiques de l'hétérosis donnent l'impression de ne pas être beaucoup mieux connues aujourd'hui qu'il y a 50 ans. Les problèmes restent donc posés : connaître avec plus de précision dans quelles proportions les deux mécanismes, dominance et superdominance, coexistent et si la superdominance peut affecter tous les gènes ou seulement certaines catégories.

L'apport des expériences de sélection et des résultats de la sélection

Évolution du rendement des hybrides commerciaux et de celui de leurs parents

Chez le maïs, les synthèses effectuées par Schnell (1974) et Duvick (2005) montrent que l'amélioration du rendement des lignées parents des hybrides commerciaux, entre 1910 et 1980, a pratiquement accompagné celle de ces hybrides (Figure 2.16). Une partie du fardeau génétique a été éliminée chez les lignées, ce qui a amélioré leur performance. Ainsi le rendement moyen des lignées a été multiplié par deux, et se situe aujourd'hui à un niveau approchant celui des premiers hybrides. Cette amélioration a été sensiblement parallèle à celle des hybrides ; l'hétérosis en valeur absolue est pratiquement resté de même ampleur, il a donc diminué en valeur relative. Le maintien de l'hétérosis en valeur absolue a été interprété comme une preuve de superdominance. En effet, avec un fort rôle du mécanisme de la dominance, l'écart entre lignées et hybrides devrait diminuer. Cependant, cette interprétation n'est pas évidente, même d'un point de vue théorique. D'abord, s'il y avait eu sélection directe sur la valeur propre des lignées, l'écart entre lignées et hybrides se serait sans aucun doute réduit. Certes, la pression exercée par le sélectionneur sur la valeur propre a été très forte au début de la sélection (Cauderon et Lascols, 1955) ; il fallait en effet que les lignées femelles soient suffisamment vigoureuses pour être de bons porte-graines (cf. 2e Partie). Mais la vigueur maximum n'a pas été recherchée et la pression de sélection sur la valeur des lignées est sans doute moins forte aujourd'hui que dans le passé. Aujourd'hui, l'amélioration de la valeur propre des lignées apparaît plus comme le résultat d'une réponse corrélative à la sélection sur la valeur des hybrides. Dans une telle situation, avec seulement le mécanisme de la dominance, l'écart entre lignées et hybrides pourrait même augmenter. Il est donc difficile de déduire des résultats observés une preuve de la superdominance, mais on ne peut pas non plus l'exclure. Ils montrent cependant, avec l'élimination du fardeau génétique, une certaine fixation de l'hétérosis, donc un rôle important de la dominance.

Effet sur l'hétérosis de l'amélioration par convergence des lignées

La sélection convergente a été proposée par Richey en 1927 pour approcher l'importance relative de la superdominance par rapport à la dominance. À partir d'un hybride simple (*BC*) performant, un programme de rétrocroisement est conduit avec chaque parent (*B* et *C*), avec sélection sur la valeur propre à chaque génération de recroisement. Après 5 ou 6 rétrocroisements, on obtient ainsi une lignée améliorée *B'* et une lignée améliorée

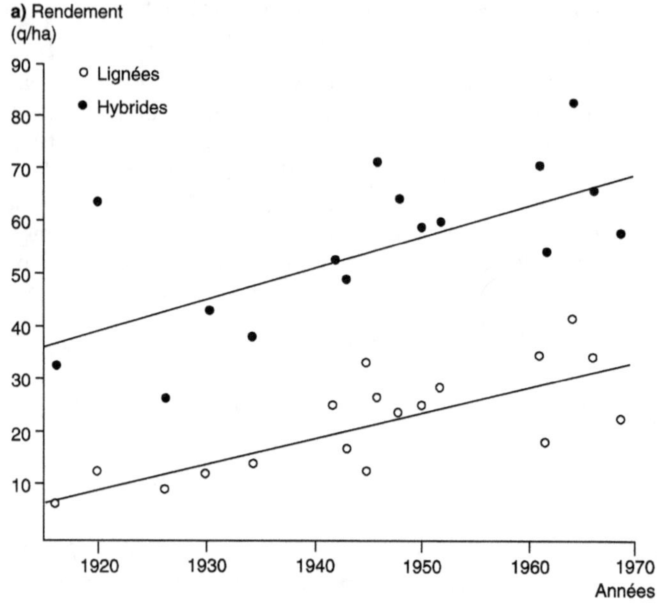

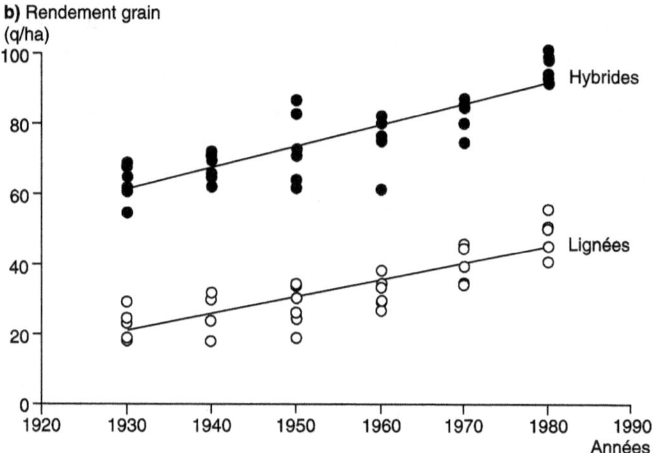

Figure 2.16. Évolution du rendement des hybrides et du rendement des lignées parentes chez le maïs, de 1910 à 1980.

(a) D'après Schnell (1974) ; (b) d'après Duvick (2005) ; q/ha : rendement par hectare.

C' qui doivent avoir accumulé des gènes dominants favorables du parent non récurrent. En présence d'une contribution significative de la superdominance, l'hybride simple $B'C'$ est alors attendu inférieur à l'hybride de départ BC (les deux lignées B' et C' se ressemblant plus que les lignées B et C). Avec le mécanisme de la dominance favorable, l'hybride $B'C'$ est attendu au mieux égal à l'hybride BC si la dominance est complète aux locus pour lesquels les parents de départ différaient ; au contraire, avec une dominance qui n'est pas toujours complète (avec Aa inférieur à AA), le nouvel hybride est attendu supérieur à l'hybride de départ. En effet, au niveau de l'hybride *B'C'* de nombreux locus seront homozygotes *AA* (ou au moins 50 % *AA* et 50 % *Aa*) au lieu d'être hétérozygotes *Aa*. Les résultats obtenus montrant que *B'C'* est supérieur à *BC* sont nettement en faveur de l'hypothèse de la dominance (Richey et Sprague, 1931 ; Murphy, 1942).

Effet sur l'hétérosis entre deux populations de la sélection par rapport à un testeur constant

Walejko et Russell (1977) ont conduit chez le maïs une expérience proche de la sélection convergente de Richey et Sprague, mais au niveau de l'amélioration de populations par sélection récurrente. C'est d'ailleurs Sprague et Miller (1950) qui ont eu l'idée de cette expérience, conçue pour pouvoir évaluer l'importance relative de la dominance ou de la superdominance dans l'explication de l'hétérosis. Ainsi avec deux populations (Kolkmeier et Lancaster), Walejko et Russell ont développé pendant 5 cycles une sélection récurrente pour l'aptitude à la combinaison pour le rendement avec un testeur lignée (cf. 2e Partie). Si la superdominance est fréquente aux locus en cause, alors en sélectionnant pour l'aptitude à la combinaison avec un testeur homozygote, aux locus où le testeur est homozygote *aa*, le processus tend à sélectionner dans les populations améliorées les individus qui sont *AA*, et aux locus où le testeur est homozygote *AA*, il tend à sélectionner dans les populations améliorées les individus qui sont *aa* (c'est-à-dire que par sélection, on développe la complémentarité entre le testeur et la population sélectionnée). Le résultat attendu est que les deux populations se ressemblant de plus en plus, une décroissance de la valeur de l'hybride entre les deux populations sélectionnées devrait être observée. En revanche, avec l'hypothèse de dominance, l'augmentation de la fréquence des gènes dominants favorables dans les deux populations doit conduire à un progrès de la valeur de la population hybride, parallèle à celui de la valeur propre des populations. Les résultats obtenus montrent qu'il y a eu amélioration régulière de la population hybride, avec un taux d'amélioration proche du taux maximum observé sur l'une des populations parentes en combinaison avec le testeur (Tableau 2.14). Ils sont donc en faveur d'une forte contribution du mécanisme de la dominance. Si la superdominance existe, elle n'est pas très fréquente aux différents locus en cause dans la réponse à la sélection. Des résultats analogues ont été obtenus par Russell *et al.* (1973), avec la même méthode sur un autre matériel.

Tableau 2.14. Effet de la sélection pour la valeur en croisement avec un même testeur lignée de deux populations sur la valeur de leur croisement (Walejko et Russell, 1977).

Population	**Gain (en %)**
Kolkmeier	1,6
Lancaster	2,0
Lancaster × lignée Hy	3,2
Kolkmeier × lignée Hy	4,4
Lancaster × Kolkmeier	4,1

Effet sur l'hétérosis entre deux populations de la sélection intra- et interpopulation

Une autre expérience de sélection récurrente, particulièrement intéressante à considérer, est celle conduite en Caroline du Nord par Comstock, Robinson et Moll, sur 10 générations, avec deux populations de maïs, Jarvis et Indian Chief (Moll *et al.*, 1978 ;

Moll et Hanson, 1984). Deux schémas de sélection ont été comparés au niveau de la performance de leur valeur en croisement :

– schéma 1 (intrapopulation) où chacune des deux populations est sélectionnée de façon indépendante sur sa valeur propre, avec l'une des méthodes de sélection récurrente intrapopulation les plus efficaces, *la sélection récurrente familiale pleins-frères*, bien adaptée à l'amélioration de la valeur propre des lignées dérivant des populations (cf. 2e Partie) ; à chaque cycle, les deux populations ainsi améliorées sont croisées entre elles afin d'évaluer la réponse corrélative de la valeur de leur croisement à la sélection sur leur valeur propre ;

– schéma 2 (interpopulation) où les deux populations sont améliorées directement l'une par rapport à l'autre, l'une étant prise comme testeur pour l'autre ; c'est la sélection *récurrente réciproque* (sur familles demi-frères, cf. 2e Partie), méthode bien adaptée pour l'amélioration de la valeur des hybrides, avec un parent dérivant d'une population et l'autre parent de l'autre population ; l'évolution de la valeur propre des populations sélectionnées a aussi été étudiée.

L'évolution de l'hétérosis interpopulation a donc pu être étudiée dans deux situations : par sélection des populations sur leur valeur propre et par sélection des populations sur leur valeur en combinaison. Avec l'hypothèse de dominance, le premier schéma doit conduire à une diminution de l'hétérosis entre les deux populations améliorées, du fait de l'augmentation de leur valeur propre ; le deuxième schéma pourra conduire à des résultats variables, avec réduction ou augmentation de l'écart entre la valeur de la population hybride et la valeur propre des populations. Avec l'hypothèse de la superdominance ou de la pseudo-superdominance, le deuxième schéma doit conduire à une augmentation nette de l'hétérosis entre les deux populations (voire une diminution de la valeur des populations parentes).

Le gain le plus fort au niveau des populations hybrides est obtenu, comme attendu, avec la sélection interpopulation (Figure 2.17). En revanche, le gain le plus fort dans l'amélioration de la valeur propre des populations est obtenu avec la sélection sur la valeur propre. La conséquence est une augmentation régulière de l'hétérosis en sélection interpopulation, alors que l'hétérosis diminue en sélection intrapopulation. L'amélioration de la moyenne en valeur propre des deux populations est même supérieure à celle observée pour la population hybride (Tableau 2.15 ; cf. Figure 2.17).

Les résultats de l'effet de la sélection intrapopulation sont cohérents avec le mécanisme de la dominance, tandis que les résultats de l'effet de la sélection interpopulation sont cohérents avec le mécanisme de la superdominance. On pourrait donc conclure que les deux mécanismes coexistent. D'ailleurs des analyses génétiques réalisées sur le matériel résultant des deux méthodes de sélection ont montré qu'elles n'utilisaient pas les

Tableau 2.15. Effet de la sélection intra- et interpopulation sur la valeur propre et la valeur du croisement de deux populations (Moll et Hanson, 1984).

Population	Sélection interpopulation	Sélection intrapopulation
Jarvis [1]	2,4	3,5
Indian Chief [1]	− 0,3	2,4
Jarvis × Indian Chief [1]	2,7	2,0
Hétérosis (q/ha/cycle)	0,094	− 0,006

[1] Gain ou perte sur le rendement en grain par cycle en pourcentage, calculé sur 10 cycles ; q/ha : quintaux par hectare.

mêmes effets génétiques (Moll et Hanson, 1984). Il est aussi possible de déduire de ces résultats un rôle de la pseudo-superdominance plutôt que de la superdominance. En fait, du point de vue des mécanismes génétiques en cause, la puissance d'analyse des expériences est faible. Les résultats obtenus peuvent en effet s'expliquer par des considérations purement statistiques, liés à la réponse à la sélection. Pour l'amélioration de la valeur intrapopulation, c'est la méthode de sélection intrapopulation qui est la plus efficace, tandis que pour l'amélioration de la valeur interpopulation, c'est la méthode de sélection interpopulation qui est la plus efficace. En d'autres termes, la sélection directe

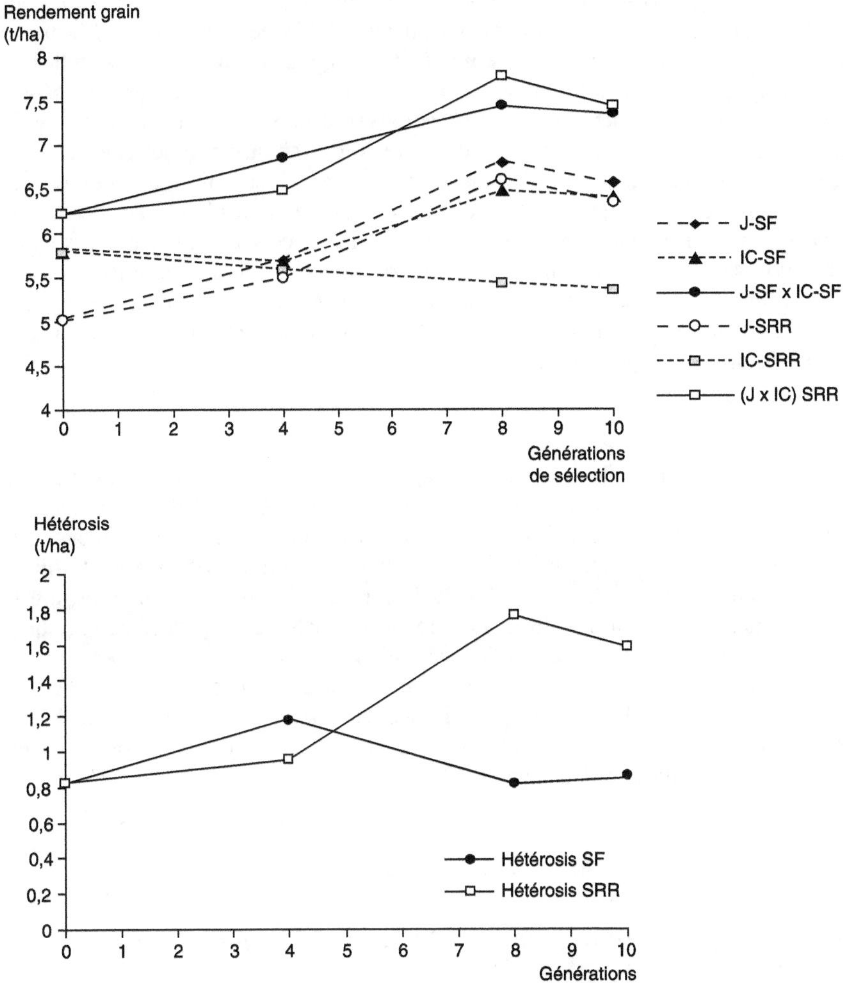

Figure 2.17. Effet de 10 cycles de sélection récurrente sur deux populations, Jarvis (J) et Indian Chief (IC).

1) Avec sélection sur la valeur en combinaison de deux populations (SRR) et observation de la réponse sur la valeur propre des populations ; 2) avec sélection sur la valeur propre de chaque population (SF) et observation de la réponse sur la valeur du croisement des deux populations (d'après Moll et Hanson, 1984). L'hétérosis augmente en SRR car la valeur propre des populations n'est que peu améliorée, alors qu'en sélection SF, la valeur des populations est fortement améliorée ; t/ha : tonnes par hectare.

est toujours plus efficace que la sélection indirecte (Gallais, 1989b). Les résultats démontrent toutefois que la sélection sur la valeur propre peut permettre de fixer une partie de l'hétérosis. Cette expérience conduit donc aux mêmes conclusions que l'examen du progrès génétique au niveau des hybrides commercialisés et de leurs parents lignées : le mécanisme de la dominance joue un rôle prépondérant dans l'hétérosis, mais il n'est pas possible d'exclure un rôle de la superdominance ou de la pseudo-superdominance.

Réponse attendue à la sélection récurrente à long terme

Pour répondre aux possibilités de fixation de l'hétérosis à long terme, il faudrait pouvoir comparer deux voies d'amélioration, la voie lignées et la voie hybrides, à partir du même matériel génétique et avec les meilleures méthodes pour chaque voie. De telles expériences n'ayant jamais été développées, il est seulement possible d'essayer de prédire les évolutions pour chaque voie. Ces prédictions sont présentées au chapitre 4 (p. 269). Elles montrent que, à long terme, quelle que soit la situation génétique, dominance seule à tous les locus ou avec superdominance à certains locus, pratiquement les mêmes résultats sont attendus quant aux performances des meilleures lignées et des meilleurs hybrides. En effet, même dans la situation de dominance seule, les meilleurs hybrides sont toujours attendus supérieurs aux meilleures lignées, mais avec une forte réduction de l'écart entre lignées et hybrides. Il apparaît donc qu'il n'est pas possible de déduire des études de la réponse à la sélection à long terme des conclusions sur la contribution du mécanisme de la superdominance.

Conclusion

Toutes les expériences de sélection susceptibles d'éclairer le débat « dominance *vs* superdominance » conduisent à la même conclusion que les expériences de génétique quantitative : le mécanisme de la dominance apparaît incontestablement plus important que le mécanisme de la superdominance. Hallauer et Miranda (1981), après avoir passé en revue toutes les expériences d'analyse de la nature de la variation génétique, ainsi que les expériences de sélection réalisées chez le maïs, concluaient à propos de l'importance de la superdominance et de la dominance : « *It seems that evidence supports the hypothesis that heterosis results from an accumulation of dominant favorable growth factors* ». Il est cependant impossible d'exclure la présence de superdominance à certains locus. La génétique quantitative, assistée par les marqueurs et la génomique fonctionnelle, devrait permettre d'aller plus loin dans l'analyse.

L'apport de la détection de QTL

Étude du degré de dominance au niveau des QTL détectés et colocalisations

Un espoir de pouvoir approcher de façon plus précise la contribution de la superdominance à l'hétérosis est apparu avec le marquage moléculaire dense du génome. Avec plusieurs dizaines de marqueurs moléculaires par chromosome, les associations (corrélations) entre marqueurs et caractères quantitatifs peuvent être étudiées dans des populations en ségrégation (type F_2) où le déséquilibre de liaison ne peut être dû qu'au linkage physique. Il devient alors possible de situer sur la carte génétique des locus impliqués dans la variation d'un caractère quantitatif (QTL) (voir p. 309). Les outils statistiques permettent aussi d'estimer les effets des allèles à ces locus et donc éventuellement le degré de dominance (avec une population non fixée).

Résultats obtenus chez le maïs

Les résultats expérimentaux montrent les risques de confusion entre superdominance et pseudo-superdominance. Stuber *et al.* (1992), dans une des premières expériences réalisées chez le maïs estimant le degré de dominance aux QTL, concluaient à un rôle très fort de la superdominance. Quand un QTL de rendement en grain était détecté, l'hétérozygote au QTL était pratiquement toujours supérieur au meilleur des deux homozygotes. Cette conclusion était renforcée par une forte corrélation entre le rendement en grain et la proportion de marqueurs hétérozygotes. Cependant, une réanalyse des résultats par Cockerham et Zeng (1996) suggère plutôt une situation de pseudo-superdominance que de superdominance, avec épistasie entre QTL liés. Une cartographie fine de la région du chromosome 5, trouvée « superdominante » par Stuber, a effectivement montré qu'elle contenait au moins deux locus en répulsion (Graham *et al.*, 1997). Il faut donc être prudent lorsque, pour un QTL donné, l'hétérozygote apparaît supérieur au meilleur des homozygotes : il ne s'agit pas nécessairement d'une situation de superdominance vraie, il peut s'agir de pseudo-superdominance. Dans ce qui suit, nous qualifierons donc cette situation de superdominance apparente.

Frascaroli *et al.* (2007), avec un dispositif expérimental très puissant (lignées recombinantes et « triple test », c'est-à-dire avec recroisement des lignées recombinantes avec les deux parents et leur F_1), mettent aussi en évidence une forte fréquence de QTL manifestant de la superdominance apparente (14/24) sans épistasie significative. De même, Lu *et al.* (2003), malgré 3 générations de multiplication après la F_2, trouvent aussi beaucoup de superdominance apparente pour les 28 QTL étudiés : 86 % (24/28) pour le rendement, alors que pour la hauteur des plantes, les estimations des effets des QTL montrent essentiellement une dominance partielle. Les caractères complexes et liés à la valeur sélective montrent des QTL avec plus de superdominance apparente, mais est-ce de la vraie superdominance ? Ainsi, 86 % des QTL présentent de la superdominance pour le rendement en grain, mais seulement 12,5 % pour l'humidité, 12,5 % pour la verse, et un pourcentage intermédiaire (36 %) pour la hauteur des plantes, liée à la vigueur, mais moins à la valeur sélective. L'expérience ne permet pas de séparer superdominance vraie et pseudo-superdominance. Toutefois, le fait que ces résultats soient observés après trois générations de multiplication en panmixie tend à montrer soit un rôle fort du linkage en répulsion avec des gènes très liés, soit un effet de superdominance. Dans toutes ces études, la superdominance apparente était associée aux caractères les plus hétérotiques.

Des effets d'épistasie plus importants pour les caractères complexes pourraient être un argument en faveur de l'hétérosis par complémentation entre gènes non homologues apportés par les parents. L'épistasie est effectivement observée dans certaines expériences (Lukens et Doebley, 1999 ; Barrière *et al.*, 2001 ; Blanc *et al.*, 2006). Selon Blanc *et al.* (2006), l'épistasie QTL × fond génétique est plus importante pour le rendement que pour des caractères moins complexes. De plus, les QTL épistatiques sont souvent détectés dans les points chauds du génome, mis en évidence par Khavkin et Coe (1997), où sont regroupés des gènes contrôlant le développement (gènes régulateurs). Cockerham et Zeng (1996) trouvent de l'épistasie entre QTL liés, contribuant à l'hétérosis du rendement. Dans l'expérience de Yan *et al.* (2006), l'épistasie apparaît très importante (avec 75 % des interactions entre QTL non détectés et 52,5 % des locus détectés impliqués dans l'épistasie). Cependant, dans d'autres expériences, l'épistasie entre QTL n'est pas mise en évidence (Lu *et al.*, 2003 ; Frascaroli *et al.*, 2007). En général, comme attendu, l'épistasie est moins souvent détectée dans les expériences avec étude de la valeur en combinaison avec un testeur que dans les études de valeur propre, car les effets d'épistasie sont dilués par les apports génétiques du testeur.

Résultats obtenus chez les plantes autogames

De nombreuses expériences de détection de QTL et d'estimation des effets de dominance, voire d'épistasie, ont été réalisées chez le riz. Xiao *et al.* (1995) montrent l'importance de la dominance partielle à complète au niveau des effets des QTL détectés sans effet d'épistasie. En revanche, Yu *et al.* (1997) mettent en évidence beaucoup d'épistasie (entre locus sans effets principaux détectés) et détectent de la superdominance apparente. Les QTL manifestant de la superdominance apparente étaient surtout observés pour le rendement et étaient impliqués dans des relations épistatiques. Luo *et al.* (2001) trouvent aussi beaucoup d'épistasie et de superdominance apparente avec une association entre superdominance apparente et épistasie (les QTL impliqués dans des relations épistatiques manifestant souvent de la superdominance) : 90 % des QTL contribuant au rendement présentaient une superdominance apparente. De plus, l'épistasie détectée était majoritairement de type complémentaire, c'est-à-dire entre locus pour lesquels aucun effet n'était détecté (ce qui serait en faveur de l'hypothèse de dominance). Un rôle assez fort de l'épistasie a aussi été mis en évidence par Li *et al.* (2001), Hua *et al.* (2002, 2003), Mei *et al.* (2005) et Garcia *et al.* (2008), l'épistasie expliquant même dans certains cas plus de variation que les effets additifs.

Chez la tomate, Semel *et al.* (2006), par une étude très précise au niveau de lignées presqu'isogéniques, c'est-à-dire ne différant que par un segment chromosomique portant le QTL, montrent que les QTL des caractères liés à la valeur sélective manifestent de la superdominance apparente de façon plus fréquente que les QTL de caractères non liés à la valeur sélective. Ainsi, 20 % des QTL liés à la valeur sélective (nombre de graines par plante, nombre de fruits, rendement en fruits et biomasse) présentent de la superdominance apparente, alors qu'il y en a seulement 0,7 % pour ceux non liés à la valeur sélective (poids d'un fruit, poids et dimensions d'une graine, structure du fruit, teneur en matière sèche, morphologie des organes reproducteurs). Quant à l'existence d'épistasie, une étude très précise a montré que 28 % des associations deux à deux de QTL (par croisement deux à deux de lignées presqu'isogéniques) étaient interactives (Eshed et Zamir, 1996) ; la valeur observée des doubles hétérozygotes était inférieure à la valeur prévue par l'additivité des effets de chaque locus.

Chez *Arabidopsis*, Mitchell-Olds (1995) a détecté un QTL montrant une superdominance apparente pour la viabilité, composante de la valeur sélective : la viabilité des homozygotes était 50 % celle des hétérozygotes. Les travaux de Kusterer *et al.* (2007) et Melchinger *et al.* (2007) montrent une contribution importante de l'épistasie additive × additive à l'hétérosis. De plus, Melchinger *et al.* (2007), avec un dispositif très sophistiqué, ont pu montrer que la superdominance apparente observée au niveau de segments chromosomiques introgressés (lignées presqu'isogéniques) correspondait en fait à une situation de dominance partielle à complète, associée à une épistasie additive × additive avec le fond génétique.

Les colocalisations des QTL des composantes des caractères complexes

Des colocalisations de QTL pour les composantes du rendement en grain (nombre de grains et poids de mille de grains) ont été observées chez le maïs (Bertin et Gallais,

2001 ; Coque *et al.*, 2008) : elles sont dans certains cas négatives, c'est-à-dire que dans une région donnée, l'allèle favorable pour une composante colocalise avec un allèle défavorable pour une autre composante. Un résultat analogue a été obtenu par Causse *et al.* (2007) sur la tomate, avec une opposition dans la même région chromosomique pour un QTL de rendement et un QTL de qualité. Cela pouvait signifier l'existence de pléiotropie « négative » ou de déséquilibre de liaison en répulsion. Il est apparu, dans la plupart des cas observés, qu'il s'agissait de liaisons en répulsion.

Pour des composantes d'un caractère complexe, la pléiotropie conduirait à la superdominance au niveau du rendement, alors que le déséquilibre de liaison en répulsion conduirait à la pseudo-superdominance. Il est impossible de séparer les deux hypothèses ; cependant, la liaison en répulsion entre composantes du rendement (ou plutôt de la valeur sélective) étant attendue comme résultat de l'effet de la sélection naturelle pour un optimum en milieu variable, la pseudo-superdominance au niveau du rendement est hautement probable (voir p. 99).

Des preuves d'associations de gènes en répulsion

Les expériences de Gardner et Lonnquist (1959) et de Moll *et al.* (1964) citées précédemment apportent une preuve de l'existence de liaisons en répulsion, conduisant à de la superdominance apparente chez le maïs. De même, l'étude de Graham *et al.* (1997), grâce à une cartographie fine, montre bien que des situations de superdominance apparente détectées par Stuber *et al.* (1992) étaient dues à des liaisons en répulsion. Chez la levure, une dissection fine d'une zone (QTL) a montré trois locus avec des associations en répulsion (Steinmetz *et al.*, 2002). Chez *Arabidopsis*, dans un intervalle de 1 cM (210 kb), sans QTL apparent, deux QTL en répulsion affectant le taux de croissance ont été détectés ; les deux QTL montraient de l'épistasie avec le fond génétique, l'effet s'inversant selon le fond génétique (Kroymann et Mitchell-Olds, 2005). De plus, un polymorphisme important était trouvé dans la région de ces deux QTL en répulsion, une organisation qui est une trace d'une sélection pour un optimum. Les associations en répulsion, attendues par l'effet de la sélection naturelle (voir p. 99), semblent donc bien exister mais leur mise en évidence demande des investissements importants.

Bilan de la détection de QTL

Plusieurs conclusions se dégagent des différents travaux de détection de QTL. D'abord la dominance, quel que soit son degré, apparaît pratiquement toujours favorable pour les QTL de rendement en grains ou en biomasse et leurs composantes. Cela est donc en faveur d'un rôle de la dominance. Cependant, des effets de superdominance apparente sont observés. Ils sont plus fréquents pour le rendement en grain ou en biomasse, ou pour tout caractère lié à la valeur sélective, que pour leurs composantes ou d'autres caractères moins hétérotiques. Ce résultat confirme l'association entre l'importance de l'hétérosis, la complexité des caractères et la valeur sélective. Il peut y avoir un effet de la multiplicativité des caractères comme au niveau de l'hétérosis. Quant à la liaison avec la valeur sélective, elle n'est pas une preuve de superdominance comme le formulent Semel *et al.* (2006). En effet, si la sélection naturelle conduit à développer des liaisons en répulsion au niveau du génome, alors l'hypothèse de pseudo-superdominance est tout aussi explicative des résultats observés. Les blocs polygéniques formés réuniraient des QTL de composantes des caractères complexes en répulsion, d'où la pléiotropie apparente ainsi que la superdominance apparente au niveau du caractère complexe, voire l'épistasie (notamment celle due à la multiplicativité des effets).

Bien qu'il y ait un problème de puissance des dispositifs, en ce qui concerne l'importance de l'épistasie, les études au niveau des QTL vont dans le même sens que les conclusions de l'approche globale : l'épistasie serait plus fréquente chez les autogames que chez les allogames. Elle est ainsi plus fréquemment détectée chez le riz, chez *Arabidopsis* et chez d'autres plantes autogames comme l'orge (Thomas *et al.,* 1995), le soja (Lark *et al.,* 1995 ; Orf *et al.,* 1999), la tomate (Eshed et Zamir, 1996). Les résultats tendent à montrer un rôle important de la complémentation des apports gamétiques des parents en gènes favorables, souvent épistatiques. Ces différences apparentes entre autogames et allogames sont bien conformes à ce qui est attendu sur la base de l'effet de la sélection naturelle sur l'organisation des génomes (Garcia *et al.,* 2008).

Les associations en répulsion sont hautement probables ; elles peuvent être dues à la sélection naturelle mais aussi au hasard dans des croisements particuliers. Le déséquilibre de liaison ne diminuant que très lentement pour des locus très liés (cf. Encadré 2.6), il est impossible de conclure par les expériences classiques de détection de QTL entre un seul locus superdominant ou deux locus en répulsion (même en détectant les QTL après plusieurs générations de multiplication en panmixie). Deux locus assez liés tendent à se comporter comme une unité de ségrégation. Si deux QTL sont proches l'un de l'autre, l'analyse par le marquage moléculaire sera très peu puissante pour les séparer. Si les effets des allèles liés sont de même direction (liaison dite en « *coupling* »), cela risque de conduire à surestimer l'effet du QTL apparent ; si les effets des allèles liés sont opposés (liaison en répulsion), cela conduira à diminuer l'effet additif des « super-allèles » et à détecter de la superdominance, alors qu'il s'agit de pseudo-superdominance. Cette situation est observée de façon plus fréquente chez une espèce allogame que chez une espèce autogame, ce qui est cohérent avec un déséquilibre de liaison en répulsion attendu plus important chez les espèces allogames.

D'une façon générale, les outils d'analyse avec les marqueurs moléculaires (détection de QTL) ne sont pas assez puissants pour différencier d'une part, pléiotropie et linkage étroit et d'autre part, pseudo-superdominance et superdominance vraie. Dans de tels cas, ce n'est que par les outils de la génomique structurale et fonctionnelle qu'il sera possible de conclure s'il y a un locus superdominant ou deux locus avec liaison en répulsion dans un fragment chromosomique de faible longueur. La tâche est donc très lourde, sachant qu'il peut y avoir de nombreuses situations de ce type dans le génome.

Comparaison des QTL détectés chez les lignées et chez les hybrides

QTL spécifiques aux hybrides

Chez le maïs

Les expériences de détection de QTL portent souvent au niveau de la valeur en croisement avec un testeur. Dans cette situation, les gènes dominants présents chez le testeur vont masquer des gènes récessifs de lignées qui pourraient contribuer à la variation. En l'absence d'épistasie, les QTL détectés avec des croisements lignées × testeur sont donc attendus comme étant un sous-ensemble de ceux détectés au niveau des lignées. Il ne devrait y avoir que des QTL spécifiques des lignées et non des hybrides. Or les résultats expérimentaux montrent, essentiellement pour les caractères les plus complexes, des QTL spécifiques des lignées comme attendu, mais aussi des QTL spécifiques des hybrides.

Ainsi Coque et Gallais (2008) observent, pour un même caractère, moins de 10 % de QTL communs entre la valeur propre des lignées et la valeur de leurs descendances en croisement avec un testeur. Cependant, en considérant tous les caractères étudiés, souvent corrélés, il apparaît très peu de régions chromosomiques spécifiques aux lignées ou aux hybrides. Dans une région chromosomique donnée, colocalisent des QTL pour les lignées et des QTL pour les hybrides, mais se rapportant à des caractères différents. La variabilité génétique semble donc s'exprimer différemment dans un fond homozygote et dans un fond plus hétérozygote. Cela peut être dû à l'épistasie. L'épistasie a été effectivement détectée chez les lignées et chez les hybrides, pour des caractères différents. Cependant, il n'a pas été observé plus d'épistasie chez les lignées que chez les hybrides, contrairement à ce qui était attendu par l'effet du fardeau génétique (mais ce résultat peut aussi être dû au manque de puissance des tests).

Beavis *et al.* (1994) trouvent aussi très peu de QTL communs entre la valeur propre de lignées F_4 et leur valeur en combinaison. Sur 26 caractères étudiés, seulement trois (hauteur des plantes, précocité de floraison et humidité du grain) montrent quelques QTL communs. Pour la précocité de floraison, un caractère héritable connu avec précision et peu affecté par l'hétérosis mais polygénique (Chardon *et al.*, 2004), seulement 1 QTL sur 8 détectés était commun. Pour ce même caractère, Szalma *et al.* (2007) ont aussi détecté des QTL assez différents chez les lignées et chez les hybrides (avec une étude précise au niveau de lignées presqu'isogéniques, étudiées en valeur propre et en valeur en combinaison avec un testeur). Toutefois, à cause de l'effet masqueur des gènes dominants du testeur, plus de QTL étaient détectés pour la valeur propre, ce qui est en faveur du rôle de la dominance.

Les études de Méchin *et al.* (2001) chez le maïs fourrage suggèrent que pour les caractères les moins hétérotiques, comme la digestibilité des parois, la précocité de floraison et l'humidité du grain, les mêmes QTL sont détectés chez les lignées et chez les hybrides (croisements lignées × testeur). En revanche, des QTL différents sont détectés pour les caractères les plus hétérotiques comme le rendement en matière sèche totale au stade ensilage. Les résultats d'Austin *et al.* (2000) montrent aussi une proportion de QTL communs entre lignées et hybrides plus élevée pour les caractères les moins hétérotiques, comme la hauteur des plantes et l'humidité des grains ; réciproquement, pour le caractère le plus hétérotique (le rendement en grain) cette proportion est plus faible. Malgré un nombre élevé de QTL communs entre lignées (familles F_3 ou F_5) et hybrides (croisements familles × testeur), les travaux de Mihaljevic *et al.* (2005) montrent les mêmes tendances : le rendement, caractère le plus hétérotique, présente moins de 50 % de QTL communs entre lignées et hybrides, alors que des caractères moins hétérotiques comme l'humidité du grain, la hauteur de plantes et le poids de mille grains présentent plus de 50 % de QTL communs.

Chez le riz

Malgré un hétérosis plus faible que chez le maïs, les mêmes résultats sont observés : peu de QTL communs entre la valeur propre des lignées et leur valeur en croisement (Mei *et al.*, 2003 ; Hua *et al.*, 2003). Il ne s'agit donc pas d'un résultat spécifique à l'organisation génétique ou génomique du maïs, mais d'un résultat plus général : la variabilité génétique ne s'exprime pas de la même façon dans un fond homozygote et dans un fond hétérozygote.

QTL de l'hétérosis

Avec le dispositif des populations F_2 immortalisées (croisement par paires des lignées recombinantes), il est possible de détecter les QTL de l'hétérosis, c'est-à-dire les QTL pour les quantités :

$$H = F_1 - (P1 + P2) / 2.$$

En cohérence avec les résultats précédents, les travaux de Hua *et al.* (2003) chez le riz montrent que les QTL de la valeur propre des lignées peuvent être différents de ceux de l'hétérosis. Chez le maïs, avec le même dispositif expérimental, Tang *et al.* (2007) trouvent également peu de QTL communs entre la valeur propre des lignées et l'hétérosis.

Conclusion

Les résultats de détection de QTL au niveau de lignées et d'hybrides montrent une expression différente de la variabilité génétique dans un fond génétique homozygote ou hétérozygote ; ils sont cohérents avec les faibles corrélations observées entre lignées et hybrides pour des caractères complexes (cf. Chapitre 1). Les effets d'épistasie sont plus souvent mis en évidence chez les espèces autogames que chez les espèces allogames. L'épistasie pourrait toutefois exister chez les allogames au niveau de QTL très liés. Chez ces espèces, le fardeau génétique au niveau des lignées est sans doute une des principales causes des différences d'expression de la variabilité génétique entre lignées et hybrides. Cependant, quel que soit le système de reproduction de l'espèce, des mécanismes liés à une régulation différente des gènes en fonction du fond génétique pourraient jouer un rôle important.

L'apport de la construction de génotypes assistée par marqueurs

Avec les marqueurs moléculaires, il est possible de transférer un segment chromosomique identifié comme favorable (allèle favorable d'un QTL détecté) d'un génotype dans un autre génotype pour « construire » un génotype ayant de plus en plus de gènes favorables (voir p. 188). Chez le maïs, Stuber et Sisco (1991) ont ainsi cherché à améliorer la valeur d'un hybride *B73* × *Mo17*, en améliorant chacun des parents par introgression de segments chromosomiques favorables, issus de deux autres lignées *Oh43* et *Tx303*. Pour cela, les QTL de la valeur en combinaison de familles F_3 issues du croisement *Oh43* × *Tx403*, avec d'une part *B73* et d'autre part avec *Mo17,* ont d'abord été détectés, ce qui a conduit à identifier 6 segments favorables en croisement avec *B73* et 6 segments favorables en croisement avec *Mo17*. Les premiers ont été transférés (introgressés) par « back-cross » assisté par marqueurs dans la lignée *Mo17* et les seconds dans la lignée *B73*. Les lignées *B73* et *Mo17* ainsi améliorées ont été croisées entre elles. Les hybrides obtenus à partir des nouvelles lignées ont montré une nette amélioration du rendement (+ 7 à 10 %). Ce résultat est en faveur du mécanisme de la dominance.

L'apport des études d'expression de gènes

Régulation et variation des caractères quantitatifs

Un gène de régulation ou régulateur correspond à tout gène contrôlant le moment, l'organe et le niveau d'expression d'un ou plusieurs gènes de structure. Un même gène de structure peut être contrôlé par plusieurs gènes de régulation et un gène de régulation peut contrôler l'expression de plusieurs gènes. La régulation génétique joue un rôle important au cours du développement des organismes. Organisés en systèmes de régulation, les régulateurs contrôlent le déroulement de l'expression génétique au cours de la vie d'un organisme. La variabilité des caractères quantitatifs est sans doute liée à la variabilité de la régulation de l'expression génétique (Klose, 1982 ; MacIntyre, 1982 ; Birchler *et al.*, 2003). L'hypothèse selon laquelle la variabilité de la régulation de l'expression génétique serait la principale source de la variation phénotypique a été formulée très tôt : dès 1934, Harland (cité par Wallace, 1963) avançait l'hypothèse que des gènes modificateurs, donc régulateurs, seraient à l'origine des différences entre espèces. Wallace (1963), après avoir constaté des variations très faibles au niveau des chaînes de macromolécules chez des individus morphologiquement très différents, proposait que les variations soient dues au polymorphisme de gènes régulateurs. La même hypothèse était avancée par King et Wilson (1975) après avoir étudié les divergences entre l'homme et le chimpanzé. MacIntyre (1982) montre que la spéciation est indépendante de l'évolution des gènes de structure : au niveau des gènes de structure et des protéines, il n'y a souvent pas plus de différences entre espèces qu'entre populations. De plus, il n'y a pas d'exemples, ou très rares, d'un rôle fort du polymorphisme des enzymes dans la sélection naturelle. Les mutations des régions régulatrices pourraient alors constituer le moteur de l'évolution des populations, donc des espèces (Wilson *et al.*, 1977 ; MacIntyre, 1982 ; Wilson, 1985 ; Paigen, 1989 ; Hammerle et Ferrus, 2003). Compte tenu du rôle de la régulation dans l'adaptation des populations et la variation des caractères quantitatifs, l'hypothèse que les différences d'expression de la variabilité génétique entre lignées et hybrides pourraient venir d'une régulation génétique différente était formulée dès 1963 par Wallace, développée par Wallace et Kaas (1974), puis reprise par Wilson (1975), Demarly (1972, 1977) et plus récemment par Milborrow (1998), Birchler *et al.* (2003, 2005, 2006) ainsi que Springer et Stupar (2007). Les études d'expression des gènes au niveau des protéines et des ARNm pourraient donc éclairer les bases moléculaires de l'hétérosis (Birchler *et al.*, 2003, 2006 ; Guo *et al.*, 2006). On sait aujourd'hui que pour la transcription d'un gène, plusieurs facteurs (autres gènes) sont souvent nécessaires. La considération des deux niveaux d'expression semble nécessaire, car il apparaît que les « quantités » d'ARNm sont un assez mauvais indicateur des « quantités » de protéines synthétisées (Gygi *et al.*, 1999 ; Hack, 2004 ; Mooney *et al.*, 2006 ; travaux non publiés réalisés à la station de Génétique végétale du Moulon chez le colza par Fiévet, 2007 et Marmagne, 2008). Les quantités de protéines actives synthétisées dépendent en effet de nombreux autres facteurs tels que leur durée de vie, le lieu de leur synthèse, leurs interactions avec d'autres protéines, etc.

Variation quantitative des protéines chez les hybrides et chez les lignées

Différences quantitatives d'expression du protéome entre les hybrides et les lignées

Par la technique de l'électrophorèse bidimensionnelle des protéines, il est possible d'approcher l'expression des gènes. Dans cette technique, un spot (c'est-à-dire une tache sur l'électrophorégramme) correspond à un polypeptide, donc au produit d'un gène de structure et son volume est fonction de la synthèse des protéines correspondant à ce gène, mais le niveau de synthèse peut être sous le contrôle de plusieurs gènes régulateurs : c'est donc un caractère polygénique. L'étude des spots, réalisée à partir d'une quantité donnée de protéines, revient à étudier la composition relative des protéines. L'analyse des variations de taille des spots pour un hybride et ses parents a été réalisée chez le maïs au niveau de différents organes (Damerval *et al.*, 1987, 1994 ; Leonardi *et al.,* 1987, 1988, 1991 ; de Vienne *et al.*, 1990). Sur un total de 2 494 polypeptides considérés, les résultats montrent plus de 90 % de phénomènes d'additivité pour un organe donné : feuilles de différents niveaux et tige. Dans les cas de non-additivité, selon le croisement et l'organe, le volume du spot de l'hybride est souvent proche de celui du parent avec le spot le plus intense. De plus, d'un organe à l'autre, ce ne sont pas les mêmes spots qui manifestent

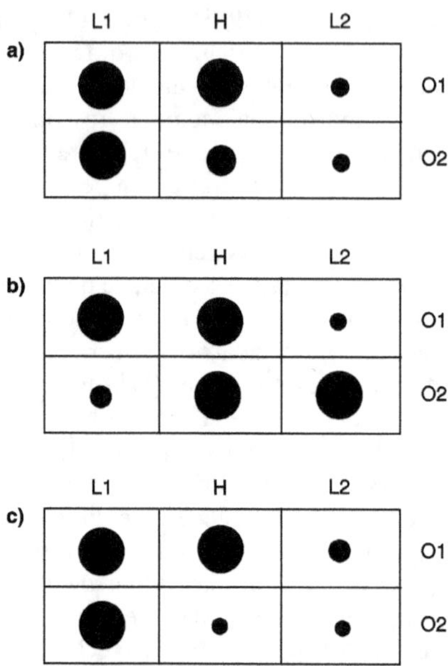

Figure 2.18. Quelques exemples de variations des quantités de protéines d'un organe à l'autre, révélées par électrophorèse bidimensionnelle (d'après de Vienne 1988 ; de Vienne *et al.*, 1990).

O1 et O2 représentent deux organes, L1 et L2 deux lignées et H leur hybride.

(a) Une protéine montrant de l'additivité dans un organe peut montrer de la non-additivité dans un autre organe ; (b) cas d'inversion de la non-additivité d'un organe à l'autre avec toujours « dominance » du spot le plus intense ; (c) inversion du sens de la non-additivité d'un organe à l'autre : passage d'une situation avec « dominance » du spot le plus intense à une situation avec « dominance » du spot le moins intense.

de la non-additivité ; des inversions de « dominance » ont même été mises en évidence pour certains spots (Figure 2.18). Pour ces spots, sur l'ensemble des organes, l'hybride manifesterait alors une expression supérieure à celles des deux parents. Enfin, pour un organe particulier, quelques spots avec une expression plus intense chez l'hybride ont été mis en évidence. Globalement, il n'est pas apparu de nouvelles expressions ou d'extinctions chez l'hybride. Ces résultats montrent donc que sur l'ensemble des organes et sur l'ensemble de la vie de la plante, l'hybride a des quantités relatives moyennes pour la plupart des protéines ; il serait donc mieux « balancé », avec beaucoup moins de facteurs limitants que les lignées. Néanmoins, pour certains spots, une expression plus intense que chez les parents est attendue et a été observée. Du point de vue de l'explication de l'hétérosis, ces faits apparaissent en faveur d'un rôle important du mécanisme de la complémentation pour des gènes favorables, le plus souvent à effets additifs.

Romagnoli *et al.* (1990) ont obtenu des résultats différents par l'expression *in vitro* d'ARNm chez le maïs (racines de plantules) et l'observation des protéines différentiellement exprimées entre un hybride et ses deux parents. Sur 21 polypeptides variants, 11 étaient exprimés comme le parent ayant la plus forte expression, 6 étaient plus abondants chez l'hybride, 2 étaient « additifs » et un correspondait à un nouveau polypeptide. Ces résultats montrent donc que chez l'hybride, il y aurait plus d'expression ou une expression nouvelle. Cependant, le nombre de polypeptides étudiés est trop faible pour tirer des conclusions générales. Des situations assez fréquentes (76/304) de « surexpression » ou de « sous-expression », c'est-à-dire avec des quantités de protéines chez l'hybride en dehors de l'intervalle des deux parents, ont aussi été observées par Hoecker *et al.* (2008) au niveau des radicules. La diversité des résultats obtenus pourraient s'expliquer par la diversité des organes et des stades d'étude.

Les QTL de l'expression au niveau du protéome

La synthèse d'un polypeptide associé à un gène est souvent sous le contrôle de plusieurs régulateurs ; les quantités produites (ou les quantités relatives) peuvent alors être considérées comme un caractère polygénique. Il est donc possible par l'utilisation des marqueurs moléculaires d'en déterminer les QTL (Damerval *et al.*, 1994 ; de Vienne *et al.*, 1994 ; de Vienne *et al.*, 2001). Dans une population F_2 d'un hybride de maïs très hétérotique, Damerval *et al.* (1994) ont détecté, au niveau des coléoptiles, 70 QTL (appelés PQL[3]) affectant 42 polypeptides ; 20 polypeptides avaient au moins deux PQL, le nombre maximum étant de cinq. Dans certains cas, le pourcentage d'explication de la variation par les PQL détectés était très fort (jusqu'à 67 %, ce qui est exceptionnel pour un caractère quantitatif) ; 47 % des PQL détectés montraient des effets additifs et 50 % montraient de la dominance partielle à complète, avec dans la plupart des cas une dominance des fortes concentrations sur les faibles concentrations. Seulement deux PQL présentant une superdominance ont été détectés. Des effets d'épistasie étaient aussi mis en évidence : 10 polypeptides sont apparus sous contrôle épistatique, dont 4 pour lesquels aucun PQL n'avait été détecté, et chacun d'eux dépendait de deux à dix PQL épistatiques. L'épistasie apparaît donc importante par rapport à ce qui est décelé au niveau phénotypique. Elle pourrait être due au fait que l'expression protéique est proche du fonctionnement des gènes : les interactions entre protéines ainsi qu'entre protéines et ADN au niveau de la transcription, la transduction des signaux et des régulations plus ou moins complexes peuvent générer de l'épistasie. Donc, en supposant que les mécanismes génétiques en cause dans l'expression au niveau des protéines sont aussi ceux en cause dans la vigueur hybride, ces résultats sont en faveur d'un rôle important de la complémentation pour des gènes favorables à effets additifs ou partiellement dominants, voire dominants, avec épistasie.

Études de l'expression des gènes au niveau des ARNm

Différences d'expression qualitative et quantitative chez un hybride et ses parents

Les études d'expression d'un grand nombre de gènes sont devenues possibles grâce aux progrès des outils de la biologie moléculaire, par exemple la mise au point des micro-arrays d'expression (ou puces d'expression). Les premières études réalisées chez le maïs, le riz ou le blé montrent des variations qualitatives et quantitatives chez les hybrides. La variation quantitative observée par rapport à la moyenne des parents peut aller de la « sous-expression » à la « surexpression » en passant par l'additivité.

Chez le maïs, parmi les gènes différentiellement exprimés chez les parents, plusieurs expériences montrent une très forte fréquence des situations d'additivité (c'est-à-dire avec une expression chez l'hybride non significativement différente de la moyenne des expressions chez les parents). Swanson-Wagner *et al.* (2006) ont étudié chez l'hybride B73 × Mo17 l'expression de 13 999 EST (*Expressed Sequence Tag*) au niveau de plantules, dont 9,8 % étaient différentiellement exprimés chez les parents et l'hybride. Tous

---

3. *Protein Quantity Loci.*

les types d'effets ont été observés : additivité (78 %), expression égale au meilleur parent et « surexpression », c'est-à-dire expression supérieure à celle du meilleur parent dans 3,2 % des cas. Stupar et Springer (2006) ont étudié, sur le même matériel mais avec une autre méthode, l'expression de 13 495 gènes. Ils montrent aussi, chez différents organes, une régulation différente entre l'hybride et ses parents : 80 % des gènes différentiellement exprimés chez les parents ont une expression additive chez l'hybride et les autres 20 % sont pratiquement dans la marge de variation des deux parents. Les cas de gènes exprimés chez seulement l'un des parents représentaient 2 à 3 % de l'ensemble des gènes exprimés. Meyer *et al.* (2007), sur des embryons de 6 jours après la fécondation, trouvent des résultats similaires avec beaucoup d'additivité et peu de gènes montrant une surexpression chez l'hybride. Guo *et al.* (2006), sur de jeunes épis avant floraison, montrent qu'en moyenne sur plusieurs hybrides 80 % des gènes différentiellement exprimés chez les parents ont chez l'hybride une expression comprise entre celle des deux parents ; 20 % sont en dehors de l'expression des parents, mais selon les hybrides ce ne sont pas les mêmes gènes. Tout gène semble pouvoir être concerné, cela dépend du milieu et de l'hybride. Au niveau de l'albumen, en tenant compte du dosage des allèles parentaux, l'addivitité était présente dans 92 % des cas (Guo *et al.*, 2003).

À la différence des résultats précédents, dans plusieurs autres études mais toujours chez le maïs, les déviations par rapport à l'additivité sont fréquentes. Sur 35 gènes étudiés, Tsaftaris et Polidoros (1993) estiment selon le stade entre 10 et 20 gènes montrant une « surexpression » par rapport au parent ayant l'expression la plus élevée (dit meilleur parent). Dans une étude à plus grande échelle, Uzarowska *et al.* (2007) observent chez l'hybride, au niveau de 434 gènes différentiellement exprimés, 50 % de cas de « surexpression », 12,6 % d'expression égale au meilleur parent, 26 % d'expression entre la moyenne des parents et le meilleur parent et seulement 10,2 % d'expression additive. Cependant, seulement 9 à 15 % des gènes montrent une expression chez les hybrides plus de deux fois supérieure à celle des parents. Des déviations par rapport à l'additivité (dans 19 ou 20 cas sur 30) ont aussi été mises en évidence par Auger *et al.* (2005a) chez le même hybride de maïs (*B73* × *Mo17*) que celui étudié par Swanson *et al.* (2006) et Stupar et Springer (2006), ce qui tend à montrer un effet de l'organe et du stade de mesure, sinon de la méthode. Auger *et al.* (2005a) mettent aussi en évidence des effets de dosage chez l'hybride triploïde, mais avec une forte corrélation entre lignées isogéniques diploïdes et triploïdes. Ainsi en désignant par *M* les gènes issus de la lignée *Mo17* et par *B* ceux issus de la lignée *B73*, il apparaît une corrélation entre les expressions chez les génotypes *MB* et *BM* (*M* côté maternel et *B* côté paternel pour *MB* et la réciproque pour *BM*), mais pas de corrélation entre les expressions chez les génotypes *MMB* (*MM* côté maternel et *B* côté paternel) et *BMM* (*B* côté maternel et *MM* côté paternel). Song et Messing (2003) trouvent aussi fréquemment des cas de non-additivité dus à des effets de dosage dans l'expression des gènes répétés de zéine au niveau de l'albumen de maïs (tissu triploïde avec, à un locus, deux gènes maternels et un gène paternel).

Chez le riz, l'expression différente entre les parents et l'hybride est aussi observée dans plusieurs expériences. Xiong *et al.* (1998) montrent des « patterns » d'expression différents entre les parents et l'hybride au niveau de la feuille « drapeau » avec, chez l'hybride, des extinctions de gènes ou des expressions non observées chez les parents. Huang *et al.* (2006), sur 9 198 EST étudiées, observent 438 séquences avec une expression différentielle au niveau du triplet parents-hybride. Parmi ces gènes différentiellement exprimés, 141 (32 %) manifestent une expression non additive, avec une proportion plus forte d'expression inférieure au parent-moyen.

Chez le blé, Sun *et al.* (1999) et Wang *et al.* (2006) observent aussi des différences d'expression entre les hybrides et leurs parents, essentiellement de nature quantitative (90 %), avec quelques cas d'extinction de gènes maternels ou paternels et d'expression nouvelle chez l'hybride. Au niveau des variations quantitatives, l'additivité apparaît très fréquente, mais des déviations au parent-moyen sont également observées. Les travaux de Wu *et al.* (2003), sur 24 ADNc (ADN complémentaire) différentiellement exprimés chez les parents, montrent une modification de l'expression tant quantitative que qualitative, avec des expressions spécifiques aux parents ou aux F_1. Dans l'étude de Wang *et al.* (2006), pour un croisement et sur 30 ADNc différentiellement exprimés, 9 manifestent une surexpression. Dans une étude plus large (sur 20 croisements et environ 1 000 gènes exprimés), 27,5 % s'expriment différentiellement : 6,7 % chez les deux parents mais pas chez la F_1, 5,9 % uniquement chez un parent, 4,4 % uniquement chez la F_1 et 10,5 % chez un parent et la F_1 (Wang *et al.*, 2006). Dans un croisement *Triticum aestivum* × *Triticum spelta* manifestant un hétérosis important, 22 % des ADNc différentiellement exprimés (316) montraient une surexpression et 25,6 % une expression égale au meilleur parent (Yao *et al.*, 2005).

Chez *Arabidopsis* et sur 4 876 gènes étudiés, Vuylsteke *et al.* (2005) observent environ 30 % des gènes différentiellement exprimés entre trois lignées prises deux à deux avec des différences relatives de 1,1 à 32,4 (1,56 en moyenne). Selon la F_1, le pourcentage de gènes montrant une expression égale au meilleur parent a varié de 6,4 à 21,1 % et en moyenne 9 % manifestaient une sur- ou une « sous-expression » par rapport aux parents.

Enfin, ces expressions différentielles selon le fond génétique ont aussi été observées au niveau interspécifique chez la drosophile (Hammerle et Ferrus, 2003). On peut penser qu'elles ont joué un rôle important dans l'évolution et la spéciation. Des phénomènes d'extinction ou d'allumage de gènes sont en particulier observés lors d'évolutions par allopolyploïdisation (Birchler *et al.*, 2003, 2006 ; Warren, 2005).

En conclusion, il apparaît que l'hybridation modifie l'expression des gènes chez de nombreux organismes, y compris chez les plantes autogames. Les gènes ne s'expriment pas de la même façon dans un fond génétique homozygote et dans un fond hétérozygote ; il peut même y avoir des extinctions ou des expressions nouvelles chez l'hybride.

La nature des gènes différentiellement exprimés

La nature des gènes différentiellement exprimés chez l'hybride pourrait éclairer les bases d'un meilleur fonctionnement des hybrides.

Swanson-Wagner *et al.* (2006), dans leurs travaux chez le maïs, trouvent que les gènes manifestant de la « surexpression » chez l'hybride sont impliqués dans les processus d'épissage, de traduction, de modification de conformation des protéines et de dégradation des protéines. Les autres gènes, qui n'ont pas manifesté de surexpression, sont essentiellement impliqués dans la réponse aux stress. Chez le riz, selon Huang *et al.* (2006), les gènes montrant chez l'hybride une surexpression sont impliqués dans la réparation et la réplication de l'ADN, tandis que ceux montrant une sous-expression sont impliqués dans la traduction, la dégradation des protéines et dans les métabolismes glucidique et lipidique. Dans les travaux de Bao *et al.* (2005), toujours sur le riz, il apparaît que les gènes surexprimés chez l'hybride sont impliqués dans le métabolisme carboné (photosynthèse) et le métabolisme azoté (absorption), ce qui n'est pas cohérent avec les résultats de Huang. Chez le blé, Wu *et al.* (2003) montrent que les gènes différentiellement exprimés chez l'hybride concernent surtout des facteurs de transcription, des gènes impliqués dans le métabolisme et la transduction des signaux. Sun *et al.* (1999) ont isolé un gène spécifiquement exprimé chez l'hybride qui code une protéine de liaison avec l'ARN (*RNA binding protein*), impliquée dans le transport des ARN du noyau vers le cytoplasme (Ni *et al.*, 2000). Dans l'étude de Yao *et al.* (2005), dans un croisement *Triticum aestivum* × *Triticum spelta* (deux espèces très proches génétiquement, de même constitution génomique) et sur 465 ADNc différentiellement exprimés entre parents et hybrides, 41,4 % sont impliqués dans des voies métaboliques (23,4 % dans la synthèse et la dégradation des protéines et 6,3 % dans le métabolisme carboné), 18 % dans la croissance et la maintenance cellulaire et seulement 1,9 % dans la régulation des transcriptions.

Dans les travaux de Vuylsteke *et al.* (2005) chez *Arabidopsis*, les gènes « surexprimés » correspondent essentiellement à des gènes d'activité catalytique (*structural molecular activity, translation regulatory activity*), tandis que les gènes « sous-exprimés » correspondent plus souvent à des gènes impliqués dans les processus cellulaires. La transduction du signal serait plus active chez l'hétérozygote que chez l'homozygote. Selon Birchler *et al.* (2003, 2005), les régulateurs seraient particulièrement affectés par les effets de dosage et pourraient manifester de la superdominance (hétérosis), alors que les gènes de « ménage » cellulaire manifesteraient plutôt de l'additivité ou de la dominance.

Malgré quelques contradictions, des points communs apparaissent entre ces différentes études : les gènes montrant une surexpression chez l'hybride sont plus souvent impliqués dans les processus de transcription ou de traduction, alors que les gènes montrant une sous-expression sont plus souvent impliqués dans le métabolisme au niveau cellulaire. Ainsi, Vuylsteke *et al.* (2005) formulent l'hypothèse d'une liaison entre l'hétérosis et la transduction des signaux.

Les e-QTL, QTL de l'expression

La quantité d'ARNm associée à un gène est un caractère quantitatif, polygénique, aussi affecté par le milieu (Gibson et Weir, 2005). Comme pour la quantité de protéines, elle dépend de régulateurs qui peuvent être nombreux. L'héritabilité (h^2) de ce caractère quantitatif peut être estimée[4] et il est possible d'en rechercher les QTL. La colocalisation d'un QTL avec le gène de structure permet de conclure à une régulation en *cis* (régulateur lié au gène qui affecte la transcription, son initiation et son taux), alors que si les QTL de l'expression (e-QTL) d'un gène sont dispersés dans le génome, il s'agit d'une régulation en *trans* (Wittkopp *et al.*, 2004). Enfin la colocalisation de QTL de plusieurs gènes permet de conclure à la corégulation (un régulateur affectant plusieurs gènes). Ces études portant sur la génétique de l'expression des gènes permettent d'avancer dans la compréhension du fonctionnement d'un ensemble de gènes. Elles peuvent éclairer les effets des gènes et peut-être le phénomène d'hétérosis. En effet, alors que les régulations en *cis* sont associées à des effets d'additivité, les régulations en *trans* traduisent des effets de non-additivité (Birchler *et al.*, 2003, 2005).

Chez le maïs et *Arabidopsis*, les résultats des études de détection des QTL de l'expression montrent des QTL à forts effets, expliquant 25 à 50 % de la variation, ce qui n'était pas forcément attendu. Sur 18 805 gènes étudiés chez le maïs par Schadt *et al.* (2003), 6 481 ont présenté au moins un QTL à fort effet (sur un total de 7 322 QTL détectés). La plupart des gènes n'avaient qu'un QTL et 80 % des e-QTL très significatifs étaient localisés au niveau du gène régulé, ce qui tend à montrer une régulation en *cis*, au moins

---

4. Par exemple, h^2 a été estimée égale à 0,30 dans les travaux de Vuylsteke *et al.* (2006) chez *Arabidopsis*.

dans les limites de résolution de la cartographie génétique. Les QTL correspondant à une régulation en *trans*, qui doivent être ceux impliqués dans l'hétérosis, sont donc à effets plus faibles et semblent plus difficiles à détecter. Enfin, il apparaît des « points chauds » avec la colocalisation de QTL pour différents gènes, ce qui est une preuve de la corégulation. Des résultats analogues ont aussi été obtenus par DeCook *et al.* (2006), Vuylsteke *et al.* (2006), Kiekens *et al.* (2006) chez *Arabidopsis*. En revanche, chez la levure, Brem et Kruglyak (2005) observent un déterminisme génétique de la transcription (sur 5 700 gènes) qui semble un peu plus complexe avec des effets de QTL faibles et seulement 3 % de cas monogéniques, mais plus de 50 % avec au moins 5 locus. De plus, de nombreux transcrits montrent de la non-additivité (plus de 40 %), avec de la « surexpression » ou de la « sous-expression » chez l'hybride, et des effets d'épistasie. C'est plutôt ce type de situation qui était attendu chez le maïs, plante où l'hétérosis est important. Il est possible que dans l'étude de Schadt *et al.* (2003) sur cette espèce, les e-QTL correspondant à une régulation en *trans* n'aient pas été détectés par manque de puissance du dispositif.

Expression différentielle des allèles chez l'hybride

Les progrès des outils de la génomique permettent d'étudier séparément l'expression de chaque allèle chez l'hybride. Cette expression différentielle des allèles est une autre façon d'aborder les régulations en *cis* ou en *trans*. Ainsi, si le rapport d'expression des allèles chez les parents est égal au rapport de leur expression chez l'hybride, la régulation est en *cis* ; si le rapport d'expression des allèles chez l'hybride est égal à 1 mais différent de 1 chez les parents, il s'agit d'une expression en *trans* ; dans les autres cas, il s'agit d'un mélange des deux types de régulation (Wittkopp *et al.*, 2004 ; Kiekens *et al.*, 2006).

Les travaux de Guo *et al.* (2003, 2004) montrent chez le maïs une expression différentielle des gènes maternels et des gènes paternels chez l'hybride. En moyenne, ils observent une plus forte expression de l'allèle maternel avec un rapport d'expression maternelle sur l'expression paternelle de 0,5 à 3,8, ce qui suggère une régulation en *cis*. Mais dans certains cas, un seul allèle, celui du parent mâle ou du parent femelle, s'exprime chez l'hybride, ce phénomène étant plus fréquent chez un hybride ancien plus sensible au stress d'une forte densité qu'un hybride moderne. La régulation en *cis* a aussi été montrée pour 46 gènes sur 53, étudiés par Stupar et Spinger (2006).

Chez *Arabidopsis*, les différences d'expression allélique chez l'hybride (7 % des gènes étudiés) montrent des rapports de 1,5 à 2 et sont liées à une régulation en *cis* (Kiekens *et al.*, 2006). La proportion de gènes différentiellement exprimés est sans doute sous-estimée car un seul stade, un seul milieu et des tissus en mélange ont été étudiés.

En conclusion, l'expression différentielle des allèles chez l'hybride semble assez fréquente. C'est un mécanisme qui rend plus concrètes les bases de certaines hypothèses sur l'origine de l'hétérosis, comme la complémentarité des allèles, la codominance ou la superdominance marginale, reformulées au niveau des gènes de régulation.

Origine des différences d'expression entre l'hybride et ses parents

Au niveau des différences quantitatives d'expression entre les lignées et les hybrides, les résultats obtenus sont très variés, parfois contradictoires avec le même matériel. Il peut y avoir un effet du stade, de l'organe, voire de l'espèce ; il faudrait avoir une vision plus dynamique de l'expression. Il peut aussi y avoir des problèmes de précision, liés à la technique utilisée, conduisant à surestimer l'importance de l'additivité (Lippman et Zamir, 2007). De ce fait, selon les méthodes, les déviations à l'additivité apparaissent de façon plus ou moins fréquente. Cependant, l'ensemble de ces études traduit un fonctionnement différent des allèles à l'état hétérozygote et à l'état homozygote. De plus, différents travaux (Guo *et al.,* 2003 et 2004 ; Kiekens *et al.,* 2006) montrent que les deux allèles, paternels et maternels, ne s'expriment pas de la même façon.

Pour un allèle, l'origine des différences d'expression entre l'hybride et le parent homozygote donneur peut être transcriptionnelle ou post-transcriptionnelle (cas de dégradation différentielle). La non-colinéarité observée chez les lignées de maïs (Fu et Dooner, 2002 ; Song et Messing, 2003) pourraient expliquer une partie des différences de régulation entre lignées et hybrides en introduisant un effet de dosage. Selon Swanson-Wagner *et al.* (2006), chez le maïs, de « petits » ARNi (*interferring RNA*) pourraient aussi être à l'origine d'extinctions de gènes et d'expressions différentielles entre lignées et hybrides (Lippman et Martienssen, 2004). Plus généralement, les éléments transposables qui constituent plus des ⅔ du génome de maïs jouent sans doute un rôle important dans l'expression des gènes.

Le rôle de l'épigénétique dans l'expression différentielle entre lignées et hybrides

L'épigénétique concerne toutes les modifications de l'expression des gènes non codées par la séquence de l'ADN et qui peuvent être héréditaires. Parmi les mécanismes en cause, la méthylation de l'ADN jouerait un rôle important dans l'expression différentielle des gènes chez les lignées et les hybrides (Tsaftaris et Kafka, 1998 ; Comai, 2000 ; Wu *et al.,* 2003 ; Springer et Stupar, 2007). En particulier, la méthylation des cytosines intervient dans la régulation des gènes et peut sans doute affecter l'expression de n'importe quel gène (Zhao *et al.,* 2007). Elle aurait des effets épigénétiques, voire mutagènes et affecterait en particulier l'activation (ou l'inactivation) de la chromatine et la différenciation cellulaire. C'est un phénomène assez fréquent (Tariq et Paszkowski, 2004). Xiong *et al.* (1999), chez le riz, ont montré que 16,3 % des sites étaient méthylés, sans aucune relation entre la méthylation chez les parents ou chez l'hybride. Cette méthylation différentielle entre un hybride et ses parents a aussi été démontrée chez le maïs (Tsaftaris, 1995) avec la relation négative classique entre le degré de méthylation et l'expression (Tsaftaris et Kafka, 1998). En revanche, la relation négative supposée par Tsaftaris *et al.* (1999) entre hétérosis et degré de méthylation n'est pas confirmée par Zhao *et al.* (2007), ces auteurs mettant en évidence un taux de méthylation de la cytosine très voisin chez trois lignées (25,9 %) et chez leurs hybrides (23,1 %), avec un effet aléatoire très fort. Un effet de l'organe a aussi été observé : chez le riz, les plantules présentent plus de cytosine méthylée que la feuille drapeau adulte (Xiong *et al.,* 1999), ce qui montre bien le rôle de la méthylation dans le contrôle de l'expression des gènes durant le développement. Des contrôles épigénétiques seraient responsables des changements d'expression chez les hybrides interspécifiques allopolyploïdes par rapport à leur parents (Comai, 2000 ; Hammerle et Ferrus, 2003). Les mêmes mécanismes sont sans doute en jeu aux niveaux intraspécifique et interspécifique.

Autres hypothèses

Plusieurs autres hypothèses ont été envisagées pour expliquer les différences de régulation chez les hybrides et chez les lignées. Elles concernent essentiellement les interactions nucléocytoplasmiques (Demarly, 1972, 1977 ; Lefort-Buson, 1986 pour une revue). En consanguinité, dans une cellule, il s'établirait progressivement des systèmes de répression entre noyau et cytoplasme. L'hybridation, créant une nouvelle situation nucléocytoplasmique, lèverait cette répression. De façon analogue, la diminution de l'hétérosis avec l'âge pourrait s'interpréter par une répression de plus en plus forte. Chez le colza, Lefort-Buson (1986) observe effectivement une diminution de l'hétérosis avec l'âge :

11,5 % à floraison et 2,6 % à maturité. En fait, des phénomènes épigénétiques (méthylation) et/ou de transpositions pourraient être à la base de cette hypothèse, puisqu'ils semblent jouer un rôle important tant au cours de la consanguinité qu'au cours de la vie d'un organisme.

Relation entre hétérosis et différences d'expression chez les parents

Hétérosis et distance entre parents au niveau du protéome

Chez le maïs, une étude des variations de quantités de protéines, révélées par électrophorèse bidimensionnelle, a montré que la distance entre deux lignées basée sur ces quantités de protéines était en corrélation avec les performances de l'hybride correspondant (Damerval *et al.*, 1987 ; Leonardi *et al.*, 1991). Cependant, dans une autre expérience à partir d'un échantillon de 21 lignées d'origines génétiques différentes, Burstin (1994) et Burstin *et al.* (1995) concluent que la corrélation « linéaire » entre cette distance « protéomique » et l'hétérosis n'est valable que pour des couples de lignées apparentées, et qu'il existe une relation « triangulaire » entre cette distance et la valeur des hybrides ou l'aptitude spécifique à la combinaison. Dans cette dernière étude, la distance protéomique était toujours plus fortement corrélée à l'ASC[5] qu'à la valeur F_1. On retrouve alors d'une certaine façon la corrélation hétérosis-distance génétique qui n'est pas toujours très forte (voir p. 47).

Hétérosis et distance entre parents au niveau du transcriptome

Dans l'état actuel des résultats obtenus, il semble difficile d'établir une relation entre hétérosis et différence quantitative d'expression chez l'hybride et ses parents. En effet, pour différents hybrides hétérotiques, toutes les situations ont été trouvées au niveau de l'expression. Cependant, chez le maïs, Tsaftaris et Polidoros (1993) observent plus de cas de « surexpression » chez un hybride hétérotique que chez un hybride non hétérotique. Guo *et al.* (2006), avec 16 lignées et 16 hybrides « lignées × testeur », trouvent une forte corrélation ($r = 0,88$) entre hétérosis pour le rendement en grain et la proportion de gènes différentiellement exprimés (2 à 8 % du total). La proportion de cas d'additivité parmi les gènes différentiellement exprimés (40 à 50 %) est elle-même liée au rendement ou à l'hétérosis ($r = 0,80$) (Figure 2.19). La proportion de gènes exprimés différentiellement pourrait être une mesure de la distance génétique entre les parents, ce qui est confirmé par Stupar *et al.* (2008). On retrouverait alors, comme au niveau du protéome, la liaison hétérosis-distance génétique qui n'est pas toujours très forte. En revanche, il n'y a pas de corrélation entre la surexpression au niveau de l'hybride et le rendement en grain ou l'hétérosis.

Chez le riz, Xiong *et al.* (1998) ne trouvent pas de relation entre les différences quantitatives d'expression et l'hétérosis. Par contre, l'hétérosis ou le degré d'hétérozygotie apparaissent *i*) liés positivement à l'expression chez un parent et à la non-expression chez l'autre et *ii*) liés négativement à l'expression chez l'hybride avec absence d'expression chez les deux parents. Tout se passe comme si l'expression ou la non-expression chez les parents était un indicateur d'identité de leur génome. On retrouverait alors la corrélation vigueur-degré d'hétérozygotie. Sun *et al.* (1999) ne trouvent pas non plus de relation claire entre l'expression différentielle chez les parents ou l'hybride et l'hétérosis, ou entre le niveau d'expression chez l'hybride et l'hétérosis.

---

5. Aptitude spécifique à la combinaison.

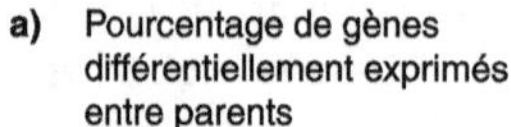

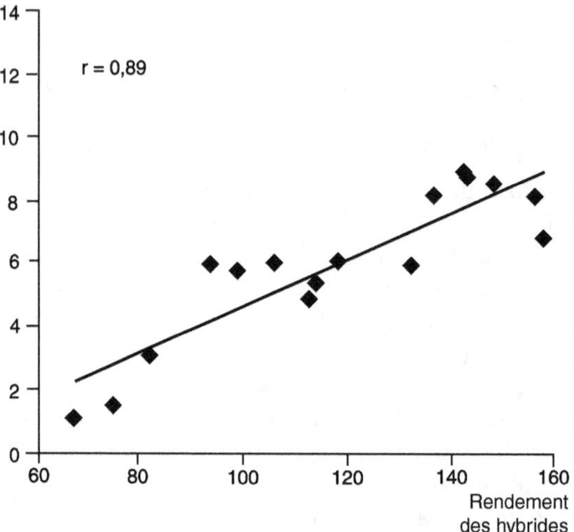

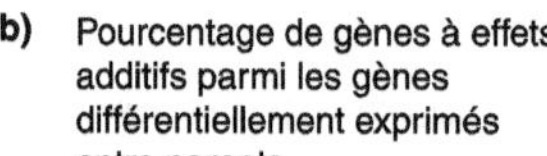

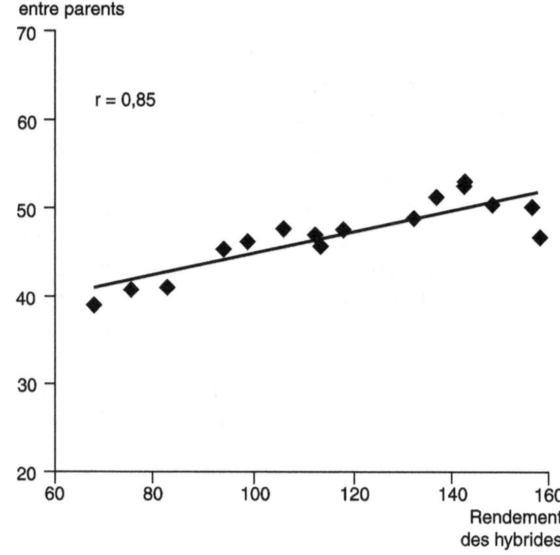

Figure 2.19. Relation entre (a) le rendement des hybrides et la proportion de gènes différentiellement exprimés, (b) l'hétérosis et la proportion de gènes additifs parmi les gènes différentiellement exprimés (Guo *et al.*, 2006).

Rendement exprimé en bushels par acre (1 bushel équivaut à environ 35 litres).

Relation entre hétérosis et régulation des gènes : les hypothèses

Les interactions entre gènes régulateurs pourraient être à l'origine d'une partie de l'hétérosis. La réunion dans un même génotype de régulateurs différents entraînerait des modulations dans l'expression des gènes contrôlant les processus métaboliques. Selon Milborrow (1998), les lignées homozygotes, par un effet de la double dose des gènes régulateurs (ou par manque de diversité allélique au niveau des régulateurs), seraient plus réprimées que les génotypes hétérozygotes. Cette hypothèse était déjà avancée par Wallace (1963) et Demarly en 1972 et 1977. Chez les hétérozygotes, l'existence de deux allèles (même à effets proches) suffirait à modifier complètement la régulation ; le « timing » d'action des gènes par exemple peut être plus large (plus d'information donne plus de souplesse) (Tsaftaris et Kafka, 1998). Un cas d'hétérochronie (« timing » différent des deux allèles) a été mis en évidence par Guo *et al.* (2003, 2004). Une hétérochronie dans l'expression des gènes maternels et paternels a aussi été mise en évidence durant le développement de l'embryon chez *Arabidopsis*, avec souvent un retard dans l'expression du gène paternel (Vielle-Calzada *et al.*, 2000, 2001) et dans certains cas l'inverse, un retard dans l'expression du gène maternel (Weijers *et al.*, 2001) ; les deux allèles ne semblent donc pas s'exprimer toujours de façon symétrique selon leur origine paternelle ou maternelle.

Les études d'expression différentielle entre lignées et hybrides (Guo *et al.*, 2003, 2004 ; Kiekens *et al.*, 2006 ; Vuylsteke *et al.*, 2006) montrent bien que les allèles des deux parents chez l'hybride peuvent s'exprimer de façon différentielle au cours du développement, selon les organes et le milieu. Ce serait un début d'explication de l'hétérosis, soit par superdominance marginale, soit par codominance au niveau des gènes de régulation. Le fait qu'un hybride récent, plus stable de comportement, manifeste plus d'expression biparentale qu'un hybride ancien serait en faveur d'une liaison entre stabilité et diversité d'expression chez l'hybride (Guo *et al.*, 2003, 2004). La forte fréquence des cas d'additivité au niveau de l'expression pose cependant question. Springer et Stupar (2007), pour expliquer cette observation, formulent l'hypothèse qu'une surexpression ou une sous-expression serait défavorable au niveau de la valeur sélective. Avec deux parents divergents, l'hybride permettrait d'avoir plus souvent une expression plus proche de l'optimum, avec moins de cas de surexpression ou de sous-expression. Au niveau des effets des gènes sur le caractère, il pourrait en résulter des situations de dominance ou de superdominance (équivalente à une superdominance par dosage optimal), avec globalement une meilleure « balance » au niveau de l'hybride.

Selon Milborrow (1998), une répression moins forte chez l'hybride permettrait un flux métabolique plus important ou une meilleure capacité d'adaptation à des milieux variés. Des travaux de modélisation sur l'opéron lactose avec répresseur et inducteur ont montré que si le répresseur est une protéine multimérique, la répression serait plus faible chez l'hétérozygote que chez l'homozygote, d'où l'explication de la vigueur hybride (Reznikoff, 1972 ; Beckwith et Rossow, 1974). Réciproquement, dans un tel modèle, la dépression de consanguinité serait due à une répression plus forte. L'existence parmi les régulateurs de protéines polymériques (Jones, 1990 ; Katagiri et Chua, 1992 ; Tsaftaris et Kafka, 1998) donne une certaine valeur à ce modèle qui reste toutefois encore un peu théorique. De plus, Jones (1990) donne des exemples où l'homodimérie diminuerait l'affinité entre la protéine et l'ADN, alors que l'hétérodimérie conduirait à une affinité plus grande, d'où une meilleure régulation chez l'hétérozygote. D'une façon plus générale, la nature du régulateur homodimère *vs* hétérodimère pourrait affecter la relation ADN-protéine régulatrice, donc l'efficacité de la régulation.

L'hypothèse d'une répression plus forte chez l'homozygote pourrait expliquer l'effet négatif du doublement chromosomique (voir p. 43). En effet dans ce cas, il faut expliquer pourquoi en moyenne un génotype autotétraploïde duplex *aabb* fonctionne de façon moins efficace qu'un génotype hétérozygote diploïde *ab*, alors que la même information génétique est présente, mais avec une double dose de chaque gène. La répression pourrait être d'autant plus forte qu'il y a plus de gènes identiques, alors que la régulation serait en moyenne la même chez un génotype diploïde *ab* et un génotype autotétraploïde *abcd*.

Les conclusions du point de vue de la compréhension de l'hétérosis

Les études au niveau de l'expression des gènes, ARNm et protéines, n'éclairent pas de façon décisive les bases génétiques de l'hétérosis. Il n'apparaît pas de relation directe entre les différences d'expression et l'hétérosis. Au niveau des quantités de protéines, plus proches du phénotype (pour le rendement) que les quantités d'ARNm, les conclusions sont toutefois plus en faveur du mécanisme de la dominance, avec des gènes favorables partiellement dominants venant de l'un ou de l'autre parent qui s'exprimeraient au cours de la vie de la plante dans les différents organes, de telle sorte qu'au niveau global de la plante, l'hybride est mieux « balancé », voire produit plus de protéines que ses parents. Les études au niveau des ARNm montrant beaucoup d'expressions additives (ou des expressions au mieux égales à celles du meilleur parent) seraient aussi plus en faveur de l'hypothèse de la dominance. Cependant, la « surexpression » peut aussi être présente ; elle peut correspondre à de la dominance ou de la superdominance au niveau des régulateurs.

Les résultats contradictoires sur le rôle de la surexpression chez l'hybride tendent à montrer que ce n'est pas au niveau de l'expression qu'il faut rechercher les bases de l'hétérosis. Le problème qui se pose est de savoir comment passer du plan du fonctionnement des gènes au plan des phénotypes, c'est-à-dire comment intégrer le fonctionnement des gènes. Il pourrait en effet y avoir additivité au niveau de l'expression des gènes (transcriptome et protéome) et hétérosis au niveau du caractère phénotypique complexe. La théorie des flux métaboliques, qui modélise la relation entre les activités enzymatiques (pour les systèmes enzymatiques impliqués dans un flux) et le flux métabolique, en est une illustration : il y a additivité au niveau des systèmes enzymatiques mais possibilité d'hétérosis au niveau des flux métaboliques (Fiévet, 2004). On peut donc se demander si l'explication de l'hétérosis ne viendra pas plus de la modélisation du passage des gènes aux caractères quantitatifs que des études d'expression.

1. L'hétérosis chez le maïs, plante allogame. Comparaison des épis d'un hybride F1 et de ses deux parents lignées (P1 et P2). C'est surtout le nombre de grains qui est affecté par l'hétérosis (+ 200 %). La grosseur des grains est beaucoup moins affectée (+ 10-15 %) (© A. Gallais, AgroParisTech).

2. L'hétérosis affecte tout le développement végétatif de la plante (exemple chez le maïs). Cependant, la hauteur est moins affectée que le nombre de grains et la largeur de la feuille encore moins (© P. Bertin, Inra Moulon).

3. Manifestation de l'hétérosis chez le chou pomme, plante allogame (© Inra Rennes).

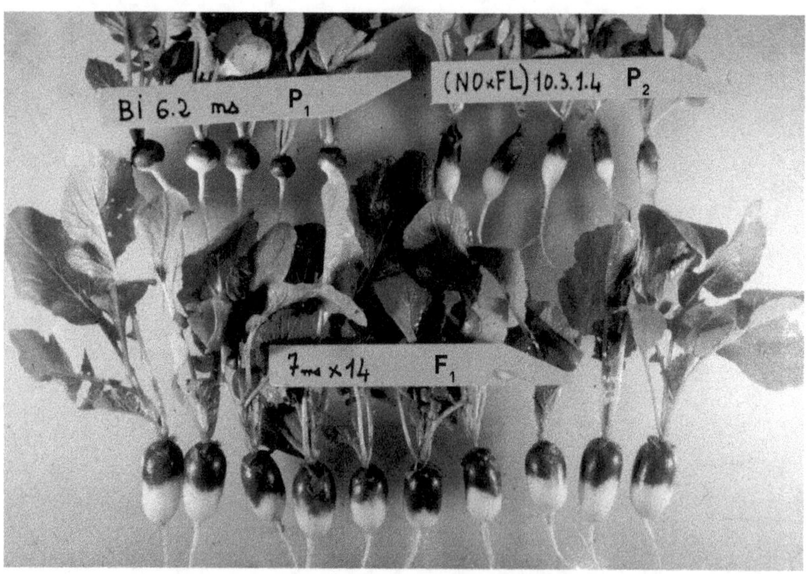

4. L'hétérosis affecte la taille des racines. Exemple chez le radis, plante allogame (© A. Bonnet, Inra Avignon).

5. L'hétérosis est moins important chez une plante autogame (exemple chez le blé). L'hétérosis au niveau du rendement en grains est rarement supérieur à 15 % (© Inra Clermont-Ferrand).

6. Un autre exemple d'hétérosis chez une plante autogame, *Arabidopsis thaliana*. La dimension de la rosette (bouquet foliaire au stade végétatif) est l'un des caractères les plus affectés (© University of Ghent, Quantitative Genomics Group).

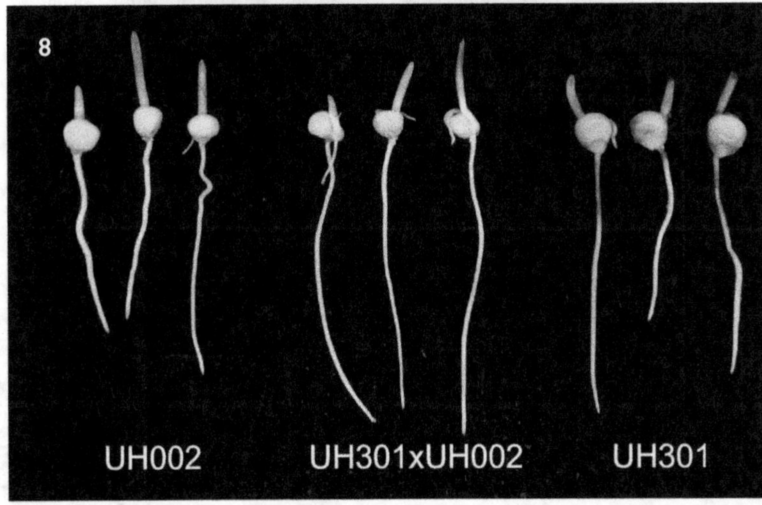

7. L'hétérosis se manifeste dès la formation de l'embryon. Exemple chez la luzerne : en allofécondation, les gousses sont remplies de graines assez grosses, alors qu'en autofécondation les gousses n'ont que quelques graines (1 à 3) mal développées, qui peuvent même avorter. Ce phénomène est différent de l'autostérilité (© G. Génier, Inra Lusignan).

8. Hétérosis à la germination chez le maïs. Comparaison d'un hybride (au centre) avec ses deux parents (© Hoecker *et al.*, 2008).

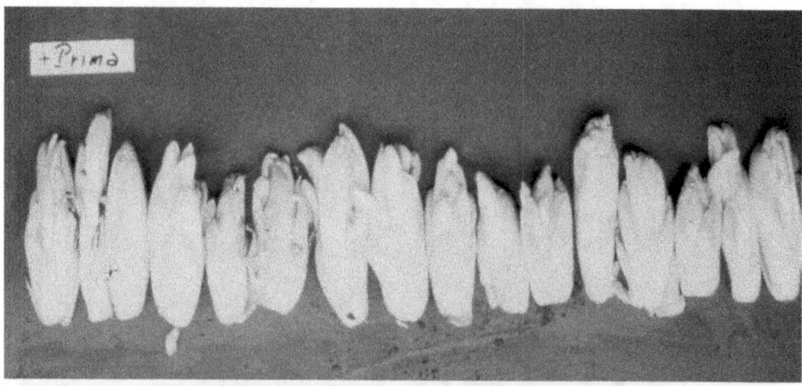

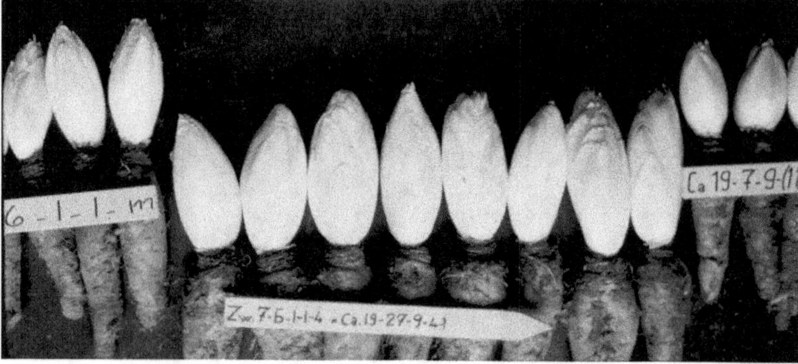

9. Chez une plante allogame (exemple chez l'endive), une variété population (en haut) est en général plus hétérogène qu'une variété hybride (en bas, au centre). Aujourd'hui, toutes les variétés commercialisées sont des hybrides. Le consommateur n'accepterait sans doute plus les variétés populations (© H. Bannerot, Inra Versailles).

10. Les variétés populations chez le maïs. Exemple de la population Dubos cultivée autrefois dans les Landes. Il y a une hétérogénéité importante à l'intérieur d'une population (© B. Gouesnard, Inra Montpellier).

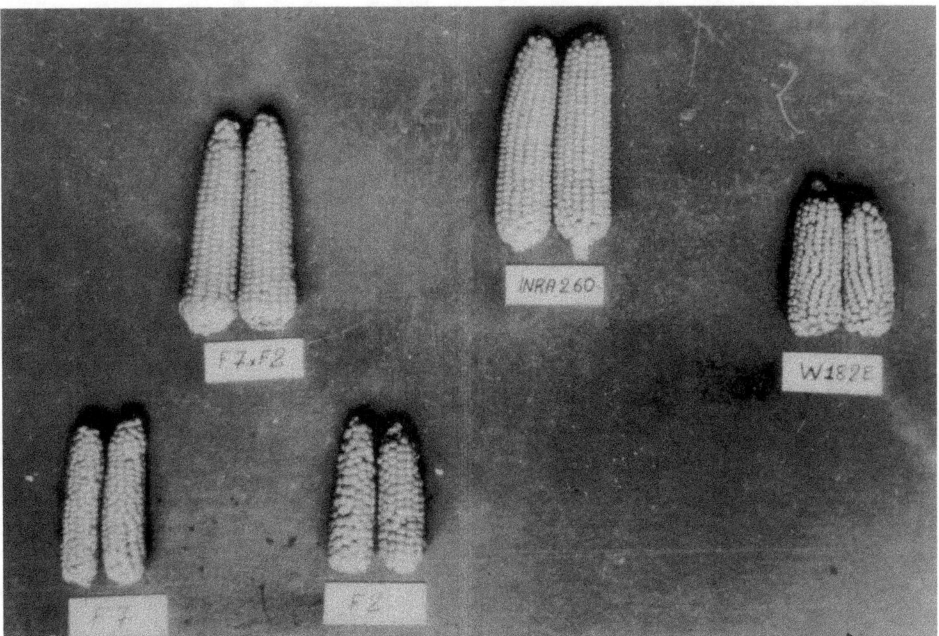

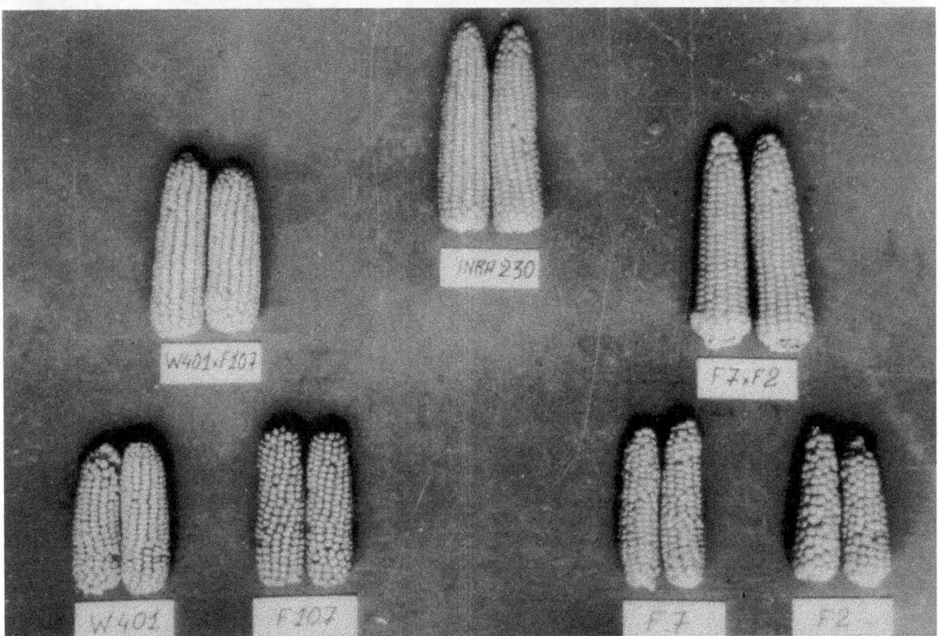

11-12. Illustration de la production d'hybrides doubles (en haut) et d'hybrides trois-voies (en bas) chez le maïs pour des variétés développées en 1958-1960. Lorsque la dépression de consanguinité est forte, la fertilité femelle et même la fertilité mâle peuvent ne pas être suffisantes pour permettre une production économique de semences hybrides simples. Le parent femelle (cas des hybrides trois-voies), voire aussi le parent mâle (cas des hybrides doubles), est remplacé par un hybride simple. Mais ce qui doit être maximisé, c'est la vigueur au niveau de l'hybride commercial (© Inra Versailles).

13. La production de semences d'hybrides par castration manuelle chez le maïs. Le maïs, plante monoïque avec sexes séparés sur la même plante, présente une morphologie favorable à la production de semences hybrides : la castration peut se faire facilement par suppression manuelle ou mécanique de la panicule avant l'anthèse (© Inra Clermont-Ferrand).

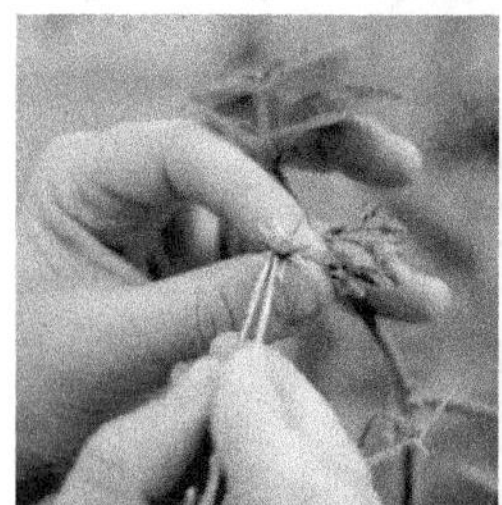 

14. La production de semences d'hybrides par castration manuelle chez la tomate. À gauche, opération de castration, à droite pollinisation (© Inra Avignon).

15. La production de semences de semi-hybrides chez la chicorée. On distingue bien les lignes des deux parents en alternance. C'est la compétition pollinique qui assure le croisement. À la maturité des graines, les deux lignes sont récoltées (© H. Bannerot, Inra Versailles).

16. Production expérimentale d'hybrides par castration chimique (gamétocides) chez le blé tendre. La lignée prise comme femelle a été traitée au gamétocide. Une bande femelle alterne avec une bande mâle. Les productions de différents hybrides sont isolées par des bandes plus larges d'orge (© C. Quandalle, Hybrinova).

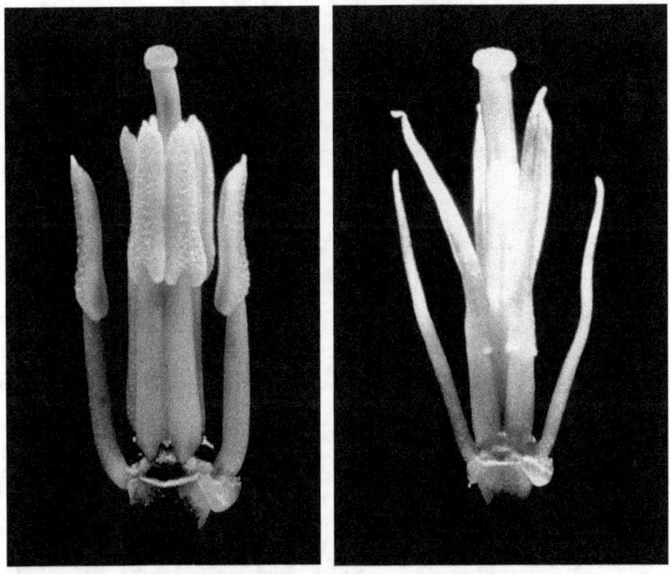

17. La stérilité mâle nucléo-cytoplasmique chez le chou. Il s'agit d'une stérilisation très efficace puisque les anthères avortent. Ce type de stérilité, obtenue par fusion de protoplastes chou-radis (Pelletier *et al.*, 1983), est aussi utilisé chez le colza (© G. Pelletier, Inra Versailles).

Fleur fertile

Stérilité mâle pétaloïde

Stérilité mâle anthères brunes

18. Deux types de stérilité mâle nucléo-cytoplasmique chez la carotte, comparés à la forme fertile (© A. Bonnet, Inra Avignon).

19. Stérilité mâle génique chez le tournesol, plante stérile à gauche, plante fertile à droite.
La coloration du capitule de la plante stérile est due à un marqueur (anthocyane) très lié au gène de stérilité. Ce marqueur s'exprime aussi au niveau des plantules et permet donc d'éliminer les plantes fertiles (vertes) de la lignée femelle (© P. Leclercq, Inra Clermont-Ferrand).

20. La production de semences d'une variété hybride chez le riz, par utilisation d'une stérilité mâle nucléo-cytoplasmique (© J. Taillebois, Cirad).

Conclusion
de la première partie

L'hétérosis au niveau de la production de biomasse ou de grain, ou de la valeur sélective est un phénomène biologique très complexe, global, faisant intervenir beaucoup de gènes et des effets génétiques variés, mais qui n'a rien de mystérieux. La conclusion de Shull, formulée en 1948, reste toujours valable : « *Heterosis is not a unitary phenomenon, but a complex series of phenomena for which no single cause or mechanism can be properly assumed to apply in all cases* ». Les deux grands mécanismes génétiques qui l'expliquent, la complémentation interlocus (dominance, épistasie et pseudo-superdominance) et intralocus (superdominance), interviennent nécessairement ; c'est pourquoi on peut parler de mécanismes et non d'hypothèses. Les différentes approches réalisées (études des composantes physiologiques des caractères complexes, études de génétique quantitative, expériences de sélection, détection de QTL) montrent un rôle prépondérant du mécanisme de la dominance, de l'épistasie et du linkage en répulsion (pseudo-superdominance). Cependant, d'une façon générale, les effets de dominance sont difficiles à étudier car ils dépendent des stades de développement et du milieu. Ainsi pour mettre en évidence la superdominance marginale, il est nécessaire d'avoir une vision dynamique du développement des individus dans le temps et dans l'espace, sinon c'est la dominance partielle à complète qui sera détectée. Mais si la superdominance marginale était importante, la superdominance devrait être plus souvent détectée au niveau des QTL des caractères complexes qu'elle ne l'est.

Le mécanisme de la dominance explique une grande partie de l'hétérosis et de la sensibilité à la consanguinité des plantes allogames : la consanguinité fait apparaître à l'état homozygote des gènes très défavorables, maintenus dans les populations à l'état hétérozygote, et le croisement entre lignées conduit alors à un gain important en vigueur par le masquage de ces gènes défavorables. Chez les plantes autogames, les gènes très défavorables ont été éliminés par la sélection naturelle : en conséquence, l'hétérosis y est plus faible. Dans l'explication de l'hétérosis, il apparaît donc important de considérer les systèmes génétiques mis en place par la sélection naturelle, ce qui conduit à distinguer les espèces allogames des espèces autogames. Les mécanismes de l'hétérosis sont sans doute les mêmes pour ces deux groupes d'espèces, mais la sélection naturelle a mis en place chez les espèces allogames une organisation génétique particulière qui les rend beaucoup plus sensibles à la consanguinité. Elles n'ont pas seulement un fardeau génétique plus important, elles ont toute une organisation génétique et reproductive qui favorise les individus issus de croisement. En particulier, les associations de gènes en répulsion y sont attendues plus fréquentes que chez les autogames ; il en résulte un rôle plus important de la pseudo-superdominance chez les espèces allogames. D'ailleurs, d'une façon plus générale, l'étude des bases génétiques de l'hétérosis pose la question de l'organisation du génome et de l'évolution des êtres vivants. La question biologique fondamentale sous-jacente à l'hétérosis ne serait-elle pas de savoir pourquoi la diploïdie existe ? Dans un milieu variable, avec fécondation croisée, le développement de la phase sporophytique, diploïde, donne en effet un avantage adaptatif très important.

Quels que soient les mécanismes de l'hétérosis, l'hétérozygotie est en moyenne favorable, tant au niveau de la vigueur générale que de la stabilité de comportement, car elle permet de réunir des gènes favorables dispersés chez les parents. Ainsi, l'hétérosis est en grande partie dû à la réunion dans un même génotype de gènes favorables pour différents processus physiologiques (respiration, photosynthèse, absorption, etc.) qui permettent d'avoir le meilleur fonctionnement possible de la plante. Les facteurs limitants importants des lignées sont masqués en croisement. Il en résulte un meilleur équilibre « physiologique », une meilleure « canalisation » de la croissance et du développement des organismes (Lerner, 1954 ; Jones, 1958 ; Mitton et Grant, 1984). La supériorité des hybrides, pour des caractères complexes, viendrait d'une meilleure régulation à toutes les étapes de leur développement. Cela explique que l'hétérosis n'affecte pas tous les caractères, mais essentiellement les caractères complexes, souvent multiplicatifs. Ainsi les études physiologiques ne montrent pas toujours de l'hétérosis au niveau de l'activité des systèmes enzymatiques impliqués dans la réalisation des caractères agronomiques comme le rendement. Elles montrent plutôt de l'additivité ou une F_1 intermédiaire entre la moyenne des parents et le meilleur parent. Cette conclusion est très nettement en faveur de l'hypothèse de la complémentarité des parents pour des gènes partiellement ou totalement dominants favorables.

Même s'il est possible de conclure que la superdominance joue un rôle beaucoup plus faible que la dominance, la question de sa fréquence reste posée. Elle peut exister sans aucun doute à certains locus, mais affecte-t-elle des locus particuliers ? Le problème est qu'il apparaît difficile de séparer pseudo-superdominance et superdominance. Seules des analyses génétiques fines permettront de séparer ces deux situations, ce qui ne sera sans doute jamais réalisé à grande échelle sur un grand nombre de locus « candidats ». D'ailleurs, il est permis de s'interroger sur l'utilité de cette approche puisqu'il existe maintenant suffisamment de preuves en faveur de l'importance du mécanisme de la dominance avec son extension incluant l'épistasie et la pseudo-superdominance. En revanche, la compréhension du passage du « plan des gènes » au « plan des caractères phénotypiques » éclairerait sans doute plus les bases génétiques de l'hétérosis pour un caractère complexe en en donnant une vision plus dynamique. L'apport actuel des études d'expression des gènes est plutôt faible, avec une situation plus complexe qu'attendue, sans relation directe avec l'hétérosis. Dans certains cas, c'est l'additivité qui semble même la règle. Il y aurait alors additivité prépondérante au niveau de l'expression des gènes mais non-additivité à un niveau supérieur de complexité. Cette situation est bien illustrée par l'étude des flux métaboliques : la dominance est observée au niveau des flux métaboliques malgré une additivité au niveau des activités enzymatiques.

C'est sans doute plus au niveau de l'intégration du fonctionnement des gènes, comme avec l'approche par les flux métaboliques, qu'il faut rechercher les bases de l'hétérosis. D'une façon plus générale, pour des caractères complexes, les gènes sont aux nœuds d'un réseau d'actions et de rétroactions qui peuvent générer des effets de dominance, de superdominance ou d'épistasie selon les conditions environnementales et épigénétiques. Cependant, le fonctionnement de ces réseaux de gènes est encore assez mal connu, mal modélisé. On ne sait toujours pas passer du génotype au phénotype pour des caractères complexes ; c'est même l'un des enjeux de la biologie intégrative moderne. Alors, comment s'étonner que nos connaissances sur les bases génétiques de l'hétérosis n'aient que peu évolué en un demi-siècle ? Pour progresser, une approche systémique, s'appuyant fortement sur la modélisation du fonctionnement des gènes, est indispensable. Aujourd'hui, avec le développement des outils de génotypage et de phénotypage à grand débit et la puissance des moyens informatiques, le généticien a sans doute à sa disposition les outils pour réaliser cette approche.

Dans la partie qui suit, nous verrons que, quels que soient les mécanismes de l'hétérosis, les variétés hybrides se justifient au moins à court et moyen termes, voire à long terme, pour utiliser au mieux la variabilité génétique et permettre à l'agriculteur de bénéficier plus rapidement de variétés performantes.

Deuxième partie

L'utilisation de la vigueur hybride dans la sélection

Chapitre 3

Les variétés hybrides et leur sélection

Pour la création variétale, chez les espèces à reproduction sexuée, le sélectionneur a le choix entre divers types variétaux : populations, lignées, hybrides et variétés synthétiques. Ce choix repose essentiellement sur deux considérations : l'importance de la dépression de consanguinité et la possibilité de contrôler l'hybridation à grande échelle. Les variétés hybrides sont donc un type de variétés parmi d'autres pour utiliser au mieux la variabilité génétique des caractères sur lesquels porte la sélection. Dans ce chapitre, pour mieux comprendre la justification des variétés hybrides, nous rappelons d'abord les différents types de variétés et leurs caractéristiques principales. Nous présentons ensuite les concepts à la base de la sélection des variétés hybrides avant d'en présenter les différents schémas.

▶▶ Introduction

Le but de l'amélioration des plantes. Qu'est-ce qu'une variété ?

L'amélioration des plantes peut être définie comme la modification raisonnée de certaines caractéristiques des plantes cultivées pour qu'elles répondent de mieux en mieux aux besoins de l'homme. Elle a commencé de façon inconsciente avec la domestication des plantes et s'est transformée, essentiellement à partir de la fin du XIXe siècle, en une activité de plus en plus maîtrisée et orientée vers des objectifs précis, intégrant dans ses méthodes et ses outils les progrès des connaissances. Aujourd'hui, l'amélioration des plantes est devenue la science et l'art de la création de variétés ayant des caractères bien définis. D'un point de vue génétique, elle correspond à l'ensemble des opérations qui permettent de passer d'un groupe d'individus n'ayant pas certaines caractéristiques au niveau recherché à un nouveau groupe, la variété, apportant un progrès (Figure 3.1).

Du point de vue de l'amélioration des plantes, une variété peut être définie comme une population artificielle à base génétique plus ou moins étroite, voire réduite à un génotype, de caractéristiques agronomiques définies, et reproductible :
– c'est une population au sens d'un ensemble d'individus, même s'ils sont tous du même génotype ;

– elle est artificielle, au sens où elle est le résultat de l'intervention de l'homme pour sa création par le processus de sélection et pour son maintien ;
– elle est en général, pour les variétés modernes, à base génétique étroite, c'est-à-dire avec peu de fondateurs, ce qui en réduit la variabilité génétique interne (la base génétique d'une variété peut se mesurer par le nombre de gènes d'origine indépendante, non identiques, à un locus) ;
– elle doit avoir, en plus de ses caractères d'identification, des caractères agronomiques bien définis ;
– et surtout elle est reproductible, c'est-à-dire qu'elle doit pouvoir être reproduite en conservant toutes ses caractéristiques pendant toute la durée de sa commercialisation.

Cette reproductibilité est un caractère essentiel : sous le nom de la variété, l'utilisateur doit être assuré de retrouver toujours la même population de plantes, avec toutes ses caractéristiques. Cela lui permet en particulier d'optimiser les itinéraires techniques de culture, et lui apporte une certaine garantie sur les qualités du produit récolté.

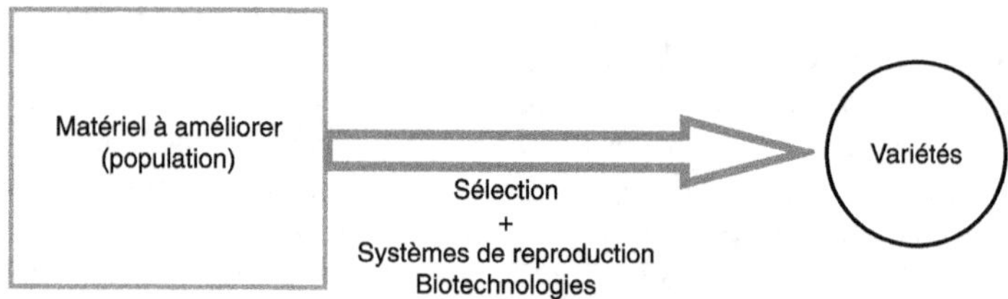

Figure 3.1. Illustration de l'amélioration des plantes « science et art de la création de variétés ».

Par l'utilisation de la sélection, des systèmes de reproduction (croisement, autofécondation) et des biotechnologies, il s'agit de réunir et fixer dans une même variété le maximum de gènes favorables.

Homogénéité et performances des variétés

L'homogénéité, rançon du progrès génétique

Depuis le début de la domestication des plantes, c'est-à-dire depuis que l'homme il y a 8 à 10 000 ans est passé de l'état nomade, vivant de la chasse et de la cueillette, à l'état sédentaire, agriculteur, la variabilité génétique à l'intérieur des peuplements végétaux cultivés n'a cessé de diminuer. Il y a d'abord eu choix d'un nombre limité d'espèces puisque n'ont été domestiquées que les espèces présentant des prédispositions à la domestication. Puis, le nombre de populations effectivement cultivées à l'intérieur d'une espèce a diminué, par le développement d'abord des échanges au niveau des villages, puis du commerce de semences qui a été très tôt encouragé : ainsi Charlemagne dans un de ses capitulaires, sortes de directives au peuple, recommandait déjà l'achat de semences sur le marché (*in* Boulaine, 1992). Enfin, avec la sélection dirigée dès le xixe siècle, fondée par les travaux de Louis Lévêque de Vilmorin (1856), des populations (variétés) de plus en plus homogènes ont été développées pour aboutir aujourd'hui au niveau des variétés modernes à des populations formées d'un seul génotype. Ainsi un champ de blé est formé d'un seul génotype homozygote, une lignée, et hormis les quelques cas de variétés hybrides trois-voies, très souvent aujourd'hui, un champ de maïs est aussi formé par un seul génotype plus ou moins hétérozygote, un hybride simple.

L'étude de l'amélioration des performances variétales (rendement, caractéristiques qualitatives, adaptation agro-écologique, etc.) au niveau des différentes espèces montre que celle-ci est associée au rétrécissement de la base génétique des peuplements végétaux cultivés. Dans tous les cas, il y a eu (par exemple chez le blé, le maïs) ou il y a encore (par exemple chez la betterave) passage de peuplements très hétérogènes à des peuplements de plus en plus homogènes. Cela est dû au fait qu'un peuplement hétérogène, formé d'un mélange de génotypes, a en général une performance moyenne inférieure à la valeur de ses meilleurs constituants. Il faudrait de très forts effets de compétition à l'intérieur du mélange pour qu'il n'en soit pas ainsi (il faudrait même des synergies entre constituants du mélange, ce qui n'est que très rarement observé, surtout de façon stable). Inversement, la performance du mélange est supérieure aux performances des plus mauvais constituants. Un mélange est donc en général plus stable de comportement selon le milieu, mais il ne permet pas les performances maximales (Encadré 3.1).

Encadré 3.1. Variation génétique entre mélanges

Soit une population de constituants (clones, lignées, etc.) et X_i la valeur génétique d'un constituant i considéré comme génétiquement homogène. Supposons, pour simplifier le raisonnement, que cette population ait une distribution normale de variance génétique *var X*. Si de nombreux mélanges à k constituants de même nature sont développés de façon aléatoire, en l'absence de très forts effets de compétition, la variance génétique entre mélanges *var M* est égale à la variance de la moyenne de k constituants :

$$Var\ M = var\ (X_1 + X_2 + ... + X_k)/k = 1/k\ var\ X.$$

Par rapport à la variance entre constituants, la variance entre mélanges (variance inter) est divisée par k. Les meilleurs mélanges sont nécessairement inférieurs aux meilleurs constituants et inversement, les plus mauvais mélanges sont supérieurs aux plus mauvais constituants (voir Figure ci-dessous). En conséquence, dans un milieu donné, *les meilleures performances ne peuvent être atteintes qu'avec des variétés réduites à un génotype.*

Un mélange est nécessairement plus hétérogène que ses constituants. La variation génétique totale entre constituants étant fixée, la variation génétique attendue à l'intérieur d'un mélange peut s'écrire :

$$var\ intra = var\ totale - var\ inter, \text{soit :}$$

$$var\ intra = var\ X - (1/k)\ var\ X = (1 - 1/k)\ var\ X\ ;$$

elle augmente évidemment quand le nombre de constituants augmente et elle s'ajoute à la variance intra-constituant, éventuellement non nulle. Pour k équivalent à 1, la variance intra est nulle, car nous avons supposé les constituants génétiquement homogènes (lignées pures, hybrides simples, ou clones). Dès que le nombre de constituants est assez grand, une grande partie de la variation est à l'intérieur des mélanges, la variation entre mélanges est très faible, tous les mélanges étant proches de la population de constituants. Ainsi, avec k équivalent à 10, 90 % de la variance génétique est à l'intérieur du mélange et seulement 10 % entre mélanges. Il est donc difficile d'obtenir des mélanges performants.

L'hétérogénéité des mélanges peut être un inconvénient pour l'utilisateur du point de vue de la conduite du peuplement végétal, mais elle permet des performances plus stables dans des conditions de milieu variable.

...

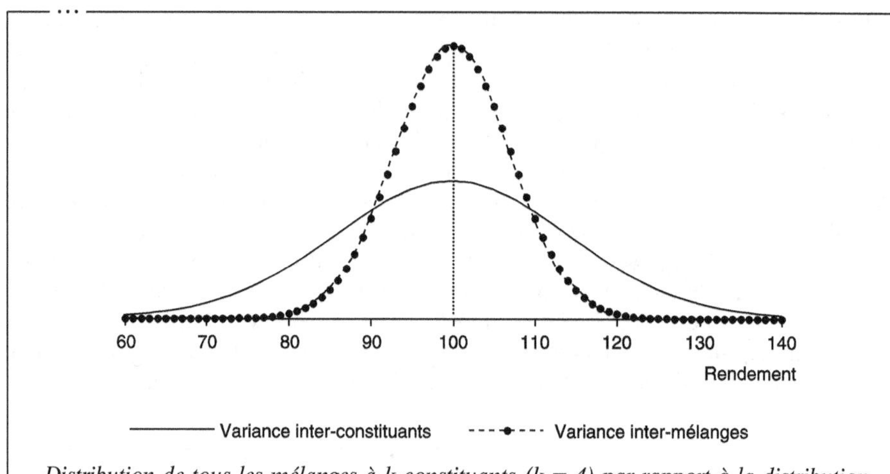

Distribution de tous les mélanges à k constituants (k = 4) par rapport à la distribution des constituants.

Dans cet exemple, on a supposé *var X* = 200 et un coefficient de variation entre constituants de 14 %. La variance entre mélanges est donc 50 et la variance intra-mélange 150.

La réduction de la base génétique des peuplements cultivés est la rançon du progrès génétique. Sans cette réduction, il n'y aurait pas eu intensification, mécanisation et standardisation de la culture. La mécanisation de la culture demande des peuplements les plus homogènes possibles (par exemple, l'homogénéité dans le rythme de développement est nécessaire pour le pilotage de fumure azotée, mais aussi pour tous les traitements et la récolte mécanique) ; l'homogénéité réduit aussi les coûts de production en permettant une opération culturale au même moment, et au stade optimal sur toutes les plantes. Enfin l'utilisateur des produits de la récolte lui-même, l'industriel ou le consommateur, demande un produit standardisé. Pour l'industriel cela permet l'application de procédés de transformation avec le rendement maximal, d'où un produit final de meilleure qualité, voire moins coûteux. Pour le consommateur, cela permet d'avoir des produits de meilleure qualité et mieux adaptés à une certaine demande ou « segment » de marché. Pour les légumes, l'homogénéité fait même partie de la qualité esthétique.

Aujourd'hui, la sélection en vue de la création variétale consiste à dériver d'une population hétérogène une population moins hétérogène, plus performante, la variété. Une étape importante de la sélection devrait être donc l'obtention de ces populations. Dans la présentation d'une stratégie intégrée de la sélection et de la création de variétés (cf. Chapitre 4), nous montrons que l'amélioration des populations devrait préparer le long terme, la création variétale exploitant au mieux la variabilité génétique à court et moyen termes.

Homogénéité, hétérogénéité et stabilité des performances variétales

Dans des conditions de milieux variées et variables, un mélange de génotypes adaptés à différents milieux, est nécessairement plus stable de comportement. En effet, selon les milieux, ce seront les génotypes les plus adaptés qui contribueront le plus à la production : il y a donc tendance à un auto-ajustement d'un peuplement génétiquement hétérogène au milieu. Cependant comme il s'agit d'un mélange de génotypes, la production maximale ne pourra pas être atteinte.

Par la sélection, la réduction de la base génétique d'une population diminue nécessairement la stabilité de ses performances dans des conditions de milieux variables. Cependant, en amélioration des plantes, cette réduction de la variabilité est le résultat d'une sélection sur les caractères d'adaptation au milieu. Ainsi, par rapport aux anciennes variétés populations, les variétés modernes de blé sont plus résistantes aux diverses maladies et à la verse ; les variétés modernes de maïs sont plus tolérantes aux basses températures du printemps, à la sécheresse et à la verse que les variétés populations, etc. En cumulant différents facteurs d'adaptation au milieu, les variétés modernes, même à base étroite, sont donc plus stables de comportement que les anciennes variétés, tout en étant plus productives et plus homogènes. En outre, chez les variétés hybrides, l'hétérozygotie renforce la stabilité. Un gain de stabilité est toutefois encore possible en associant un nombre limité de variétés. Ainsi chez le blé, un choix raisonné de 3 ou 4 variétés cultivées en mélange peut conduire à diminuer l'effet des attaques de rouille et donc à une plus grande stabilité de comportement (de Vallavieille-Pope *et al.*, 1991, 2006). Chez diverses plantes (maïs, colza, sorgho) nous avons vu (p. 31) que la culture en mélange de deux hybrides non apparentés augmentait aussi la stabilité de la production. Cependant, il ne s'agit pas de revenir à des variétés populations, il s'agit d'associer un nombre limité de variétés à base étroite, de caractéristiques bien définies et complémentaires.

Les différents types de variétés

En amélioration des plantes, selon les espèces, les variétés peuvent être produites par voie sexuée sous forme de semences, ou par la voie végétative sous forme de clones. Par voie sexuée, quatre grands types de variétés peuvent être distingués :
– les variétés lignées fixées ;
– les variétés populations ;
– les variétés synthétiques ;
– les variétés hybrides.

Nous allons voir sommairement les caractéristiques de ces cinq types de variétés.

Variétés clones

Les variétés clones correspondent à la reproduction par multiplication végétative d'un seul génotype. C'est bien sûr le type de variétés le plus développé chez les plantes où la multiplication est facile, comme chez la pomme de terre. Il faut aussi y inclure le cas des variétés apomictiques, qui reproduisent le génotype de la plante mère sous forme de graines. Cette situation existe chez certaines graminées fourragères tropicales comme le *Panicum maximum* (Savidan, 1982). Les techniques de multiplication végétative *in vitro* permettent d'étendre le clonage, avec un taux de multiplication élevé, chez toutes les espèces où le repiquage est possible. De plus, elles permettent de produire des plants de grande qualité sanitaire avec, éventuellement, une valeur ajoutée par prémunition, bactérisation ou mycorhization.

Réduites à un génotype, ces variétés permettent d'avoir de très bonnes performances dans un milieu donné. Elles peuvent être reproduites par l'utilisateur. Cependant, au cours des multiplications végétatives, il peut y avoir des contaminations par des virus, d'où la nécessité de renouveler ses plants. Un autre risque avec ce type de variétés est celui de l'homogénéité génétique du peuplement végétal, qui peut entraîner une forte pression de sélection sur les parasites : les résistances peuvent alors être vite contournées. Pour limiter ce risque, qui peut être très grave pour des plantes pérennes, des variétés multiclonales ou associations de clones peuvent être développées, ce qui est mis en œuvre pour certaines productions forestières.

Les variétés lignées

Les variétés lignées sont en théorie formées d'un seul génotype homozygote qui, par autofécondation, donne donc des descendants tous homozygotes et identiques entre eux et identiques à la génération précédente. C'est le type de variétés le plus classique chez les plantes autogames, où la dépression de consanguinité est faible. Mais il est aussi (ou a été) développé chez des espèces semi-allogames comme le colza.

Avantages

Les variétés lignées présentent les avantages suivants :
– elles permettent d'avoir des variétés très homogènes avec les performances maximales dans un milieu donné ;
– elles sont, en théorie, reproductibles par l'utilisateur.

Inconvénients

Le risque de l'homogénéité génétique

Comme pour les variétés clones, l'homogénéité génétique d'un peuplement végétal constitué d'une seule lignée entraîne une forte pression de sélection sur les parasites : les résistances peuvent alors être très vite contournées. Pour limiter ce risque et limiter l'emploi de pesticides, des variétés *multilignées* (*multilines*) ou des mélanges de lignées résistantes à différentes races de parasites peuvent être envisagés. Les variétés multilignées sont obtenues par le mélange de plusieurs lignées isogéniques (3 à 4), ne différant que pour l'allèle de résistance à une race physiologique d'un parasite (cas de rouilles chez les céréales, Jensen, 1952). Il faut donc avoir préalablement créé ces lignées isogéniques en introduisant par rétrocroisement les différents allèles de résistance dans le génome de la lignée, ce qui conduit à une lignée isogénique par allèle. Ces ensembles de lignées isogéniques sont lourds et coûteux à produire et n'ont donc pratiquement pas été utilisés. Le mélange ou plutôt l'association de plusieurs variétés résistantes à des races différentes est une alternative. Cependant, le problème est de trouver trois ou quatre variétés adaptées à l'association, c'est-à-dire permettant toujours d'avoir la performance maximale et sans avoir un produit trop hétérogène. La compétition entre les constituants du mélange doit être faible, ce qui implique chez les céréales des constituants de même rythme de développement, même hauteur, même tallage, etc. Il faut de plus que leurs qualités alimentaires ou technologiques soient similaires. Cela signifie donc des variétés très voisines phénotypiquement, tout en étant génétiquement différentes.

Le risque de « dégénérescence » des caractères de la variété

Même chez les plantes dites autogames, une autogamie stricte (assurée par la cléistogamie par exemple) est rare : il peut y avoir un certain taux de fécondation croisée entraînant la « dégénérescence » de la variété, d'où la nécessité pour l'utilisateur de renouveler ses semences (mais pas obligatoirement à chaque semis). Les résultats de Grignac *et al.* (1981) montrent que ce phénomène peut être assez rapide lorsque des variétés différentes sont cultivées côte-à-côte (Tableau 3.1).

Tableau 3.1. Évolution au cours du temps du pourcentage de plantes hors types chez le blé, par culture côte-à-côte de 8 variétés différentes (Grignac *et al.*, 1981).

Année	0	1	2	3	4	5	6
Pourcentage hors types	0	4	6	12	14	15	18

Les résultats sont tout à fait compatibles avec un modèle supposant un taux d'allogamie voisin de 4 % à chaque génération. En effet, au bout de 5 générations de multiplication, la probabilité d'avoir des descendants issus seulement d'autofécondation est : $0,96^5 = 0,81$.

Les conséquences négatives de l'auto-approvisionnement

En plus du risque de dégénérescence de la variété, l'auto-approvisionnement est une pratique qui va à l'encontre des intérêts *i*) de l'obtenteur qui doit pouvoir amortir ses investissements dans la création des variétés et *ii*) de l'utilisateur lui-même, puisqu'ainsi le progrès génétique qu'il souhaite n'est plus suffisamment financé et peut donc se ralentir, voire s'annuler par la disparition des entreprises de sélection (cf. Chapitre 5, p. 295).

Les variétés populations

En France, ce type de variétés a existé pendant assez longtemps chez les légumineuses fourragères pérennes et existe encore chez certaines plantes légumières allogames. Il est très fréquent dans les pays en développement. Elles sont formées par la multiplication en masse, avec sélection à chaque cycle de multiplication, d'une population naturelle ou artificielle. Autrefois, ce type de variétés pouvait aussi se rencontrer chez les autogames : dans ce cas, il s'agissait d'un mélange de génotypes homozygotes. Mais elles ont très vite disparu avec le développement de la sélection intrapopulation. En effet, chez ces espèces, l'application des tests de descendances introduits par Louis Lévêque de Vilmorin (1856) conduit à extraire des populations la ou les meilleures lignées. Parmi les plantes de grande culture et dans nos conditions, les variétés populations sont maintenant uniquement associées aux plantes allogames.

Chez ces espèces, *à chaque multiplication, c'est une nouvelle génération qui est réalisée*. Si la panmixie est parfaite, la structure d'équilibre à chaque locus (voir p. 304) est atteinte dès la première génération de multiplication et asymptotiquement s'il y a déséquilibre de liaison. Multipliées depuis longtemps dans un lieu donné, elles peuvent être considérées comme étant en équilibre. De plus, comme elles sont le résultat de la sélection naturelle dans un milieu donné, elles sont en principe bien adaptées à ce milieu et assez stables, ce qui permet à l'agriculteur de s'auto-approvisionner sans trop de risque, à condition d'assurer une maintenance (sélection conservatrice) minimale. Mais si le milieu de multiplication devient différent du milieu d'utilisation, et si aucune maintenance n'est assurée, alors au cours des générations de multiplication les caractéristiques de la variété peuvent dériver rapidement. Ainsi, une population de trèfle violet « Flamand », « sélectionnée » dans le Nord de la France, donc bien adaptée aux conditions de cette région (tardive et résistante au froid), était devenue inadaptée à cette région (précoce et sensible au froid) suite à une multiplication dans le Sud, pour la production de semences, qui avait favorisé les génotypes précoces (J. Picard, communication personnelle).

Les variétés populations, formées par un grand nombre de génotypes différents (elles sont dites à base génétique large) ne permettent pas les performances maximales (Photos 9 et 10 sur planche couleur 4). Mais du fait de leur hétérogénéité, elles ont une large souplesse d'adaptation. Leur hétérogénéité peut être un défaut dans les situations, très fréquentes aujourd'hui, où il faut un produit homogène. Enfin, il y a un risque élevé de dérive, c'est-à-dire de changement des caractéristiques agronomiques et autres au cours du temps.

Les variétés synthétiques

Pour remédier à certains inconvénients des variétés populations, en particulier le risque d'instabilité ou d'évolution, le sélectionneur a « inventé » les variétés synthétiques (Hayes et Garber, 1919). Une variété synthétique est une population artificielle résultant de la multiplication sexuée pendant un nombre déterminé de générations, de la descendance en fécondation libre, d'un nombre limité de constituants (clones, lignées, etc.) sélectionnés pour leur valeur propre et/ou leur valeur en combinaison. *C'est donc toujours la même génération qui est commercialisée*. La multiplication se fait sans sélection artificielle. Le schéma classique est celui de la figure 3.2. La dernière génération fournit les semences commerciales, la génération précédente, les semences de base et la génération précédant celle-ci, les semences de pré-base. L'opération d'intercroisement des constituants (1re génération dans le schéma classique) forme ce que l'on appelle la synthèse et se réalise en isolement ou polycross. Elle est suivie d'un nombre limité de générations de multiplication, nombre variable selon le taux de multiplication et la taille de l'isolement de départ (et aussi l'importance du volume de semences à commercialiser). La synthèse peut s'effectuer en plusieurs étapes. À la limite, il peut n'y avoir aucune génération

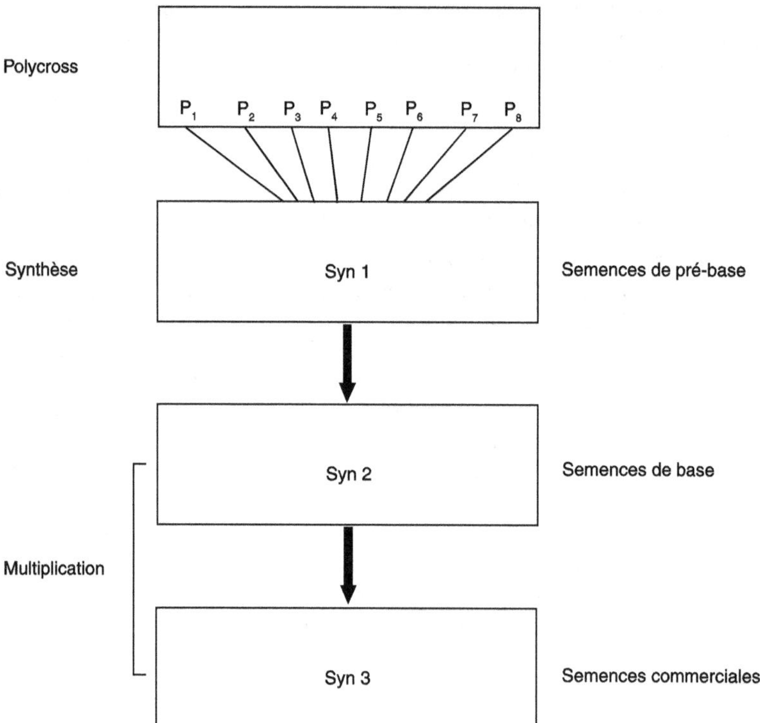

Figure 3.2. Schéma de production d'une variété synthétique avec deux générations de multiplication après la synthèse.

P1 à P7 : constituants ou parents de la variété synthétique ; Syn 1, Syn 2, Syn 3 : générations de multiplication de la variété synthétique.

de multiplication du produit de l'intercroisement des constituants : la variété est alors constituée par un mélange de croisements et d'autofécondation des constituants. S'il n'y a que deux constituants, la variété est alors *une variété semi-hybride* (voir ci-dessous).

Les variétés synthétiques permettent donc d'avoir des populations plus homogènes que les variétés populations, et ceci avec moins de risque de perte des caractéristiques. Des gènes majeurs comme ceux contrôlant la résistance à certaines maladies peuvent être « concentrés » rapidement dans ce type de population, tout en gardant une assez bonne performance sur les caractères de production. Cependant, la base génétique de ces variétés, même réduite à 4 ou 5 parents hétérozygotes, est encore assez large et donc les performances maximales ne peuvent pas être atteintes. En revanche, elles auront une très bonne stabilité de comportement selon le milieu et les risques de déviations au cours des différentes multiplications, même s'ils existent encore (Figure 3.3), sont plus limités qu'avec les variétés populations. La création de variétés synthétiques peut être considérée comme le résultat d'un compromis entre une assez forte pression de sélection

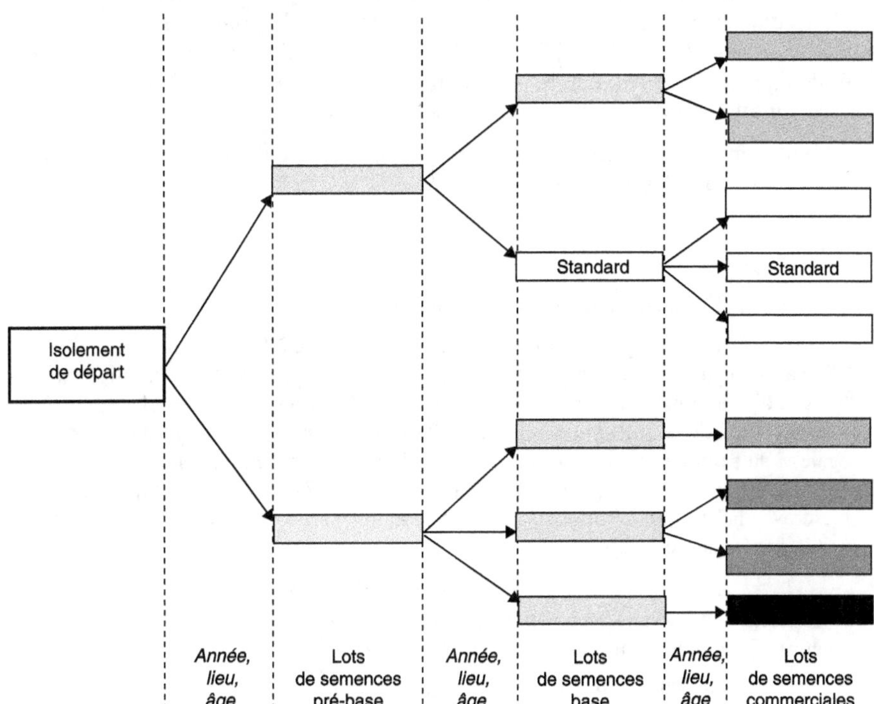

Figure 3.3. Les risques d'évolution d'une variété synthétique. Illustration des différents « chemins » possibles pour arriver aux lots de semences commerciales d'une variété synthétique, montrant l'aspect aléatoire de la structure de ce type de variétés.

Dans le passage d'une génération à l'autre, interviennent l'échantillonnage et la sélection naturelle de gènes qui est elle-même influencée par les conditions de l'année, le lieu de multiplication, l'âge de la culture (dans le cas de plantes pérennes). La variance entre lots d'une génération va donc en augmentant en passant des semences pré-base aux semences commerciales. La conséquence est que ce qui est déposé pour inscription au catalogue officiel des variétés (standard) est le résultat d'un « chemin » particulier qui peut être sensiblement différent de ce qui sera commercialisé. Avec ce type de variétés, il y a une variation « normale » entre lots de semences commerciales.

pour avoir une variété homogène et performante et le souci de limiter la dépression de consanguinité qui apparaît au cours des générations de multiplication (Encadré 3.2). Cependant, dès que le contrôle de l'hybridation est possible à grande échelle, ce type variétal est abandonné au profit des variétés hybrides. Ainsi chez le radis et la carotte, on est passé des variétés populations aux variétés synthétiques, puis aux variétés hybrides.

Les variétés hybrides

Définition

Les variétés hybrides résultent du *croisement contrôlé* de deux constituants (parents) qui peuvent être de nature variée : des clones comme chez l'asperge, des lignées comme chez certaines plantes annuelles allogames (le maïs, le tournesol), ou des familles plus ou moins complexes (populations) comme chez la betterave dans les années 1970-1980. La base la plus étroite possible pour un hybride est représentée par le croisement de deux lignées homozygotes, puisqu'elle correspond à la production d'un seul génotype. Dans ce cas, on parle le plus souvent d'*hybride simple* (HS) ou hybride F_1. Le croisement d'un hybride simple avec une lignée donne un *hybride trois-voies* (HTV) et le croisement de deux hybrides simples un *hybride double* (HD) (Figure 3.4 ; Photos 11 et 12 sur planche couleur 5). C'est l'hybride simple qui permet d'utiliser au maximum la variabilité de la valeur en croisement. Dans ce qui suit nous détaillons surtout la sélection d'hybrides de lignées.

La justification des variétés hybrides par rapport aux autres types de variétés est développée dans la section suivante.

Encadré 3.2. La valeur d'une variété synthétique

Considérons le développement d'une variété synthétique à k constituants (k clones). S'il y a panmixie, l'équilibre est atteint dès la première génération de multiplication (c'est-à-dire au niveau du polycross), et en l'absence d'épistasie et de sélection naturelle au cours de la multiplication, toutes les générations ont la même valeur et sont égales à la première génération. Au niveau du polycross (schéma ci-dessous), il y a autofécondation avec la probabilité $1/k$ (ce qui correspond à la diagonale) et croisement avec la probabilité $(1 - 1/k)$, hors diagonale ; la moyenne attendue quelle que soit la génération est donc :

$$Syn\ e = A/k + (1 - 1/k)\overline{C}, \tag{1}$$

$\overline{A}$ représentant la valeur moyenne des autofécondations des constituants et $\overline{C}$ la valeur moyenne des croisements 2 à 2 de tous les constituants.

S'il n'y a pas panmixie dès la première génération, mais panmixie à partir de la deuxième génération, et toujours absence d'épistasie et de sélection naturelle, cette valeur d'équilibre sera atteinte à la deuxième génération. La formule (1) est donc un prédicteur de la valeur $Syn\ e$ d'une variété synthétique à l'équilibre. Elle peut encore s'écrire :

$$Syn\ e = \overline{C} - (\overline{C} - \overline{A})/k \tag{2}$$

expression qui montre que la valeur d'une variété synthétique est égale à la moyenne des croisements des constituants moins la dépression de consanguinité due à la multiplication du mélange d'hybrides. Pour avoir la valeur $Syn\ e$ maximale, il faut maximiser $\overline{C}$ et minimiser la dépression de consanguinité. Or, il y a opposition entre ces

...

---

deux actions : pour augmenter $\overline{C}$, il faut réduire le nombre de constituants à deux (ceux qui donnent le meilleur croisement), ce qui entraîne une forte contribution de la dépression de consanguinité. Inversement, pour diminuer la dépression de consanguinité, il faut augmenter le nombre de constituants, ce qui entraîne une diminution de $\overline{C}$. Il existe donc en général un nombre optimal de constituants (clones), souvent compris entre 4 et 8 (Gallais, 1975, 1990, 1992b).

Une variété synthétique ne permet donc qu'une faible utilisation de la variance entre croisements, et la meilleure variété synthétique sera nécessairement inférieure à la valeur du meilleur croisement. L'expression précédente montre que sa valeur est plus proche de celle d'une variété population que de celle d'un hybride simple (Gallais, 1989b, 1992b).

	P_1	P_2	P_3	P_4	P_5	P_6	P_7
P_1							
P_2							
P_3							
P_4							
P_5							
P_6							
P_7							

Avec la probabilité $1/k$ sur la diagonale, il y a autofécondation et avec la probabilité $(1 - 1/k)$ hors diagonale, il y a croisement.

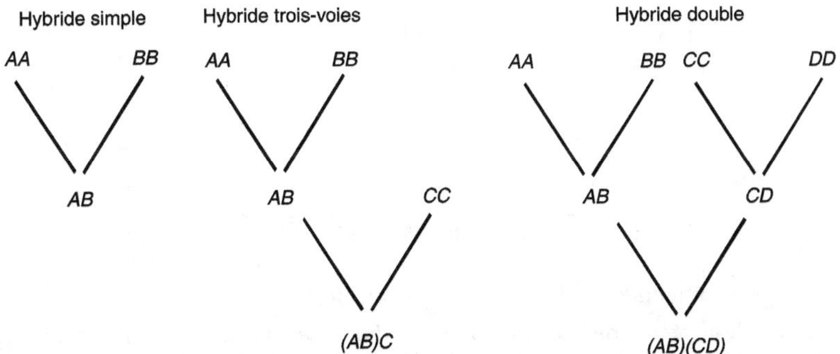

Figure 3.4. Les différents types d'hybrides entre lignées.

AA, BB, CC, DD représentent chacun une lignée homozygote diploïde.

Les variétés semi-hybrides

Avec deux constituants (parents) A et B en proportion égale dans le champ de production de semences, si la pollinisation se fait au hasard (panmixie), les semences récoltées seront composées en moyenne de 50 % de semences hybrides ($A \times B$) et de 50 % de semences résultant de la reproduction intraconstituant $A \times A$ et $B \times B$ (équivalent d'une autofécondation si les constituants sont génétiquement homogènes, c'est-à-dire s'il s'agit d'un clone, d'une lignée ou d'un hybride simple). Chez les plantes allogames, l'allopollen étant souvent avantagé par rapport à l'autopollen, il y aura en général plus de 50 % de croisements, voire au-delà de 90 % (cas des graminées fourragères). Le résultat est alors ce qui est appelé une variété *semi-hybride* (Figure 3.5) ; c'est l'équivalent de la première génération d'une variété synthétique à deux constituants. Si l'avantage des plantes « hybrides » est assez fort par rapport aux plantes issues de croisements intraparentaux (autofécondation si le parent est une lignée) et avec une espèce semée à forte densité, la contribution de ces plantes à la performance de variété pourra être faible. En effet, celles-ci seront dominées, voire éliminées par compétition, comme c'est le cas chez les plantes fourragères (Carnahan et Paden, 1967). La première variété hybride d'endive a été créée par cette méthode (Bannerot, 1986 ; Bannerot et Pécaut, 1992), mais elle n'était hybride qu'à 85 % et était donc hétérogène ; aujourd'hui, chez cette espèce, on cultive des hybrides réalisés grâce à une stérilité mâle nucléo-cytoplasmique. Des tentatives de développement de variétés semi-hybrides, à partir de lignées non fixées, ont été réalisées chez la luzerne (Moller-Nielsen et Andreasen, 1970), la fétuque élevée (Jadas-Hécart et Poisson, 1992) et le dactyle (Gallais et Mousset, non publié, création de la variété Lubryde ; Mousset, 1992), mais elles n'ont pas connu un grand succès.

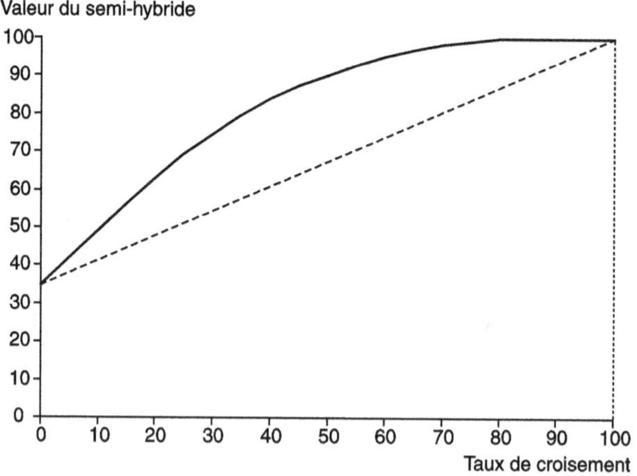

Figure 3.5. Valeur attendue d'une variété semi-hybride.

Une variété semi-hybride est formée d'un mélange de l'hybride F_1 résultant du croisement des deux parents (x %) et des descendances en autofécondation des deux parents (100 – x) %. Au niveau de la culture de ce mélange, les plantes F_1 vigoureuses dominent, voire éliminent les plantes issues d'autofécondations, qui ne contribuent alors que peu au rendement tant que le taux d'autofécondation n'est pas trop élevé.

Les variétés composites hybrides-lignées ou hybrides-hybrides

Dans le cas du colza, vers 1985-1990, la production de variétés hybrides est apparue susceptible d'apporter un progrès génétique par rapport aux variétés lignées développées en France, ou aux populations synthétiques développées en Allemagne. Cependant, les sélectionneurs n'avaient pas à leur disposition une stérilité mâle nucléo-cytoplasmique avec de bons restaurateurs de fertilité (voir p. 200). Les hybrides non restaurés, stériles, étant très productifs à condition d'être pollinisés, il a donc été imaginé de commercialiser un mélange composé de 80 à 85 % d'un hybride F_1 non restauré et de 15 à 20 % d'un pollinisateur lignée (souvent l'un des parents). Ce mélange forme une variété « composite hybride-lignée ». Si le pollinisateur est un hybride, on parle de variété « composite hybride-hybride ». La première variété française composite hybride-lignée chez le colza fut Synergy (inscrite au catalogue officiel des variétés en 1993). Sa durée de vie fut courte car lors de sa deuxième année de culture à grande échelle, un printemps froid a beaucoup affecté la production de pollen, ce qui a eu un impact catastrophique sur le rendement en grains (avec une variété lignée ou une variété population, malgré le froid, il serait toujours resté suffisamment de pollen pour assurer la fécondation).

L'utilisation des effets cytoplasmiques et des effets de xénie

Dans le cas du maïs, et sans doute chez bien d'autres espèces où l'on produit des variétés hybrides par utilisation d'une stérilité mâle nucléo-cytoplasmique (voir p. 200), des variétés composites hybrides-hybrides pourraient être envisagées pour utiliser deux phénomènes bien connus : *l'effet du cytoplasme* et *l'effet de xénie*.

Au sein d'une espèce, il peut exister plusieurs cytoplasmes induisant la stérilité. Cette diversité des cytoplasmes de stérilité mâle est d'ailleurs recherchée pour éviter de développer une culture basée sur un seul cytoplasme. En effet, en 1970 aux États-Unis, l'utilisation à grande échelle du cytoplasme de stérilité mâle Texas (T) pour la production de semences hybrides s'est traduite par un développement rapide de l'helminthosporiose, maladie à laquelle ce cytoplasme est particulièrement sensible, avec des dégâts très importants (Tatum, 1971). Depuis, d'autres cytoplasmes de stérilité, n'ayant pas ce défaut, ont été trouvés C, S, etc. ; en l'absence de restauration de la fertilité, ces cytoplasmes ont un effet favorable (alors que le cytoplasme T a un effet plutôt défavorable) par rapport à un cytoplasme normal. Les gains de rendement dus à la non-restauration peuvent atteindre 15 à 20 % (pour la même formule hybride, obtenue sur cytoplasme C non restauré et non pas par castration manuelle) (Weingartner *et al.*, 2002). Il est donc tout à fait envisageable d'exploiter ce phénomène en faisant des composites hybrides-hybrides, c'est-à-dire 80 % d'un hybride non restauré avec 20 % de pollinisateur. Dans le cas du maïs, les risques sont plus faibles que pour le colza : il s'agit d'une culture d'été et de plus les stigmates sont réceptifs pendant une longue période (10-12 jours), d'où un faible risque de stérilité par absence de pollen pour peu que les précocités femelle et mâle soient bien choisies. On peut même utiliser comme pollinisateur l'hybride restauré mais cela ne permettra pas d'utiliser le phénomène de xénie.

Le phénomène de xénie peut être défini comme l'effet des gènes du mâle au niveau de la semence récoltée. L'effet le plus spectaculaire chez le maïs est celui qui peut être observé sur un épi de maïs sucré (avec le gène *sh2*). Avec une lignée femelle *sh2*, un ovule fécondé par un pollen *sh2* donne un grain sucré et ridé à maturité. Mais un ovule fécondé par un pollen normal donne un grain normal à albumen farineux. Un autre exemple, toujours chez le maïs : avec une femelle précoce, un grain résultant de la fécondation par un mâle tardif a une physiologie d'un grain de variété tardive (Tsai et Tsai, 1990). Enfin, dernier exemple qui pourrait avoir une conséquence sur le type de variétés : avec une lignée prise comme femelle, entre un grain issu d'autofécondation et un grain issu de croisement et avec du matériel normal, on constate une différence de poids de l'ordre de 8 à 15 % (Bulant et Gallais, 1998). Avec une femelle hybride simple, l'effet est moins fort : 4 à 7 % (en l'absence d'épistasie, on s'attend à une division par deux de l'avantage). Or, quand l'agriculteur cultive un hybride simple, il récolte des grains issus de l'équivalent d'une autofécondation (puisqu'il s'agit d'un croisement entre plantes identiques). Il n'y aura donc pas d'hétérosis maximum. L'hétérosis maximum au niveau du grain sera obtenu avec des grains les plus hétérozygotes possibles. Cela peut se réaliser en cultivant en mélange un hybride non restauré et un hybride pollinisateur, comme pour utiliser l'effet du cytoplasme, mais avec la différence qu'il faudra choisir le pollinisateur pour son aptitude a bien se combiner avec les gènes de la femelle, au niveau du grain récolté sur cette femelle. Au minimum, il ne doit pas être apparenté à cette dernière. On pourra ainsi combiner l'effet favorable du cytoplasme et l'effet de xénie, ce qui peut conduire à des avantages bien supérieurs à 10 % (Weingartner *et al.*, 2002). Ce type de variétés n'a pas encore été développé, mais se développera nécessairement dans certaines situations.

L'effet défavorable au niveau des grains récoltés de cette forme de consanguinité ne pouvait apparaître de façon significative qu'avec le développement des hybrides simples. En effet, avec des hybrides doubles, le niveau d'hétérozygotie des grains est plus élevé (la consanguinité au niveau de l'embryon est deux fois plus faible) et il était donc plus difficile de mettre en évidence un phénomène dont l'ampleur était réduite à 2-3 %. Par contre, au niveau des hybrides simples, cet effet est plus fort (4-6 %) et mériterait d'être pris en considération.

Évolution de la vigueur de la 1re génération (F$_1$) à la 2e génération

Avec les variétés hybrides, si l'agriculteur resème les semences récoltées, il en résulte une perte de potentiel de production par le développement d'une consanguinité. Ainsi, avec des semences hybrides simples, toutes les plantes étant identiques entre elles, le produit récolté correspond à une génération d'autofécondation, c'est-à-dire une F$_2$ (en l'absence de forts flux de pollen étranger). Dans ce cas, l'hétérozygotie est divisée par deux et la perte attendue de vigueur hybride en F$_2$ correspond à 50 % de la différence entre l'hybride et les parents, d'où la perte de potentiel de rendement de 20 à 30 %. Ensuite, la perte de vigueur est stabilisée puisque l'on a une population reproduite en panmixie (l'équilibre est atteint dès la première génération, voir p. 304). Avec un hybride double, la consanguinité résulte de croisement entre plantes sœurs non identiques entre elles, et la perte de vigueur attendue est deux fois plus faible (– 10 à – 15 %). L'hybride trois-voies conduit à une perte de vigueur intermédiaire entre celle de l'hybride simple et celle de l'hybride double (Tableau 3.2 et Figure 3.6). En fait aujourd'hui, les hybrides trois-voies ou les hybrides doubles qui existent encore chez le maïs ne sont pas de vrais hybrides doubles ou trois-voies, car les hybrides simples parentaux à partir desquels ils sont réalisés sont le produit d'un croisement entre des lignées apparentées ou de même origine (du même groupe hétérotique). Le comportement de ces hybrides est alors plus proche de celui des hybrides simples que de celui des hybrides doubles ou trois-voies issus de parents indépendants. Dans tous les cas, si l'agriculteur veut bénéficier des performances maximales, il doit renouveler les semences pour chaque nouvelle production. La justification économique de ce renouvellement est discutée dans le chapitre 5.

Tableau 3.2. Effet de la multiplication en panmixie de différents types d'hybrides chez le maïs (d'après Neal, 1935).

	Moyenne des hybrides	Moyenne des lignées	Valeur de la F_2	
			Attendue	Observée
Hybrides simples (10)	62,8	23,7	43,3	44,2
Hybrides trois-voies (4)	64,2	23,8	49,1	49,3
Hybrides doubles (10)	64,1	25,0	54,3	54,0

Entre parenthèses, nombre d'hybrides intervenant dans la moyenne. Rendement en bushels/acre (1 bushel équivaut à environ 35 litres).

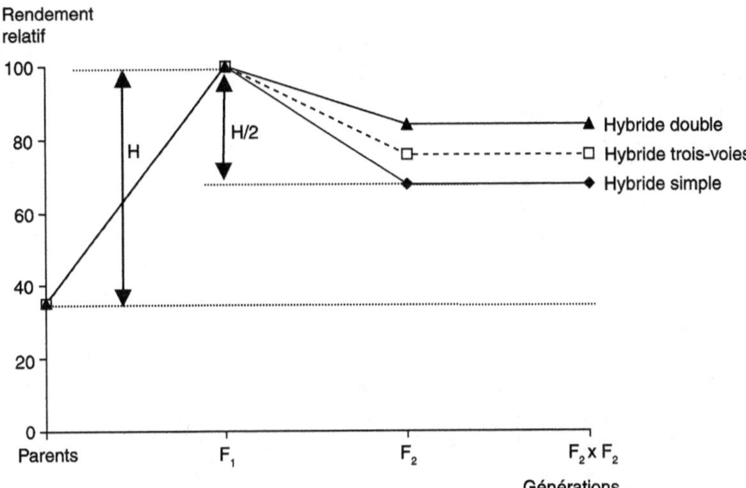

Figure 3.6. Effet de la multiplication d'un hybride.

En passant de la F_1 à la F_2, pour un hybride simple, on perd 50 % de la vigueur hybride (différence entre la F_1 et la moyenne des deux parents qui forment la génération 0) ; pour un hybride double, on perd 25 % de cette différence, et pour un hybride trois-voies, la situation est intermédiaire (37,5 %). En fait pour les hybrides doubles et les hybrides trois-voies, les hybrides simples parentaux étant souvent réalisés avec des lignées apparentées ou de même groupe hétérotique, la perte de vigueur sera plus forte qu'attendue et se rapprochera de celle d'un hybride simple. Notons que la représentation a été faite en valeur relative pour chaque type d'hybride : elle ne signifie pas que la F_2 d'un hybride double est meilleure que la F_2 d'un hybride simple. H : hétérosis parent-moyen.

Choix d'un type de variétés à développer selon des critères biologiques

Critères biologiques et choix selon les espèces

Compte tenu des contraintes biologiques liées à chaque espèce, le sélectionneur n'est pas en général libre du choix du type de variétés. Pour les plantes à multiplication végétative facile, c'est la variété clone qui est retenue. Ce type de variété peut aussi s'imposer, même en présence d'une reproduction sexuée ne posant pas de problèmes, si la multiplication végétative est économiquement possible à grande échelle et si la culture de l'espèce permet d'installer facilement des clones. Dans le cas d'une variété produite par voie sexuée, deux critères essentiels interviennent : la possibilité de contrôler le croisement à grande échelle et l'importance de la dépression de consanguinité (Tableau 3.3).

Tableau 3.3. Critères biologiques de choix d'un type de variétés.

Critères	Types de variétés
Plantes à reproduction sexuée	
Dépression de consanguinité faible,	
. Hétérosis fixable à court terme (souvent plantes autogames)	Lignées pures
. Intérêt particulier des hybrides et contrôle possible de l'hybridation à grande échelle	Hybrides
Dépression de consanguinité forte (plantes allogames)	
. Hybridation difficile à contrôler à grande échelle	Variétés synthétiques
. Contrôle possible de l'hybridation à grande échelle	Hybrides
Plantes à multiplication végétative	
ou possibilité de reproduction à l'identique	Clones

Chez les plantes autogames, des variétés lignées pures sont le plus souvent développées, mais des variétés hybrides peuvent être aussi développées (Tableau 3.4). En général, il y a eu, ou il y a, passage des variétés populations aux lignées pures, puis des lignées pures aux hybrides. Chez les plantes allogames, du fait de la dépression de consanguinité, les variétés lignées pures ne se sont pas développées[1]. Chez ces espèces, se sont essentiellement développées dans l'ordre chronologique : les variétés populations, les variétés synthétiques puis les hybrides, avec d'abord les hybrides à base assez large (hybrides de populations comme chez la betterave, ou hybrides doubles) puis les hybrides à la base génétique la plus étroite possible, les hybrides trois-voies et enfin les hybrides simples de lignées.

Chez les plantes à reproduction sexuée, les variétés modernes sont donc très souvent devenues « monogénotypiques», c'est-à-dire réduites à un génotype, comme les variétés clones chez les plantes à multiplication végétative. C'est le cas des variétés lignées pures et des variétés hybrides simples entre lignées. Ces types variétaux présentent donc les mêmes avantages et inconvénients que les variétés clones. Les variétés synthétiques, proches des variétés populations, ne subsistent que chez les plantes allogames pour lesquelles le contrôle de l'hybridation à grande échelle n'est pas possible, mais aussi dans beaucoup de pays en développement lorsque le secteur semencier est peu ou pas organisé.

Le tableau 3.4 montre les types de variétés les plus développés actuellement pour les espèces de grande culture et les espèces légumières. Pour les espèces allogames de grande culture, ce sont des hybrides qui sont développés dès que le contrôle de l'hybridation est possible à grande échelle, sinon ce sont des variétés synthétiques. Les variétés hybrides se sont aussi développées chez les plantes légumières, allogames et autogames, bien que pour ces plantes le rendement soit un caractère moins important que pour les productions de grande culture. Pour ces espèces, la variété hybride permet de réunir facilement dans un même génotype plusieurs gènes dominants de résistance (voir ci-dessous) et d'obtenir une plus grande stabilité de comportement selon le milieu. Pour les céréales autogames

---

1. Sauf cas exceptionnel comme le colza qui est en fait une plante semi-allogame, à 30 % allogame, tolérante à la consanguinité.

(avoine, blé, orge), ce sont essentiellement des variétés lignées qui sont développées car l'hétérosis est faible et les semences hybrides sont trop coûteuses à produire : le contrôle de l'hybridation est difficile et le taux de multiplication est faible (cf. Chapitre 5, p. 291). Chez le triticale, il existe bien un hétérosis significatif et la plante émet beaucoup de pollen, ce qui serait favorable à la production d'hybrides, mais la faible importance économique de cette espèce ne justifie pas un investissement important dans la création variétale. Chez le sorgho, bien qu'espèce autogame, l'hétérosis est assez élevé de même que son taux de multiplication, ce qui justifie les variétés hybrides. Chez le haricot et le soja, l'hétérosis et surtout le coefficient de multiplication sont faibles ; de plus, la maîtrise de la fécondation croisée est difficile. Ainsi, chez ces deux espèces, par rapport aux gains de rendement attendus, les semences hybrides seraient trop coûteuses à produire (cf. Chapitre 5 sur l'importance du taux de multiplication dans le choix d'un type de variété).

Tableau 3.4. Types de variétés selon les principales espèces cultivées en Europe.

Type de variétés	Biologie florale		Type de culture et espèce
Variétés hybrides	Allogame	Grande culture	Betterave, Maïs, Seigle, Tournesol
		Légumière	Artichaut, Carotte, Chicorées, Choux, Concombre, Courgette, Épinard, Melon, Navet, Oignon, Pastèque, Radis
	Semi-allogame	Grande culture	Colza [1]
	Autogame	Grande culture	Riz, Sorgho, Tabac, Blé [2], Orge [2]
		Légumière	Piment, Tomate
Variétés synthétiques	Allogame	Grande culture	Féverole, Graminées fourragères pérennes (Dactyle, Fétuques, Ray-grass), Luzerne, Trèfle blanc, Trèfle violet
	Semi-allogame	Grande culture	Colza [1]
Lignées	Autogame	Grande culture	Avoine, Blé, Lin, Orge, Pois, Riz, Soja, Triticale
		Légumière	Haricot, Laitue, Pois
	Semi-allogame	Grande culture	Colza [1]
Clones		Grande culture	Pomme de terre

[1] Hybrides en développement (> 30 % des surfaces) et auparavant variétés synthétiques en Allemagne et lignées en France ; [2] type de variété très peu développé.

Les contraintes biologiques et la reproduction à l'identique

Nous avons vu que ce sont les variétés monogénotypiques, réduites à un génotype, qui permettent les meilleures performances. Il s'agit alors de choisir entre clones, lignées ou hybrides simples entre lignées. Du point de vue méthodologie de la sélection, les variétés monogénotypiques les plus simples à sélectionner, et permettant une très bonne utilisation de la variation génétique, sont les variétés clones : lorsqu'un génotype performant est identifié, il peut être reproduit en un grand nombre d'exemplaires. Pour les espèces à reproduction sexuée, classiquement reproduites sous forme de graines, la mise au point de graines artificielles pourrait devenir une solution pour reproduire à grande échelle n'importe quel génotype sous forme de clones, utilisables comme des graines conventionnelles. Cependant, la maîtrise de la technique n'est pas encore suffisante. L'apomixie, équivalent de la multiplication végétative sous forme de graines serait une autre voie possible, mais c'est un phénomène qui apparaît très difficile à utiliser (Savidan, 1982 ; Leblanc *et al.*, 2008).

Pour beaucoup d'espèces de grande culture à reproduction sexuée, la multiplication végétative à grande échelle n'est pas possible techniquement ou économiquement. De plus, sauf à partir de graines artificielles ou de graines apomictiques, l'installation d'un peuplement de clones y est difficilement envisageable, comme chez le blé. Pour ces espèces, la production en grand nombre d'un génotype performant, reproductible par la voie sexuée, ne peut s'envisager que par la création de lignées pures ou d'hybrides simples entre lignées. Nous verrons que l'hybride simple entre lignées est une façon de reproduire facilement un génotype quelconque d'une population panmictique.

▸▸ Justification des variétés hybrides

Chez les plantes où les variétés clones sont difficiles ou impossibles à développer, les facteurs qui justifient la création des variétés hybrides par rapport aux autres types variétaux - populations, variétés synthétiques, lignées - sont essentiellement la possibilité de contrôle de l'hybridation à grande échelle et les avantages « génétiques » et agronomiques des variétés hybrides. À ces avantages, il faut ajouter un avantage économique, la protection du matériel génétique de l'obtenteur et le financement du progrès génétique. Nous verrons aussi d'autres facteurs correspondant à des situations plus spécifiques.

La possibilité de contrôler l'hybridation à grande échelle

Pour envisager de développer des variétés hybrides, il faut d'abord que le contrôle de l'hybridation à grande échelle puisse aussi se faire de façon économique. Elle peut se faire par castration manuelle (cas du maïs), castration génétique ou castration chimique (cas du blé), mais aussi par utilisation des systèmes d'auto-incompatibilité (cas des choux) (voir p. 191). Ainsi, nous verrons qu'à côté d'autres problèmes, les hybrides de blé ne se sont pas très développés à cause de la difficulté du contrôle de l'hybridation à grande échelle par la castration chimique.

Les avantages « génétiques » et agronomiques des variétés hybrides

Du point de vue des performances des variétés, les principaux avantages des variétés F_1 sont les suivants :
– la sélection de variétés performantes si la dépression de consanguinité est forte ;
– l'utilisation des différents mécanismes de l'hétérosis et la rapidité de réunion dans un même génotype de gènes dominants favorables ;
– l'homéostase des variétés ;
– l'homogénéité et reproductibilité des variétés.

La sélection de variétés performantes si la dépression de consanguinité est forte

L'ampleur du phénomène d'hétérosis, et corrélativement de la dépression de consanguinité, est un critère important pour orienter vers la création de variétés lignées ou de variétés hybrides. Les variétés hybrides ont été initialement conçues chez les espèces

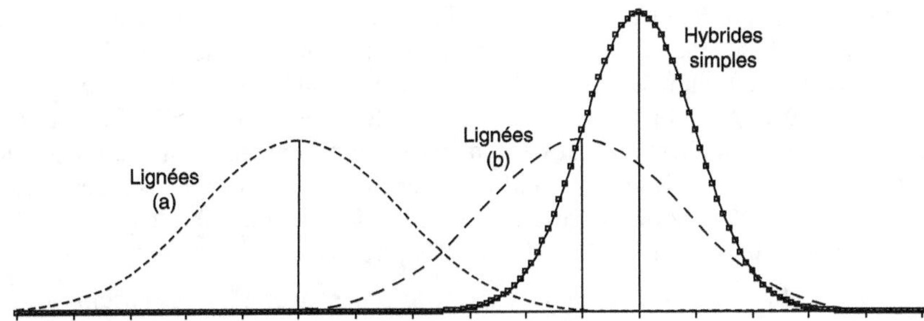

Figure 3.7. Justification en termes statistiques des variétés hybrides.

En (a) la variance plus grande des lignées ne permet pas de compenser la dépression de consanguinité par l'effet de la sélection des meilleures lignées : les hybrides sont justifiés. Au contraire en (b), la dépression de consanguinité étant plus faible, les meilleures lignées peuvent être supérieures aux meilleurs hybrides. En ordonnée, la fréquence des lignées ou des hybrides et en abscisse, leur rendement.

allogames ou à régime mixte, manifestant en général plus d'hétérosis que les espèces autogames (cf. Chapitre 1). Elles permettent de reproduire à grande échelle un génotype performant qui peut exister dans une population allogame, et elles évitent tout effet défavorable de la consanguinité (voir p. 167).

De façon plus précise, comme pour le choix de tout type de variétés, il faut considérer la probabilité d'obtenir la meilleure variété possible. En termes statistiques, elle dépend de la moyenne et de la variance des types de variétés comparés. Ainsi, comme nous le verrons de façon détaillée au chapitre 5, pour le choix entre hybrides et lignées, il faut faire intervenir non seulement la différence de moyennes entre ces deux types de variétés, représentant la dépression moyenne de consanguinité, mais aussi les différences de variances (Gallais, 1973, 1989a). Or la variance entre lignées homozygotes est nécessairement plus importante que la variance entre hybrides (qui sont l'équivalent d'un mélange). Donc si la dépression de consanguinité est faible, comme chez les plantes autogames, les meilleures lignées pourront être aussi bonnes que les meilleurs hybrides, voire supérieures (Figure 3.7). Au contraire, si la dépression de consanguinité est forte, comme chez de nombreuses plantes allogames, elle ne pourra pas être compensée par l'effet de la sélection des meilleures lignées, et les meilleurs hybrides seront toujours supérieurs aux meilleures lignées. Mais pour présenter un intérêt, une variété hybride doit aussi être supérieure à la population ou à l'hybride de population dont on la dérive. Nous montrons plus loin que c'est toujours le cas, une population ou un hybride de deux populations pouvant toujours être considéré comme un mélange d'hybrides, intra- ou interpopulation.

L'utilisation des mécanismes de l'hétérosis et la rapidité du cumul des gènes dominants favorables

Si la superdominance existe, seules les variétés hybrides permettent de l'utiliser. Il en est de même pour la pseudo-superdominance, les liaisons en répulsion de gènes étant très difficiles à rompre. Mais, même dans le cas où l'hétérosis est en théorie fixable (hypothèse de la *dominance*), en pratique il est infixable dès que le nombre de locus par lequel diffèrent les deux parents devient grand, ce qui est nécessairement le cas pour un caractère comme le rendement. Toute tentative de fixation à court terme conduit à une perte de variabilité génétique, limitant le progrès génétique. « *La variété hybride apparaît alors comme la solution la plus rapide pour réunir dans un génotype les différents gènes dominants favorables apportés par les parents* » (Gallais, 2000a). Nous verrons (cf. Chapitre 4) que la sélection récurrente peut être un moyen d'accélérer la fixation. De plus, même dans l'hypothèse où l'hétérosis serait majoritairement dû au mécanisme de la dominance, il n'est pas possible d'exclure le mécanisme de la superdominance. La variété « idéale » devrait donc être un génotype homozygote pour les allèles favorables aux locus sans superdominance et hétérozygote aux locus où la superdominance est présente : seules les variétés hybrides simples permettent de créer un tel génotype, mais à condition de mettre en œuvre les méthodes de gestion et d'utilisation de la variabilité génétique assurant le développement d'un tel génotype (cf. Chapitre 4).

L'avantage des hybrides pour le cumul rapide de gènes favorables des parents apparaît de façon plus concrète pour des caractères différents à déterminisme génétique, comme la résistance aux maladies. Considérons 10 gènes indépendants, de résistances à différentes maladies, avec 5 allèles dominants favorables chez un parent, 5 chez l'autre. La probabilité dans une F_2 d'obtenir le génotype homozygote pour les 10 allèles favorables est de $(1/4)^{10}$, soit environ 10^{-6} (une chance sur un million), ce qui est extrêmement faible. Par sélection généalogique, le temps de fabrication d'une telle lignée améliorée à partir de cette F_2 sera long, et d'un point de vue pratique, il n'y a aucune chance d'obtenir le meilleur génotype. Cette probabilité « totale » de fixation tend vers celle qui existe au niveau de lignées obtenues par SSD[2] ou haplodiploidisation soit $(1/2)^{10}$ équivalent à environ 0,001, ce qui est encore faible. Au contraire, l'hybride F_1 permet de cumuler directement en une seule génération et à coup sûr les 10 gènes. Cet avantage est utilisé chez de nombreuses plantes légumières, comme la tomate, plante autogame avec peu d'hétérosis mais chez laquelle il existe de nombreux gènes de résistance aux maladies ou aux parasites qui sont dominants (plusieurs fusarioses, verticilliose, mildiou, stemphyliose, cladosporiose, nématodes, virus de la mosaïque du tabac, etc., cf. Tableau 2.2). La voie « lignée » était possible, mais elle aurait retardé la mise à disposition de variétés résistantes et entraîné l'application de plus de fongicides et autres pesticides.

L'homéostase des hybrides

L'homéostase des hybrides est une facette importante de l'hétérosis (cf. Chapitre 1, p. 27). Par rapport aux lignées, les variétés hybrides possèdent en général une plus grande stabilité de performances vis-à-vis des milieux et présentent une supériorité relative encore plus nette lorsque les conditions sont défavorables.

L'homogénéité et la reproductibilité des variétés

Comme nous l'avons vu précédemment (p. 140), l'homogénéité des variétés a toujours été recherchée ; elle est aujourd'hui indispensable pour une bonne maîtrise de la production, mais aussi pour répondre aux exigences de la filière de l'espèce, de la récolte jusqu'au consommateur final, en passant éventuellement par la transformation agro-alimentaire.

Chez les plantes allogames, par rapport aux variétés populations, y compris les variétés synthétiques, les variétés hybrides simples entre lignées sont un moyen simple de réaliser des variétés parfaitement homogènes, aussi homogènes que des variétés lignées pures, tout en ayant la vigueur maximale (Photo 9 sur planche couleur 4). Avec des lignées pures, il y aurait perte de vigueur ; avec des populations, il serait très difficile d'obtenir par sélection une homogénéité satisfaisante sans risque de perte de potentiel de vigueur. Ainsi, dans les années 1970, les variétés d'endive, de carotte ou de radis (trois espèces

---

2. *Single Seed Descent.*

allogames) étaient des populations, mais toujours avec une certaine hétérogénéité malgré une forte sélection pour l'homogénéité ; aujourd'hui les variétés développées pour ces espèces sont le plus souvent des hybrides simples de lignées d'homogénéité parfaite.

Conséquence de leur mode de production par l'hybridation contrôlée de lignées homozygotes, les variétés hybrides (quel qu'en soit le type) sont parfaitement reproductibles, à la différence des variétés populations et des variétés synthétiques qui donnent toujours prise à la sélection naturelle. De ce point de vue, un hybride simple est aussi reproductible qu'une lignée pure. Un hybride double est aussi parfaitement reproductible puisqu'il fait intervenir des parents hybrides simples génétiquement homogènes. Une reproduction « non conforme » d'un hybride double est toutefois théoriquement possible avec une forte sélection gamétique, qui serait variable selon les conditions environnementales au moment de la fécondation dans le champ de production des semences. Mais hormis ce cas, non démontré avec les précautions prises pour la production de semences, il n'y a pratiquement pas de risques de modification des caractéristiques de la variété hybride double au cours du temps, si les parents sont reproduits de façon conforme.

Le financement du progrès génétique et la protection du matériel génétique de l'obtenteur

Pour les plantes semées et récoltées pour leurs graines, il faut distinguer la graine de consommation, ce qui est récolté, et la graine semée, moyen de production. Dans le cas des céréales autogames avec des variétés lignées pures, le grain récolté est pratiquement génétiquement identique au grain semé. Cependant, l'agriculteur qui s'auto-approvisionne, c'est-à-dire qui ressème des graines de sa récolte, prend des risques au niveau de la qualité germinative et sanitaire, voire au niveau de la pureté variétale, alors qu'avec des semences certifiées, il a des garanties au niveau de ces trois types de qualité. Malgré les avantages des semences certifiées, en France et pour le blé, l'auto-approvisionnement est de l'ordre de 50 %. Cet auto-approvisionnement, *privilège du fermier*, compromet l'amortissement des investissements de l'obtenteur dans la recherche et risque de conduire à un ralentissement du progrès génétique. Or il faut bien un financement de ce progrès. D'où, dans certains pays européens et en application du système UPOV[3] en vigueur au niveau de la Communauté, la mise en place d'une taxe spécifique qui doit permettre de contenir l'auto-approvisionnement « *dans des limites raisonnables et sous réserve de la sauvegarde des intérêts légitimes de l'obtenteur* ». En France, cette taxe est représentée par la contribution volontaire obligatoire (CVO) (cf. Chapitre 5, p. 297).

Avec une variété hybride, la graine récoltée n'est plus génétiquement identique à la graine semée. Si l'agriculteur s'auto-approvisionne, il perd en potentiel de rendement (− 20 à − 30 % de rendement en grain chez le maïs, pour un hybride simple) et de plus, le peuplement sera hétérogène (cf. Figure 3.7). L'agriculteur est donc conduit à renouveler ses semences. Ce renouvellement permet à l'obtenteur d'amortir ses investissements dans la recherche et favorise en même temps le progrès génétique (cf. Chapitre 5). Une variété hybride est donc une forme de protection de l'obtenteur contre l'auto-approvisionnement en semences de l'agriculteur.

Une variété hybride est aussi une forme de protection de l'obtenteur contre l'utilisation directe de son matériel génétique par les autres obtenteurs. Tout obtenteur a la possibilité de protéger sa nouvelle variété par un certificat d'obtentions végétales (COV) qui le

---

3. Union pour la protection des obtentions végétales.

protège de la multiplication et de la commercialisation frauduleuses de cette variété par un tiers. Cependant le COV, à la différence du brevet, laisse libre pour quiconque l'utilisation de la variété comme ressource génétique dans un nouveau programme de sélection ; cette dérogation au droit de la protection des variétés végétales est appelée le « *privilège de l'obtenteur* ». Dans ce contexte, la forme hybride constitue un élément supplémentaire de protection de la variété, car si l'hybride lui-même peut être utilisé comme ressource génétique par un autre obtenteur, le COV ne permet pas l'accès aux parents de l'hybride qui seraient une ressource génétique plus facilement utilisable. En effet, comme nous le verrons, les variétés hybrides simples résultent de combinaisons entre des parents d'origines différentes, complémentaires et manifestant de l'hétérosis. Donc, en dérivant des lignées d'un hybride, par suite des recombinaisons entre les gènes non allèles des parents au cours du processus de fixation, les origines génétiques sont mélangées et il sera très difficile de trouver des lignées complémentaires de ces nouvelles lignées. En revanche avec les variétés lignées, il y a bien, grâce au COV, un accès direct aux ressources génétiques améliorées. L'expérience chez le maïs montre toutefois que ce frein à la circulation des ressources génétiques par la structure variétale n'a pas eu d'impact négatif évident sur le progrès génétique (au contraire même, puisque par un meilleur financement de la recherche il a permis un progrès génétique plus important que chez le blé).

La justification des hybrides dans des situations spécifiques

Les hybrides peuvent se justifier dans des situations spécifiques pour mieux utiliser la variabilité génétique.

L'utilisation de gènes majeurs chez les plantes allogames

Chez le tournesol, l'amélioration des populations ne permettait pas d'atteindre des niveaux de résistance suffisant à l'oïdium. Une forte intensité de sélection pour augmenter la fréquence des gènes de résistance aurait trop réduit la base génétique et donc induit une dépression de consanguinité compromettant l'augmentation des rendements. Avec les variétés hybrides, il est plus facile de réunir la résistance et la productivité puisqu'il suffit d'obtenir deux lignées suffisamment résistantes et se combinant bien entre elles. C'est un avantage analogue à celui des variétés synthétiques par rapport aux populations, mais encore plus net. Cela peut concerner l'utilisation de nombreux gènes majeurs chez les plantes allogames : des gènes d'adaptation au milieu (contraintes biotiques et abiotiques), des gènes de la qualité des produits (composition des huiles, des protéines, de l'amidon ; valeur alimentaire pour l'homme et les animaux), etc.

Les hybrides super-mâles chez l'asperge

L'asperge est une plante gynodioïque, avec des pieds mâles et des pieds femelles parfois hermaphrodites. Or il est connu que les plantes mâles ont une production plus importante que les plantes femelles ; elles sont aussi plus précoces et plus pérennes (Pitrat et Foury, 2003). Cela a été interprété comme la conséquence du non-investissement dans la fonction femelle. L'idéal est donc de produire des plantes mâles à 100 %. Le déterminisme du sexe chez l'asperge est monogénétique, les plantes mâles sont hétérozygotes *MF* et les plantes femelles sont *FF*. Par haplodiploïdisation des plantes mâles (cultures d'anthères), on a pu obtenir des plantes *MM* dites super-mâles. Le croisement de ces super-mâles avec des lignées femelles *FF* permet de produire des plantes 100 % *FM*, donc mâles. Pour produire l'hybride à grande échelle, il suffit de multiplier végétativement le parent super-mâle, ce qui est assez facile chez l'asperge (Corriols et Doré, 1988 ; Doré et Varoquaux, 2006).

Le dosage optimal de certains gènes à effets pléiotropiques

Dans certaines situations, l'état hétérozygote permet d'avoir l'effet favorable d'un gène sur un caractère, sans qu'il soit associé à un effet défavorable qui apparaît à l'état homozygote sur un autre caractère (cf. Chapitre 2). Ainsi chez la tomate, le gène *Mi* de résistance aux nématodes à l'état homozygote a un effet défavorable sur la fertilité pollinique, alors qu'à l'état hétérozygote il permet de combiner à la fois résistance et fertilité (Mathilde Causse, communication personnelle). Chez le melon, une situation analogue existe avec le gène *r* de résistance à l'oïdium : à l'état homozygote il entraîne des nécroses foliaires, mais à l'état hétérozygote, il n'apparaît pas de nécroses et la résistance reste suffisante (Pitrat et Risser, 1992).

Cas de caractères déterminés maternellement

Dans le cas de caractères à déterminisme maternel, les hybrides permettent d'utiliser une variabilité génétique plus large du côté du parent mâle. Ainsi chez la betterave sucrière, les graines sont rendues monogermes par l'introduction d'un gène de monogermie *m*, découvert par Savitsky (1952). Ce gène est récessif, mais le caractère est déterminé par le porte-graines : pour obtenir une variété hybride monogerme, il suffit qu'il soit introduit chez le parent femelle[4]. Sans les variétés hybrides, il faudrait introduire le gène de monogermie dans tout le matériel et développer des populations ou variétés synthétiques monogermes, ce qui serait plus complexe, ferait perdre en potentiel de rendement et se traduirait par une certaine perte de diversité génétique. Avec les variétés hybrides, toute la variabilité génétique présente au niveau des populations multigermes peut être utilisée. Dans ce cas, les graines récoltées sur l'hybride sont alors multigermes, ce qui pose des problèmes à l'agriculteur qui voudrait s'auto-approvisionner en semences. Mais pour la betterave, les agriculteurs ont d'eux-mêmes renoncé à cette pratique depuis longtemps.

Ce système n'est pas particulier à la betterave. Chez le colza, la même situation existe avec la teneur en glucosinolates. Ces substances présentes dans la graine restent dans les tourteaux après extraction de l'huile ; elles sont à la fois goîtrigènes et responsables d'une certaine inappétence et doivent donc être éliminées pour permettre l'utilisation des tourteaux en alimentation animale. Le déterminisme génétique de la teneur est oligogénique, avec trois gènes. Reconvertir tout le matériel de sélection avec les trois gènes récessifs contrôlant la faible teneur serait long et coûteux. Cependant, comme les glucosinolates sont synthétisés dans les parties végétatives de la plante, avec une variété hybride, il suffit d'avoir le parent femelle avec les gènes de faible teneur, le parent mâle peut être quelconque.

L'obtention d'un niveau de ploïdie optimal

De nombreuses plantes cultivées sont diploïdes, d'autres sont autotétraploïdes, quelques rares sont autohexaploïdes. Chez différentes espèces, un niveau optimal de ploïdie a été montré. Pour la production de graines, il faut un niveau pair de ploïdie. Mais pour la production d'un organe végétatif, le niveau de ploïdie peut être impair. Ainsi chez la betterave pour la production de sucre, le niveau triploïde semble meilleur que le niveau

---

4. Le parent mâle peut être quelconque de ce point de vue, donc éventuellement multigerme.

tétraploïde (qui avait été retenu car il permet d'obtenir des racines mieux conformées, avec un sillon saccharifère moins profond, donc avec une « tare-terre » plus faible). Le niveau triploïde exprime encore l'avantage de conformation mais apporterait en plus un potentiel de production à l'hectare plus important. Des hybrides entre un parent femelle diploïde monogerme et un parent mâle autotétraploïde multigerme sont donc souvent développés : il en résulte des semences triploïdes monogermes. Ce type d'hybrides permet de bien utiliser la variabilité génétique présente au niveau autotétraploïde, car de nombreux matériels avaient été tétraploïdisés depuis la découverte des effets mitoclasiques de la colchicine en 1938 (Blakeslee *et al.*, 1938). Toutefois, la plus grande souplesse de la sélection au niveau diploïde fait que les variétés triploïdes régressent au profit des hybrides diploïdes.

L'avantage des plantes florales stériles

Chez diverses plantes florales (par exemple le pétunia), la durée de vie des fleurs est plus courte lorsqu'elles produisent des graines ou même dès qu'il y a pollinisation (Stead, 1992). Chez le lis, van der Meulen-Muisers *et al.* (1995) ont mis en évidence une association entre la présence d'un gène de stérilité mâle et la longévité des fleurs. De même chez une Polémoniacée (*Leptosiphon jepsonii*), Weber et Goodwillie (2007) ont montré que s'il y a fécondation, les fleurs fanent juste un jour après tandis que les fleurs castrées montrent une durée de vie allant jusqu'à cinq jours. Donc pour obtenir une longue durée de vie des fleurs, la production de variétés hybrides avec une stérilité mâle nucléo-cytoplasmique non restaurée est une solution puisqu'elles ne produisent pas de pollen.

Cas des plantes transgéniques

À l'état hétérozygote, ou plus exactement hémizygote, un transgène se comporte comme un gène dominant puisqu'il n'a pas d'allèle. Donc le croisement de deux lignées transgéniques pour un caractère différent donne en général un hybride manifestant les deux caractères (sauf si la double dose du transgène est nécessaire pour avoir une expression au niveau souhaîté). Pour le sélectionneur, cela donne plus de souplesse dans l'utilisation des génotypes transformés et facilite l'amortissement des investissements réalisés. C'est ce qui a déjà été réalisé chez le maïs pour combiner résistance aux herbicides, résistance à la pyrale et résistance à la chrysomèle. Il s'agit en fait de l'avantage des hybrides pour cumuler rapidement plusieurs gènes dominants dans un génotype.

▸▸ Type optimal d'hybrides entre lignées

Quel type d'hybrides entre lignées choisir ? Hybrides simples, hybrides trois-voies ou hybrides doubles ? Le choix dépend du niveau de ploïdie de l'espèce et de l'importance donnée à la production et à sa stabilité dans différents milieux.

Type optimal d'hybride chez les espèces diploïdes

À partir d'un même matériel, chez les espèces diploïdes, les moyennes des différents types d'hybrides formés à partir de parents lignées non sélectionnés, pris au hasard dans une même population, ont la même valeur attendue ; il est donc possible d'écrire :

$$moyenne\ HS = moyenne\ HTV = moyenne\ HD.$$

Il en est de même avec des hybrides entre lignées issues de populations différentes : si les lignées *A* et *B* viennent d'une population et les lignées *C* et *D* d'une autre population, alors la moyenne des hybrides simples *AC* est égale à la moyenne des hybrides trois-voies (*AB*)*C* ou *A*(*CD*), elle-même égale à la moyenne des hybrides doubles (*AB*)(*CD*) (Figure 3.8). Il faut toutefois noter que des effets d'épistasie et de déséquilibre de liaison peuvent sensiblement affecter l'égalité des moyennes des trois types d'hybrides, les moyennes des hybrides trois-voies et des hybrides doubles pouvant être sensiblement inférieures à celle des hybrides simples. Cela a été montré expérimentalement chez le maïs, en particulier par Weatherspoon (1970) et théoriquement par Schnell (1975) et Gallais (1973, 1974, 1989b).

Du point de vue de l'hétérogénéité à l'intérieur d'une variété hybride, l'hybride simple (*AC*) correspond à un seul génotype ; à un locus, l'hybride trois-voies (*AB*)*C* donnant des disjonctions ½ *AC*, ½ *BC* correspond à un mélange de deux hybrides simples, et l'hybride double (*AB*)(*CD*) donnant des disjonctions ¼ (*AC*, *AD*, *BC*, *BD*) correspond à un mélange de quatre hybrides simples. Il en résulte qu'un hybride double est génétiquement plus hétérogène qu'un hybride trois-voies, lui-même génétiquement plus hétérogène qu'un hybride simple :

hétérogénéité HS < hétérogénéité HTV < hétérogénéité HD.

La conséquence de ces différences d'hétérogénéité génétique est que les hybrides doubles seront plus stables selon le milieu que les hybrides trois-voies, eux-mêmes plus stables que les hybrides simples. Il ne s'agit ici que de la stabilité ou de l'homéostase due à l'hétérogénéité. La part d'homéostase due à l'hétérozygotie est supposée être la même pour les trois types d'hybrides, tous les trois ayant en moyenne le même degré hétéro-zygotie. On peut donc écrire :

homéostase HS < homéostase HTV < homéostase HD.

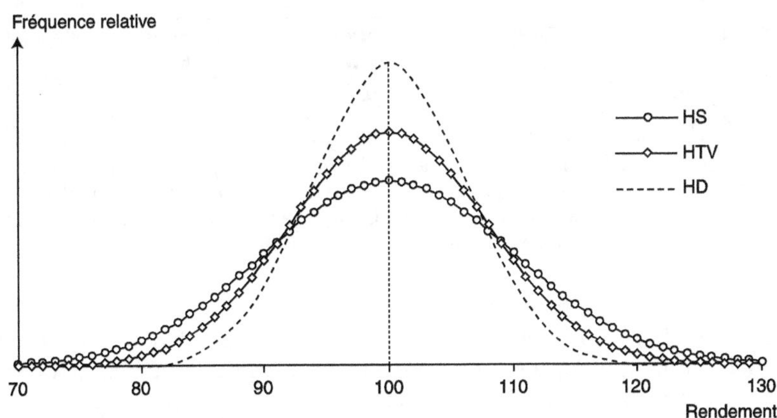

Figure 3.8. Distribution de la valeur des hybrides simples (HS), des hybrides trois-voies (HTV) et des hybrides doubles (HD) dérivés d'une même population.

La moyenne des trois types d'hybrides est identique. Les différences de variances dépendent de l'importance des variances d'additivité et de dominance. Dans l'exemple pris, ces deux variances sont égales. Il apparaît alors que : *meilleur HS > meilleur HTV > meilleur HD*. Rendement en quintaux par hectare.

Cette relation est bien vérifiée expérimentalement (Tableaux 3.5 et 3.6).

Une autre conséquence de l'hétérogénéité génétique intravariétale selon le type d'hybride est que la variation génétique entre hybrides simples est plus grande que la variation génétique entre hybrides trois-voies, elle-même plus grande que la variation entre hybrides doubles (cf. Figure 3.8) :

variance entre HD < variance entre HTV < variance entre HS.

Au niveau du meilleur hybride, il en résulte la relation suivante :

meilleur HD < meilleur HTV < meilleur HS.

Mais le moins performant des hybrides doubles sera « meilleur » que le moins performant des hybrides trois-voies, lui-même « meilleur » que le moins performant des hybrides simples (cf. Figure 3.8).

Comme la sélection sera plus efficace en développant des bases étroites (présentant une variance plus grande entre hybrides), au niveau du progrès génétique l'inégalité suivante est attendue :

progrès au niveau HD < progrès au niveau HTV < progrès au niveau HS.

C'est bien ce qui a été observé aux États-Unis, où le progrès génétique chez le maïs a connu trois grandes phases : il est devenu significatif vers 1935-1940, quand les variétés sont passées du type population au type hybride double, puis a encore augmenté quand elles sont passées au type hybride trois-voies et a encore été plus important avec l'arrivée des hybrides simples (Figure 3.9).

Tableau 3.5. Coefficient de variation résiduel de différents types d'hybrides chez le maïs (d'après Jugenheimer, 1958).

Caractères	Hybrides simples	Hybrides trois-voies	Hybrides doubles	Populations
Hauteur de l'épi	7,6	9,6	10,6	13,6
Longueur de l'épi	9,9	10,8	11,8	12,8

L'hétérogénéité intrapeuplement mesurée par le coefficient de variation est bien dans le sens attendu : *var intra HS < var intra HTV < var intra HD*, puisque les trois types d'hybrides ont la même moyenne. Dans le cas d'un hybride simple, toute la variation intra provient du milieu. Dans les autres cas, elle résulte à la fois d'une variation due au milieu et d'une hétérogénéité génétique.

Tableau 3.6. Analyse des interactions génotype × milieu selon le type d'hybrides (45 hybrides *vs* 45 hybrides doubles développés avec les mêmes parents, étudiés dans 21 milieux, d'après Eberhart et Russell, 1969).

Source de variation	Carré moyen des écarts [1]	
	Hybrides simples	Hybrides doubles
Hybride	489	170
Hybride × milieu	55	37

[1] Équivalent d'une variance.

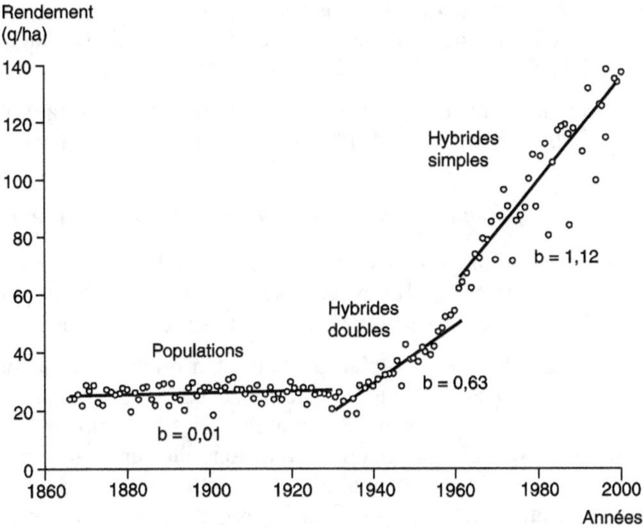

Figure 3.9. Effet du type de variétés, et plus particulièrement du type de variétés hybrides, sur le progrès génétique chez le maïs (Troyer et Rocheford, 2002).

Le passage des populations aux hybrides doubles a permis une nette amélioration des rendements et, même si ce n'est pas la seule cause, le passage des hybrides doubles aux hybrides simples a encore entraîné une augmentation du progrès agronomique annuel ; b : coefficient de régression de la droite pour la période considérée (cela correspond au progrès moyen des rendements en grain par an).

En conclusion, chez les espèces diploïdes, c'est l'hybride simple entre lignées qui permet d'utiliser au mieux la variabilité génétique et d'avoir les variétés hybrides les plus performantes. Les hybrides doubles ou trois-voies peuvent peut-être faire gagner en stabilité (voir p. 30), mais ils font perdre en potentiel de production.

Type optimal d'hybride chez les espèces autopolyploïdes

Chez les plantes autopolyploïdes, la création d'hybrides simples à partir de lignées ne permet pas de restaurer complètement la vigueur hybride (cf. 1re Partie). En effet, prenons par exemple le cas des autotétraploïdes : le croisement de deux lignées homozygotes $aaaa \times bbbb$ donne un génotype $aabb$ qui est encore consanguin. La vigueur augmente donc en moyenne, en passant du niveau hybride simple au niveau hybride double qui est plus hétérozygote qu'un hybride simple : le croisement $aabb \times ccdd$ conduit à 1/9 digéniques ($aabb$), 4/9 trigéniques ($abcc$) et 4/9 tétragéniques ($abcd$).

Il en résulte que :

$$moyenne\ HS < moyenne\ HTV < moyenne\ HD.$$

C'est pour cela que l'hétérosis est dit progressif (voir p. 40). Cependant, il n'est pas du tout évident que le meilleur hybride possible soit un hybride double, car chez ce type de plantes :

$$variance\ HD < variance\ HTV < variance\ HS.$$

Si la dépression de consanguinité n'est pas trop forte, la structure hybride optimale sera un hybride simple, car il sera possible de compenser cette dépression de consanguinité par la sélection entre hybrides simples ; mais si elle est forte, comme chez la luzerne ou le dactyle, la structure hybride optimale sera plutôt un hybride double ou un hybride simple entre lignées partiellement fixées (Gallais, 2003).

De même, la moyenne des hybrides entre lignées non fixées est d'autant plus faible que les parents seront plus consanguins (cf. 1re Partie, Dessureaux et Gallais, 1969 ; Gallais, 1977b) :

$$\text{moyenne } (S_0 \times S_0) > \text{moyenne } (S_1 \times S_1) > \text{moyenne } (S_2 \times S_2) > \text{moyenne } (S_3 \times S_3).$$

La consanguinité augmentant en général la variance entre hybrides, il peut alors exister un niveau de consanguinité optimal pour développer le meilleur hybride simple possible. Le phénomène d'hétérosis est donc plus difficile à utiliser chez les autopoplyploïdes.

D'autres difficultés se présentent au plan pratique. Un premier problème est l'obtention des lignées homozygotes. Par autofécondation, chez une plante autotétraploïde, le progrès vers l'homozygotie est trois fois plus lent que chez les diploïdes (cf. Figure 1.12, p. 40). L'obtention de lignées homozygotes sera donc illusoire dans un temps acceptable par le sélectionneur (d'autant plus que de nombreuses espèces autopolyploïdes sont souvent des plantes pérennes, avec une durée de génération, même accélérée, supérieure à l'année). La seule solution serait de faire appel à « l'haplotétraploïdisation », c'est-à-dire à l'obtention, d'abord de plantes diploïdes, desquelles on dérivera des plantes haploïdes, qui seront ensuite doublées deux fois de suite. Chez la pomme de terre, cela serait possible (Wenzel *et al.*, 1979). Un second problème est la restauration de la vigueur hybride maximale. Il n'est pas possible de recréer l'état tétragénique par la voie sexuée. Par contre, cela est tout à fait possible par la fusion de protoplastes à partir des haploïdes (Gallais, 2003) (Figure 3.10). Cependant, face à la lourdeur du schéma et

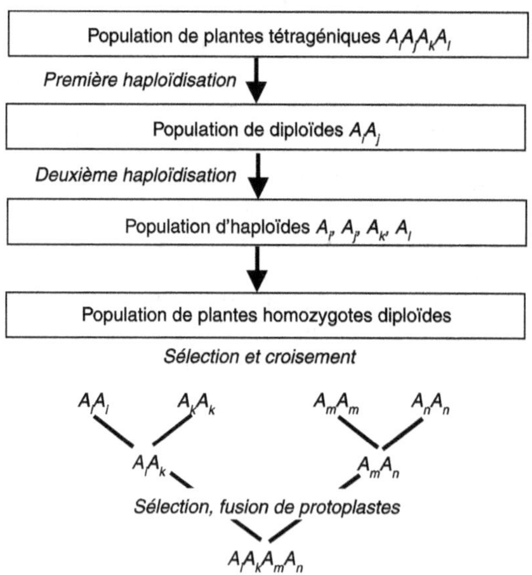

Figure 3.10. La reconstruction de l'état hétérozygote maximum chez une plante autotétraploïde par l'utilisation de l'haploïdisation et de la fusion de protoplastes.

Chez les autopolyploïdes, à la différence des diploïdes, il n'est en effet pas possible de reconstituer l'état hétérozygote maximum par hybridation à partir de lignées.

des techniques à mettre en œuvre, le sélectionneur choisira le plus souvent de réaliser des hybrides de clones non consanguins ou des hybrides entre familles partiellement consanguines, même si par ces voies l'utilisation de la variabilité de la vigueur hybride n'est pas maximale.

▶▶ Principe de la création des variétés hybrides

Les groupes hétérotiques

Chez certaines espèces allogames améliorées comme le maïs, il est possible de structurer la variabilité en groupes de populations tels que les croisements entre populations d'un même groupe présentent peu d'hétérosis et que les croisements entre populations de groupes différents entraînent un hétérosis plus important. On parle alors de *groupes hétérotiques*. Les bases génétiques de cet hétérosis entre groupes sont évidemment celles de l'hétérosis. D'abord, l'histoire des populations fait qu'elles peuvent être plus ou moins consanguines : l'hybridation entre populations non apparentées supprimera donc cette consanguinité. De plus, elles peuvent être complémentaires pour des gènes dominants favorables du fait de leur histoire évolutive : elles peuvent avoir fixé des gènes d'adaptation différents qui seront ainsi réunis dans l'hybride interpopulation. Enfin, la superdominance peut aussi expliquer l'hétérosis interpopulation. Comme exemple de groupes hétérotiques largement utilisés chez le maïs, on peut citer le groupe corné européen qui apporte l'adaptation aux basses températures du printemps et le groupe denté nord américain qui apporte une aptitude à la photosynthèse en été. Ces deux groupes complémentaires sont à la base d'une grande partie des hybrides précoces corné × denté commercialisés en Europe. Aujourd'hui, ces groupes sont confirmés par l'étude des distances génétiques au niveau moléculaire (Dudley *et al.*, 1991 ; Melchinger *et al.*, 1991 ; Dubreuil *et al.*, 1996). La découverte récente d'exemples de non-colinéarité des génomes chez des lignées de maïs de groupes hétérotiques différents a conduit Fu et Dooner (2002) à penser qu'un groupe donné d'aptitude à la combinaison pourrait correspondre au matériel génétique présentant le même arrangement du génome.

Du point de vue de la création de variétés hybrides, la conséquence de l'existence des groupes hétérotiques est qu'il faut croiser une lignée d'un groupe avec une lignée du groupe complémentaire (Compton *et al.*, 1965). Chez le maïs, dès 1880, Beal avait mis en évidence que le croisement de certaines populations entre elles permettait d'obtenir un rendement supérieur aux meilleures populations. Un début d'exploitation commerciale de ces hybrides a même eu lieu par la société *Funk's Seed Co* au début du XXe siècle (Fitzgerald, 1986). Cependant, ces hybrides ne se sont pas développés à l'époque parce que leur système de production à grande échelle chez les agriculteurs n'était pas suffisamment maîtrisé et les concepts justifiant ce type d'hybrides n'étaient pas encore clairement formulés.

L'idée de Shull

Shull, dès 1908, a proposé la création d'hybrides F_1 obtenus par le croisement contrôlé de deux lignées pures afin d'utiliser au mieux la variation génétique dans la création variétale. Son idée simple est partie de l'observation d'un champ de maïs : une population est un mélange de plantes génétiquement différentes dont les performances individuelles (quantité de grains par épi) sont variables. Parmi ces plantes, l'une d'entre elles doit être génétiquement meilleure que les autres ; si l'on arrive à identifier et fabriquer ce génotype à grande échelle, il constituera la meilleure variété possible issue de la population. Mais comment arriver à cela en l'absence de multiplication végétative ? Shull a alors le génie, pour l'époque, d'assimiler chaque plante à un hybride « cryptique », résultant de la rencontre d'un gamète femelle et d'un gamète mâle de la population. Pour reproduire ce génotype, il faudrait avoir des sources gamétiques constantes, ne donnant qu'un type de gamètes. Pour avoir ces sources gamétiques, il « suffit » alors de fabriquer des lignées par autofécondation (Figure 3.11, Encadré 3.3). Ces lignées étant obtenues en absence de sélection, leur croisement deux à deux reproduit les génotypes de la population, mais avec une grande différence : pour chaque hybride obtenu, il y a une certaine quantité de grains, tous de même génotype, permettant de faire des essais avec répétitions pour détecter la combinaison la plus performante (qui est de fait un hybride simple), ce qui n'était pas possible avec une seule plante. De plus, ce génotype est parfaitement reproductible si les sources gamétiques (les lignées parentes) sont conservées, ce qui est facile avec des lignées homozygotes (Shull, 1908, 1909).

Dans la pratique, chez le maïs, comme chez toutes les espèces allogames avec des ressources génétiques structurées en groupes hétérotiques, ce sont des hybrides entre lignées appartenant à des groupes hétérotiques complémentaires qui sont développés.

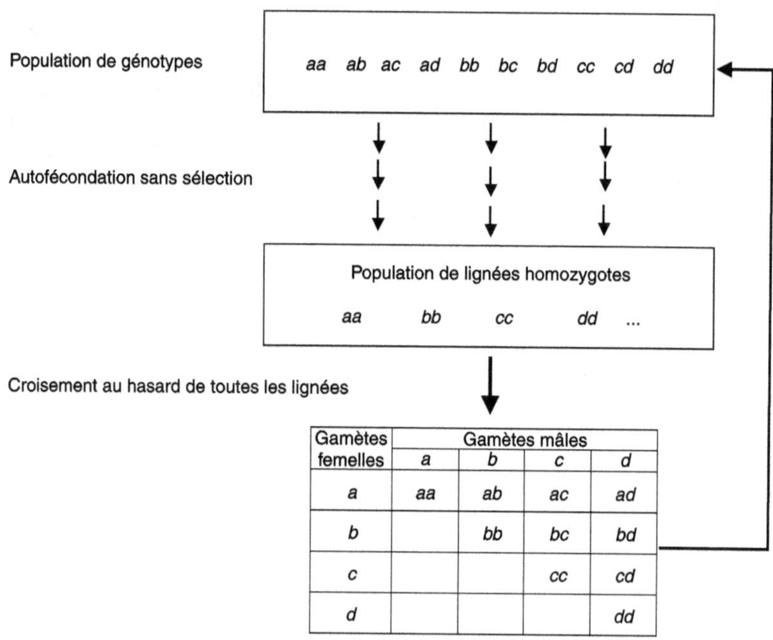

Gamètes femelles	Gamètes mâles			
	a	b	c	d
a	aa	ab	ac	ad
b		bb	bc	bd
c			cc	cd
d				dd

Figure 3.11. Illustration de l'idée de Shull (1908), à un locus, pour des hybrides intrapopulation.

a, b, c, d ... représentent des allèles à un locus (en toute rigueur simplement des gènes indépendants dans leur origine). Le croisement de toutes les lignées dérivées sans sélection de la population panmictique de départ donne une population de même composition que la population de départ ; cependant chaque génotype obtenu (hybride F_1) peut être étudié et reproduit alors qu'il n'existait qu'en un seul exemplaire dans la population de départ.

Le raisonnement de Shull s'étend sans difficulté aux croisements de deux populations, comme cela est illustré dans l'encadré 3.3.

Ce qui est remarquable dans cette démarche, c'est qu'elle peut être formulée sans faire intervenir la notion d'hétérosis, ou ses mécanismes. Le principe est simplement celui de « l'extraction » et de la reproduction à l'identique du meilleur génotype possible. C'est l'équivalent de la multiplication végétative d'un génotype. Cependant, à l'époque de Shull, la notion d'hétérosis est bien intervenue indirectement, ou plus exactement c'est la dépression de consanguinité qui est intervenue. En effet, Shull a proposé de développer des variétés hybrides simples pour éviter les effets défavorables de la consanguinité qui apparaissaient par sélection à l'intérieur des meilleures familles obtenues par autofécondation ou croisement entre plantes apparentées (alors que cette méthode de sélection basée sur l'autofécondation avait déjà été couronnée de succès chez les plantes autogames avec les travaux de de Vilmorin en 1860-1900).

Suite à l'idée de Shull, dès le début du xxe siècle, de très nombreuses autofécondations ont été pratiquées dans les populations de maïs avec l'objectif de créer de bonnes lignées parents d'hybrides. Cependant, la dépression de consanguinité était telle à cette époque chez le maïs, que finalement peu de lignées ont été retenues pour constituer les premiers hybrides F_1. Les premiers résultats obtenus furent décevants, les hybrides les meilleurs ne s'écartant pas beaucoup de la moyenne du croisement des deux populations, voire étant inférieurs.

Encadré 3.3. Le raisonnement de Shull pour des hybrides intra- et interpopulation, d'un point de vue génétique des populations

Pour des hybrides intrapopulation

Le processus imaginé par Shull, obtention des lignées sans sélection puis leur recroisement, peut être explicité en termes de génétique des populations. Soit, au départ, une population panmictique de grande taille avec, à un locus, les allèles A et a de fréquence p et q ; la fréquence des génotypes AA, Aa et aa est respectivement p^2, $2pq$ et q^2 (voir p. 304). Après autofécondation et fixation, en l'absence de sélection et de dérive (par exemple en dérivant les lignées par SSD), la fréquence des gènes ne change pas au cours de ce processus ; la fréquence des lignées possibles AA et aa est donc p et q. Par recroisement au hasard entre elles de toutes les lignées, l'ensemble des hybrides obtenus reconstitue la population de départ (avec la structure $p^2\,AA$, $2pq\,Aa$, $q^2\,aa$) mais dans ce cas, chaque génotype issu d'un croisement est représenté par plusieurs plantes identiques entre elles. Des essais peuvent donc être réalisés pour sélectionner le meilleur hybride qui pourra être facilement reproduit. Ce raisonnement s'étend facilement à n locus.

Pour des hybrides entre lignées issues de populations différentes

Le raisonnement de Shull s'étend facilement au cas des hybrides entre lignées issues de populations différentes (voir figure ci-après). Soit deux populations A et B dont on dérive sans sélection toutes les lignées possibles. Les meilleurs génotypes de cette population hybride peuvent être reproduits par le même principe que précédemment : autofécondation à l'intérieur de chaque population pour dériver toutes les lignées possibles (sources gamétiques) puis croisement factoriel de ces lignées. Pour chaque population, les lignées obtenues par autofécondation génèrent une population de gamètes identiques à celle de la population de départ. Le croisement des lignées de A

...

avec les lignées de B conduit à une population de composition génotypique identique à celle obtenue par le croisement direct des deux populations. Mais il y a une différence importante : chaque génotype peut être répété et reproduit à volonté puisque ses parents peuvent être conservés.

Croisement de deux populations *A* et *B*

Population *A*			Population *B*
$AA\ p^2$, $Aa\ 2pq$			$AA\ p'^2$, $Aa\ 2p'q'$
$aa\ q^2$			$aa\ q'^2$

	p' A	*q' a*
p A	*pp'* *AA*	*pq'* *Aa*
q A	*qp'* *aA*	*qq'* *aa*

Obtention des lignées sans sélection

Lignées de *A*	Lignées de *B*
p AA, q aa	*p' AA, q' aa*

Croisement entre lignées des deux populations

	p' AA	*q' aa*
p AA	*pp'* *AA*	*pq'* *Aa*
q aa	*qp'* *aA*	*qq'* *aa*

Extension du raisonnement de Shull à un hybride de deux populations.

A et B sont deux populations bialléliques, panmictiques, avec la fréquence $p(q)$ de l'allèle $A(a)$ pour la population A et $p'(q')$ pour la population B.

Du concept à l'application

Le raisonnement de Shull est à la base de la création des variétés hybrides par la méthode de sélection en deux étapes : fabrication des lignées puis recherche des meilleures combinaisons hybrides (Cauderon et Lascols, 1955). À l'époque de Shull, deux problèmes ont limité le développement des variétés hybrides simples chez le maïs :
– la difficulté de produire des hybrides simples à partir de lignées fortement affectées par la consanguinité : les fertilités femelles et mâles étant très diminuées (surtout la fertilité femelle, la fertilité mâle étant en général moins limitante), il était difficile de produire des semences de qualité et avec une rentabilité suffisante étant donné la faible productivité ;
– le grand nombre de lignées à croiser entre elles, conduisant à un trop grand nombre d'hybrides à étudier : avec deux groupes hétérotiques et seulement 100 lignées par groupe, ce qui n'est pas beaucoup pour représenter la variabilité d'une population, cela

conduirait à réaliser et à étudier 10 000 hybrides, ce qui serait très lourd, voire impossible à réaliser. En fait, le croisement systématique des lignées entre elles n'est possible que sur un nombre limité de lignées, en fin de sélection par exemple.

Des hybrides simples aux hybrides doubles, puis le retour aux hybrides simples

En 1918, Jones a proposé une solution au problème de production de semences des hybrides chez le maïs. Puisqu'une femelle lignée n'est pas assez vigoureuse pour produire des semences de qualité et en quantité suffisante, il « suffit » de la remplacer par une femelle hybride simple, donc plus vigoureuse. Si la lignée mâle fournit assez de pollen, cela conduit à produire à grande échelle un *hybride trois-voies*. Si elle ne produit pas assez de pollen, alors elle peut elle aussi être remplacée par un hybride simple, et c'est *un hybride double* qui sera produit à grande échelle. Dans cette proposition, avec des lignées structurées en groupes hétérotiques, les deux parents de l'hybride simple utilisé comme femelle ou comme mâle viendront de la même population afin de respecter la complémentarité des deux groupes et ainsi avoir la vigueur hybride maximale au niveau de l'hybride commercial (Eckhart et Bryan, 1940). Cette proposition résout un problème mais en pose de nouveaux :

– en élargissant la base des variétés, la performance maximale possible est diminuée ; l'essentiel est que l'on gagne encore en rendement en grains par rapport à la population ou à l'hybride de populations de départ, ce qui est obligatoirement le cas (cf. Chapitre 5). Cependant, avec des lignées structurées en groupes hétérotiques, avec un hybride commercial « intergroupe », la perte de potentiel sera plus faible qu'attendue en l'absence de structuration. L'élargissement de la base de l'hybride se traduit aussi par une hétérogénéité plus grande que celle de l'hybride simple, mais nettement plus faible que celle de la population ou de l'hybride de populations. Cette hétérogénéité conduit d'ailleurs à un gain en homéostase (voir p. 164) ;

– la sélection des meilleurs hybrides devient plus complexe, puisqu'il y a bien plus de combinaisons hybrides doubles ou trois-voies que d'hybrides simples (Tableau 3.7).

Tableau 3.7. Nombre d'hybrides simples, trois-voies et doubles à partir de lignées appartenant à deux groupes hétérotiques de taille m et n.

Nombre de lignées	Nombre hybrides simples	Nombre hybrides trois-voies	Nombre hybrides doubles
$m + n$	mn	$nC_m^2 + mC_n^2$	$C_m^2 mC_n^2$
10 + 10	100	900	2 025
20 + 20	400	7 600	36 100

Dans l'exemple numérique, il est supposé $m = n$. Pour un hybride trois-voies ou un hybride double, l'hybride simple utilisé comme femelle ou comme mâle est réalisé entre lignées du même groupe.

Jenkins (1934) a proposé une solution à ce problème en établissant des équations de prédiction de la valeur des hybrides trois-voies ou des hybrides doubles en fonction de la valeur des hybrides simples non parentaux (Encadré 3.4). Ces équations qui reposent sur l'hypothèse d'absence d'épistasie se sont révélées très efficaces, ce qui ne signifie pas l'absence d'épistasie mais que la présence éventuelle d'épistasie ne perturbe pas trop la prédiction. Il suffit donc alors de savoir comment sélectionner les parents des hybrides simples non parentaux.

Encadré 3.4. Prédiction de la valeur des hybrides trois-voies et des hybrides doubles

Soit $(AB)C$ un hybride trois-voies et $(AB)(CD)$ un hybride double, développés à partir des 4 lignées A, B, C, D. À un locus, la descendance d'un hybride trois-voies peut s'écrire ½ AC et ½ BC, A, B et C représentant les allèles apportés par les lignées parentales. La valeur $Y_{(AB)C}$ de l'hybride trois-voies peut donc se relier directement aux valeurs Y_{AC} et Y_{BC} des hybrides simples non parentaux :

$$Y_{(AB)C} = (Y_{AC} + Y_{BC})/2.$$

En faisant le raisonnement à chaque locus intervenant dans le caractère considéré, et en sommant sur l'ensemble des locus, en l'absence d'épistasie, Y_{AC} et Y_{BC} représentent la valeur des hybrides simples non parentaux ; l'expression ci-dessus relie donc la valeur de l'hybride trois-voies $(AB)C$ à la moyenne des deux hybrides simples non parentaux AB et AC. Avec le même raisonnement, un hybride double conduisant à la descendance ¼ (AC, AD, BC, BD), sa valeur $Y_{(AB)(CD)}$ pourra être prévue par :

$$Y_{(AB)(CD)} = (Y_{AC} + Y_{AD} + Y_{BC} + Y_{BD})/4,$$

c'est-à-dire encore la valeur moyenne des hybrides simples non parentaux.

On peut aussi relier la valeur d'un hybride double à la valeur des hybrides trois-voies :

$$Y_{(AB)(CD)} = [Y_{(AB)C} + Y_{(AB)D}]/2 = [Y_{(CD)A} + Y_{(CD)B}]/2 .$$

À noter que cette règle de prédiction de la valeur d'un hybride trois-voies ou d'un hybride double ne s'applique pas aux espèces autotétraploïdes. Cependant, des formules un peu plus complexes ont pu être aussi développées (Gallais, 2003) ; elles sont proches de celles développées par Eberhart *et al.* (1964) pour les diploïdes avec épistasie limitée aux paires de locus.

Résultats expérimentaux montrant la valeur prédictive de ces formules

Chez le maïs, Jenkins (1934) a obtenu une corrélation très significative entre la performance observée des hybrides doubles et la moyenne des 4 hybrides simples non parentaux ($r = 0,76^{**}$, avec 27 hybrides doubles). Anderson (1938), avec 15 hybrides doubles, a observé une corrélation de $0,90^{**}$. Hayes *et al.* (1946) et de nombreux autres travaux chez le maïs ont aussi montré la valeur prédictive des formules de Jenkins (voir Jugenheimer, 1958, 1976 ; Hallauer et Miranda, 1981), ce qui tend à prouver un faible impact de l'épistasie dans ces prédictions.

** Significatif à 1 %.

Dans le cas du maïs, la sélection des parents des hybrides pour leur valeur propre en même temps que pour leur aptitude à donner de bons hybrides s'est traduite par une amélioration progressive de la vigueur des lignées parentales (cf. Figure 2.16, p. 110). La fertilité mâle étant moins limitante que la fertilité femelle, les hybrides doubles furent d'abord remplacés par des hybrides trois-voies (avec l'hybride simple comme femelle), puis les hybrides trois-voies par des hybrides simples. Aujourd'hui, dans tous les pays avec une maïsiculture développée, pratiquement tous les hybrides commerciaux sont des hybrides simples, ou de faux hybrides trois-voies (quasi-hybrides simples), le parent femelle étant formé par le croisement de deux lignées apparentées ou issues du même groupe hétérotique. Cette évolution du type d'hybrides par une réduction de la base génétique a eu un impact sur le progrès génétique (cf. Figure 3.9) : comme attendu, le progrès a augmenté avec la restriction de la base génétique. La même évolution du type d'hybrides est en général observée chez toutes les plantes allogames cultivées où l'hétérosis est important, et ceci pour les mêmes raisons que chez le maïs. Ainsi chez la betterave sucrière, il y a environ 30 ans, les variétés développées étaient des hybrides de populations, très hétérogènes et le sélectionneur de betteraves ne voulait pas utiliser la consanguinité, ni restreindre la base génétique des variétés par crainte de développer des variétés instables de comportement. Aujourd'hui, la création variétale chez cette espèce s'oriente de plus en plus vers des hybrides simples de lignées.

La sélection des parents des hybrides

Pour sélectionner les parents qui donneront les meilleurs hybrides, le problème à résoudre est de prévoir la valeur des hybrides à partir d'informations sur les parents. C'est un des problèmes fondamentaux de la génétique quantitative et de la théorie de la sélection : prévoir la valeur des « enfants » à partir de caractères des parents. Plusieurs démarches ont été proposées : l'utilisation de la valeur propre des parents, l'utilisation de leur valeur moyenne en combinaison hybride (notion d'aptitude générale à la combinaison) et aujourd'hui, l'utilisation des marqueurs moléculaires.

La sélection sur la valeur propre

Pour diminuer le nombre de lignées à évaluer en croisement, une première idée a été de sélectionner sur la valeur propre des lignées (Jenkins, 1929). Malheureusement, chez le maïs, pour un caractère complexe comme le rendement, la corrélation entre la valeur propre d'une lignée et la valeur moyenne des croisements qu'elle peut donner est en général faible (cf. 1re Partie, p. 52). Nous avons déjà vu que cette faible corrélation peut s'expliquer par le fardeau génétique porté par les lignées : ce ne sont pas les mêmes gènes qui contribuent aux variances entre lignées ou entre hybrides et donc la corrélation lignées-hybrides est faible. Cette corrélation devrait augmenter avec l'élimination progressive du fardeau génétique. Cependant, même dans du matériel très sélectionné pour un caractère comme le rendement, elle reste toujours faible : la variation du rendement des lignées explique rarement plus de 50 % de la variation du rendement des hybrides, ce qui correspond pourtant à une corrélation lignées-hybrides de 0,70. Lamkey et Hallauer (1986) ont d'ailleurs montré la faible efficacité de la sélection sur la valeur propre : seules les plus mauvaises lignées peuvent être éliminées. Il faut donc évaluer directement la valeur en combinaison hybride des lignées. Comment faire ? La réflexion autour du concept d'aptitude à la combinaison a apporté une solution.

La notion d'aptitude à la combinaison

Dès 1932, Jenkins et Bruson montrent chez le maïs que la valeur moyenne en croisement d'une lignée avec d'autres lignées est mieux corrélée avec sa valeur en croisement avec une lignée, un hybride, ou une population (dispositif appelé top-cross) qu'avec la valeur propre de cette lignée. Les auteurs en concluent que grâce aux performances en top-cross, il est possible d'éliminer les lignées sans intérêt pour la création d'hybrides et de ne réaliser les hybrides qu'entre les lignées à bonne valeur en top-cross. Mais il a fallu attendre Sprague et Tatum (1942) pour voir définies clairement les notions d'aptitude à la combinaison. Au sein d'une population panmictique, l'aptitude générale à la combinaison (AGC) d'une plante est la moyenne de ses descendants (« enfants ») en fécondation libre : c'est donc une notion très biologique. Elle correspond aux effets moyens des

Encadré 3.5. Définition statistique de l'aptitude générale (AGC) et de l'aptitude spécifique à la combinaison (ASC) dans le cas du croisement de deux populations

Considérons le grand croisement factoriel formé par le croisement de lignées i d'une population avec des lignées j d'une autre population (schéma ci-dessous). La valeur génétique Y_{ij} d'un croisement de cette table factorielle peut s'écrire :

$$Y_{ij} = \mu + g_i + g_j + s_{ij}$$

Avec μ la moyenne générale de la population hybride, g_i l'aptitude générale à la combinaison (AGC) de la lignée i avec la population j, g_j l'AGC de la lignée j avec la population i et s_{ij} l'aptitude spécifique à la combinaison (ASC) entre les lignées i et j.

L'effet principal centré (g) d'une ligne ou d'une colonne de la table factorielle représente l'aptitude générale à la combinaison d'une lignée d'une population par rapport aux lignées de l'autre population. C'est l'effet moyen associé aux gamètes de la lignée : c'est aussi la moyenne des « enfants » d'une plante. L'aptitude spécifique à la combinaison (s_{ij}) représente l'écart entre la valeur génétique Y_{ij} et la valeur prédite sur la base des AGC ($\mu + g_i + g_j$). C'est un effet d'interaction entre les apports gamétiques des deux parents.

Par une analyse de variance de cette table factorielle réalisée avec un nombre limité de parents tirés au hasard dans chacune des deux populations, il sera possible d'estimer l'importance relative de l'AGC par rapport à l'ASC. En fait, il faut estimer les variances d'AGC et d'ASC.

Valeur croisement $A_i \times B_k$ = moyenne + f_i + m_k + $(fm)_{ik}$

La moyenne d'une ligne i ou d'une colonne k correspond à la moyenne des descendants d'une lignée en croisement avec les lignées de l'autre population : c'est son aptitude générale à la combinaison (AGC) interpopulation. Si les deux populations étaient identiques, avec un échantillonnage de lignées différent (indépendant) pour les lignées mâles et les lignées femelles, la moyenne d'une ligne ou d'une colonne représenterait l'aptitude générale à la combinaison intrapopulation. Soit f_i la moyenne centrée de la ligne i et m_k la moyenne centrée de la colonne k ; si les effets des gènes étaient totalement additifs, la valeur d'une case ik du tableau s'obtiendrait par la somme de la moyenne générale de la population plus les effets ligne i (f_i) et l'effet colonne

...

k (m_k). Avec des effets non additifs (dominance, épistasie), il s'ajoute à cette valeur prévue une quantité $(fm)_{ik}$ appelée aptitude spécifique à la combinaison (ASC).

gènes transmis par les gamètes. Au niveau d'un croisement de deux plantes, l'aptitude spécifique à la combinaison (ASC ; voir ci-dessus) est le résultat de l'interaction entre les gènes apportés par les deux parents. C'est la différence entre la valeur observée du croisement et sa valeur prévue sur la base de l'additivité des AGC des deux parents. D'un point de vue génétique, en l'absence d'épistasie, l'AGC correspond aux effets d'additivité des gènes et l'ASC aux effets de dominance. Ces notions d'abord définies au niveau intrapopulation s'étendent facilement au niveau du croisement de deux populations, comme illustré dans l'encadré 3.5. L'AGC d'un génotype par rapport à une population peut être évaluée directement par le croisement de ce génotype avec cette population (dispositif top-cross) ou par croisement de ce génotype avec une série d'autres génotypes issus de cette population.

Si la contribution à la variance entre croisements de la variance des effets d'ASC est non significative ou faible, la sélection sera facilitée. En effet, il suffira d'apprécier l'AGC en top-cross pour pouvoir sélectionner : avec m lignées dans une population et n dans l'autre, cela fera seulement $m + n$ moyennes à estimer au lieu de mn (par exemple avec m équivalent à n qui vaut 50, cela conduit à seulement 100 paramètres au lieu de 2 500). Si la contribution de la variance d'ASC est très significative, cela compliquera le travail du sélectionneur ; mais il n'y a pas d'autre solution que de sélectionner d'abord sur l'AGC, pour diminuer le nombre de combinaisons hybrides à étudier, puis de sélectionner au niveau de ces combinaisons hybrides. Cependant, ce problème est déjà partiellement résolu par la structuration en groupes hétérotiques. En effet, l'aptitude spécifique à la combinaison qui existerait sans structuration, contribue essentiellement, avec la structuration, à la moyenne du croisement des deux populations complémentaires. Il peut rester une aptitude spécifique à la combinaison entre plantes de la population i et de la population j, mais en général sa variation sera plus faible que celle des effets d'AGC.

La notion de testeur

S'il est clair qu'il faut d'abord sélectionner sur l'AGC, le problème est de pouvoir l'apprécier directement sans avoir à réaliser et à évaluer tous les croisements des plantes d'une population, candidates à la sélection, avec les plantes de l'autre population. Dans la mesure où les lignées d'une population sont tirées au hasard, elles donnent un ensemble de gamètes identique à celui donné par la population. Donc, par croisement d'une lignée d'une population avec l'autre population, la valeur moyenne attendue de la descendance est égale à la moyenne de tous les croisements de cette lignée avec toutes les lignées de l'autre population, c'est-à-dire son AGC interpopulation. La population servant à évaluer les AGC des lignées est alors dite *testeur*. Le croisement avec la population peut se faire en utilisant un mélange de pollen de la population, ou bien en isolement, comme chez le maïs, avec castration des lignées à croiser, la population étant prise comme pollinisateur.

D'une façon générale, un testeur peut être défini comme une population à base génétique plus ou moins étroite, destinée à estimer la valeur en combinaison hybride de génotypes (lignées ou même plantes) candidats à la sélection. Si le testeur est la population elle-même, comme envisagé ci-dessus, sa base génétique est large. En théorie, son avantage est de permettre une bonne estimation de l'AGC. Mais l'inconvénient de ce type de testeur est de conduire à des descendances très hétérogènes qui, du fait de la compétition entre plantes génétiquement différentes, seront appréciées de façon très imprécise dans des essais avec des parcelles de taille réduite. Des essais avec des descendances homogènes sont toujours plus précis. C'est pourquoi le sélectionneur préfère prendre un testeur à base génétique très étroite, une lignée lorsque c'est possible, ou bien un hybride simple (entre deux lignées de la même population testeur, c'est-à-dire du même groupe hétérotique), mais qui conduit lui aussi à des descendances hétérogènes. Un autre avantage du testeur lignée par rapport à un testeur hybride simple est de conduire à une plus grande variation entre descendances, ce qui facilite la sélection.

Le testeur lignée a toutefois l'inconvénient par rapport au testeur population de ne pas renseigner directement sur l'AGC. Si l'ASC est faible il n'y a pas de problème, la sélection sera pratiquement efficace avec tout testeur lignée. Mais si l'ASC est assez forte, alors il y a le risque de sélectionner des génotypes qui ne se combineront bien qu'avec le testeur. Le problème est cependant assez bien résolu par la structuration du matériel en groupes hétérotiques : ainsi pour un couple de populations hétérotiques, l'AGC interpopulation sera nettement plus importante que l'ASC (qui se trouve en partie confondue avec la valeur moyenne du croisement des deux populations). Le testeur est alors choisi dans un groupe hétérotique complémentaire du groupe du matériel amélioré et il sera lui-même un parent de la future variété hybride. Pour des raisons de rapidité dans la création variétale, c'est ce choix que fait souvent le sélectionneur dès qu'il peut avoir à sa disposition une lignée qui peut être un bon parent d'hybride.

Le testeur pour la création variétale doit alors avoir plusieurs qualités :
– *avoir une base étroite*, réduite à un génotype homozygote si possible ;
– *bien se combiner en moyenne au matériel sélectionné* ;
– avoir une *bonne valeur propre* (en particulier s'il est utilisé comme femelle, c'est-à-dire comme porte-graine).

Avec un tel choix, si le testeur est une lignée, l'hybride commercial développé sera en général un hybride simple ; s'il s'agit d'un hybride simple, l'hybride commercial sera un hybride trois-voies.

Dans le principe, partant du tableau factoriel de croisement entre lignées de deux populations (cf. Encadré 3.5), le choix d'un testeur revient à prendre une ligne ou une colonne du tableau, telle que la moyenne des descendances soit la meilleure possible (ce qui correspond à l'AGC). Ensuite, l'étude de la valeur des descendances entre ce testeur d'une population et les lignées de l'autre population permet d'isoler le meilleur croisement possible. Cette stratégie permet de détecter efficacement un croisement qui sera très proche du meilleur croisement possible parmi tous les croisements du plan factoriel, sans avoir à étudier tous ces croisements, ce qui est irréaliste dans la pratique. En général, la sélection est conduite de façon réciproque à partir de deux groupes hétérotiques : les meilleures lignées d'un groupe sont utilisées comme testeur pour l'autre groupe. C'est le cas chez le maïs précoce avec les deux groupes hétérotiques, corné européen et denté précoce nord-américain.

Si la valeur d'un croisement ne dépendait que de la présence de gènes dominants favorables au plus grand nombre possible de locus, pour détecter les parents les plus riches en gènes dominants, le testeur idéal pour la sélection serait un testeur qui ne masque aucun des gènes des candidats à la sélection, c'est-à-dire une lignée pure ne portant que des gènes récessifs (Allison et Curnow, 1966). Si tous les gènes défavorables étaient récessifs et en l'absence d'épistasie, il suffirait alors de sélectionner la plus mauvaise lignée.

Ce testeur lignée ne pourrait pas bien sûr être utilisé pour la création variétale, mais il permettrait de sélectionner des lignées « riches » en gènes dominants favorables, qui pourraient alors être croisées entre elles pour détecter celles conduisant aux meilleurs croisements. Mais, comme il existe des gènes récessifs favorables ainsi que des effets d'épistasie (avec un effet du fardeau génétique), la recherche d'un tel testeur est un peu une utopie. Chez le maïs, plusieurs expériences ont d'ailleurs montré l'absence de relation entre l'aptitude d'un testeur à révéler la variabilité génétique et sa valeur propre (Green, 1948 ; Keller, 1949 ; Rawlings et Thompson, 1962).

La possibilité d'une sélection précoce

L'utilisation d'un testeur pour la création variétale a pour but de limiter, voire supprimer complètement l'étude des combinaisons entre lignées. La sélection de lignées serait encore facilitée si la sélection pour l'aptitude à la combinaison avec le testeur pouvait se faire au cours des étapes de fixation par autofécondation, dès le stade S_0, c'est-à-dire à partir de plantes choisies dans la population. Or, cela est parfaitement justifié. En effet, la valeur en combinaison (avec un testeur) d'une plante plus ou moins hétérozygote renseigne directement sur la moyenne des valeurs en combinaison (avec le même testeur) des lignées dérivables de cette plante (Encadré 3.6). Cela permet de faire une

---

Encadré 3.6. Illustration du fait que la valeur en combinaison d'une plante hétérozygote est égale à la valeur en combinaison de lignées qui peuvent en être dérivées

Considérons un génotype hétérozygote A_iA_j croisé à un testeur A_tA_t. Il en résulte une descendance composée de $\frac{1}{2}\,A_iA_t$ et $\frac{1}{2}\,A_jA_t$, dont la valeur est égale à :

$$(y_{it} + y_{jt})/2,$$

y désignant la valeur d'un génotype. Maintenant, si l'on dérive par autofécondation toutes les lignées d'une plante A_iA_j, on obtient un ensemble de lignées composé de $\frac{1}{2}\,A_iA_i$ et de $\frac{1}{2}\,A_jA_j$. Si ces lignées sont croisées au testeur, leur valeur moyenne en combinaison est égale à :

$$(y_{it} + y_{jt})/2,$$

c'est-à-dire la même valeur que la valeur en combinaison de la plante de départ.

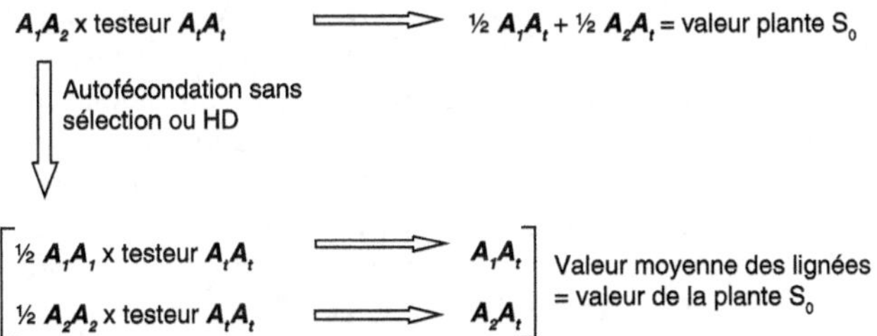

Remarque

D'un point de vue génétique quantitative, la valeur en combinaison avec un testeur d'un génotype est équivalente à un caractère additif. En effet, la valeur en combinaison avec un testeur d'un génotype hétérozygote A_1A_2 est égale à la moyenne de la valeur en combinaison avec le même testeur des deux homozygotes A_1A_1 et A_2A_2.

---

sélection au cours de toutes les étapes de la fixation, et même dès le départ, entre plantes S_0. Ainsi ne seront retenues que les plantes potentiellement les plus intéressantes, aptes à donner des lignées de bonne valeur en combinaison avec le testeur. Cette sélection ne présente aucun risque, à la différence de la sélection généalogique pour la valeur propre en vue de créer des variétés lignées où la sélection peut être biaisée[5] par l'existence d'hétérosis.

Chez le maïs, de nombreux résultats expérimentaux assez anciens montrent l'efficacité des tests précoces pour l'aptitude à la combinaison (Jenkins, 1934, 1940 ; Lonnquist, 1950, 1951). Il faut toutefois noter un inconvénient des tests précoces. Ils conduisent à des descendances hétérogènes (même avec un testeur lignée), donc à des essais plus imprécis qu'avec des descendances homogènes ; de plus, la variance entre descendances de plantes peu ou pas consanguines sera plus faible qu'entre plantes très consanguines : il faudra donc augmenter le nombre de répétitions dans les essais et/ou exercer une intensité de sélection plus faible dans les générations très hétérozygotes pour ne pas perdre trop de variabilité potentiellement intéressante. L'haplodiploïdisation résout partiellement ce problème en supprimant la sélection généalogique et en permettant des tests précis, mais il reste le problème du choix des familles ou des plantes dont seront dérivées les lignées haploïdes doublées. Une bonne utilisation des moyens conduit à d'abord évaluer la valeur en combinaison des plantes S_0, puis à dériver les lignées haploïdes doublées des plantes mères (conservées par autofécondation) des meilleures descendances.

▸▸ Principaux schémas de création de variétés hybrides

Sélection pour l'aptitude à la combinaison avec un testeur

Sélection précoce sur l'aptitude à la combinaison

Cas où le testeur est un futur parent de la variété

Pour être le plus efficace possible, un testeur lignée doit être choisi si le but est de développer des hybrides simples, et un testeur hybride simple si le but est de développer des hybrides trois-voies. Avec deux testeurs lignées T_1 et T_2, il sera aussi possible de développer des hybrides trois-voies, voire des hybrides doubles (voir ci-dessous). Le schéma de sélection résulte de la mise en application du principe précédent de test précoce de l'aptitude à la combinaison avec un testeur : il s'agit d'une *sélection généalogique pour l'aptitude à la combinaison avec un testeur* (Encadré 3.7, Figure 3.12). Le matériel de départ peut être des plantes issues d'une population, mais cela peut être aussi une F_2 résultant du croisement de deux lignées complémentaires pour leur aptitude à la combinaison. Pour distinguer les deux types de filiations, dans le premier cas, les générations sont notées S_0, S_1 ... S_n, alors que dans le second cas, on utilise la notation F : F_2, F_3 ... F_n, bien qu'il n'y ait aucune convention claire. Avec deux testeurs, il sera possible de sélectionner sur la moyenne des valeurs en combinaison avec les deux testeurs. Les tests de descendances peuvent être réalisés à chaque génération, ce qui sera le plus efficace, mais

---

5. Sauf si les effets des gènes sont totalement additifs, la valeur propre d'une plante ne renseigne pas sur la valeur des lignées qu'elle peut donner.

aussi le plus coûteux et le plus long. Les tests les plus importants sont à réaliser au départ (niveaux S_0 et S_1 ou F_2 et F_3). En pratique, les sélectionneurs de maïs réalisent souvent des tests au niveau de familles F_3, évaluées simultanément pour leur valeur propre, ou d'abord une évaluation de la valeur propre des familles F_3, puis test de la valeur en combinaison des familles sélectionnées ; une génération F_4 est réalisée sans test, puis des tests sont à nouveau réalisés au niveau de familles F_5 ou F_6 et F_7.

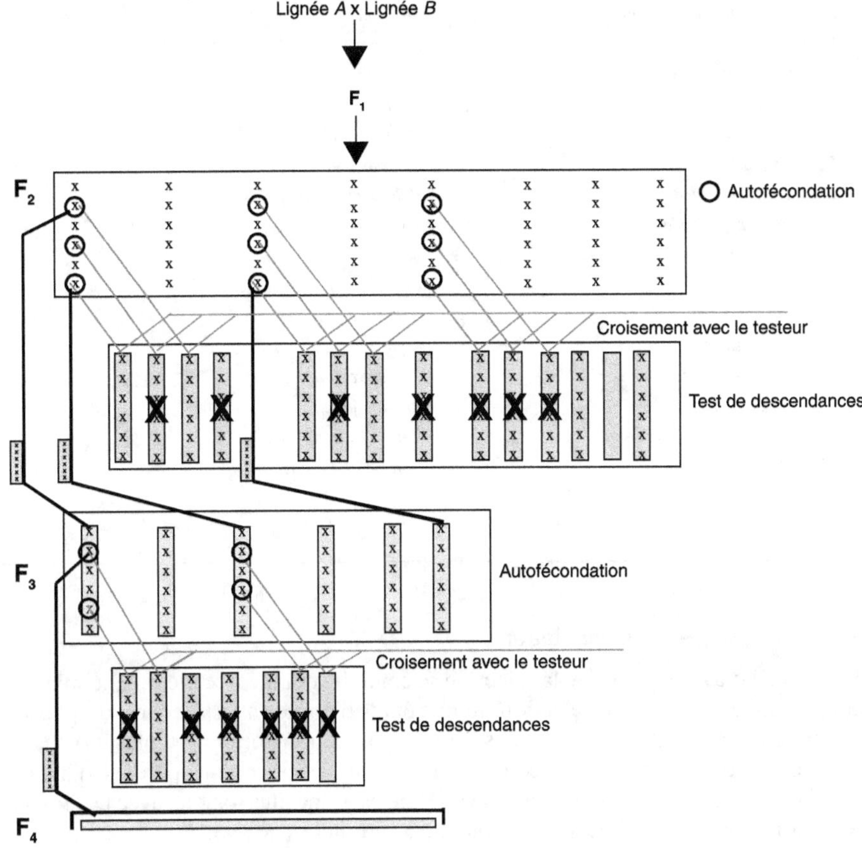

Figure 3.12. La sélection généalogique pour la valeur en combinaison avec un testeur.

Pour une espèce annuelle, les plantes candidates à la sélection sont d'une part croisées avec le testeur (pris si possible comme femelle, pour des raisons de qualité et de quantité des semences), d'autre part autofécondées. Les semences issues d'autofécondation sont conservées. L'année suivante, les descendances du croisement avec le testeur sont étudiées en essai avec répétitions, ce qui permet de sélectionner les plantes donnant les meilleures descendances. La 3e année, les autofécondations des meilleures plantes mères sont alors reprises et des plantes de ces familles sont à nouveau à la fois croisées avec le testeur et autofécondées, puis le schéma continue ainsi jusqu'en F_6-F_7.

Ce schéma présente l'important avantage de conduire directement à la création de nouveaux hybrides avec le testeur comme l'un des parents. Joint à sa facilité de mise en œuvre, cet avantage explique qu'il soit assez universellement appliqué dans l'amélioration du maïs et du tournesol.

Encadré 3.7. La difficulté de la sélection des hybrides

La sélection des variétés hybrides est plus risquée que la sélection des variétés lignées pures car elle demande de sélectionner deux lignées se combinant bien entre elles. Cette difficulté a inspiré le poème suivant au généticien et sélectionneur Richey (1944).

The Shattered Dream of a Corn Breeder

Selfed a hundred corn plants,
Put each in a cross :
Selfing without testing,
Means a heavy loss.
Looked around the country,
Found a fertile field,
Used a ten-ten lattice
To find out how they'd yield.
Analyzed the variance,
Wanted just the best :
Planted only thirty,
Threw away the rest.
Thirty, good in hybrids,
That would be a plenty ;
Heavy rains, and lodging ;
Then there were twenty.

Still had twenty inbreds
Looking mighty keen ;
Hot, humid weather ;
Smut left thirteen.
Lucky thirteen inbreds,
Glad to be alive ;
Wilt, blight, and aphids ;
Then there were five.
So passed the summer.
Full of sweat and tears ;
Came then the harvest
Four had rotted ears.
One sturdy inbred,
All, all alone ;
It has no sex appeal,
Can't find a home.

Frederick D. Richey, 1944

Cas où le testeur est une population

Si le testeur est une population, la sélection se conduit comme précédemment, mais avec une plus faible intensité de sélection, le but étant d'arriver à la sélection de plusieurs lignées qui pourront être croisées sous forme d'un plan factoriel avec plusieurs lignées issues de la population testeur et pouvant être utilisées comme parents d'hybrides commerciaux. La sortie vers la création variétale est donc plus longue, avec des tests qui seront moins précis (car avec des descendances plus hétérogènes).

Sélection tardive sur l'aptitude à la combinaison

Avec sélection phénotypique pendant la phase de fixation

Ce type de schéma est essentiellement celui qui a été utilisé pour la sélection du maïs en France de 1948 à 1968 (Cauderon et Lascols, 1955). Le but était d'obtenir rapidement de nouveaux parents cornés à combiner avec le matériel denté américain. Jusqu'à la quasi-fixation des lignées, le tri se faisait uniquement sur la valeur propre des individus (vigueur, précocité, résistance aux maladies, etc.). Pour le rendement, les tests de valeur en combinaison avec un testeur étaient effectués ultérieurement au niveau des générations F_5 à F_7. Ce schéma, qui a été très efficace, a l'inconvénient de conduire à une perte de variabilité génétique par la sélection pendant la phase d'autofécondation sur des critères qui ne sont pas toujours en liaison forte avec la valeur en combinaison pour le rendement.

Sans sélection phénotypique pendant la phase de fixation

La perte de variabilité génétique due à la sélection phénotypique pendant la phase de fixation peut être limitée par l'utilisation de l'haplodiploïdisation au niveau de la F_1 ou de la SSD[6] à partir de la F_2 (Figure 3.13). Il peut y avoir gain de temps avec une haplodiploïdisation bien maîtrisée. Ces deux modes d'obtention des lignées sans sélection conduisent donc à autant de croisements lignées × testeur que de lignées ; la difficulté est alors de sélectionner les deux ou trois meilleurs hybrides parmi un grand nombre.

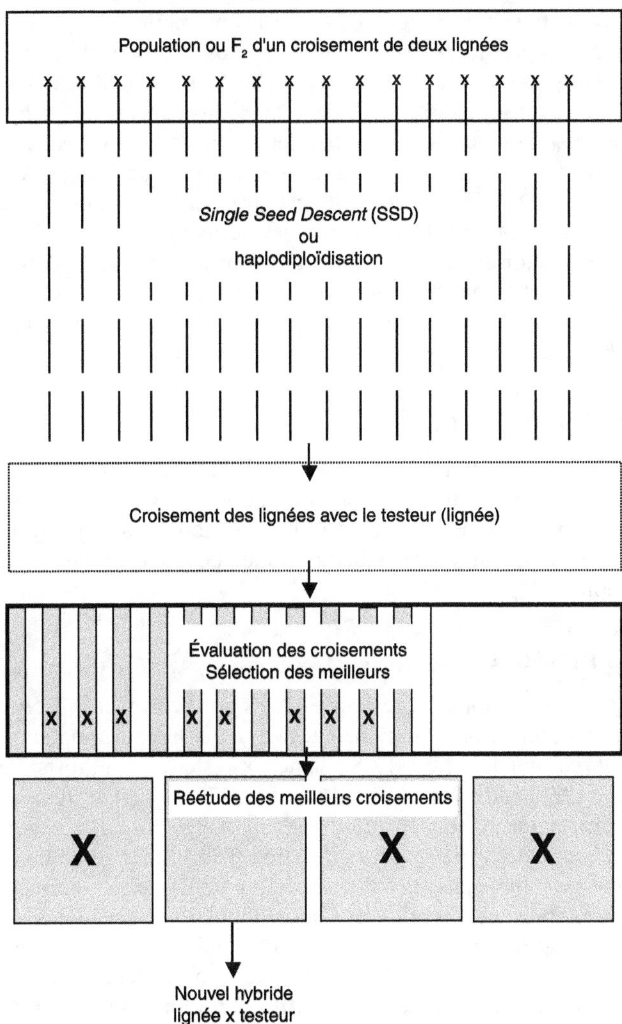

Figure 3.13. Sélection généalogique avec obtention de toutes les lignées possibles par SSD (*Single Seed Descent*) ou par haplodiploïdisation.

La sélection pour l'aptitude à la combinaison a lieu après l'obtention des lignées homozygotes.

---

6. Avec la SSD, pour passer d'une génération à la suivante, une seule plante est retenue (sans sélection) par famille issue d'autofécondation ; ainsi on obtient autant de lignées fixées que de plantes F_2 de départ.

En général, il faut avoir recours à une sélection en au moins deux étapes : d'abord une sélection à assez faible intensité dans des dispositifs expérimentaux avec peu de répétitions, puis une étape avec beaucoup de répétitions. Cela diminue donc le gain de temps espéré (Gallais, 1989b).

Développement d'hybrides trois-voies ou d'hybrides doubles

Lorsque le testeur utilisé est une lignée, il est possible de développer des hybrides trois-voies ou des hybrides doubles par l'application des formules de Jenkins (1934), dont la valeur prédictive a été prouvée (voir p. 172). Elles permettent de prévoir les meilleurs hybrides complexes à partir des performances lignée $\times$ testeur. Si deux lignées A et B sont bonnes en croisement avec le testeur T, l'hybride $A \times B$ doit aussi être bon en croisement avec T. Il est ainsi possible de sélectionner plusieurs candidats hybrides simples et de les évaluer avant de développer le meilleur hybride trois-voies $(A \times B) \times T$. Si le testeur est un hybride simple $(T_1 \times T_2)$, la même démarche conduit à développer un hybride double $(A \times B) \times (T_1 \times T_2)$. Si le testeur est une population, la prédiction des hybrides trois-voies et des hybrides doubles à développer se fera à partir des résultats du plan de croisement factoriel entre les lignées des deux groupes. Avec l'utilisation de deux testeurs T_1 et T_2, si A et B sont deux lignées se combinant bien à T_1 et T_2, il sera possible de développer des hybrides trois-voies $A \times (T_1 \times T_2)$ ou $B \times (T_1 \times T_2)$ et des hybrides doubles $(A \times B) \times (T_1 \times T_2)$.

La récurrence dans la création de lignées

Comme dans la sélection généalogique en vue de la création de variétés lignées, lorsque de nouvelles lignées d'un groupe sont obtenues, elles peuvent être croisées entre elles pour former de nouveaux départs, c'est-à-dire de nouvelles populations F_2. Il n'est d'ailleurs pas nécessaire d'attendre la fixation totale pour recréer ce type de matériel de départ (cf. Chapitre 4).

Risque de la méthode ?

L'inconvénient de la sélection avec testeur est le *risque d'apparentement des variétés développées* : elles auront un parent commun, le testeur et les lignées sélectionnées se ressembleront d'autant plus que les effets d'ASC lignée $\times$ testeur seront forts. Les expériences de Russell *et al.* (1973) et de Walejko et Russell (1977), déjà citées (voir p. 111) tendent cependant à montrer que les risques ne sont pas aussi évidents qu'on pourrait le penser *a priori*. En effet, dans cette expérience, l'utilisation d'un testeur commun pour améliorer deux populations ne semble pas faire converger, au moins à court terme, les populations vers un même type puisque l'hybride des deux populations ainsi améliorées, analogue aux hybrides entre lignées tirées de ces populations, présente un taux d'amélioration très élevé. De plus, il y a souvent de fortes corrélations entre testeurs : ces corrélations sont en général plus fortes que les corrélations entre valeur en combinaison avec un testeur et valeur des S_1. Les risques peuvent toutefois être limités par *i*) l'utilisation de deux testeurs et *ii*) la recherche des meilleures combinaisons entre les lignées sélectionnées d'un groupe et plusieurs lignées de l'autre groupe complémentaire, et le changement de testeurs en fonction des progrès. L'expérience prouve que le changement de testeur ne pose pas trop de problème si l'on reste dans le même groupe hétérotique. Avant de prendre un testeur d'un autre groupe hétérotique, il faut s'assurer de sa bonne valeur en combinaison avec le matériel à améliorer.

Sélection généalogique réciproque

Ce schéma de sélection, proposé pour la première fois par Hallauer (1967) et Lonnquist et Williams (1967), est présenté figure 3.14. À partir de deux groupes hétérotiques, une série de croisements par paires est formée en croisant des plantes appartenant à chacun des groupes ; simultanément, les plantes de chaque paire sont autofécondées, ce qui implique de pouvoir faire autofécondation et croisement sur la même plante. Chez le maïs, cela demande donc que l'aptitude à avoir deux épis soit présente dans l'une des deux populations : ainsi l'autofécondation (S_1) des deux parents pourra être réalisée et le croisement ($S_0 \times S_0$) sera fait dans un seul sens (sur la plante avec deux épis). Le test de descendances l'année suivante permet d'identifier les couples les plus performants. Les autofécondations des parents d'un couple sélectionné sont alors reprises et

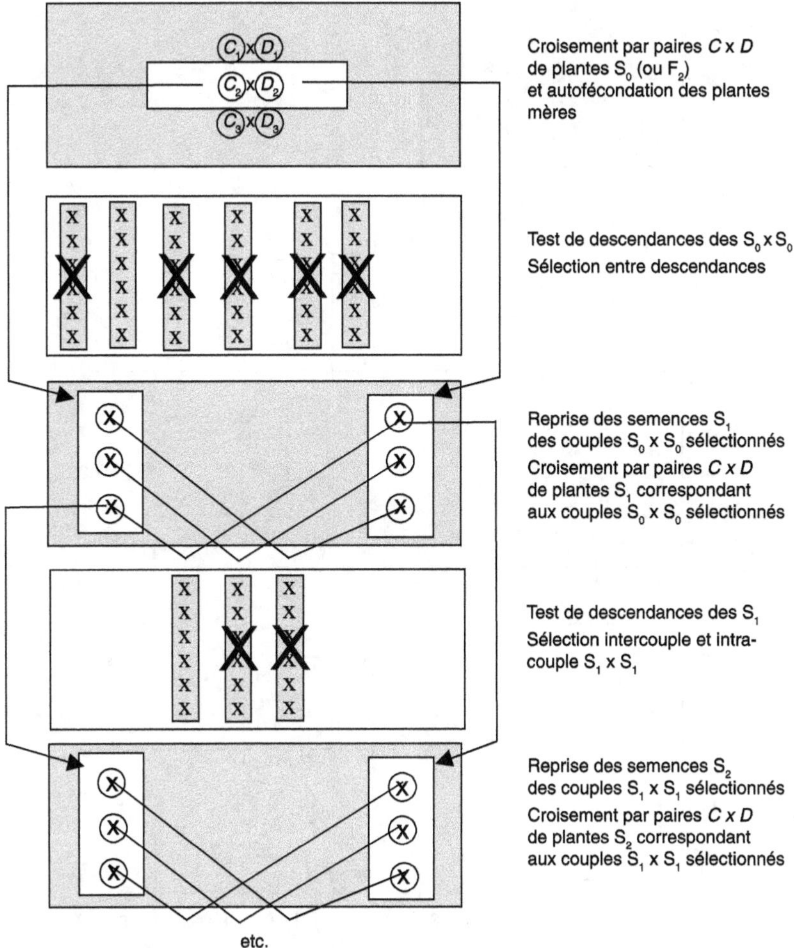

Figure 3.14. Sélection généalogique réciproque pour l'aptitude à la combinaison.

Le matériel de départ est structuré en deux groupes complémentaires (C et D) ; il peut s'agir de populations de plantes S_0 ou de populations de plantes F_2. En ce cas, aux couples de plantes $S_1 \times S_1$ correspondent des couples de plantes $F_3 \times F_3$, etc. À partir de plantes S_0, les tests se poursuivent pendant 6-7 générations d'autofécondation, 5-6 à partir de plantes F_2.

des croisements par paires entre plantes de ces deux familles sont réalisés en même temps que ces plantes sont autofécondées. Le processus recommence avec test, sélection, etc. La répétition de ce processus permet d'obtenir après 6 ou 7 générations un ou plusieurs couples de lignées se complémentant bien et formant une combinaison tout à fait nouvelle. Il y a donc moins de risque de développer des variétés apparentées que dans la méthode avec testeur à base étroite. La figure 3.15 illustre des résultats obtenus par cette méthode chez le maïs par Hallauer (1973).

L'utilisation de l'haplodiploïdisation simplifie ce schéma. Il peut alors être le suivant : développement de croisements par paires, évaluation des familles de pleins-frères

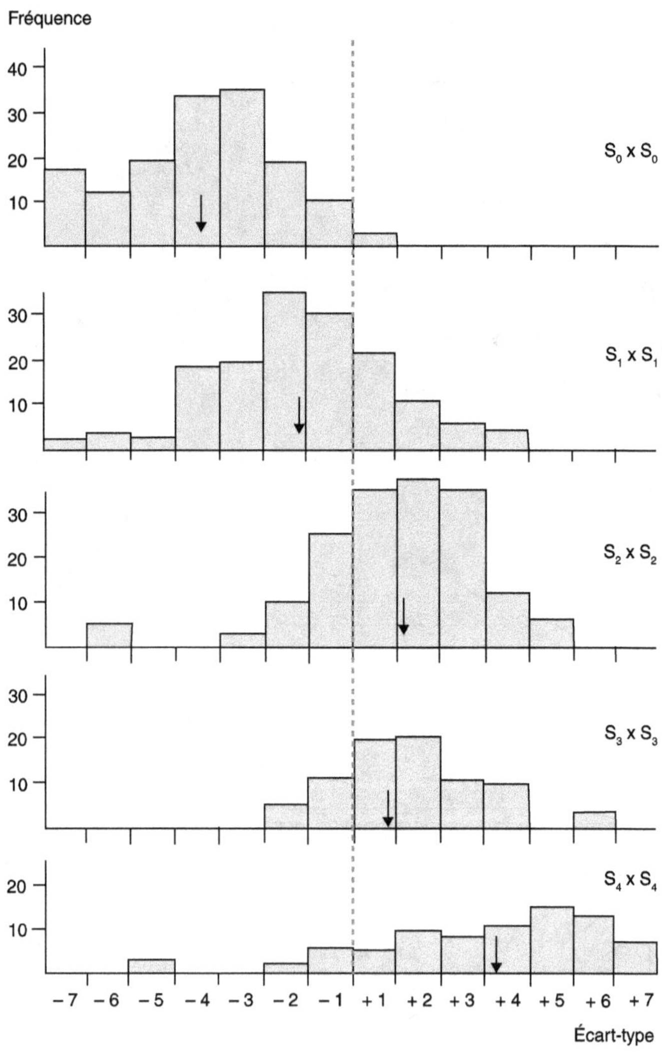

Figure 3.15. Résultats de plusieurs cycles de sélection généalogique réciproque chez le maïs (Hallauer, 1973).

Les histogrammes représentent la distribution des hybrides obtenus par les croisements de plantes $S_i \times S_i$ (i de 1 à 4) (cf. Figure 3.14).

obtenues, sélection de la meilleure, dérivation des lignées par haplodiploïdisation des parents (S_1), croisement factoriel des lignées obtenues, évaluation des hybrides simples et production du meilleur (Figure 3.16). L'essentiel est alors de détecter une bonne combinaison plante S_0 × plante S_0. Si une bonne combinaison S_0 × S_0 est détectée, le processus a une très forte probabilité de conduire à un hybride simple qui sera meilleur que cette combinaison. Il y a en effet moins de risque de dérive que par la sélection généalogique réciproque.

Ces deux schémas de sélection généalogique réciproque, très efficaces, ne sont malheureusement que très peu utilisés dans la pratique. Chez le maïs, la raison essentielle est sans doute que le croisement de deux plantes S_0 × S_0 ne donne pas assez de graines pour avoir une bonne évaluation des descendances dans des dispositifs expérimentaux avec des parcelles et des répétitions dans plusieurs lieux. De ce point de vue, la sélection pour l'aptitude à la combinaison avec un testeur a un avantage considérable, puisque lorsque le testeur est pris comme mâle et si les plantes à croiser par le testeur sont représentées par leurs autofécondations (qui seront castrées), alors il est possible de produire en isolement une grande quantité de semences permettant des tests multilocaux. Chez une

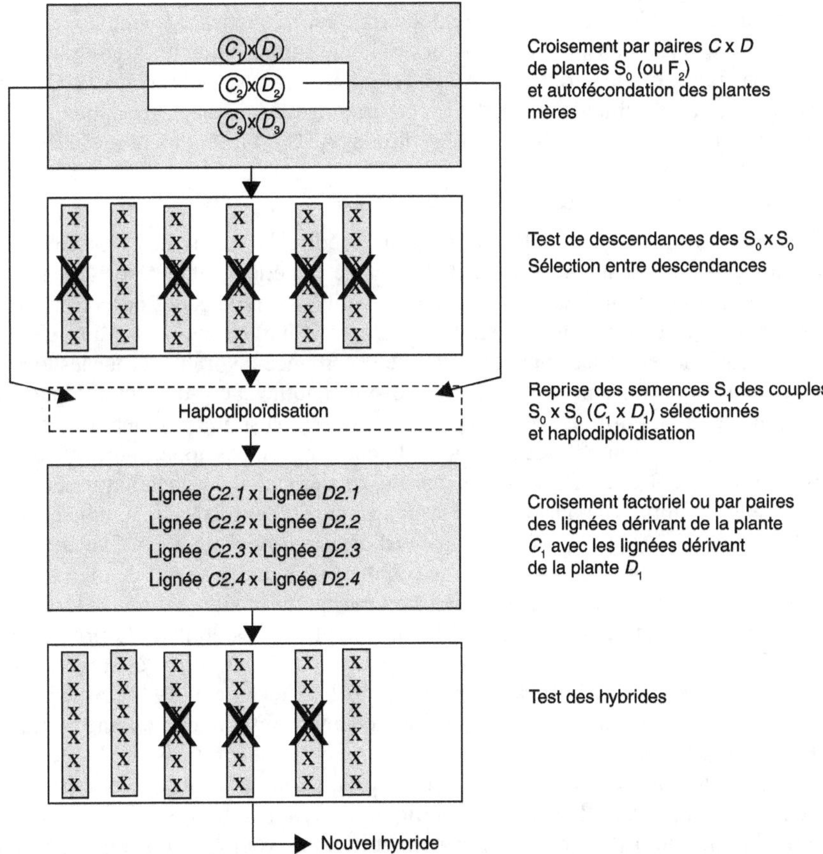

Figure 3.16. Utilisation de l'haplodiploïdisation pour dériver rapidement un nouvel hybride simple à partir d'un croisement plante S_0 × plante S_0 performant.

plante comme le maïs, facile à castrer, cela explique sans doute le développement de cette méthode de sélection.

La prédiction de la valeur des croisements entre lignées

La démarche avec les aptitudes à la combinaison

Lorsque différentes lignées ont été obtenues à l'issue de différents schémas de sélection, il peut se poser le problème d'identifier celles qui donneront les meilleurs hybrides simples (cf. Encadré 3.7). Si leur nombre n n'est pas trop élevé, en l'absence de structuration du matériel en groupes hétérotiques, il est possible de faire tous les croisements 2 à 2 (croisement diallèle), mais cela devient vite très lourd quand n augmente (105 croisements à développer pour n égal à 15) ; si le matériel est structuré en deux groupes complémentaires, seuls seront réalisés les croisements entre groupes par croisement factoriel (avec 10 lignées dans chaque groupe, cela représente 100 croisements à développer). Si le nombre de lignées par groupe est plus élevé (n supérieur à 10-15), il est alors plus efficace d'opérer en deux étapes : *i*) d'abord estimer, à l'aide de testeurs, l'aptitude générale à la combinaison inter- ou intragroupe selon que le matériel est ou n'est pas structuré en groupes, puis *ii*) réaliser les combinaisons intra- ou intergroupe entre lignées ayant les meilleures AGC. Cette démarche est très efficace lorsqu'il y a structuration en groupes. En l'absence de structuration, elle suppose que la variation de l'ASC est faible par rapport à la variation d'AGC, ce qui ne sera pas toujours le cas. Dans une telle situation, une combinaison des AGC et d'un indice de distance génétique calculé à partir des marqueurs moléculaires pour prédire les ASC est attendue plus efficace.

L'utilisation des marqueurs moléculaires

L'utilisation des marqueurs moléculaires pour prédire la valeur des croisements est basée sur l'existence d'une relation entre distance génétique et hétérosis : plus deux parents sont distants génétiquement, c'est-à-dire plus ils ont de gènes différents, plus ils ont de chance d'être complémentaires (cf. 1re Partie, Chapitre 1), c'est-à-dire de manifester une ASC élevée. Avec l'hypothèse d'une dominance favorable à tous les locus, ce raisonnement est parfaitement justifié. En moyenne, au niveau intrapopulation, dans le cas d'apparentement entre lignées croisées, cette relation est bien vérifiée. Le problème est d'avoir une prédiction efficace lorsque les lignées ne sont pas apparentées et issues de populations différentes. L'efficacité des marqueurs dépend alors de la nature et de l'intensité des déséquilibres de liaison entre les marqueurs et les locus affectant le caractère quantitatif considéré (QTL). Avec des lignées d'origine différente, il n'y a aucune raison pour que les déséquilibres de liaison d'une population à l'autre soient de même nature, c'est-à-dire que les associations entre allèles du marqueur et allèles d'un QTL soient les mêmes (Charcosset et Essioux, 1994). Effectivement, les résultats de la prédiction de la valeur F_1 ou de l'ASC à partir de distances « moléculaires » sont très variables selon les études (Charcosset *et al.*, 1990 ; Bernardo, 1992 ; Melchinger, 1999). Si le matériel n'est pas structuré en groupes hétérotiques (en schématisant, s'il n'y a qu'une population d'amélioration), la distance génétique peut avoir une valeur prédictive de l'hétérosis ou de l'ASC ; elle apporte en général plus pour la prédiction de l'ASC que pour la prédiction de la valeur F_1, mais elle n'apporte pratiquement rien pour la prédiction de l'AGC. En revanche, dès qu'il y a structuration du matériel en groupes hétérotiques, avec des lignées issues de groupes complémentaires, les marqueurs n'améliorent que très peu la qualité de la prédiction sur la base de l'AGC intergroupe.

Pour que la prédiction soit plus efficace dans toutes les situations, il faudrait n'utiliser que des marqueurs directs des gènes impliqués dans la variation génétique des caractères étudiés. Encore faut-il qu'elle soit plus efficace que la prédiction basée sur la seule AGC. Chez le maïs, avec des croisements entre lignées cornées × dentées, les expériences de Schrag *et al.* (2006, 2007) montrent que le gain en efficacité obtenu par la prise en compte de l'AGC interpopulation et des marqueurs associés aux QTL de la valeur en croisement a été faible, voire nul, par rapport à la prédiction sur la seule base de l'AGC interpopulation. Cela était dû à une faible variation de l'ASC interpopulation par rapport à la variation de l'AGC interpopulation, ce qui est attendu avec une bonne structuration en groupes hétérotiques. Cependant, lorsque l'ASC était plus élevée, l'intérêt des marqueurs était plus net. Comme une ASC plus élevée est attendue en l'absence de structuration, ces résultats tendent donc à vérifier que dans ce cas la combinaison de l'AGC, assez facile à évaluer, et d'un indice de distance génétique calculé à partir des marqueurs des QTL impliqués dans l'hétérosis serait effectivement plus efficace que la prédiction sur la base de la seule AGC.

L'utilisation des marqueurs moléculaires pour améliorer la valeur d'un hybride

Dans les populations en ségrégation issues de croisement de deux lignées, il est possible d'étudier les liaisons entre les marqueurs moléculaires du génome nucléaire et les caractères quantitatifs. C'est le principe même de la détection de QTL, c'est-à-dire de locus impliqués dans la variation de caractères quantitatifs (voir p. 309). Lorsque ces liaisons sont établies (c'est-à-dire que des QTL ont été détectés), les marqueurs moléculaires peuvent être utilisés dans deux types d'opérations au niveau de la création de nouvelles lignées à bonne aptitude à la combinaison :
– pour identifier les individus porteurs des meilleurs allèles à différents locus au cours du processus de fixation, c'est la sélection généalogique assistée par marqueurs ;
– pour transférer par rétrocroisement un segment chromosomique identifié comme favorable, d'un génotype donneur dans un autre génotype receveur pour améliorer ce dernier.

La sélection généalogique assistée par marqueurs

À partir d'un croisement de deux lignées complémentaires pour leur aptitude à la combinaison avec un testeur, si les QTL pour cette valeur en combinaison ont été détectés au niveau de familles F_3, alors les marqueurs moléculaires peuvent déjà être utilisés pour prévoir la valeur génétique des meilleures familles F_3 : ce sont celles qui donneront les meilleures lignées. On dispose pour cette prédiction de la valeur phénotypique des familles et de leur génotype pour les différents marqueurs liés aux QTL détectés. La valeur en combinaison des lignées dérivables d'une plante F_2 (famille F_3) peut se prédire en additionnant les effets des allèles à chaque QTL détecté, puisque l'aptitude à la combinaison est équivalente à un caractère additif (cela est illustré p. 177). Cependant, comme les marqueurs n'expliquent pas toute la variation génétique, il serait en principe préférable de combiner la valeur phénotypique (P) d'une famille et la valeur prévue par les marqueurs (M) dans un même index, comme cela est montré plus tard (p. 251) pour la sélection récurrente. Toutefois, cette combinaison ne fera gagner en précision par rapport au phénotype que si l'héritabilité est faible. Or l'expérience prouve que, avec des dispositifs multilocaux et des répétitions, l'héritabilité pour la valeur en combinaison est assez élevée (> 0,70). Dans ce cas, le gain en efficacité dû à l'utilisation des marqueurs moléculaires est donc attendu faible.

Le marquage moléculaire peut, en revanche, présenter un intérêt dans les générations après la F_3. Ainsi chez le maïs, Stromberg *et al.* (1994) ont montré que la sélection de familles F_6 seulement sur la base de l'information des QTL détectés en F_2 permettait d'obtenir le même progrès que par sélection phénotypique, alors qu'au maximum 50 % de la variation était expliquée par les marqueurs. Des travaux de Johnson (2004) et Eathington *et al.* (1997a, b) montrent aussi la possibilité de sélectionner au niveau des plantes F_5 ou F_6 à partir de l'information donnée par les QTL détectés en F_3. Ainsi dans l'expérience d'Eathington *et al.* (1997b) sur la base de la détection de QTL en F_3, le marquage moléculaire en F_5 permettait d'éliminer 40 % des familles avant l'évaluation phénotypique, sans risque de perte des meilleures familles.

Si l'haplodiploïdisation est utilisée, les marqueurs moléculaires ne pourraient être utilisés que pour affiner la prédiction des valeurs génétiques des descendances en croisement avec un testeur. Cependant, l'héritabilité étant généralement élevée à ce niveau, supérieure à celle observée au niveau du test de familles F_3, l'utilisation des marqueurs moléculaires n'augmentera que faiblement la qualité des prédictions phénotypiques.

Le transfert de segments chromosomiques

La détection de marqueurs liés à un QTL ne conduit pas à localiser ce QTL de façon précise, elle conduit à identifier une zone chromosomique dans laquelle se trouvent un ou plusieurs QTL affectant le caractère considéré. Avec un marquage moléculaire suffisamment dense du génome, chaque segment chromosomique (de l'ordre de 10 à 25 cM) sera marqué, avec des marqueurs internes et des marqueurs bordant. Grâce à ces marqueurs et aux marqueurs répartis sur l'ensemble du génome, il devient possible de transférer, par rétrocroisement, les segments favorables d'un génotype dans le génome d'un autre génotype.

Le principe est simple, avec deux lignées *A* et *B* complémentaires qui se combinent bien à une même troisième *C*, après détection des QTL dans une population de lignées issues du croisement *A* × *B* et croisées avec la lignée *C*, il est possible de transférer les segments favorables des QTL issus du parent *B* dans le génome de la lignée *A* pour améliorer son aptitude à la combinaison. Les modalités du transfert d'un segment sont expliquées dans l'encadré 3.8.

Cette méthode est efficace pour transférer simultanément trois à quatre segments. Ainsi chez le maïs, Bouchez *et al.* (2002 et non publié) après avoir identifié des QTL pour le rendement en grain au niveau de lignées dérivées du croisement des deux parents *F2* et *MBS* et croisées avec la lignée *F252*, ont identifié trois segments chromosomiques favorables issus du parent *MBS*. Comme ces segments affectaient le rendement, il était attendu une amélioration de la valeur du croisement entre la lignée *F2* et la lignée *F252*. C'est bien ce qui a été observé, mais malheureusement si la nouvelle lignée *F2* conduisait à une amélioration du rendement, elle conduisait aussi à une plus grande tardivité, ce qui n'était pas le but recherché. Cela signifie simplement que les QTL transférés affectaient aussi la tardivité, alors que cela n'avait pas été identifié au niveau de la détection de QTL, sans doute par manque de précision dans l'évaluation. Stuber et Sisco (1991) ont aussi cherché à améliorer la valeur d'un hybride *B73* × *Mo17*, en améliorant chacun des parents par introgression de fragments chromosomiques favorables issus de deux autres lignées *Oh43* et *Tx303*. Pour cela, les QTL de la valeur en combinaison de familles F_3 issues du croisement *Oh43* × *Tx403*, avec d'une part *B73* et d'autre part avec *Mo17*, ont d'abord été détectés ; les « allèles » favorables des premiers ont été transférés dans la

Encadré 3.8. Le transfert d'un segment chromosomique assisté par marqueurs

La détection de QTL dans un croisement de deux lignées A et B conduit à identifier des segments chromosomiques favorables issus de chacun des parents. S'il s'agit de QTL de l'aptitude à la combinaison avec un testeur, on peut chercher à transférer les segments favorables issus de la lignée B dans le génome de la lignée A, afin d'améliorer son aptitude à la combinaison.

Pour cela il faut trois types de marqueurs :
– des marqueurs internes au segment (3 marqueurs dont un au centre pour des segments de 10 à 30 cM), pour identifier les plantes porteuses du segment ;
– des marqueurs bordant, à droite et à gauche du segment, pour limiter le plus possible au segment d'intérêt le fragment de chromosome qui sera introduit au cours du processus de rétrocroisement ;
– des marqueurs dispersés dans le reste du génome, pour accélérer le retour vers l'isogénicité.

Une façon simple de conduire l'introgression est de procéder en trois ou quatre étapes comme indiqué dans le schéma ci-dessous. Supposons que les QTL aient été détectés au niveau d'une population de lignées recombinantes du croisement lignée A × lignée B. Le parent donneur du segment est alors choisi parmi ces lignées, de telle sorte qu'en dehors du segment à transférer, son génome soit le plus proche possible de celui du parent receveur (l'un des parents du croisement). Dans ce cas, les étapes sont les suivantes :
– *1ᵉʳ rétrocroisement* : le croisement avec le parent receveur donne une F_1 qui est l'équivalent d'un premier rétrocroisement (BC_1). Ces plantes BC_1 sont directement recroisées au parent receveur ;
– *2ᵉ rétrocroisement* : parmi les plantes hétérozygotes pour le segment, résultant de ce rétrocroisement, on retient celles qui présentent une recombinaison à « droite » du segment (dans la fenêtre entre le dernier marqueur interne du segment et le marqueur bordant à droite) ; s'il y a plusieurs plantes, il est possible de sélectionner pour le retour vers le fond génétique du parent receveur ; les plantes sélectionnées sont recroisées au parent receveur ;
– *3ᵉ rétrocroisement* : parmi les plantes hétérozygotes pour les segments, résultant de ce rétrocroisement, on retient celles qui présentent une recombinaison à « gauche » du segment (dans la fenêtre entre le dernier marqueur interne du segment et le marqueur bordant à gauche) ; s'il y a plusieurs plantes, il est possible de sélectionner pour le retour vers le fond génétique du parent receveur ; les plantes sélectionnées peuvent alors être, soit recroisées au parent receveur (si l'isogénicité n'est pas jugée suffisante), soit autofécondées ;
– *autofécondation* et sélection des plantes homozygotes pour le segment introgressé.
Dans l'exemple pris, si le parent donneur présente déjà une recombinaison favorable à l'une des extrémités du segment à introduire, alors il est possible de se limiter à deux rétrocroisements.

Avec des effectifs de l'ordre de 200 plantes à chaque rétrocroisement, trois à quatre segments peuvent être introduits simultanément (voir Hospital et Charcosset, 1997, pour l'optimisation). À chaque rétrocroisement, on retient en priorité les plantes hétérozygotes pour les trois segments et qui présentent des recombinaisons favorables d'un côté ou de l'autre des segments.

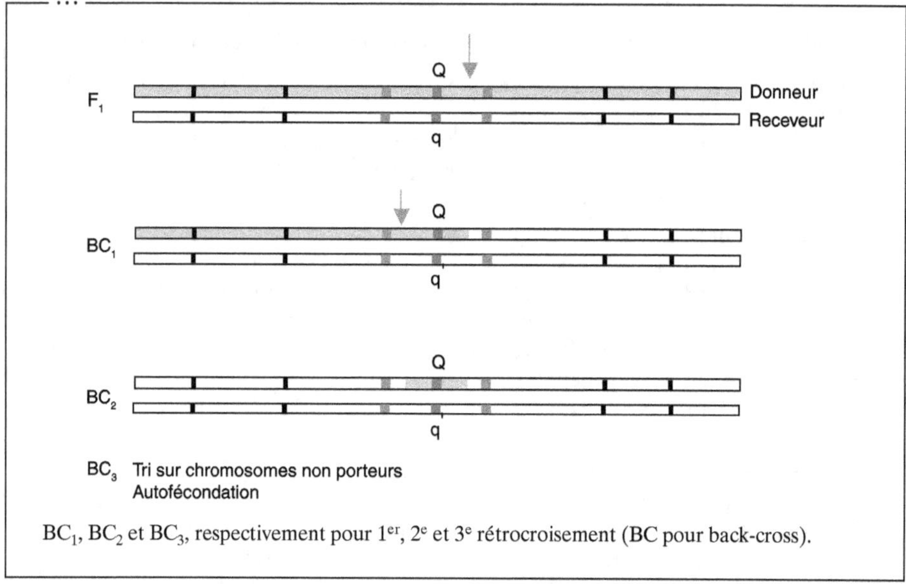

BC$_1$, BC$_2$ et BC$_3$, respectivement pour 1er, 2e et 3e rétrocroisement (BC pour back-cross).

lignée *Mo17* et les « allèles » favorables des seconds dans la lignée *B73*. Les lignées *B73* et *Mo17* ainsi améliorées ont été croisées entre elles. Les hybrides obtenus à partir des nouvelles lignées ont montré une nette amélioration du rendement (+ 7 à 10 %), plus importante par unité de temps que celle qui aurait pu être obtenue par les méthodes conventionnelles.

Pour introgresser simultanément plus de trois à quatre segments, une solution est de procéder à des rétrocroisements en « cascade ». Ainsi par exemple, pour introgresser six segments dans le même génome, trois segments (supposés venir d'un même parent) seront introgressés dans un premier programme de rétrocroisement ; puis, à l'issue de ce programme, la lignée introgressée obtenue sera prise comme parent receveur pour le deuxième programme de rétrocroisement visant à introgresser les trois autres segments (supposés venir d'un même parent). Il est aussi possible d'avoir recours à la sélection récurrente sur marqueurs seuls (voir p. 255).

Ainsi les marqueurs moléculaires peuvent permettre d'accumuler dans un même géno-type des segments chromosomiques favorables pour l'aptitude à la combinaison. On peut parler de véritable *construction de génotypes* assistée par marqueurs (Charcosset et Gallais, 1995). Comme le transfert des segments est en général réalisé en générations accélérées, puisqu'il n'y a pas d'évaluation agronomique, il peut en résulter un progrès génétique par unité de temps plus important qu'avec un cycle de sélection généalogique. Le succès de cette méthode dépend *i*) de la précision dans la détection des QTL et dans l'évaluation phénotypique et *ii*) de la présence d'épistasie. Il faut donc détecter les QTL dans des populations d'assez grande taille (plus de 200 lignées recombinantes) et évaluer ces populations dans des conditions variées mais bien définies. Le transfert conduisant à introduire un fragment chromosomique dans un milieu génétique différent de celui où son effet a été évalué, la présence d'épistasie peut induire des effets différents de ceux attendus. Mais, dans tous les cas, cela conduit à une variabilité génétique nouvelle qui peut éventuellement être utilisable en création variétale.

▸▸ Le contrôle de l'hybridation à grande échelle et la production de semences

Pour produire des variétés hybrides, il faut maîtriser le croisement à grande échelle de façon économique, afin de ne pas annuler l'avantage économique des variétés hybrides avec des semences trop coûteuses (cf. Chapitre 5). Si deux parents sont mis côte-à-côte ou en mélange, en isolement à l'abri de tout autre pollen, sans système efficace pour empêcher l'autofécondation des parents cela conduit aux variétés semi-hybrides (voir p. 150). Mais ce type de variétés ne peut se développer que dans des cas particuliers de plantes allogames où la densité de semis est forte et ou l'hétérogénéité n'a pas trop d'importance (cas des graminées fourragères). Pour récolter des semences totalement issues de croisement, plusieurs méthodes sont envisageables : l'utilisation de la dioecie, la castration manuelle, la castration chimique, l'utilisation des allèles d'auto-incompatibilité, la stérilité mâle génique et la stérilité mâle nucléo-cytoplasmique.

Un cas favorable, la dioecie

Les plantes dioïques sont les plantes à sexes séparés sur des plantes différentes. C'est une situation favorable à la production de variétés hybrides, à condition de pouvoir produire les parents à grande échelle. C'est l'exemple de l'asperge où le sexe est déterminé par un locus avec deux allèles : les plantes *mm* sont uniquement femelles et les plantes *Mm* ou *MM* sont uniquement mâles. Comme seules les plantes femelles donnent des graines, les populations d'asperge sont constituées de 50 % de plantes femelles *mm* et de 50 % de plantes mâles *Mm*, bien qu'il puisse exister quelques plantes hermaphrodites. La production d'hybrides de clones est alors assez facile grâce à la multiplication végétative du parent femelle *mm* et du mâle *Mm*. Cependant, la descendance sera constituée de 50 % de plantes mâles et 50 % de plantes femelles : elle sera donc assez hétérogène puisqu'en moyenne les turions mâles ont un diamètre plus important que les turions femelles.

L'obtention de lignées homozygotes par haplodiploïdisation a permis la création d'hybrides de lignées, mâles à 100 % (Corriols et Doré, 1988). Les plantes haploïdes femelles *mm* ont été obtenues à partir des graines contenant deux embryons, dont l'un est issu d'une parthénogenèse haploïde. Les plantes haploïdes mâles ont été obtenues par culture *in vitro* d'anthères, qui conduit à des haploïdes doublés de deux sortes, des plantes *mm* femelles et des plantes *MM* dites super-mâles. Par multiplication végétative d'une femelle *mm* et d'un super-mâle *MM* il est donc possible de produire un hybride qui est à 100 % mâle avec les avantages que cela présente (voir p. 160) (Figure 3.17).

La castration manuelle

La castration manuelle n'est viable économiquement à grande échelle que pour les espèces avec sexes séparés sur la même plante, de façon telle que les inflorescences mâles puissent être facilement supprimées. C'est le cas du maïs qui a ses fleurs mâles groupées en une panicule terminale, à l'extrémité de la tige, donc faciles à supprimer à la main ou par coupe mécanique, un peu avant l'anthèse (floraison mâle). On installe ainsi 2 rangs du parent mâle (*A*) et 6-8 rangs du parent femelle (*B*). La castration a donc lieu sur le parent (*B*) pris comme femelle (voir Photo 13 sur planche couleur 6). Ce parent (*B*) sera donc forcément pollinisé par les plantes du parent (*A*) et on ne récolte la semence que sur le parent *B*. La castration complètement manuelle requiert une main-d'œuvre

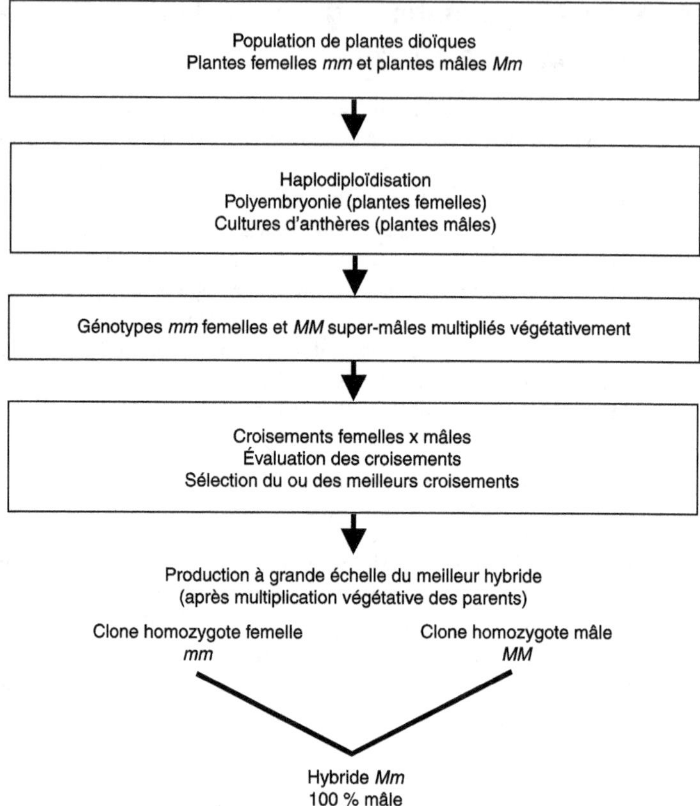

Figure 3.17. La production d'hybrides simples chez l'asperge par l'utilisation de super-mâles.

importante ; la castration mécanique (par coupe des panicules) permet des économies de main-d'œuvre, mais il faut s'assurer que toutes les panicules ont bien été coupées. La situation du maïs est un cas favorable pour la castration manuelle qui ne se retrouve chez aucune autre espèce cultivée.

Cependant, la castration manuelle est aussi pratiquée chez plusieurs espèces hermaphrodites, difficiles à castrer, comme certaines plantes florales et potagères, la tomate par exemple (Photo 14 sur planche couleur 6). Il en résulte un coût élevé de la production de semences F_1 dû au travail de castration et de pollinisation à la main, délicat à réaliser. Cette production de semences s'est d'ailleurs déplacée vers des pays à faible coût de la main-d'œuvre comme le Mexique et l'Asie du Sud-Est : Taïwan est un pays leader dans la production de semences hybrides de tomate. Cependant, le nombre important de graines par fleur rend l'opération économiquement viable. Il y a aussi le cas du riz hybride produit en Chine, dont les premières variétés étaient obtenues par croisement manuel, avec une main-d'œuvre peu rémunérée pour ce travail. Les variétés hybrides de piment sont également produites par castration manuelle, de même que certaines variétés de melon.

Pour la majorité des espèces de grande culture (céréales à paille, tournesol, etc.), la castration manuelle est irréalisable à grande échelle ou seulement à des coûts prohibitifs. Les sélectionneurs ont donc recherché d'autres méthodes pour maîtriser le croisement.

L'auto-incompatibilité et la compétition pollinique

L'auto-incompatibilité existe chez plusieurs espèces cultivées allogames, comme le chou, la betterave, certaines légumineuses et graminées fourragères, des arbres fruitiers (Figure 3.18). C'est un système qui empêche l'autofécondation. C'est un moyen qui peut apparaître idéal pour maîtriser le croisement chez ces espèces, d'autant plus que cela permet de récolter la semence sur les 2 parents. En fait, elle est assez difficile à utiliser et elle ne permet pas toujours un contrôle absolu du croisement à grande échelle. Une importante difficulté est que l'auto-incompatibilité, si elle favorise le croisement, s'oppose à l'obtention des lignées parentales par autofécondation.

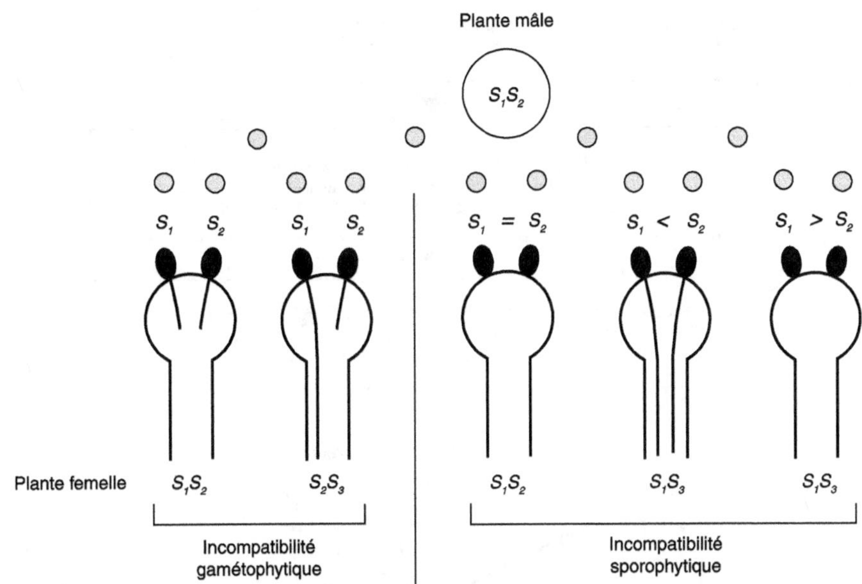

Figure 3.18. L'incompatibilité gamétophytique et sporophytique.

S_1, S_2, S_3 représentent les allèles d'auto-incompatibilité. Dans le cas d'auto-incompatibilité sporophytique, $S_1 = S_2$ représente une situation de codominance, $S_1 < S_2$ signifie que S_2 domine S_1 et donc le grain de pollen portant S_1 se comporte comme s'il était S_2.

Une première solution consiste à réaliser des hybrides de clones. Ainsi si deux plantes hétérozygotes S_1S_2 et S_3S_4 donnent un bon hybride, ces plantes peuvent être multipliées végétativement pour produire l'hybride simple à grande échelle. Mais il y a le risque de l'hétérogénéité de la variété. Un tel schéma a été mis en œuvre chez le caféier Robusta (*Coffea canephora*) (Charrier et Eskes, 1997). Cependant, l'idéal est bien de pouvoir produire un hybride simple entre deux lignées homozygotes (Figure 3.19). La production et la sélection de lignées homozygotes se heurte à deux types de difficultés : la réalisation des autofécondations et l'identification des allèles d'auto-incompatibilité. Pour réaliser les autofécondations, on peut contourner l'auto-incompatibilité par diverses méthodes, comme des pollinisations au stade bouton floral et l'utilisation du dioxyde de carbone (chez le chou). L'autre difficulté est d'identifier les allèles d'auto-incompatibilité ; pour cela il faut avoir recours à des tests sérologiques. Il est ainsi possible d'obtenir des lignées fixées pour un allèle d'auto-incompatibilité bien identifié. Mais ces lignées sont intrinsèquement stériles sans intervention humaine, elles sont donc coûteuses à produire et à entretenir et le système tend à sélectionner des lignées plus ou moins autocompatibles, d'où des problèmes lorsque l'on veut les utiliser en croisement. De plus l'hybride lignée S_1S_1 × lignée S_2S_2 sera en général autostérile, donc cette méthode ne peut être utilisée que pour les plantes utilisées pour leur partie végétative. L'auto-incompatibilité a ainsi été utilisée pour produire des semences hybrides de lignées chez les choux (incompatibilité sporophytique). Mais le contrôle du croisement n'est pas absolu : il peut y avoir un certain taux de fécondation entre plantes d'un même parent. Aujourd'hui, les variétés hybrides de choux sont produites par l'utilisation de la stérilité mâle nucléo-cytoplasmique issue du radis.

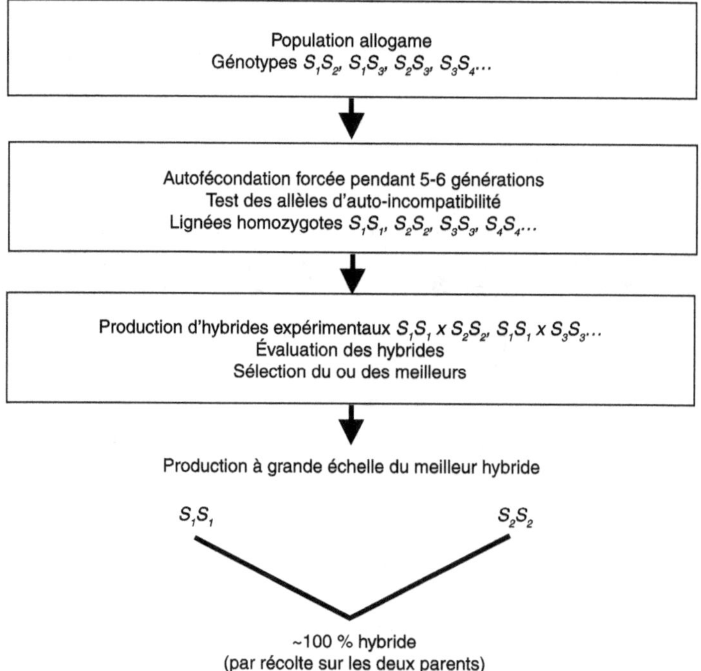

Figure 3.19. Production d'une variété hybride avec un système d'auto-incompatibilité gamétophytique.

S_1, S_2, S_3, S_4 représentent les allèles d'auto-incompatibilité.

Le contrôle chimique de l'hybridation

Chez les plantes hermaphrodites autogames, en l'absence d'une stérilité mâle facile à utiliser, une voie pour contrôler l'hybridation consiste à inactiver ou tuer les gamètes mâles d'un des parents sans affecter sa fertilité femelle (voir Photo 16 sur planche couleur 7). Les substances utilisées ou gamétocides sont voisines des hormones de croissance ; pulvérisées sur les plantes à un stade précis, elles doivent les stériliser sans avoir d'effet phytotoxique. La principale difficulté est de pouvoir intervenir au bon stade. Par ailleurs, chez une espèce autogame comme le blé, la dispersion du pollen par le parent mâle n'est en général pas suffisante pour assurer une bonne fécondation des plantes stérilisées. En effet, la sélection naturelle n'a pas favorisé la production et la dispersion du pollen. Cependant, il apparaît possible d'améliorer ces caractères, comme l'ont montré David et Pham (1993). Aujourd'hui, chez le blé, ces difficultés se traduisent par un certain taux d'échecs dans la production des semences hybrides, souvent dû aux conditions climatiques, ce qui augmente le coût des semences. Chez une espèce où l'avantage des variétés hybrides n'est pas très important, cela peut diminuer, voire annuler leur intérêt économique (voir p. 286).

Chez les cucurbitacées, à sexes séparés sur une plante ou sur des plantes différentes, le sexe peut être modifié par des voies chimiques. Un cas particulier est celui du melon. Chez cette espèce, deux gènes indépendants contrôlent la biologie florale. L'un détermine la présence (allèle a) ou l'absence (allèle a^+) d'étamines dans la fleur femelle ; l'autre contrôle la présence (allèle g^+) ou l'absence (allèle g) de fleur mâle. Selon les allèles présents aux deux locus, quatre phénotypes floraux sont possibles, dont le phénotype monoïque (a^+g^+) où chaque plante porte à la fois des fleurs mâles et des fleurs femelles, et le phénotype andromonoïque (ag^+) où chaque plante porte des fleurs hermaphrodites et des fleurs mâles. Avec une lignée monoïque prise comme femelle, la castration se fait souvent par utilisation d'un précurseur de l'éthylène, l'éthrel. Les semences hybrides peuvent alors être produites par l'utilisation d'insectes pollinisateurs (Pitrat et Risser, 1992).

Chez d'autres cucurbitacées (par exemple le concombre), le nitrate d'argent, inhibiteur de l'éthylène, permet d'induire l'apparition d'étamines chez les plantes gynoïques (uniquement femelles) ; celles-ci peuvent alors être autofécondées en vue de l'obtention de lignées uniquement femelles, et des lignées monoïques peuvent être utilisées comme mâles pour produire des hybrides (Bassett, 1986). Ce système n'est pas utilisé chez le melon car les fruits produits présentent des défauts de qualité (du fait de gènes modificateurs du gène g). Cette facilité de contrôle du sexe chez les cucurbitacées permet l'obtention de lignées sans trop de difficulté et la production d'hybrides simples sans castration manuelle.

La stérilité mâle génique

Fréquence et expression

Des mutants mâles stériles occasionnels ont été trouvés dans toutes les espèces où on en a cherché. Au total, on connaît plus de 60 gènes différents de stérilité mâle chez le maïs, 55 chez la tomate, 48 chez l'orge (Kaul, 1988). Dans la grande majorité des cas (plus de 90 %), les gènes de stérilité mâle sont récessifs. Il existe cependant des cas de stérilité mâle dominante (observés chez le blé, le haricot, la laitue, le coton, etc.). La stérilité mâle peut s'exprimer de diverses façons : dans certains cas les étamines sont absentes ou rudimentaires, ou bien plus ou moins transformées en pétales ou en carpelles (certains cultivars ornementaux à fleurs « doubles » sont de tels mutants à étamines pétaloïdes, par exemple chez les bégonias ou les œillets). Plus fréquemment, les anthères sont vides ou ne contiennent que des grains de pollen anormaux, incapables de germer. Dans quelques cas enfin, le pollen est normal mais il n'y a pas de déhiscence des anthères.

Utilisation de la stérilité mâle génique

Principe

Considérons d'abord le cas d'une stérilité mâle récessive avec l'allèle ms entraînant la stérilité à l'état homozygote et l'allèle dominant Ms entraînant la fertilité. Un tel type de stérilité ne peut être maintenu qu'en disjonction. Ainsi si l'on veut développer des lignées avec un gène de stérilité mâle, le gène *ms* d'une plante mâle-stérile *msms* est introduit par rétrocroisement dans le génome d'une plante fertile *MsMs* prise comme parent récurrent (Figure 3.20) ; après 6 ou 7 générations de rétrocroisement suivi d'autofécondation, on obtient une famille homozygote dans le reste du génome, mais en disjonction (¼ *MsMs* + ½ *Msms* + ¼ *msms)* pour le gène de stérilité mâle. Si cette famille est multipliée en isolement, en récoltant sur les plantes mâles stériles, on obtient à la première génération ⅔ de fertiles et ⅓ de stérile ; dès la deuxième génération de muliplication, en récoltant sur les mâles-stériles, on obtient ½ de stériles et ½ de fertiles ; ensuite, par multiplication de la lignée en isolement et récolte sur les mâles-stériles, toutes les générations redonnent 50 % de stériles et 50 % de fertiles. C'est cette lignée en disjonction pour le gène de stérilité qui peut être utilisée comme parent femelle pour produire un hybride simple. Il sera donc nécessaire d'éliminer les plantes mâles fertiles avant floraison. Mais les 2 types de plantes ne sont distincts qu'à la floraison : il faut donc les supprimer rapidement en tout début de floraison.

S'il s'agit d'un gène de stérilité mâle dominante, son introduction par rétrocroisement est plus facile (car l'autofécondation après le rétrocroisement n'est pas nécessaire). À

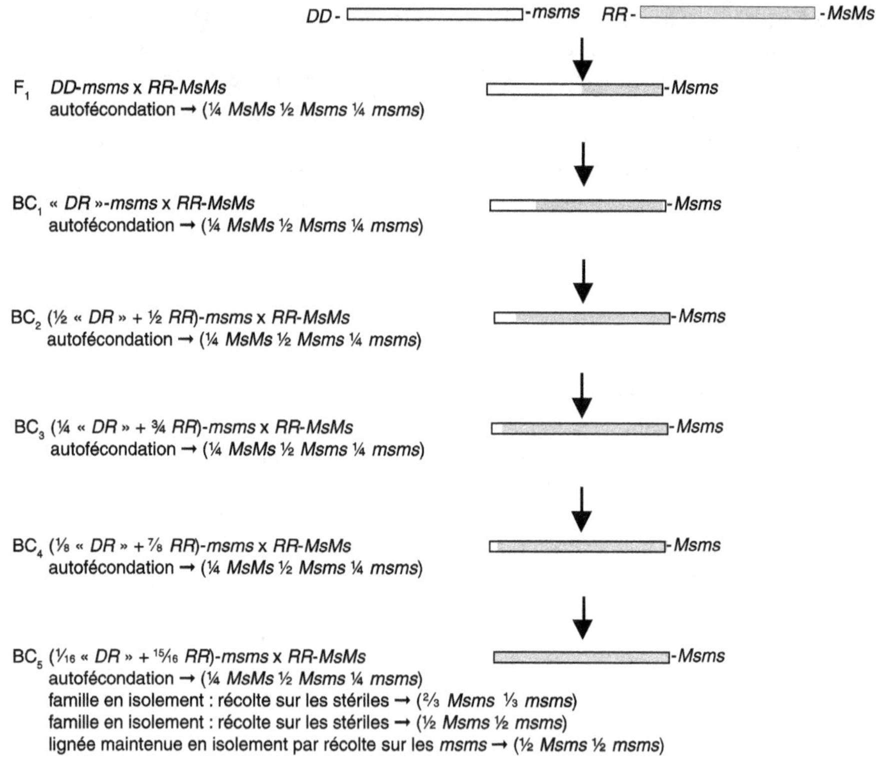

Figure 3.20. Rétrocroisement pour un gène récessif de stérilité mâle.

La récessivité du gène oblige à autoféconder les plantes issues du recroisement avec le parent récurrent (*MsMs*) pour faire apparaître les plantes *msms*, mâles stériles, qui sont alors recroisées avec le parent récurrent (back-cross, BC). Le processus peut s'arrêter après 4 à 6 cycles de recroisement (BC₄ à BC₆), selon l'isogénicité recherchée. *D* représente un gène quelconque du génome donneur (hormis le locus avec le gène introgressé) et *R* un gène quelconque du génome receveur.

la différence d'une stérilité mâle récessive, l'autofécondation d'une plante fertile donne une descendance homogène du point de vue de la fertilité des plantes, ce qui peut être un avantage pour l'évaluation du matériel en cours de sélection (Encadré 3.9). En revanche, nous verrons (cf. Chapitre 4) qu'une stérilité mâle dominante ne permet pas l'application de certains schémas de sélection récurrente sur descendances. Pour la multiplication de la lignée femelle, la difficulté est la même que précédemment, puisque le gène de stérilité mâle ne peut être maintenu qu'à l'état hétérozygote et que la descendance d'une plante mâle-stérile après pollinisation par une plante mâle-fertile donne encore 50 % de plantes mâles stériles et 50 % de fertiles, proportion qui se maintient au cours des générations de multiplication en isolement de lignée obtenue. Donc, là encore, il faudra éliminer avant pollinisation les plantes mâles fertiles de la lignée femelle.

Encadré 3.9. Comparaison d'une stérilité mâle récessive et d'une stérilité mâle dominante

Soit une stérilité mâle récessive contrôlée par un gène *ms*, l'allèle dominant *Ms* entraînant la fertilité. Les plantes de génotype *msms* sont mâles-stériles (femelles-fertiles) et les plantes de génotypes *Msms* ou *MsMs* sont mâles et femelles-fertiles. Une lignée mâle-stérile ne peut être maintenue qu'en isolement par récolte sur les plantes mâles-stériles *msms*. Dès la 2ᵉ génération d'isolement, la lignée est constituée de 50 % de plantes mâles-stériles *msms* et de 50 % de plantes mâles-fertiles *Msms*. L'autofécondation d'une plante fertile *Msms* donne donc une famille en disjonction au locus contrôlant la stérilité. Pour évaluer la production de graines (si c'est le caractère sélectionné) de la famille, chez une plante autogame dispersant peu son pollen, cela peut être un inconvénient et l'évaluation peut être biaisée par une fécondation hétérogène. Il faut alors éliminer le gène de stérilité pour l'évaluation, ce qui alourdit un peu le schéma de sélection.

Considérons maintenant une stérilité mâle dominante contrôlée à un locus par l'allèle *S*, l'allèle *s* entraînant à l'état homozygote la fertilité. Après rétrocroisement, la stérilité ne peut être maintenue qu'en isolement, en récoltant sur les plantes mâles-stériles *Ss* ; celles-ci pollinisées par une plante mâle-fertile *ss* donnent une descendance composée de 50 % de plantes mâles-stériles *Ss* et de 50 % de plantes mâles-fertiles *ss*. Le résultat est donc le même qu'avec une stérilité mâle récessive mais avec une grande différence : les plantes fertiles sont homozygotes alors qu'avec une stérilité mâle récessive elles sont hétérozygotes. Pour évaluer la lignée obtenue, dans le cas d'une plante sélectionnée pour la production de grains, l'autofécondation ne peut se faire que sur une plante homozygote *ss* : la descendance obtenue sera homogène, ce qui peut être un avantage.

Les différentes voies d'élimination des plantes mâles-fertiles

La multiplication végétative des mâles-stériles

Si la multiplication végétative est possible économiquement, le parent mâle-stérile peut être multiplié végétativement. Les progrès de la multiplication végétative *in vitro* permettent aujourd'hui ce type de multiplication à grande échelle (cas de l'asperge).

La restauration de la fertilité des plantes stériles

Dans quelques cas, on peut fabriquer une lignée 100 % mâle-stérile en restaurant la fertilité mâle des plantes *msms* par un traitement hormonal. C'est par exemple ce qui est fait pour le concombre : les plantes mâle-fertiles sont monoïques (des fleurs mâles et des fleurs femelles sur le même individu) chez la plupart des cultivars, tandis que les plantes mâle-stériles (dites aussi gynoïques) ont seulement des fleurs femelles. Un traitement de ces plantes mâle-stériles par des gibérellines (ou au nitrate d'argent) provoque la formation de fleurs mâles, ce qui permet l'autofécondation de la lignée génétiquement mâle-stérile. Chez le chou brocoli, une stérilité mâle qui réverse à basse température a pu être utilisée : en serre froide et jours courts, la lignée génétiquement mâle-stérile peut être autofécondée, puis la production de l'hybride est réalisée au champ, en été. Mais le système est difficile à contrôler et il y a toujours des risques d'apparition de plantes mâles-fertiles dans la lignée femelle au champ.

L'utilisation de marqueurs phénotypiques très liés au gène de stérilité

Dans cette situation, les plantes mâles-fertiles du parent femelle sont distinguées des plantes stériles grâce à un gène « marqueur » lié au locus de stérilité mâle et s'exprimant avant floraison. Ainsi chez le tournesol, un gène entraînant la coloration anthocyanée des tiges et des feuilles a été trouvé très lié au gène *Ms* (Leclercq, 1966 ; Photo 19 sur planche couleur 8). Dans les champs de production, les plantes mâles-fertiles de la lignée femelle, reconnaissables à leur couleur rouge, pouvaient donc être éliminées au stade plantule. C'est ainsi que furent produites par l'Inra les premières variétés hybrides françaises de tournesol (4 variétés inscrites entre 1971 et 1974), qui présentaient un gain de rendement important par rapport aux variétés populations antérieures. Ce système a cependant plusieurs défauts. D'une part, le travail d'épuration dans les champs de production est coûteux et d'autre part, le système n'est pas entièrement fiable car il existe un taux faible (1 à 2 %) de recombinants verts mâles-fertiles qui resteront dans les lignées de femelles (ce taux est directement fonction de la distance génétique entre le marqueur et le gène de stérilité ; il faut donc un gène marqueur très proche du gène de stérilité mâle). Mais, selon la biologie florale de l'espèce, une faible proportion de plantes fertiles peut avoir des conséquences importantes sur le taux d'hybridité des semences. Ainsi avec l'exemple tournesol, plante entomophile, comme les insectes pollinisateurs tendent à rester sur un même rang de plantes, 2 % de plantes mâles-fertiles dans les rangs femelles pouvaient induire jusqu'à 15-20 % de plantes non hybrides dans la semence. En outre, le système n'est guère généralisable à d'autres espèces, car il faut évidemment avoir la chance de trouver un gène « marqueur » suffisamment lié au gène de stérilité mâle. Même chez le tournesol, ce système a très vite été remplacé par un système de stérilité mâle nucléo-cytoplasmique (Leclercq, 1969). Il pourrait toutefois être amélioré grâce au génie génétique comme dans l'exemple qui suit.

L'utilisation d'une stérilité mâle obtenue par génie génétique liée à un marqueur de sensibilité à un herbicide

La société belge *Plant Genetic System* (PGS) a construit une stérilité génique en faisant s'exprimer très tôt dans les anthères une ribonucléase (RNase) qui détruit les cellules du tapetum et empêche donc la formation des grains de pollen (Figure 3.21) (Mariani *et al.*, 1990). Cette stérilité se comporte comme une stérilité mâle génique dominante et elle ne peut être maintenue qu'en ségrégation : les plantes mâles-stériles, hémizygotes pour le transgène de stérilité et pollinisées par les plantes fertiles, donnent une descendance avec 50 % de plantes stériles et 50 % de plantes fertiles. Pour l'utiliser quelle que soit l'espèce, il fallait pouvoir éliminer facilement les 50 % de plantes fertiles. Un gène de résistance à un herbicide total (Basta®) a alors été associé au gène de stérilité mâle dans la construction génétique. Les plantes mâles-stériles sont résistantes à l'herbicide, les plantes fertiles sont sensibles. Pour éliminer les plantes fertiles de la ligne femelle,

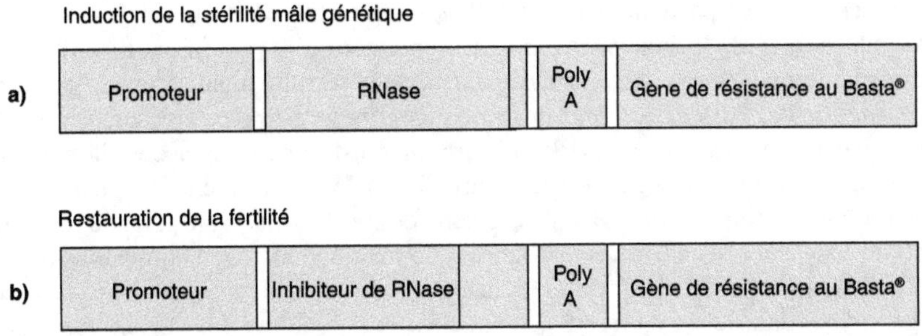

Induction de la stérilité mâle génétique

a) | Promoteur | RNase | Poly A | Gène de résistance au Basta® |

Restauration de la fertilité

b) | Promoteur | Inhibiteur de RNase | Poly A | Gène de résistance au Basta® |

Figure 3.21. Constructions génétiques pour induire la stérilité mâle et pour la restaurer.
En haut (a), les plantes porteuses de la construction sont stériles car les cellules du tapetum sont détruites par une enzyme, une ribonucléase (RNase). Pour reproduire les plantes mâles-stériles, il faut les croiser avec une plante normale fertile : la descendance d'une plante hémizygote pour le transgène donnera 50 % de plantes fertiles et 50 % de plantes stériles. Pour n'avoir que des plantes femelles, il faut détruire les plantes mâles-fertiles. Par traitement à l'herbicide (Basta®) de toutes les plantes, seules les plantes stériles avec le gène de résistance à l'herbicide (très lié au gène de stérilisation) survivront. Pour que les semences hybrides produisent des graines, il faut restaurer la fertilité, d'où la deuxième construction (b). C'est la même construction, mais à la place du gène codant la RNase il y a un gène codant un inhibiteur de RNase (Gallais et Ricroch, 2006).

il suffit donc de traiter cette lignée à l'herbicide au stade jeune. Sauf si par hasard des plantes (masquées par d'autres plantes) échappent au traitement herbicide, les plantes restantes seront 100 % mâles-stériles. Le problème est que cette stérilité se comporte, par nature, comme une stérilité dominante. L'hybride produit sera donc stérile. Elle ne peut donc être utilisée telle quelle que pour les espèces cultivées pour leurs racines ou leurs feuilles. Pour l'utiliser chez les espèces cultivées pour la production de graines, il faut restaurer la fertilité. Pour cela, un transgène inhibant l'action de la RNase peut être introduit chez la lignée utilisée comme mâle (Mariani *et al.*, 1992, cf. Figure 3.21). Les plantes F_1 sont alors normalement fertiles.

Le moratoire imposé à la culture des plantes transgéniques en Europe a empêché le développement de ce type de stérilité, relativement simple à utiliser. De plus, il pouvait être transféré à n'importe quelle espèce, ce qui était particulièrement intéressant pour les espèces où la stérilité mâle nucléo-cytoplasmique présente des défauts ou n'est pas connue.

La stérilité mâle nucléo-cytoplasmique

Mise en évidence et définition

Le croisement entre une plante mâle-stérile génique et une plante mâle-fertile conduit souvent à une descendance mâle-fertile ou à une disjonction pour la fertilité. Néanmoins, on observe des situations où la descendance est entièrement mâle-stérile. Ces descendants recroisés par le parent mâle (fertile) donnent encore une descendance 100 % mâle-stérile, et ce indéfiniment si on poursuit les rétrocroisements avec la plante mâle. Comme dans ce cas le génome nucléaire des plantes mâles-stériles devient semblable (isogénique) à celui du mâle-fertile, la stérilité est donc sous contrôle cytoplasmique. Cependant, la situation est plus complexe : la lignée mâle-stérile cytoplasmique obtenue précédemment, croisée avec différentes plantes mâles-fertiles, peut donner soit une descendance 100 % mâle-stérile, soit une descendance partiellement ou 100 % mâle-fertile. Il existe donc deux types de parents mâles-fertiles, distinguables par la descendance qu'ils produisent lorsqu'ils pollinisent une plante mâle-stérile : les « *mainteneurs* » de la stérilité mâle et les « *restaurateurs* » de la fertilité mâle. Puisque les deux descendances ont le même cytoplasme, c'est qu'elles diffèrent par des gènes nucléaires ; la stérilité mâle est donc influencée à la fois par des gènes cytoplasmiques et des gènes nucléaires. On parle de stérilité mâle nucléo-cytoplasmique. Pour les systèmes monogéniques, le gène de stérilité (*ms*) et le gène de restauration de fertilité (*Ms*) sont deux formes alléliques à un même locus, avec dominance de l'allèle de restauration sur l'allèle de stérilité. L'encadré 3.10 résume le mécanisme, avec les différents génotypes dans le cas d'un seul gène nucléaire. Il peut en effet y avoir plus d'un gène nucléaire en cause. Ainsi chez la betterave sucrière, deux locus sont en cause. Il peut exister aussi plusieurs cytoplasmes stériles qui se distinguent par leurs gènes de restauration. Par exemple chez le maïs, trois cytoplasmes stériles sont connus : *S*, *C* et *T* qui diffèrent par leurs gènes de restauration. C'est le cytoplasme *C* qui est le plus utilisé car il ne présente pas de défauts importants.

Utilisation de la stérilité mâle nucléo-cytoplasmique

Conditions d'utilisation

Pour être utilisable, une stérilité mâle nucléo-cytoplasmique doit être stable, conduire à 100 % de plantes mâles-stériles et avec des restaurateurs efficaces, n'affectant pas la

---

Encadré 3.10. La stérilité mâle nucléo-cytoplasmique

La stérilité mâle nucléo-cytoplasmique est le résultat de la présence d'un cytoplasme particulier *S* et d'un allèle de stérilité *ms* à un locus (quelquefois deux) contrôlant la fertilité. Si le cytoplasme est normal *N* ou si, au niveau du noyau, l'allèle de restauration de la fertilité *Ms* est présent, alors la plante est fertile. Nous supposons pour simplifier que les gènes nucléaires sont à l'état homozygote.

Le tableau suivant donne un exemple avec un seul gène nucléaire.

	Noyau *MsMs*	**Noyau** *msms*
Cytoplasme *N*	[*N*] *MsMs* Fertile, restaurateur de fertilité	[*N*] *msms* Fertile, mainteneur de stérilité
Cytoplasme *S*	[*S*] *MsMs* Fertile, restaurateur de fertilité	[*S*] *msms* Stérile

Les plantes [*S*] *msms* sont mâles-stériles, c'est-à-dire qu'elles ne fonctionnent que comme femelles. Pour les reproduire, elles doivent être croisées avec des plantes fertiles de génotype [*N*] *msms*. Le cytoplasme se transmettant par la voie maternelle et le noyau étant *msms*, la descendance de ce croisement est stérile à 100 %. C'est pourquoi les plantes [*N*] *msms* sont appelées « mainteneuses de stérilité ». Pour avoir une descendance qui produise des grains (cas d'une plante cultivée pour sa production de grains), la lignée mâle-stérile doit être croisée par une lignée [*N*] *MsMs* ou [*S*] *MsMs*. Dans ce cas, la descendance est fertile à 100 % ; la lignée [*N*] *MsMs* ou [*S*] *MsMs* est dite restauratrice de fertilité.

---

fertilité femelle. Cela peut limiter le choix, voire empêcher son utilisation. Ainsi chez le blé, la stérilité mâle issue du croisement interspécifique avec *Triticum timophevi* n'est pas utilisable car la restauration de fertilité n'est pas totale (Auriau *et al.*, 1979). L'utilisation d'un seul cytoplasme peut présenter des risques. Chez le maïs, aux États-Unis, le développement du cytoplasme T (Texas) qui apparaissait avoir beaucoup de qualités, justifiant son utilisation à grande échelle, a entraîné le développement rapide d'une maladie considérée comme mineure, l'helminthosporiose, avec des dégâts très importants en 1970 (Tatum, 1971). Il faut donc rechercher une diversité des cytoplasmes de stérilité mâle.

Création de la lignée femelle

Lorsque l'on a trouvé un cytoplasme S pour introduire la stérilité mâle dans une lignée « mainteneuse » *[N]msms* sélectionnée, il faut transférer son noyau dans un cytoplasme S. Cela peut être fait par la méthode des rétrocroisements, en utilisant la lignée à convertir comme parent récurrent et une lignée mâle-stérile comme donneur du cytoplasme (Figure 3.22). Au cours du rétrocroisement, on cherche ici à éliminer l'ensemble du génome nucléaire du donneur, il n'y a donc aucun tri à faire, si ce n'est pour la

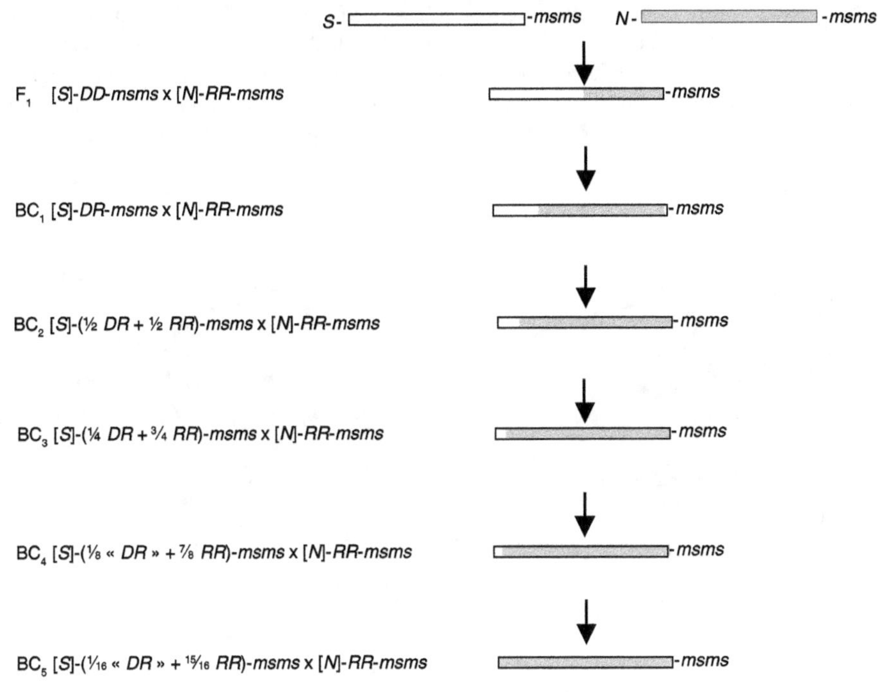

Figure 3.22. Le rétrocroisement pour un *cytoplasme* de stérilité-mâle.

D représente les gènes issus du génotype donneur du cytoplasme de stérilité mâle et R les gènes du génotype du parent récurrent (sur cytoplasme N). À chaque génération de rétrocroisement (BC$_i$ pour le $i^{ème}$ back-cross), la proportion de génome hétérozygote (DR) est divisée par deux. Le résultat après 6-7 rétrocroisements est donc une famille pratiquement homozygote, du génome du parent récurrent, mais sur cytoplasme S stérile, et qui ne peut être maintenue que par croisement avec sa forme isogénique représentée par le parent récurrent.

conformité maximale au parent récurrent pour accélérer l'élimination des gènes du donneur (utilisation des marqueurs moléculaires).

Une autre méthode de transfert de cytoplasme actuellement possible pour quelques espèces est la fusion de protoplastes : on sélectionne parmi les produits de fusion les plantes ayant le noyau d'un parent et les caractères cytoplasmiques de l'autre, qui lui confèrent la stérilité mâle. C'est ainsi que le cytoplasme de stérilité mâle du radis a été transféré au colza (Pelletier *et al.*, 1983), les gènes de restauration de la fertilité venant eux-mêmes du radis. La fusion de protoplastes a même aussi permis de corriger un défaut (déficience chlorophyllienne) qui était associé à la stérilité mâle (Figure 3.23). Cette même stérilité est aussi utilisée pour produire des variétés hybrides de différents types de choux (Photo 17 sur planche couleur 7). La stérilité mâle de la chicorée a aussi été obtenue par fusion de protoplastes, le cytoplasme entraînant la stérilité mâle venant du tournesol (Rambaud *et al.*, 1993).

Sélection et production des hybrides

Un travail préalable à l'utilisation d'une stérilité mâle nucléo-cytoplasmique consiste à structurer le matériel génétique en génotypes mainteneurs de stérilité et génotypes restaurateurs (pour la production de grains). Si l'on dispose déjà d'une bonne lignée mâle-stérile, se combinant bien avec le matériel restaurateur, elle peut être prise comme testeur et futur parent de la variété hybride. Pour sélectionner de nouvelles lignées femelles, des hybrides expérimentaux peuvent être réalisés entre lignées mainteneuses et lignées restauratrices. Après identification des meilleures combinaisons, les lignées

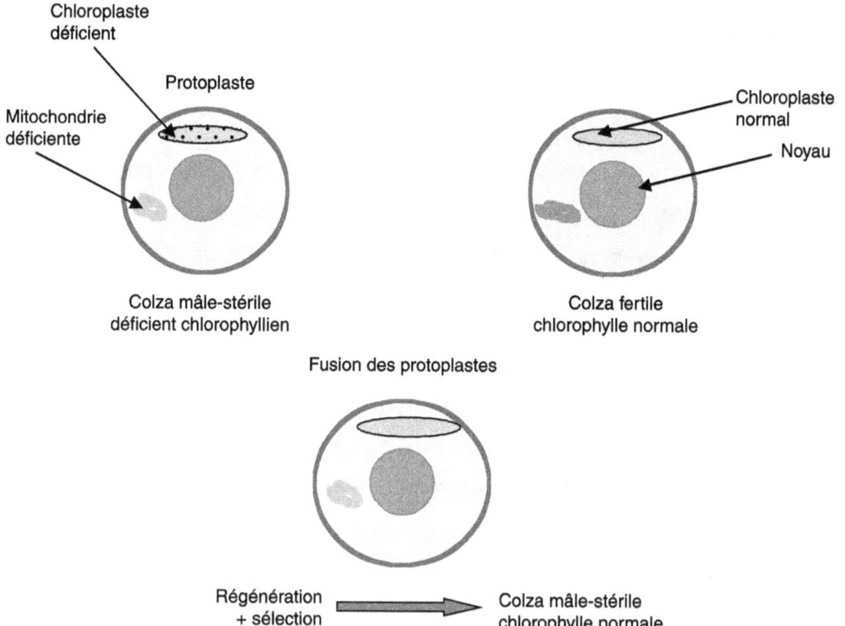

Figure 3.23. Correction des défauts de la stérilité mâle radis chez le colza, par fusion de protoplastes (Pelletier *et al.*, 1983).

La fusion de protoplastes de colza mâle-stérile, déficient chlorophyllien, avec des protoplastes de colza « normaux » a permis d'obtenir, après régénération et sélection, des plantes mâles-stériles avec une chlorophylle normale.

maineteuses sont alors converties en lignées mâles-stériles par back-cross avec une lignée donneuse de cytoplasme stérile.

Pour la production de semences, le parent femelle de la variété hybride simple est d'abord produit en quantité suffisante par le croisement de la forme mâle-stérile (*S-msms*) avec son mainteneur isogénique (*N-msms*). La lignée femelle 100 % mâle-stérile est alors souvent semée dans le champ de production de semences en bandes alternées avec le mâle. Dans le cas de l'orge hybride, la lignée mâle est semée en mélange avec la lignée femelle : comme dans les semences commerciales, il ne doit pas y avoir plus de 5 % du pollinisateur selon le règlement du Comité technique permanent de la sélection (CTPS), cette proportion sera la proportion maximale du pollinisateur au niveau du champ de production de semences. Si l'hybride est cultivé pour la graine (céréales, tournesol, colza, etc.), le parent mâle devra nécessairement être restaurateur (*MsMs*) pour que l'hybride soit fertile (Figure 3.24). La production d'un hybride trois-voies (*AB*)*C* est possible, avec l'hybride simple comme femelle : *A* est la lignée mâle-stérile, *B* une lignée mainteneuse de stérilité et *C* une autre lignée restauratrice de fertilité ou non selon la situation.

En conclusion, la stérilité mâle nucléo-cytoplasmique présente de grands avantages sur les autres systèmes de contrôle de l'hybridation pour la production d'hybrides. Elle est couramment utilisée pour la production d'hybrides chez plusieurs espèces, tant allogames (betterave, oignon, tournesol, mil à chandelles) qu'autogames (sorgho). Elle est utilisée à une moindre échelle chez le piment, le radis, la carotte.

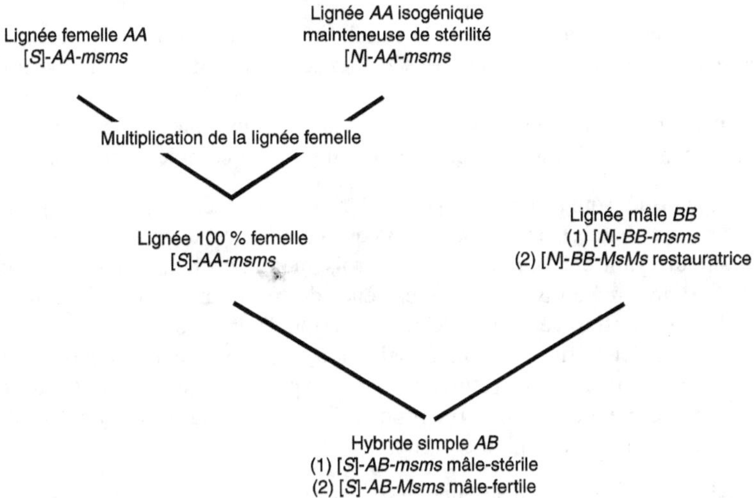

Figure 3.24. Schéma de production d'un hybride simple avec utilisation d'une stérilité mâle nucléo-cytoplasmique.

(2) Situation lorsque l'hybride doit être fertile (pour la production de graines), ce qui impose la présence de l'allèle de restauration chez le parent mâle.

▸▸ La gestion de la variabilité : constitution de groupes hétérotiques

La structuration en groupes hétérotiques de l'ensemble de la variabilité génétique disponible a essentiellement une valeur opérationnelle. Nous avons déjà vu qu'elle permet de raisonner le choix des testeurs (voir p. 175). De plus, en assurant une complémentarité entre les parents des croisements, elle est une solution partielle à la difficulté de prédiction de la valeur F_1 (voir p. 186). La structuration en groupes hétérotiques présente aussi un intérêt du point de vue de la gestion de la variabilité génétique à long terme. Pour le sélectionneur, la première question est de savoir comment structurer son matériel en groupes hétérotiques.

Comment structurer en groupes hétérotiques ?

L'exemple du maïs peut illustrer une certaine démarche de structuration en groupes hétérotiques (voir p. 167). Au début du XXe siècle, différentes populations étaient cultivées et améliorées par sélection massale. Des populations se combinant bien entre elles ont très tôt été identifiées (Beal, 1880) ; des hybrides de populations avaient même été proposés (Fitzgerald, 1986). Puis, avec le développement de la sélection des variétés hybrides, des études plus systématiques (par croisement diallèle entre populations les plus importantes) ont été réalisées afin de détecter d'autres populations se combinant bien entre elles. Les populations, ou les lignées à la disposition du sélectionneur, ayant le même comportement en combinaison avec d'autres matériels ont été regroupées dans un même groupe, voire dans une même population synthétique. Les groupes de matériels complémentaires ainsi identifiés sont encore à l'origine des grands groupes utilisés dans la sélection du maïs.

Pour toutes les espèces allogames où la variabilité génétique est structurée en populations, la même démarche que celle utilisée chez le maïs peut être suivie. Pour d'autres espèces, si l'histoire de la sélection a conduit à mélanger les origines, voire s'il n'y a pas clairement d'origines génétiques différentes, il se pose alors la question de savoir comment structurer les ressources génétiques en groupes complémentaires.

Lorsque les hybrides sont produits grâce à la stérilité mâle nucléo-cytoplasmique (carotte, tournesol, betterave, etc.), une structuration qui s'impose est d'avoir un groupe de matériel mainteneur ayant une bonne valeur en croisement avec l'ensemble du matériel qui sera utilisé comme mâle (avec ou non les gènes de restauration de la fertilité selon les cas). Ainsi chez la betterave, en vue de la production d'hybrides triploïdes, la population à l'origine du matériel utilisé comme femelle doit être diploïde, monogerme et mainteneuse, alors que la population destinée à donner le parent mâle est (était) souvent tétraploïde et multigerme. La sélection réciproque d'un groupe par rapport à l'autre permet alors de développer leur complémentarité.

Dans certains cas, il peut n'y avoir aucune structuration en groupes qui soit évidente (cas du colza, du blé, etc.). Une méthode pour induire deux groupes complémentaires est de prendre comme testeur, pour le matériel candidat à la sélection, les parents A et B d'un hybride AB très performant. Les lignées très bonnes en croisement avec B « ressembleront » à A et les lignées très bonnes en croisement avec A « ressembleront » à B. Les deux nouveaux groupes de lignées ainsi obtenus devraient donc être bien complémentaires l'un de l'autre et bien se combiner entre eux. Les marqueurs moléculaires sont aujourd'hui un outil puissant pour structurer le matériel en groupes. Il faut alors évaluer la valeur en croisement des groupes pour identifier les groupes complémentaires car les groupes les plus hétérotiques ne sont pas nécessairement les plus distants. Là encore, la sélection réciproque d'un groupe par rapport à l'autre permet de développer leur complémentarité.

La gestion de la variabilité génétique à long terme

La structuration en groupes hétérotiques permet une bonne gestion de la variabilité génétique à long terme. En l'absence de structuration, les risques de perte de variabilité génétique par dérive génétique seront beaucoup plus importants. Si plusieurs groupes sont créés, il peut y avoir fusion progressive de groupes au fur et à mesure de l'épuisement de la variabilité dans un groupe. Chez une espèce comme le maïs, la notion de groupe tend d'ailleurs à évoluer au cours de la sélection. Des groupes sont recombinés ; ainsi deux groupes A et B se combinant bien entre eux, mais se combinant aussi bien avec un même autre groupe C, peuvent être fusionnés, et le groupe « hybride » est alors sélectionné par rapport à C. La limite entre les groupes peut devenir plus floue et moins attachée à l'origine géographique ou à la structuration initiale (Hallauer et Miranda, 1981 ; Anglade *et al.*, 1992). La notion de groupes hétérotiques apparaît donc essentiellement comme une notion opérationnelle pour mieux utiliser la variabilité génétique ; à très long terme, dans l'hypothèse d'hétérosis fixable dû à la dominance, elle pourrait même disparaître. Si par contre la superdominance (et même la pseudo-superdominance) joue un grand rôle, alors il devrait ne rester que deux groupes partageant des origines communes. En effet dans ce cas-là, sachant que la superdominance n'est pas un mécanisme général pour permettre la fixation des gènes favorables à l'état homozygote (en particulier les gènes récessifs), il faudrait passer par une étape de fusion suivie de partition, comme cela sera présenté pour la gestion de la variabilité génétique en sélection récurrente réciproque (voir p. 265).

▶▶ L'inscription au catalogue des variétés hybrides et leur sélection conservatrice

Les conditions pour l'inscription au catalogue et la protection d'une variété

Pour être commercialisée en France et en Europe, une variété doit être inscrite au catalogue officiel des variétés. Les études pour cette inscription sont prises en charge par le CTPS placé sous la responsabilité du ministère de l'Agriculture. Pour les plantes de grande culture, les épreuves sont de deux types : une caractérisation génétique avec les tests de distinction, homogénéité et stabilité (tests DHS) et une étude de la valeur agronomique et technologique. Ainsi la nouvelle variété doit non seulement apporter un progrès sur le plan agronomique, mais elle doit être *i) distincte* de toute autre variété, ce qui est essentiel pour la protection, *ii) homogène*, ou suffisamment homogène selon son type, ce qui est dans l'intérêt de l'obtenteur pour la protection de la variété mais aussi dans l'intérêt de l'utilisateur et *iii) stable,* pour permettre la garantie par le service officiel de contrôle (SOC) que les semences qui seront commercialisées sous un nom donné ont bien les caractéristiques génétiques de la variété de départ, inscrite au catalogue.

Dans le cas d'une variété hybride, la stabilité ne peut évidemment pas être appréciée par l'étude de sa descendance, comme ce serait le cas avec une variété lignée. C'est donc la stabilité des parents lignées qui est appréciée. Dans ce but, l'obtenteur doit déposer non seulement des semences de l'hybride, mais aussi les semences de ses parents et éventuellement grands-parents dans le cas d'un hybride trois-voies ou d'un hybride double. La distinction est aussi réalisée au niveau des parents lignées.

Toute nouvelle variété ayant satisfait aux tests de DHS peut être protégée au travers d'un certificat de protection (COV) délivré par le comité pour la protection des obtentions végétales (CPOV) pour la France ou par l'OCVV[7] au niveau de l'Union Européenne. Ce certificat attribue à l'obtenteur un droit de propriété et d'exploitation commerciale exclusive pour une période limitée (25 à 30 ans selon l'espèce considérée), ce qui lui permet de percevoir des droits de licence sur les semences commercialisées ; il peut ainsi amortir les investissements réalisés dans la recherche variétale (voir p. 297).

Pour satisfaire aux exigences de l'inscription au catalogue officiel et de la protection des variétés, un effort important du sélectionneur, lorsqu'il a identifié des lignées non totalement fixées (avec 5 ou 6 générations d'autofécondation) donnant de très bons hybrides, est alors de « finir » cette fixation. L'utilisation de l'haplodiploïdisation, en assurant une fixation parfaite, permet donc de supprimer cette étape.

La sélection conservatrice

Si la variété est inscrite au catalogue officiel des variétés, le sélectionneur doit alors mettre en place un dispositif de maintien pour faire en sorte que, durant sa phase de commercialisation, la variété soit reproductible identique à elle-même, identique à ce qui aura été déposé pour l'inscription au catalogue. Ce dispositif, c'est la *sélection conservatrice*, par opposition à la phase de création variétale, dite *sélection créatrice*. Pour une variété reproduite par voie sexuée, les causes de perte de certaines caractéristiques des variétés peuvent être des mutations géniques qui, même si elles sont rares, peuvent toujours se produire, des hybridations incontrôlées (même chez les plantes autogames), des mélanges accidentels de graines, un phénomène de sélection naturelle au niveau de certaines générations (cas des variétés synthétiques, cf. Figure 3.3). Pour limiter ces risques, le sélectionneur doit maintenir le noyau génétique initial de la variété (cas des lignées pures) ou des parents de la variété (cas des hybrides). Le SOC, service technique du GNIS[8] aussi rattaché au ministère de l'Agriculture, vérifie alors la filiation des lots de semences ainsi que la pureté des descendances issues de ces lots : les lots non conformes sont éliminés. Il contrôle ou délègue le contrôle des *semences de base*, issues de la multiplication du matériel de départ (étiquettes de couleur blanche) et les *semences certifiées,* issues des semences de base, destinées aux agriculteurs (étiquettes de couleur bleue). Cette organisation s'applique à tous les types de variétés.

Pour un hybride simple, les lignées sont assimilées aux semences de base, et l'hybride aux semences certifiées. Pour un hybride trois-voies ou un hybride double, le ou les hybrides simples parentaux sont assimilés aux semences de base et leurs parents au matériel de départ (ou assimilés à des semences pré-base). La reproduction des lignées est assurée par autofécondation (pour maintenir le noyau de départ) et par croisement frère × sœur pendant une seule génération (équivalent d'une autofécondation si les lignées sont bien fixées) en isolement pour arriver à les produire en quantité suffisante pour la production de l'hybride. Des épurations sont réalisées si nécessaire en cours de végétation, avant la floraison ; chez le maïs à maturité, les épis hors-types sont éliminés. Chez une lignée d'une plante allogame avec hétérosis important, les fécondations illégitimes sont en général très visibles en cours de végétation.

---

7. Office communautaire des variétés végétales.
8. Groupement national interprofessionnel des semences.

Lorsque l'hybride est produit par l'utilisation de la stérilité mâle nucléo-cytoplasmique (le maïs dans certains cas, le tournesol, la betterave, le sorgho, etc.), trois types de matériel sont à produire (cf. Figure 3.24) et à contrôler : *i)* la lignée mainteneuse de stérilité (*B*), *ii)* la lignée mâle-stérile (*A*), parent femelle de l'hybride (pour un hybride simple) reproduite par croisement avec la lignée mainteneuse et *iii)* la lignée (*R*) parent mâle de la variété restauratrice ou non de la fertilité (la restauration est obligatoire pour la production de grains).

Tableau 3.8. Distances minimales d'isolement, selon les espèces de grande culture, pour la production des semences d'hybrides commerciaux et de leurs parents (d'après le règlement du Service officiel de contrôle, GNIS, 2008).

Génération	Maïs	Tournesol	Betterave	Colza	Sorgho	Blé
Parents [1]	400	3 000	1 000	600	300	10
Hybride [2]	200	500	1 000	400	200	30

Les distances, données en mètre, correspondent à des distances minimales d'isolement de toute autre culture de la même espèce. [1] Semences de base correspondant aux parents de l'hybride commercial ; [2] hybride commercial.

Les distances d'isolement de toute autre culture de la même espèce varient selon les espèces et les semences produites, base ou commerciale (Tableau 3.8). Pour la production de l'hybride commercial (semences certifiées), les conditions d'isolement sont moins strictes que pour la production des parents. Des épurations peuvent être encore réalisées à ce niveau pour éliminer les plantes « hors-type » avant la floraison. Chez le maïs, les épis hors-types seront aussi éliminés à la récolte car cela permet d'éliminer les épis issus d'autofécondation du parent femelle, conséquence d'un défaut de castration.

Conclusion

Les semences certifiées sont une garantie de pureté génétique ; elles sont aussi une garantie de qualité germinative et de qualité sanitaire. La production de telles semences est devenue un véritable métier, qui n'est d'ailleurs pas toujours exercé par le sélectionneur lui-même. Dans le cas des plantes de grande culture (maïs, tournesol, betterave, etc.), des régions se sont même spécialisées dans la production de semences, non seulement à cause de conditions pédo-climatiques favorables, mais à cause de l'organisation même de la production de semences et du développement dans ces régions d'une grande technicité des agriculteurs multiplicateurs. Ainsi pour la production de semences de maïs, plusieurs grandes régions de production de semences existent : le Sud-Ouest (Landes, Pyrénées-Atlantiques), vallée de la Garonne, l'Anjou (Maine et Loire) et la Limagne.

Chapitre 4

La sélection récurrente et l'utilisation du temps en vue de la création de variétés hybrides

Chez les plantes allogames, les variétés hybrides permettent un progrès génétique important à court terme par rapport aux variétés populations. Mais qu'en est-il à plus long terme ? L'objectif de ce chapitre est de faire apparaître comment la sélection et la création de variétés devraient être organisées pour permettre le progrès génétique maximal, à la fois à court terme et à long terme. Cela nous amène à présenter les différents schémas d'amélioration des populations. Nous verrons alors que ces programmes d'amélioration au niveau de populations peuvent être efficacement remplacés par la succession de programmes courts « hybridation – extraction de lignées – sélection » dans lesquels les marqueurs moléculaires ont leur place pour accélérer le processus de sélection.

▶▶ Bilan de la sélection généalogique pour la création d'hybrides

Le progrès génétique a été important

L'accumulation d'un grand nombre de cycles de sélection généalogique a conduit à un progrès génétique important, de 0,6-0,8 quintal par hectare et par an chez le maïs (Figure 4.1). Cette continuité du progrès est une conséquence du grand nombre de gènes qui interviennent dans un caractère quantitatif comme le rendement, qui ne peuvent être accumulés dans un même génotype, la variété, que progressivement.

Il y a perte ou sous-utilisation de la variabilité génétique

La sélection généalogique avec sélection sur la valeur propre au cours des premières générations d'autofécondation, mais avec une évaluation tardive de l'aptitude à la

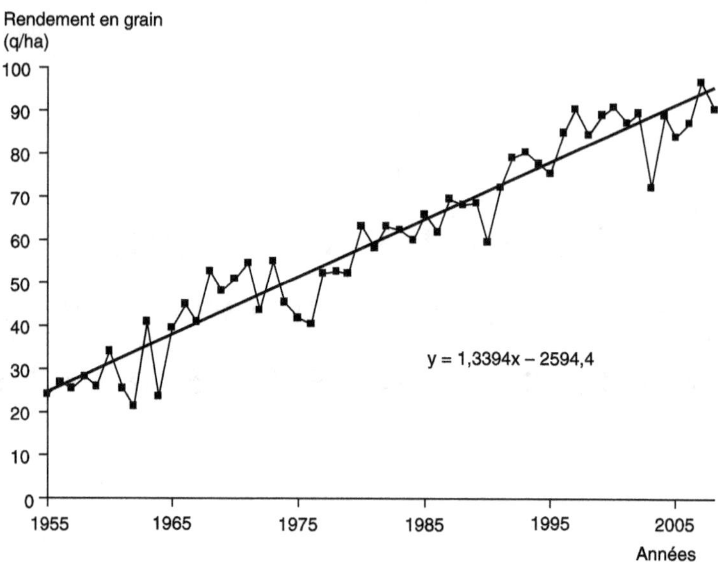

Figure 4.1. Évolution des rendements chez le maïs durant les 50 dernières années.

60 à 80 % de cette augmentation est d'origine génétique (Derieux *et al.*, 1986 ; Gallais, 2002) ; q/ha : quintal par hectare.

combinaison du rendement, conduit à une perte de variabilité génétique pour ce caractère. La sélection précoce pour la valeur en combinaison avec un testeur permet de limiter cette perte de variabilité. Cependant, dans les deux situations, la variabilité qui peut apparaître au cours des générations d'autofécondations, suite aux réassociations de gènes non allèles par recombinaison au niveau chromosomique, est mal utilisée. Le nombre de crossing-over par chromosome étant limité (2 à 3), en autofécondation ce sont des blocs entiers de chromosomes qui se fixent à l'état homozygote. Au cours de générations d'autofécondation, la recombinaison entre gènes favorables venant de parents différents est alors limitée : il en résulte à la fois une perte de gènes favorables liés à des gènes défavorables et une fixation de gènes défavorables.

L'intervalle entre deux recombinaisons efficaces est en général assez long

Les recombinaisons efficaces, c'est-à-dire celles qui ont le plus de chance d'associer des gènes favorables venant de parents différents, se produisent essentiellement au niveau de la méiose de la F_1. Ensuite, pendant la phase d'autofécondation, les recombinaisons sont d'efficacité limitée. Or souvent, les croisements de départ ont lieu entre lignées fixées ou quasi-fixées, ce qui conduit à ne recombiner que tous les 6-8 ans pour une plante annuelle. Une première amélioration consiste donc à essayer de raccourcir la durée des cycles en recroisant des lignées non fixées, par exemple entre familles F_4, ce qui est réalisé par quelques sélectionneurs chez le maïs et le tournesol. L'utilisation de l'haplodiploïdisation est aussi un moyen de raccourcir la durée du cycle lorsque le processus d'obtention des haploïdes doublés est bien maîtrisé (un cycle en 4 ans possible chez le maïs).

Développement de l'apparentement des variétés

Cet apparentement vient du fait que lorsqu'un bon géniteur est obtenu, il est utilisé dans de nombreux croisements de départ. De plus, dans le cas de variétés hybrides, un même géniteur peut être utilisé dans différentes variétés, ce qui conduit à des variétés demi-sœurs, voire encore plus apparentées. Les inconvénients de l'apparentement sont bien illustrés par certains problèmes pathologiques : la culture de variétés apparentées dans une même région risque de sélectionner une certaine race de parasites. Une solution pour une plus grande durabilité des résistances est alors dans la diversité des variétés et des sources de résistance.

▶▶ Les bases d'une stratégie intégrée de la sélection et de la création variétale

Formulation générale du problème de la création variétale

Le problème à résoudre pour le sélectionneur peut être formulé de façon indépendante du type de variété. Pour un caractère complexe, il y a un grand nombre de gènes en cause. Le but de l'amélioration est d'*accumuler dans un même génotype ou groupe de génotypes, la variété, le maximum de gènes favorables, ou de combinaisons de gènes favorables*, le qualificatif « favorable » signifiant favorable pour le niveau d'évaluation considéré, soit pour la valeur propre pour développer des variétés lignées pures, soit pour la valeur en combinaison pour développer des variétés hybrides. Compte tenu des effets de la sélection naturelle qui ne convergent pas nécessairement vers les besoins de l'homme, ce génotype a peu de chance d'exister dans le matériel à la disposition du sélectionneur. Les gènes favorables sont répartis dans des populations différentes et dans une même population chez des individus différents.

Pour réunir ces gènes dans un même individu, il faut donc *provoquer le maximum de recombinaisons* entre gènes et pouvoir *sélectionner* de façon efficace (Figure 4.2). Dans l'impossibilité actuelle de remplacer directement dans une plante un gène par un autre à un grand nombre de locus ou même d'augmenter directement le taux de recombinaison, deux processus très liés dans leurs conséquences sont utilisés : le croisement entre plantes peu apparentées pour augmenter l'efficacité des recombinaisons entre les apports gamétiques des plantes sélectionnées et la méiose pour provoquer des recombinaisons entre ces apports gamétiques. Compte tenu du faible pouvoir recombinant de la méiose pour un caractère complexe ou un ensemble de caractères contrôlés par un grand nombre de locus, le progrès génétique maximal ne pourra être atteint que par la mise en jeu d'un grand nombre de recombinaisons efficaces, c'est-à-dire par plusieurs cycles *d'intercroisement* suivi de sélection avec une faible intensité. Pour augmenter le nombre de méioses efficaces par unité de temps, la consanguinité ne sera pas utilisée après le croisement ou de façon très limitée, ou en générations accélérées. Une telle stratégie permet d'augmenter la fréquence des gènes favorables et de leurs associations, et limite la perte de la variabilité génétique par dérive. En contrepartie, le progrès génétique par unité de temps est lui-même faible et la création variétale n'est pas préparée.

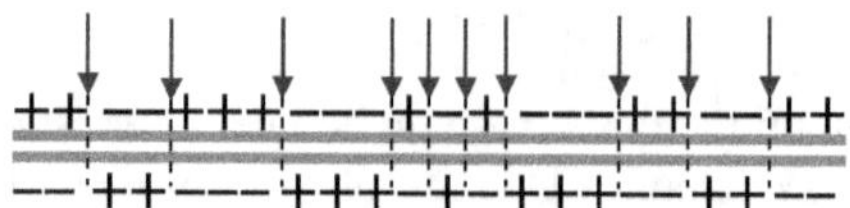

Figure 4.2. L'amélioration des plantes est du génie génétique.

Il s'agit de réunir le maximum de gènes favorables dans un même génotype. Pour cela, il faut faire appel au croisement et remplacer les gènes défavorables ($-$) par des gènes favorables ($+$), ce qui demande d'avoir de nombreuses recombinaisons et un système de sélection efficace.

Pour obtenir un progrès important à court terme au niveau de variétés, il faut une forte intensité de sélection pour passer du matériel de départ aux fondateurs de la variété et utiliser la sélection généalogique avec consanguinité dans le cas du développement de variétés lignées ou d'hybrides de lignées. Nous avons vu que cela conduit à une perte et à une sous-utilisation de la variabilité. Il apparaît donc une opposition entre le progrès à court terme et l'exploitation maximale de la variabilité qui ne peut être réalisée qu'à long terme avec certaines précautions (Figure 4.3).

Pour associer la nécessaire efficacité à court terme et l'exploitation maximale de la variabilité à long terme, une solution consiste à séparer le processus de création variétale de celui de l'amélioration générale du matériel. En termes statistiques, l'amélioration générale du matériel augmente la moyenne des variétés qui peuvent en être dérivées, tandis que la création variétale exploite la variation génétique de ce matériel pour en tirer la meilleure variété possible (Figure 4.4). L'amélioration générale du matériel doit être conduite à faible intensité de sélection, avec un intervalle de temps court entre chaque recroisement et avec le souci d'utiliser au mieux la variabilité génétique, tandis que la création variétale peut être réalisée à forte intensité, sans souci de perte de la

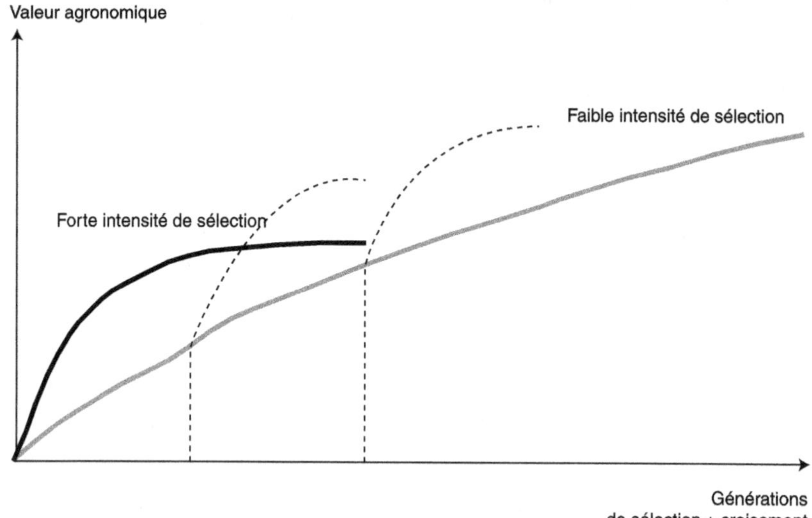

Figure 4.3. L'opposition entre le progrès à court terme et le progrès à long terme.

La solution est dans le développement et la séparation des deux types d'activités : l'efficacité à court terme est obtenue par une forte intensité de sélection au niveau de la création de variétés, tandis que le progrès à long terme est préparé par une plus faible intensité de sélection. Cette amélioration à long terme peut alors se ramifier à différentes générations vers la création variétale.

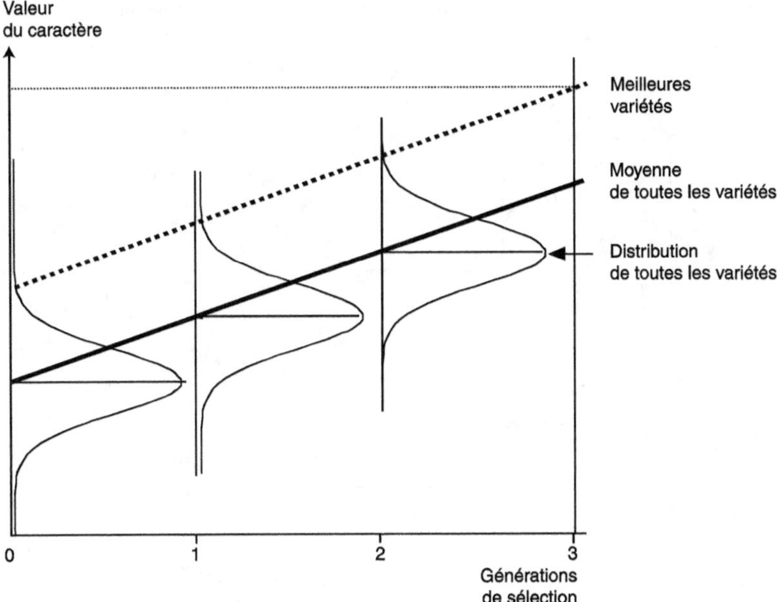

Figure 4.4. Formulation en termes statistiques de l'organisation de la sélection et de la création de variétés pour une efficacité à la fois à court et long termes.

L'amélioration à long terme améliore la performance de toutes les variétés qui peuvent être dérivées du matériel amélioré à faible intensité de sélection, tandis que la création variétale à un moment donné de cette amélioration exploite au maximum la variabilité génétique.

variabilité génétique. La conduite de l'amélioration générale du matériel avec des cycles courts de sélection suivis de recroisement conduit à travailler au niveau de populations. Cependant, les croisements entre plantes ou familles sélectionnées peuvent être réalisés de façon manuelle. La population améliorée est alors « virtuelle » et est formée de l'ensemble des croisements entre plantes sélectionnées.

Stratégie intégrée de la sélection, des ressources génétiques à la création de variétés

En fonction de l'analyse qui précède, une stratégie intégrée de la sélection et de la création de variétés doit donc avoir deux grands axes, un axe « amélioration des populations » ou « amélioration de base » ayant pour but de préparer le moyen et le long terme et un axe « création variétale » qui recherche l'efficacité à court terme. L'amélioration des populations est formée par l'accumulation de plusieurs cycles de sélection suivie de croisement, le matériel de sortie d'un cycle, obtenu par intercroisement en panmixie contrôlée du matériel sélectionné, servant de matériel d'entrée au cycle suivant : *la sélection est dite récurrente*. Elle peut se ramifier à n'importe quel cycle vers la création de variétés (lignées, variétés hybrides, variétés synthétiques) (Figure 4.5).

Cette organisation de la sélection peut être considérée comme un *système ouvert* avec l'introduction possible de nouvelles ressources génétiques à différentes étapes. Cependant, cette introduction doit être faite avec précaution car elle peut remettre en cause des progrès réalisés sur certains caractères. Une solution consiste à avoir une ou plusieurs

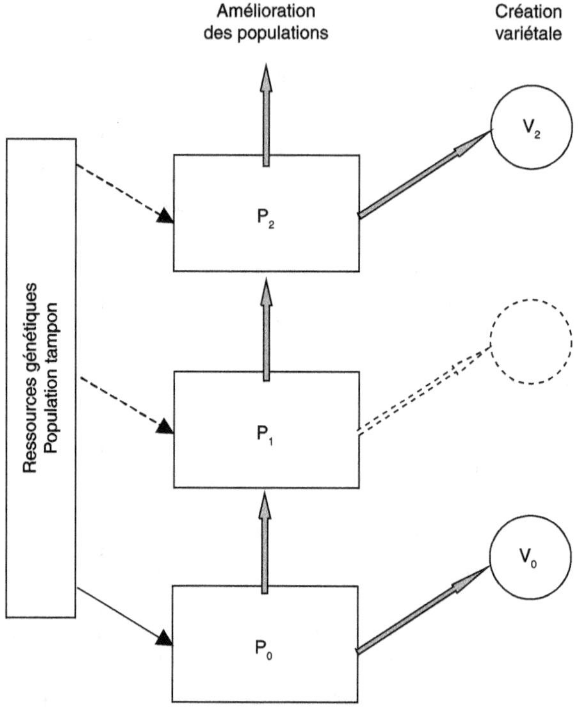

Figure 4.5. Organisation générale de la sélection pour être efficace à court terme et préparer l'efficacité à long terme (Gallais, 1977a, 1989b).

L'efficacité à court terme est obtenue par la création variétale et l'efficacité à long terme est préparée par une amélioration récurrente cumulant des cycles courts de sélection.

Cette stratégie est formée par l'axe central d'amélioration des « populations » (P$_0$ à P$_2$) par sélection récurrente qui peut se ramifier à n'importe quel cycle dans la création variétale (V$_0$ à V$_2$). Les populations peuvent être « virtuelles », formées par les descendances d'un ensemble de croisements entre unités sélectionnées. L'intensité de sélection est en général très forte en création variétale, alors qu'elle devra être moyenne à faible dans l'amélioration des populations pour utiliser au mieux la variabilité génétique. Par ailleurs, une nouvelle variabilité (issue des ressources génétiques) peut être introduite dans l'axe central après « adaptation » via une sélection douce au niveau d'une population tampon.

populations « tampon » en parallèle, améliorées avec une faible intensité de sélection (sélection massale) et dans lesquelles une nouvelle variabilité peut être introduite sans risque. De telles populations tampon permettent aussi une certaine *coadaptation des gènes* avant leur introduction dans l'axe central d'amélioration des populations (Gallais, 1977a, 1989b).

Enfin, la stratégie ne serait pas complète si l'on n'y intégrait pas la *nécessaire conservation de la variabilité génétique* sous ses différentes formes, statique (banque de gènes, collections, etc.) mais surtout dynamique (méthode de gestion de la variabilité génétique qui consiste à maintenir *in situ* des populations dans lesquelles la sélection naturelle intervient). La figure 4.5 montre l'organisation optimale de la gestion et de l'utilisation de la variabilité génétique, des ressources génétiques jusqu'à la création variétale.

Sous une forme un peu moins générale, les principes de la sélection récurrente étaient énoncés dès 1919 par Hayes et Garber et de façon indépendante par East et Jones, la même année. Mais ce n'est qu'en 1945 que Hull introduisit le terme de sélection récurrente, en le limitant au cas où il y a sélection sur descendances et intercroisement des plantes mères sélectionnées. Ces méthodes ont été développées chez le maïs aux États-Unis, par différentes universités. De très bonnes lignées ont été dérivées de ces populations améliorées par sélection récurrente. Sur plantes fourragères, on trouve aussi quelques exemples d'application en vue de la création de variétés synthétiques (Johnson 1956, sur Mélilot) ; cette sélection récurrente s'est développée par une sélection à l'intérieur des variétés synthétiques considérées comme une population d'amélioration, la population améliorée elle-même devenant une version améliorée de la variété synthétique de départ.

La sélection récurrente peut être mise en œuvre pour *tous les types de variété*s : lignées hybrides, variétés synthétiques, clones. Son but est en effet d'améliorer *la valeur variétale* de la population, c'est-à-dire la valeur moyenne des variétés d'un type donné qui pourront en être tirées. Pour cela, la sélection récurrente doit être adaptée au type de variété à développer (Gallais, 1978a). Ainsi, pour préparer le développement de variétés lignées, il faut augmenter la valeur des lignées dérivables de la population (ou valeur en lignées de la population) ; pour préparer le développement de variétés hybrides avec l'utilisation d'un testeur, il faut améliorer les populations pour leur aptitude à la combinaison avec le testeur ; pour préparer le développement de variétés synthétiques, il faut améliorer la valeur en synthèse de la population (moyenne des variétés synthétiques d'un nombre donné de parents dérivables de la population).

La stratégie décrite s'applique aussi bien aux plantes autogames qu'aux plantes allogames. Ainsi, Matzinger *et al.* (1977) sur tabac (plante autogame) ont réalisé plusieurs cycles de sélection récurrente et ont obtenu un progrès génétique important pour des caractéristiques foliaires. Pour l'amélioration du rendement en grain des céréales, Jensen (1970) ainsi que Redden et Jensen (1974) soulignaient l'importance de cumuler plusieurs cycles de sélection suivie d'intercroisement. Ces principes ont été mis en œuvre à l'Inra dans les années 1980 pour l'amélioration de populations synthétiques de blé. Le matériel (lignées) qui en est issu présente l'originalité, par rapport aux programmes classiques de sélection généalogique, d'avoir cumulé et fixé des résistances plus complexes, donc sans doute plus stables (Le Boulc'h *et al.*, 1994). La difficulté essentielle d'application de la sélection récurrente pour les autogames est l'intercroisement. Pour faciliter celui-ci, une solution est d'*allogamiser les autogames*, ce qui peut être réalisé par l'introduction d'un gène de stérilité mâle (Suneson, 1951 ; Doggett et Eberhart, 1967 ; Doggett, 1972) (voir p. 245).

La sélection récurrente est une *entreprise de longue haleine*, augmentant les chances de succès de la création variétale par l'augmentation progressive de la fréquence des gènes favorables dans la population améliorée, avec la meilleure utilisation possible de la variabilité génétique (Encadré 4.1) ; elle permet à très long terme d'approcher le potentiel d'amélioration d'une population, c'est-à-dire la valeur du meilleur génotype possible dérivable de cette population. L'expérience de sélection pour la teneur en huile et la teneur en protéines du grain de maïs sur plus de 100 générations montre bien cette efficacité à long terme (Figure 4.6) (Dudley et Lambert, 2004 ; Dudley, 2007). Dans cette expérience, la sélection à l'intérieur d'une population des épis les plus riches en huile ou en protéines a multiplié par environ 2,5 la teneur en protéines et par environ 3,5 la teneur en huile. Pour la teneur en protéines, la moyenne de la population sélectionnée se situe maintenant à plus de 10 unités d'écart-type de la moyenne de la population de départ et à 20 unités d'écart-type pour la teneur en huile. Dans le premier cas, le grain de maïs est pratiquement devenu un protéagineux.

Encadré 4.1. L'effet de la sélection récurrente sur la fréquence des génotypes favorables

La sélection récurrente conduit à une augmentation de la fréquence des gènes favorables. De cette augmentation, il résulte nécessairement une augmentation de la probabilité de tirer des génotypes avec un plus grand nombre de locus favorables. Supposons, pour simplifier, que la fréquence p des gènes favorables soit la même à tous les locus ; avec n locus en cause dans une population obtenue par intercroisement, la probabilité du génotype homozygote pour les gènes favorables aux n locus est :

$$P = (p^2)^n,$$

avec $p = 0{,}30$ (ce qui est relativement élevé), la probabilité d'avoir un génotype homozygote seulement à 5 locus étant $P \sim 10^{-5}$. Ce génotype a donc une probabilité très faible d'être extrait de la population en un cycle de sélection. En revanche, si la fréquence des gènes favorables à chaque locus est amenée à 0,70, P devient de l'ordre de $3\ 10^{-2}$, ce qui est réaliste pour le sélectionneur. Avec $n = 50$ locus, la probabilité d'obtention du génotype avec le maximum de gènes favorables sera cependant très faible même avec $p = 0{,}70$ et égale à $3{,}2\ 10^{-16}$. À court terme, la sélection récurrente ne peut fixer qu'un nombre limité de locus par génotype sélectionné. La réunion dans un même génotype de quelques centaines, voire milliers, de gènes favorables demandera donc un grand nombre de générations de sélection.

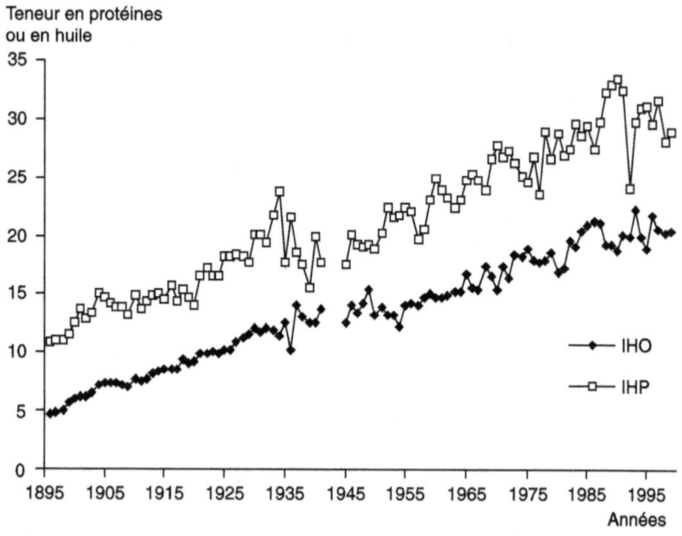

Figure 4.6. Résultats de 100 cycles de sélection récurrente pour la teneur en huile (IHO) et la teneur en protéines (IHP) du grain de maïs (d'après Dudley et Lambert, 2004).

▶▶ Les principaux schémas de sélection récurrente

Introduction

Un cycle d'une méthode de sélection récurrente comprend fondamentalement deux grandes étapes : l'évaluation des unités candidates à la sélection (plantes ou familles) et l'intercroisement des unités sélectionnées. Pour simplifier la présentation, nous considérons dans ce qui suit que l'intercroisement est réalisé par « panmixie » entre les unités sélectionnées, ce qui suppose l'allogamie du matériel. Chez les plantes autogames, l'intercroisement peut être facilité par leur allogamisation grâce à l'introduction d'une stérilité mâle génique (voir p. 245). Quelle que soit la biologie florale de l'espèce sélectionnée, l'intercroisement peut être réalisé de façon manuelle. L'avantage du croisement manuel est de permettre un meilleur contrôle des généalogies et ainsi d'éviter de réaliser des croisements entre plantes trop apparentées, ce qui doit conduire à une meilleure gestion de la variabilité génétique.

La réponse à la sélection au cours d'un cycle de sélection récurrente dépend essentiellement de quatre paramètres : l'intensité de sélection, l'héritabilité au sens restreint (ou plus généralement la ressemblance parents-enfants), la variation phénotypique des unités testées et le degré de contrôle de la sélection sur les deux sexes (Encadré 4.2, voir Gallais, 1989b pour plus de détails). Mais pour le sélectionneur, il est aussi important de considérer le progrès génétique par unité de temps, qui fait intervenir la durée du cycle de sélection, en plus des paramètres précédents.

Les méthodes de sélection récurrente peuvent être présentées en fonction de leur but : soit améliorer la valeur propre d'une population, soit préparer assez directement la création de variétés lignées ou de variétés hybrides, sachant que l'amélioration de la valeur propre d'une population peut préparer à différents types de variétés et en particulier à la création de clones et de variétés synthétiques. Inversement, un schéma très adapté à la création de variétés lignées peut être très efficace pour l'amélioration de la valeur propre d'une population.

Encadré 4.2. Progrès génétique attendu en un cycle de sélection récurrente et progrès par unité de temps

Quelle que soit la méthode de sélection récurrente, l'approche théorique du progrès attendu en un cycle se pose de la même façon. Les unités candidates à la sélection (individus ou familles) ont une certaine valeur phénotypique, évaluée, pour les méthodes de sélection familiale ou sur descendances, dans des dispositifs avec répétitions et souvent dans plusieurs milieux. Les valeurs de ces unités se distribuent selon une courbe en cloche (loi normale), de variance V_P. La sélection conduit à retenir les p pour cent meilleures unités. La moyenne des unités sélectionnées s'écarte de la moyenne de toutes les unités d'une valeur S (voir Figure ci-dessous). L'intensité de sélection correspond à cette différence exprimée en unités d'écart-type ($i = S / \sqrt{V_P}$). L'intensité de sélection i est strictement dépendante du pourcentage p d'unités sélectionnées : plus p est faible, plus l'intensité est forte. Ainsi pour $p = 10\,\%$, $i = 1,75$ et pour $p = 1\,\%$, $i = 2,66$ (voir le tableau de l'annexe 2). L'intensité de sélection dépend donc du nombre de plantes sélectionnées et du nombre de plantes étudiées. Le nombre de plantes étudiées est fixé par la capacité du système de test et sa structure

... —

(nombre de répétitions). Le nombre de plantes sélectionnées ne doit pas être trop faible (au moins 20) pour éviter de perdre rapidement la variabilité génétique.

Le progrès en un cycle de sélection récurrente dépend alors de l'intensité de sélection i, du degré de contrôle de la sélection sur les deux sexes θ, de la ressemblance entre les unités sélectionnées et leurs descendants et de l'importance de la variance d'additivité (V_A). D'une façon générale, le progrès génétique par unité de temps en un cycle de sélection récurrente peut s'écrire :

$$\Delta G = i\theta r V_A / (t\sqrt{V_P}),$$

où $\theta = 1$ si la sélection n'est que maternelle (mâle non sélectionné), $\theta = 2$ si la sélection porte sur les deux sexes, r est égal à deux fois le coefficient de parenté entre les unités testées et leurs descendants, et t est la durée d'un cycle de sélection (Gallais, 1989b). La réponse à la sélection récurrente est donc fonction de la variance des effets additifs des unités testées. Le tableau 4.1 (p. 221) donne les expressions correspondant aux différentes méthodes de sélection récurrente considérées dans ce qui suit.

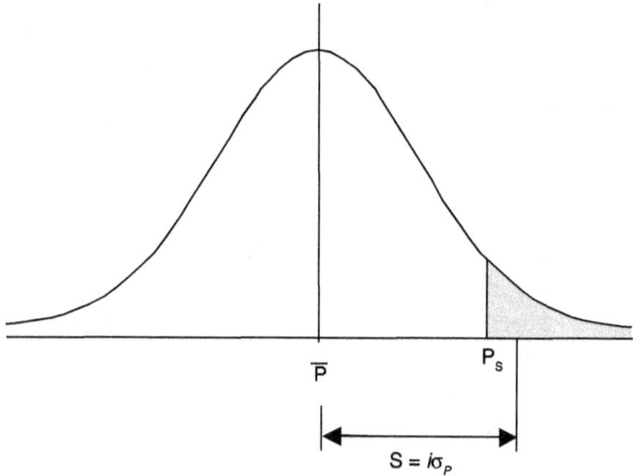

La courbe en cloche représente la distribution des valeurs phénotypiques des unités candidates à la sélection. Cette distribution a une moyenne $\overline{P}$ et une variance σ_P^2. La partie hachurée représente les individus sélectionnés, supérieurs à une valeur P_S. L'intensité de sélection i est la différence entre la moyenne des individus sélectionnés et la moyenne de la population exprimée en unités d'écart-type de la distribution. Le tableau de l'annexe 2 donne la correspondance entre p et i.

Méthodes d'amélioration de la valeur propre des populations

Chez les plantes allogames, les méthodes d'amélioration de la valeur propre des populations sont particulièrement intéressantes à considérer pour préparer le progrès génétique à long terme ; elles ne préparent pas directement la création variétale. Les unités sélectionnées peuvent être des individus, évalués pour leur valeur propre ou la valeur de leurs descendances, ou des familles. Enfin, la sélection peut être intrapopulation ou interpopulation, et dans ce cas, le but est d'améliorer la valeur de la population hybride.

La sélection récurrente phénotypique individuelle (sélection massale)

Dans ce schéma, la sélection est dite « massale » car les plantes sélectionnées sont récoltées en mélange, en « masse ». C'est évidemment la première méthode qui a été utilisée, avant que la sélection avec test de descendances n'apparaisse. La domestication des plantes a été réalisée par une sélection massale inconsciente. Chez le maïs, une forme particulière de sélection massale existait encore au niveau des populations à la fin du XIXe siècle et au début du XXe siècle : la sélection des plus beaux épis avec, aux États-Unis, des concours pour récompenser l'agriculteur qui avait les plus beaux épis. Les semences de cet agriculteur étaient alors achetées par d'autres agriculteurs. On peut penser que ce type de sélection a eu lieu depuis la domestication chez de nombreuses espèces cultivées. Si c'est bien cette forme de sélection qui a permis de passer de l'épi « primitif », distique (à deux rangs) de la téosinte, à l'épi polystique (avec beaucoup de rangs) du maïs actuel, elle a par contre été de faible efficacité pour améliorer les rendements du maïs tel que nous le connaissons aujourd'hui. C'est une forme plus élaborée de sélection massale, dans les pépinières du sélectionneur, qui est considérée ici.

Description

Dans une population obtenue par intercroisement, des plantes sont choisies pour leur phénotype selon les critères de sélection définis en fonction des objectifs (précocité, vigueur, résistance aux maladies, composantes de rendement, rendement, qualité, etc.). Deux cas peuvent alors exister (Figure 4.7) :

– *la sélection a lieu avant la pollinisation :* il y a interpollinisation des plantes sélectionnées pour passer à la génération suivante. C'est le cas pour toutes les plantes sélectionnées pour une partie végétative évaluée avant floraison, plantes fourragères, plantes à racines, à bulbes, etc. Les plantes sélectionnées pourront être mises en isolement pour intercroisement. Il y a alors contrôle de la sélection sur les deux sexes ($\Theta = 2$). Si la multiplication végétative est possible après sélection et avant interpollinisation, elle sera réalisée afin de permettre une meilleure interpollinisation entre toutes les plantes sélectionnées (cas de la betterave) ;

– *la sélection a lieu après la pollinisation*, c'est-à-dire qu'elle porte sur *la production de grains* ou un caractère lié au grain (le maïs, par exemple). Dans ce cas, les plantes sélectionnées sont pollinisées par l'ensemble des plantes de la population : la sélection ne porte que sur un sexe ($\Theta = 1$), *elle est maternelle.*

Avantages de la sélection massale

Les avantages de la sélection massale sont les suivants :

– c'est une méthode simple, peu coûteuse, permettant l'étude d'un grand nombre d'individus et une forte intensité de sélection ;

– elle est à cycle court (une génération), ce qui permet de « tester » le matériel dans plusieurs conditions de milieu puisqu'à chaque cycle de sélection le milieu peut changer (conditions climatiques différentes) ; le risque de sélection pour un milieu donné est ainsi limité ;

– elle est très efficace, en termes de moyens et de temps, pour les caractères très héritables au sens strict, c'est-à-dire additifs et peu influencés par le milieu.

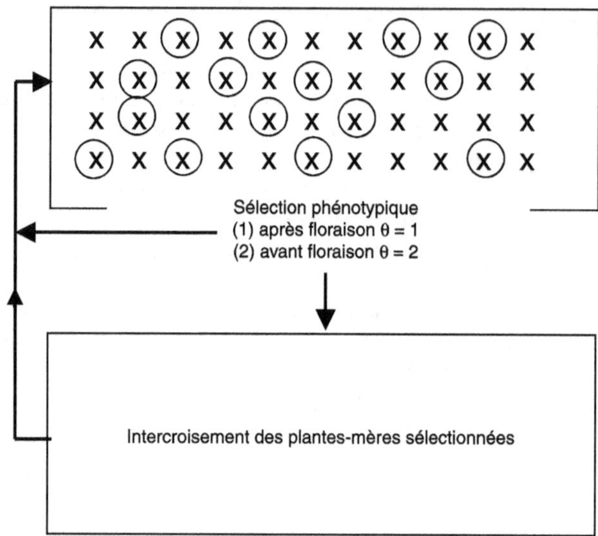

Figure 4.7. La sélection massale.

Pour une plante annuelle comme le maïs, avec une sélection uniquement maternelle ($\theta = 1$), la durée du cycle de sélection est d'un an. Chez la betterave, pour des caractères liés à la racine (poids, teneur en sucre, etc.), la sélection est à la fois maternelle et paternelle ($\theta = 2$) : après leur évaluation, les racines sélectionnées sont conservées et l'année suivante, l'intercroisement peut avoir lieu ; la durée du cycle est alors de deux ans.

Ses inconvénients et leur correction

Faible efficacité pour les caractères peu héritables

Les caractères peuvent être peu héritables du fait d'une faible additivité ou de forts effets du milieu. Une première façon de limiter les effets du milieu est de « quadriller » la pépinière de sélection et de s'imposer la sélection d'individus dans chaque « carré » : c'est le *Gardner's grid system* (Gardner, 1961). Cela évite de confondre des effets dus à la variation du génotype avec des effets dus à la variation du terrain (la fertilité, par exemple). Ce principe a été appliqué avec succès sur le coton (Verhalen *et al.*, 1975). *La disposition des plantes en nids d'abeilles* ou « *honeycomb selection* » est une autre façon de contrôler les effets du milieu (Fasoulas, 1979, 1980 ; Bos, 1981). Avec ce dispositif, la meilleure disposition est celle où chaque plante est au centre d'un hexagone régulier, d'où le nom de la méthode : la même distance existe ainsi entre toutes les plantes. Une plante est alors sélectionnée si elle a une performance meilleure que la moyenne de ses six voisins, ce qui permet d'éliminer une partie des effets du milieu.

Il est encore possible d'augmenter l'efficacité de la sélection par prise en considération des *caractères secondaires liés au caractère primaire sélectionné* et moins affectés par le milieu (Gallais, 1989b). Cela revient à définir, dans des conditions de test (pépinière) des caractères, au mieux une combinaison de caractères permettant de mieux prévoir la valeur génotypique du caractère à travers les valeurs phénotypiques.

Si la multiplication végétative est possible, comme chez la canne à sucre, le clonage est une solution très efficace pour diminuer l'effet du milieu (donc augmenter l'héritabilité au sens large) : il permet de faire des répétitions du génotype et ainsi il sera possible d'éliminer une partie de l'effet du milieu. *La sélection récurrente phénotypique avec clonage* ou *sélection récurrente clonale* est l'une des méthodes les plus efficaces pour l'amélioration de la valeur propre de la population. Elle est l'équivalent d'une sélection sur descendances (la descendance étant l'ensemble des plantes d'un même génotype obtenues par clonage) : comme une sélection sur descendances, elle permet de faire des répétitions dans un milieu et dans des milieux différents, mais avec l'avantage supplémentaire de permettre la sortie directe vers la création de variétés clones.

L'inefficacité de la méthode pour des caractères peu héritables peut aussi être compensée par une intensité très forte. C'est en effet le produit de l'intensité de sélection par l'héritabilité au sens restreint (plus exactement la régression parent-enfant) qui intervient dans la réponse à la sélection (Tableau 4.1). Cette augmentation de l'intensité de sélection est possible car, par rapport aux méthodes de sélection faisant intervenir le test de familles et pour une même surface, la sélection massale permet d'étudier plus de candidats à la sélection ; donc, pour un même nombre d'individus sélectionnés, il en résulte une intensité de sélection beaucoup plus forte. Par exemple supposons que 10 000 plantes soient étudiées en sélection massale ; avec le même effectif total, en sélection sur descendances avec 40 individus par familles à la même densité que ceux étudiés en sélection massale, 250 familles (correspondant à 250 plantes mères) peuvent être étudiées. Si on veut en sélectionner 30, alors la proportion de plantes sélectionnées est de 12 %, correspondant à une intensité de sélection de 1,67 (Annexe 2), alors qu'en sélection massale avec le même effectif sélectionné, la proportion de plantes sélectionnées sera beaucoup plus faible (0,3 %) et l'intensité de sélection devient 3,05. Donc, l'intensité de sélection en sélection massale permet de compenser des héritabilités presque deux fois plus faibles

Tableau 4.1. Progrès génétique attendu en un cycle de sélection pour différentes méthodes de sélection récurrente intrapopulation.

Méthode de sélection	Progrès génétique attendu	θ	r	t	$\theta r/t$
Sélection massale [1]	$i_M \, \tfrac{1}{2} \, V_A/\sqrt{V_P}$	1	0,50	1	0,50
Sélection familiale HS	$i_{FHS} \, 1/8 \, V_A/\sqrt{V_{P_{HS}}}$	1	0,125	1	0,125
Sélection familiale FS	$i_{FS} \, \tfrac{1}{2} \, V_A/\sqrt{V_{P_{FS}}}$	2	0,25	2	0,25
Sélection sur descendances HS	$i_{HS} \, \tfrac{1}{2} \, V_A/\sqrt{V_{P_{HS}}}$	2	0,25	3	0,16
Sélection sur descendances S_1 [2]	$i_{S1} \, V_{A_{S1}}/\sqrt{V_{P_{S1}}}$	2	0,50	3	0,33
Sélection sur valeur lignées HD [3]	$i_L \, 2 \, V_{A_L}/\sqrt{V_{P_L}}$	2	1	3 (4)	0,66 (0,50)
Sélection sur valeur en combinaison avec un testeur [4]	$i_T \, \tfrac{1}{2} \, V_{A_T}/\sqrt{V_{P_T}}$	2		3	

θ est le degré de contrôle de la sélection sur les deux sexes ; r est égal à deux fois le coefficient de parenté entre les individus des unités sélectionnées et leurs descendants en croisement ; t est la durée du cycle pour une plante annuelle, avec une génération par an ; $\theta r/t$ représente donc la part de variance additive qui contribue au progrès en un an. La sélection massale est à part pour deux raisons : l'intensité de sélection i_M est plus élevée que pour les autres méthodes et la variance phénotypique est aussi plus forte.
[1] Dans le cas de sélection sur le rendement en grain ; [2] avec réponse à la sélection sur la valeur S_1, $V_{A_{S1}}$ étant les effets additifs pour la valeur S_1 ; [3] avec réponse à la sélection sur la valeur des lignées, V_{A_L} étant la variance des effets additifs pour la valeur en lignée ; [4] avec réponse à la sélection sur la valeur en combinaison avec le testeur, V_{A_T} étant la variance additive pour la valeur en combinaison avec un testeur donné (voir Gallais, 1989b pour plus de détails).

qu'en sélection sur descendances. Cependant dans la pratique, on ne réalise pas des intensités aussi fortes par crainte d'une perte trop rapide de variabilité génétique.

Nécessité d'avoir des individus isolés

Pour pouvoir identifier les individus en sélection massale, il est nécessaire de travailler sur des plantes isolées ou isolables, ce qui peut conduire pour certaines espèces à des densités plus faibles que la densité normale de culture. Comme la corrélation entre la performance dans ces conditions de plantes isolées ou semi-isolées et celle à densité normale de culture n'est pas nécessairement forte, l'efficacité de la sélection est diminuée. En effet, à forte densité, les plantes les plus productives dans un peuplement hétérogène ne donnent pas nécessairement des descendances plus productives en peuplement homogène. Une solution est alors de rechercher en conditions de plantes isolées quels sont les caractères qui permettent une bonne prédiction du comportement en condition de compétition. Ainsi chez les plantes fourragères, il apparaît que les génotypes adaptés à la forte densité sont à port dressé et à organes longs (Gillet, 1971 ; Gallais, 1972).

Un autre inconvénient de la sélection massale est qu'un individu ne peut être étudié que dans un seul milieu (sauf cas de clonage) ; le rôle des interactions génotype × milieu risque donc d'être plus fort que dans une sélection sur descendances pour lesquelles il est possible de faire des répétitions des familles dans différents milieux. Là encore, la mesure de caractères secondaires, liés au caractère primaire mais moins affectés par le milieu (c'est souvent le cas des caractères morphologiques), peut rendre la sélection plus efficace. La solution est évidemment dans le clonage des individus, si cela est possible ; en effet, le clonage va permettre de répéter un individu dans plusieurs milieux : on pourra ainsi sélectionner pour une certaine adaptation générale et utiliser éventuellement les adaptations spécifiques au niveau de la sortie directe de clones en création variétale.

Sa place dans les schémas de sélection

La sélection massale se justifie pour des caractères relativement héritables ($h_{ss}^2 > 0{,}20\text{-}0{,}30$) (Gallais, 1993a) ; si le clonage est possible, de façon économique et sans effet sur l'évaluation du matériel, alors elle se justifie aussi pour les caractères peu héritables (c'est l'une des meilleures méthodes de sélection et de création de variétés). La sélection massale classique est souvent une première étape du tri de plantes étudiées par d'autres systèmes de test (test de descendances par exemple). C'est aussi la première méthode utilisée pour améliorer une espèce allogame encore peu travaillée, ou pour réaliser une adaptation de nouvelles ressources génétiques aux conditions de sélection et d'utilisation.

La sélection familiale demi-frères et pleins-frères

Description des schémas

La sélection familiale demi-frères est l'une des premières méthodes de sélection récurrente qui a été mise en œuvre par les sélectionneurs. Cette méthode a été proposée par de Vilmorin (1856) pour améliorer la teneur en sucre chez la betterave et elle fut très efficace. Elle fut aussi mise en œuvre chez le maïs par Hopkins (1899) (méthode « *ear-to-row* » signifiant un *épi à la ligne*) mais avec peu de succès pour l'amélioration du rendement ; elle fut par contre très efficace pour modifier la teneur en huile et la teneur en protéines des grains. Cependant sa théorie, qui en permet l'optimisation, a essentiellement été développée par Lonnquist (1964) et Compton et Comstock (1976).

Dans ce schéma, les unités sélectionnées sont des familles de demi-frères, obtenues en fécondation libre d'une plante avec les autres plantes de la population (Figure 4.8). Il

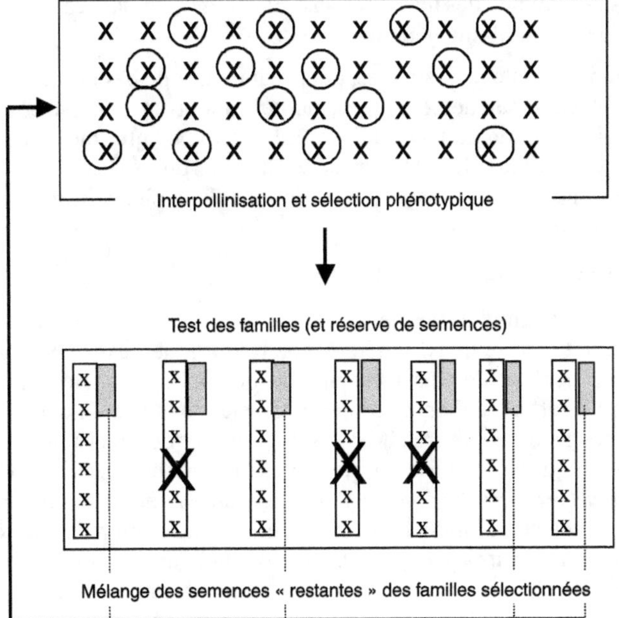

Figure 4.8. La sélection récurrente familiale demi-frères.

Pour une plante annuelle sélectionnée pour la production de grain, le cycle peut se dérouler 1) en une génération (les grains récoltés sur les familles sélectionnées permettent le passage à la génération suivante et $\theta = 1$ car ces familles ont été pollinisées par des familles non sélectionnées) ou 2) en deux générations par l'intercroisement des familles sélectionnées ($\theta = 2$).

peut aussi s'agir de familles pleins-frères, obtenues en réalisant des croisements par paires. Pour chaque croisement, une partie des semences sert à apprécier la valeur de la famille, l'autre partie est conservée. Les tests sont réalisés dans un dispositif avec parcelles et répétitions, ce qui permet un meilleur contrôle des effets milieux. Après identification des meilleures familles, les semences restantes de celles-ci sont reprises et leur mélange forme la génération suivante : l'intercroisement est réalisé au moment de la production des familles du cycle suivant. La durée du cycle est donc de deux générations, l'une pour la production des familles, l'autre pour le test. Pour une plante annuelle comme le maïs, il est possible de faire les croisements en génération hivernale et la durée du cycle n'est donc que d'un an, comme pour la sélection massale (mais en étant beaucoup plus efficace pour les caractères peu héritables).

Les intensités de sélection en sélection familiale

En sélection familiale demi-frères, les unités sélectionnées et intercroisées sont très hétérogènes. Pour un même nombre d'unités sélectionnées, la variabilité génétique maintenue est donc plus importante que dans le cas d'une sélection sur descendances où l'on reprend la plante mère (voir ci-dessous). On peut alors montrer que pour un même nombre de plantes étudiées, pour maintenir une base génétique équivalente, il est possible de sélectionner 4 fois moins de familles demi-frères que de plantes mères dans la sélection sur descendances, ce qui conduit à une intensité de sélection plus forte. Ainsi le taux de sélection de 20 % dans une sélection sur descendances peut être ramené à 5 % dans la sélection familiale demi-frères, ce qui multiplie par 1,47 l'intensité de sélection.

Toutefois dans la pratique, des intensités aussi fortes ne sont pas réalisées par crainte de perte trop rapide de variabilité génétique.

Avec la sélection familiale pleins-frères, pour maintenir une base génétique équivalente à celle d'une sélection sur descendances, on peut montrer qu'il est possible de sélectionner deux fois moins de familles pleins-frères que de plantes mères dans la sélection sur descendances. Le taux de sélection de 20 % dans une sélection sur descendances peut ainsi être ramené à 10 % dans la sélection familiale pleins-frères, ce qui multiplie par 1,25 l'intensité de sélection.

Avantages et inconvénients de la sélection familiale

Le fait de disposer de familles permet de réaliser des dispositifs de test avec répétitions dans différents lieux ou milieux. L'hétérogénéité du milieu est donc mieux contrôlée qu'en sélection massale et de plus, il est possible de tenir compte des interactions génotype × milieu. Les effets de compétition eux-mêmes sont pris en considération par le test à densité normale de culture. Il en résulte un gain de précision dans l'évaluation de la valeur génétique du matériel qui fait que cette méthode est surtout intéressante à considérer *pour les caractères à faible héritabilité,* due à une forte influence du milieu. Dans le cas de la sélection familiale pleins-frères, l'identification des deux parents d'un croisement *permet de contrôler la parenté* pour limiter un développement trop rapide de la consanguinité résultant du croisement entre plantes apparentées. L'inconvénient principal par rapport à la sélection massale, valable pour toute méthode faisant appel à un test de familles (donc pour toutes les méthodes qui suivent), est de ne permettre que des intensités de sélection relativement faibles.

Il est possible de combiner sélection familiale et sélection individuelle, par exemple en sélectionnant d'abord les meilleures familles puis les meilleurs individus à l'intérieur de ces familles, on parle alors de *sélection combinée.* Les effets des deux s'ajoutent et donc cette sélection sera plus efficace que la sélection familiale seule (et que la sélection massale pour les caractères peu héritables). Cependant, il est difficile de raisonner l'intensité de sélection aux deux niveaux. La méthode la plus efficace de sélection combinée individus-familles consiste à sélectionner sur un index des moyennes familiales et des valeurs individu/famille, avec une pondération correspondant aux héritabilités inter- et intrafamiliales (Gallais, 1989b).

Domaine d'utilisation

Ces méthodes sont utilisées en début de sélection pour les caractères peu héritables dans le but d'améliorer l'aptitude à la combinaison intrapopulation, donc pour la sélection de variétés hybrides, de variétés synthétiques mais aussi pour la sélection de variétés clones. La sélection familiale pleins-frères est l'une des méthodes les plus efficaces pour améliorer la valeur propre d'une population pour des caractères à faible héritabilité. En effet, elle fait intervenir une part importante de la variance génétique additive ($r = 1/2$) en un temps assez court (cf. Tableau 4.1).

La sélection sur descendances demi-frères (ou sélection sur l'AGC)

Dans le schéma (Figure 4.9), la valeur des plantes candidates à la sélection est appréciée par la valeur de leur descendance résultant de leur fécondation libre avec l'ensemble de la population. Les plantes de la population peuvent aussi être pollinisées manuellement par un mélange de pollen représentatif de celui émis par la population. Les descendances obtenues forment des familles de demi-frères qui peuvent être étudiées en essai, avec

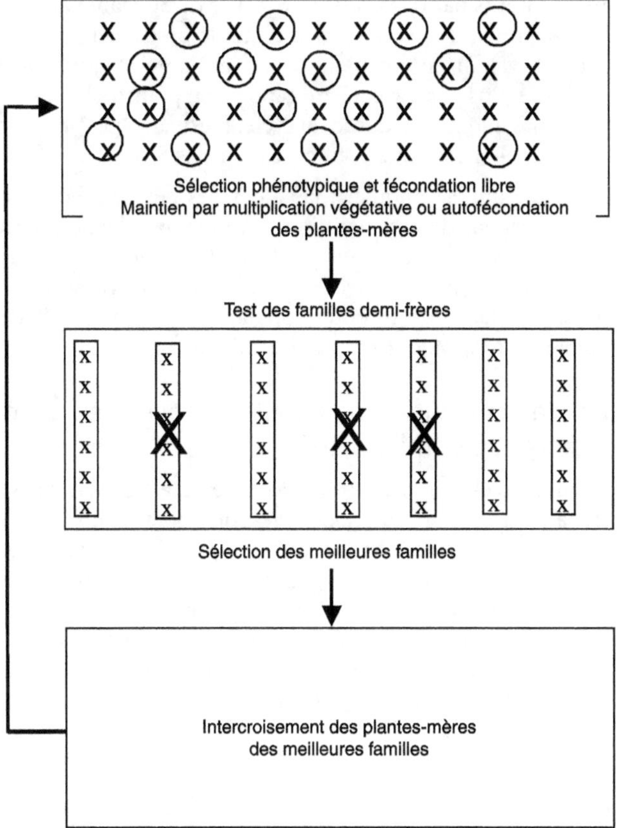

Figure 4.9. La sélection récurrente sur descendances demi-frères.

La différence avec la sélection familiale demi-frères ($\theta = 2$) est que ce sont les plantes mères des familles sélectionnées qui sont recombinées au lieu des familles elles-mêmes.

répétitions, dans plusieurs lieux de test (leur valeur donne une estimation de l'aptitude générale à la combinaison de la plante testée).

Si la multiplication végétative n'est pas envisageable pour conserver les plantes mères, il faut réaliser l'autofécondation et la fécondation libre sur la même plante. Cela implique une plante avec plusieurs inflorescences femelles (d'où l'intérêt de la prolificité en épis chez le maïs) ou alors il faut opérer en 2 étapes, ce qui prendra une génération de plus :
– 1re étape : sélection phénotypique, autofécondation (production de familles S_1) ;
– 2e étape : production des descendances par isolement des S_1, avec mélange des S_1 comme mâle et castration si possible des S_1 prises comme femelles.

Dans le cas d'une plante annuelle comme le maïs, avec une seule inflorescence femelle, il est en effet difficile de faire à la fois autofécondation et fécondation libre ; même s'il n'y avait pas la nécessité d'autofécondation pour conserver les apports génétiques de la plante mère, chez le maïs avec un seul épi, il peut ne pas y avoir assez de semences pour réaliser des essais avec répétitions dans différents lieux. Sans ce problème de quantité de semences, il serait possible d'envisager de sélectionner des plantes à 2 épis (l'un pour l'autofécondation, l'autre pour la fécondation libre).

Avec des effectifs suffisants par descendance S_1 (plus de 30 plantes), le résultat du croisement famille S_1 × population sera le même que le croisement plante S_0 × population. C'est toujours la valeur en combinaison de la plante S_0 qui sera étudiée. Il faut alors une génération de plus par cycle. Cette génération pourra se réaliser en génération « dérobée » pour ne pas allonger la durée du cycle. Il est aussi possible de faire un tri sur descendances S_1, parallèlement au test sur descendances S_0.

Dans cette méthode ce qui est apprécié, la valeur des descendances, correspond à ce qui va contribuer à la valeur de la génération suivante : la sélection porte sur la valeur additive (ce qui se transmet aux enfants) ; de ce fait, elle est surtout utilisée pour augmenter la valeur en combinaison hybride et la valeur en synthèse de la population. Elle améliore aussi la valeur propre de la population, puisque la sélection sur l'AGC revient à sélectionner pour la valeur propre des enfants.

L'amélioration de la valeur d'une population hybride : la sélection récurrente réciproque demi-frères

Une sélection récurrente est dite réciproque lorsque deux populations sont améliorées l'une par rapport à l'autre pour leur valeur en croisement. Dans les méthodes précédentes, c'est la valeur propre de la population qui était améliorée. Avec la sélection récurrente réciproque, c'est la valeur de la population hybride entre les deux populations qui est améliorée. La sélection est dite « demi-frères » car les plantes de chaque population, candidates à la sélection, sont croisées avec l'autre population prise comme testeur (Gallais, 1978b). Les descendances obtenues sont donc des descendances de demi-frères (ou de demi-sœurs) puisque les plantes d'une descendance ont le même parent. Cette méthode a été proposée en 1949 par Comstock *et al.* Il s'agit d'une sélection sur

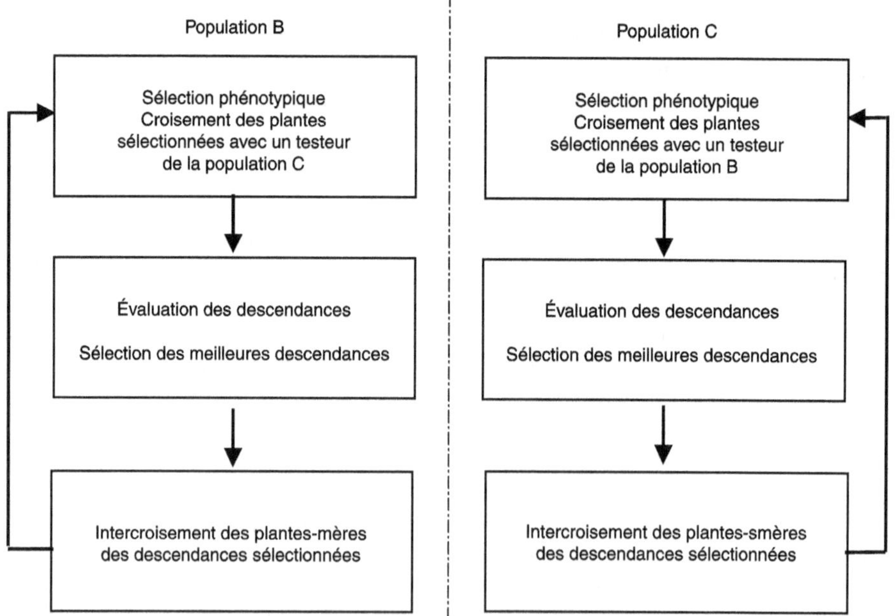

Figure 4.10. La sélection récurrente réciproque sur familles demi-frères.

descendances qui comprend trois étapes (Figure 4.10). Au cours de la première étape, parallèlement à leur croisement avec la population testeur, les plantes candidates à la sélection sont autofécondées ou multipliées végétativement pour être conservées. Dans une deuxième étape, les descendances sont évaluées dans des dispositifs expérimentaux avec des répétitions. À la fin de cette étape, la sélection des meilleures descendances (15 à 30) a lieu. Pour chaque population, les plantes mères ou les familles S_1 correspondant aux meilleures familles sont alors intercroisées dans une dernière étape pour reproduire deux nouvelles populations.

Cette méthode permet d'améliorer la valeur de la population hybride ; elle permet donc d'améliorer la valeur des hybrides qui peuvent être développés par croisement de lignées dérivées de chaque population. Elle utilise tous les types d'effets génétiques : additivité, dominance, superdominance et épistasie. Elle pourrait être considérée comme une méthode adaptée à la création de variétés hybrides. Cependant, comme pour les schémas précédents, la connexion avec la création variétale n'est pas immédiate. C'est donc surtout une méthode pour améliorer à long terme la valeur du croisement de deux populations. Elle peut cependant être efficace pour développer de nouveaux hybrides à assez court terme. Ainsi, dans une expérience de sélection récurrente réciproque sur familles de demi-frères, Eberhart *et al.* (1973) montrent que dès le 5e cycle de sélection des hybrides entre familles S_2 (deux générations d'autofécondation) sont supérieurs aux hybrides témoins (Figure 4.11).

Méthodes de sélection récurrente en vue de la création de lignées

Le principe des méthodes de sélection récurrente est de sélectionner puis d'intercroiser les familles qui sont les meilleures à l'état partiellement ou totalement homozygote. Comme l'effet des gènes est évalué à l'état partiellement ou totalement homozygote, il

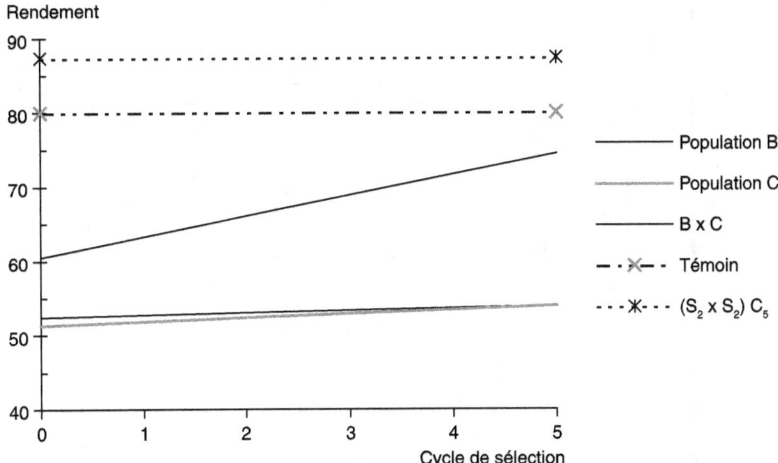

Figure 4.11. Efficacité de la sélection récurrente réciproque sur familles demi-frères pour préparer le développement de nouveaux hybrides performants (d'après Eberhart *et al.*, 1973).

B et C sont les deux populations améliorées l'une par rapport à l'autre ; $(S_2 \times S_2)$ C_5 représente la valeur moyenne de croisements entre familles S_2 issues du 5e cycle de sélection. Rendement en quintaux par hectare.

en résulte une amélioration de la valeur des lignées dérivables de la population. Chez les plantes allogames, affectées par la dépression de consanguinité, ces méthodes permettent la fixation des gènes dominants favorables et donc une fixation partielle de l'hétérosis ; elles permettent aussi une fixation des gènes récessifs favorables.

La sélection sur descendances S_1 ou S_2

Comme toute méthode de sélection sur descendances, il y a trois étapes (Figure 4.12) :
– fabrication des descendances (S_1 ou S_2) par autofécondation des plantes sélectionnées sur le phénotype pour les caractères les plus héritables ;
– test des familles S_1 obtenues ;
– intercroisement des plantes mères des familles sélectionnées ou des familles elles-mêmes. En effet, ces deux méthodes sont équivalentes puisqu'une famille issue d'auto-fécondation, si elle est représentée par suffisamment d'individus (plus de 30), donnera pratiquement les mêmes gamètes que la plante mère (en négligeant l'effet du linkage).

Les descendances testées étant homozygotes à 50 % (S_1) ou 75 % (S_2), c'est une méthode très efficace pour améliorer la valeur des lignées dérivables d'une population. La sélection sur descendances S_1 a l'avantage, par rapport à d'autres méthodes mieux adaptées pour l'amélioration de la valeur en lignées, d'avoir un cycle assez court. La sélection sur descendances S_2 peut lui être préférée du fait de son degré d'homozygotie plus important

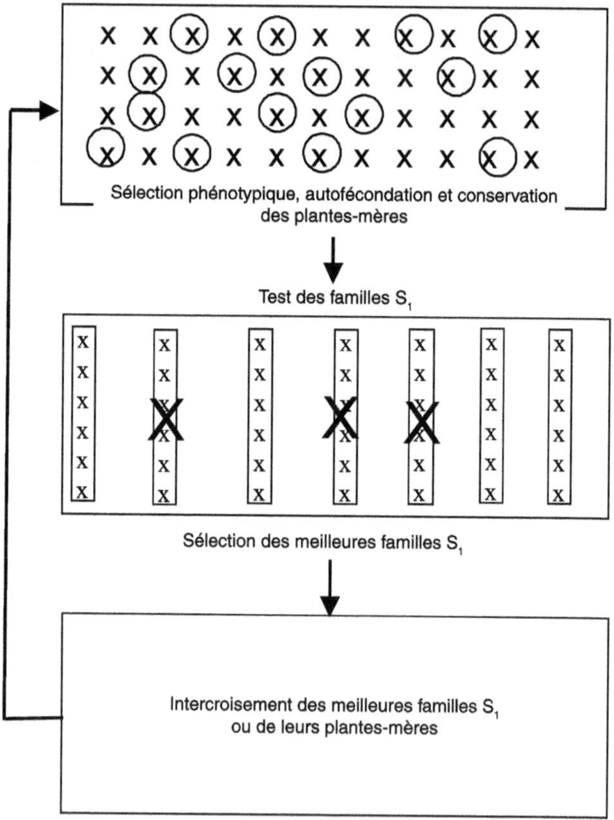

Figure 4.12. La sélection récurrente sur descendances S_1.

et des tests plus précis avec des familles plus homogènes. Cependant, la durée du cycle est plus longue et il n'est donc pas évident qu'elle soit meilleure par unité de temps (Goldringer *et al.*, 1996).

C'est l'exemple d'une méthode qui peut être utilisée pour plusieurs objectifs : améliorer la valeur propre de la population, et donc sa valeur en combinaison, ou améliorer la valeur des lignées dérivables de cette population (Burton *et al.*, 1971 ; Carangal *et al.*, 1971). Si le caractère est totalement additif, ce sera la méthode de sélection la plus efficace pour des caractères peu héritables, d'une efficacité égale à la sélection clonale. En effet, dans la réponse à la sélection qu'elle entraîne, intervient toute la variance d'additivité (cf. Tableau 4.1). Avec des effets de dominance, elle peut encore rester très efficace pour l'amélioration de la valeur propre (Choo et Kannenberg, 1979 ; Wright, 1981) : même si la corrélation entre la valeur S_1 et l'AGC est faible, la plus forte variance entre descendances S_1 peut entraîner une réponse significative sur l'AGC.

Ces méthodes, malgré leur intérêt pour améliorer la valeur propre des lignées (et même la valeur des hybrides), n'ont été que rarement appliquées chez une espèce comme le maïs, car les quantités de semences obtenues par l'autofécondation d'une plante sont trop limitées pour faire des essais avec répétitions et dans plusieurs lieux.

La sélection sur le phénotype des lignées obtenues par haplodiploïdisation ou SSD

Description du schéma

Cette méthode de sélection est la mieux adaptée à la *sélection de variétés lignées* et à la fixation de l'hétérosis (Gallais, 1988). À partir d'une population, elle consiste dans une première étape à produire « au hasard » un grand nombre de lignées (200 à 300) par autofécondations successives, sans sélection ou par haplodiploïdisation. Par autofécondation, le meilleur schéma pour représenter au mieux la variabilité génétique de la population de départ est celui de la SSD : afin de conserver le maximum de variabilité au niveau des tests, pour passer d'une génération d'autofécondation à l'autre, une seule plante par famille est autofécondée. Par haplodiploïdisation, une seule lignée haploïde doublée sera extraite de chaque plante de la population : c'est le même principe que la SSD (Figure 4.13). Dans une deuxième étape, les lignées sont alors étudiées dans un dispositif avec répétitions et dans différents milieux. Dans une troisième étape, les meilleures lignées sont intercroisées entre elles. La durée du cycle dépendra de la durée de la phase d'obtention des lignées. Pour une plante annuelle, elle sera d'au moins 4 ans.

Le raisonnement de l'intensité de sélection

Par rapport aux autres méthodes de sélection sur descendances, le raisonnement de l'intensité de sélection doit tenir compte du fait que ce sont des plantes homozygotes qui sont sélectionnées. Au premier cycle de sélection, pour N lignées sélectionnées et à un locus donné, il y a N gènes non identiques (dérivant de plantes indépendantes), alors que dans un schéma conduisant à sélectionner des plantes S_0, comme avec le schéma de sélection sur descendances S_1, pour N plantes sélectionnées, il y a $2N$ gènes non identiques. Donc pour un même pourcentage d'unités sélectionnées, la variabilité génétique diminuera plus vite avec la méthode de sélection de lignées haploïdes doublées qu'avec la méthode de sélection de familles S_1. En d'autres termes, un même pourcentage d'unités sélectionnées conduit à l'équivalent d'une intensité de sélection plus forte pour la sélection avec les lignées haploïdes doublées, ce qui explique une partie de la supériorité

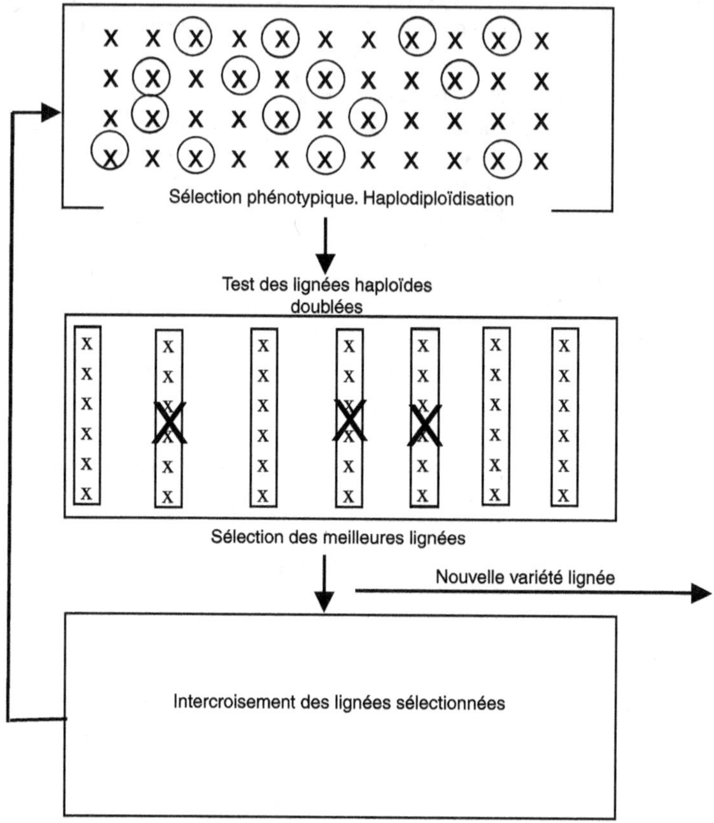

Figure 4.13. La sélection récurrente sur le phénotype des lignées obtenues par haplodiploïdisation.

Dans ce schéma, la meilleure utilisation de la variabilité génétique est obtenue en dérivant une seule lignée haploïde doublée de chaque plante de la population.

de la méthode. Pour maintenir la même base génétique, il faudrait sélectionner deux fois plus de lignées haploïdes doublées, ce qui diminue la supériorité de la méthode. Dans la pratique, au moins 30 lignées doivent être sélectionnées pour ne pas perdre trop rapidement la variabilité génétique.

Avantages

Les avantages de la méthode sont les suivants :
— les essais portant sur des descendances homogènes sont très précis et la variabilité génétique entre descendances est forte : il en résulte un progrès attendu par cycle supérieur à celui d'autres méthodes, même à celui de la sélection familiale ou sur descendances S_1 (familles obtenues par une génération d'autofécondation) (cf. Tableau 4.1) ;
— *la sortie vers la création de variétés lignées est immédiate.* Il suffit d'affiner dans une deuxième étape le choix fait en sélection récurrente pour arriver à isoler la meilleure lignée pour une condition donnée de culture. Ce schéma est alors une excellente illustration de la façon dont la sélection récurrente doit être conçue : il ne doit pas y avoir discontinuité entre amélioration des populations et création variétale, la création

variétale doit être un coproduit de la sélection récurrente. Il s'agit alors d'un véritable *schéma de création variétale récurrente* ;
– si tout l'hétérosis est fixable, c'est la méthode la plus efficace pour le fixer à long terme.

Inconvénients

Si le cycle est trop long, le progrès génétique par unité de temps au niveau de la valeur en lignées de la population ne sera pas nécessairement supérieur à celui de la méthode sur descendances S_1 ou S_2. Il faut donc bien maîtriser l' haplodiploïdisation ou être en présence d'une espèce dont l'intervalle de génération peut être très court pour pouvoir conduire une SSD en un an, par exemple. Cependant, cette méthode garde sa supériorité par rapport à une méthode sur descendances S_1 ou S_2 lorsque le but est la création de variétés lignées. En effet dans ce cas, le temps de création variétale est réduit puisque les lignées sont déjà obtenues et étudiées dans le processus de sélection récurrente ; le progrès génétique par unité de temps au niveau de la création variétale sera donc supérieur.

La sélection récurrente préparant directement à la création de variétés hybrides

Sélection récurrente pour l'aptitude à la combinaison avec un testeur

But de la méthode

Cette méthode a été proposée par Hull en 1945. Son but est d'améliorer la valeur du croisement de la population avec un testeur. Cette valeur en croisement renseigne directement sur la valeur en croisement avec le testeur de toutes les lignées dérivables de la population. En effet, comme nous l'avons vu au chapitre 3 : « *La valeur en croisement avec un testeur d'une plante non consanguine est égale à la valeur moyenne en croisement avec le testeur de toutes les lignées dérivables de cette plante* ». Cette méthode est donc particulièrement bien adaptée à la sélection de variétés hybrides. Pour cela, comme pour la sélection généalogique (p. 175), le testeur doit être un des futurs parents de l'hybride ; il devra donc être à base génétique étroite (lignée si possible), d'assez bonne valeur propre et à bonne aptitude à la combinaison avec la population.

Schéma

Le schéma comprend les trois étapes de toute sélection sur descendances (Figure 4.14) :
– 1re étape : sélection phénotypique des plantes, autofécondation (ou multiplication végétative) pour conservation et croisement avec le testeur qui peut être pris comme femelle ou comme mâle ;
– 2e étape : test des descendances dans un dispositif à répétitions avec plusieurs lieux ;
– 3e étape : intercroisement des plantes mères des descendances sélectionnées.

Dans le schéma qui précède, ce sont des plantes S_0 qui sont croisées avec le testeur. Mais il est possible de développer une certaine consanguinité avant le croisement avec le testeur. Ainsi des plantes S_1, S_2, S_3, etc., peuvent être croisées avec le testeur. Il en résultera une augmentation du progrès génétique par cycle, car la consanguinité augmente la variance génétique et diminue la variance environnementale (descendances de plus

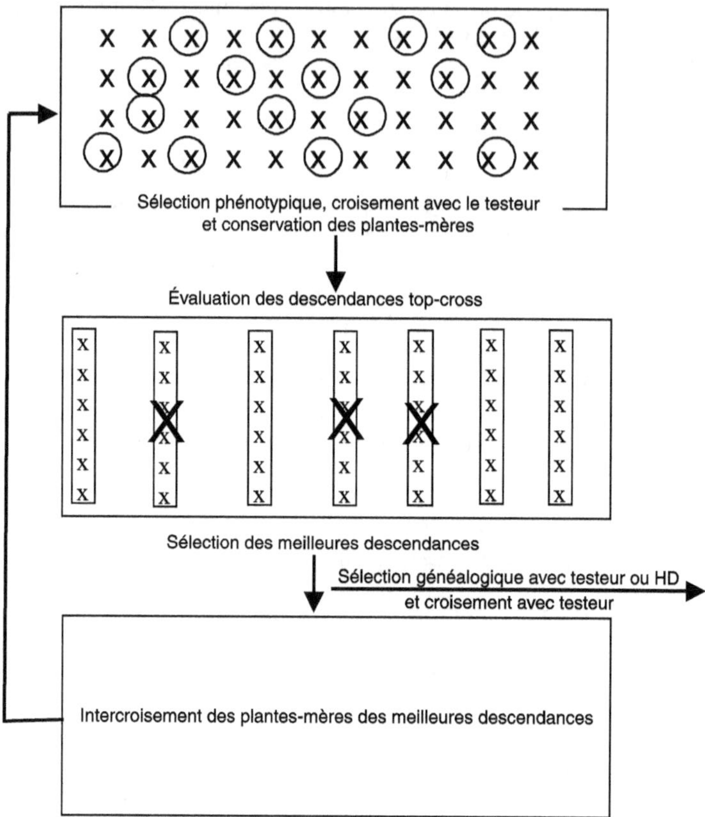

Figure 4.14. La sélection récurrente pour l'aptitude à la combinaison avec un testeur et test de plantes S_0.

en plus homogènes). Cependant, la durée du cycle sera aussi augmentée et il n'est pas évident qu'il y ait un gain par unité de temps. Bouchez et Gallais (2000) et Gallais et Bordes (2007) ont montré que si les schémas sont comparés pour un même investissement et un même taux de diminution de la variance génétique (en fait de la taille effective de la population), alors il n'y a pas d'avantage significatif à utiliser la consanguinité. Il en est de même avec l'utilisation de l'haplodiploïdisation, avec comme précédemment une seule lignée dérivée par plante (Figure 4.15). Cependant, dans ce cas, comme la sortie vers la création variétale est immédiate (les variétés expérimentales étant créées dans le processus de sélection récurrente), le progrès génétique par unité de temps au niveau de la création variétale sera plus élevé, pour un coût globalement non supérieur à la méthode de sélection au niveau de plantes S_0 ou S_1 et sortie vers la sélection généalogique. Dans le cas du maïs, Gallais et Bordes (2007) ont même montré que le coût était plus faible avec l'utilisation de l'haplodiploïdisation. Ce schéma avec croisement manuel des lignées sélectionnées correspond au schéma de sélection le plus utilisé dans l'amélioration du maïs.

Avantages et inconvénients

Le principal avantage est que la sélection porte sur ce qu'il faut améliorer pour créer un hybride dont l'un des parents sera le testeur : l'aptitude à la combinaison avec le

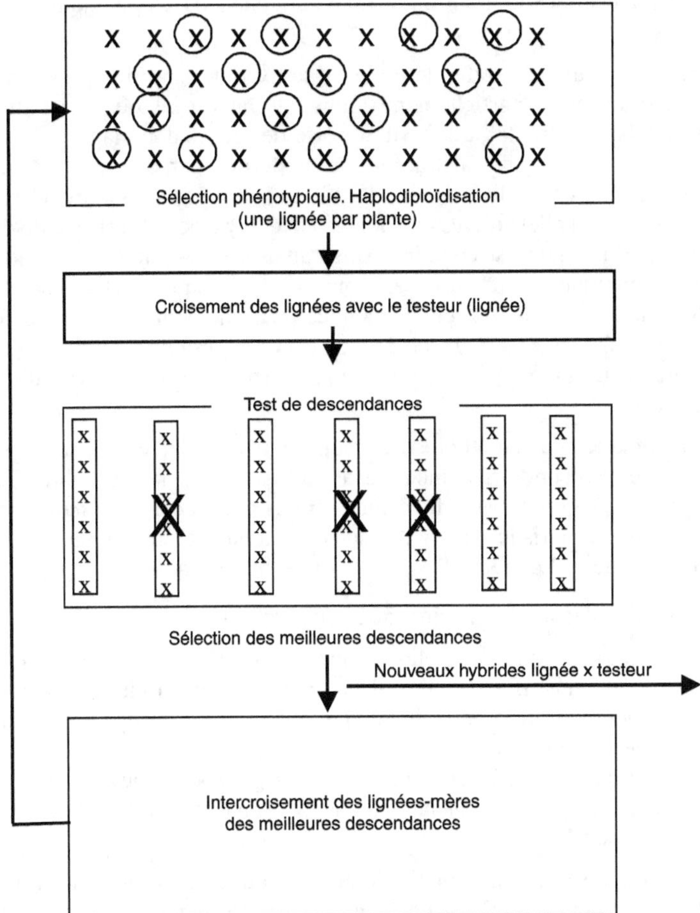

Figure 4.15. La sélection récurrente pour l'aptitude à la combinaison avec un testeur et test de lignées obtenues par haplodiploïdisation.

testeur. De plus, avec le test de plantes S_0, elle facilite la *sortie vers la création variétale* : lorsqu'une bonne combinaison plante S_0 × testeur aura été identifiée, il sera en effet facile par sélection généalogique avec testeur ou par toute autre méthode d'extraction de lignées (SSD, haplodiploïdisation) de dériver de nouvelles lignées de cette plante qui se combineront encore mieux avec le testeur. Si l'haplodiploïdisation est utilisée dans la sélection récurrente, la création variétale est intégrée dans la sélection récurrente, et l'ensemble de la méthode peut être qualifiée de « *création variétale récurrente* ». Cette méthode est alors l'une des plus efficaces pour la sélection et la création de variétés hybrides (Bordes *et al.*, 2006; Gallais et Bordes, 2007).

Le choix d'un testeur à base étroite permet d'avoir des *descendances plus homogènes* qu'avec un testeur à base large (population par exemple) ; il en résulte un gain de précision dans les essais et une variance génétique entre descendances plus importante. La précision peut encore être augmentée par *l'utilisation du testeur comme femelle :* dans ce cas toutes les semences des différentes descendances sont de qualité homogène, ce qui évite de confondre un effet qualité de semences, indépendant du génotype testé, avec un effet descendance, surtout pour une plante annuelle à développement rapide (cas du maïs précoce).

À long terme, le résultat de cette méthode est la fixation dans la population des gènes dominants favorables (ou partiellement dominants) aux locus où le testeur porte des gènes récessifs. Par contre, là où le testeur porte des gènes dominants, avec une dominance complète, les récessifs favorables seront perdus par dérive ; avec dominance partielle, ils pourront être sélectionnés ; dans le cas de superdominance, c'est l'allèle se combinant le mieux à l'allèle du testeur qui sera fixé. Il y a donc un risque de développer du matériel génétique qui ne se combinera bien qu'avec le testeur. Cependant, différents résultats expérimentaux montrent chez le maïs que ce risque n'est pas si grand qu'on aurait pu le craindre, au moins à relativement court terme (voir l'expérience de Walejko et Russel, 1977, rapportée au Tableau 2.14 p. 111). Un testeur récessif à tous les locus serait une sorte de testeur idéal, mais nous avons vu (p. 176) qu'il était très difficile, voire impossible, à obtenir.

L'inconvénient majeur de la méthode est la contrepartie de son efficacité à court terme ; à long terme elle peut conduire à une mauvaise utilisation de la variabilité. Déjà à *court terme toutes les variétés* créées avec le testeur comme parent commun *seront demi-sœurs*, ce qui peut présenter un risque (pathologique par exemple). Enfin, il faut savoir gérer le changement de testeur. La méthode suivante offre une solution.

Cas de la sélection récurrente réciproque avec testeur

Ce schéma est très couramment appliqué chez le maïs. Chez cette espèce, des groupes hétérotiques sont connus (p. 167) ; ainsi il y a une très bonne aptitude à la combinaison entre les maïs dentés nord-américains et les maïs cornés européens. De nombreux hybrides précoces de maïs sont du type denté américain × corné européen. Pour préparer la sélection de ces hybrides, le matériel européen est donc amélioré par rapport au matériel américain et *réciproquement*, le matériel américain est amélioré par rapport au matériel européen.

Pour conduire cette sélection, la méthode la plus couramment utilisée est la sélection avec des testeurs (Figure 4.16). Si un hybride corné × denté est très performant, le parent denté sera pris comme testeur pour le matériel corné et le parent corné sera pris comme testeur pour le matériel denté. Il y a donc en parallèle deux sélections pour l'aptitude à la combinaison, mais elles ne sont pas indépendantes dans leurs effets : les deux testeurs étant complémentaires et la sélection développant la complémentarité de chaque population par rapport à un testeur, il en résulte un *développement de la complémentarité des deux populations*. Comme précédemment, l'haplodiploïdisation peut être utilisée au niveau de chaque population pour dériver des lignées qui seront croisées avec le testeur issu de l'autre population.

À relativement court terme, ce schéma permet donc de créer directement des hybrides simples avec comme parents, le testeur issu d'une population et une lignée issue de l'autre population ; à moyen terme, il conduit à la création d'hybrides entièrement nouveaux avec des lignées sélectionnées issues des deux populations. Les testeurs eux-mêmes peuvent être remplacés par des lignées (ou des hybrides simples) plus « performantes ». C'est donc un schéma qui permet d'améliorer la population par rapport à un testeur mais qui améliore aussi le testeur.

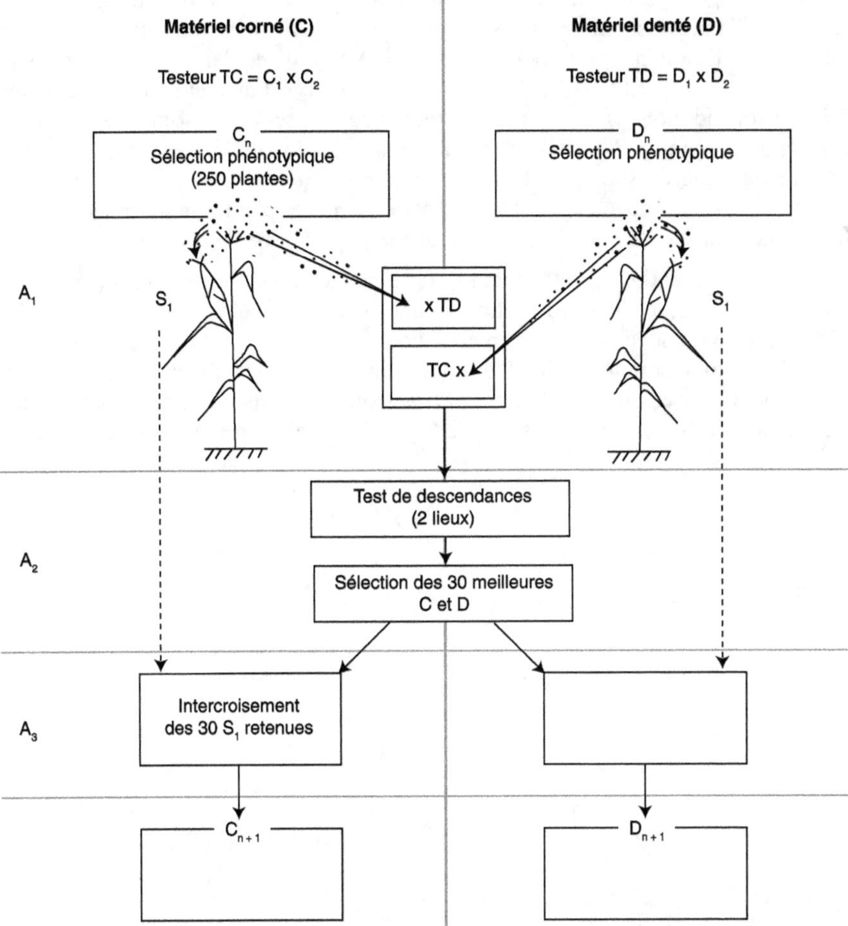

Figure 4.16. La sélection récurrente réciproque par l'intermédiaire de testeurs.

La sélection récurrente réciproque sur familles de pleins-frères (SRR-FS)

Principe

La sélection récurrente réciproque sur familles de pleins-frères (SRR-FS) est de conception relativement récente (Hallauer et Eberhart, 1970). Avec ce schéma, comme avec le schéma de sélection récurrente sur familles demi-frères (voir p. 226), deux populations B et C sont améliorées l'une par rapport à l'autre. La différence est au niveau du type de descendances étudiées : ce sont des descendances « pleins-frères » résultant du croisement de deux plantes, une plante d'une population, une plante de l'autre population. L'étude de ce type de descendances permet une sortie beaucoup plus directe vers la création d'hybrides.

Pour démarrer la sélection, des croisements par paires sont effectués (par exemple de 150 à 300), une plante d'une population étant croisée avec une plante de l'autre population (Figure 4.17). En même temps, chaque plante est autofécondée, ce qui ne peut donc se faire facilement que sur des plantes ayant plusieurs inflorescences. Les descendances de pleins-frères obtenues sont alors étudiées dans un dispositif expérimental avec des répétitions (et dans plusieurs milieux). Les meilleures descendances (15 à 30) sont identifiées, et les plantes mères correspondantes sont sélectionnées, la sélection d'une famille BC entraînant à la fois la sélection de la plante mère issue de B et de la plante mère issue de C. Les plantes mères issues de B sont intercroisées entre elles pour former la nouvelle population B et de même les plantes mères issues de C sont intercroisées entre elles pour former la nouvelle population C.

La sortie vers la création variétale peut se faire de façon continue par *la sélection généalogique réciproque* (cf. Chapitre 3). Lorsqu'une bonne famille $B_i \times C_i$ aura été identifiée, il doit être possible par sélection généalogique réciproque d'en tirer un hybride de lignées de valeur supérieure. L'haplodiploïdisation peut aussi être appliquée aux parents des meilleurs croisements $B_i \times C_i$, il suffira alors de réaliser le croisement entre les lignées issues de B et les lignées issues de C pour identifier une très bonne combinaison hybride.

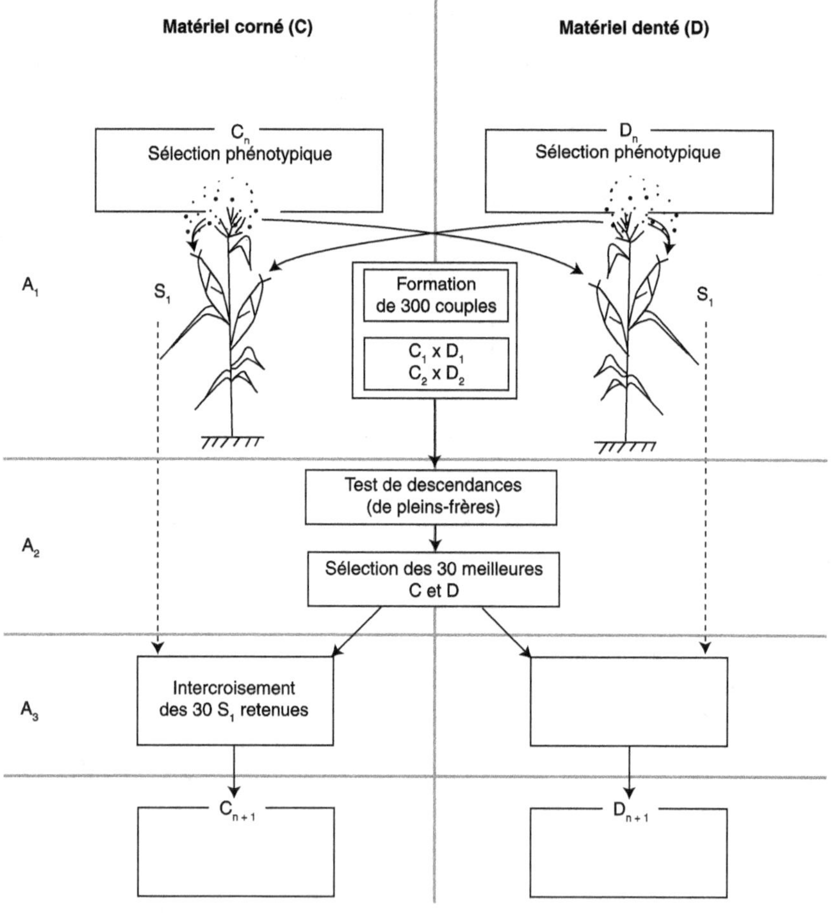

Figure 4.17. La sélection récurrente réciproque sur familles de pleins frères (SRR-FS).

Avantages et inconvénients

L'avantage essentiel de la SRR-FS est la facilité de sortie vers la création d'hybrides totalement nouveaux, non apparentés. Là encore, la variété devient pratiquement un coproduit de la sélection récurrente. C'est aussi une méthode très efficace pour préparer la sélection de clones performants chez les plantes à multiplication végétative. En effet, elle maximise la valeur propre des croisements de plantes des deux populations. À partir des meilleures familles de pleins-frères, il est alors possible « d'extraire » le ou les meilleurs clones. Cette méthode est ainsi appliquée dans l'amélioration du palmier à huile (Meunier et Gascon, 1972 ; Gascon, 1989 ; Jacquemard *et al.*, 1993) et du caféier Robusta (*Coffea canephora*) (Leroy *et al.*, 1993).

Un inconvénient de la SRR-FS est une contribution des effets d'aptitude spécifique à la combinaison à la variance phénotypique des descendances, alors que ces effets ne contribuent pas au progrès génétique attendu de la population hybride. Cela va donc contribuer à diminuer le progrès génétique au niveau de cette population. Cependant, cette infériorité attendue peut être compensée, ou plus que compensée, par le fait que la SRR-FS permet de réaliser une intensité de sélection plus élevée que la sélection récurrente réciproque sur familles de demi-frères (SRR-HS). En effet, pour un même nombre de descendances étudiées dans les deux schémas, deux fois plus de plantes sont étudiées avec la SRR-FS : N dans chaque population de SRR-HS et $2N$ avec SRR-FS. Pour un même nombre de plantes sélectionnées dans chaque population, une intensité de sélection plus forte peut donc être réalisée en SRR-FS. Il en résulte que la SRR-FS est attendue plus efficace que la SRR-HS lorsque la composante environnementale de la variance phénotypique est assez forte (ce qui correspond à une faible héritabilité). Dans ce cas en effet, les variances phénotypiques seront voisines et les expressions des progrès génétiques des deux méthodes différeront surtout par l'intensité de sélection (Jones *et al.*, 1971). Avec les intensités de sélection généralement pratiquées (5 à 10 % en SRR-FS), il suffit que la variance phénotypique des familles de pleins-frères ne dépasse pas de 20-25 % la variance phénotypique des familles de demi-frères. Saint-Martin (1986) a montré qu'avec des héritabilités moyennes, les deux méthodes étaient très voisines.

L'inconvénient principal de la SRR-FS est que pour certaines espèces de grande culture, comme le maïs ou le tournesol, un croisement de deux plantes ne donne pas assez de semences pour envisager des essais multilocaux avec répétitions. C'est sans doute ce qui explique que, malgré son fort intérêt, elle ne soit que très peu utilisée pour les espèces de grande culture.

Une modification de la SRR-FS avec l'utilisation de l'haplodiploïdisation

Si l'haplodiploïdisation est maîtrisée, elle peut être introduite dans le schéma de sélection récurrente réciproque sur familles de pleins-frères pour le rendre encore plus efficace (Gallais, 2008, Figure 4.18). Les lignées sont d'abord dérivées de chaque population, avec une seule lignée par plante, ce qui permet de représenter au mieux la variance des populations pour un effectif donné de lignées (Gallais, 1988). Des croisements par paires de lignées sont alors réalisés avec une lignée d'une population et une lignée de l'autre population. Ces croisements sont évalués, puis les parents des meilleurs croisements (20-30) pour chaque population sont intercroisés entre eux. Cet intercroisement générant une population d'hybrides simples, un cycle d'intercroisement supplémentaire pourra être réalisé afin d'augmenter la recombinaison entre les apports génétiques des parents.

L'intensité de sélection à appliquer doit alors tenir compte du fait que ce sont des plantes homozygotes qui sont intercroisées. Pour maintenir la même base génétique qu'avec la sélection de plantes S_0, il faudra alors sélectionner deux fois plus de lignées (voir p. 229), ce qui va conduire à une intensité de sélection plus faible qu'avec la sélection de plantes S_0.

Ce schéma est attendu comme l'un des plus efficaces pour la création de variétés hybrides simples entièrement nouveaux. Il ne pose pas le problème du choix de testeur, bien que ce problème soit remplacé par le choix de la ou des paires de populations qui vont être améliorées l'une par rapport à l'autre, comme pour tout schéma de sélection récurrente réciproque. À la différence de la sélection récurrente réciproque sur familles de pleins-frères à partir de plantes S_0, il ne pose pas de problème de quantité de semences, puisque ce sont deux lignées homozygotes qui sont croisées entre elles. Enfin, même si le cycle est un peu allongé (un an pour une espèce annuelle comme le maïs), le progrès par unité de temps sera augmenté avec une sortie immédiate vers de nouveaux hybrides. Cette méthode devrait donc être assez attractive pour le sélectionneur, avec le croisement manuel des lignées sélectionnées d'un même groupe hétérotique.

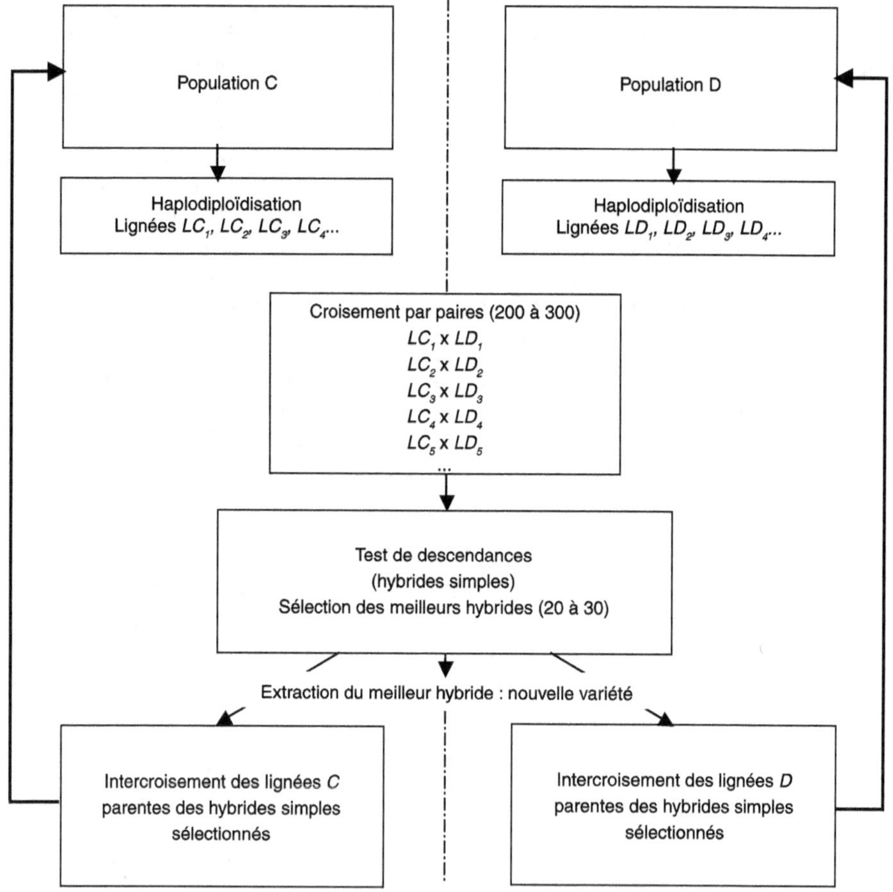

Figure 4.18. La sélection récurrente réciproque avec utilisation de l'haplodiploïdisation.

La sélection récurrente quatre-voies

La sélection récurrente à quatre-voies est une méthode adaptée à la création d'hybrides doubles chez les plantes autopolyploïdes lorsque les hybrides doubles entre lignées sont justifiés d'un point de vue génétique (p. 165). Quatre populations A, B, C et D sont améliorées simultanément (Figure 4.19) (Gallais, 1991). Le but est de dériver des hybrides avec une lignée issue de chaque population. Soit a, b, c et d ces lignées, (ab) (cd) l'hybride double développé, et A_i, B_j, C_k et C_l, respectivement une plante des populations A, B, C et D. Une des méthodes les plus efficaces consiste à faire des croisements par paires (A_iB_j) et des croisements par paires (C_kD_l), puis de développer des hybrides doubles entre plantes hétérozygotes du type (A_iB_j) (C_kD_l). Ces « hybrides doubles » entre plantes S_0 sont alors évalués (c'est un test de descendances) et les parents des meilleurs hybrides doubles sont intercroisés, les plantes A_i entre elles, les B_j entre elles, les C_k entre elles et les D_l entre elles. Ainsi quatre populations A', B', C' et D' sont reconstituées et seront le point de départ du cycle suivant.

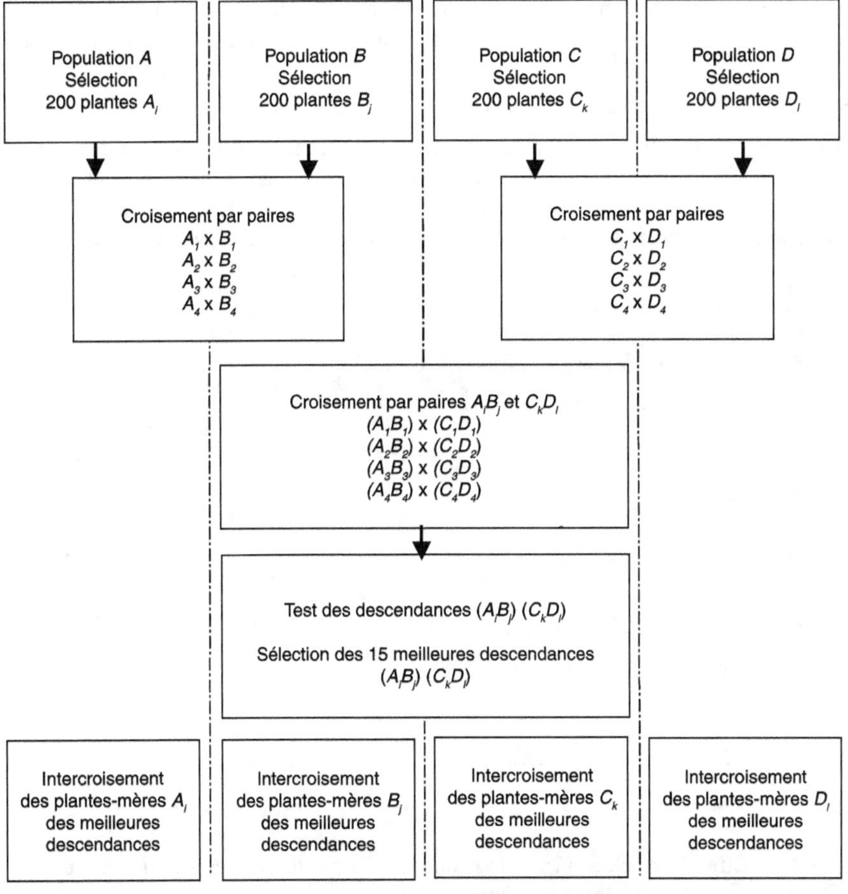

Figure 4.19. La sélection récurrente quatre-voies.

Quelques résultats théoriques et expérimentaux sur l'efficacité de la sélection récurrente

Corrélation entre différentes réponses à la sélection

L'AGC intrapopulation d'une plante correspondant à la valeur propre de ses enfants, l'amélioration de la valeur en combinaison d'une population doit entraîner une amélioration de sa valeur propre et réciproquement, l'amélioration de la valeur propre doit entraîner l'amélioration de l'AGC intrapopulation. Différents résultats expérimentaux confirment bien cette prédiction théorique. De plus, il apparaît que l'amélioration de la valeur en combinaison avec un testeur entraîne en général une amélioration de la valeur en combinaison avec d'autres testeurs. Ainsi, la sélection sur familles S_1 dans une expérience de Burton *et al.* (1971) a augmenté la valeur des familles S_1 dérivables de la population, mais elle a aussi augmenté significativement la valeur propre de la population et sa valeur en croisement avec d'autres testeurs (Figure 4.20). De même, dans les travaux d'Horner *et al.* (1973), l'amélioration par rapport à un testeur lignée a entraîné une amélioration de l'AGC intrapopulation (Figure 4.21). Ce résultat montre le faible risque du choix d'un testeur particulier à base étroite : un testeur améliore à la fois l'ASC et l'AGC. Cependant, comme attendu, la réponse corrélative à une méthode de sélection est souvent moins importante que la réponse qui serait obtenue par sélection directe.

Résultats théoriques sur les domaines d'efficacité

Les études théoriques montrent que la sélection massale peut être une des méthodes de sélection récurrente les plus efficaces pour améliorer la valeur propre et donc aussi la valeur en combinaison intrapopulation (Figure 4.22). Chez une plante annuelle comme le maïs, il faut que l'héritabilité soit faible ($h_{ss}^2 < 0{,}20\text{-}0{,}30$) pour que les autres

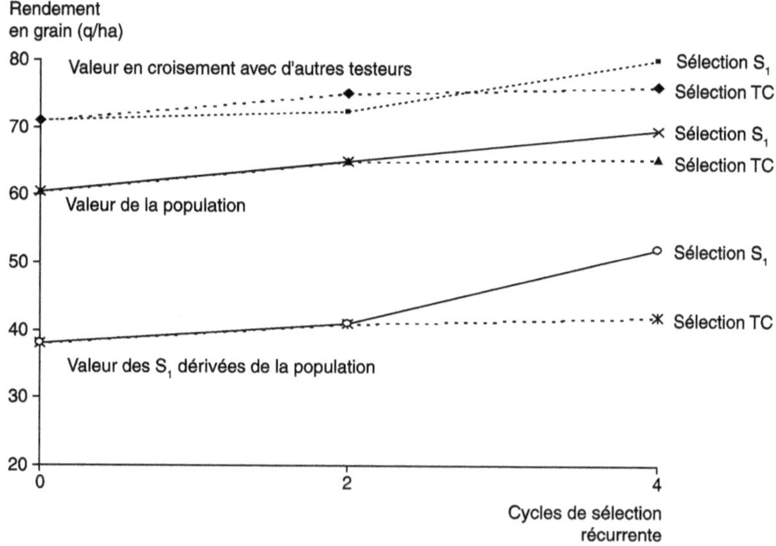

Figure 4.20. Effet de la sélection sur descendances S_1 sur différentes valeurs en combinaison (TC) d'une population (d'après Burton *et al.*, 1973).

Rendement en grain (quintaux par hectare).

méthodes, sans utilisation de générations hivernales, lui soient supérieures par unité de temps (Gallais, 1993a). Cet avantage est dû essentiellement à trois facteurs : les fortes intensités de sélection qu'elle permet, son cycle court et sa très bonne utilisation de la variance d'additivité. Si de plus, dans le cas de plantes cultivées à faible densité, des précautions sont prises pour contrôler les effets de terrain, son intérêt augmente encore. Enfin, comme il est possible après intercroisement de maintenir une structure familiale, il est facile de l'associer à une sélection familiale (pleins-frères ou demi-frères) dans une sélection combinée individu-famille.

En limitant les comparaisons au niveau des méthodes intrapopulation faisant intervenir des tests de familles avec des populations peu améliorées, c'est la sélection familiale

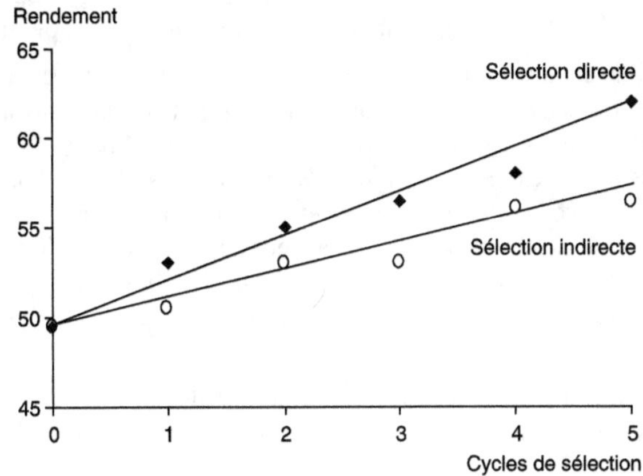

Figure 4.21. Effet de la sélection récurrente pour l'aptitude à la combinaison avec un testeur lignée.

(1) Réponse directe, (2) réponse corrélative de l'aptitude générale à la combinaison avec la population (d'après Horner *et al.*, 1973). Rendement en grain (quintaux par hectare).

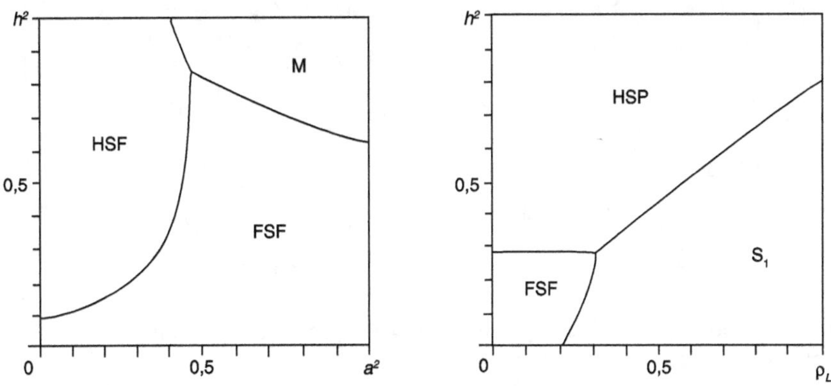

Figure 4.22. Domaines d'efficacité de différentes méthodes de sélection intrapopulation (Gallais, 1993a).

M : sélection massale ; HSF : sélection familiale demi-frères ; FSF : sélection familiale pleins-frères ; HSP : sélection sur descendances demi-frères ; S_1 : sélection sur descendances S_1 ; h^2 : héritabilité ; a^2 : proportion de variance génétique additive ; ρ_L : corrélation entre les effets additifs pour la valeur propre et les effets additifs pour la valeur en lignées.

pleins-frères qui est attendue la plus efficace pour améliorer la valeur propre de la population. L'utilisation de générations dérobées, dans le cas d'une espèce comme le maïs, augmente encore l'intérêt de la sélection familiale pleins-frères. Avec des fréquences de gènes favorables moyennes à élevées, c'est la sélection récurrente sur familles ou descendances S_1 qui est attendue la plus efficace. La sélection simultanée sur la valeur S_1 et l'AGC apparaît particulièrement intéressante pour fixer plus rapidement l'hétérosis. En effet, bien qu'assez correlées, ces deux valeurs semblent utiliser une variabilité différente (Burton *et al.*, 1971 ; Gallais, 1997). De plus, une telle méthode peut être très efficace pour développer des parents d'hybrides à la fois vigoureux (aptes à être de bons porte-graines) et à bonne aptitude à la combinaison ; elle sera aussi efficace pour développer des variétés synthétiques performantes : l'amélioration de l'AGC permettra d'obtenir des parents se combinant bien entre eux, et l'amélioration de la valeur S_1 permettra de diminuer la dépression de consanguinité au cours des générations de multiplication.

Pour l'amélioration de la valeur interpopulation, contrairement à ce qui attendu, ce ne sont pas toujours les schémas de sélection interpopulation qui sont les plus efficaces. Si deux populations ne sont pas assez divergentes, Saint-Martin (1986) a montré que des améliorations séparées intrapopulation étaient plus efficaces. Ainsi avec de faibles fréquences de gènes favorables au départ, c'est la sélection familiale pleins-frères qui sera la plus efficace et pour des fréquences plus élevées (> 0,5), la sélection sur descendances S_1 devient la plus efficace (Figure 4.23). Pour que la sélection récurrente réciproque sur familles de pleins-frères soit plus efficace à court terme, il faut des populations suffisamment divergentes.

Si l'haplodiploïdisation est maîtrisée, en vue de la sélection de variétés hybrides, elle peut être intégrée dans les schémas de sélection récurrente les plus efficaces pour

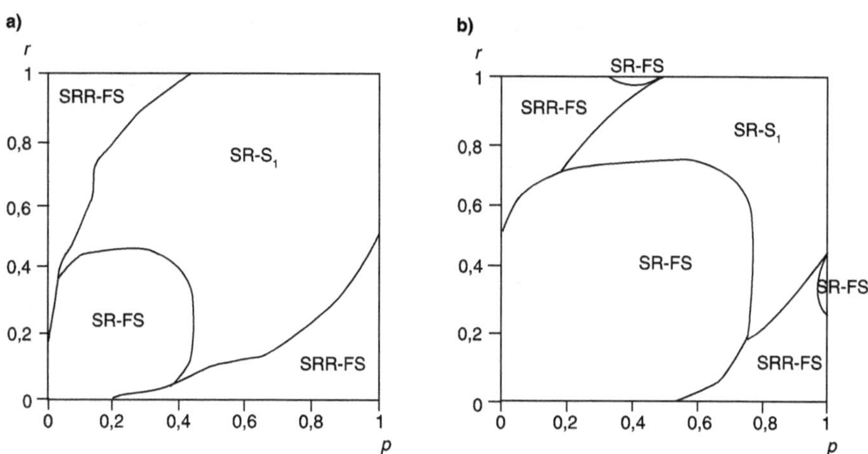

Figure 4.23. Domaine d'efficacité de trois méthodes de sélection récurrente pour l'amélioration d'une population hybride.

SR-FS : sélection récurrente familiale pleins-frères ; SR-S_1 : sélection sur descendances S_1 ; SRR-FS : sélection récurrente réciproque sur familles de pleins-frères ; p : fréquence du gène favorable dans une population ; r : fréquence du gène favorable dans l'autre population ; δ : degré de dominance.

(a) Progrès par unité de temps avec 2 ans pour FS et 3 ans pour les autres méthodes (cas d'une plante annuelle comme le maïs). (b) Progrès par unité de temps avec générations dérobées, conduisant à un cycle en un an pour la méthode SR-FS et deux ans pour les autres méthodes (d'après Saint-Martin, 1986).

améliorer la valeur en combinaison (c'est-à-dire la sélection récurrente pour l'aptitude à la combinaison avec un testeur ou la sélection récurrente réciproque sur familles de pleins-frères). Son intérêt est de permettre d'intégrer la création variétale dans la sélection récurrente. Il en résulte une augmentation du progrès génétique par unité de temps, au niveau de la création variétale.

Enfin, dans tous ces schémas de sélection récurrente, il apparaît une grande importance de *l'utilisation du temps* (par exemple les générations dérobées, pour les générations où il n'y a pas évaluation du matériel). Le classement des méthodes pour leur efficacité n'est pas le même avec ou sans utilisation des générations dérobées. Chez une plante annuelle comme le maïs, l'utilisation de générations dérobées renforce encore l'intérêt de la sélection familiale pleins-frères (Saint-Martin, 1986).

Bilan sur l'effet de la sélection récurrente

Par rapport à une création variétale directe, la sélection récurrente pour la valeur variétale présente de nombreux avantages mis en évidence par des études théoriques et expérimentales :
– elle augmente la fréquence des gènes et des associations favorables pour le type de variété à développer ;
– elle permet une recombinaison efficace d'où une grande efficacité de la sélection multicaractère ;
– elle évite une perte trop rapide de variabilité (si elle est bien conduite) ;
– elle peut contribuer à la fixation, au moins partielle, de l'hétérosis ;
– le progrès est continu à long terme ;
– si les systèmes de test sont bien choisis, elle permet de déboucher « directement » sur la création de variétés performantes et peu apparentées.

Le problème est d'avoir la meilleure connexion possible entre la sélection récurrente et la création variétale. Les schémas qui réalisent au mieux cette connexion sont :
– pour la création de lignées, la sélection récurrente sur familles d'haploïdes doublés ;
– pour la création d'hybrides, la sélection récurrente pour l'aptitude à la combinaison avec un testeur et la sélection récurrente réciproque sur familles de pleins-frères, en particulier avec l'utilisation de l'haplodiploïdisation.

Choix d'une méthode de sélection récurrente

Une méthode de sélection récurrente doit être adaptée au niveau de sélection du matériel, correspondant à l'organisation de la sélection présentée (cf. Figure 4.5). Avec une population dans laquelle a été introduit du matériel exotique apportant des caractères favorables mais aussi des caractères défavorables, il faut une sélection douce, favorisant les recombinaisons. La sélection portera alors d'abord sur les caractères les plus héritables. *La sélection massale* ou une sélection *combinée individu-famille* (*ear-to-row*) peut être efficacement utilisée à ce niveau. Puis, quel que soit le type de variété à développer, pour sélectionner efficacement sur les caractères moins héritables, la sélection doit être du type familiale ou sur descendances, avec une *faible intensité de sélection*. Dès ce niveau d'amélioration, le type de variété à créer doit être pris en considération. Ainsi pour préparer le développement de variétés hybrides, un schéma de *sélection récurrente réciproque* peut être mis en œuvre. Le meilleur matériel issu de cette forme d'amélioration peut alors être introduit dans un axe de *sélection récurrente réciproque à forte intensité*, portant sur du matériel élite, très bien connecté à la création de variétés hybrides. Cet axe peut d'ailleurs être considéré comme faisant partie de la création variétale. C'est à ce niveau que l'haplodiploïdisation et les marqueurs moléculaires pourront être utilisés.

Une autre conception de la sélection récurrente adaptée au type de variétés

La sélection récurrente, comme classiquement présentée dans les ouvrages d'amélioration des plantes, est relativement peu mise en œuvre de façon systématique dans les établissements de sélection, sauf peut-être dans l'amélioration des plantes fourragères où les variétés créées sont des populations à base assez large (variétés synthétiques). Pourtant, dans l'amélioration du maïs, de très bonnes lignées ont été obtenues par sélection récurrente au niveau de populations : par exemple les lignées *B14, B37, B73* (Hallauer, 1985). La raison de cette situation est que, par souci d'efficacité à court terme, le sélectionneur affecte la plupart de ses moyens à la création variétale, considérant que la sélection récurrente se fait globalement au niveau de l'ensemble des établissements de sélection. En effet, tant que les variétés d'un établissement peuvent être utilisées comme ressource génétique par un autre établissement, on peut considérer que la population d'amélioration est constituée par l'ensemble du matériel des sélectionneurs, avec des « migrations » entre les différentes sous-populations représentées par le matériel présent de chacun des établissements. Ce type de raisonnement est sans doute plus valable pour les espèces où des variétés lignées sont développées que pour les espèces où des hybrides sont développés, puisque dans ce cas, seuls les hybrides peuvent être utilisés comme ressource génétique et que cette ressource est plus difficile à utiliser que les parents. Enfin, cette considération n'a de sens que tant que le nombre de sélectionneurs, pour une espèce, reste suffisamment divers.

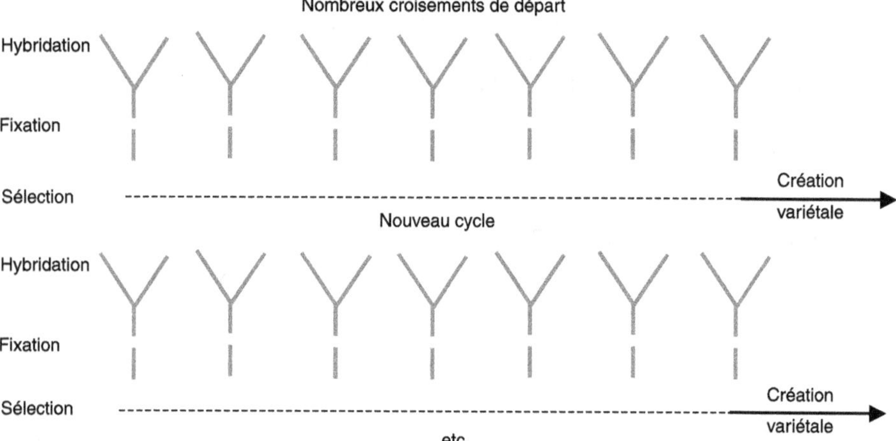

Figure 4.24. La création variétale vue comme une sélection récurrente avec une succession de cycles courts de sélection généalogique portant sur un grand nombre de départs.

La fixation partielle réalisée par deux générations d'autofécondation après la F_2 peut être remplacée par l'haplodiploïdisation. À chaque cycle, la création de nouveaux hybrides est possible par la poursuite de la sélection généalogique. L'utilisation de l'haplodiploïdisation fait que la création variétale est intégrée dans le processus de sélection récurrente qui peut se dérouler sans la constitution d'une population d'intercroisement.

En réalité, de nombreux établissements de sélection appliquent d'une certaine façon les principes de la sélection récurrente. Ainsi chez les plantes allogames, lorsqu'un grand nombre de croisements départ sont menés de front en sélection généalogique (pour la valeur en combinaison avec un testeur) avec formation de nouveaux croisements de départ dès le niveau F_4 et poursuite de la fixation des lignées les plus intéressantes, il s'agit bien de sélection récurrente (Figure 4.24). L'ensemble des croisements de départ est en fait l'équivalent de l'intercroisement. Cette sélection récurrente est même bien conçue puisqu'elle permet une « sortie » facile vers la création variétale, avec une bonne gestion de la variabilité génétique dans le matériel de base du fait de la gestion des généalogies. Un tel schéma est fréquent chez les plantes où l'on développe des hybrides, comme chez le maïs. Nous avons vu que la maîtrise de l'haplodiploïdisation permet de concevoir des schémas de ce type où amélioration des populations et création variétale (lignées ou hybrides) sont parfaitement intégrées l'une dans l'autre. Là encore, l'intercroisement ne se fera évidemment pas au hasard, les croisements seront dirigés et l'haplodiploïdisation appliquée à chaque croisement (Figure 4.25).

Donc, même si les schémas de sélection récurrente ne sont pas très explicitement appliqués, ce sont bien les principes de la sélection récurrente qui sont à l'origine des progrès génétiques observés aujourd'hui et qui préparent le progrès de demain. Nous verrons cependant qu'à très long terme, une telle organisation de la sélection risque de compromettre le progrès génétique maximum (voir p. 270).

▶▶ L'utilisation de la stérilité mâle en sélection récurrente

Chez les plantes autogames, la sélection récurrente peut être mise en œuvre avec croisement manuel des unités sélectionnées. Pour alléger ce travail qui peut devenir lourd, deux solutions peuvent être envisagées : la castration chimique et la castration génétique par l'utilisation de la stérilité mâle génique (voir p. 195). La castration chimique, bien qu'idéale, est souvent mal maîtrisée, difficile à appliquer. La stérilité mâle génique est sans doute plus lourde d'utilisation, mais une fois le gène de stérilité mâle introduit dans les populations d'amélioration, elle permet une application assez simple de tous les schémas de sélection récurrente, à condition d'être récessive. Elle facilite en particulier l'intercroisement des familles sélectionnées et évite les risques d'autofécondation (Suneson, 1951).

Considérons alors le cas d'une stérilité mâle récessive, avec un seul locus et les allèles Ms/ms (voir p. 195). Le gène ms doit être introduit dans la population à améliorer (par rétrocroisement) (cf. Figure 4.25). Par récolte sur les plantes mâles-stériles, la population est allogamisée : tous les descendants obtenus résulteront de croisements et il n'y aura que deux sortes de plantes, les plantes fertiles $Msms$ et les plantes stériles $msms$. Un gène de stérilité mâle dominante serait plus facile à introduire. Le résultat du rétrocroisement au niveau de la population pour une stérilité mâle contrôlée par les allèles S/s, l'allèle S dominant entraînant la stérilité, sera que par récolte sur les plantes mâles-stériles, les descendants obtenus seront de deux types : Ss, stériles et ss, fertiles.

La sélection massale avec stérilité mâle

Quel que soit le type de stérilité mâle, dominant ou récessif, le schéma se déroule de la même façon. Il faut identifier les plantes stériles à floraison. Que la sélection porte sur des caractères mesurés avant la floraison ou non, elle porte toujours sur le phénotype des plantes stériles qui sont pollinisées par l'ensemble des plantes fertiles non sélectionnées. La sélection ne peut donc être que maternelle. Le passage à la génération suivante se fait par mélange des graines récoltées sur les plantes stériles sélectionnées.

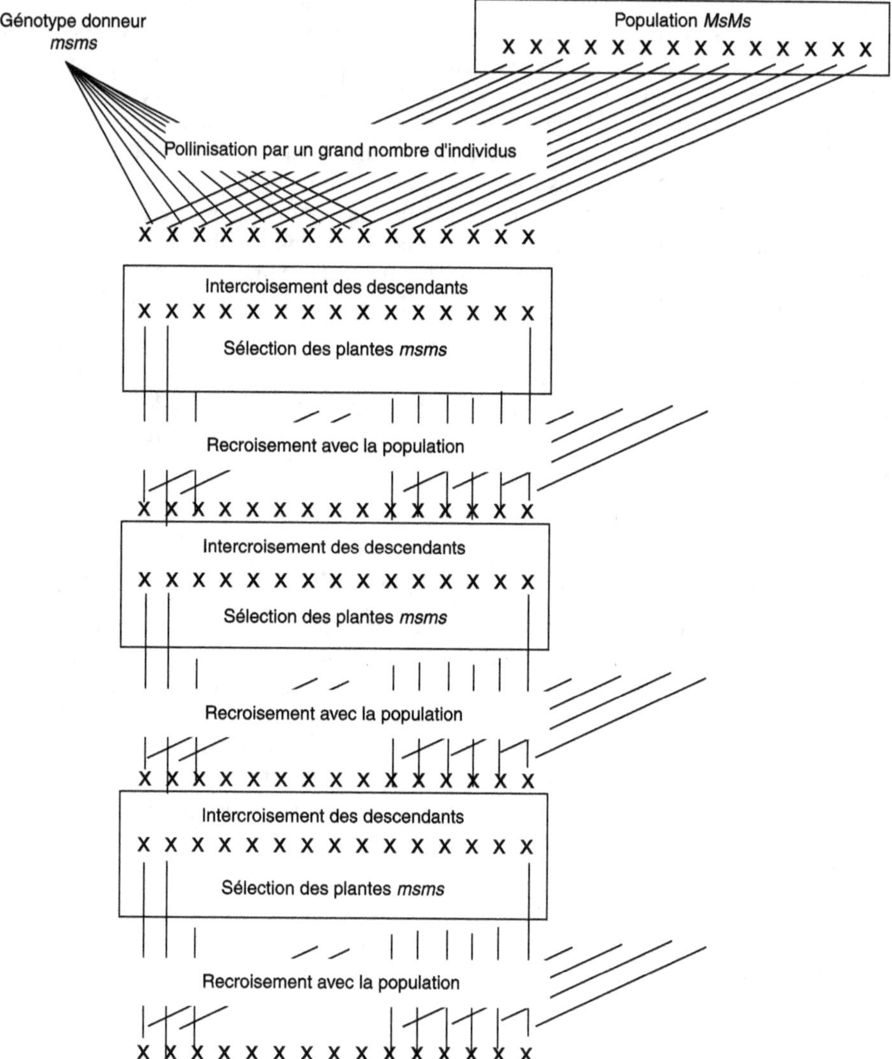

Figure 4.25. Rétrocroisement pour introduire un gène de stérilité mâle récessive dans une population allogame.

Le génotype donneur du gène de stérilité mâle *ms* peut être quelconque. Il est pollinisé par une population homozygote pour le gène *Ms*. Les descendants DR obtenus sont tous fertiles. Pour faire apparaître le gène de stérilité mâle, ces descendants sont intercroisés en isolement. Les graines récoltées sont alors semées en isolement avec la population utilisée comme parent récurrent pollinisateur. Juste avant leur anthèse, les plantes fertiles des descendants DR sont éliminées, les plantes restantes mâles-stériles sont pollinisées par la population récurrente, ce qui initie un nouveau cycle de rétrocroisement ; les descendants seront intercroisés en isolement, puis la descendance obtenue sera recroisée avec la population récurrente par élimination des plantes fertiles avant anthèse, et ceci pendant 3-4 cycles.

La sélection sur descendances S$_1$

Avec une stérilité mâle récessive, des plantes fertiles *Msms*, représentant les plantes candidates à la sélection, sont autofécondées pour donner les familles S$_1$ qui seront étudiées en essai ; une partie des graines S$_1$ est conservée (Figure 4.26). Les descendances ont pour composition ¼ *MsMs*, ½ *Msms*, ¼ *msms* (donc ¾ fertiles, ¼ stériles). Sur la base des résultats des essais, les graines restantes des familles sélectionnées sont reprises pour réaliser l'intercroisement en isolement. Les familles sélectionnées sont prises comme femelles et elles seront pollinisées par le mélange des familles sélectionnées pris comme mâle. Juste avant la floraison, les plantes fertiles des familles femelles sont éliminées et la récolte ne portera que sur les plantes stériles des familles femelles, les plantes d'une même famille étant récoltées en mélange. Comme la source de pollen est composée de 1/3 de plantes *MsMs* et 2/3 de plantes *Msms*, cet intercroisement donne donc 2/3 de plantes *Msms* et 1/3 de plantes msms puis un nouveau cycle peut recommencer.

Avec une stérilité mâle dominante ce schéma n'est pas applicable, les plantes fertiles homozygotes *ss* conduisant à la perte du gène de stérilité. Le plus simple pour sélectionner sur la valeur S$_1$ est d'autoféconder des plantes fertiles parmi les familles de demi-frères résultant de la récolte sur les plantes mâles-stériles, des graines de ces familles étant conservées. Les familles S$_1$ obtenues sont évaluées et l'intercroisement est réalisé à partir des semences restantes des familles demi-frères desquelles dérivent les familles S$_1$ sélectionnées. L'intercroisement est donc réalisé à partir de plantes demi-sœurs des plantes sélectionnées (Sorrells et Fritz, 1982). La récolte sur les plantes mâles-stériles donne les familles de demi-frères qui sont le point de départ d'un nouveau cycle. Par rapport au schéma avec une stérilité mâle récessive, le progrès par cycle est attendu deux fois plus faible.

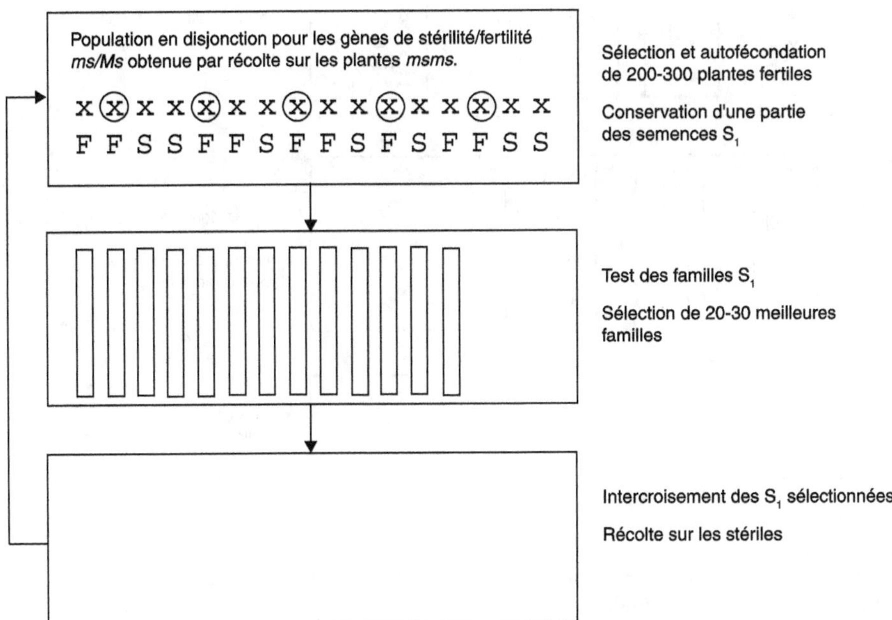

Figure 4.26. La sélection récurrente sur descendances S$_1$ avec un gène de stérilité mâle récessive.

F représente une plante fertile et S une plante stérile.

La sélection sur la valeur en combinaison avec un testeur

Avec une stérilité mâle récessive, ce schéma démarre par l'autofécondation des plantes fertiles *Msms* (Figure 4.27). Les semences obtenues sont composées de ¼ *MsMs*, ½ *Msms*, ¼ *msms*. Une partie des semences est conservée et l'autre partie sert pour le croisement avec le testeur. Pour le croisement avec le testeur, les familles S_1 obtenues sont prises comme femelles et juste avant la floraison, les plantes fertiles sont éliminées (c'est l'équivalent de la castration) et les stériles (25 % des plantes) seront donc pollinisées par le testeur. Cela donne le même résultat que le croisement de la plante mère S_0 avec le testeur, à condition de représenter la famille par suffisamment de plantes

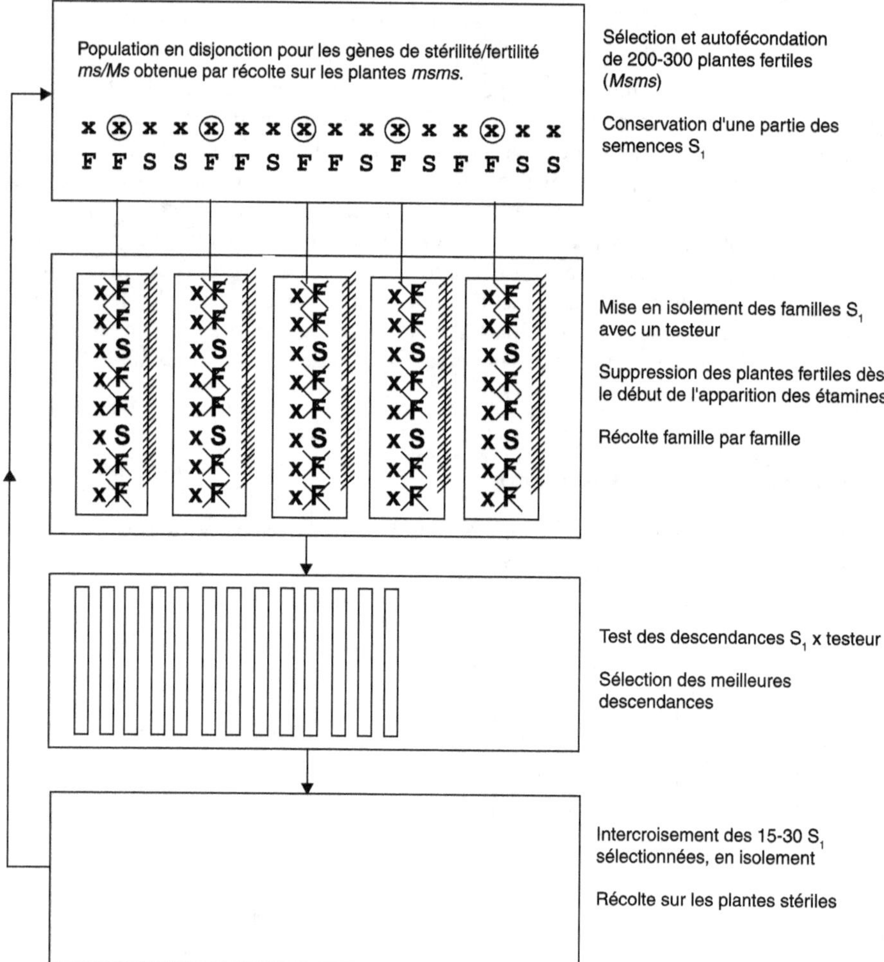

Figure 4.27. La sélection récurrente sur descendances en croisement avec un testeur par l'utilisation de la stérilité mâle génique récessive.

F représente une plante fertile et S une plante stérile. Une sélection récurrente réciproque avec testeurs peut donc être développée avec le même système de stérilité mâle dans les deux populations. Pour développer une sélection récurrente réciproque avec les populations comme testeur, il faudra deux systèmes indépendants de stérilité mâle.

(au moins 30). Les graines des plantes d'une même famille sont récoltées en mélange. En fonction des résultats des tests de descendances, les meilleures plantes mères sont sélectionnées, les semences des familles S_1 correspondantes sont reprises et un isolement est réalisé avec ces familles, comme pour l'intercroisement des familles S_1 de la méthode précédente.

Avec une stérilité mâle dominante, la solution est de croiser avec le testeur les familles demi-frères résultant de la récolte sur les mâles-stériles, tout en conservant une partie des semences de ces familles. Comme précédemment, le croisement se fait en isolement, le testeur étant utilisé comme pollinisateur ; juste avant la pollinisation, les plantes fertiles des familles de demi-frères sont éliminées et les graines des plantes mâles-stériles d'une même famille de demi-frères sont récoltées en mélange. Les descendances famille × testeur obtenues par ce croisement sont évaluées et l'intercroisement est réalisé à partir des semences restantes des familles demi-frères, mères des meilleurs croisements. Le progrès génétique en un cycle sera deux fois plus faible qu'avec le schéma faisant appel à la stérilité mâle récessive.

Conclusion : intérêt de l'allogamisation des autogames

Le premier intérêt de l'allogamisation des autogames est de permettre une mise en œuvre de la sélection récurrente chez ces espèces, sinon l'intercroisement à réaliser manuellement est lourd (Goldringer *et al.*, 1996). Cette sélection peut être adaptée soit à la création de variétés lignées, soit à la création de variétés hybrides. Dans ce dernier cas, l'un des intérêts de l'allogamisation des autogames, et non le moindre, sera une amélioration de l'investissement de la plante dans la production et la dissémination de pollen par la simple sélection massale sur la quantité de grains récoltés (David et Pham, 1993). Cette réponse est même très rapide. Cela devrait permettre de sélectionner de meilleurs pollinisateurs pour la production de variétés hybrides, par exemple chez le blé. Chez cette espèce, il devrait en résulter une augmentation du rendement en semences, ce qui permettrait de diminuer leur coût et pourrait donc contribuer à augmenter l'avantage économique des variétés hybrides.

▶▶ La sélection récurrente assistée par marqueurs

Les marqueurs moléculaires peuvent être considérés comme des étiquettes en grand nombre le long des chromosomes et ségrégeant comme des gènes. Lorsque des associations entre marqueurs moléculaires du génome nucléaire et des locus impliqués dans la variation d'un caractère quantitatif (QTL) ont été établies (voir p. 309), alors les marqueurs moléculaires permettent deux types d'opérations : *i*) la prédiction de la valeur génotypique seulement par la lecture du génotype aux marqueurs liés aux QTL et *ii*) une identification des recombinaisons génétiques entre QTL dans la descendance d'un croisement de deux génotypes. Avec les marqueurs moléculaires, la génétique des caractères quantitatifs se rapproche de plus en plus de la génétique des caractères qualitatifs : elle est de moins en moins « aveugle » puisque les locus en cause dans la variation génétique des caractères quantitatifs deviennent identifiables.

Les marqueurs moléculaires peuvent être introduits pour « assister » de nombreuses opérations en amélioration des plantes : gestion des ressources génétiques, choix des départs de sélection généalogique, sélection généalogique, transfert de gènes ou de segments chromosomiques (rétrocroisement assisté par marqueurs), sélection récurrente, etc. On parle alors de *sélection assistée par marqueurs* (SAM). Les applications en sélection généalogique et transfert de segments chromosomiques ont été considérées précédemment (voir p. 187) ; nous ne considérons ici que les aspects liés à la sélection récurrente. Dans ce type de sélection, les marqueurs moléculaires peuvent être utilisés de deux façons :

– soit pour réaliser une sélection récurrente combinée (phénotype-marqueurs), comme introduite par Lande et Thompson (1990) ;

– soit pour réaliser une sélection sur marqueurs seuls.

Le principe de la prédiction des valeurs génétiques par les marqueurs moléculaires

La prédiction des valeurs génotypiques

Les marqueurs moléculaires permettent de prédire la valeur d'un génotype d'une population sans avoir recours aux répétitions d'un individu (clonage) ou de sa descendance pour éliminer les effets du milieu qui affectent la valeur phénotypique. Dans ce cas, l'effet du milieu est éliminé en faisant la moyenne des individus qui ont le même génotype aux marqueurs : avec des marqueurs très liés à un QTL, cela donne une valeur d'autant plus proche de la valeur du génotype au QTL que la liaison sera forte. Cette valeur s'obtient par le calcul de la régression des valeurs phénotypiques sur le génotype aux locus marqueurs. Dans le cas d'une population dérivée de F_1 (F_2, lignées recombinantes, etc.), la liaison entre un locus marqueur et un QTL ne peut être due qu'à une liaison physique ; il devient possible de localiser les QTL sur la carte génétique des marqueurs, c'est le principe de la détection et de la cartographie des QTL. La valeur génotypique prévue est, pour une plante, la somme des valeurs de son génotype aux QTL détectés (Tableau 4.2). L'efficacité de la prédiction dépend directement du pourcentage de variance génétique, expliquée par les marqueurs, pour le caractère considéré.

La prédiction des valeurs génétiques additives

En sélection récurrente, ce sont les effets additifs qui contribuent au progrès génétique (cf. Tableau 4.1). Dans une population panmictique, pour avoir accès à la valeur additive d'un génotype, il faudrait « fabriquer » sa descendance en fécondation libre avec la population et l'évaluer. Avec les marqueurs moléculaires, il devient possible de prédire directement les valeurs additives à partir des valeurs phénotypiques. Cette valeur additive peut être dérivée des valeurs génotypiques prévue par les marqueurs, ou peut être obtenue directement par régression de la valeur phénotypique sur le nombre de doses de chaque allèle marqueur (0, 1 ou 2) (Lande et Thompson, 1990). La valeur donnée par cette régression donne une valeur appelée « *molecular score* » (M).

Dans le cas où les valeurs phénotypiques sont les valeurs en combinaison avec un testeur, les valeurs génotypiques correspondantes étant par nature additives, en l'absence d'épistasie (la valeur en combinaison de l'hétérozygote *Aa* est toujours égale à la moyenne des valeurs en combinaison avec des deux homozygotes *AA* et *aa*), la régression des valeurs phénotypiques sur le génotype aux marqueurs donne aussi directement une prédiction de la valeur additive.

Tableau 4.2. Principe de la lecture de la valeur génotypique par les marqueurs.

Résultats de la détection de QTL				
Génotype au QTL [1]	Q1	Q2	Q3	Q4
11	− 3,2	+ 1,5	+ 2,4	− 2,0
12	+ 0,6	+ 1,0	+ 3,0	− 0,8
22	+ 3,2	− 1,5	− 2,4	+ 2,0
Génotype des plantes aux QTL (donné par les marqueurs)				
Plante 1 (G_1)	*11*	*12*	*11*	*22*
Plante 2 (G_2)	*12*	*22*	*12*	*12*
….				
Plante *n* (G_n)	*22*	*12*	*11*	*12*
Prédiction de la valeur des plantes (moyenne des 2 parents + effets des locus)				

G_1 = moy parents − 3,2 + 1,0 + 2,4 + 2,0 = 86,2

G_2 = moy parents + 0,6 − 1,5 + 3,0 − 0,8 = 85,3

G_{max} = moy parents + 3,2 + 1,5 + 3,0 + 2,0 = 93,7

L'exemple est relatif à une population en ségrégation, issue d'une F_1, avec à un locus les trois génotypes possibles (*11*, *12* et *22*), *1* et *2* représentant les allèles issus respectivement du parent 1 et du parent 2. Quatre QTL (Q1, Q2, Q3 et Q4) sont considérés. La valeur génétique G d'une plante, prévue par les marqueurs (G_1, G_2, etc.), s'obtient alors en additionnant les valeurs du génotype de cette plante aux différents QTL. G_{max} représente la valeur maximale qu'il est possible d'atteindre en cumulant dans un même génotype tous les allèles favorables des différents QTL détectés.

[1] Allèle *1* pour l'un des parents, allèle *2* pour l'autre parent.

La sélection récurrente combinée, phénotype et marqueurs

En sélection récurrente, le meilleur critère de choix parmi les unités candidates à la sélection est celui qui prédira le mieux la valeur de leur descendance en croisement, c'est-à-dire leur valeur additive. Or, si les marqueurs moléculaires sont un outil pour prédire la valeur additive, ils ne peuvent en prédire que la partie relative aux QTL détectés, qui sont un sous-ensemble de tous les QTL impliqués dans la variation du caractère quantitatif considéré. La valeur phénotypique en elle-même (valeur propre d'un individu ou valeur d'une descendance), utilisée dans les schémas « classiques », qui fait intervenir tous ces QTL, peut donc apporter une information supplémentaire pour la prédiction de cette valeur additive. La meilleure façon d'utiliser toute l'information est alors de combiner dans une équation de prédiction (I), la valeur phénotypique (P) et la valeur additive prédite par les marqueurs (M) :

$$I = b_P P + b_M M$$

b_P et b_M étant le coefficient de régression de la valeur génétique additive respectivement sur la valeur phénotypique et sur la valeur additive prévue par les marqueurs. Ils sont fonction de l'héritabilité au sens étroit et de la proportion de variance additive expliquée par les marqueurs. Ils peuvent être estimés facilement si l'héritabilité au sens étroit peut être estimée, ce qui est en particulier le cas avec les méthodes de sélection sur descendances (Encadré 4.3).

Cette démarche peut donc s'appliquer à toute méthode de sélection récurrente (massale, familiale, sur descendances, etc.). Elle revient à considérer les marqueurs moléculaires comme des variables associées au caractère principal sélectionné (Lande et Thompson,

1990 ; Gallais, 1994 ; Charcosset et Gallais, 1995). Avec cette méthode, dans une population panmictique quelconque, si le génotypage des individus candidats à la sélection est refait à chaque génération, tout déséquilibre de liaison marqueur-QTL peut être utilisé. L'information apportée par les marqueurs s'ajoute à celle apportée par l'évaluation phénotypique. En sélectionnant les plantes sur la base de l'index, il en résulte par cycle de sélection un gain en efficacité par rapport à la sélection phénotypique seule et par rapport à la sélection sur marqueurs seuls.

Encadré 4.3. L'efficacité attendue de la sélection combinée phénotype-marqueurs et de la sélection sur marqueurs seuls

L'efficacité attendue de la sélection combinée phénotype-marqueurs

Avec la sélection combinée phénotype-marqueurs, l'index de prédiction de la valeur additive d'un individu i peut s'écrire :

$$I_i = b_P P_i + b_M M_i,$$

P_i étant la valeur phénotypique de l'individu i et M_i sa valeur additive prévue par les marqueurs.

Les expressions des coefficients de régression b_P et b_M peuvent s'écrire directement :

$$b_P = \frac{h^2(1 - r_A^2)}{1 - h^2 r_A^2} \text{ et } b_P = \frac{1 - h^2}{1 - h^2 r_A^2},$$

h^2 étant l'héritabilité au sens étroit et la proportion de variance additive expliquée par les marqueurs. Pour calculer ces coefficients, il suffit donc d'estimer l'héritabilité au sens étroit et la proportion de variance additive expliquée par les marqueurs. Dans le cas de l'aptitude à la combinaison avec un testeur (équivalente à un caractère additif), l'héritabilité sera dérivée de l'analyse de variance du dispositif de test des descendances et r_A^2 sera donné par l'étude des QTL.

Ces expressions montrent que le poids donné aux marqueurs moléculaires est d'autant plus fort que l'héritabilité est faible.

Le progrès en un cycle de sélection phénotypique peut s'écrire :

$$\Delta_P = i h \sqrt{V_A} = i h^2 \sqrt{V_P},$$

et le progrès en un cycle de sélection combinée :

$$\Delta_C = i h \sqrt{V_A \left[1 + \frac{r_A^2(1 - h^2)^2}{h^2(1 - r_A^2 h^2)} \right]},$$

V_A étant la variance additive et V_P la variance phénotypique des unités candidates à la sélection.

Il en résulte l'efficacité relative E de la sélection combinée (pour des grandes tailles de populations) :

$$E = \sqrt{1 + \frac{r_A^2(1 - h^2)^2}{h^2(1 - r_A^2 h^2)}}$$

qui est représentée figure 4.29. L'efficacité relative est toujours supérieure à 1.

...

La sélection sur marqueurs seuls

Avec l'hypothèse de distributions des valeurs phénotypiques proches d'une distribution normale, le progrès génétique en un cycle de sélection sur marqueurs seuls peut s'écrire :

$$\Delta_{MS} = i r_A h \sqrt{V_P}.$$

Soit t_P la durée du cycle de sélection phénotypique et t_{MS} la durée du cycle de sélection sur marqueurs seuls ; la sélection sur marqueurs seuls, par unité de temps, sera plus efficace que la sélection phénotypique si :

$$r_A^2 > h^2 (t_{MS}/t_P)^2.$$

Pour exemple avec $h^2 = 0{,}60$, $t_{MS} = 1$ an, $t_P = 2$ ans, $t_{MS}/t_P = \frac{1}{2}$, il faut que :

$$r_A^2 > 0{,}15, \text{ ce qui est hautement probable.}$$

La sélection sur marqueurs seuls, par unité de temps est donc attendue souvent plus efficace, par unité de temps, que la sélection sur le phénotype.

Le gain en efficacité par rapport à la sélection phénotypique dépend du pourcentage de variance phénotypique expliquée par les marqueurs moléculaires, mais aussi de l'héritabilité des caractères et de la taille des populations (Lande et Thompson, 1990) : c'est en fait le produit de ces trois paramètres qui intervient, avec des possibilités de compensation entre eux. Le pourcentage de variance phénotypique expliquée par les marqueurs moléculaires est très lié au déséquilibre de liaison de la population. Une façon d'augmenter ce pourcentage est de partir de populations où le déséquilibre est important, comme avec les populations en ségrégation dérivées de F_1. Pour un pourcentage d'explication de la variance génétique par les marqueurs moléculaires et une taille de population donnés, le gain d'efficacité attendu par rapport à la sélection seulement phénotypique est d'autant plus fort que l'héritabilité est faible ; il est très faible pour des héritabilités élevées (Figure 4.28). Si l'héritabilité est très faible, il faudra beaucoup augmenter la taille de la population. Sinon, il y a une perte de puissance dans la détection des QTL qui se traduit aux faibles héritabilités par une diminution d'efficacité relative de la sélection combinée phénotype-marqueurs. Il existe alors généralement une héritabilité pour laquelle l'efficacité de la sélection combinée est maximale : pour des tailles de populations de 100 à 300, elle est comprise entre 0,15 et 0,20 (Moreau *et al.*, 1997).

Pour un caractère comme le rendement en grain, à faible héritabilité au niveau individuel, le gain est donc attendu très élevé pour la sélection massale (Figure 4.29). Cette forme d'utilisation des marqueurs pourrait redonner un intérêt à la sélection massale, avec l'avantage de son cycle court. Son inconvénient est son coût avec la nécessité de déterminer le génotype aux marqueurs sur un grand nombre de plantes à chaque cycle de sélection, afin de compenser une héritabilité faible. Cependant, le progrès dans les techniques de marquage moléculaire à haut débit pourrait donner un intérêt à la méthode. En revanche, le gain attendu en efficacité sera en général nettement plus faible pour les méthodes avec test de familles ou de descendances qui font intervenir l'héritabilité au niveau de la moyenne de familles (qui est nettement plus élevée que l'héritabilité au niveau individuel) (Lande et Thompson, 1990 ; Gallais et Charcosset, 1994). Les résultats expérimentaux de Moreau *et al.* (2004) chez le maïs, à partir d'une population dérivée d'une F_2, confirment cette prédiction : pour le rendement en grain, qui au niveau

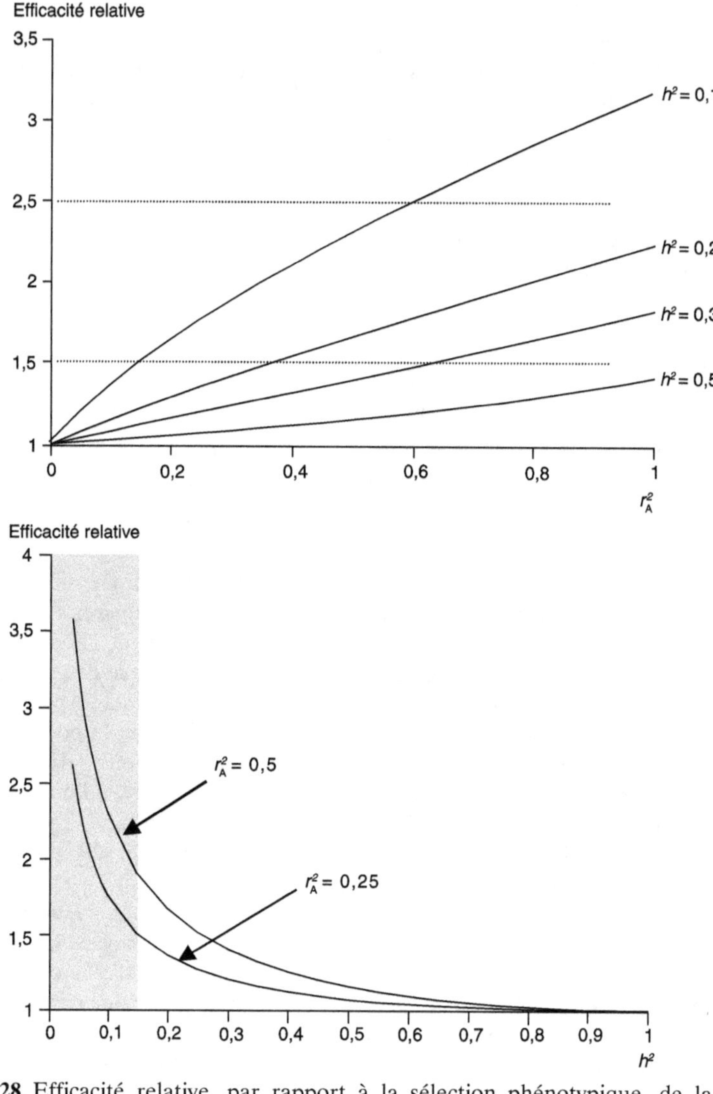

Figure 4.28. Efficacité relative, par rapport à la sélection phénotypique, de la sélection récurrente combinée marqueurs-phénotype selon l'héritabilité (h^2) et le pourcentage de variance génétique (r_A^2) expliqué par les marqueurs moléculaires (d'après Lande et Thompson, 1989).

du dispositif expérimental avait une héritabilité de 0,85, les deux méthodes de sélection, sélection phénotypique et sélection combinée, ont été d'une efficacité comparable.

Pour les méthodes avec tests de descendances (qui nécessitent de génotyper moins d'individus que la sélection massale, compte tenu de l'héritabilité en général assez élevée des caractères au niveau des moyennes de descendances), le coût de la détermination du génotype aux locus marqueurs (génotypage) doit aussi être pris en considération. En effet, avec un investissement supplémentaire donné, il est possible soit de génotyper les plantes mères des descendances étudiées, soit de réaliser plus de répétitions ou de

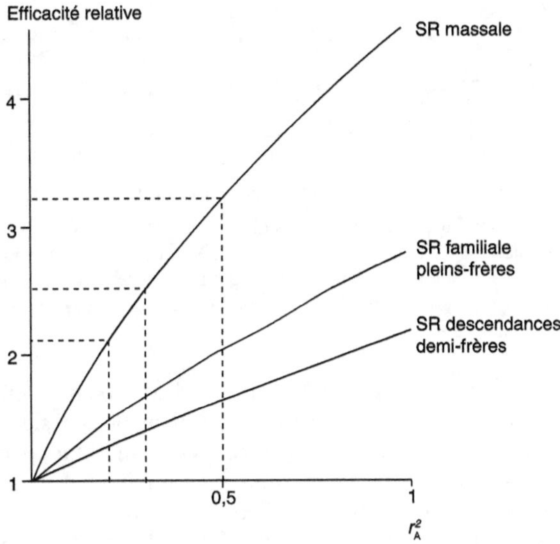

Figure 4.29. Efficacité relative de différents types de sélection récurrente (SR) combinée marqueurs-phénotype (Gallais, 1993b et non publié).

Dans le calcul à la base du graphique, les paramètres sont les suivants : l'héritabilité au sens étroit est de 0,10, 50 % de la variance génétique est additive, au niveau du dispositif expérimental la corrélation environnementale entre plantes voisines est de 0,5 et n répétitions ont été supposées.

lieux d'essais. Il apparaît ainsi justifié de comparer la sélection combinée phénotype-marqueurs à la sélection phénotypique avec le même investissement. Dans ce cas, avec un rapport de 4 entre le coût du génotypage et le coût du phénotypage (ce qui était le cas il y a quelques années pour une plante comme le maïs), la sélection combinée phéno-type-marqueurs ne fait guère gagner en efficacité même pour des héritabilités moyennes à faibles (Moreau *et al.*, 2000). Pour avoir un gain significatif, il faut une diminution importante des rapports du coût du génotypage par rapport au coût du phénotypage, avec un rapport voisin de 1, ce qui, pour les espèces de grande culture, peut être atteint avec les progrès dans les techniques de marquage moléculaire. Des rapports inférieurs à 1 peuvent même être atteints. Si le coût du génotypage est assez élevé, il peut restreindre fortement le domaine d'efficacité de la sélection combinée marqueurs-phénotype. Une façon de limiter ce coût est de ne retenir pour les cycles suivants que les marqueurs qui sont apparus liés significativement aux QTL. Cependant, cela diminue nettement l'efficacité du marquage par perte de déséquilibres de liaison. En fait, la meilleure façon de valoriser l'investissement dans le marquage, même avec un coût relatif faible du génotypage, est de conduire une sélection sur marqueurs seuls en cycles accélérés.

La sélection récurrente sur marqueurs seuls

Principe

Dans une population panmictique quelconque, les liaisons entre marqueurs et QTL qui ne sont pas dues au linkage physique sont détruites très rapidement par l'intercroise-ment ; de plus elles peuvent « brouiller » la détection des liaisons physiques. C'est pour-quoi, afin de maximiser l'efficacité de la sélection sur marqueurs seuls, les populations

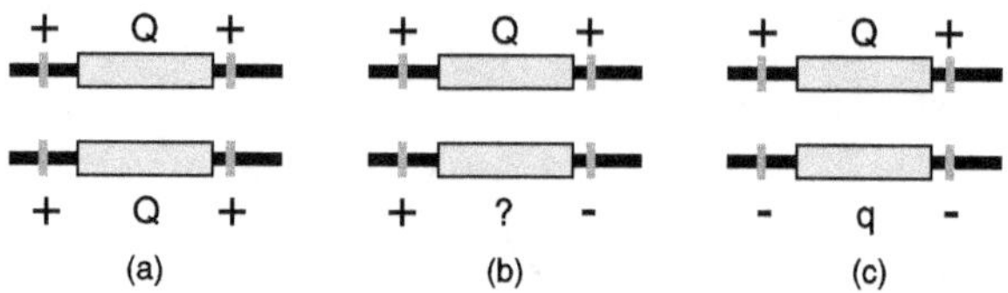

Figure 4.30. La sélection sur marqueurs seuls avec le même poids donné à tous les QTL.

La valeur d'un génotype s'obtient en comptant le nombre de marqueurs favorables (+) liés au segment chromosomique favorable (Q). Avec cette méthode, après identification des marqueurs moléculaires liés aux QTL (Q), avec des marqueurs bordant, la valeur d'un génotype est déterminée par le nombre de marqueurs favorables (+), c'est-à-dire liés à l'allèle favorable du QTL. En (a) la valeur sera de 4, en (c) la valeur sera de 2, en (b) la valeur peut être de 2 ou 3.

d'amélioration seront de préférence des populations utilisées pour la détection de QTL où les liaisons marqueurs-QTL ne peuvent être dues qu'au linkage physique. Pour améliorer la valeur en combinaison de ces populations avec un testeur, il faut d'abord détecter les QTL de valeur en combinaison avec ce testeur. La première étape de la sélection est donc une sélection combinée phénotype-marqueurs, la plus efficace pour valoriser toute l'information recueillie. La sélection sur marqueurs seuls commence après un cycle de sélection combinée. Le but de cette sélection est alors d'augmenter la fréquence des allèles marqueurs favorables, c'est-à-dire liés aux allèles favorables des QTL détectés. Il en résultera une augmentation de la fréquence des génotypes porteurs du maximum d'allèles favorables. À une génération quelconque de sélection, la valeur d'un individu candidat à la sélection est calculée à partir des marqueurs présents. Cette valeur, qui représente un « *molecular score* » peut être déterminée de deux façons : *i*) en donnant la même importance à tous les QTL, la valeur d'un génotype étant déterminée simplement par le nombre de marqueurs favorables portés par les individus (Figure 4.30) et *ii*) en considérant l'effet des QTL, la valeur d'un génotype étant déterminée par la somme des effets des « allèles » portés par un génotype pour les QTL détectés, ce qui revient à utiliser le « *molecular score* » des valeurs additives. Les plantes sélectionnées sont alors croisées entre elles pour passer à la génération suivante. À ce niveau, deux méthodes de passage à la génération suivante peuvent être appliquées, l'une avec intercroisement au hasard des génotypes sélectionnés, l'autre avec croisement par paires pour diriger les recombinaisons.

La sélection sur marqueurs seuls avec intercroisement au hasard

Il s'agit d'une sélection récurrente individuelle sur la valeur génotypique calculée à partir du « *molecular score* ». Les plantes ayant le meilleur « *molecular score* » sont intercroisées entre elles, au hasard. Les deux méthodes de détermination du « *molecular score* » ne conduisent pas à la même dynamique du progrès : avec la méthode donnant le même poids à tous les QTL détectés, le progrès génétique est plus élevé à moyen terme, car elle utilise la variation génétique expliquée par tous les QTL détectés, tandis que la méthode prenant en considération l'effet des QTL est plus efficace au cours des premières générations de sélection, car elle favorise les QTL à forts effets.

Si les QTL ont été évalués de façon précise (avec des populations de grande taille et des liaisons assez fortes entre QTL et marqueurs), alors l'efficacité est quasi-certaine, en l'absence d'effet du fond génétique ; en effet une dizaine de QTL peuvent ainsi être fixés en deux ou trois cycles de sélection récurrente sur marqueurs seuls, ce qui est démontré d'un point de vue théorique et par simulation (Gallais *et al.*, 1997 ; Hospital *et al.*, 2000) et vérifié expérimentalement (Moreau *et al.*, 2004). Cette fixation, associée à une recombinaison entre les locus marqueurs et les QTL, diminue rapidement l'efficacité de la sélection au cours des cycles. Après deux ou trois cycles de sélection sur marqueurs seuls, il est alors possible d'extraire de la population améliorée des génotypes ayant cumulé les allèles favorables aux QTL considérés.

Les résultats expérimentaux sont relatifs à la sélection sur marqueurs seuls avec utilisation du « *molecular score* » des valeurs additives. Les travaux pionniers de Stuber (1989) montrent bien, sur un cycle, l'intérêt de la sélection sur marqueurs seuls par rapport à la sélection phénotypique (Tableau 4.3). Ceux de Johnson (2004) avec six populations (dérivées de F_2) et trois cycles de sélection sur marqueurs seuls montrent un gain en rendement en grain de 5,7 % au premier cycle et 8,5 % sur la somme de deux cycles, un progrès qui n'aurait pu être atteint aussi rapidement sans les marqueurs moléculaires. Eathington *et al.* (2007) estiment que, sur 248 populations d'amélioration et sur plusieurs années (programme Monsanto), la sélection assistée par marqueurs a été plus de deux fois plus efficace par unité de temps que la sélection conventionnelle. En revanche, les résultats obtenus par Moreau *et al.* (2004) n'ont pas confirmé l'augmentation attendue du progrès génétique par unité de temps, la réponse à la sélection n'ayant même pas été significative. Les raisons en sont sans doute multiples, mais essentiellement un problème de précision dans l'évaluation des effets des QTL, avec une taille de population insuffisante et une prise en compte insuffisante des interactions génotype × milieu.

Tableau 4.3. Effet d'un cycle de sélection sur marqueurs seuls par rapport à un cycle de sélection phénotypique chez le maïs (d'après Stuber, 1989).

Type de sélection sur le rendement	Rendement en grain (g/plante)	Hauteur épi (cm)	Nombre d'épis	Changement de fréquence [1]
Sélection massale positive	151,7	68,5	1,43	0,13
SAM positive	151,2	73,5	1,48	0,38
Sélection massale négative	122,4	57,8	1,28	-
SAM négative	107,7	47,1	1,20	-

Dans l'expérience de la sélection assistée par marqueurs (SAM), pour un caractère donné, la valeur des plantes candidates à la sélection était déterminée par addition des valeurs des génotypes aux QTL détectés. La même intensité de sélection était réalisée pour les deux types de sélection. Pour le rendement en grain, avec une sélection positive, la SAM est apparue aussi efficace que la sélection massale (phénotypique), mais avec un cycle de sélection plus court. Il est aussi remarquable que la fréquence des marqueurs a significativement moins changé avec la sélection phénotypique qu'avec la SAM, malgré un même progrès en sélection positive. Cela signifie donc que la sélection phénotypique a utilisé une source de variation autre que celle expliquée par les marqueurs. On peut prévoir que dans ce cas-là, une sélection combinée phénotype-marqueurs aurait été plus efficace que la sélection phénotypique et la sélection sur marqueurs seuls.
[1] Différence moyenne sur l'ensemble des marqueurs entre la fréquence des allèles favorables en sélection positive et la fréquence des allèles favorables en sélection négative.

La sélection sur marqueurs seuls avec croisements par paires

Avec la méthode précédente, lorsque l'intercroisement est réalisé de façon manuelle, il apparaît que certains croisements ne contribuent pas aux plantes sélectionnées à la génération suivante, en particulier ceux réalisés entre les plantes ayant le plus faible « *molecular score* ». Il serait plus efficace de ne réaliser que les croisements ayant des

chances de donner des plantes avec un bon « *molecular score* », qui seront sélectionnées dans la descendance. Ainsi dans la méthode qui suit, au lieu d'intercroiser au hasard les plantes ayant le meilleur « *molecular score* », les marqueurs moléculaires associés aux QTL détectés vont être utilisés pour prédire les « meilleurs » croisements, c'est-à-dire ceux qui donneront les meilleures lignées, de telle sorte que ne seront réalisés que ces croisements. Cette méthode initialement proposée pour améliorer la valeur propre de lignées (van Berloo et Stam, 1998 ; Charmet *et al.*, 1999 ; Charmet, 2000) s'étend à l'amélioration de la valeur en combinaison des lignées avec un testeur : il suffit d'avoir estimé les effets des QTL au niveau de la valeur en combinaison. Les étapes de la méthode sont les suivantes, après un cycle de sélection combinée se terminant par l'intercroisement des lignées ou familles sélectionnées :
– génotypage des descendants de cet intercroisement, puis prédiction à l'aide des marqueurs liés aux QTL détectés, des « paires » d'individus qui donneront les meilleurs croisements et si possible les meilleurs individus ;
– réalisation des meilleurs croisements.

Ensuite, un cycle de sélection sur marqueurs seuls recommence à nouveau avec le génotypage des individus résultant des croisements, puis la prédiction des meilleurs croisements.

Dans la prédiction des meilleurs croisements, l'idéal serait de prédire ceux qui donneront les meilleurs individus et donc utiliser un prédicteur Y qui tienne à la fois compte de la moyenne (m) du croisement et de sa variance (s^2) sous la forme :

$$Y = m + i\,s,$$

i étant l'équivalent d'une intensité de sélection. Si la prédiction n'est basée que sur la moyenne, celle-ci peut être calculée de deux façons, soit donner le même poids à tous les QTL, soit tenir compte de leur effet. Pour un nombre donné d'individus qu'il est possible de génotyper, afin d'exploiter au mieux les transgressions à l'intérieur d'un croisement (donc exploiter la variation intracroisement), il vaudra mieux limiter le nombre de croisements et avoir un effectif suffisamment important par croisement.

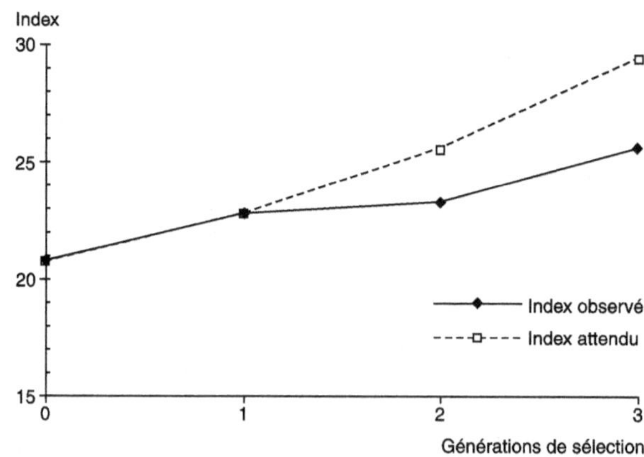

Figure 4.31. Résultats, chez le maïs, de 3 cycles de sélection récurrente combinée individus-familles de pleins-frères sur marqueurs seuls (Blanc *et al.*, 2006).

Après le 3e cycle, des individus ayant fixé 10 allèles sur 11 ont pu être dérivés de la population améliorée. Index : index rendement-précocité.

Cette méthode est l'équivalent d'une sélection récurrente combinée individus-familles de pleins-frères sur marqueurs seuls : en effet ce sont bien les meilleurs individus dans les meilleures familles qui sont sélectionnés. Ce schéma est apparu très efficace pour améliorer la précocité et le rendement (valeur en croisement) chez le maïs (Figure 4.31, Blanc, 2006 ; Blanc *et al.*, 2006). Dans cette expérience, la population de départ était un ensemble de six populations de familles F_3, issues d'un plan de croisement diallèle à quatre parents. Par rapport à une seule population biparentale, l'efficacité du schéma pourrait être due à deux facteurs : le gain en précision au niveau de la détection des QTL et l'augmentation du nombre de gènes favorables qui accroît le potentiel d'amélioration.

Conclusion

Après la détection de QTL, l'avantage de la sélection sur marqueurs seuls est qu'elle ne nécessite pas d'évaluation phénotypique : la sélection portant seulement sur les marqueurs, elle peut être conduite en générations accélérées. Ainsi pour une plante annuelle, la durée d'un cycle peut être divisée par plus de 3, voire 6 par rapport à des cycles de sélection récurrente sur descendances de trois ans. Donc, même avec un progrès nettement plus faible par cycle, le progrès peut être supérieur par unité de temps à celui qui serait obtenu avec une sélection phénotypique (Encadré 4.4). La sélection récurrente sur marqueurs seuls peut être considérée comme un moyen de réunir rapidement dans un même génotype plus de trois à quatre segments chromosomiques favorables, ce que ne permet pas le transfert par rétrocroisement (voir p. 188). De plus, par rapport aux méthodes de rétrocroisement, ces méthodes de sélection récurrente sur marqueurs seuls peuvent permettre de maintenir encore une certaine variabilité génétique pour la partie non marquée du génome. Il faut pour cela sélectionner un nombre suffisamment élevé de plantes pour passer d'une génération à l'autre, ce qui peut être aux dépens du progrès génétique à court terme. Il faut alors bien se fixer quel est son objectif : soit fixer le plus rapidement possible les segments favorables sans se soucier de la variabilité « non marquée », soit fixer progressivement les segments favorables en maintenant une variabilité sur la partie « non marquée » du génome.

L'alternance sélection combinée phénotype-marqueurs et sélection sur marqueurs seuls

Du fait de l'efficacité par unité de temps de la sélection sur marqueurs seuls, la sélection à l'intérieur d'une population par alternance d'un cycle de sélection combinée phénotype-marqueurs, qui permet la détection de QTL, et deux ou trois cycles de sélection sur marqueurs seuls, est attendue plus efficace que la sélection combinée. Hospital *et al.* (1997) ont vérifié cette prédiction par simulation. Au niveau de chaque cycle de sélection combinée phénotype-marqueurs, il peut apparaître de nouveaux QTL qui pouvaient être masqués par des QTL à effets plus forts.

D'une façon plus générale, la mise en œuvre de la sélection sur marqueurs seuls conduit à une alternance d'un cycle de sélection combinée phénotype-marqueurs et de deux ou trois cycles de sélection sur marqueurs seuls. En effet, après deux ou trois cycles de sélection sur marqueurs seuls, la réponse à la sélection sur marqueurs seuls devient faible car certains QTL se fixent (deviennent homozygotes) et il y a une certaine recombinaison entre les QTL et leurs marqueurs. Des lignées nouvelles peuvent alors être extraites, évaluées, croisées entre elles pour détecter de nouveaux QTL. Du fait de la fixation de certains QTL et du changement de fond génétique, de nouveaux QTL seront détectés, un nouveau cycle de sélection sur marqueurs seuls peut être initié, etc.

Par ailleurs, le nombre élevé de QTL à considérer conduit de fait à l'alternance sélection combinée et sélection sur marqueurs seuls, un cycle d'un ensemble sélection combinée et sélection sur marqueurs seuls, ne pouvant fixer qu'un nombre limité de QTL. Si, grâce aux progrès de la génomique de nombreux QTL sont connus avec des marqueurs très liés, voire des marqueurs directs des gènes, l'efficacité de la sélection récurrente sur marqueurs seuls n'en sera pas nécessairement augmentée. En effet, même si les locus sont connus, il faut estimer les effets des allèles présents dans le matériel sélectionné, ce qui se traduit par des erreurs au niveau de la prédiction des valeurs génotypiques car il est difficile d'estimer avec précision un grand nombre de paramètres. Il en résulte qu'une sélection récurrente sur marqueurs seuls, avec prise en compte des effets des QTL, faisant intervenir un nombre limité de QTL sera souvent plus efficace qu'une sélection faisant intervenir directement beaucoup de QTL (Bernardo, 2001, 2006). Il vaut donc mieux travailler par étapes : estimation des effets des allèles à un nombre limité de QTL (quelques dizaines), fixation des allèles favorables puis estimation des effets des allèles sur un autre ensemble de QTL, fixation des allèles favorables, etc., d'où l'alternance d'un cycle de sélection combinée suivie de deux ou trois cycles de sélection sur marqueurs seuls.

Augmentation de l'efficacité de la sélection assistée par marqueurs

La « *genome wide selection* »

Dans l'hypothèse aujourd'hui réaliste d'une forte diminution du coût du marquage moléculaire, une autre forme de sélection sur marqueurs seuls peut être envisagée : la « *genome wide selection* » (Meuwissen *et al.*, 2001 ; Bernardo et Yu, 2007). Cette méthode de sélection demande un marquage très dense du génome (plusieurs centaines de marqueurs bien répartis) sans sélection des marqueurs liés significativement à la valeur phénotypique. Ainsi tout marqueur contribue à l'équation de prédiction des valeurs additives ; tout QTL à effet très faible, non détectable, peut être pris en considération. Par simulation, cette méthode est apparue 18 à 43 % plus efficace que la sélection sur marqueurs seuls avec prise en compte des effets des QTL détectés par les marqueurs moléculaires.

L'utilisation de dispositifs multiparents

L'efficacité de la sélection sur marqueurs seuls est fortement conditionnée par la précision dans la détection de QTL. Il faut alors investir suffisamment dans l'évaluation phénotypique (phénotypage) et avoir des populations de taille assez importante. L'utilisation de plans de croisements à plus de deux parents, avec des populations biparentales connectées, permet de gagner en puissance dans la détection de QTL (Rebaï et Goffinet, 1993 ; Jannink et Jansen, 2001). De plus, ce type de dispositif augmente la diversité allélique aux QTL ainsi que le nombre de gènes favorables en cause, ce qui offre un potentiel d'amélioration plus important (Blanc *et al.*, 2006). Blanc *et al.* (2008) ont effectivement montré par simulation une meilleure efficacité de ce schéma multiparental par rapport au schéma biparental.

La combinaison de l'haplodiploïdisation et des marqueurs moléculaires

L'utilisation de l'haplodiploïdisation dans la sélection assistée par marqueurs présente plusieurs avantages si elle est bien maîtrisée. D'un point de vue génétique, elle permet d'obtenir rapidement l'état homozygote, et cet état homozygote contribue à augmenter la puissance de détection des QTL par rapport à des générations non fixées (en augmentant la variance génétique et donc l'héritabilité). D'un point de vue appliqué, elle permet une alternance très efficace d'un cycle de sélection combinée phénotype-marqueurs et de quelques cycles de sélection sur marqueurs seuls, avec à tout moment une sortie très rapide vers la création variétale.

Ainsi, le schéma précédent de sélection récurrente individus-familles de pleins-frères sur marqueurs seuls peut être initié par un plan de croisement entre lignées d'où sont extraites les lignées par haplodiploïdisation. Ces lignées sont alors évaluées pour leur valeur en combinaison et un cycle de sélection combinée phénotype-marqueurs est réalisé. Puis, à chaque cycle de sélection sur marqueurs seuls, les marqueurs moléculaires permettent de prévoir les croisements de lignées qui donneront les meilleures lignées ; ces croisements sont réalisés et le génotypage de leurs descendants permet à nouveau de prévoir les croisements à réaliser qui donneront les meilleures lignées, ceci pendant deux ou trois cycles. Ensuite, des lignées améliorées peuvent être extraites par haplodiploïdisation et être utilisées pour le développement de nouveaux hybrides ; afin d'initier un nouveau cycle de sélection combinée phénotype-marqueurs, elles peuvent aussi entrer dans un nouveau plan de croisement, avec éventuellement de nouvelles lignées, extérieures au plan de croisement de départ (Figure 4.32). L'avantage de ce schéma est de permettre une véritable construction récurrente de génotypes, avec une sortie rapide vers la création de nouveaux parents d'hybrides.

Conclusion

Avec la sélection assistée par marqueurs, la sélection devient de plus en plus génotypique (Gallais, 2000b). La valeur des génotypes tend en effet à être appréciée par les gènes qu'ils portent et même s'il reste l'aléa de la méiose, les réassociations de gènes non allèles sont de plus en plus contrôlées par le choix des génotypes à croiser et l'identification des recombinaisons favorables dans les descendants. Les progrès dans la génomique, avec l'identification de marqueurs directs de gènes et d'allèles, ne font qu'accentuer cette évolution. Ainsi dans la sélection sur marqueurs seuls, le risque de recombinaison entre le marqueur et le QTL peut être de plus en plus éliminé. Il en résulte alors une meilleure utilisation de la variabilité génétique, une « rupture » possible de certaines liaisons génétiques défavorables et surtout *une meilleure utilisation du temps*, avec la possibilité de développer des cycles de sélection sans évaluation phénotypique. La sélection récurrente assistée par marqueurs devient ainsi une *construction par récurrence des meilleurs génotypes possibles*. Cependant, ce type de sélection ne diminue pas l'importance de l'évaluation phénotypique. En effet, *une des conditions du succès de la sélection assistée par marqueurs est la précision de l'évaluation phénotypique au niveau de populations de grande taille*. Ces méthodes sont sans doute à appliquer de préférence au niveau de matériel élite, assez proche de la création variétale. Elles peuvent être considérées comme des méthodes préparant la sortie de nouvelles lignées par sélection généalogique assistée ou non par marqueurs.

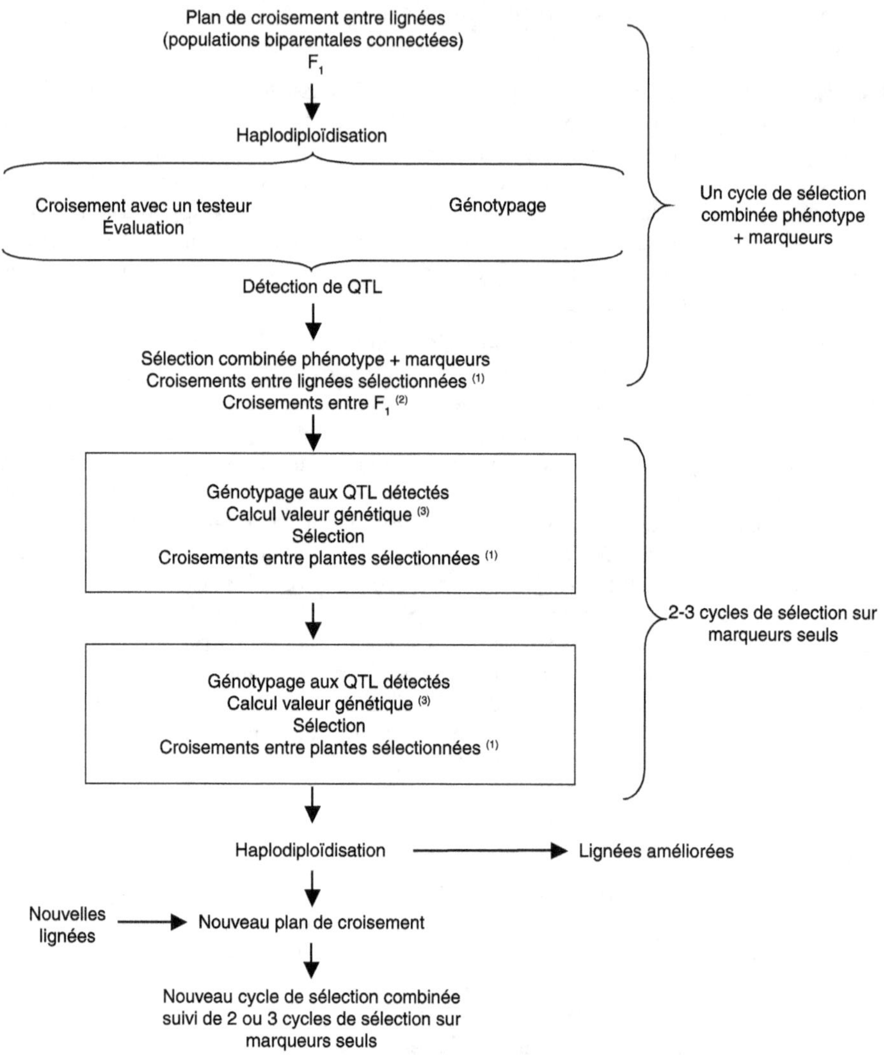

Figure 4.32. Organisation de la sélection assistée par marqueurs avec l'alternance d'un cycle de sélection combinée phénotype-marqueurs utilisant l'haplodiploïdisation et de deux ou trois cycles de sélection sur marqueurs seuls

[1] Le croisement entre lignées ou plantes sélectionnées peut se faire au hasard ou être dirigé. [2] Un 2e cycle de recombinaison est nécessaire car le premier intercroisement conduit à des F_1. Le fait d'avoir un dispositif multiparent permet à ce niveau de faire des hybrides doubles avec des QTL de 4 parents indépendants. [3] Le calcul de la valeur génétique d'une plante (estimation de la valeur des lignées dérivables de cette plante) peut se faire en tenant compte des effets des QTL ou en donnant le même poids à chaque QTL.

▶▶ La réponse à la sélection à long terme

Limite dans la réponse à la sélection

Diminution et annulation de la variance génétique

La réponse à la sélection dans une population s'arrête lorsque la variance génétique additive s'annule. Les causes de diminution de la variance génétique additive au cours du processus de sélection sont la sélection elle-même, qui à terme fixe les gènes favorables, bien que la variance additive puisse augmenter en début de sélection avant de diminuer (ce sera le cas avec des fréquences faibles de gènes favorables au départ) (Falconer, 1981) (Figure 4.33). La sélection élimine aussi certains gènes favorables liés à des gènes défavorables contre-sélectionnés. De plus, elle crée des déséquilibres de liaison en répulsion, ce qui « bloque » une part de la variance génétique utilisable ; cette part ne pourra être libérée que par la multiplication panmictique sans sélection (Bulmer, 1974, 1980). Pour utiliser au maximum la variation génétique dans un programme de sélection récurrente, il est donc conseillé d'arrêter la sélection de temps en temps et de multiplier la population en panmixie, sans sélection. Cela peut aussi être l'occasion de fusionner deux populations jusque-là améliorées séparément. Enfin, la restriction même de la taille effective de la population améliorée (avec la sélection d'un nombre très limité de plantes pour passer d'une génération à l'autre) fait intervenir un processus aléatoire, qui peut entraîner des pertes de gènes : c'est le phénomène de dérive génétique. Tout cela se traduit par une diminution de la variance génétique au cours des cycles de sélection récurrente et par une curvilinéarité de la réponse à la sélection (avec un progrès plus rapide au cours des premiers cycles de sélection).

Il n'y a guère de résultats expérimentaux à long terme sur l'évolution de la variance génétique dans une population en sélection. En moyenne, les expériences de sélection chez le maïs montrent que la variance génétique additive diminue au départ (sur les 2-

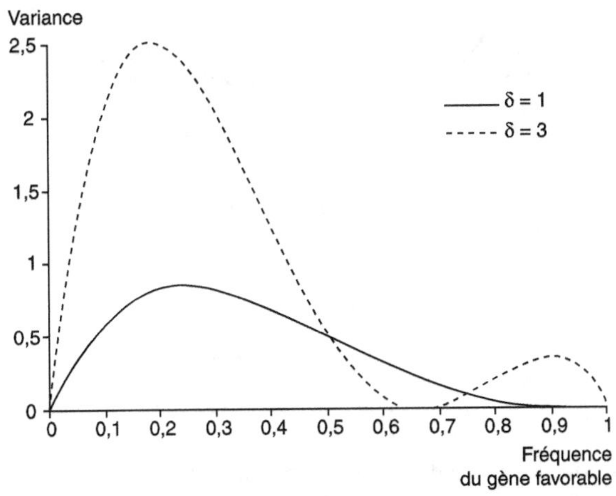

Figure 4.33. Évolution de la variance d'additivité et de la variance de dominance, dans le cas de biallélisme, en fonction de la fréquence du gène favorable.

(a) Avec dominance complète ($\delta = 1$) ; (b) avec superdominance ($\delta = 3$).

3 premiers cycles de sélection récurrente), puis elle semble se stabiliser comme cela est montré par l'évolution de l'héritabilité moyenne (Figure 4.34). Après 7 cycles de sélection récurrente réciproque, Hallauer (1984) n'a pas observé de réduction de la variance génétique additive dans les deux populations, malgré un progrès de 2,1 % par cycle au niveau de la population hybride. Il est aussi remarquable que la population de maïs améliorée depuis plus de 100 cycles pour la teneur en huile et en protéines du grain de maïs montre toujours une réponse linéaire à la sélection, malgré une consanguinité calculée égale à 0,80 (ce qui signifie une base génétique étroite). Ces résultats s'expliquent très bien par l'existence d'un grand nombre de gènes (200 à 300), chacun avec une fréquence faible au départ (Dudley, 1974, 1977, 2007 ; Dudley et Lambert, 2004). Des résultats analogues ont été obtenus chez la drosophile (sélection pour le nombre de soies sternopleurales) (Mather, 1943) et sur le *Tribolium* (ver de la farine) pour le poids des pupes (Enfield, 1980). Dans les trois cas, l'étonnante réponse à la sélection réverse témoigne d'une « réserve » importante de variabilité qui peut s'expliquer par le déséquilibre de liaison induit par la sélection directionnelle. Sur de telles durées, et avec un grand nombre de locus en jeu, il est évident que la mutation peut régénérer de la variabilité. Des mécanismes comme la transposition et la méthylation de l'ADN pourraient augmenter le taux « apparent » de mutation (Rasmusson et Phillips, 1997). Il reste à voir si ces mécanismes sont aptes à générer une variabilité génétique suffisamment importante durant le processus de sélection artificielle, à l'échelle du sélectionneur.

Les conditions d'un plateau dans l'amélioration de la moyenne des populations

En sélection récurrente intrapopulation, en l'absence de superdominance, l'arrêt de la réponse à la sélection correspondra en théorie à la fixation de tous les gènes à l'état

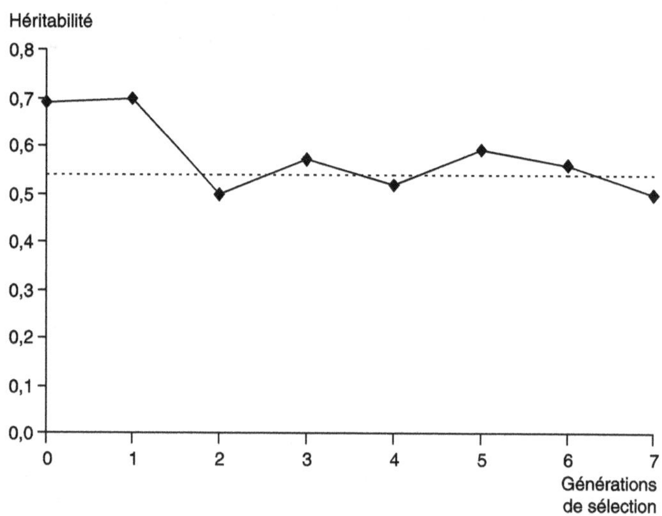

Figure 4.34. Évolution des estimations de l'héritabilité au cours de la sélection récurrente pour le rendement en grain chez le maïs.

Moyennes de 6 expériences de sélection, d'après Hallauer et Miranda (1981). La moyenne des héritabilités des cycles 2 à 7 est inférieure à celle des deux premiers cycles, mais il n'y a pas de diminution du cycle 2 au cycle 7.

homozygote (cf. Encadré 4.4). La population est alors l'équivalent d'une lignée pure. Par contre, s'il y a superdominance, il peut exister une fréquence non nulle des allèles qui annule la variance génétique additive et maximise la réponse à la sélection : il n'y a plus de réponse à la sélection alors qu'il subsiste une variance génétique due à la dominance (Gallais, 1989b ; cf. Figure A, Encadré 4.4). Mais à terme, la dérive entraînera la fixation d'un des allèles. Une telle situation pourra aussi se produire de façon temporaire avec des liaisons en répulsion (cas de pseudo-superdominance) jusqu'à ce que des recombinaisons régénèrent de la variance génétique additive et entraînent donc une réponse à la sélection. Le temps de rupture des liaisons en répulsion, pour deux gènes très liés (à moins de 1 cM par exemple), peut être très long (plusieurs centaines de générations). Ainsi dans l'expérience avec les 100 générations de sélection pour la teneur en huile et la teneur en protéines du grain de maïs, des phases d'augmentation du progrès génétique après une phase de ralentissement (voire d'absence) du progrès génétique pourraient correspondre à des « ruptures » de liaisons en répulsion. S'il n'y a pas rupture de ces liaisons en répulsion, alors il y aura fixation de gènes défavorables liés à des gènes favorables.

Pour les méthodes de sélection récurrente interpopulation (sélection récurrente réciproque ou sélection pour l'aptitude à la combinaison avec un testeur), en présence de superdominance, il y a un équilibre instable au niveau des moyennes tel qu'à long terme, les allèles qui se fixent dans chaque population ou dans la population améliorée par rapport au testeur maximisent la valeur en combinaison des deux populations ou de la population avec le testeur (cf. Figure B, Encadré 4.4). Il y a donc là un avantage des méthodes inter- par rapport aux méthodes intrapopulation. La pseudo-superdominance peut conduire à des situations analogues : il y aura ainsi fixation des associations en répulsion de façon complémentaire dans les deux populations.

La gestion à long terme de la variabilité génétique en sélection récurrente réciproque

Les méthodes de sélection récurrente réciproque sont sans doute les meilleurs schémas pour utiliser toutes les sources de variation à long terme, à condition d'avoir une bonne gestion de la variabilité génétique. En présence de superdominance pour avoir le progrès maximal à long terme, il vaut mieux ne pas maximiser la divergence des populations (alors que cela sera recherché à court terme). Ainsi si une population P1 possède à un locus les allèles A_1, A_2, et A_3 et la population P2 les allèles A_3 et A_4, mais que ce soit la combinaison A_1A_2 la meilleure, le processus de sélection ne pourra jamais conduire à associer les allèles A_1 et A_2 au niveau de la population hybride et donc au niveau des variétés hybrides qui seront développées. Pour cela, il faut alors mélanger les deux populations et les diviser en deux : la sélection récurrente réciproque démarre donc avec deux populations identiques mais qui divergeront au cours du processus de sélection. À long terme dans une population, il y aura fixation de A_1 et dans l'autre de A_2. Ce mélange des populations se justifie aussi s'il y a des gènes récessifs favorables qui n'existeraient que dans une population. Pour avoir des chances de retrouver ces gènes à l'état homozygote dans les variétés qui seront dérivées par croisement de lignées issues de P1 et de P2, alors il faut qu'ils soient présents dans les deux populations. Dans le but de favoriser le progrès à long terme, cette stratégie conduit donc à remettre en cause la structuration en groupes hétérotiques, justifiée pour les court et moyen termes.

Encadré 4.4. Conditions qui annulent la variance génétique

Dans toute méthode de sélection récurrente, c'est la variance génétique additive qui explique la réponse à la sélection (voir p. 218). Nous avons vu p. 102, que dans le cas de biallélisme (A,a), la variance génétique additive à un locus peut s'écrire :

$$V_A = 2pq \, [a - (p - q) \, d]^2$$

Elle s'annule donc pour $p = 0$ ou 1, ce qui correspond à la fixation d'un des allèles dans la population. Mais, elle peut aussi s'annuler lorsque la fréquence p de A est telle que :

$$a - (p - q) \, d = 0,$$

soit pour une valeur critique $p_c = (1 + \delta)/2\delta$,

$\delta = d/a$ représentant le degré de dominance.

Lorsque la dominance est partielle à complète, p_c est supérieure à 1, donc dans l'intervalle de variation de p (0, 1), la variance ne peut s'annuler que si $p = 0$ ou 1. En revanche, avec superdominance, la variance génétique peut aussi s'annuler pour une valeur p_c comprise entre 0 et 1. Ainsi, avec $\delta = 2$, $p_c = 0,75$.

Les valeurs p_c qui annulent la variance maximisent aussi la moyenne de la population à un locus. Ainsi dans le cas de biallélisme, la moyenne d'une population peut s'écrire :

$$\mu = c + a \, (p - q) + 2pq \, a \, \delta$$

qui est maximum pour $p = 1$ si $\delta < 1$ et qui passe par un maximum pour $p = p_c$ si $\delta > 1$ (Figure A). C'est en fait le même mécanisme qui explique le maintien du polymorphisme dans les populations naturelles en présence de superdominance.

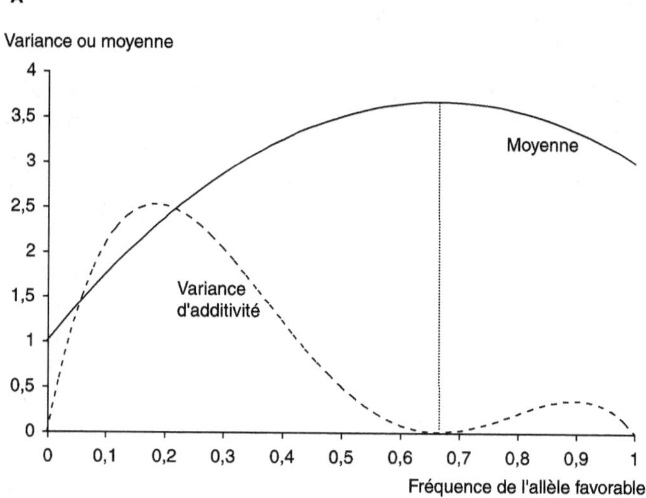

Figure A. *Limites dans la réponse à la sélection avec une méthode de sélection récurrente intrapopulation.*

La sélection maximise toujours la valeur de la population. (a) En l'absence de superdominance, le résultat de la sélection sera la fixation dans la population du gène favorable. (b) En présence de superdominance, il y a un équilibre stable en l'absence de dérive, pour une fréquence génique

...

p_c non égale à 1. La dérive fera que l'allèle favorable sera fixé, mais il y aura eu ralentissement, voire arrêt de la réponse à la sélection avant fixation.

En interpopulation, avec deux populations P1 et P2, la moyenne de la population hybride peut s'écrire :

$$\mu = c + a\,(p_1 p_2 - q_1 q_2) + (p_1 q_2 + p_2 q_1)\,a\,\delta,$$

p_1 et p_2 étant les fréquences de l'allèle A et q_1 et q_2 les fréquences de l'allèle a.

La variation de cette moyenne en fonction des fréquences géniques dans les deux populations est représentée dans la figure B pour $\delta > 1$.

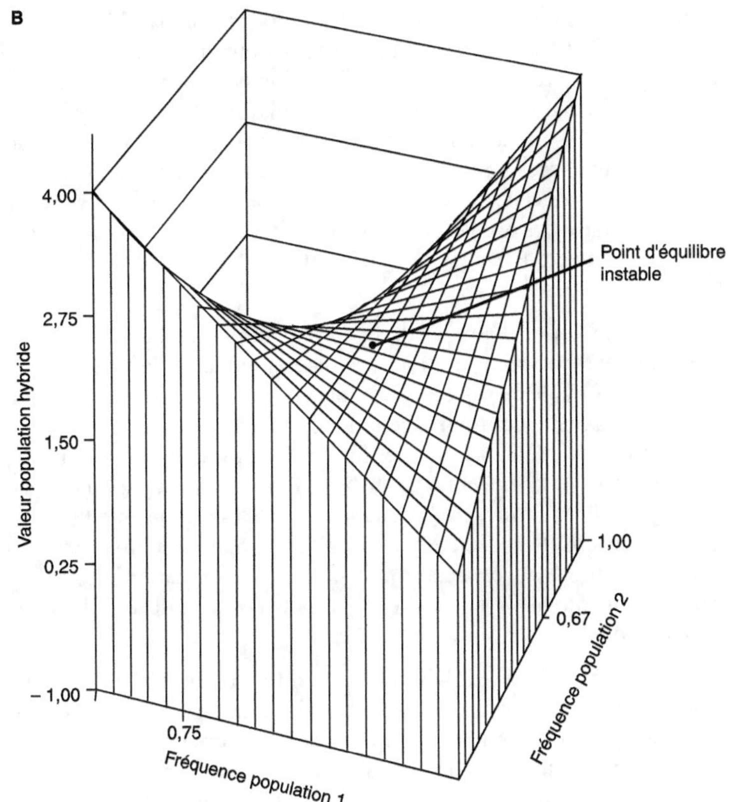

Figure B. *Limites dans la réponse à la sélection avec une méthode de sélection récurrente interpopulation*

Cas d'une sélection récurrente réciproque avec deux populations bialléliques en présence de superdominance ($\delta = 4$). Un équilibre instable apparaît pour des fréquences non nulles de l'allèle défavorable, mais le processus de sélection fait qu'à long terme, il y aura bien fixation dans chaque population des allèles qui maximisent la valeur du croisement des deux populations.

La fixation de l'hétérosis

À long terme, il est possible de s'interroger sur les possibilités de fixation de l'hétérosis. Pour répondre à cette question, il faudrait à partir du même matériel comparer l'efficacité de la voie « lignées » et de la voie « hybrides », avec la mise en œuvre des méthodes les plus efficaces pour chaque type de variétés. Les schémas de sélection peuvent être assez facilement conçus. Pour préparer le développement de variétés lignées, le meilleur schéma d'amélioration par récurrence est celui faisant appel à l'haplodiploïdisation avec intercroisement des meilleures lignées sélectionnées à chaque cycle (Gallais, 1988). Pour préparer la sélection de variétés hybrides, la méthode la plus efficace à long terme est la sélection récurrente réciproque avec utilisation de l'haplodiploïdisation : les lignées dérivées d'une population sont testées pour leur aptitude à la combinaison avec l'autre population (Gallais, 2008). Pour rendre les méthodes comparables, c'est le même matériel qui doit être utilisé : les deux populations complémentaires doivent donc être fusionnées. La sélection récurrente avec haplodiploïdisation pour améliorer la valeur des lignées sera appliquée directement à cette population, tandis que pour la sélection récurrente réciproque, la population « hybride » obtenue doit être divisée en deux populations qui seront améliorées l'une par rapport à l'autre ; cette stratégie diminuera l'efficacité à court terme, mais elle sera favorable à l'efficacité à long terme (voir p. 265). Il est alors possible de faire des prédictions sur l'évolution de la valeur moyenne des lignées du schéma adapté à la voie « lignées » et de la valeur moyenne des hybrides du schéma adapté à la voie « hybrides ».

Au départ, du fait de l'effet dépressif de la consanguinité, la moyenne des lignées est inférieure à celle des hybrides (de 60 à 70 % chez le maïs). Mais comme la variance génétique additive utilisable en sélection sera plus forte dans la voie « lignées » que dans la voie « hybrides », la pente du progrès génétique sera plus forte dans le premier schéma que dans le second (cf. Tableau 4.1 pour les formules du progrès par cycle). L'écart entre la moyenne des lignées et la moyenne des hybrides ira en diminuant au cours des cycles de sélection (Figure 4.35). Il en sera de même de l'écart entre les meilleures lignées et les meilleurs hybrides. Cette prédiction suppose seulement que la superdominance ne joue pas un rôle majeur, ce qui est déjà connu, par les diverses expériences déjà réalisées. Le problème est alors de savoir si la moyenne des lignées peut devenir très proche de la moyenne des hybrides.

S'il n'y a pas de superdominance, l'hétérosis est en théorie fixable et il est attendu que la voie « lignée » rejoigne la voie « hybride ». Mais le linkage, même peu intense, sera forcément un frein plus fort pour l'amélioration de la valeur des lignées que pour l'amélioration de la valeur des hybrides, car dans ce cas, les deux populations deviennent de plus en plus complémentaires. Ainsi dans la voie d'amélioration des lignées, une liaison en répulsion *AAbb* et *aaBB* peut être difficile à rompre pour obtenir des associations *AABB*, alors qu'en sélection récurrente réciproque, l'hybride *AAbb* × *aaBB* réunira facilement les gènes dominants favorables. De plus, deux mécanismes vont conduire à une diminution plus rapide de la variance génétique par la voie « lignée » : *i*) l'efficacité de la sélection due à une variance génétique plus forte et une héritabilité souvent plus forte et *ii*) une perte aléatoire de gènes (dérive due aux effectifs limités des populations sélectionnées) qui affecte davantage la voie « lignées » que la voie « hybrides » (voir p. 229). Donc, la courbe de la voie « lignées » est attendue plus curvilinéaire que la courbe de la voie « hybride », et les deux courbes tendront à se rejoindre de façon asymptotique, la voie « lignées » restant toujours inférieure à la voie « hybrides » (cf. Figure 4.35). Ce type d'évolution a bien été observé par simulation par Gallais et Fouilloux (1988) et Fouilloux

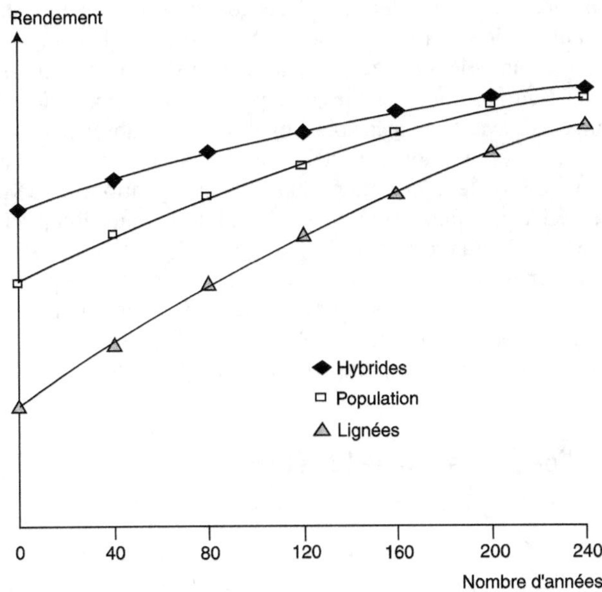

Figure 4.35. La réponse attendue à long terme par sélection chez une plante allogame avec forte dépression de consanguinité

(1) Amélioration de la valeur des meilleures lignées, (2) amélioration de la valeur de meilleurs hybrides et (3) amélioration de la valeur au niveau d'une population ou de l'hybride de deux populations. Les années ne sont données que pour montrer qu'il s'agit d'amélioration à long terme.

(2000) avec des modèles génétiques simplifiés (40 et 80 locus). En revanche, chez les espèces autogames soumises à une faible dépression de consanguinité, les meilleures lignées pourraient rejoindre les meilleurs hybrides après seulement quelques cycles de sélection récurrente. C'est bien ce qui semble se produire chez le blé où les meilleures lignées donnent les meilleurs hybrides qui eux-mêmes donnent les meilleures lignées (etc.), ce qui signifie que chez cette espèce, l'hétérosis s'expliquerait essentiellement par l'hypothèse de la dominance avec un faible rôle de la pseudo-superdominance, la super-dominance ayant déjà été fixée par la duplication des génomes (voir p. 95).

S'il y a de la superdominance à certains locus (ou pseudo-superdominance), la situation est plus simple, la voie « hybrides » étant évidemment attendue supérieure à la voie « lignées », les meilleures lignées ne pourront jamais être supérieures aux meilleurs hybrides. En effet, dans le cas de superdominance avec la voie « lignées », lorsque la variation génétique sera épuisée, la population sera l'équivalent d'une lignée, donc homozygote pour les locus manifestant de la superdominance. En revanche, avec la voie « hybrides » à long terme, le résultat de la sélection sera à chaque locus polymorphe dans les deux populations la fixation d'un allèle (A ou a) dans une population qui maximise sa valeur en croisement avec l'autre population. Donc à très long terme, une population fixera a et l'autre population fixera A, et l'hybride entre les deux populations sera l'équivalent d'un hybride simple. Cet hybride sera hétérozygote à tous les locus manifestant de la superdominance et homozygote pour l'allèle favorable aux autres locus (en l'absence d'effet de linkage en répulsion). Les hétérozygotes étant éliminés dans la voie « lignées », celle-ci ne peut être qu'inférieure à la voie « hybrides » et l'écart est attendu d'autant plus fort que le nombre de locus manifestant de la superdominance sera élevé.

Il apparaît donc que, quels que soient les effets génétiques, avec des schémas de sélection permettant l'utilisation de toutes les sources de variation, la voie « hybrides » serait toujours supérieure à la voie « lignées ». Cette conclusion ne signifie pas pour autant que les hybrides seraient toujours justifiés d'un point de vue économique ; cet aspect est discuté au chapitre 5. L'avantage de la voie « hybrides » en l'absence de superdominance a pu être vérifié par une simulation avec 500 et 1 000 locus : avec les schémas de sélection proposés, il vient essentiellement d'une meilleure conservation de la variabilité génétique, due à une dérive plus faible (Dillmann et Gallais, travaux non publiés). Le raisonnement réalisé et ces simulations montrent aussi qu'il n'est pas possible de conclure sur la présence de superdominance par l'examen des courbes de réponse à la sélection, puisque pratiquement les mêmes résultats sont attendus sans superdominance ou avec une certaine dose de superdominance. De plus, les courbes expérimentales de réponse à la sélection sont entachées d'une grande erreur qui empêche toute conclusion précise.

Réexamen de l'organisation de la sélection pour préparer le long terme

À long terme, l'inconvénient de l'amélioration sur la valeur en combinaison avec un testeur à base étroite est le risque de perte d'une variabilité génétique intéressante due à une trop forte intensité de sélection avec une recombinaison insuffisante et une difficulté, voire impossibilité de réunir tous les gènes favorables (en particulier les récessifs favorables). Pour utiliser toutes les sources de variation, il faudrait avoir une faible intensité de sélection et recombiner plus de matériel d'origines différentes. Il en résulterait un progrès nécessairement plus faible à court et moyen termes. Nous retrouvons l'antagonisme entre la recherche du progrès maximum à court et moyen termes et l'utilisation maximale de la variabilité qui ne peut se faire qu'à très long terme. Pour résoudre cet antagonisme, deux types d'amélioration par récurrence devraient être développés : une amélioration récurrente, avec une assez faible intensité de sélection, dans le but de préparer le long terme telle celle déjà présentée (cf. Encadré 4.4) et une amélioration récurrente avec une forte intensité de sélection portant sur du matériel élite, très liée à la création variétale.

Dans la stratégie intégrée de la sélection et de la création de variétés, cela revient à ajouter un axe supplémentaire entre l'amélioration à long terme et la création variétale (Figure 4.36). Comme nous l'avons déjà souligné, cet axe qui est proche de la création variétale correspond à ce qui est déjà réalisé. En effet, l'amélioration par récurrence ne correspond pas nécessairement à la sélection récurrente classique au niveau de populations ; il peut s'agir de la cumulation de cycles assez courts d'« hybridation – extraction de lignées – sélection », qui peut permettre de mieux gérer la variabilité qu'au niveau de populations. D'ailleurs, l'utilisation de plus en plus fréquente de l'haplodiploïdisation permet d'intégrer de mieux en mieux la création variétale dans un processus récurrent. Ce qui devrait être mis en œuvre est donc l'axe d'amélioration pour préparer le long terme. Cet axe peut être aussi formé par la cumulation de cycles assez courts d'« hybridation – extraction de lignées – sélection », mais il doit être conduit avec une intensité de sélection plus faible que celle utilisée pour préparer la création variétale. Dans ce cas, au niveau de l'application, les deux axes ne seront pas séparés : à partir de lignées issues des mêmes croisements de départ, il y aura une intensité forte de sélection pour la « sortie » vers la création variétale et une intensité moins forte pour le « recyclage » de matériel. De plus, la variabilité génétique sera gérée en plusieurs groupes, avec une fusion progressive de groupes, en tenant compte des groupes d'aptitude à la combinaison existant ou mis en place.

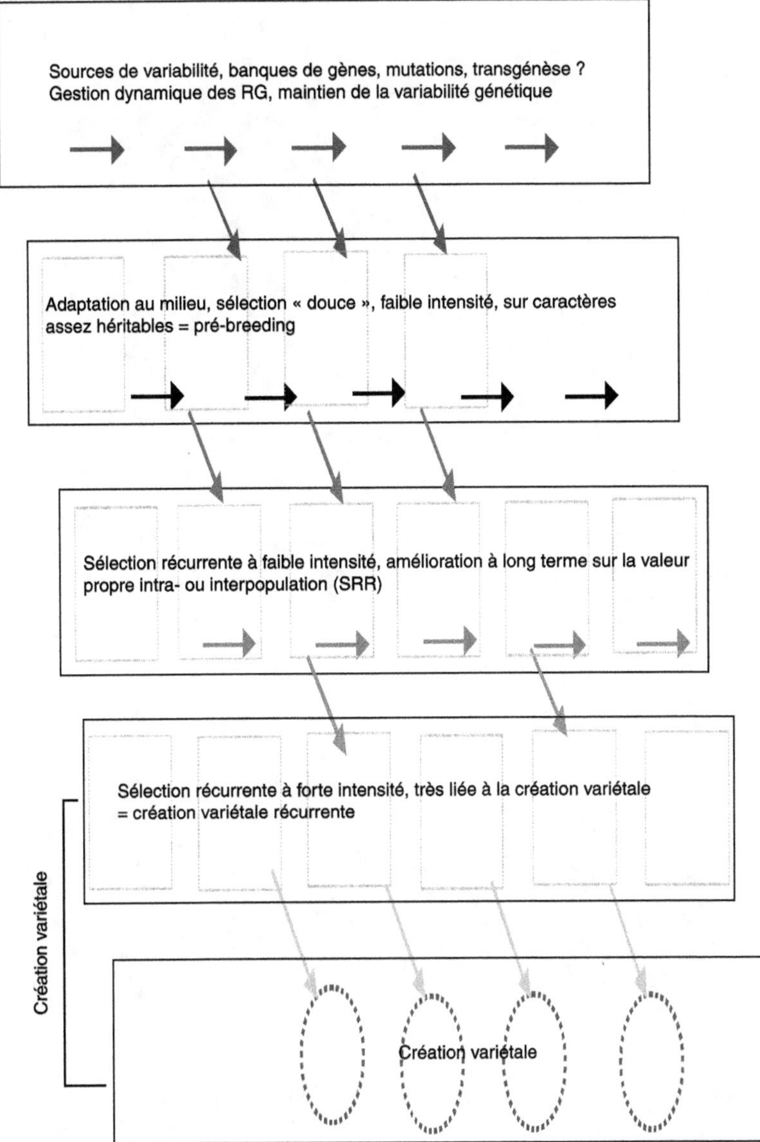

Figure 4.36. L'organisation de la sélection et de la création variétale avec introduction d'une sélection récurrente, ou de son équivalent, très proche de la création variétale.

Pour préparer le long terme et être efficace dans la création variétale à court et moyen termes, il faut développer deux types d'amélioration par récurrence adaptés au type de variété : l'un avec une assez faible intensité de sélection et l'autre correspondant à du matériel élite, très lié à la création variétale. RG : ressources génétiques.

Chapitre 5

Aspects économiques et socio-économiques du choix des variétés hybrides

Le choix d'un type de variété peut d'abord être raisonné en faisant intervenir uniquement son potentiel génétique de production, ce qui revient à considérer le produit brut par hectare. Cependant, comme ce choix a des conséquences sur le prix des semences ainsi que sur les possibilités d'auto-approvisionnement par l'agriculteur, il est indispensable de considérer aussi l'aspect économique de la question. Nous allons donc examiner de ces deux points de vue la justification des variétés hybrides, avec une approche théorique reposant sur un modèle simplifié, qui sera appliqué à quelques situations correspondant approximativement à celles du maïs, exemple de plante allogame, et du blé, exemple de plante autogame. Cependant, la pratique de l'auto-approvisionnement par l'agriculteur pose le problème du financement du progrès génétique. Nous verrons alors que les variétés hybrides résolvent d'une certaine façon ce problème.

▶▶ Choix d'un type de variétés en fonction du potentiel génétique de production

Formulation générale du problème

Dans une première étape, nous allons considérer le choix d'un type de variété en nous plaçant du seul point de vue de son potentiel génétique de production, c'est-à-dire que nous allons déterminer, sur la base de paramètres génétiques, le type de variété qui conduit à la meilleure variété possible pour un caractère complexe comme le rendement en grains. Cette démarche est équivalente à considérer comme critère économique le produit brut par hectare.

À partir d'un même matériel de départ, nous considérons plus particulièrement le choix entre lignées, hybrides et populations ; le cas des variétés F_2 et des variétés synthétiques est brièvement considéré. Dans ce qui suit, une variété F_2 résulte d'une sélection entre F_2 et est reproduite par le sélectionneur avec des précautions pour assurer sa stabilité ; elle ne correspond donc pas à une F_2 qui serait issue d'un hybride simple par auto-approvisionnement de l'agriculteur. C'est l'équivalent d'une variété synthétique développée avec deux lignées et une seule génération de multiplication. Pour comparer les types de variétés, nous nous plaçons dans une situation où le matériel de base est amélioré par sélection récurrente au niveau de populations, et à chaque cycle de sélection, les meilleures variétés des différents types sont « extraites » de la population améliorée, la population elle-même pouvant être commercialisée comme variété.

D'un point de vue théorique, pour déterminer le type de variété conduisant à la meilleure performance possible, il faut tenir compte non seulement de l'impact du type variétal retenu sur la moyenne de toutes les variétés dérivables du matériel de départ soumis à la sélection (qui dépend de la dépression de consanguinité), mais aussi de la variation génétique entre ces variétés. Comme le montrent les figures 5.1 et 5.2, un type de variété peut être, en moyenne, inférieur à un autre et néanmoins permettre la sélection des meilleures variétés si la variance entre les variétés de ce type est suffisamment grande pour permettre de compenser par sélection l'infériorité attendue. La modélisation de cette condition est donnée dans l'encadré 5.1.

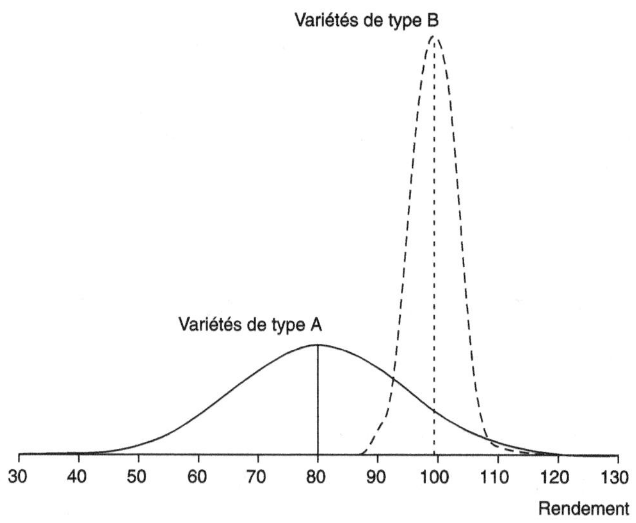

Figure 5.1. Le choix d'un type de variété, sur la base de son potentiel de production, demande de considérer à la fois la moyenne et la variance de toutes les variétés.

Un type de variété (type A), avec une moyenne inférieure à celle d'un type B, peut conduire à la meilleure variété possible si sa variance entre variétés est élevée, nettement supérieure à celle du type B. Dans ce cas en effet, la sélection permettra de développer des variétés de type A supérieures aux meilleures variétés de type B. Dans l'exemple pris sur ce graphique, le type A pourrait être représenté par des lignées et le type B par des variétés synthétiques à 4 parents hétérozygotes. L'axe des abscisses représente le rendement d'une variété et l'axe des ordonnées la fréquence des variétés d'un type.

Encadré 5.1. Conditions de supériorité d'un type de variété par rapport à un autre

Considérons deux types de variétés, *1* et *2*. Soit *Max Y₁* la valeur des meilleures variétés du *1* dérivables d'une population ; elle peut s'écrire :

$$Max\ Y_1 = m_{Y1} + i\ s_{Y1},$$

m_{Y1} étant la moyenne de toutes les variétés du type *1* et s_{Y1} l'écart-type de la distribution de leur valeur génétique ; i est l'équivalent d'une intensité de sélection (voir p. 217) qui serait appliquée aux valeurs génétiques. En fait, en toute rigueur, c'est le produit d'une intensité de sélection théorique i', qui serait appliquée au niveau des valeurs phénotypiques, par la racine carrée de l'héritabilité ($i = i'h$). Mais si l'héritabilité h^2 est élevée, du fait de nombreuses répétitions dans l'évaluation de la variété, alors i tend vers i' ; i à travers i' et h^2, est d'une certaine façon proportionnelle à l'investissement réalisé. Il est donc justifié de prendre les mêmes valeurs pour les différents types de variétés, pour une espèce donnée.

Le choix d'un type de variété *1* sera alors justifié par rapport à un autre *2*, si les meilleures variétés du type *1*, de valeur *Max Y₁*, sont supérieures aux meilleures variétés du type *2* de valeur *Max Y₂*, soit :

$$m_{Y1} + i\ s_{Y1} > m_{Y2} + i\ s_{Y2} \text{ ou}$$

$$m_{Y1} - m_{Y2} > i\ (s_{Y2} - s_{Y1}). \tag{5.1}$$

Il est aussi possible de considérer *un indice d'intérêt du type Y₁ par rapport au type Y₂*, I_{Y1Y2} égal au rapport *Max Y₁/Max Y₂*. Le type de variété *1* sera justifié si I_{Y1Y2} *est* supérieur à 1. Pour chaque type de variété (hybrides simples, F₂, lignées, variétés synthétiques), en supposant un rôle faible de l'épistasie au niveau des moyennes, une expression de la valeur attendue des meilleures variétés peut ainsi être établie en fonction de paramètres génétiques et de l'intensité de sélection i (Gallais, 1989b ; tableau ci-dessous). Pour une comparaison entre deux types de variétés donnés, l'indice d'intérêt d'un type par rapport à l'autre peut donc être calculé. Nous allons appliquer cette démarche à différentes comparaisons.

Expression de la valeur attendue des différents types de variétés développées à partir d'une même population panmictique de valeur m (d'après Gallais, 1989b).

Type de variétés	Moyenne de toutes les variétés	Moyenne des meilleures variétés
Hybrides simples (*H*)	$m_H = m$	$Max\ H = m\ (1 + i\ C)$
Lignées (*L*)	$m_L = m\ (1 - D)$	$Max\ L = m\ (1 - D + i\ Q\ C)$
Variétés synthétiques (*VS*)	$m_S = m\ (1 - D/k)$	$Max\ VS = m\ (1 - D/k + i\ C\sqrt{2/k}\ )$
F₂	$m_{F2} = m\ (1 - D/2)$	$Max\ F_2 = m\ (1 - D/2 + i\ C)$

m est la moyenne de la population panmictique ;

D représente la dépression relative maximale de consanguinité en valeur relative (moyenne des hybrides − moyenne des lignées / moyenne des hybrides) ;

C est le coefficient de variation génétique au niveau de la population panmictique de départ ($= s_G/m$), s_G^2 étant la variance génétique totale de la population panmictique ;

k est le nombre de parents de la variété synthétique ;

i est l'équivalent d'une intensité de sélection.

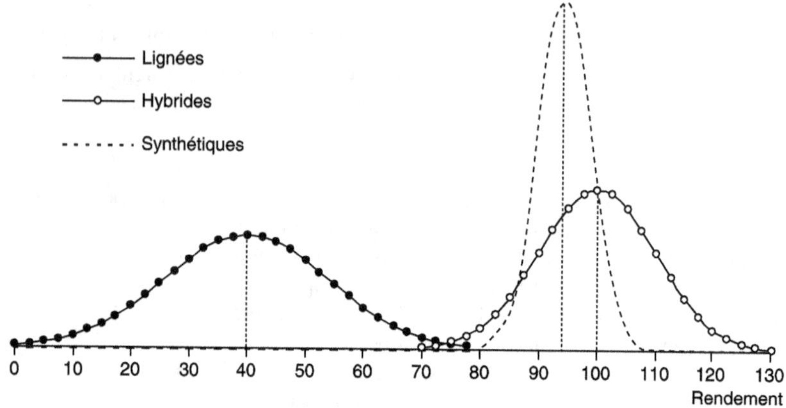

Figure 5.2. Distribution comparée de la valeur des lignées, des hybrides simples entre lignées et des variétés synthétiques

Dans cette représentation, la situation considérée est celle d'une espèce allogame présentant une forte dépression de consanguinité (60 %) et les variétés synthétiques sont développées à partir de 5 clones hétérozygotes ; la variance entre hybrides est de 100, la variance entre lignées est 200 et la variance entre variétés synthétiques à 5 constituants est de 20. La moyenne des hybrides représente aussi la valeur de la population dont peuvent être dérivées toutes les variétés, quel que soit leur type. L'axe des abscisses représente le rendement des variétés.

Hybrides *vs* population améliorée

Ainsi que l'a analysé Shull dès 1908, une population panmictique peut être considérée comme l'équivalent d'un mélange d'hybrides simples. La meilleure population a donc une moyenne inférieure au meilleur hybride simple dérivable de cette population. Le degré de supériorité attendu peut être prévu par un raisonnement statistique assez simple, à condition toutefois de supposer que les effets de compétition intrapeuplement « n'écrasent » pas les différences attendues. Ainsi chez les plantes cultivées à faible densité comme le maïs, le tournesol ou la betterave, les prédictions faites sont attendues proches de la réalité et se révèlent comme telles. Par contre, chez les plantes cultivées à forte densité comme les graminées ou les légumineuses fourragères, cette démarche conduirait à surestimer les différences entre les meilleurs hybrides simples et la moyenne de la population. Pour le premier groupe d'espèces, en considérant que la distribution des valeurs génotypiques d'une population suit une loi normale, les meilleurs hybrides simples possibles (*Max H*) peuvent s'éloigner de 2 à 3 unités d'écarts-types de la moyenne de la population : 2 unités d'écarts-types correspondent à un taux de sélection de 5 % et 3 unités correspondent à un taux de 0,3 %.

D'après l'expression de la valeur des meilleures variétés hybrides (*Max H*) donnée dans l'encadré 5.1, l'indice d'intérêt des hybrides par rapport à la population dont ils sont dérivés est évidemment toujours supérieur à 1 puisque :

$$I_{HP} = 1 + i\,C.$$

L'avantage relatif des hybrides simples par rapport à la population est alors égal à $i\,C$. La supériorité attendue des hybrides simples par rapport aux populations peut donc être calculée connaissant le coefficient de variation génétique C et l'intensité de sélection i. Dans différentes études réalisées aux États-Unis sur le maïs, sur des populations ou des variétés synthétiques, le coefficient de variation génétique apparaît compris entre

5 et 35 % (Hallauer et Miranda, 1981). Hallauer et Wright (1967), pour la population « Ideal » (autrefois très cultivée dans l'Iowa), ont estimé un coefficient de variation génétique de 20,5 % ; Compton *et al.* (1965), pour deux populations (Barber Reid et Golden Republic) utilisées dans le Nebraska, ont estimé un coefficient de variation génétique de 7,5 % pour la première et de 9,6 % pour l'autre ; le coefficient de variation génétique pour l'hybride entre les deux populations était de 8,9 %. Ces valeurs montrent que des populations sont beaucoup plus variables que d'autres du fait de leur histoire. Certaines ont dû connaître un « goulot d'étranglement » (nombre limité de plantes pour passer d'une génération à la suivante) tel qu'elles doivent pouvoir être considérées comme consanguines. Un tel phénomène a pu affecter les populations lors de leur introduction en France, mais aussi lors de leur multiplication par les agriculteurs. En écartant les valeurs les plus élevées et les valeurs anormalement faibles, une valeur moyenne du coefficient de variation génétique autour de 9-10 % peut être retenue. Cette valeur apparaît réaliste pour de nombreuses espèces.

Chez le maïs, un taux de sélection au niveau des valeurs génétiques de 1 %, voire encore plus faible est possible, compte tenu des investissements importants réalisés dans l'amélioration de cette espèce ; cela conduit donc à une supériorité de l'hybride simple par rapport à la population améliorée dont il est extrait de 20 à 30 %, en admettant un certain « écrasement » des valeurs attendues du fait de la compétition intrapeuplement (Tableau 5.1). Il faut sans doute prendre une valeur d'intensité de sélection plus faible pour les espèces travaillées moins intensivement que le maïs.

Tableau 5.1. Avantage attendu des hybrides simples par rapport à la moyenne de la population selon le coefficient de variation génétique (C) de cette population et le pourcentage d'hybrides simples sélectionnés.

	Pourcentage de sélection		
C	**0,05**	**0,01**	**0,003**
0,15	+ 30 %	+ 40 %	+ 45 %
0,12	+ 24 %	+ 32 %	+ 36 %
0,09	+ 18 %	+ 24 %	+ 27 %
0,06	+ 12 %	+ 16 %	+ 28 %

Les estimations expérimentales de cette supériorité sont rares, même chez le maïs. Les données obtenues aux États-Unis dans les années 1930 montrent une diminution de la production, parallèlement au développement de la culture des premiers hybrides doubles ; mais compte tenu des problèmes climatiques et des mauvaises conditions économiques de l'époque, ces chiffres doivent être considérés avec précaution. De plus, du fait de la faible intensité de sélection réalisée entre hybrides, les premiers hybrides doubles obtenus pouvaient très bien ne pas être supérieurs à la moyenne des populations. En revanche, les premiers hybrides doubles américains cultivés en France après 1945 ont montré une supériorité de l'ordre de 30 % par rapport aux populations françaises de même précocité (Alabouvette *et al.*, 1951). Cet avantage peut sembler important pour des hybrides doubles, mais en fait, il s'agissait d'hybrides doubles « interpopulations » (avec des parents hybrides simples issus de populations différentes, voir p. 171), donc plus proches d'hybrides simples « interpopulations » que d'hybrides doubles « intrapopulations » (avec les parents hybrides simples issus de la même population) ; de plus ces hybrides faisaient souvent intervenir des lignées de second cycle, donc avec un niveau d'amélioration supplémentaire. Enfin, dans le programme maïs « Populations Sources » réalisé en France entre 1983 et 1993, les populations françaises ont été comparées aux premiers hybrides doubles franco-américains : la supériorité apparaît là aussi de l'ordre de 30 % (Gallais et Monod, 1998). Cependant là encore, cette valeur est sans doute une surestimation de l'écart entre des hybrides doubles « interpopulations » et l'hybride des populations dont ils seraient issus car *i*) la comparaison n'a pas fait intervenir le croisement des populations américaines d'origine avec les populations françaises et *ii*) si les hybrides simples parentaux français ont bien été développés avec des lignées issues directement des populations pour le côté français, les hybrides simples parentaux américains sont issus de lignées dites de second cycle.

Dans la comparaison des performances respectives des deux stratégies de sélection, l'une par l'amélioration directe de la valeur propre de la population et l'autre par l'utilisation des hybrides simples dérivés de cette population, il faut retrancher de la supériorité des hybrides simples, calculée précédemment, le progrès réalisable sur la population pendant le temps de la création de l'hybride simple. Aujourd'hui, le temps de création d'un hybride simple est de 4 à 6 ans, la durée d'un cycle de sélection récurrente bien organisée est de 2-3 ans. Pour simplifier, supposons qu'il y ait 2 cycles de sélection récurrente pendant la création de l'hybride simple avec un progrès de 2 % par cycle (Hallauer et Miranda, 1981 ; Bordes *et al.*, 2006 ; Gallais et Bordes, 2007), soit 4 % en deux cycles. La supériorité finale de la voie « hybride » simple par rapport à la voie « population » améliorée serait alors de 16 à 26 %.

Avec les hybrides trois-voies et les hybrides doubles entre lignées issues d'une même population, le progrès serait plus faible, puisque la variance entre variétés est moindre. La génétique quantitative permet de prévoir la variance entre variétés hybrides trois-voies et hybrides doubles, connaissant la variance entre hybrides simples (Gallais, 1989b). Le tableau 5.2 montre le progrès attendu par sélection au niveau des hybrides doubles comparés aux hybrides trois-voies et aux hybrides simples pour un taux de sélection de 1 %, en supposant l'égalité des variances d'additivité et de dominance ($V_A = V_D$).

Tableau 5.2. Avantage attendu des différents types d'hybrides par rapport à la moyenne de la population dont ils dérivent

C	Hybride simple	Hybride trois-voies	Hybride double
0,15	40 %	31 %	24 %
0,12	32 %	25 %	19 %
0,09	24 %	19 %	14 %

C est le coefficient de variation génétique de la population. Les calculs ont été faits avec un taux de sélection de 1 % et en supposant l'égalité des variances d'additivité et de dominance.

Le progrès apporté par les hybrides doubles est diminué par rapport à celui apporté par les hybrides simples, ce qui peut expliquer aussi l'absence de supériorité des premiers hybrides doubles de maïs créés dans les années 1930-1935. En tenant compte de l'amélioration parallèle des populations, la supériorité prévue des hybrides doubles entre lignées issues d'une même population n'est plus que de 10-15 %. Cependant, il faut noter que dans la pratique, ce sont des hybrides « interpopulations » qui ont été sélectionnés et que dans ce cas, les performances des meilleurs hybrides doubles tendent à se rapprocher de celles des meilleurs hybrides simples.

En conclusion, du fait de leur hétérogénéité génétique, les populations ne peuvent être qu'inférieures aux meilleurs hybrides dérivables de ces populations. Donc, un investissement important dans l'amélioration des populations permettrait certes à l'agriculteur d'avoir des populations plus performantes que les anciennes populations, mais de ces populations améliorées, il serait toujours possible de dériver des hybrides nettement plus performants. Nous verrons qu'à très long terme, le problème pourrait se poser en des termes différents.

Hybrides F$_1$ *vs* variétés synthétiques

La dépression de consanguinité au niveau d'une variété synthétique, développée avec un nombre limité de parents (k), fait que la moyenne de toutes les variétés synthétiques (m_S) est sensiblement inférieure à la moyenne de tous les hybrides simples (m_H) :

$$m_S = m_H (1 - D/k) \text{ (cf. Encadré 5.1).}$$

Ainsi, pour une dépression relative maximale de consanguinité D égale à 0,60 et avec k égal à 4, alors :

$$m_S = 0,85 \, m_H.$$

Quant à la variance génétique entre variétés synthétiques, du fait de l'hétérogénéité intravariété, elle est attendue plus faible que la variance entre hybrides (Gallais, 1989b). La meilleure variété synthétique dérivable d'une population est donc toujours inférieure au meilleur hybride simple dérivable de cette même population. En fait, la valeur d'une variété synthétique est beaucoup plus proche de la moyenne de tous les hybrides simples que de la valeur du meilleur hybride simple (cf. Figure 5.2). Les meilleures variétés synthétiques peuvent au maximum avoir un rendement supérieur de 8-10 % à celui de la moyenne de la population (Gallais, 1989b, 1992b). Cependant, les variétés synthétiques ne sont pas essentiellement développées pour améliorer le rendement, mais plutôt pour « concentrer » rapidement un nombre limité de gènes favorables dans une population tout en maintenant un assez bon niveau de rendement (voir p. 146).

Hybrides *vs* lignées

Comme la variation génétique entre lignées est supérieure à la variation génétique entre hybrides (Gallais, 1989b), pour que les lignées présentent un intérêt par rapport aux hybrides, il faut que le gain attendu par la sélection entre lignées fasse plus que compenser la dépression moyenne de consanguinité (cf. Figure 5.2). Considérons alors l'indice d'intérêt des hybrides par rapport aux lignées I_{HL} qui peut être calculé en fonction des paramètres liés à une espèce, en utilisant les expressions de *Max H* et *Max L* données dans l'encadré 5.1.

Pour le maïs, nous avons vu que la valeur du coefficient de variation génétique C se situe autour de 0,10, celle du rapport Q autour de 1,41, la variance des lignées dérivables d'une population étant d'environ deux fois celle des hybrides simples (Gallais, 1989b). Compte tenu de l'effort important de sélection chez le maïs, une valeur réaliste de l'intensité de sélection i peut être fixée égale à 2,66 pour les lignées comme pour les hybrides, ce qui correspond à taux de sélection de 1 % (cela signifie que l'on compare la valeur génétique des 1 % meilleurs hybrides à la valeur génétique des 1 % meilleures lignées). Avec une dépression relative maximale de consanguinité D égale à 0,60, cela conduit alors à I_{HL} égal à 1,63, soit 63 % de gain des meilleurs hybrides par rapport aux meilleures lignées, ce qui est d'ailleurs très proche de l'hétérosis moyen. Il y a donc un fort intérêt à développer des variétés hybrides et ceci tant que la sélection n'aura pas réduit la dépression de consanguinité aux environs de 0,15-0,20.

Chez une plante autogame comme le blé, les paramètres sont assez différents. L'effort de sélection étant plus faible que chez le maïs (et avec peut-être une interaction génotype × milieu plus forte, ce qui diminue l'héritabilité), il est normal de prendre i plus faible. C est sans doute aussi plus faible (variation génétique plus restreinte dans le matériel amélioré), de même que Q (additivité des effets géniques plus importante chez le blé que chez le maïs). Ainsi avec une dépression de consanguinité beaucoup plus faible ($D = 0{,}10$) et avec i égale à 2, Q égale à 1,1 et C égale à 0,08, alors l'indice d'intérêt des hybrides par rapport aux lignées I_{HL} est égal à 1,08, soit un avantage de 8 % seulement, assez proche de ce qui est observé (Oury *et al.*, 1990a,b). Pour rendre les hybrides plus compétitifs, il faudrait donc augmenter l'hétérosis en recherchant du matériel génétique qui se combinerait bien avec le matériel européen et sélectionner pour maximiser l'aptitude à la combinaison.

Les situations où les meilleures lignées sont supérieures aux meilleurs hybrides sont évidemment attendues plus fréquentes chez les plantes autogames que chez les plantes allogames, car la dépression de consanguinité y est beaucoup plus faible.

Hybrides F$_1$ *vs* variétés F$_2$

Dès qu'il y a de la dominance, la valeur moyenne des descendants F_2 d'un croisement est nécessairement inférieure à la valeur de sa F_1 (dans la situation d'additivité, les deux moyennes sont égales). Pour que les variétés F_2 soient justifiées par rapport aux variétés F_1, il faudrait que la variance génétique entre F_2 soit supérieure à la variance génétique entre F_1 afin que la sélection entre F_2 puisse surcompenser l'effet négatif de la dépression de consanguinité. Cependant, la variance génétique entre F_2 est attendue proche de la variance génétique entre F_1, ce qui est évidemment vérifié dans le cas d'additivité. Dans ce cas, les meilleures F_2 sont attendues inférieures aux meilleures F_1 : l'indice d'intérêt des F_1 par rapport aux F_2 est supérieur à 1.

Prenons les exemples correspondant approximativement aux situations du blé et du maïs, avec les valeurs des paramètres déjà considérées. Dans le cas du maïs, avec i égale à 2,66, C égale à 0,10 et une dépression relative de consanguinité D égale à 0,60, il en résulte un indice d'intérêt I_{HF2} des variétés F_1 par rapport aux variétés F_2 qui est égal à 1,31 ; donc les variétés F_2 ne sont pas justifiées. Pour le blé, même en prenant une valeur optimiste de D égale à 0,10 (avec $i = 2$ et $C = 0{,}08$), I_{HF2} est égal à 1,04, ce qui montre une relativement faible différence entre les F_2 et les F_1. En fait, avec l'hypothèse faite sur la variance entre F_2, les meilleures F_2 sont intermédiaires entre les meilleurs hybrides et les meilleures lignées.

Conclusions : domaines d'intérêt d'un type de variété

La figure 5.3 montre le classement attendu des performances des meilleures variétés issues d'une même population selon les paramètres génétiques (dépression de consanguinité et coefficient de variation génétique) pour une intensité de sélection i donnée. Il apparaît que le domaine d'intérêt des lignées est limité à une situation de faible dépression de consanguinité et de relativement forte variation génétique (pour cette figure le rapport entre la variance des lignées et la variance des hybrides a été pris égal à 2). Dans les autres situations, qui couvrent un large domaine de possibilités pour les valeurs de dépression de consanguinité et de variation génétique, ce sont les variétés hybrides (ou les variétés clones) qui sont les plus justifiées. Les variétés F_2 et la population améliorée

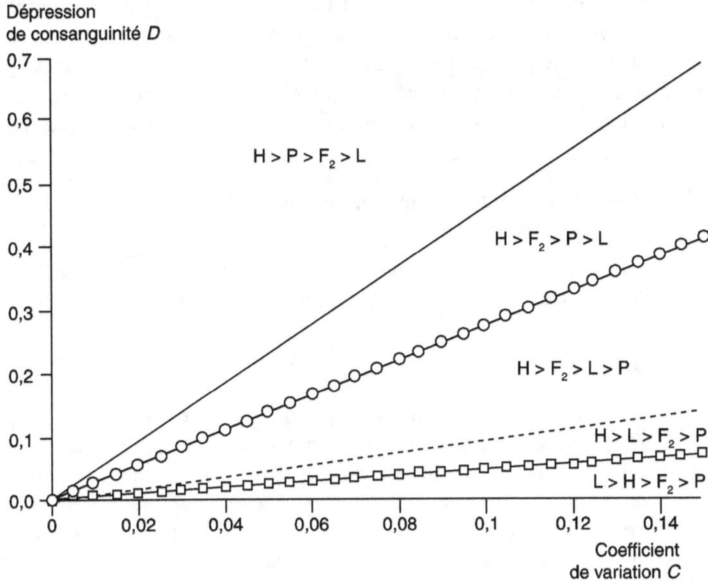

Figure 5.3. Domaines de justification « technique » de quatre types de variétés : hybrides simples (H), population (P), variétés F_2 et lignées (L).

D : dépression maximale de consanguinité (différence relative entre moyenne des hybrides et moyenne des lignées) ; C : coefficient de variation génétique. Dans cette représentation, i est égal à 2,3 (équivalent d'une intensité de sélection) et Q est égal à 1,2 (rapport de la variance entre lignées à la variance entre hybrides).

elle-même ne sont jamais parmi les meilleurs types de variétés, mais elles ne sont pas non plus parmi les plus « mauvais » comme peut l'être le type « lignée ». En effet, avec une forte dépression de consanguinité et une variation génétique faible à moyenne, les lignées présentent le plus faible potentiel d'amélioration car la dépression de consanguinité est trop forte et ne peut pas être compensée par la sélection ; les meilleures lignées seront inférieures à la population de départ et inférieures aux meilleures F_2, qui utilisent une partie de la vigueur hybride.

▶▶ Choix d'un type de variété en fonction de son intérêt économique

Le rapport d'intérêt économique d'un type de variété par rapport à un autre

En prenant en compte le prix des semences, un type de variété qui se justifie d'un point de vue génétique par son potentiel de production, peut ne pas présenter d'intérêt d'un point de vue économique pour l'agriculteur si ses semences sont plus coûteuses. Or, le type de variété a une forte influence sur le coût de production des semences. Ainsi, un hybride simple est plus coûteux à produire qu'un hybride trois-voies ou qu'un hybride double ; les semences sont donc plus chères. Cependant, le rendement étant généralement supérieur, il faut déterminer si le bilan économique est en faveur de l'hybride simple ou non. De même, les semences d'une variété hybride sont plus coûteuses à produire que celles d'une variété synthétique, d'une population ou d'une variété lignée ; de plus, avec ces types de variétés, l'agriculteur peut s'auto-approvisionner, c'est-à-dire ne renouveler ses semences que périodiquement. Il perdra en sécurité dans la qualité de ses semences ainsi qu'en

---

Encadré 5.2. Conditions d'intérêt économique pour l'agriculteur d'un type de variété par rapport à un autre

Un type de variété *1* est plus profitable pour l'agriculteur qu'un type de variété *2* si la marge brute (recettes – charges variables) qu'il permet est plus importante, c'est-à-dire si :

$$Y_1 p_g - C_1 > Y_2 p_g - C_2 \qquad (5.2)$$

où Y_1 (Y_2) est le rendement de la variété de type *1* (*2*), p_g est le prix de vente du produit récolté et C_1 (C_2) sont les charges associées : semences, engrais, pesticides, techniques culturales (les recettes et les charges étant définies pour un hectare). Certaines techniques culturales (préparation du sol, semis, récolte) ne dépendent pas du type de variété, d'autres peuvent dépendre des caractéristiques de la variété : densité de semis, fumure en fonction du potentiel génétique de production, traitements fongicides, etc. Dans le cas du blé, les hybrides ayant un potentiel de tallage plus élevé sont semés à une densité plus faible que les lignées ; ils demandent aussi, en moyenne, moins de fongicides et peuvent accepter une fertilisation azotée plus faible. Pour simplifier, dans une première approche, nous avons considéré que la dose de semis (quantité de semences par hectare) était la seule charge dépendant du type de variété.

En introduisant les doses de semis, d_1 et d_2, et le prix des semences p_1 et p_2, respectivement pour le type de variété *1* et le type de variété *2*, pour que le type de variété *1* (supposé plus productif, mais à semences plus coûteuses) soit justifié économiquement par rapport au type de variété *2* :

$$(Y_1 - Y_2) > (d_1 p_1 - d_2 p_2) / p_g,$$

ce qui signifie que, par rapport au type de variété *2*, le supplément de production permis par le type de variété *1* doit être supérieur au surcoût des semences exprimé en équivalent grains de consommation ; on peut encore écrire :

$$(Y_1 - Y_2) > d_1 (r_1 - d_2 r_2 / d_1) = d_1 (r_1 - r_2'), \qquad (5.3)$$

r_1 et r_2 étant les rapports de prix des semences de production aux grains de consommation ($r_1 = p_1/p_g$ et $r_2 = p_2/p_g$) ; r_2' égal à $d_2 r_2 / d_1$ est donc le rapport du prix des semences de production au prix des grains de consommation pour le type de variété *2*, corrigé par les différences de densité par rapport au type de variété *1* pris comme référence. Il est aussi possible d'écrire l'expression 5.3 sous la forme :

$$\Delta > (r_1 - r_2')/t_1, \qquad (5.4)$$

Δ étant le gain relatif de rendement et t_1 le taux de multiplication du type de variété *1* (rapport entre les quantités semées et les quantités récoltées) ; Δ peut être calculé à partir des expressions de la valeur des meilleures variétés de chaque type, données dans le tableau de l'encadré 5.1.

Des exemples de calcul du coût relatif des semences sont donnés dans l'encadré 5.3, pour les hybrides de maïs, et pour les lignées et hybrides de blé.

---

potentiel de production, mais il diminue sa dépense en semences. Il s'agit alors de savoir si le bilan de cette attitude peut être positif pour l'agriculteur. Nous verrons ensuite qu'elle pose le problème du financement de la sélection et de la création variétale.

Pour simplifier, nous nous plaçons donc du point de vue de l'agriculteur, avec différentes hypothèses sur les prix des semences, pour comparer l'intérêt des différents types variétaux. Le point de vue de l'obtenteur n'est pas considéré de façon analytique : il nécessiterait de prendre en compte tout un ensemble de facteurs du prix des semences tels que les coûts spécifiques à chaque programme de sélection, l'importance du marché potentiel, etc. Notre démarche correspond à celle initiée par Berlan (1983) et reprise de façon simplifiée par Gallais (1989b) mais, comme dans l'étude de Gallais et Rives (1993), nous tenons compte de la performance des meilleures variétés possibles. Dans cette modélisation, le prix des semences intervient en tant que paramètre. De plus, nous nous plaçons dans une situation où les différences de charges entre les cultures de deux types de variétés sont dues aux différences de charges dans les semences. Dans ce cas, il est immédiat que pour qu'un type de variété 1 (plus productif mais demandant plus d'investissement dans les semences) soit plus justifié économiquement qu'un type de variété 2, il faut que le gain dû au rendement supérieur soit plus important que le surcoût des semences. L'encadré 5.2 présente les bases des calculs effectués pour la comparaison de différents types de variétés. Au niveau de l'application du modèle, les exemples pris correspondent, comme précédemment, à des plantes cultivées pour leur grain, le blé et le maïs, mais la démarche peut aussi s'appliquer aux plantes utilisées pour un organe végétatif (racines, tubercules, feuilles, etc.).

Avec les hypothèses faites sur les charges, le rapport du gain de production au surcoût des semences peut alors être considéré comme le *rapport d'intérêt économique* du type de variété 1 par rapport au type de variété 2. Pour que le type de variété 1 soit justifié par rapport au type de variété 2, il faut que ce rapport soit supérieur à 1. Dans ce qui suit, nous allons calculer ce rapport pour différentes comparaisons impliquant les variétés hybrides afin de préciser dans quelles situations ces dernières se justifient :
— hybrides *vs* population améliorée ;
— hybrides *vs* lignées ;
— hybrides *vs* variétés F_2.

Dans ces comparaisons, pour donner des valeurs réalistes aux performances Y_1 et Y_2, il est supposé, comme précédemment, que les différents types de variétés dérivent du même matériel de départ amélioré par sélection récurrente. Les valeurs de Y_1 et Y_2 sont donc remplacées par les valeurs attendues des meilleures variétés possibles. Les résultats de ces calculs sont cependant à considérer avec précaution dans le cas de différences assez faibles entre deux types de variétés. En effet, le modèle génétique est simplifié et l'analyse économique n'est pas suffisamment complète pour conclure dans les cas limites révélés par l'approche réalisée.

Hybrides *vs* population améliorée

Pour que les hybrides soient justifiés par rapport à la population améliorée dont ils dérivent, il faut que le gain relatif en rendement qu'ils permettent soit supérieur au surcoût de leurs semences. À partir des expressions des encadrés 5.1 et 5.2, cette condition se traduit par :

$$i\,C > (r_H - r'_P)\,/\,t_H,$$

t_H étant le taux de multiplication défini pour la moyenne des hybrides simples. Le rapport d'intérêt économique E_{HP} des meilleurs hybrides simples par rapport à la population dont ils dérivent peut alors être calculé en fonction des paramètres biologiques et économiques.

Prenons l'exemple du maïs avec un avantage de 27 % des meilleurs hybrides simples par rapport à la population améliorée (cf. Tableau 5.1), ce qui correspond à une intensité de sélection i égale à 2,66 et un coefficient de variation génétique C égal à 0,10. Le taux de multiplication t_H peut être considéré de l'ordre de 330-350 (semis : 25-30 kg/ha ; récolte : 100-110 q/ha) et r_H égal à environ 33 (rapport de prix moyen sur les dix dernières années, Encadré 5.3) ; le rapport de prix r_P pour des populations avec des semences traitées de la même façon que les hybrides est de l'ordre de 5-6, en tenant compte d'une densité de semis sensiblement supérieure. Il en résulte que le rapport d'intérêt économique des hybrides par rapport aux populations est de l'ordre de 3,3 : l'agriculteur a donc un grand intérêt à acheter des semences hybrides. La prise en considération de l'amélioration de la population pendant le temps de la création des variétés hybrides ne change pas significativement le résultat, puisqu'au lieu de prendre un avantage de 27 % pour les hybrides simples, il faudrait prendre un avantage de 23 % (voir précédemment). Pour avoir un rapport d'intérêt économique des variétés hybrides aux populations de l'ordre de 1,1, il faudrait que C ait une valeur approximative de 0,04, les autres paramètres restant les mêmes, c'est-à-dire que la population de départ présente une très faible variabilité. Ces résultats peuvent être exprimés de façon plus concrète pour l'agriculteur : avec un rendement des hybrides de 100 quintaux, pour que la population améliorée soit économiquement compétitive, il faudrait que le surcoût des semences représente de l'ordre de 20 quintaux de grains, alors qu'il est de l'ordre de 7 quintaux. L'agriculteur a donc intérêt à acheter des semences hybrides. Avec un hybride double intrapopulation, le gain de rendement attendu par rapport à la population n'est plus que de 10-14 % environ, mais le prix des semences sera aussi plus faible ; en supposant ce coût 20 % plus faible, le rapport d'intérêt économique des hybrides doubles devient de l'ordre de 1,8-2,5. L'intérêt économique à renouveler les semences serait encore élevé. Cependant, nous avons vu que chez le maïs, ce ne sont pas des hybrides doubles avec des lignées issues de la même population qui sont réalisés, mais des hybrides doubles entre populations, proches dans leurs performances des hybrides simples.

Avec les premiers hybrides doubles de maïs développés aux États-Unis suite aux travaux de Jones (1918), le gain pour l'agriculteur par rapport aux populations a été assez faible. En effet, ces hybrides n'étaient pas aussi productifs qu'attendus et il y avait sans doute un problème d'adaptation des hybrides aux zones de culture. De plus, entre 1930 et 1940, les conditions environnementales (conditions climatiques et des parasites) n'ont pas été très favorables au maïs. En conséquence, durant cette période, les rendements de maïs ont stagné (Fitzgerald, 1986). Mais, grâce à un appui assez fort du pouvoir politique de cette époque (à travers l'USDA[9], l'équivalent américain de l'Inra), les hybrides (doubles) ont pu se développer. Durant cette phase, l'amélioration des populations n'ayant pas bénéficié des mêmes moyens que celle des hybrides, l'écart est devenu de plus en plus net entre hybrides doubles et populations. En effet, même si l'expérience célèbre de sélection récurrente pour la teneur en huile et la teneur en protéines du grain de maïs a commencé à la fin du XIXe siècle (Dudley, 1977 ; Dudley et Lambert, 2004) selon la méthode un épi à la ligne, et si les principes de la sélection récurrente étaient déjà énoncés par Hayes et

---

9. *United States Department of Agriculture.*

Garber (1919) et East et Jones (1920), l'amélioration des populations sur des bases rationnelles ne s'est vraiment développée que dans les années 1940 avec Hull (1945). En fait, les hybrides ne se sont véritablement imposés qu'avec le début de l'intensification et de la mécanisation de l'agriculture, les fermiers recherchant des variétés homogènes et résistantes à la verse pour pouvoir les récolter avec des « *corn-pickers* ». Si les « *corn-shellers* » avaient été utilisés dès le début, la recherche de l'homogénéité n'aurait sans doute pas été aussi poussée et l'adoption des hybrides peut-être pas aussi rapide (Bogue, 1986).

En Europe, la situation a été complètement différente du fait de la 2e Guerre mondiale. Après 1945, il fallait développer rapidement notre économie et augmenter notre production agricole, une richesse potentielle de notre pays. Dans le cadre du Plan Marshall, la France a bénéficié de l'importation de semences de variétés hybrides américaines. Les agriculteurs ont alors pu faire la comparaison entre ces hybrides et les variétés populations cultivées, assez nombreuses à cette époque. Les essais réalisés par l'Inra (Saint Martin de Hinx) ont montré que ces hybrides étaient assez mal adaptés à nos conditions (faible tolérance aux températures basses et moyennes en début de végétation) mais que, malgré cela, ils présentaient un rendement et une résistance à la verse très supérieurs à nos populations dans les mêmes conditions de culture (Alabouvette *et al.*, 1951). Leur homogénéité a aussi séduit les agriculteurs (communication personnelle A. Cauderon) et ils sont apparus mieux adaptés à la récolte mécanique que les populations. Les hybrides se sont donc développés par le choix de l'agriculteur, sans autre intervention du pouvoir politique qu'un encouragement à la productivité. L'optimum économique correspondant alors au maximum de production, l'agriculteur a été conduit à investir plus dans les intrants, dont les semences de qualité et la fumure azotée. Les hybrides, à rendement égal, ne demandaient pas plus d'azote que les populations, au contraire, ils avaient l'aptitude à mieux l'extraire du sol. Cependant, ils avaient un potentiel de production supérieur ; donc pour exploiter ce potentiel, il fallait apporter une fumure azotée plus élevée. Dans les zones traditionnelles de culture du maïs, les hybrides américains puis franco-américains ont rapidement remplacé les populations locales. Les premiers hybrides précoces franco-américains sont apparus en 1955. Par leur plus grande tolérance aux températures basses du printemps que les hybrides américains, ils ont permis d'étendre la culture du maïs au nord de la Loire, là où autrefois il n'y avait pas de culture du maïs grain.

Hybrides F$_1$ *vs* variétés synthétiques

S'il est évident que le rendement du meilleur hybride est supérieur à celui de la meilleure variété synthétique, il s'agit de savoir si le gain de rendement qu'il apporte surcompense le surcoût de ses semences. Les expressions des encadrés 5.1 et 5.2 permettent d'écrire directement la condition d'intérêt d'un hybride par rapport à une variété synthétique développée avec k lignées :

$$D/k + i\, C\, (1 - \sqrt{2/k}) > (r_H - r'_{VS}) / t_H.$$

Le rapport d'intérêt économique E_{HVS} des hybrides par rapport aux lignées peut alors être calculé. Ce calcul n'a de sens *a priori* que pour des plantes allogames où l'hétérosis pour le rendement est fort et où l'on développe déjà des hybrides ou des variétés synthétiques. Dans le cas d'une espèce avec des paramètres comparables à ceux du maïs, avec :

$$k = 4 \text{ (même base qu'un hybride double), } D = 0{,}60,\ C = 0{,}10,\ i = 2{,}66,\ r_H \sim 33,$$
$$t_H \sim 330 \text{ et } r_{VS} \sim 5\text{-}6,$$

on obtient :

$$E_{HVS} = 1,8\text{-}1,9.$$

Il y a donc un net intérêt aux variétés hybrides.

Hybrides *vs* lignées

Les expressions des encadrés 5.1 et 5.2 permettent d'écrire directement la condition pour que les hybrides soient justifiés par rapport aux lignées :

$$D - i\,C\,(Q-1) > (r_H - r'_L) / t_H.$$

Le rapport d'intérêt économique E_{HL} des hybrides par rapport aux lignées peut alors être calculé.

Chez le maïs, nous avons vu que l'on peut prendre :

$$D \sim 0{,}60,\ t_H \sim 330,\ r_H \sim 33,\ (r'_L \text{ étant difficile à chiffrer exactement}).$$

Si l'agriculteur s'auto-approvisionne, ce qui est possible avec une lignée, alors il faut inclure le coût du traitement des semences, ce qui peut conduire à un coût relatif de l'ordre de 5, voire un peu plus (5,5) si la densité de semis est supérieure ; la valeur de r'_L est toujours faible devant la valeur de r_H. Avec une intensité de sélection i égale à 2,66 et un rapport de variances Q égal à 1,41 (valeurs qui favorisent les lignées), le rapport d'intérêt économique I_{HL} est de 5,7 : les lignées ne sont absolument pas compétitives par rapport aux hybrides et bien évidemment, encore moins que les populations.

En revanche, chez une espèce autogame comme le blé, la situation est complètement différente. Avec des paramètres correspondant approximativement à cette espèce, soit :

$$D \sim 0{,}10 \text{ (au mieux avec les meilleurs hybrides, dans les conditions}$$
$$\text{qui leur sont favorables)}, t_H \sim 125, r_H \sim 13{,}6, r'_L \sim 4{,}1 \text{ (avec le même traitement}$$
$$\text{que les hybrides, en tenant compte d'une dose au semis supérieure, cf. Encadré 5.1)},$$
$$i = 2, Q = 1{,}1 \text{ et } C = 0{,}08,$$

il en résulte un rapport d'intérêt économique de 1,1.

Avec une dépression de consanguinité D égale à 0,09, E_{HL} est très proche de 1, ce qui montre que la situation actuelle est à la limite de l'intérêt des hybrides. Si l'agriculteur s'auto-approvisionne avec une variété lignée, le rapport d'intérêt économique des hybrides est proche de 1. Cependant, le calcul ne prend pas en compte les effets négatifs d'une possible mauvaise qualité germinative et sanitaire des « semences de ferme ». De plus, il sous-estime l'avantage économique des hybrides de blé car d'une part, ils sont en moyenne plus résistants aux maladies (cf. 1re Partie), ils demandent donc moins de traitements fongicides et d'autre part, leur supériorité est plus importante lorsque la fertilisation azotée est limitée, sans doute parce qu'ils ont une meilleure aptitude que les lignées à extraire l'azote du sol. Globalement, dans une agriculture bien raisonnée, ils demandent donc moins d'intrants, un aspect qui n'a pas été pris en considération dans l'analyse économique simplifiée qui a été faite. Ainsi, en supposant que pour une culture lignée les dépenses en traitements fongicides soient équivalentes au coût des semences, si une variété hybride permet 25 % d'économie en fongicides, alors avec l'exemple précédent où D égale à 0,09, E_{HL} devient égal à 1,13 au lieu de pratiquement 1 : les variétés hybrides sont alors économiquement justifiées.

Encadré 5.3. Données pour le calcul de l'intérêt économique des hybrides chez le maïs et chez le blé

Ces chiffres sont issus du domaine de la Station de Génétique végétale du Moulon ; ils correspondent à une situation particulière, mais ils permettent d'avoir un ordre de grandeur des différents prix des semences et des grains de consommation. Ce sont ces chiffres qui ont été utilisés dans les applications faites.

Pour le maïs (maïs précoce cultivé à 100 000 plantes/ha)

Coût des semences (traitées)

Sur la base 2005, 2006 : 141 euros/ha ; en 2007 : 145 euros/ha, soit avec 28 kg/ha (cela dépend du calibre) un coût au quintal p_H de 503 à 518 euros. En 2008, le prix des semences a nettement augmenté et a été de 642 euros/q.

Taux de multiplication d'un hybride

Pour une dose de semis de 28 kg/ha et une récolte de 90 q/ha, alors t_H est égal à 320 ; si la récolte est de 100 q/ha, alors t_H est égal à 357.

Rapport du prix des semences hybrides au prix du grain de consommation, sur la base de 90 q/ha :
– en 2006, avec pour le grain de consommation, 125 euros/tonne moins 19,5 euros/tonne pour frais de séchage, et compte tenu de la prime PAC[10] de 382 euros/ha : $r_H = p_H/p_g = 34$; c'est-à-dire un coût relatif des semences hybrides très proche de ceux pratiqués dans les années 1990 (voir Gallais, 1989b) ;
– en 2007, avec 200 euros/tonne, moins 22,5 euros/tonne de frais de séchage, et compte tenu de la prime PAC : $r_H = 23,5$;
– en 2008, avec 115,5 euros/tonne, moins 28,6 euros/tonne de frais de séchage et toujours la même prime PAC : $r_H = 49,8$.

Pour le blé

Rapport du prix des semences lignées au prix du grain de consommation

Année	Prix des grains consommation/q (p_g)	Prix des semences lignées/q (p_L)	$r_L = p_L/p_g$
2005	14,2	40,9	2,9
2006	18,5	54,5	2,9
2007	22,5	69,0	3,1

On remarque une assez bonne constance des rapports de prix.

Coût des semences hybrides (base 2006)

244 euros/ha soit 305 euros/q, moins 53 euros pour un traitement comparable à celui des variétés lignées, soit :

$$p_H = 252 \text{ euros/q, d'où } r_H = 252/18,5 = 13,6.$$

...

---

10. Politique agricole commune.

Calcul de l'intérêt économique du blé hybride

Avec les hypothèses faites sur les charges, il faut que le gain en rendement fasse plus que compenser le surcoût des semences ; soit pour 2006 (avec d_H = 80 kg/ha et d_L = 110 kg/ha) :

$$Y_H - Y_L > (d_H p_H - d_L p_L) / p_g = 7,6 \text{ q/ha},$$

soit, si Y_H est égal à 100 q/ha et Y_L à 92,4 q/ha, une supériorité de l'hybride par rapport aux lignées de 8,5 %.

Rôle du taux de multiplication

La condition de supériorité économique de l'hybride peut s'écrire, d'après l'expression (5.4) de l'encadré 5.2 :

$$(Y_H - Y_L) / Y_H > (r_H - r'_L) / t_H.$$

Le calcul précédent suppose que t_H est égal à 125 (semis de 80 kg, récolte de 100 q/ha). Avec un semis à 60 kg/ha, le taux de multiplication devient :

$$t_H = 167 \text{ et } r'_L = 5,5.$$

Il faut alors que :

$$(Y_H - Y_L) / Y_H > (13,6 - 5,5) / 167 = 0,048,$$

soit une supériorité de 4,8 %.

Ainsi si Y_H est égal à 100 q/ha et Y_L à 95,2 q/ha, une supériorité de l'hybride par rapport aux lignées de 5 % est observée, ce qui montre que même un hétérosis faible peut conduire à une rentabilité économique des hybrides.

Vérification de la pertinence de la modélisation

Avec la modélisation réalisée :

$$Max\, H = m_H (1 + i\, C),$$

soit avec $i = 2$ et $C = 0,08$, $Max\, H = 1,16\, m_H$;

avec $D = 0,08$ et $Q = 1,15$, $Max\, L = 1,10\, m_H$.

Donc, si $Max\, H$ est égal à 100 q/ha, alors $Max\, L$ est égal à 94,6 q/ha, soit un avantage de 5,4 q/ha, ce qui correspond à une supériorité de 5,7 % des hybrides, assez proche de ce qui est observé.

Cependant, même en prenant en considération cette économie d'intrants, il faudrait encore augmenter l'intérêt économique des hybrides de blé pour qu'ils se développent plus largement. Pour cela, différentes actions sont possibles :

− *i) diminuer le prix des semences*, ce qui demande de diminuer leur coût de production et nécessite donc un meilleur contrôle de l'hybridation à grande échelle. Actuellement, la castration chimique reste relativement coûteuse compte tenu d'accidents de production dus aux conditions climatiques défavorables au moment de l'application du gamétocide. La technique a beaucoup progressé et progressera sans doute encore. Cependant, la castration génétique par stérilité mâle nucléo-cytoplasmique existe chez le blé. Elle n'a pas été utilisée car elle présentait des défauts de restauration, mais son amélioration était et est sans doute possible (Auriau *et al.,* 1979). La stérilité mâle transgénique de PGS (voir p. 198) était sans doute une solution pour l'avenir des blés hybrides, mais le moratoire sur les plantes transgéniques n'a pas permis son développement (Gallais et Ricroch, 2006) ;

– *ii) augmenter le taux de multiplication chez l'agriculteur*. Des efforts ont déjà été réalisés pour réduire la dose de semis à l'hectare. Passer de 80 kg/ha à 60 kg/ha permet d'augmenter le taux de multiplication de 125 à 167 (cf. Encadré 5.3). Ainsi avec les paramètres précédents ($D = 0,10$), l'indice d'intérêt des variétés hybrides par rapport aux variétés lignées passe de 1,10 à 1,73. Or il semble tout à fait possible de cultiver à de si faibles densités, les hybrides ayant une aptitude au tallage plus élevée que les lignées ;

– *iii) améliorer la supériorité des F_1 sur les lignées*. Avoir des hybrides avec un rendement moyen de 13 % supérieur à celui des meilleures lignées rendrait les hybrides plus rentables, à la fois pour l'agriculteur et le sélectionneur. Ainsi avec les paramètres précédents qui donnaient E_{HL} égal à 1,1, si D égal à 0,13, les autres paramètres étant les mêmes, et avec une densité de 60 kg/ha, alors E_{HL} serait égal à 2,35 : les hybrides seraient nettement plus rentables que les lignées. Il faudrait alors trouver des origines de blé (des groupes hétérotiques) entraînant une augmentation de l'hétérosis et sélectionner directement pour augmenter l'aptitude à la combinaison entre ces groupes, ce qui n'a pas vraiment été réalisé jusqu'à maintenant, la sélection ayant privilégié la valeur propre des parents.

Hybrides F_1 *vs* variétés F_2

Les expressions des encadrés 5.1 et 5.2 permettent d'écrire les conditions dans lesquelles une variété F_1 est plus justifiée qu'une variété F_2 :

$$D/2 > (r_H - r'_{F2}) / t_H.$$

Le rapport d'intérêt économique E_{HF2} des hybrides par rapport aux variétés F_2 peut alors être calculé.

Lorsqu'il y a auto-approvisionnement, la relation attendue pour que la F_1 soit justifiée par rapport à la F_2 est strictement l'expression précédente, sauf que dans ce cas, D est la dépression de consanguinité pour le croisement considéré et non au niveau de tous les croisements possibles. De plus, le coût relatif des semences F_2 (r'_{F2}) peut être sensiblement inférieur.

Les variétés F_2 n'étant pas développées, r'_{F2} est difficile à déterminer *a priori*. Ce rapport de prix est nécessairement supérieur au prix des variétés lignées et inférieur au prix des hybrides. Chez le maïs ($D \sim 0,60$, $t_H \sim 330$, $r_H \sim 30$) avec des hypothèses réalistes sur le coût des semences F_2, on peut montrer que l'agriculteur a toujours intérêt à utiliser des variétés F_1 ; il a aussi toujours intérêt à renouveler ses semences. Avec auto-approvisionnement, pour que les hybrides ne soient pas justifiés, il faudrait que le surcoût des semences représente de l'ordre de 25-30 quintaux de grains de consommation, comme dans le cas de la comparaison F_1 *versus* population améliorée. Ce surcoût variant de 6 à 10 quintaux selon les années, l'agriculteur a donc intérêt à acheter des semences hybrides. Pour annuler l'avantage économique des hybrides, il faudrait que la dépression de consanguinité soit inférieure à 0,20, or elle est actuellement de 0,60 environ.

Dans le cas du blé en reprenant les valeurs déjà utilisées ($D = 0,10$, $t_H \sim 125$, $r_H \sim 13,6$), pour que les variétés hybrides F_2 soient plus justifiées que les variétés F_1, il faudrait que r'_{F2} soit inférieur à 7,3, ce qui n'est peut-être pas évident à réaliser. Dans le cas d'auto-approvisionnement, avec l'utilisation de la F_2 d'une variété F_1 particulière, le risque pour l'agriculteur est d'avoir des performances inférieures à ce qui est attendu, avec une forte hétérogénéité (due aux disjonctions en F_2 mais aussi à des fécondations par du pollen « étranger » au moment de la floraison de la F_1) et des problèmes de qualité germinative, voire sanitaire.

Conclusions

Domaine d'intérêt d'un type de variété

Comme attendu, par rapport à la situation ne considérant que le potentiel de production des types de variétés, la prise en compte du coût des semences diminue forcément le domaine d'intérêt des variétés hybrides (Figure 5.4). Corrélativement, elle augmente le domaine d'intérêt des lignées, des populations améliorées et fait apparaître un domaine d'intérêt des variétés F_2. Les hybrides sont toujours justifiés dès que la dépression de consanguinité est forte ($D > 0,40$) et dans ce cas, les hybrides sont supérieurs aux populations améliorées correspondantes, elles-mêmes supérieures aux lignées. Une variété population (chez les espèces allogames) n'est économiquement intéressante par rapport aux hybrides F_1 que lorsque la variation génétique est faible et que le coût des semences hybrides mesuré par $(r_H - r'_P) / t_H$ est élevé, supérieur à 0,10 par exemple. Les variétés F_2 se justifient en général pour une dépression de consanguinité inférieure à 15 % et une variation génétique faible à moyenne ($C < 0,10$) ; avec un coût élevé des semences hybrides, leur avantage peut exister pour une dépression de consanguinité D comprise entre 0,20 et 0,30 : leur plus faible coût de semences peut compenser leur infériorité

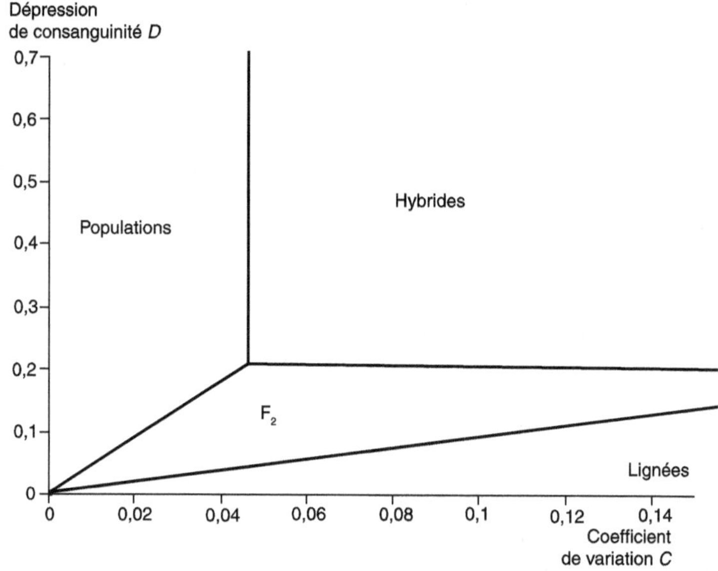

Figure 5.4. Domaines de justification économique des différents types de variétés.

Dans cette représentation, l'intensité de sélection i est égale à 2,3, le rapport de la variance entre lignées à la variance entre hybrides Q est égal à 1,2 et le surcoût relatif des semences $(r_H - r'_V) / t_H$ est égal à 0,10 ; r_H est le coût relatif des semences hybrides, r'_V le surcoût relatif de tout autre type de variété (supposé égal pour simplifier la représentation) et t_H le taux de multiplication de l'hybride. Cette représentation a pour but de montrer « qualitativement » les situations qui justifient tel ou tel type de variétés.

de rendement. Les lignées sont évidemment justifiées pour une faible dépression de consanguinité. Mais il ne faut pas oublier les risques pris par l'auto-approvisionnement avec des populations ou des F_2 : problèmes de pureté génétique dus à une pollinisation par du pollen étranger, problèmes de qualité germinative des semences et dans le cas plus spécifiques des F_2, performances pouvant être inférieures à ce qui est attendu.

L'effet du taux de multiplication

Le taux de multiplication est un élément déterminant du prix des semences, tant pour le sélectionneur qui doit les produire que pour l'agriculteur qui les utilise. Une espèce avec un taux de multiplication élevé permet au sélectionneur de mieux « amortir » ses frais de recherche et de production, et à l'agriculteur de mieux « amortir » son investissement en semences. Il faut toutefois distinguer le taux de multiplication qui intervient au niveau de la production des semences de celui au niveau du champ de l'agriculteur pour la production de grain de consommation. Dans les formules exprimant l'intérêt économique d'une variété par rapport à une autre du point de vue de l'agriculteur, intervient toujours le produit « supériorité relative d'un type de variété » × « son taux de multiplication au niveau de l'agriculteur ». Une action est alors possible sur les doses de semis à l'hectare. Dans le cas du blé hybride, c'est bien ce qui a été réalisé : pour augmenter son intérêt par rapport aux variétés classiques, les obtenteurs ont mis au point des itinéraires techniques avec des doses de semis plus faibles, grâce à des semences enrobées de grande qualité (cette innovation faite pour les variétés hybrides a d'ailleurs ensuite contribué à diminuer les quantités de semences des variétés classiques). Chez le maïs, depuis la mécanisation de la culture, les semences sont vendues au nombre de grains viables (sous forme de doses exprimées en milliers de grains viables ou MGV). Ainsi, l'intérêt de l'obtenteur produisant des semences serait d'avoir le maximum de grains (le poids n'intervient pas directement). Le nombre de grains récoltés étant en général lié négativement au poids de mille grains, cette attitude pourrait conduire à produire des semences à petits grains, diminuant par ailleurs le coût de stockage. Cependant, comme il y a une relation entre la grosseur des grains récoltés et la grosseur des grains des semences, ceux-ci ne peuvent pas être trop petits pour assurer le rendement maximum au niveau de la production de grains de consommation. Il serait ainsi effectivement intéressant du point de vue de l'obtenteur d'avoir des lignées porte-graines donnant beaucoup de grains (donc petits), mais avec un pollinisateur tel que les grains de la descendance soient de taille « normale ». C'est exactement ce principe qui a été appliqué par l'Inra avec la poule Vedette lancée sur le marché en 1968 pour réduire le coût de production des poulets de chair. La femelle était homozygote pour un gène de nanisme récessif (donc de petite taille et consommant peu), tandis que le mâle était porteur du gène dominant à l'état homozygote : les descendants destinés à la production étaient donc de taille normale.

Le tableau 5.3 montre le taux de multiplication approximatif pour différentes espèces de grande culture ou légumières et rappelle pour chacune le type de variété le plus couramment développé. On constate que, dès que le taux de multiplication est suffisamment élevé pour permettre d'amortir le surcoût des semences, des variétés hybrides sont développées, et cela quel que soit le niveau de l'hétérosis comme indiqué par la biologie florale (fort hétérosis chez les allogames et faible hétérosis chez les autogames). En revanche, lorsque le taux de multiplication est faible, il faut que l'hétérosis soit élevé : le seigle hybride est une excellente illustration de ce cas.

En fait de façon qualitative, c'est l'importance du produit « taux de multiplication » × « hétérosis » (ou plutôt de la dépression de consanguinité) qui est à considérer. Les formules établies précédemment (cf. Encadré 5.1) le montrent bien. Si Y_H est la performance de l'hybride et Y_V la performance d'un autre type de variété ($Y_V < Y_H$), pour que la variété hybride se justifie économiquement, il faut que :

$$\Delta t_H > (r_H - r'_V),$$

où t_H est le taux de multiplication au niveau hybride et Δ est la perte relative de rendement en passant de la variété hybride au type de variété V.

Tableau 5.3. Taux de multiplication de différentes espèces et types de variétés développés

Espèce	Biologie florale	Taux moyen de multiplication [1]	Type de variété le plus développé
Maïs	Allogame	300-400	Hybride (H)
Tournesol	Allogame	700-900	Hybride
Sorgho	Autogame	700-1400	Hybride
Colza	Semi-allogame	1500-2000	Hybride/VS [2]/Lignée
Seigle	Allogame	50-90	Hybride
Blé	Autogame	60-80 (L)-150 (H)	Lignée pure/Hybride [3]
Orge	Autogame	60-80	Lignée pure/Hybride [3]
Soja	Autogame	30-40	Lignée pure (L)
Haricot	Autogame	20-30	Lignée pure

[1] Forte variation d'une année à l'autre ; [2] VS : variété synthétique ; [3] faible développement.

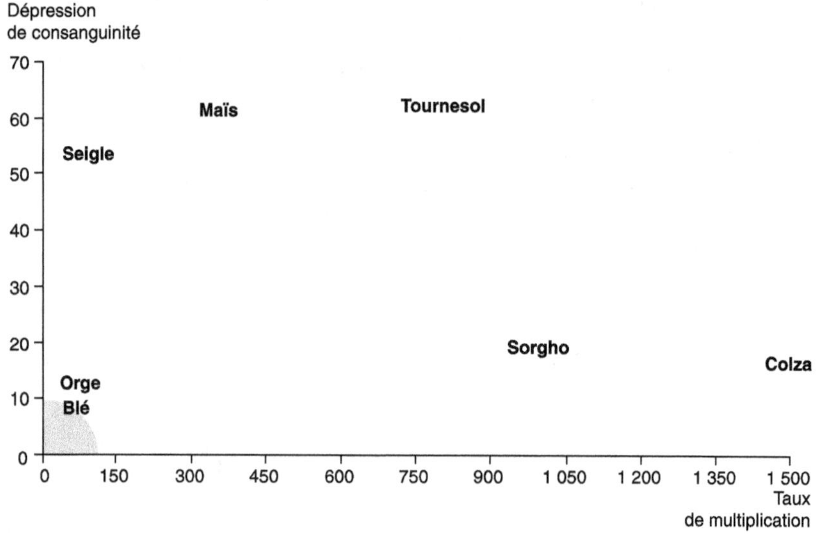

Figure 5.5. Domaine de justification économique des variétés hybrides selon le taux de multiplication et la dépression de consanguinité.

La position des espèces de grande culture dans le plan du graphique « dépression de consanguinité – taux de multiplication » est approximative. En dehors de la zone très réduite correspondant à la fois à un faible taux de multiplication et une faible dépression de consanguinité (faible hétérosis), des variétés hybrides sont développées lorsque des solutions ont été trouvées pour le contrôle de l'hybridation à grande échelle.

Ainsi, chez les espèces qui ont à la fois un faible taux de multiplication et un faible hétérosis, les variétés hybrides ne présentent aucun intérêt économique : c'est le cas du haricot et du soja (Figure 5.5). Pour le blé, nous avons vu que les variétés hybrides actuelles sont à la limite de l'intérêt économique. Pour ces espèces, le taux de multiplication étant une donnée biologique (peu modifiable, même en réduisant la dose de semis à l'hectare), la seule solution est d'augmenter la valeur des F_1 par la recherche de lignées très complémentaires. Ainsi, les variétés hybrides apparaissent plus économiquement justifiées chez l'orge que chez le blé, bien que le taux de multiplication soit faible comme chez le blé, car l'hétérosis y est sensiblement plus important du fait de son génome diploïde (alors que le blé a fixé une partie importante de l'hétérosis par son génome hexaploïde). De plus chez l'orge, grâce à une stérilité mâle nucléo-cytoplasmique, la maîtrise de l'hybridation à grande échelle est réalisée dans des conditions plus économiques que chez le blé.

▶▶ Hybrides *vs* population améliorée à long terme pour les plantes allogames de grande culture

Dans un programme de sélection récurrente intrapopulation, du fait de la réduction de la variance génétique au cours des cycles de sélection (comme nous l'avons vu p. 263), l'écart entre la valeur des meilleurs hybrides créés et la moyenne de la population améliorée ira en diminuant. Il en sera de même dans un programme de sélection avec deux populations améliorées l'une par rapport à l'autre : l'écart entre les meilleurs hybrides interpopulations et l'hybride des deux populations diminuera au cours des cycles de sélection. L'avantage économique des hybrides simples par rapport aux populations dont ils dérivent tendra donc à diminuer. À partir d'un certain moment, l'agriculteur pourrait théoriquement avoir intérêt à cultiver soit la population améliorée, soit l'hybride des deux populations améliorées l'une par rapport à l'autre. Pour que le recours aux hybrides simples ne soit plus intéressant, il faudrait que le rapport d'intérêt économique des hybrides par rapport à la population soit voisin de 1, c'est-à-dire que le supplément de rendement attendu des hybrides simples ne devrait pas dépasser l'équivalent en rendement du surcoût des semences, soit avec les notations précédentes :

$$(Y_H - Y_P) / Y_H \leqslant (r_H - r'_P) / t_H.$$

Avec les paramètres précédents pris pour le maïs, cela conduit à :

$$(Y_H - Y_P) / Y_H \leqslant 0{,}10.$$

Ainsi le tableau 5.4 montre que si la variance génétique est suffisamment réduite au point d'être divisée par 3 ou 4, le choix des hybrides simples pourrait ne plus se justifier et l'agriculteur aurait alors économiquement intérêt à cultiver des populations améliorées. Ce n'est que dans cette situation, donc à très long terme, et avec une amélioration au niveau des populations que l'analyse de Berlan (1983, 1987) – selon laquelle les hybrides ne seraient pas justifiés – prendrait un sens.

Pour les espèces allogames où l'hétérosis est important et où des variétés hybrides sont développées, la mise en œuvre d'une amélioration au niveau des populations, avec une bonne gestion de la variabilité génétique, serait une des solutions possibles pour utiliser au mieux cette la variabilité génétique et conduire aux variétés hybrides les plus performantes (voir p. 270). Il en résulterait une amélioration très importante de la valeur des populations qui, à très long terme, pourraient être utilisées comme variétés. Avec la commercialisation de populations très performantes, l'agriculteur pourrait alors être tenté de s'auto-approvisionner. En effet, avec une sélection intrapopulation, les populations obtenues seraient assez homogènes et en théorie reproductibles puisqu'il s'agirait de populations panmictiques, mais avec toutes les difficultés de maintien d'une population allogame (voir p. 145). Avec une sélection interpopulation, comme il y aurait un certain hétérosis entre les deux populations améliorées l'une par rapport à l'autre, une perte de rendement serait attendue de la population F_1 à la population F_2. Cependant, l'hétérosis entre les deux populations étant attendu faible (à cause de la fixation d'une grande partie de l'hétérosis), la perte de vigueur attendue serait faible. Du point de vue de la possibilité d'auto-approvisionnement, la situation des plantes allogames se rapprocherait alors de celle des céréales autogames aujourd'hui. Toutefois, les risques de « dégénérescence » de la variété seraient beaucoup plus grands pour une variété population d'une espèce allogame que pour une variété lignée d'une espèce autogame, ce qui devrait stimuler l'agriculteur à renouveler ses semences. Ce renouvellement serait d'ailleurs nécessaire pour qu'un effort d'amélioration des populations se maintienne et que le progrès génétique continue (voir p. 159 et 297). Mais pour que l'agriculteur ait le meilleur revenu possible, tant que les hybrides seraient économiquement supérieurs à la population améliorée, le sélectionneur devrait développer des hybrides parallèlement à l'amélioration des populations, ce qui augmenterait le coût de la sélection.

Tableau 5.4. Effet de la réduction de variance génétique sur l'avantage des hybrides simples (gain HS) par rapport à la population améliorée, selon la variance génétique au départ.

Variance au départ (V)		Variance au départ ($V/2$)		Variance au départ ($V/4$)	
C_1	Gain HS_1	C_2	Gain HS_2	C_3	Gain HS_3
0,15	+ 40 %	0,106	+ 28 %	0,075	+ 20 %
0,12	+ 32 %	0,085	+ 23 %	0,06	+ 16 %
0,09	+ 24 %	0,064	+ 17 %	0,045	+ 12 %
0,06	+ 16 %	0,042	+ 11 %	0,03	+ 8 %

C_1, C_2 et C_3 : coefficients de variation génétique correspondant respectivement aux variances génétiques V, $V/2$ et $V/4$. Les zones ombrées indiquent les situations où, avec les paramètres économiques actuels, les hybrides simples ne seraient plus justifiés.

Dans le cas du maïs aujourd'hui, le coût et la difficulté de mise en œuvre de cette amélioration des populations, parallèlement à la création de variétés hybrides, est sans doute une des raisons de son non-développement. Au début du XXe siècle, deux éléments expliquent ce non-développement de l'amélioration des populations. D'abord, les bases scientifiques de l'amélioration des populations n'étaient pas connues au moment des travaux de Shull (1908, 1909) ; elles n'ont été véritablement établies et développées qu'après 1940. À la fin du XIXe siècle, début du XXe siècle, l'amélioration des populations se faisait par sélection massale (choix des épis par leur beauté ou sélection individuelle en pépinière) ; or cette forme de sélection était déjà reconnue inefficace. La sélection « *ear-to-row* », un épi à la ligne, était bien déjà pratiquée (Hopkins, 1899) mais de façon non optimisée, et elle avait été reconnue peu efficace pour l'amélioration du rendement (Hull, 1945). Ce manque d'efficacité n'a donc pas stimulé le développement de l'amélioration des populations. Mais le second argument, essentiel, est la conséquence de l'avantage des variétés hybrides : les hybrides simples permettent d'apporter à l'agriculteur un progrès important, bien plus rapidement que par n'importe quelle autre méthode. Par souci d'efficacité à court terme, c'est donc la voie « hybride » qui a été privilégiée et qui le demeure encore, malgré un certain développement de l'amélioration des populations dans les universités américaines. Même avec la mise en place de programmes d'amélioration des populations, il serait toujours plus rentable pour l'agriculteur de cultiver des hybrides simples, et pour longtemps encore. Il est aussi plus rentable pour le sélectionneur de mettre tous ses moyens sur la sélection et la création de variétés hybrides puisque ce type de variétés permet de bien amortir les investissements dans la recherche. L'amélioration à long terme au niveau de populations aurait pu être prise en charge par le secteur public, voire en collaboration avec le secteur privé, mais cela n'a pratiquement pas été fait, la recherche publique ayant dû privilégier d'autres types d'activités préparant aussi le progrès génétique.

Cependant, comme nous l'avons vu, s'il n'y a pas amélioration des populations en tant que telle (au sens étroit de la sélection récurrente), il y a au niveau des établissements de sélection une amélioration de la valeur générale du matériel. Alors, pour préparer le long terme, il est sans doute plus facile pour le sélectionneur d'avoir une gestion des programmes « hybridation – extraction de lignées – sélection » en y ajoutant une faible intensité de sélection, plutôt que de développer une amélioration au niveau de populations. En effet, cette stratégie s'intègre parfaitement dans les schémas actuels proches de la création variétale : faible intensité de sélection pour le long terme, forte intensité pour le court terme, mais il s'agit toujours de la même stratégie (voir p. 270).

▶▶ Les aspects socio-économiques

Le partage des tâches

En Europe, chez les céréales autogames, la sélection a été longtemps l'œuvre d'agriculteurs-sélectionneurs (elle existait encore en France pour le blé jusque vers 1980), mais aujourd'hui, cela n'est plus possible. Le progrès génétique facile à réaliser a déjà été obtenu et pour amener un progrès génétique supplémentaire, toujours attendu par l'agriculteur, il faut des investissements importants, techniques et scientifiques, qui ne peuvent être faits que par des entreprises spécialisées. Chez les plantes allogames, même l'amélioration des populations peut difficilement être réalisée par les agriculteurs (ou alors ils deviennent sélectionneurs). Les sélections massales, autrefois conduites chez le maïs par les agriculteurs, sont inefficaces pour des caractères complexes comme le rendement, très influencés par le milieu. Par contre, cette forme de sélection est efficace pour les caractères les plus héritables, et si certains de ces caractères sont liés au rendement, il en résultera une amélioration de celui-ci. Ce sera le cas en début de sélection, d'où l'intérêt des programmes de sélection participative dans les pays en voie de développement : les agriculteurs choisissent le matériel qui les intéresse (Lançon *et al.*, 2005). Mais pour aller au-delà, pour améliorer de façon plus significative des caractères comme le rendement, il faut mettre en place des méthodes de sélection basées sur l'étude des descendances, faire des essais avec des répétitions et dans différents lieux afin de contrôler l'effet du milieu. Conduire des essais avec des milliers de petites parcelles demande des équipements particuliers, de plus en plus sophistiqués. Que ce soit chez les plantes allogames ou les plantes autogames, aujourd'hui le progrès génétique ne peut être apporté qu'avec des méthodes qui ne sont pas facilement à la portée de l'agriculteur, en particulier les biotechnologies et la génomique.

Que la division du travail soit source de productivité n'est pas un élément nouveau. C'est bien ainsi que la société a progressé. Au néolithique, lorsque l'homme est passé de l'état nomade, chasseur-cueilleur, à l'état sédentaire, il fabriquait lui-même tout ce dont il avait besoin : ses outils pour la chasse, la pêche, l'agriculture, le transport, etc. Mais des spécialisations sont vite apparues. La production de semences a résisté à cette spécialisation, plus que d'autres secteurs, bien que très tôt on note des échanges entre agriculteurs ou des ventes sur le marché (voir capitulaire de Charlemagne conseillant le renouvellement des semences, *in* Boulaine, 1992). Mais le processus de spécialisation s'est accéléré à partir de la fin du XIXe siècle avec les travaux de Louis de Vilmorin, la redécouverte des lois de Mendel et les travaux de Shull au début du XXe siècle. Ces travaux et découvertes ont donné des bases scientifiques à l'amélioration des plantes ; aujourd'hui, avec le progrès des connaissances, les outils à la disposition du sélectionneur sont de plus en plus puissants et permettent d'utiliser de mieux en mieux la variabilité génétique. La sélection est donc devenue une activité spécifique, avec comme conséquence que l'agriculteur doit acheter et renouveler ses semences s'il veut bénéficier du progrès génétique. Les semences sont devenues un intrant au même titre que les engrais, les pesticides, etc. Cependant, l'agriculteur peut être tenté de s'auto-approvisionner en semences car, à la différence des engrais ou pesticides qui sont « non renouvelables », les semences peuvent souvent se reproduire à l'identique, au moins théoriquement. C'est le cas des variétés lignées pures et des variétés synthétiques (ou populations) pour lesquelles, d'un point de vue génétique, si certaines précautions sont prises, il n'y a en théorie guère de différence entre la semence, moyen de production, et la graine, produit de consommation. Cependant, il y a des risques plus ou moins importants de perte des caractéristiques de la variété (avec notamment une hétérogénéité génétique et une perte de potentiel de rendement) associés à de mauvaises qualités germinative et sanitaire des semences.

Aux États-Unis, avec l'apparition des hybrides de maïs, la séparation des métiers de sélectionneur et d'agriculteur s'est imposée relativement rapidement, entraînant le développement de toute une industrie semencière sur la période de 1930 à 1940, avec en parallèle une action de formation des agriculteurs à la production et à l'utilisation des hybrides, tout cela avec l'appui du pouvoir politique (Sprague, 1980). Alors qu'en 1931 il semblait encore envisageable pour les agriculteurs de produire leurs propres semences hybrides avec les lignées des universités, dès les années 1940, l'idée était complètement abandonnée (Fitzgerald, 1986). L'impulsion du développement des variétés hybrides de maïs a de fait bénéficié à toute l'industrie semencière qui s'est diversifiée au-delà du maïs, aux États-Unis à partir des années 1940, mais aussi en France à partir des années 1955-1960.

Les semences sont devenues des produits devant respecter des normes de qualité génétique (pureté), de qualité germinative et de qualité sanitaire ; elles sont même maintenant souvent vendues traitées, enrobées de fongicides ou d'insecticides, grâce à des procédés très sophistiqués difficilement à la portée de l'agriculteur. Les semences sont aussi devenues le véhicule du progrès génétique : sans la grande exigence de qualité sur les semences des premiers hybrides développés en France entre 1955 et 1960, la culture du maïs hybride ne se serait sans doute pas aussi facilement imposée à l'époque. C'est un exemple d'une innovation en agriculture (le maïs hybride) qui a stimulé d'autres innovations. De même, plus récemment, le développement des variétés hybrides chez le blé a entraîné un effort important sur la qualité des semences afin de réduire de façon significative les quantités de semences à l'hectare ; cet effort a eu aussi des conséquences au niveau de la densité des semis de variétés lignées.

Les entreprises de sélection et l'industrie des semences se sont donc développées pour apporter du progrès génétique et économique à l'agriculteur ; cependant, dans notre système d'économie libérale ou semi-libérale, elles ne peuvent le faire efficacement que si elles peuvent amortir leurs investissements dans la recherche, ce qui demande que l'agriculteur renouvelle ses semences.

Le financement de la sélection et de la création variétale

Avec une variété lignée, une variété population ou une variété synthétique, l'utilisateur peut s'auto-approvisionner avec plus ou moins de risques. Si l'auto-approvisionnement est important, les entreprises de sélection privée amortiront difficilement leurs investissements de recherche : elles abandonneront donc la sélection des espèces non « rentables », voire disparaîtront. Il en résultera un ralentissement du progrès génétique, voire même un arrêt. Il est évident qu'une innovation variétale ne peut se développer que si elle apporte un bénéfice partagé par l'agriculteur (tant qu'il a le choix) et l'obtenteur. Dans notre système économique, sans renouvellement des semences, il ne peut y avoir de financement du progrès génétique. Le progrès génétique n'est pas gratuit, il faut que « quelqu'un » le finance si la société désire que les agriculteurs, les consommateurs et les industriels de l'agro-alimentaire en bénéficient.

Plusieurs solutions peuvent être mises en œuvre pour financer le progrès génétique. Il est d'abord possible de stimuler l'agriculteur à renouveler ses semences. La convention UPOV reconnaît à l'agriculteur un privilège qui lui permet de s'auto-approvisionner. Dans le cadre de cette convention, et en application d'une directive européenne, en France et pour le blé, un dispositif particulier a été mis en place : l'agriculteur qui s'auto-approvisionne doit acquitter une taxe appelée CVO (cf. Chapitre 3), égale à 0,50 euro par tonne de grain récolté. Les produits de cette taxe reviennent à 85 % aux obtenteurs et 15 % servent à un financement de la recherche publique sur des problèmes importants de la sélection du blé. C'est une solution de compromis, négociée par les agriculteurs et les professionnels des semences, qui ne compense que partiellement le manque à gagner pour les obtenteurs sur les droits de licence. Cet accord montre toutefois que les agriculteurs désirent du progrès génétique et reconnaissent que ce progrès n'est pas gratuit.

Les variétés hybrides, lorsqu'elles sont adoptées par les agriculteurs parce qu'elles présentent un avantage sur le plan technique, sont une autre solution efficace pour financer la création variétale, du fait de la quasi-obligation pour l'agriculteur de renouveler ses semences chaque année. Il s'agit certes d'une augmentation de la dépendance de l'agriculteur par rapport aux firmes semencières, mais cela lui permet de bénéficier de variétés avec des performances supérieures ; nous avons vu précédemment que c'est bien ainsi que s'est réalisé tout progrès technique. L'agriculteur accepte d'ailleurs une telle dépendance dans le cas des cultures industrielles (orge de brasserie, lin, etc.) pour lesquelles il doit respecter un cahier des charges précis, avec l'obligation d'utiliser des semences de telle ou telle variété. De ce point de vue, la solution « *Technology Protection System* », appelée « Terminator » par les opposants à ce système (Kempf, 2003), qui rend stériles les semences issues d'auto-approvisionnement, n'est pas à rejeter pour le développement de variétés lignées si plusieurs conditions peuvent être remplies : *i*) elle est associée à une innovation importante, et dans ce cas, il est normal que l'agriculteur paie pour l'innovation en renouvelant ses semences, *ii*) l'agriculteur a toujours le choix entre une variété avec ce système et une variété sans ce système, *iii*) il reste une diversité des entreprises de sélection pour assurer une diversité des variétés (voir ci-dessous).

L'alternative serait que ce soit l'État qui fasse la sélection et distribue les variétés ; c'est alors un autre système économique où l'État, comme dans une économie planifiée, paierait tous les investissements nécessaires à la sélection et la création variétale. Cependant, cela n'exclurait pas pour autant les variétés hybrides car, indépendamment du système économique, les variétés hybrides restent le moyen le plus rapide d'apporter un progrès rapide à l'utilisateur (cf. Chapitre 3). La Chine qui a un système économique planifié l'a bien compris en choisissant de développer des variétés hybrides chez le riz, avant même de bien maîtriser le système d'hybridation à grande échelle (Xizhi et Mao, 1994). Mais l'État lui aussi devrait « amortir » d'une façon ou d'une autre ses investissements dans la recherche et la sélection, sous forme d'impôts, de taxes à la récolte, etc. Les hybrides seraient donc aussi pour l'État un moyen d'amortir plus rapidement ses investissements dans la recherche. Cependant, si après la deuxième Guerre mondiale, les États ont bien financé la création variétale dans de nombreux pays européens pour répondre rapidement aux besoins de l'intensification de l'agriculture, on observe depuis un certain temps, dans la plupart de ces pays, un désengagement de la recherche publique vis-à-vis de la création variétale.

Avec une sélection et une création de variétés totalement privées, il y a un risque, qui pourrait être plus grave pour l'agriculteur que l'obligation de renouveler ses semences, c'est celui de la concentration des entreprises de sélection. Bien que le secteur semences soit sans doute moins favorable à la concentration que d'autres secteurs industriels, ce phénomène, amorcé il y a 20 ans, semble s'y poursuivre. Cette tendance est renforcée par le développement des biotechnologies auxquelles les petites et moyennes entreprises de sélection n'ont pas accès facilement. Elles perdent donc en compétitivité et peuvent disparaître. Or la perte de diversité des entreprises de sélection se traduira par la perte de diversité des variétés qui seront proposées à l'agriculteur. Il peut même en résulter un ralentissement du progrès génétique et l'abandon de la sélection de certaines espèces. La recherche publique peut avoir un rôle à jouer pour limiter les effets néfastes de cette évolution. Mais elle ne pourra pas assurer la sélection de toutes les espèces devenues orphelines (sans sélectionneurs) et en même temps développer des recherches préparant l'avenir. Ce problème, sans doute accentué par le développement des variétés hybrides, est beaucoup plus général et sort du cadre de cet ouvrage.

Conclusion
de la deuxième partie

Chez les plantes de grande culture, les variétés hybrides ont permis et permettent toujours une augmentation de la productivité des cultures. Ainsi en France après la deuxième Guerre mondiale, les hybrides de maïs, avec le développement d'une industrie semencière, ont contribué au succès d'une politique agricole visant à acquérir notre indépendance alimentaire. Aujourd'hui, l'agriculture a toujours pour mission de produire pour nourrir le monde, mais en respectant mieux l'environnement. Nourrir 9 milliards d'habitants en 2050 demande de multiplier par deux la production agricole actuelle, et ceci en supposant qu'il n'y ait pas trop de problèmes de répartition entre pays de cette production (Griffon, 2006). Les variétés hybrides, lorsque leur avantage est significatif par rapport aux autres voies possibles (populations ou lignées), peuvent contribuer encore à l'amélioration de cette production au niveau mondial dans les pays développés, mais aussi dans les pays en développement. Elles présentent en effet souvent un intérêt dans des environnements relativement défavorables et valorisent mieux certains intrants ou même demandent moins d'intrants (par exemple moins de fongicides, car plus résistantes aux maladies). Elles présentent donc un intérêt pour tous types d'agricultures, avec des niveaux très variables d'intrants. Il faudrait un très bas niveau d'intrants pour qu'elles ne se justifient plus. L'utilisation de populations améliorées ou de variétés synthétiques est une solution pour les espèces allogames où le contrôle de l'hybridation n'est pas possible à grande échelle ; si ce contrôle est possible, c'est une solution transitoire pour les situations où les itinéraires techniques ne sont pas encore suffisamment maîtrisés et où le secteur semencier n'est pas encore assez développé.

Si les hybrides ont été adoptés par tous les pays ayant cherché à développer leur agriculture, quelles que soient leurs options en matière d'organisation économique et sociale, c'est qu'ils présentent un avantage bien réel, celui de l'augmentation rapide des rendements, plus rapide que par n'importe quel autre type de variété. En termes d'efficacité à court et moyen termes c'est, chez les plantes allogames, le type de variété le plus justifié économiquement. Ainsi chez le maïs, même si une amélioration systématique des populations avait été mise en place dès le départ, les hybrides auraient été hier et seraient aujourd'hui et pour encore une longue période à venir supérieurs (économiquement) à la population améliorée. De plus, dans notre système économique, les variétés hybrides apparaissent comme le meilleur système pour assurer le financement de la sélection et de la création variétale à court et long termes, et donc la poursuite du progrès génétique. Il apparaît cependant que la stratégie de sélection, de l'utilisation des ressources génétiques jusqu'à la création de variétés, doit être optimisée afin de permettre le progrès génétique maximum à très long terme.

Annexe 1

Quelques notions de génétique et d'amélioration des plantes

Le but de cette annexe est d'introduire, de façon concise, le vocabulaire et les concepts couramment utilisés par le généticien et le sélectionneur de plantes, et qui ne sont pas définis dans le cours du texte de l'ouvrage. Les définitions des principaux termes sont cependant reprises dans le glossaire à la fin de l'ouvrage.

▶▶ Notions de génétique

Les constituants cellulaires et leur rôle

Les organismes vivants, animaux ou végétaux, sont constitués de millions de cellules, véritables briques élémentaires qui constituent leurs tissus et organes. Chaque cellule renferme un **noyau** et d'autres **organites**, nombreux, dont les mitochondries et les plastes (ces derniers étant spécifiques aux plantes). Les mitochondries jouent un rôle essentiel dans la respiration, et chez les plantes, des plastes importants appelés chloroplastes sont le siège de l'activité photosynthétique. Dans le noyau et dans chacun de ces organites se trouve de l'**ADN** (acide désoxyribonucléique), support des informations pour le « pilotage » du fonctionnement des cellules et le déterminisme des caractères.

L'ADN du noyau est organisé en unités indépendantes appelées **chromosomes**. Chez les espèces **diploïdes** ou à fonctionnement diploïde, les chromosomes sont eux-mêmes organisés en paires indépendantes dont le nombre est caractéristique d'une espèce ou d'un groupe d'espèces apparentées. Les chromosomes d'une paire sont dits **homologues** car ils ont la même structure, avec la même séquence de gènes ; pour chaque paire, l'un des chromosomes vient du parent mâle, l'autre vient du parent femelle. Pour le passage d'une génération à une autre, à l'issue d'un processus de division cellulaire particulier (la **méiose**), il se forme des cellules reproductrices, les **gamètes,** qui ne contiennent qu'un chromosome de chaque paire : elles sont dites **haploïdes**. Chaque chromosome d'un gamète résulte en fait de **recombinaisons (crossing-over)** à la méiose entre les deux chromosomes homologues d'une paire. Chez les plantes, le gamète mâle correspond à une cellule haploïde issue du pollen et le gamète femelle à une cellule haploïde contenue dans l'ovule. À la **fécondation**, la fusion d'un gamète mâle et d'un gamète femelle, tous les deux haploïdes, donne alors une nouvelle cellule diploïde avec le nombre total de chromosomes de l'espèce. Cette cellule, après de nombreuses divisions appelées **mitoses**, aboutit à un organisme constitué de différents organes, dont les cellules spécialisées dans leur fonction ont toutes la même information nucléaire.

L'ADN des mitochondries et des chloroplastes est organisé en un seul chromosome, avec un grand nombre de copies par cellule, et par moins d'information génétique que celui du noyau. Sa transmission à la descendance est en général maternelle, avec des exceptions, comme chez les gymnospermes.

Niveau de ploïdie

Chez certaines espèces de plantes, le nombre de chromosomes homologues est supérieur à deux : elles sont dites **autopolyploïdes**. À la méiose, il ne se forme que rarement des multivalents correspondant au niveau de ploïdie ; s'il se forme des bivalents, comme chez les diploïdes, ils se forment au hasard entre chromosomes d'un même groupe d'homologie. Seuls les nombres pairs de chromosomes permettent une méiose normale. Comme exemples de plantes naturellement autopolyploïdes, on peut citer le poireau et la luzerne avec un ensemble chromosomique structuré en groupes de 4 chromosomes homologues : ces deux espèces sont dites autotétraploïdes.

Gènes et allèles

En génétique moléculaire, un gène est une séquence d'ADN qui contient l'information codant pour la synthèse d'un ARN. Cet ARN peut avoir en tant que tel un rôle régulateur (en contrôlant l'expression d'autres gènes) ou bien coder pour la synthèse d'une protéine. La protéine synthétisée peut avoir une fonction métabolique ou bien moduler l'expression d'autres gènes en se fixant sur leurs régions régulatrices. Tout gène qui contrôle l'expression d'autres gènes est appelé **gène de régulation** ou régulateur. En génétique formelle, un gène est l'unité d'information et de ségrégation qui détermine un caractère.

Chaque gène occupe une position précise, ou **locus**, sur un chromosome. Pour une espèce donnée, tous les individus ont les mêmes gènes, c'est-à-dire le même ensemble de fonctions, mais pour un gène donné, l'information génétique peut varier plus ou moins d'un individu à l'autre. Ainsi, au sein d'une espèce où le caractère « couleur de fleur » (blanche ou rouge) serait contrôlé par un seul gène, selon les plantes considérées, c'est l'information couleur blanche ou couleur rouge qui sera présente. Ces variantes de l'information pour une fonction donnée, à un locus donné, sont appelées des **allèles**. C'est la diversité des allèles qui est à la base de la variation génétique utilisée en sélection.

Génotype

Un génotype est l'arrangement des allèles d'un individu à un ensemble de locus, en tenant compte de leur liaison. Par extension, dans une population de grande taille se reproduisant en fécondation croisée, avec un grand nombre de locus polymorphes, le génotype est souvent assimilé à l'individu. En effet, dans cette situation, compte tenu du très grand nombre de génotypes possibles, deux individus, même proches parents (comme des frères et des sœurs), ne peuvent pas avoir le même génotype sur l'ensemble du génome.

À un locus donné, chez une espèce diploïde, si les deux gènes représentent la même information génétique (le même allèle), le génotype est dit **homozygote** ; si les deux informations sont différentes, donc s'il y a deux allèles, le génotype est dit **hétérozygote**.

Notion de dominance

Chez un génotype hétérozygote, si l'effet de l'un des allèles masque l'effet de l'autre allèle, on parle de dominance. L'allèle dont l'effet est masqué est dit récessif. Si les effets des deux allèles sont observables, on parle de codominance.

Le passage du gène au caractère

Un gène code généralement une protéine (certains gènes de régulation ne codent que des ARN). Ce codage est formé par la succession des **quatre désoxyribonucléotides** constitués chacun d'une base organique azotée (A pour adénine, T pour thymine, C pour cytosine, G pour guanine), associée à un sucre pentose (le désoxyribose) et à l'acide phosphorique. Ces ribonucléotides constituent un alphabet à quatre lettres qui forment des mots de trois lettres. Ainsi, de façon simplifiée, un triplet de nucléotides code pour l'un des acides aminés possibles, les constituants élémentaires des protéines. Ce code est universel, « de la bactérie à l'éléphant » ou des micro-organismes à l'homme. La lecture de la séquence d'ADN, appelée transcription, se fait par une enzyme qui transcrit l'information sous forme d'une chaîne d'acides ribonucléiques, l'ARN messager ou ARNm. La chaîne d'ARN est formée par la séquence correspondante, complémentaire, des ribonucléotides de l'ADN, l'uracyle (U) remplaçant la thymine (T). Après maturation, c'est-à-dire élimination des zones non codantes, les ARNm migrent dans le cytoplasme où ils vont être traduits en une séquence d'acides aminés formant la protéine codée par le gène, par l'intermédiaire d'une machinerie nucléoprotéique, les ribosomes : c'est le processus de traduction. Les protéines acquièrent ensuite leur structure secondaire et tertiaire par plusieurs repliements qui leur confèrent une structure tridimensionnelle. Elles peuvent aussi subir des modifications appelées modifications post-traductionnelles.

▶▶ Notions de génétique des populations

Population

Dans cet ouvrage, une population est définie comme un ensemble d'individus qui peuvent se reproduire (ou se reproduisent) entre eux.

Fréquence d'un génotype

Dans une population, la fréquence d'un génotype est le pourcentage d'individus ayant le génotype considéré. Par exemple, dans une population se reproduisant en fécondation croisée, considérons les génotypes réduits à un locus avec deux allèles A et a ; si N_1, N_2

N_3 représentent les effectifs respectifs des trois génotypes possibles *AA, Aa* et *aa* et N l'effectif total, alors :
- la fréquence de *AA* est $P = N_1/N$;
- la fréquence de *Aa* est $Q = N_2/N$;
- la fréquence de *aa* est $R = N_3/N$.

Fréquence d'un allèle

Dans une population, à un locus donné, la fréquence d'un allèle s'exprime par le rapport du nombre de copies de cet allèle au nombre total d'emplacements (deux fois le nombre d'individus pour une espèce diploïde). Ainsi, dans une population avec trois génotypes *AA, Aa* et *aa*, d'effectifs respectifs N_1, N_2 et N_3, la fréquence p de l'allèle *A* est alors :

$$p = (2N_1 + N_2) / 2N \text{ ou } p = (N_1 + N_2/2) / N,$$

N étant l'effectif total, ce qui peut s'écrire :

$$p = P + Q/2,$$

$$q = R + Q/2,$$

P étant la fréquence de *AA*, Q la fréquence de *Aa* et R la fréquence de *aa*.

Notion de valeur sélective d'un génotype

La valeur sélective d'un génotype se mesure par le nombre moyen de ses descendants qui vont participer à la génération suivante : c'est donc le produit de sa probabilité de survie jusqu'à la maturité reproductive par sa fertilité.

Structure d'une population panmictique

La panmixie est un système de reproduction dans lequel les gamètes mâles et les gamètes femelles des individus d'une population s'unissent au hasard. Nous ne considérons dans cet ouvrage que le cas des populations idéales de grande taille, sans chevauchement de générations. Soit une telle population avec, à un locus, trois génotypes *AA, Aa* et *aa*, de fréquence respective P, Q et R ; soit p la fréquence des gamètes portant *A* et q la fréquence des gamètes portant *a* (soit $p + q = 1$). En l'absence de sélection au niveau zygotique et gamétique, et sans migration, si les gamètes mâles et femelles s'unissent au

Tableau A.1. Détermination de la composition génotypique, à un locus, d'une population panmictique.

A et *a* représentent les deux allèles présents au locus, p et q représentent leurs fréquences respectives. Le raisonnement s'étend facilement à plus de deux allèles.

	Gamètes mâles	
Gamètes femelles	*A p*	*A q*
A p	*AA* p^2	*Aa* pq
a q	*aA* qp	*aa* q^2

hasard pour former les zygotes de la génération suivante, il en résulte la composition génotypique suivante au locus considéré (Tableau A.1) :
– fréquence de *AA* équivalent à p^2 ;
– fréquence de *Aa* équivalent à $2\,pq$;
– fréquence de *aa* équivalent à q^2.

Si les hypothèses *i*) population de grande taille, *ii*) absence de chevauchement des générations, *iii*) absence de mutation et de migration et *iv*) absence de sélection zygotique et gamétique sont respectées, la fréquence des gènes ainsi que la composition génotypique de la population sont conservées d'une génération à l'autre, dès la première génération de reproduction (loi de Hardy-Weinberg).

Déséquilibre de liaison dans une population panmictique

Il y a déséquilibre de liaison (Δ) entre deux gènes non homologues *A* et *B* lorsque la fréquence observée de leur association f_{AB} au niveau des gamètes est différente de celle attendue sur la base de l'association au hasard des deux gènes *A* et *B* :

$$\Delta = f_{AB} - p_A p_B,$$

p_A (ou p_B) représentant la fréquence du gène *A* (ou *B*) dans la population.

Il peut donc y avoir déséquilibre de liaison sans liaison physique (**linkage**) entre les deux locus considérés. Dans le cas de biallélisme, avec les allèles *A* et *a* à un locus et *B* et *b* à l'autre locus, le génotype double hétérozygote *AaBb* est dit en « *coupling* » s'il a été formé par l'union des gamètes *AB* et *ab*, et en **répulsion** s'il a été formé par l'union des gamètes *Ab* et *aB*.

Au cours des générations de multiplication en panmixie, le déséquilibre de liaison disparaît progressivement et la population tend vers un **équilibre de liaison** correspondant à l'union au hasard des gènes non allèles, avec égalité des états de « *coupling* » et de répulsion.

▸▸ Notions de génétique quantitative

Caractères qualitatifs et caractères quantitatifs

Deux types de caractères peuvent être distingués :
– les caractères qualitatifs, dont la variation est discontinue, comme le caractère ridé ou lisse du petit pois, la couleur des fleurs pour certaines espèces, la résistance à certaines maladies ;
– les caractères quantitatifs dont la variation est continue, comme la hauteur d'une plante, la longueur de ses feuilles ou le diamètre de ses fruits, le rendement en grain d'une céréale.

Les caractères qualitatifs sont généralement déterminés par un nombre réduit de gènes (un ou deux) et assez peu affectés par le milieu, alors que les caractères quantitatifs sont le plus souvent déterminés par un grand nombre de gènes (ils sont dits polygéniques) et affectés par le milieu.

Valeur phénotypique et valeur génotypique

Le phénotype d'un génotype (ou d'un individu) correspond à ce qui est vu, observé ou mesuré sur ce génotype (ou cet individu), dans les conditions de milieu où il est, et à un niveau d'observation donné. Pour un caractère donné, la valeur phénotypique (P) représente l'état (pour un caractère qualitatif) ou la mesure (pour un caractère quantitatif) de ce caractère au niveau de l'individu dans un milieu donné. Elle est le résultat des effets des gènes et du milieu. Pour un caractère quantitatif, la valeur d'un génotype (G) est une valeur théorique (abstraite) qui peut être considérée comme la valeur moyenne d'un grand nombre de répétitions de ce génotype. En termes mathématiques, c'est l'espérance du phénotype connaissant le génotype. D'une façon générale, on écrit :

$$P = G + e,$$

où e représente l'effet du milieu.

Additivité des effets génétiques, effets de dominance, effets additifs statistiques

L'additivité des effets génétiques à un locus traduit le fait que l'hétérozygote est égal à la moyenne des deux homozygotes correspondants. La déviation entre cette moyenne et la valeur observée de l'hétérozygote représente l'effet de dominance (ou dominance « biologique »).

Dans une population panmictique de grande taille, à un locus, **l'effet additif** (A) d'un allèle est la valeur moyenne centrée de cet allèle en association avec tous les gènes de la population (une variable centrée est une variable dont on soustrait sa moyenne, ici la moyenne de la population). De façon plus concrète, chez les espèces diploïdes, c'est la moitié de la moyenne centrée des descendants du génotype homozygote pour cet allèle. Ainsi, en l'absence de dominance, la valeur centrée des descendants d'un génotype hétérozygote est égale à la somme des effets additifs des gènes qu'il a reçus. La valeur centrée d'un génotype quelconque, homozygote ou hétérozygote, est égale à la somme des effets additifs des gènes qu'il porte plus une déviation à cette somme appelée aussi « dominance » ou « **dominance statistique** » (D). Dominance biologique et dominance statistique sont deux notions liées ; ainsi s'il n'y a pas de dominance biologique, il ne peut pas y avoir de dominance statistique. Mais la dominance statistique existe aussi chez les homozygotes : c'est la déviation entre la valeur observée et la valeur prévue sur la base de deux fois l'effet additif du gène porté par l'homozygote (Figure A.1). De plus, ces effets d'additivité et de dominance statistiques dépendent de la fréquence des gènes (ils sont calculés à partir de moyennes dans une population panmictique) ; ils dépendent donc de la population. Les descriptions « biologiques » et « statistiques » sont liées, mais elles n'ont pas le même but : la première décrit directement l'effet des gènes, la seconde décrit la valeur des descendants en croisement (en panmixie) d'un génotype. Les effets « statistiques » sont à la base de la théorie de la sélection artificielle.

Avec la description statistique des effets à un locus, en l'absence d'interactions entre locus, la valeur génotypique G centrée peut donc s'écrire :

$$G = \mu + A + D,$$

μ représentant la moyenne de la population panmictique de référence, A la somme des effets additifs sur l'ensemble des locus impliqués dans la détermination de la valeur génétique et D la somme des effets de dominance sur le même ensemble de locus.

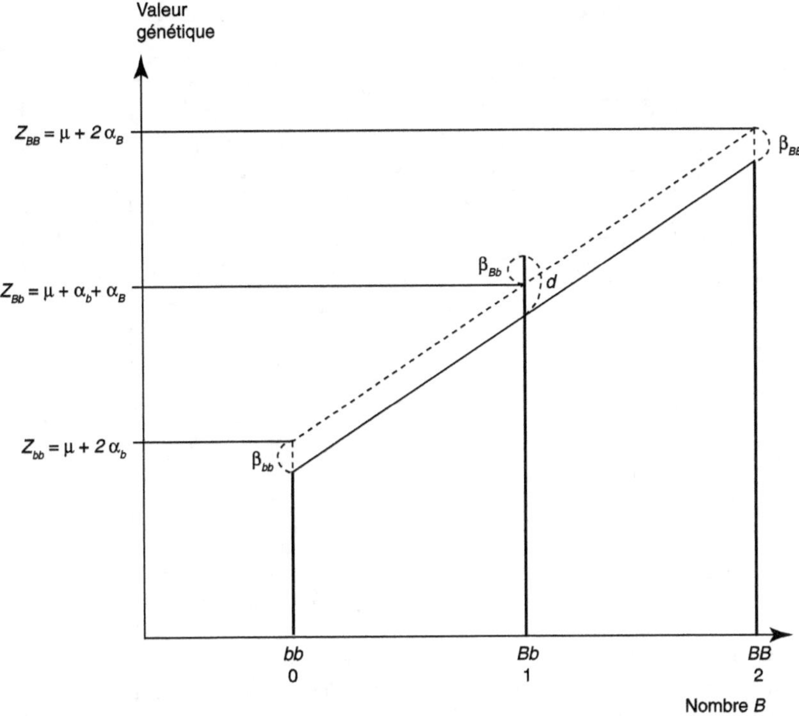

Figure A.1. Valeur additive des génotypes, dominance biologique et dominance statistique dans le cas de biallélisme.

Les valeurs additives (Z_{bb}, Z_{Bb}, Z_{BB}) correspondent à la régression des valeurs génotypiques (G_{bb}, G_{Bb}, G_{BB}) sur le nombre d'allèles favorables (0, 1, 2). La dominance « biologique » (d), observée uniquement chez l'hétérozygote, est égale à la différence entre la valeur observée de l'hétérozygote et la moyenne des deux homozygotes. α_b et α_B représentent l'effet additif respectivement pour l'allèle b et l'allèle B. La dominance « statistique » pour chaque génotype correspond à la différence entre sa valeur génotypique et sa valeur additive, soit β_{bb}, β_{Bb}, β_{BB} pour les génotypes bb, Bb et BB respectivement. À noter que pour une dominance biologique (d) positive, les valeurs de la dominance statistique chez les homozygotes (β_{bb}, β_{BB}) sont négatives.

En l'absence d'épistasie (voir ci-dessous), cette expression s'étend à un ensemble de locus : A représente alors la somme des effets additifs de l'ensemble des gènes aux différents locus et D représente la somme des effets de dominance.

Épistasie

L'épistasie est une interaction entre deux ou plusieurs locus ; elle se traduit par un écart entre la valeur observée d'un génotype et sa valeur prévue sur la base de l'additivité des effets des locus. En génétique quantitative, la modélisation des valeurs génotypiques se limite le plus souvent à l'épistasie entre deux locus. Cette épistasie recouvre plusieurs formes d'interactions entre gènes (Figure A.2) : i) entre un allèle à un locus et un allèle à un autre locus, c'est l'épistasie additive × additive (AA), c'est-à-dire que la présence d'un allèle particulier à un locus modifie l'effet d'un allèle à l'autre locus, ii) entre un allèle à un locus et les deux allèles à l'autre locus, c'est l'épistasie additive × dominance (AD), c'est-à-dire que la présence d'un allèle particulier à un locus modifie la dominance

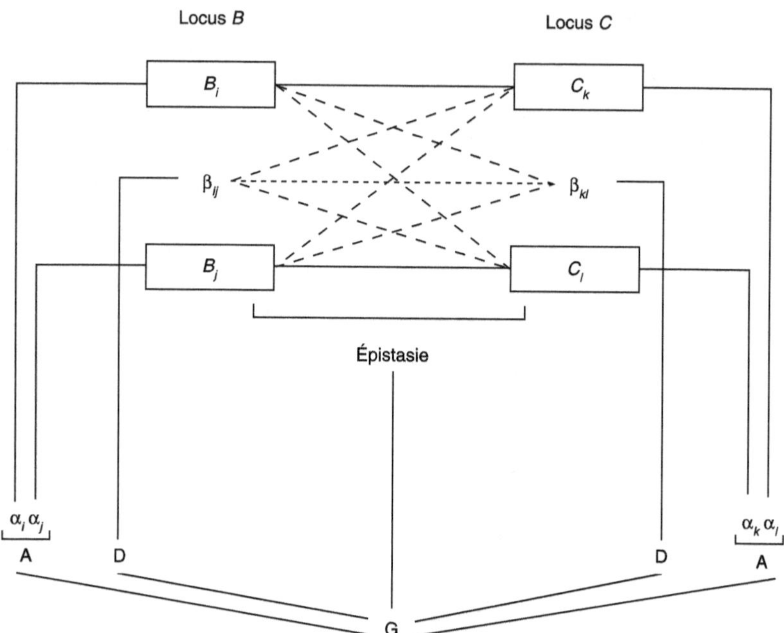

Figure A.2. Illustration des effets des gènes à deux locus B et C.

B_i et B_j représentent des allèles au locus B, C_k et C_l des allèles au locus C. Par rapport à la situation « un locus » où la seule interaction entre gènes était la dominance, il peut apparaître de nouvelles interactions : entre deux gènes (additivité × additivité), entre 3 gènes (additivité × dominance) et entre 4 gènes (dominance × dominance). Ces interactions sont les composantes de l'épistasie entre deux locus.

à l'autre locus et *iii*) entre les deux allèles à un locus et les deux allèles à l'autre locus, c'est l'épistasie dominance × dominance (DD), c'est-à-dire que la relation de dominance à un locus modifie la relation de dominance à un autre locus. Ces effets d'épistasie sont définis de façon « statistique », comme les effets d'additivité et de dominance. Pour un ensemble de locus, la valeur d'un génotype à deux locus peut donc s'écrire :

$$G = \mu + A + D + AA + AD + DD,$$

AA, AD et DD représentant respectivement la somme des effets d'épistasie additive × additive, additive × dominance et dominance × dominance sur l'ensemble des paires de locus.

Cette expression s'étend à plus de deux locus : AA, AD et DD représentent respectivement la somme des effets d'interaction additivité × additivité, additivité × dominance et dominance × dominance sur l'ensemble des paires de locus.

Variances d'additivité, de dominance et d'épistasie

La variance est la mesure statistique de la variation. Seuls les locus polymorphes, ou QTL, participent à la variance d'un caractère quantitatif. Dans une population, la variance d'additivité exprime la variance des effets additifs des gènes. C'est la somme des variances des effets additifs à chaque locus. La variance de dominance est la somme des variances de dominance « statistique » à chaque locus. En l'absence d'épistasie, la variance génétique totale (V_G) d'une population panmictique en équilibre est alors la somme de la variance des effets d'additivité (V_A) et de la variance de dominance (V_D) :

$$V_G = V_A + V_D,$$

et en présence d'épistasie :

$$V_G = V_A + V_D + V_{AA} + V_{AD} + V_{DD},$$

V_{AA}, V_{AD} et V_{DD} représentant respectivement la somme des variances des effets d'épistasie additive × additive, additive × dominance et dominance × dominance de chaque paire de locus impliqués dans la variation.

Aptitude générale et aptitude spécifique à la combinaison

À l'intérieur d'une population panmictique de grande taille, l'aptitude générale à la combinaison (AGC) d'une plante est égale à la moyenne de ses descendants. Elle se relie donc directement aux effets additifs des gènes. Ainsi, à un locus, l'AGC d'un génotype homozygote est égale à l'effet additif de l'allèle présent. Si les effets des allèles étaient totalement additifs (pas de dominance, pas d'épistasie), la valeur d'un croisement donné pourrait se prévoir par la somme des aptitudes générales à la combinaison de ses parents. Mais, en général, il existe une déviation entre la valeur observée du croisement et sa valeur prévue sur la base de l'additivité des aptitudes générales à la combinaison de ses parents ; cette déviation représente l'aptitude spécifique à la combinaison.

Héritabilité au sens large et au sens étroit

L'effet du milieu peut perturber la correspondance entre la valeur génétique attendue sur la base des effets des gènes et la valeur observée au niveau du phénotype. Pour un caractère quantitatif, l'héritabilité au sens large mesure le degré de correspondance entre ces deux valeurs. C'est aussi le degré de confiance dans l'appréciation de la valeur génotypique par la valeur phénotypique ; en termes statistiques, c'est la régression génotype/phénotype. Elle s'exprime par le rapport de la variance génétique à la variance des valeurs phénotypiques :

$$h_{sl}^2 = \frac{V_G}{V_P} = \frac{V_P}{V_P + V_e}.$$

Le sélectionneur utilise aussi souvent l'héritabilité au sens étroit (ou strict) qui correspond à une mesure de la ressemblance entre les enfants et leurs parents (en termes statistiques, dans une population panmictique, c'est la régression enfant/parent-moyen) :

$$h_{ss}^2 = \frac{V_A}{V_P}.$$

La détection de QTL

Avec les outils de la biologie moléculaire, de nombreuses « étiquettes » peuvent être détectées sur le génome ; chacune de ces étiquettes, appelées marqueurs moléculaires, ségrège comme un gène. Dans les populations où la liaison entre gènes ne peut exister que s'ils sont assez proches sur un même chromosome (les populations dérivées du croisement entre deux lignées pures : F_2, F_3, …, back-cross, lignées recombinantes), l'étude de la liaison entre les marqueurs conduit à l'établissement des cartes génétiques (position des marqueurs sur les chromosomes en fonction des distances génétiques). Dans ces mêmes populations, la liaison entre un marqueur moléculaire et un locus impliqué dans la variation d'un caractère quantitatif permet de détecter la présence de QTL. Par exemple, dans une population de lignées recombinantes, avec un marqueur moléculaire ayant deux allèles M_1 et M_2, il est possible de distinguer deux types de plantes selon leur génotype au locus marqueur : des plantes M_1M_1 et M_2M_2. À partir des mesures de chaque plante, les moyennes de ces deux types de plantes peuvent être estimées (Figure A.3). Dans le cas d'absence de QTL au voisinage du marqueur, ces deux moyennes sont attendues égales, aux effets d'échantillonnage près. Si elles sont statistiquement différentes, cela signifie qu'au voisinage du locus marqueur il existe un QTL affectant la variation du caractère. Des méthodes statistiques sophistiquées permettent alors de situer le QTL sur la carte génétique (cartographie des marqueurs par chromosome). De plus, pour un QTL lié au marqueur, avec deux allèles Q_1 et Q_2 (Q_1 lié à M_1 et Q_2 lié à M_2), les valeurs

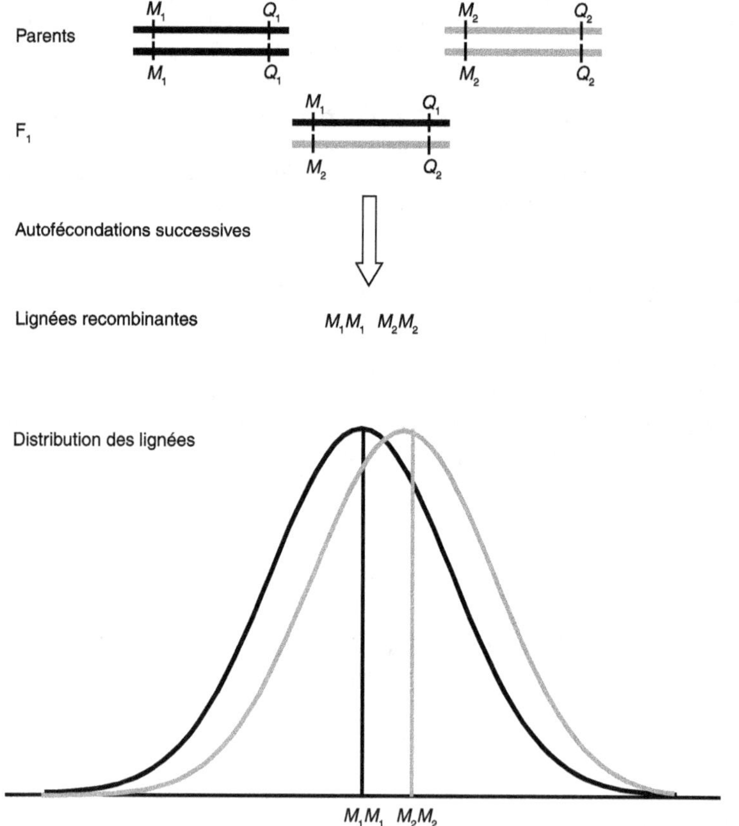

Figure A.3. Principe de la détection de QTL dans une population de lignées recombinantes.

À un locus polymorphe, il n'y a que deux génotypes Q_1Q_1 et Q_2Q_2. Supposons un locus marqueur avec les « allèles » M_1 et M_2, M_1 très lié au gène Q_1 et M_2 lié à Q_2. Sur la base des génotypes aux marqueurs, les lignées recombinantes peuvent être classées en deux groupes M_1M_1 et M_2M_2. Les lignées ayant été évaluées pour un ou plusieurs caractères quantitatifs, les moyennes des deux groupes peuvent être calculées pour chaque caractère. Si les moyennes de ces deux groupes sont différentes, cela signifie qu'au voisinage du locus marqueur il existe un locus affectant le caractère quantitatif.

des génotypes Q_1Q_1 et Q_2Q_2 peuvent être estimées. La démarche s'applique aussi aux populations en ségrégation de type F_2, F_3, etc. ; il y a alors 3 types de plantes à considérer selon le génotype au locus marqueur, M_1M_1, M_1M_2 et M_2M_2, et trois moyennes à comparer. L'estimation des valeurs des génotypes au QTL lié permet alors d'avoir accès à la demi-différence entre les deux homozygotes (a), à la dominance biologique (d) et au degré de dominance (rapport d/a).

▶▶ Notions d'amélioration des plantes

Systèmes de reproduction chez les plantes

Les plantes peuvent être à reproduction sexuée, par graines (par exemple les céréales) et/ou à multiplication végétative (par exemple la pomme de terre). Selon le type de reproduction sexuée, on distingue les espèces autogames et les plantes allogames (voir Tableau 1.1, p. 9).

Chez les plantes autogames, la dispersion du pollen est très faible ; le pollen d'une fleur se dépose le plus souvent sur les stigmates de cette même fleur (par exemple pour le blé, l'orge, la tomate, le pois, etc.). La fécondation peut même avoir lieu avant l'ouverture de la fleur : les plantes sont dites cléistogames. Toutefois, l'autogamie stricte est assez rare : il y a souvent chez les plantes dites autogames un résidu d'allogamie (de l'ordre de 5 % chez le blé) qui peut d'ailleurs varier selon le milieu.

Chez les espèces allogames, la dispersion du pollen est importante et le pollen d'une plante féconde le plus souvent d'autres plantes la fécondation est dite croisée, on parle d'allofécondation. Différents mécanismes peuvent favoriser cette fécondation croisée : la séparation des sexes sur la plante ou monoécie (chez le maïs, le ricin, etc.), la séparation des sexes sur des plantes différentes ou dioecie (chez l'asperge, le chanvre, etc.), l'auto-incompatibilité, la compétition pollinique (le pollen étranger est souvent favorisé par rapport à l'autopollen chez une plante allogame), la nécessité de l'intervention des insectes pour la pollinisation (cas de certaines légumineuses comme la luzerne). D'une façon plus générale, chez les plantes allogames, le pollen peut être transporté par le vent, dans ce cas les plantes sont dites anémophiles, ou il peut être transporté par les insectes, les plantes sont dites entomomophiles.

Il existe aussi des espèces qui ont un système de reproduction intermédiaire, mi-autogame, mi-allogame. Ces espèces n'ont aucun mécanisme qui favorise l'allogamie ou l'autogamie. C'est le cas du colza qui a un taux de reproduction en allogamie d'environ 65 % et donc un taux de reproduction en autogamie d'environ 35 %.

La notion de variété

Une variété de plante cultivée, au sens du sélectionneur, est une population artificielle à base génétique plus ou moins étroite, voire réduite à un génotype (lignées, hybrides simples, clones) reproductible selon un schéma déterminé et de caractéristiques agronomiques bien définies. Chez les plantes à reproduction sexuée, on distingue : les variétés populations maintenues en fécondation libre chez les espèces allogames, les variétés synthétiques ou populations artificielles formées à partir d'un nombre limité de constituants, les variétés lignées pures formées par un génotype homozygote et les variétés hybrides souvent développées chez les plantes à partir du croisement de lignées. Les critères de choix et les caractéristiques détaillées de ces différents types de variétés sont présentés au chapitre 3, p. 143 et 153.

La création de variétés

Le but de la sélection est d'accumuler dans un même génotype, la variété et le maximum de gènes favorables. Pour une lignée pure, il s'agit d'accumuler les gènes favorables à l'état homozygote. Pour un hybride, il s'agit d'accumuler les gènes favorables en croisement. La méthode la plus utilisée pour créer, à court terme, une nouvelle lignée (nouvelle variété lignée ou nouveau parent d'un hybride) consiste à croiser deux lignées entre elles (c'est ce qui est appelé le départ de sélection) et par un processus de sélection au cours des générations d'autofécondation (ou par haplodiploïdisation), on essaie d'obtenir des génotypes transgressants, c'est-à-dire meilleurs que le meilleur parent. C'est ce que l'on appelle **la sélection généalogique** (Figure A.4).

La sélection récurrente

Dans la pratique de la création variétale, le sélectionneur réalise plusieurs centaines, voire milliers de départs de sélection. Les meilleures lignées issues de ces départs peuvent alors être utilisées directement pour produire une variété commerciale ; elles sont aussi recroisées entre elles pour former de nouveaux départs : le processus de sélection est récurrent, c'est-à-dire qu'il cumule plusieurs cycles de sélection. Pour des caractères complexes comme le rendement, déterminés par un grand nombre de gènes, cette récurrence est nécessaire car *i*) il faut réunir dans un même génotype un grand nombre de gènes, répartis dans des matériels très divers et *ii*) dans un cycle de sélection généalogique, il ne peut être fixé dans un même génotype qu'un nombre limité de gènes.

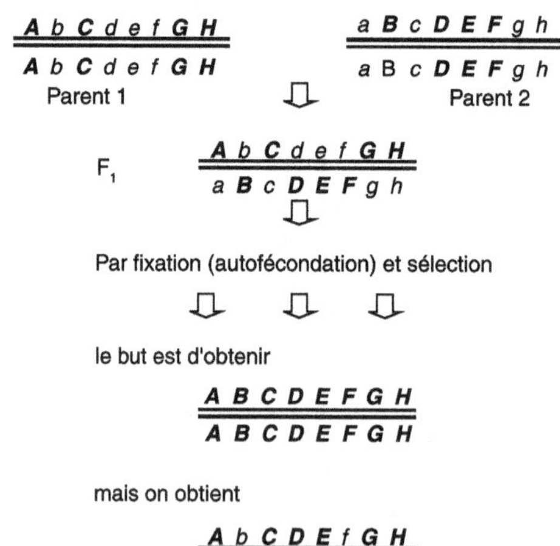

Figure A.4. La sélection généalogique en vue de la création de variétés lignées.

Il s'agit de réunir dans une même lignée les gènes favorables (représentés par une lettre majuscule) portés par des parents différents.

Pour accélérer le processus de recombinaison des apports génétiques des parents sélectionnés, le sélectionneur peut avoir recours à la **sélection récurrente** à cycles courts pour améliorer son matériel de base. Le principe consiste à *i*) évaluer la valeur d'une plante (selon un système de test dépendant de l'héritabilité du caractère et du type de variété à développer à partir du matériel amélioré) et *ii*) intercroiser les meilleures plantes, puis à recommencer ce cycle à partir des plantes ainsi obtenues. De tels schémas conduisent à augmenter la fréquence des gènes favorables et de leur arrangement en génotypes favorables pour un type de variétés (lignées ou hybrides). À l'issue de chaque cycle, le matériel obtenu peut alors être le point de départ d'une sélection généalogique en vue de la création variétale, qui a pour but de fixer les allèles favorables réunis par sélection récurrente dans un même génotype reproductible. La justification de la sélection récurrente et les schémas adaptés à la création de variétés hybrides sont détaillés dans la 2e partie de cet ouvrage (cf. Chapitre 4).

Table « Intensité de sélection »

Le tableau ci-dessous donne la relation entre la proportion d'individus sélectionnés (p) et l'intensité de sélection i, pour des proportions d'individus sélectionnés inférieures à 0,5 (voir Figure p. 218).

p	i	p	i	p	i
0,0001	3,953	0,010	2,665	0,22	1,346
0,0002	3,772	0,015	2,525	0,23	1,320
0,0003	3,699	0,020	2,421	0,24	1,295
0,0004	3,620	0,025	2,338	0,25	1,271
0,0005	3,561	0,030	2,268	0,26	1,248
0,0006	3,504	0,035	2,208	0,27	1,225
0,0007	3,463	0,040	2,154	0,28	1,202
0,0008	3,429	0,045	2,106	0,29	1,180
0,0009	3,395	0,050	2,063	0,30	1,159
0,0010	3,368	0,055	2,023	0,31	1,138
0,0012	3,314	0,060	1,985	0,32	1,118
0,0014	3,274	0,065	1,951	0,33	1,097
0,0016	3,236	0,070	1,918	0,34	1,078
0,0018	3,202	0,075	1,887	0,35	1,058
0,0020	3,171	0,080	1,858	0,36	1,039
0,0022	3,143	0,085	1,831	0,37	1,020
0,0024	3,116	0,090	1,804	0,38	1,002
0,0026	3,093	0,095	1,779	0,39	0,984
0,0028	3,071	0,100	1,755	0,40	0,966
0,0030	3,050	0,110	1,709	0,41	0,948
0,0032	3,031	0,120	1,667	0,42	0,931
0,0034	3,011	0,130	1,627	0,43	0,913
0,0036	2,994	0,140	1,590	0,44	0,896
0,0038	2,977	0,150	1,554	0,45	0,880
0,0040	2,962	0,160	1,521	0,46	0,863
0,0050	2,892	0,170	1,489	0,47	0,846
0,0060	2,834	0,180	1,458	0,48	0,830
0,0070	2,784	0,190	1,428	0,49	0,814
0,0080	2,740	0,200	1,400	0,50	0,798
0,0090	2,701	0,210	1,372		

Références bibliographiques

A

Alabouvette L., Bertin P., Dumail, Piat J., Rautou S., 1951. Conditions de la culture du maïs et expérimentation des variétés destinées à la production de grain. *In* « La culture du maïs hybride en France », *Actualités Agronomiques*, Série B, 1, 21-41.

Allard R.W., 1960. *Principles of plant breeding.* J. Wiley.

Allison J.C.S., Curnow R.N., 1966. On the choice of tester parent for the breeding of synthetic varieties in maize (*Zea mays* L.). *Crop Sci.* 6, 541-544.

Anderson D.C., 1938. The relation between single and double cross yields in corn. *Agron. J.* 30, 209-211.

Anglade P., Barrière Y., Beckert M., Boyat A., Derieux M., Gallais A., Giauffret C., Hébert Y., Pollacsek M., 1992. Le maïs. *In* Gallais A., Bannerot H., *Amélioration des espèces végétales cultivées.* INRA ed. p. 88-111.

Ashby E., 1930. Studies in the inheritance of physiological characters. I. A physiological investigation of the nature of hybrid vigor in maize. *Ann. Bot.* XLIV, 457-468.

Ashby E., 1932. Studies on the inheritance of physiological characters. II. Further experiments upon the basis of hybrid vigor and upon the inheritance of efficiency index and respiration rate in maize. *Ann. Bot.* XLVI, 1007-1032.

Auger D.L., Gray A.D., Ream S.T., Kato A., Coe E.H., Birchler J.A., 2005a. Nonadditive gene expression in diploid and triploid hybrids of maize. *Genetics* 169, 389-397.

Auger D.L., Peters E.M., Birchler J.A., 2005b. A genetic test of bioactive gibberellins as regulators of heterosis in maize. *J. Heredity* 96, 614-617.

Auriau P., Doussinault G., Jahier J., Lecomte C., Pierre J., Pluchard P., Rousset M., Saur L.,

Trottet M., 1992. Le blé tendre. *In* Gallais A., Bannerot H., *Amélioration des espèces végétales cultivées.* INRA ed., p. 22-38.

Auriau P., Pluchard P., Chapuzet T., Tallon P., 1979. Quel est l'avenir des blés hybrides ? *Ann. Amélior. Plantes* 29, 131-144.

Austin R.B., Bingham J., Blackwell R.D., Evans L.T., Ford M.A., Morgan C.L., Taylor M., 1980. Genetic improvements in winter wheat yields since 1900 and associated physiological changes. *J. Agric. Sci.*, Camb. 94, 675-689.

Austin D.F., Lee M., Veldboom L.R., Hallauer A.R., 2000. Genetic mapping in maize with hybrid progeny across testers and generations grain yield and grain moisture. *Crop Sci.* 40, 30-39.

B

Bannerot H., 1986. L'importance des variétés hybrides dans l'évolution de la production légumière française. *C.R Acad. Agric. France* 72, 309-332.

Bannerot H., Pécaut P., 1992. Les plantes légumières. Présentation générale. *In* Gallais A., Bannerot H., *Amélioration des espèces végétales cultivées.* INRA ed., p. 361-378

Bao J. Le S., Chen C., Zhang X., Zhang Y., Liu S., Clark T., Wang J., Cao M., Yang H., Wang S.M., Yu J., 2005. Serial analysis of gene expression study of a hybrid rice strain (LYP9) and its parental cultivars. *Plant Physiol.* 138, 1216-1231.

Barrière Y., Gibelin C., Argillier O., Mechin V., 2001. Genetic analysis in recombinant inbred lines of early dent forage maize. I. *Maydica* 46, 253-266.

Barth S., Busimi A.K., Utz H.F., Melchinger A.E., 2003. Heterosis for biomass yield and related traits in five hybrids of *Arabidopsis thaliana* L. Heynh. *Heredity* 91, 36-42.

Barth S., Melchinger A.E., Devezi-Savula B., Lübbersted T., 2001. Influence of genetic background and heterozygosity on meiotic recombination in *Arabidopsis thaliana*. *Genome* 44, 971-978.

Bassett M.J., 1986. *Breeding vegetable crops.* AVI Pub., Westport, USA, 584 p.

Beavis W.D., Frey K.J., 1987. Expression of nuclear-cytoplasmic interactions and heterosis in quantitative traits of oats (*Avena* ssp). *Euphytica* 36, 877-886.

Beavis W.D., Smith O.S., Grant D., Fincher R., 1994. Identification of quantitative trait loci using a small sample of topcrossed and F4 progeny in maize. *Crop Sci.* 34, 882-886.

Beal W.J., 1880. Indian corn. *Rep. Michigan St. Board Agric.* 19, 279-289.

Beckwith J., Rossow P., 1974. Analysis of genetic regulatory mechanisms. *Annu. Rev. Genet.* 8, 1-14.

Berger E., 1976. Heterosis and the maintenance of enzyme polymorphism. *Am. Nat.* 110, 823-839.

Berlan J.P., 1983. L'industrie des semences, économie et politique. *Économie rurale* 158, 18-28.

Berlan J.P., 1987. *Recherche sur l'économie politique d'un changement technique. Les mythes du maïs hybride.* Thèse doctorat, Univ. Aix-Marseille.

Bernardo R., 1992. Relationship between single-cross performance and molecular marker heterozygosity. *Theor. Appl. Genet.* 83, 628-634.

Bernardo R., 2001. What if we knew all the genes for a quantitative trait in hybrid crops? *Crop Sci.* 41, 68-71.

Bernardo R., 2006. Usefulness of gene information in marker-assisted recurrent selection: a simulation appraisal. *Crop Sci.* 46, 614-621.

Bernardo R., Yu J., 2007. Prospects for genome wide selection for quantitative traits in maize. *Crop Sci.* 47, 1082-1090

Bertin P., Gallais A., 2001. Genetic variation for nitrogen use efficiency in a set of recombinant inbred lines. II. QTL detection and coincidences. *Maydica* 46, 53-68.

Bervillé A., Labib A., Thiellement H., Kouame B., 1976. Hétérosis mitochondrial. I. Résultats préliminaires chez un hybride simple de maïs. *Ann. Amélior. Plantes* 26, 607-622.

Bingham E.T., 1998. Role of chromosome blocks in heterosis and estimate of dominance and overdominance. *In* Lamkey K.R., Staub J.E. (Eds), *Concepts and breeding of heterosis in crop plants.* CSSA, pp. 71-87.

Bingham E.T., Groose R.W., Woodfield D.R., Kidwell K.K., 1994. Complementary gene interactions in alfalfa are greater in autotetraploids than in diploids. *Crop Sci.* 34, 832-839.

Birchler J.A., Auger D.L., Riddle N.C., 2003. In search of the molecular basis of heterosis. *Plant Cell* 15, 2236-2239.

Birchler J.A., Riddle N.C., Auger D.L., Veitia R.A., 2005. Dosage balance in gene regulation: biological implications. *Trends in Genetics* 21, 219-226.

Birchler J.A., Yao H., Chudalayandi S., 2006. *Unraveling the genetic basis of hybrid vigor.* PNAS USA 103, 12957-12958.

Blakeslee A.F., Avery A.G., Cartledge J.L., 1938. Induction of polyploid in *Datura* and other plants by treatment with colchicine. *Genetics* 23, 140-141.

Blanc G., 2006. *Sélection assistée par marqueurs dans un dispositif multiparental connecté. Application au maïs et approche par simulations.* Thèse Doctorat INAPG.

Blanc G., Charcosset A., Mangin B., Gallais A., Moreau L., 2006. Connected populations for detecting quantitative trait loci and testing for epistasis: an application in maize. *Theor. Appl. Genet.* 113, 206-224.

Blanc G., Charcosset A., Veyrieras J.B, Gallais A., Moreau L., 2008. Marker-assisted selection efficiency in multiple connected populations: a simulation study based on experimental results. *Euphytica* 161, 71-84.

Bogue A.G., 1986. Changes in mechanical and plant technology : the corn belt, 1910-1940. *J. Econ. Hist.* 43, 1-25.

Boppenmaier J., Melchinger A.E., Seitz G., Geiger H.H., Hermann R.G., 1993. Genetic diversity for RFLPs in European maize inbreds: II. Performance of crosses within versus between heterotic groups for grain traits. *Plant Breeding* 111, 217-226.

Bordes J., Charmet G., Dumas de Vaulx R., Pollacsek M., Beckert M., Gallais A., 2006. Doubled haploid versus S_1 family recurrent selection for testcross performance in a maize population. *Theor. Appl. Genet.* 112, 1063-1072.

Bos I., 1981. *The relative efficiency of honeycomb selection and other procedures for mass selection in winter rye* (Secale cereale *L.*). Doct. Thesis, Agric. Univ., Wageningen.

Bouchez A., Hospital F., Causse M., Gallais A., Charcosset A., 2002. Marker-assisted introgression of favourable alleles at quantitative trait loci between maize elite lines. *Genetics,* 162, 1945-1959.

Bouchez A., Gallais A., 2000. Efficiency of the use of doubled-haploids in recurrent selection for combining ability. *Crop Sci.* 40, 23-29.

Boulaine J., 1992. *Histoire de l'agronomie en France.* TEC-DOC Lavoisier, Paris, 392 p.

Box G.E.P., Cox D.R., 1964. An analysis of transformations (with discussion). *J.R. Stat. Soc.* B 26, 211-246.

Breese E.L., 1969. The measurement and significance of genotype × environment interaction in grasses. *Heredity* 24, 27-44.

Brem R.B., Kruglyak L., 2005. *The landscape of genetic complexity across 5700 gene expression traits in yeast.* PNAS USA 102, 1572-1577.

Brewbaker J.L., 1964. *Agricultural genetics.* Prentice-Hall, Inc., Englewoods Cliffs, New Jersey, 156 p.

Brieger G.F., 1950. The genetic basis of heterosis in maize. *Genetics* 35, 420-445.

Bruce A.B. 1910. The mendelian theory of heredity and the augmentation of vigor. *Science* 32, 627-628

Brunner S., Fengler K., Morgante M., Tingey S., Rafalski A., 2005. Evolution of DNA sequence nonhomologies among maize inbreds. *The Plant Cell* 17, 343-360.

Bulant C., 1996. *Contribution à l'étude de l'effet du pollen sur le développement des grains de maïs. Conséquences agronomiques.* Thèse Doctorat, Université de Paris-Sud.

Bulant C., Gallais A., 1998. Xenia effects in maize with normal endosperm: I. Importance and stability. *Crop Sci.* 38, 1517-1525.

Bulant C., Gallais A., 2000. Xenia effects in maize with normal endosperm: II. Kernel growth and enzyme activities during grain filling. *Crop Sci.* 40, 182-189.

Bulmer M.G., 1974. Linkage disequilibrium and genetic variability. *Genet. Res.* 23, 281-289.

Bulmer M.G. 1980. *The mathematical theory of quantitative genetics.* Clarendon Press, Oxford, 255 p.

Bürger R., 1989. Linkage and the maintenance of heritable variation by mutation selection-balance. *Genetics* 121, 175-184.

Burke J.M., Arnold M.L., 2001. Genetics and the fitness of hybrids. *Ann. Rev. Genet.* 35, 31-52.

Burstin J., 1994. *Comparaison de différents critères moléculaires pour l'analyse de la diversité génétique chez le maïs.* Thèse Doctorat INAPG.

Burstin J., Charcosset A., 1997. Relationship between phenotypic and markers distances: theoretical and experimental investigations. *Heredity* 79, 477

Burstin J., Charcosset A., Barrière A., Hébert Y., de Vienne D., Damerval C., 1995. Molecular markers and protein quantities as genetic descriptors in maize. II. Prediction of hybrid performances. *Plant Breed.* 114, 427-433.

Burton J.W., Penny L.H., Hallauer A.R., Eberhart S.A., 1971. Evolution of synthetic population developed from a maize variety (BSK) by two methods of recurrent selection. *Crop Sci.* 11, 361-365.

C

Carangal V.R., Ali S.M., Koble A.F., Rinke E.H., Sentz J.C., 1971. Comparison of S1 with test-cross evaluation for recurrent selection in maize. *Crop Sci.* 11, 658-661.

Carnahan H.L., Paden R.N., 1967. Effects of vigor of S_1 lines and seeding rates on yield and final stand of an alfalfa tow-clone combination admixed with different percentages of S_1 seeds. *Crop Sci.* 7, 9-13.

Camerarius R.J., 1694. *De sexus plantarum epistola.*

Cauderon A., 1959. *Hétérosis et sélection réciproque chez le maïs.* Report of the second Congress of Eucarpia, Köln, 10 juillet 1959.

Cauderon A., Lascols X., 1955. Contribution apportée à l'amélioration du maïs par la station centrale de Génétique et d'amélioration des plantes de Versailles. *Bull.Tech.Inf.* 105, 763-770.

Causse M., Rocher J.L., Pelleschi S., Barrière Y., de Vienne D., Prioul J.L., 1995. Sucrose phosphate synthase: an enzyme with heterotic activity correlated with maize growth. *Crop Sci.* 35, 995-1001.

Causse M., Damidaux R., Rousselle P., 2007. Traditional and enhanced breeding for fruit quality traits in tomato. *In* Razdan M.K., Mattoo A.K. (Eds), *Genetic Improvement of Solanaceous Crops, Vol.2: Tomato*. Science Publishers, 637 p.

Chanda S.V., Joshi A.K., Vahisnav P.P., Singh Y.D., 1988. Enzymes of ammonia assimilation and transamination in relation to hybrid vigour in Pearl Millet. *J. Agron Crop Sci.* 160, 125-131.

Charcosset A., Essioux L., 1994. The effect of population structure on the relationship between heterosis and heterozygosity at marker loci. *Theor. Appl. Genet.* 89/336-343.

Charcosset A., Gallais A., 1995. Intérêt des marqueurs en sélection. *In* de Vienne D. (Ed), « Les marqueurs moléculaires *en génétique et biotechnologies végétales* ». INRA Éditions, Paris, p. 139-159.

Charcosset A., Lefort-Buson M., Gallais A., 1990. Relationship between heterosis and heterozygosity at marker loci: a theoretical computation. *Theor. Appl. Genet.* 81, 571-575.

Chardon F., Virlon B., Moreau L., Falque M., Joets J., Decousset L., Murigneux A., Charcosset A., 2004. Genetic architecture of flowering time in maize as inferred from quantitative trait loci meta-analysis and synteny conservation with the rice genome. *Genetics* 168, 2169-2185.

Charlesworth B., Charlesworth D., 1999. The genetic basis of inbreeding depression. *Genet. Res. Camb.* 74, 329-340.

Charmet G., Robert N., Perretant M.R., Gay G., Sourdille P., Groos C., Bernard S., Bernard M., 1999. Marker-assited recurrent selection for cumulating additive and interactive QTLs in recombinant inbred lines. *Theor. Appl. Genet.* 99, 1143-1148.

Charmet G., 2000. Comparing methods of marker-assisted selection for cumulating qTLs. *In Quantitative genetics and breeding methods: the way ahead*. Proc. 11th Meeting of the Eucarpia Section "Biometrics in Plant Breeding". Ed INRA, p. 205-212.

Charrier A., Eskes A.B., 1997. Les caféiers. *In* Charrier A., Jacquot M., Hamon S., Nicolas D., *L'amélioration des plantes tropicales*. Ed. CIRAD et ORSTOM, Repères, p. 171-196.

Cheres M.T., Miller J.F., Crane J.M., Knapp S.J., 2000. Genetic distance as a predictor of heterosis and hybrid performance within and between heterotic groups in sunflower. *Theor. Appl. Genet.* 100, 889-894.

Cherry J.H., Hageman R.H., Rutger J.N., Jones J.B., 1961. Acid soluble nucleotides and ribonucleic acid of different corn inbreds and single-cross hybrids. *Crop Sci.* 1, 133-137.

Chi R.K., Eberhart S.A., Penny L.H., 1969. Covariances among relatives in a maize variety. *Genetics* 63, 511-520.

Chevallier M.H., Dattée Y., 1984. Variabilité enzymatique chez le maïs. *Can. J. Genet. Cytol.* 26, 214-228.

Choo T.M., Kannenberg L.W., 1979. Relative efficiencies of population improvement methods in corn: a simulation study. *Crop Sci.* 19, 179-195.

Cockerham C.C., 1959. Partitions of hereditary variance for various genetic models. *Genetics* 44, 1141-1148.

Cockerham C.C., Zeng Z.B., 1996. Design III with marker loci. *Genetics* 143, 1437-1456.

Collins GN. 1921. Dominance and the vigor of first generation hybrids. *Am. Nat.* 55, 116-133.

Comai L, 2000. Genetic and epigenetic interactions in allopolyploid plants. *Plant Mol. Biol.* 43, 387-399.

Comings D.E., MacMurray J.P., 2000. Molecular heterosis: a review. *Mol. Genet. Metabol.* 71, 19-31.

Compton W.A., Gardner C.O., Lonnquist J.H., 1965. Genetic variability in two open-pollinated varieties of corn (*Zea mays* L.) and their F1 progenies. *Crop Sci.* 5, 505-508.

Compton W.A., Comstock R.E., 1976. More on modified ear-to-row selection in corn. *Crop Sci.* 16, 122.

Comstock R.E., Robinson H.F., 1948. The components of genetic variance in a population of biparental progenies and their use in estimating the average degree of dominance. *Biometrics* 4, 256-266.

Comstock R.E., Robinson H.F., Harvey P.H., 1949. A breeding procedure designed to make maximum use of both general and specific combining ability. *Agron. J.* 41, 360-367.

Comstock R.E., Robinson H.F., 1952. Estimation of the average dominance of genes. *In* Gowen J. (Ed), *Heterosis*. Iowa State College Press, p. 494-516.

Cook D.A., 2007. *Heterosis and inbreeding depression*. <http://members.ozemail.com.au/~davcooke/heter.htm> (consulté le 29 septembre 2009).

Coque M., Gallais A., 2008. Genetic variation for N-remobilization and postsilking N-uptake in a set of maize recombinant inbred lines. II. Line per se performance and comparison with testcross performance. *Maydica* 53, 29-38.

Coque M., Martin A., Veyrieras J.B., Hirel B., Gallais A., 2008. Genetic variation for N-remobilization and postsilking N-uptake in a set of maize recombinant inbred lines. III. QTL detection and coincidences. *Theoret. Appl. Genet.* 118, 729-747.

Corriols L., Doré C., 1988. Use of rank indexing for comparative evaluation of all-male and other hybrid types in *Asparagus. J. Amer. Soc. for Hort. Sci.* 114, 328-332.

Cowen N.M., Frey K.J., 1985. Relationship between genealogical distance and breeding behaviour in oats (*Avena sativa*). *Euphytica* 36, 413-424.

Coyne D.P., 1965. Component interaction in relation to heterosis for plant height in *Phaseolus vulgaris* L. variety crosses. *Crop Sci.* 5, 17-18.

Crafts-Brandner S.J., Poneleit C.G., 1987. Effect of ear removal on CO2 exchange and activities of ribulose biphosphate carboxylase/ oxygenase and phosphoenolpyruvate carboxylase of maize hybrids and inbred lines. *Plant Physiol.* 84, 260-265.

Crnokrak P., Roff D.A., 1995. Dominance variance: associations with selection and fitness. *Heredity* 75, 530-540.

Crow J.F., 1948. Alternative hypotheses of hybrid vigour. *Genetics* 33, 477-487.

Crow J.F., 1999. Dominance and overdominance. *In* Coors J.G., Pandey S. (Ed), *The genetics and exploitation of heterosis in crops.* ASA-CSSA-SSSA Societies, Madison, WI, p. 49-58.

Crow J.F., Kimura M., 1970. *An introduction to population genetics theory.* Harper Int. Ed., NY, London, 591 p.

Crow J. F., Simmons M. J., 1983. The mutation load in *Drosophila. In* Ashburner M., Carson H. L. and Thompson J.N. (Eds), *The Genetics and Biology of Drosophila.* Academic Press, London, p. 1-35.

D

Damerval C., Hébert Y., de Vienne D., 1987. Is the polymorphism of protein amounts related to phenotypic variability? A comparison of two-dimensional electrophoresis data with morphological traits in maize. *Theor. Appl. Genet.* 74, 194-202.

Damerval C., Maurice A., Josse J.M., de Vienne D., 1994. Quantitative trait loci underlying gene product variation – a novel perspective for analyzing regulation of proteome expression. *Genetics* 137, 289-301.

Darrah L.L., Hallauer A.R., 1972. Genetic effects estimated from generations means from diallel sets of maize inbreds. *Crop Sci.* 12, 615-621.

Darwin C., 1876. *The effects of cross and self fertilization in the vegetable Kingdom.* John Murray, London (Ed. française : Des effets de la fécondation croisée et de la fécondation directe dans le règne végétal. Trad. de E. Heckel, C. Reinwald et Cie, 1877).

Davenport B.B., 1908. Degeneration, albinism and inbreeding. *Science* 28, 454-455.

David J.L., Pham J.L., 1993. Rapid changes in pollen production in experimental outcrossing populations of wheat. *J. Evol. Biol.* 6, 659-676.

David P., Delay B., Berthou P., Jarne P., 1995. Alternative models for allozyme-associated heterosis in the marine bivalve *Spisula ovalis. Genetics* 139, 1719-1726.

DeCook R., Lall S., Netton D., Howell S.H., 2006. Genetic regulation of gene expression during shoot development in *Arabidopsis. Genetics* 172, 1155-1164.

Della-Chiesa E., 2004. *Contraintes génomiques et évolution des caractères quantitatifs.* Thèse doctorat, Univ. Paris XI.

Demarly Y., 1972. Régulation et hétérosis. *Ann. Amélior. Plantes* 22, 143-166.

Demarly Y., 1977. *Génétique et Amélioration des Plantes.* Ed Masson, Paris, 287 p.

de Nettancourt D., 1997. Incompatibility in angiosperms. *Sex Plant Reprod.* 10, 185-199.

Derieux M., Darrigrand M., Gallais A., Barrière Y., Bloc D., Montalant Y. 1986. Estimation du progrès génétique réalisé chez le maïs grain en France au cours des trente dernières années. *C.R. Acad. Agric.* 72, 215-222.

Dessureaux L., Gallais A., 1969. Inbreeding and heterosis in autotetraploid alfalfa. I. Fertility. *Can. J. Genet. Cytol.* 3, 706-715.

de Vallavieille-Pope C., Goyeau H., Lannou C., Mille B., 1991. Pour lutter contre les maladies foliaires, la culture de variétés de céréales en mélange. *Phytoma* 424, 28-36.

de Vallavieille-Pope C., Belhaj Fraj M., Mille B., Meynard J.M., 2006. Les associations de variétés : accroître la biodiversité pour mieux maîtriser les maladies. *Dossier de l'environnement de l'INRA* 20, 101-109.

de Vienne D., 1983. La glutamate déshydrogénase de la Luzerne : aspects cyotologiques, structuraux et évolutifs. *Can. J. Genet. Cytol.*, 25, 146-160.

de Vienne D., 1988. Genetic aspects of variation of protein amounts in maize and pea. *Electrophoresis* 88, 742-750.

de Vienne D. (Ed), 1995. *Les marqueurs moléculaires en génétique et biotechnologies végétales.* INRA Ed, Paris, 201 p.

de Vienne D., Bost B., Fiévet J., Zivy M., Dillmann C., 2001. Genetic variability of proteome expression and metabolic control. *Plant Physiol. Biochem.* 39, 1-13.

de Vienne D., Leonardi A., Damerval C., 1990. L'hétérosis chez le maïs : de nouvelles données sur une vieille question. *Biofutur*, Avril 1990, 38-48.

de Vienne D., Maurice A., Josse J.M., Leonardi A., Damerval C., 1994. Mapping factors controlling genetic expression. *Cellular and Molecular Biology* 40, 29-39.

de Vilmorin L., 1856. Note sur la création d'une nouvelle race de betterave à sucre. Considérations sur l'hérédité des végétaux. *C.R. Acad. Sci.* XLIII 18, 871-874.

Dillmann C., Foulley J.L., 1998. Another look at multiplicative models in quantitative genetics. *Genet. Sel. Evol.* 30, 543-564.

Dobzhansky T., 1950. Genetics of natural populations. XIX. Origin of heterosis through natural selection in populations of *Drosophila pseudobscura*. *Genetics* 35, 288-302

Doggett H., 1972. Recurrent selection in sorghum populations. *Heredity* 28, 9-29.

Doggett H., Eberhart S.A., 1967. Recurrent selection in Sorghum. *Crop Sci.* 8, 119-121.

Donaldson C., Blackman G.E., 1973. *Ann. Bot.* 31, 905-917.

Doré C., Varoquaux F., 2006. *Histoire et amélioration de cinquante plantes cultivées.* INRA Éditions, Paris, 812 p.

Dowker B.D., Gordon G.H., 1983. Heterosis and hybrid cultivars in onions. *In* Frankel R. (Ed), *Heterosis*. Springer-Verlag, Berlin, p. 220-233.

Doyle G.G., 1979. The allotetraploidization of maize. Part 1: The physical basis – differential pairing ability. *Theor. Appl. Genet.* 54, 103-112.

Doyle G.G., 1982. The allotetraploidization of maize. Part 3. Gene segregation in trisomic heterozygotes. *Theor. Appl. Genet.* 61, 81-89.

Dreisigacker S., Melchinger A.E., Zhang P., Ammar K., Flachenecker C., Hoisington D., Warburton M.L., 2005. Hybrid performance and heterosis in spring wheat, and their relations to SSR-based genetic distances and coefficients of parentage. *Euphytica* 144, 51-59.

Duarte R., Adams M.W., 1963. Component interaction in relation to expression of a complex trait in a field bean cross. *Crop Sci.* 3, 185-186.

Dubreuil P., Dufour P., Krecji E., Causse M., de Vienne D., Gallais A., Charcosset A., 1996. Organisation of RFLP diversity among inbred lines of maize representing the most significant heterotic groups. *Crop Sci.* 36:790-799.

Dudley J.W., 1974. Seventy generations of selection for oil and protein percentage in maize. *Crop Sci. Soc. of America.* Madison, Wisconsin, 211 p.

Dudley J.W., 1977. Seventy-six generations of selection for oil and protein percentage in maize. *In* Pollack E., Kempthorne O., Bailey T.B. (Eds), *Proc. Int. Conf. Quantitative Genetics.* Iowa St. University Press, Ames, p. 459-473.

Dudley J.W., 2007. From means to QTL: the Illinois long-term experiment as a case study in quantitative genetics. *Crop Sci.* 47, S20-S31.

Dudley J.W., Lambert R.J., 2004. 100 generations of selection for oil and protein in maize. *Plant Breed. Rev.* 24 (Part I), 79-110.

Dudley J.W., Saghai-Maroof M.A., Rufener G.K., 1991. Molecular markers and grouping of parents in maize breeding programs. *Crop Sci.* 31, 718-723.

Duvick D.N., 2005. The contribution of breeding to yield advances in maize (*Zea mays* L.). *Adv. Agron.* 86, 83-145.

E

East E.M., 1908. *Inbreeding in corn*. Reports of the Connecticut Agricultural Experimental Station for years 1907-1908, p. 419-428.

East E.M., 1909. The distinction between development and heredity in inbreeding. *Am. Nat.* 43, 173-181.

East E.M., 1936. Heterosis. *Genetics* 21, 375-397.

East E.M., Hayes H.K., 1912. Heterozygosis in evolution and plant breeding. *Bull. U. S. Dept. Agric.* 243, 7-58.

East E.M., Jones D.F., 1919. *Inbreeding and outbreeding: their genetic and sociological significance.* J.B. Lippincott Co, Philadelphia and London, 285 p.

East E.M., Jones D.F., 1920. Genetic studies on the protein content of maize. *Genetics* 5, 543-610.

Eathington S.R., Crosbie T.M., Edwards M.D., Reiter R.S., Bull J.K., 2007. Molecular markers in a commercial breeding program. *Crop Sci.* 47 (S3), S154-S163.

Eathington S.R, Dudley J.W., Rufener G.K. II, 1997a. Marker effects estimated from testcrosses of early and late generations of inbreeding in maize. *Crop Sci.* 37, 1679-1685.

Eathington S.R, Dudley J.W., Rufener G.K. II, 1997b. Usefulness of marker-QTL associations in early generation selection. *Crop Sci.* 37, 1686-1693.

Eberhart S.A., Debela S., Hallauer A.R., 1973. Reciprocal recurrent selection in the BSSS and BSCB1 maize populations and half-sib selection in BSSS. *Crop Sci.* 13, 451-456.

Eberhart S.A., Russell W.A., Penny L.H., 1964. Double-cross hybrid prediction in maize when epistasis is present. *Crop Sci.* 9, 363-366.

Eberhart S.A., Russell W.A., 1969. Yield and stability for a 10 line diallel of single-cross and double-cross maize hybrids. *Crop Sci.* 9, 357-361.

Eckhart R.C., Bryan A.A., 1940. The effect of the method of combining the four inbreds of a double cross upon the yield and variability of the resulting hybrid. *J. Am. Soc. Agron.* 32, 347-353.

Ecochard R., Huet J., 1961. Contribution à l'étude de la génétique quantitative chez une plante autogame : le blé. Première partie. Principes fondamentaux. *Ann. Amélior. Plantes* 11, 25-59.

Efron Y., 1973. Specific differences in Maize acohol dehydrogenase: possible explanation of heterosis at the molecular level. *Nature New Biol.* 141, 41-42.

Enfield F.D., 1980. Long-term effects of selection: the limits to response. *In* Robertson A. (Ed), *Proc. Symp. Selection experiments in laboratory and domestic animals.* Harrogate, UK. Commonwealth Agric. Bureau, Farnham Royal, UK, p. 69-86.

Eshed Y., Zamir D., 1996. Less-than-additive epistatic interactions of quantitative trait loci in tomato. *Genetics* 143, 1807-1817.

Eta-Ndu J.T., Openshaw S.J., 1999. Epistasis for grain yield in two F_2 populations of maize. *Crop Sci.* 39, 346-352.

F

Falconer D.S., 1981. *Introduction to Quantitative Genetics.* 2nd ed. Longman, London, 340 p.

Fasoulas A., 1979. *The honeycomb field designs.* Arist. Univ. Thessaloniki, Pub 9, p. 69.

Fasoulas A., 1980. *Principles and methods of plant breeding.* Dep. Genetics and Plant Breeding, Aristotelian University of Thessaloniki, Greece, Pub 10, 117 p.

Fiévet J., 2004. *Variabilité du protéome enzymatique et contrôle métabolique : vers un modèle biochimique de l'hétérosis.* Thèse Doctorat Université Paris XI.

Fiévet J., Dillmann C., Curien G., de Vienne D., 2006. Simplified modelling of metabolic pathways for flux prediction and optimization : lessons from an *in vitro* reconstruction of the upper part of glycolysis. *Biochem. J.* 396, 317-326.

Fincham J.R.S., 1966. *Genetic complementation.* Microbial and molecular biology series. B.D. Davis, Ed. W.A. Benjamin, Inc, NY.

Fincham J.R.S., 1972. Heterozygous advantage as a likely general basis for enzyme polymorphisms. *Heredity* 28, 387-391.

Fisher R.A., 1928. The possible modifications of the response of the wild-type to recurrent mutations. *Am. Nat.* 62, 115-126.

Fisher R.A., 1949. *Theory of inbreeding.* Oliver and Boyd, 120 p.

Fitzgerald D., 1986. Tradition and innovation in agriculture: a comparison of public and private development of hybrid corn. *In* Busch L., Lacy W.B. (Eds), *The Agricultural Scientific Enterprise.* 175-185.

Flintham J.E., Angus W.J., Gale M.D., 1997. Heterosis, overdominance for grain yield and alpha-amylase activity in F_1 hybrids between near-isogenic *Rht* dwarf and tall wheats. *J. Agr. Sci.* 129, 371-378.

Flor H.H., 1954. The complementary genic systems in Flax and flax rust. *Adv. Genet.* 8, 29-54.

Flor H.H., 1955. Host-parasite interactions in flax rust: its genetics and other…. *Phytopathology* 45, 680-685.

Fouilloux G., 2000. F_1-hybrids versus line varieties with recurrent selection. *In Quantitative gentics and breeding methods: the way ahead.* Proc. 11th Meeting of the Eucarpia Section "Biometrics in Plant Breeding". Ed INRA, p. 139-146.

Frankel R. (Ed.), 1983. *Heterosis: Reappraisal of Theory and Practice.* Springer-Verlag, Berlin, 290 p.

Frascaroli E., Cane M.A., Landi P., Pea G., Gianfranceschi L., Villa M., Morgante M., Pea M.E., 2007. Classical genetic and quantitative trait loci analyses of heterosis in a maize hybrid between two elite inbred lines. *Genetics* 176, 625-644.

Frelinger J.A., 1987. The maintenance of transferrin polymorphisms in pigeons. *PNAS* 69, 326-329.

Fu H., Dooner H.K., 2002. Intraspecific violation of genetic colinearity and its implication in maize. *PNAS* 99, 9573-9578.

G

Gale M.D., Salter A.M., Law C.N., 1986. *The effect of dwarfing genes on the expression of heterosis for grain yield in F_1 hybrids.* Annual report Plant Breeding Institute, p. 53-55.

Gallais A., 1970. Covariances entre apparentés quelconques avec linkage et épistasie. I. Expression générale. *Ann. Génét. Sél. Anim.* 2, 281-310. II. Évolution en régime d'autofécondation. *Ann. Génét. Sél.* 2, 417-427.

Gallais A., 1972. *Competition and breeding for yield in cocksfoot.* Rapport section Eucarpia "Fourrages". Dublin. Ed. Valle Ribeiro, p. 210-232.

Gallais A., 1973. *Some factors affecting strategy of breeding for yield in cross-fertilized forage plants.* Rapport section Eucarpia. « Biométrie et Méthodes de sélection ». Hanovre. Février 1973. Ed. by Hans Rundfeldt and G. Wricke, 9-19.

Gallais A., 1974. Covariances between arbitrary relatives with linkage and epistasis in the case of linkage disequilibrium, *Biometrics* 30, 429-446.

Gallais A., 1975. Prévision de la vigueur et sélection des parents d'une variété synthétique, *Ann. Amélior. Plantes* 25, 233-264.

Gallais A., 1977a. Amélioration des populations, méthodes de sélection et création de variétés. I. *Ann. Amélior. Plantes* 27, 281-329.

Gallais A., 1977b. *Contribution à l'étude théorique et expérimentale de l'hétérosis chez une plante allogame autotétraploïde : la luzerne (*Medicago sativa *L.).* Thèse Doctorat d'État, Université de Paris Sud.

Gallais A., 1978a. Amélioration des populations, méthodes de sélection et création de variétés. II. Le concept de valeur variétale et ses conséquences pour la sélection récurrente. *Ann. Amélior. Plantes* 28, 269-287.

Gallais A., 1978b. Amélioration des populations, méthodes de sélection et création de variétés. III. Bases théoriques pour l'étude de la sélection récurrente réciproque. *Ann. Amélior. Plantes* 28, 637-666.

Gallais A., 1978c. Quelques réflexions sur les modèles actuels de la Génétique Quantitative et sur leur place en Amélioration des Plantes. *Ann. Amélior. Plantes* 28, 141-148.

Gallais A., 1984. An analysis of heterosis versus inbreeding effects with an autotetraploid cross fertilized plant, *Medicago sativa* L. *Genetics* 106, 123-137.

Gallais A., 1988. A method of line development using doubled haploids : the single doubled haploid descent recurrent selection. *Theor. Appl. Genet.* 75, 330-332.

Gallais A., 1989a. Lines *versus* hybrids. The choice of the optimum type of variety. *Proc. XII Cong. Eucarpia*, Gottingen, Pub. Paul Parey, Berlin, p. 69-80.

Gallais A., 1989b. *Théorie de la sélection en amélioration des plantes.* Ed. Masson, Paris, 588 p.

Gallais A., 1990. Theoretical determination of the optimum number of parents for synthetics. *Theor. Appl. Genet,* 79, 417-429.

Gallais A., 1991. Three and four way recurrent selection in plant breeding. *Plant Breeding.* 107, 265-274.

Gallais A., 1992a. Bases génétiques et stratégie de sélection pour l'adaptation générale. *Sél. Fr.* 42, 59-78.

Gallais A., 1992b. Pourquoi faire des variétés synthétiques ? *Agronomie* 12, 601-609.

Gallais A., 1993a. Fields of efficiency of breeding methods for *per se* value or combining ability in plant breeding. *Agronomie* 13, 467-480.

Gallais A., 1993b. La sélection assistée par marqueurs. *Le Sélectionneur Français* 43, 43-62.

Gallais A., 1994. La sélection assistée par marqueurs. *Le Sélectionneur Français* 43, 43-62.

Gallais A., 1997. Combined testcross and S_1 selection for the improvement of testcross and S_1 performance. *Crop Sci.* 37, 1126-1133.

Gallais A., 2000a. Evolution outils de l'amélioration des plantes : de la sélection généalogique à la transgénèse. *C.R. Acad. Agric. Fr.* 86, 13-26.

Gallais A., 2000b. Les variétés hybrides sont elles justifiées ? *OCL*, 7, 5-10.

Gallais A., 2002. Progrès génétique chez le maïs. *Le Sélectionneur Français* 53, 23-34.

Gallais A., 2003. *Quantitative genetics and breeding methods in autopolyploids plants*. INRA Ed, Paris, 515 p.

Gallais A., 2008. Full-sib reciprocal recurrent selection with the use of doubled haploids. *Crop Sci.* 49, 150-152.

Gallais A., Bordes J., 2007. The use of doubled haploids in recurrent selection and hybrid development in maize. Inter. Plant Breed. Symposium, Mexico. *Crop Sci.* 47, S190-S201.

Gallais A., Charcosset A., 1994. *Efficiency of Marker-Assisted Selection*. Proc. Section Eucarpia "Biometrics in Plant Breeding", Wageningen, 7-9 Juillet 1994, "Biometrics in plant breeding: applications of molecular markers", J.W. van Ooijen et J. Jansen eds., p. 91-98.

Gallais A., Dillmann C., Hospital H., 1997. *An analytical approach of marker assisted selection with selection on markers only*. Proceedings of the 10th meeting of the Eucarpia Section Biometrics in Plant Breeding, Poznan 14-16 May 1997, P. Krajewski and Z. Kazmarek eds., p. 111-116.

Gallais A., Fouilloux G., 1988. *Contribution of quantitative genetics, selection theory and simulation studies to the choice between lines and hybrids*. Proc. 7 th Meeting Eucarpia Section "Biometrics in Plant Breeding", Norway St. Agric. St. As. Norway.

Gallais A., Monod J.-P., 1998. La gestion des ressources génétiques du maïs en France : de leur caractérisation jusqu'aux premiers stades de leur valorisation. *C. R. Acad. Agric. Fr.* 84, 173-181.

Gallais A., Ricroch A., 2006. *Plantes transgéniques : faits et enjeux*. Ed Quae, Versailles. 284 p.

Gallais A., Rives M., 1993. On choosing the variety type from consideration of the farmer's point of view. *Agronomie* 13, 711-722.

Gama E. E. G., Hallauer A. R., 1977. Relation between inbred and hybrid traits in maize. *Crop Sci.* 17, 703-706.

Garcia A.A.F., Wang S., Melchinger A.E., Zeng Z-B., 2008. Quantitative trait loci mapping and the genetic basis of heterosis in maize and rice. *Genetics* 180, 1707-1724.

Gardner C.O., Harvey P.H., Comstock R.E., Robinson H.F., 1953. Dominance of genes controlling quantitative characters in maize. *Agron. J.* 45, 186-191.

Gardner C.O., Lonnquist J.H., 1959. Linkage and the degree of dominance of genes controlling quantitative characters in maize. *Agron. J.* 51, 524-528.

Gardner C.O., 1961. An evaluation of maize selection and seed irradiation with thermal neutrons on yield of corn. *Crop Sci.* 1, 241-245.

Gardner C.O., 1963. Estimates of genetic parameters in cross-fertilizing plants and their implications in plant breeding. *In* Hanson W.D., Robinson H.F. (Eds), *Statistical Genetics and Plant Breeding*. NAS-NRC pub 982, Washington DC, p. 225-252.

Gascon J.P., 1989. Amélioration du palmier à huile. *Bull. Soc. Bot. Fr.* 136, Actual. Bot., 263-271.

Geiger H.H., Wahle G., 1978. Struktur der Heterosis von Komplex-merkmalen bei Winterrogen-Einfachhybriden. *Z. Pflanzenzücht.* 80, 198-210.

Gemmell N.J., Slate J., 2006. Heterozygote advantage for fecundity. *PloS ONE* 1(1), e125.

Gibson G., Weir B., 2005. The quantitative genetics of transcription. *Trends Genet.* 21, 616-623.

Gillepsie J.H., Langley C.H., 1974. A general model to account for enzyme variation in natural populations. *Genetics* 76, 837-848.

Gillet M., 1971. *Morphological characteristics and expression of vigour*. Proc. Eucarpia Fodder Crops Section, INRA, Lusignan (F), p. 207-212.

Gillet M., Gallais A., 1985. Can "doubling depression" throw some light on the heterosis process? *Agronomie 5,* 665-666.

GNIS, 2008. *Réglements techniques de la production, du contrôle et de la certification des semences.* Homologation du 19/9/2008.

Goldringer I., Brabant P., Gallais A., 1996. Theoretical comparison of recurrent selection methods for the improvement of self-pollinated crops. *Crop Sci.* 36, 1171-1180.

Godshalk E.B., Lee M., Lamkey K.R., 1990. Relationship of restriction fragment length polymorphisms to single-cross hybrid performance of maize. *Theor. Appl. Genet.* 80, 273-280.

Good R.L., Hallauer A.R., 1977. Inbreeding depression in maize by selfing and full-sibbing. *Crop Sci.* 11, 821-824.

Gouesnard B., 1988. *Étude de l'organisation de la variabilité génétique dans deux populations de maïs en sélection récurrente réciproque.* Thèse Doctorat Ingénieur, Ina-PG.

Gowen J.W. (ed), 1952. *Heterosis.* Iowa State College Press.

Grafius J.E., 1959. Heterosis in barley. *Agron. J.* 51, 551-554.

Grafius J.E., 1960. Does overdominance exist for yield in corn? *Agron. J.* 52, 361.

Grafius J.E., 1961. The complex trait as a geometric construct. *Heredity* 16, 225-228

Graham G.I., Wolff D.W., Stuber C.W., 1997. Characterization of a yield quantitative trait locus on chromosome five of maize by fine mapping. *Crop Sci.* 37, 1601-1610.

Greaves J. H., Redfern R., Ayres P., Gill J. E., 1977. Warfarin resistance: a balanced polymorphism in the Norway rat. *Genet. Res. Camb.* 30, 257-263.

Green J.M., 1948. Relative value of two testers for estimating topcross performance in segregating maize progenies. *J. Amer. Soc. Agron.* 40, 45-57.

Griffing B., 1990. Use of controlled-nutrition experiment to test heterosis hypothesis. *Genetics* 126, 753-767.

Griffing B., Zsiros E., 1971. Heterosis associated with genotype environment interactions. *Genetics* 68, 443-445.

Griffon M., 2006. *Nourrir la planète.* Odile Jacob Sciences, 456 p.

Grignac P., Park J., Tomas A., 1981. Comparaison de variétés anciennes et modernes de blé tendre, à différents niveaux d'intensification dans un environnement méditerranéen. *C. R. Acad. Agric.* 67, 1434-1153.

Groose R.W., Bingham E.T., 1991. Gametophytic heterosis for in vitro pollen traits in alfalfa. *Crop Sci.* 31, 1510-1513.

Groose R.W., Talbert L.E., Kojis W.P., Bingham E.T., 1989. Progressive heterosis in autotetraploid alfalfa: studies using two types of inbreds. *Crop Sci.* 29, 1173-1177.

Guo M., Rupe M.A., Danilevskaya O.N., Yang X., Hu Z., 2003. Genome-wide mRNA profiling reveals heterochronic allelic variation and a new imprinted gene in hybrid maize endosperm. *The Plant J.* 36, 30-44.

Guo M., Rupe M.A., Zinselmeier C., Habben J., Bowen B.A., Smith O.S., 2004. Allelic variation of gene expression in maize hybrids. *The Plant Cell* 16, 1707-1716.

Guo M., Rupe M.A., Yang X., Crasta O.C., Zinselmeier O.S., Smith B., 2006. Genome-wide transcript analysis of maize hybrids: allelic additive gene expression and heterosis. *Theor. Appl. Genet.* 113, 831-845.

Gustafson A., Nybom N., von Wettstein U., 1950. Chlorophyll factor and heterosis in barley. *Hereditas* 36, 383-392.

Gygi S.P., Rochon Y., Franza B.R., Aebersold R., 1999. Correlation between protein and mRNA abundance in yeast. *Mol. Cell Biol.* 19, 1720-1730.

H

Hack J., 2004. Integrated transcriptome and proteome data: the challenges ahead. *Briefing in functional genomics and proteomics* 3, 212-219.

Hageman R.H., Leng E.R., Dudley J.W., 1967. A biochemical approach to corn breeding. *Adv. Agron.* 19, 45-86.

Hall G., Wills C., 1987. Conditional overdominance at an alcohol dehydrogenase locus in yeast. *Genetics,* 117, 421-427.

Hallauer A.R., 1967. Development of single-cross hybrids from two-eared maize populations. *Crop Sci.* 7, 192-195.

Hallauer A.R., 1973. Hybrid development and population improvement in maize by reciprocal full-sib selection. *Egypt. J. Genet. Cytol.* 2, 84-101.

Hallauer A.R., 1984. Reciprocal full-sib selection in maize. *Crop Sci.* 24, 755-759.

Hallauer, A.R., 1985. Compendium of recurrent selection methods and their applications. *Crc crit. Rev. Plant Sci.* 3, 1-34.

Hallauer A.R., Eberhart S.A., 1970. Reciprocal full-sib selection. *Crop Sci.* 24, 755-759.

Hallauer A.R., Miranda J.B., 1981. *Quantitative genetics in maize breeding.* Iowa University Press, Ames, USA, 468 p.

Hallauer A.R., Sears J.H., 1973. Changes in quantitative traits associated with inbreeding in a synthetic variety of maize. *Crop Sci,* 13, 327–330.

Hallauer A.R., Wright J.A., 1967. Genetic variances in the open-pollinated variety of maize, Iowa Ideal. *Der Züchter* 37, 178-185.

Hammerle B., Ferrus A., 2003. Expression of enhancers is altered in *Drosophila melanogaster* hybrids. *Evol. Dev.* 5, 221-230.

Hanson J.B., Hageman R.H., Fisher M.E., 1960. The association of carbohydrases with the mitochondria of corn scutellum. *Agron. J.* 52, 49-52.

Hanson W.D., Moreland D.E., Shriner C.R., 1975. Correlation of mitochondrial activities and plant vigor with genotypic backgrouds in maize and soybeans. *Crop Sci.* 15, 62-66.

Hayes H.K., Garber R.J., 1919. Synthetic production of high protein corn in relation to breeding. *J. Am. Soc. Agron.* 11, 309-319.

Hayes H.K., Rinke E.H., Tsiang Y.S., 1946. The relationship between predicted performance of double crosses of corn in one year with predicted and actual performance of double crosses in later years. *Agron. J.* 38, 60-67.

Hayman B.I., 1960. Heterosis and quantitative inheritance. *Heredity* 15, 324-327.

Hedrick P.W., 1976. Genetic variation in a heterogenous environment. II Temporal heterogeneity and directional selection. *Genetics* 84, 145-147.

Heidrich-Sobrinho E., Cordeiro A.R., 1975. Codominant isoenzymatic alleles as markers of genetic diversity correlated with heterosis in maize. *Theor. Appl. Genet.* 46, 197-199.

Henshaw J.N., 1973. Genetic variation and heterosis for photosynthetic rate in oats. *Diss. Abstr.* 34, 7.

Hersh A.H., 1934. On mendelian dominance and the serial order of phenotypic effects in the bar series of *Drosophila melanogaster. Amer. Nat.* 68, 186-189.

Hoecker N., Keller B., Piepho H.P., Hochholdinger F., 2006. Manifestation of heterosis during early maize root development. *Theor. Appl. Genet.* 12, 421-429.

Hoecker N., Keller B., Muthreich N., Chollet D., Descombes P., Piepho H-P., Holchholdinger F., 2008. Comparison of maize F_1-hybrid and parental inbred line primary root transcriptomes suggests organ-specific patterns of noadditive gene expression and conserved expression trends. *Genetics* 179, 1275-1283.

Holland J.B., 2001. Epistasis and plant breeding. *Plant Breed. Rev.* 21, 27-92.

Hollick J.B., Chandler V.L., 1998. Epigenetic allele states of a maize transcriptional regulatory locus exhibit overdominant gene action. *Genetics* 150, 891-897.

Hopkins C.G., 1899. Improvement in the chemical composition of the corn kernel. *Illinois Agr. Exp. Sta. Bull.* 55, 205-240.

Horner E.S., Landy W.H., Lutrick M.C., Chapman W.H., 1973. Comparison of three methods of recurrent selection in maize. *Crop Sci.* 13, 485-489.

Hospital F., Charcosset A., 1997. Marker-assisted introgression of quantitative trait loci. *Genetics* 147, 1469-1485.

Hospital F., Moreau L., Lacoudre F., Charcosset A., Gallais A., 1997. More on the efficiency of marker assisted selection. *Theor. Appl. Genet.* 95, 1181-1189

Hospital F., Goldringer I., Openshaw S., 2000. Efficient marker based recurrent selection for multiple quantitative trait loci. *Genet. Res. Camb.* 75, 357-368.

Houle D., 1989. Allozyme-associated heterosis in *Drosophila melanogaster. Genetics* 123, 789.

Hovanovitz W., 1953. *Textbook of Genetics.* Elsevier Press, Houston, New York.

Hua J.P., Xing Y.Z., Xu C.G., Sun X.L., Yu S.B., Zhang Q., 2002. Genetic dissection of an elite rice hybrid revealed that heterozygotes are not always advantageous for performance. *Genetics* 162, 1885-1895.

Hua J., Xing Y., Wu W., Xu C., Sun X., YU S., Zhang Q., 2003. Single-locus heterotic effects and dominance by dominance interactions can adequately explain the genetic bias of heterosis in a elite rice hybrid. *PNAS USA* 100, 2574-2579.

Huang Y., Zhang L., Zhang J., Yuan D., Xu C., Li X., Zhou D., Wang S., Zhang Q., 2006. Heterosis and polymorphisms of gene expresssion in an elite rice hybrid as revealed by a microarray analysis of 9198 unique ESTs. *Plant Mol. Biol.* 62, 579-591.

Hull F.H., 1945. Recurrent selection for specific combining ability in corn. *J. Amer. Soc. Agron.* 37, 134-145.

Hull F.H., 1946. Overdominance and corn breeding where hybrid seed is not feasible. *Journal of the American Society of Agronomy* 38, 1100-1103.

I

Immer F.R., 1941. Relation between yielding ability and homozygosis in barley crosses. *J. Amer Soc. Agron.* 33, 200-206.

J

Jacquard A., 1975. Comment concilier le mécanisme de la sélection naturelle et le polymorphisme génétique ? *La Recherche* 53, 176-177.

Jacquemard J.C., Kouamé B., Meunier J., 1993. Un exemple de stratégie de sélection récurrente réciproque : le palmier à huile, *Elaeis guineesis* Jacq. *In Le progrès génétique passe t-il par le repérage et l'inventaire des gènes ?* Ed AUPELF-UREF, J Libbey Eurotext, Paris, p. 371-384.

Jadas-Hécart J., Poisson C., 1992. La fétuque élevée. *In* Gallais A., Bannerot H., *Amélioration des espèces végétales cultivées.* INRA ed, p. 299-309.

Jannink J.L., Jansen R.C., 2001. Mapping epistatic quantitative trait loci with one-dimensional genome searches. *Genetics* 157, 445-454.

Jensen N.F., 1952. Intra-varietal diversification in oat breeding. *Agron. Jour.* 44, 30-34.

Jensen N.F., 1970. Diallel selective mating system for cereal breeding. *Crop Sci.* 10, 612-635.

Jenkins M.T., 1929. Correlation studies with inbred and crossbred strains in Maize. *J. Agric. Res.* 39, 677-722.

Jenkins M.T., 1934. Methods of estimating the performance of double crosses in corn. *J. Amer. Soc. Agron.* 26, 199-204.

Jenkins, M.T., 1940. The segregation of genes affecting yield of grain in maize. *J. Amer. Soc. Agron.* 32, 55-63.

Jenkins M.T., Bruson A.M., 1932. Methods of testing inbred lines of maize in crossbred combinations. *J. Amer. Soc. Agron.* 24, 523-530.

Jinks J.L., 1955. A survey of the genetical basis of heterosis in a variety of diallel crosses. *Heredity* 9, 223-238.

Jinks J.L., 1983. Biometrical genetics of heterosis. *In* Frankel R. (Ed). *Heterosis.* Springer-Verlag, Berlin, p. 1-46.

Johnson S.W., 1891. *How crops grow.* Orange Judd & Co, NY.

Johnson G.B., 1973. The importance of substrate variability to enzyme polymorphism. *Nature New Biol.* 243, 51-53.

Johnson I. J., 1956. Further progress in recurrent selection for general combining ability in sweet clover. *Agron. J.* 48, 242-243.

Johnson R., 2004. Marker-assisted selection. *Plant Breed. Rev.* 24, 293-309.

Jones D.F., 1917. Dominance of linked factors as a means of accounting for heterosis. *PNAS* 3, 310-312.

Jones D.F., 1918. The effect of inbreeding and crossbreeding on development. *Conn. Agric. Exp. Stat. Bull.* 207, 1-100.

Jones D.F., 1958. Heterosis and homeostasis in evolution and in applied genetics. *Am. Nat.* 92, 321-328.

Jones L.P., Compton W.A., Gardner C.O., 1971. Comparison of full and half-sib reciprocal selection. *Theor. Appl. Genet.* 41, 36-39.

Jones N., 1990. Transcriptional regulation by dimerization: two sides to an incestuous relationship. *Cell* 61, 9-11.

Jugenheimer R.W., 1958. *Hybrid maize breeeding and seed production.* FAO, Rome.

Jugenheimer R.W., 1976. *Corn. Improvement, Seed production and uses.* Wiley & Sons, New York, London, Sydney, Toronto, 670 p.

K

Kacser H., Burns J.A., 1981. The molecular basis of dominance. *Genetics*, 97, 639-666.

Katagiri F., Chua N.H., 1992. Plant transcription factors : present knowledge and future challenges. *Trends Genet.* 8, 22-27.

Kaul M.L.H., 1988. *Male sterility in higher plants.* Springer-Verlag, Berlin.

Kearsey M.J., Pooni H.S., 1992. The potential of inbred lines in the presence of heterosis. *In*

Reproductive Biology and Plant breeding, Proc. XIIIth Eucarpia Congress, Springer-Verlag, p. 373-385.

Keeble F., Pellew C., 1910. The mode of inheritance of stature and of time of flowering in peas (*Pisum sativum*). *J. Genet.* 1, 47-56.

Keightley P.D., Kacser H., 1987. Dominance, pleiotropy and metabolic structure. *Genetics* 117, 319-329.

Keller B., Piepho H-P., 2005. Is heterosis an artefact governed by the choice of scale? *Euphytica* 145, 113-121.

Keller K.R., 1949. A comparison involving the number of, and relationship between testers in evaluating inbred lines of maize. *Agron. J.* 41, 323-331.

Kempf H., 2003. *La guerre secrète des OGM*. Ed du Seuil, 308 p.

Khavkin E., Coe E., 1997. Mapped genome locations for developmental functions and QTLs reflect concerted groups in maize (*Zea mays* L.). *Theor. Appl. Genet.* 95, 343-352.

Kiekens R., Vercauteren A., Moerkerke B., Goetghebeur E., Van den Daele, Sterken R., Kuiper M., Van Eeuwijk F., Vuylsteke M., 2006. Genome-wide screening for cis-regulatory variation using a classical diallel crossing scheme. *Nucleic Acids Research* 34, 3677-3686.

Kiesselbach T.A., 1922. Corn investigations. *Nebr. Agr. Exp. Sta. Res. Bull.* 20.

King M.C., Wilson A.C., 1975. Evolution at two levels in Humans and Chimpanzees. *Science* 188, 107-116.

Klose J., 1982. Genetic variability of soluble proteins studied by two-dimensional electrophoresis on different inbred mouse strains and on different mouse organs. *J. Mol. Evol.* 18, 315-328.

Kobabe G., 1983. Heterosis and hybrid seed production in fodder grass. *In* Frankel R. (Ed), *Heterosis. Reappraisal of theory and practice.* Springer-Verlag, p. 124-137.

Koelreuter J.G., 1766. *Vorläufigen Nachricht von einigen das Geschlecht der Pflanzen betreffenden Versuchen und Beobachtungen* (cité *in* Gowen, 1952).

Koinange E.M.K., Gepts P., 1992. Hybrid weakness in wild *Phaseolus vulgaris* L. J. *Heredity* 83, 135-139.

Kouamé B., 1989. *Test précoce de productivité chez le palmier à huile. Plantes vivrières tropicales*. Ed. AUPELF-UREF, John Libbey Eurotext, Paris, p. 55-67.

Kroymann J., Mitchell-Olds T., 2005. Epistasis and balanced polymorphism influencing complex trait variation. *Nature* 435, 95-98.

Kunta T., Edwards L.H., MacNew R.W., Dinkins R., 1985. Heterosis performance and combining ability in soybeans. *Soybean Genetics Newsletter* 12, 97-99.

Kusterer B., Muminovic J., Utz H.F., Piepho H.P., Barth S., Heckenberger M., Meyer R.C., Altmann T., Melchinger A.E., 2007. Analysis of a triple testcross design with recombinant inbred lines reveals a significant role of epistasis in heterosis for biomass-related traits in *Arabidopsis*. *Genetics* 175, 2009-2017.

L

Lai J., Li Y., Messing J., Dooner H.K., 2005. Gene movement by Helitron transposons contributes to the haplotype variability of maize. *PNAS USA* 102, 9068-9073.

Lamkey K.R., Hallauer A.R., 1986. Performance of high × high, high × low, and low × low crosses of lines from the BSSS maize synthetic. *Crop Sci.* 26, 1114-118.

Lamkey K.R., Schnicker B.J., Melchinger A.E., 1995. Epistasis in an elite maize hybrid and choice of generation for inbred line development. *Crop Sci.* 35, 1272-1281.

Lançon J., Gallais A., vom Brocke K., Vaksmann M., Sekloka E., Hocde H., Djaboutou M., 2005. *Quelles structures variétales pour la sélection participative ?* Actes de l'atelier de recherche 14-18 mars 2005, Cotonou, Bénin, Cirad, Inrab. Coopération Française, Montpellier, France.

Lande R., Thompson R., 1990. Efficiency of marker-assisted selection in the improvement of quantitative traits. *Genetics* 124, 743-756.

Lark K.G., Chase K., Adler F., Mansur L.M., Orf J.H., 1995. Interactions between quantitative trait loci in soybean in which trait variation at one locus is conditional upon a specific allele at another. *PNAS USA* 92, 4656-4660.

Leblanc O., Grimanelli D., Hernandez-Rodriguez M., Galindo P.A., Soriano-Martinez A.M., Perotti E., 2008. Seed development and inheritance studies in apomictic maize-Tripsacum hybrids reveal barriers for the transfer of apomixis into sexual crops. *Int. J. Dev. Biol.* Dec 18.

Le Boulc'h V., David J., Brabant P., de Vallavieille-Pope C., 1994. Dynamic conservation of variability : responses of wheat populations in different selective forces including powdery mildew. *Genet. Sel. Evol.* 26, S221-S240.

Leclercq P., 1966. Une stérilité mâle utilisable pour la production d'hybrides simples de tournesol. *Ann. Amélior. Plantes* 16, 135-144.

Leclercq P., 1969. Une stérilité cytoplasmique chez le tournesol. *Ann. Amélior. Plantes* 19, 99-106.

Lefort-Buson M., Dattée Y., 1982. Genetic studies of some agronomic characters in winter oilseed rape (*Brassica napus* L.). I. Heterosis. *Agronomie* 2, 315-322.

Lefort-Buson, Dattée Y., 1985. Étude de l'hétérosis chez le colza oléagineux d'hiver (*Brassica napus* L.,) I. Comparison de deux populations, l'une homozygote et l'autre hétérozygote. *Agronomie* 5, 101-110.

Lefort-Buson M., 1986. *Hétérosis chez le Colza oléagineux* (Brassica napus). *Analyse génétique et prédiction*. Thèse faculté Sci., Orsay.

Lefort-Buson M., de Vienne D. (Eds), 1985. *Les distances génétiques : estimations et applications*. INRA, Paris.

Lefort-Buson M., Charcosset A., Gallais A., Sampoux J.P., 1987. Intérêt des prédicteurs biométriques et enzymatiques pour la sélection d'hybrides F_1 de maïs. *Sél. fr.*, 39, 41-51.

Le Gouis J., Pluchard P., 1996. Genetic variation for nitrogen use efficiency in winter wheat (*Triticum aestivum* L.). *Euphytica* 92, 221-224.

Le Gouis J., Bégin D., Heumez E., Pluchard P., 2002. Diallel analysis of winter wheat at two nitrogen levels. *Crop Sci.* 42, 1129-1134.

Léon J., 1991. Heterosis and mixing effects in winter oilseed rape. *Crop Sci.* 31, 281-284.

Leonardi A., Damerval C., de Vienne D., 1987. Inheritance of protein amounts : comparison of two-dimensional electrophoresis patterns of leaf sheaths of two maize lines (*Zea mays* L.) and their hybrids. *Genet. Res., Camb.* 50, 1-5.

Leonardi A., Damerval C., de Vienne D., 1988. Organ-specific variability of maize proteins revealed by two-dimensional electrophoresis. *Genet. Res. Camb.* 52, 97-103.

Leonardi A., Damerval C., Hébert Y., Gallais A., de Vienne D., 1991. Association of protein amount polymorphism (PAP) among maize lines with performance of their hybrids. *Theor. Appl. Genet.* 82, 552-560.

Lerner I.M., 1954. *Genetic homeostasis*. Edinburgh, Oliver and Boyd.

Leroy T., Montagnon C., Charrier A., Eskes A.B., 1993. Reciprocal recurrent selection applied to *Coffea canephora* Pierre. 1. Characterization and evaluation of breeding populations and value of intergroup hybrids. *Euphytica* 67, 113-125.

Letty C., 1986. *Analyse d'un diallèle chez le maïs*. Mémoire DAA INAPG.

Lewis D., 1955. Gene interaction, environment and hybrid vigour. *Proc. Roy. Soc. Ser.* B 144, 178-185.

Lewontin R.C., 1964a. The interaction of selection and linkage. I. General considerations. Heterotic models. *Genetics* 43, 419-434.

Lewontin R.C., 1964b. The interaction of selection and linkage. II. Optimum models. *Genetics* 50, 757-782.

Lewontin R.C., 1971. The effect of genetic linkage on the mean fitness of a population. *PNAS USA* 68, 984-986.

Lewontin R.C., 1974. *The genetic basis of evolutionary change*. Columbia University Press, NY, London, 346 p.

Li Z-K., Luo L.J., Mei H.W., Wang D.L., Shu Q.Y., Tabien R., Zhong D.B., Ying C.S., Stansel J.W., Khush G.S., Paterson A.H., 2001. Overdominant epistatic loci are the primary basis of inbreeding depression and heterosis in rice. I. Biomass and grain yield. *Genetics* 158, 1737-1753.

Lion S., Gabriel F., Bost B., Fiévet J., Dillmann C., de Vienne D., 2004. An extension to the metabolic control theory taking into account correlations between enzyme concentrations. *Eur. J. Biochem.* 271, 4375-4391.

Lippman Z., Martienssen R., 2004. The role of RNA interference in heterochromatic silencing. *Nature* 431, 364-370.

Lippman Z.B., Zamir D., 2007. Heterosis: revisiting the magic. *Trends in Genetics* 23, 60-66.

Lonnquist J.H., 1950. The effect of selection for combining ability within segregating lines of corn. *Agron. J.* 42, 503-508.

Lonnquist J.H., 1951. Recurrent selection as a means of modifying combining ability in corn. *Agron. J.* 43, 311-315.

Lonnquist J.H., Gardner C.O., 1961. Heterosis in intervarietal crosses in maize and its implication in breeding procedures. *Crop Sci.* 1, 179-183.

Lonnquist J.H., 1964. A modification of the ear-to-row selection procedure for the improvement of maize population. *Crop Sci.* 4, 227-228.

Lonnquist J.H., Williams N.E., 1967. Development of maize hybrids through selection among full-sib families. *Crop Sci.* 7, 369-370.

Lu H., Romero-Severson J., Bernardo R., 2003. Genetic basis of heterosis explored by simple sequence repeat markers in a random-mated maize population. *Theor. Appl. Genet.* 107, 494-502.

Lukens L.N., Doebley J., 1999. Epistatic and environmental interactions for quantitative trait loci involved in maize evolution. *Genet. Res.* 74, 291-302.

Luo J.L., Li Z.K., Mei H.W., Shu Q.Y., Tabien R., Zhong D.B., Ying C.S., Stansel J.W., Khush G.S., Paterson A.H., 2001. Overdominant epistatic loci are the primary basis of inbreeding depression and heterosis in rice. II. Grain yield components. *Genetics* 158, 1755-1771.

M

MacIntyre R.J., 1982. Regulatory genes and adaptation. Past, present and future. *Evol. Biol.* 15, 245-287.

Mac Key J., 1970. Significance of mating systems for chromosomes and gametes in polyploids. *Hereditas* 66, 165-176.

Mangelsdorf A.J., 1952. Gene interaction in heterosis. *In* Gowen J., *Heterosis.* Ames, Iowa State College Press, p. 320-329.

Mariani C., Gossele V., de Beuckeleer M., de Block M., Goldberg R.B., de Greef W., Leemans J., 1990. Induction of male sterility in plants by a chimaeric ribonuclease gene. *Nature* 347, 737-741.

Mariani C., Gossele V., de Beuckeleer M., de Block M., Goldberg R.B., de Greef W., Leemans J., 1992. A chimaeric ribonuclease-inhibitor gene restores fertility to male sterile plants. *Nature* 357, 384-387.

Martin J.M., Hallauer A.R., 1976. Relation between heterozygosis and yield for four types of maize inbred lines. *Egypt. J. Genet. Cytol.* 5, 119-135.

Mather K., 1943. Polygenic inheritance and natural selection. *Biol. Rev.* 18, 32-64.

Mather K., 1947. Nucleus and cytoplasm in differenciation. *Symp. Soc. Exp. Biol.* 2, 196-216.

Mather K., 1949. *Biometrical genetics.* Methuen & Co Ltd, London, 162 p.

Mather K., 1956. The genetical basis of heterosis. Proc. Roy. Soc. London, Series B, *Biol. Sci.* 144, 143-149.

Matzinger D.F., Cockerham C.C., Wernsmann E.A., 1977. *Single character and index mass selection with random mating in a naturally self-fertilizing species.* Proc. Inter. Conf. Quant. Gent. (E. Pollack, O. Kempthorne, T.B. Bailey. Eds) Iowa St Univ. Press. 503-518.

McDaniel R.G., 1969. Relationships of seed weight, seedling vigor and mitochondrial metabolism in barley. *Crop Sci.* 9, 823-827.

McDaniel R.G., 1973. Genetic factors influencing seed vigor: biochemistry of heterosis. *Seed Sci. Technol.* 1, 25-50.

McDaniel R.G., Sarkissian I.V., 1966. Heterosis: complementation by mitochondria. *Science* 152, 1640-1652.

Mead S., Stumpf M.P.H., Whitfield J., Beck J.A., Poulter M., Campbell T., Uphill J.B., Goldstein D., Alpers M., Fisher E.M.C., Collinge J., 2003. Balancing selection at the prion protein gene consistent with prehistoric kurulike epidemics. *Science* 300, 640-643.

Méchin V., Argillier O., Hébert Y., Guingo E., Moreau L., Charcosset A., Barrière Y., 2001. Genetic analysis and QTL mapping of cell wall digestibility and lignification in silage maize. *Crop Sci.* 41, 690-697.

Mehta H., Sarkar K.R., 1992. Heterosis for leaf photosynthesis, grain yield and yield components in maize. *Euphytica* 61, 161-168.

Mei H.W., Luo L.J., Ying C.S., Wang Y.P., Yu X.Q., Guo L.B., Paterson A.H., Li Z.K., 2003. Gene actions of QTLs affecting several agronomic traits resolved in a recombinant inbred rice population and two backcross population. *Theor. Appl. Genet.* 107, 89-101.

Mei H.W., Li Z.K., Shu Q.Y., Guo L.B., Wang Y.P., Yu X.Q., Ying C.S., Luo L.J., 2005. Gene actions of QTLs affecting several agronomic traits resolved in a recombinant inbred rice population and two backcross population. *Theor. Appl. Genet.* 110, 649-659.

Melchinger A.E., 1999. Genetic diversity and heterosis. *In* Coors J.G., Pandey S., *The genetics and exploitation of heterosis in crops.* ASA, CSSA, SSSA, Madison, USA, p. 99-118.

Melchinger A.E., Boppenmaier J., Dhillon B.S., Pollmer W.G., Hermann R.G., 1992. Genetic diversity for RFLPs in European maize inbreds.

II. Relation to performance of hybrids within versus between heterotic groups for forage traits. *Theor. Appl. Genet.* 84, 672-681.

Melchinger A.E., Messmer M.M., Lee M., Woodman W.L., Lamkey K.R., 1991. Diversity and relationships among U.S. maize inbreds revealed by restriction fragment length polymorphisms. *Crop Sci.* 31, 669-678.

Melchinger A.E., Singh M., Link W., Utz H.F., von Kittlitz E., 1994. Heterosis and gene effects of multiplicative characters: theoretical relationships and experimental results from *Vicia faba* L. *Theor. Appl. Genet.* 88, 343-348.

Melchinger A.E., Piepho H.P., Utz H.F., Muminovic J., Wegenast T., Torjek O., Altmann T., Kusterer B., 2007. Genetic basis of heterosis for growth-related traits in Arabidopsis investigated by testcross progenies of near-isogenic lines reveals a significant role of epistasis. *Genetics* 177, 1827-1837.

Mendoza H.A., Haynes E.L., 1974. Genetic basis of heterosis for yield in the autotetraploid potato. *Theor. Appl. Genet.* 45, 21-25.

Merila J., Sheldon B.C., 1999. Genetic architecture of fitness and non fitness traits: empirical patterns and development of ideas. *Heredity* 83, 103-109.

Meunier J., Gascon J.P., 1972. Le schéma général d'amélioration du palmier à huile à l'IRHO. *Oléagineux* 27, 1-12.

Meuwissen T.H.E., Hayes B.J., Goddard M.E., 2001. Prediction of total gentic value using genome wide dense marker maps. *Genetics* 157, 1819-1829.

Meyer R.C., Törjek O., Becher M., Altmann T., 2004. Heterosis of biomass production in *Arabidopsis*. Establisment during early development. *Plant Physiology* 134, 1813-1823.

Meyer S., Pospisil H., Schloten S., 2007. Heterosis associated gene expression in maize embryos 6 days after fertilization exhibits additive, dominant and overdominant patterns. *Plant Mol. Biol.* 63, 381-391.

Milborrow B.V., 1998. A biochemical mechanism for hybrid vigour. *J. Exp. Bot.* 49, 1063-1071.

Mihaljevic R., Schön C.C., Utz H.F., Melchinger A.E., 2005. Correlations and QTL correspondence between line per se and testcross performance for agronomic traits in four populations of European maize. *Crop Sci.* 45, 114-122.

Mino M., 1980. Hybrid vigor found in some characters of maize seedlings. *Jpn J. Breed.* 30, 131-138.

Mino M., Inoue M., 1980. RNA and protein synthesis during germination process of F_1 hybrid and its parental inbred lines if maize. *Plant Sci. Let.* 20, 7-13.

Mino M., Inoue M., 1989. DNA synthesis and nuclease activity during germination of a heterotic F_1 hybrid of maize. *Can. J. Bot.* 67, 73-75.

Minvielle F., 1987. Dominance is not necessary for heterosis: a two-locus model. *Genet. Res.* 49, 245-247.

Mitchell-Olds T., 1995. Interval mapping of viability loci causing heterosis in *Arabidopsis*. *Genetics* 140, 1105-1109.

Mitton J.B., Grant M.C., 1984. Associations among protein heterozygosity, growth rate and developmental homeostasis. *Annu. Rev. Ecol. Syst.* 15, 479-499.

Moll R.H., Cockerham C.C., Stuber C.W., Williams W.P., 1978. Selection responses, genetic-environmental interactions and heterosis with recurrent selection for yield in maize. *Crop Sci.* 18, 641-645.

Moll R.H., Hanson W.D., 1984. Comparison of effects of intrapopulation vs interpopulation selection in maize. *Crop Sci.* 24, 1047-1052.

Moll R.H., Kojima K., Robinson H.F., 1962. Components of yield and overdominance in corn. *Crop Sci.* 2, 78-79.

Moll R.H., Lindsey M.F., Robinson H.F., 1964. Estimates of genetic variance and level of dominance in maize. *Genetics* 49, 411-423.

Moll R.H., Lonnquist J.H., Fortuna J.V., Johnson C.E., 1965. The relationship of heterosis and genetic divergence in maize. *Genetics* 52, 139-144.

Moll R.H., Robinson H.F., 1967. Quantitative genetic investigations of yield in maize. *Der Zuchter* 37, 192-199.

Moller-Nielsen H.J., Andreasen B., 1970. *Performance of synthetics and related inbreds, single and double crosses from four clones of Lucerne*, Medicago sativa L. Royal Veterinary and Agricultural Univ., Yearbook 1970, p. 153-169.

Monteith J.L., 1972. Solar radiation and productivity in tropical ecosystems. *J. Appl. Ecol.* 9, 746-747.

Mooney B-P., Miernyk J-A., Greelief C-M., Thelen J-J., 2006. Using quantitative proteomics of *Arabidopsis* roots and leaves to predict metabolic activity. *Physiol. Plant.* 128, 237-250.

Moreau l., Charcosset A., Hospital F., Gallais A., 1997. Marker assisted selection efficiency in populations of finite size. *Genetics* 148, 1353-1365

Moreau L., Lemarié S., Charcosset A., Gallais A., 2000. Economic efficiency of marker-assisted selection. *Crop Sci.* 40, 329-337.

Moreau L., Charcosset A., Gallais A., 2004. Experimental evaluation of several cycles of marker-assited selection in maize. *Euphytica* 137, 111-118.

Moreno-Gonzales, Dudley J.W., 1981. Epistasis in related and unrelated maize hybrids determined by three methods. *Crop Sci.* 21, 644-651.

Morgante M., Brunner S., Pea G., Fengler K., Zuccolo A., Rafalski A., 2005. Gene duplication and exon shuffling by helitron-like transposons generate intraspecies diversity in maize. *Nat. Genet.* 37, 977-1002.

Morot-Gaudry J.F., Carroyol E., Wuilleme S., Moutot F., Deroche M.E., Jolivet E., 1987. Heterosis and photosynthesis in maize (*Zea mays* L.). *In* Sybesma C. (Ed) *Advances in photosynthezsis research*. Vol IV. Lancaster, The Hague/Boston, p. 157-160.

Mosher D.S., Quignon P., Bustamante C.D. et al., 2007. A mutation in the myostatin gene increases muscle mass and enhances racing performance in heterozygote dogs. *PLoS Genetics* 3, 779-786.

Mousset C., 1992. Le dactyle. *In* Gallais A., Bannerot H., 1992. *Amélioration des espèces végétales cultivées*. INRA ed., p. 285-298.

Mulcahy D.L., Ottaviano E., 1983. *Pollen: Biology and implication for plant breeding*. Proc Symp. Of pollen. Elsevier Science, NY, 446p.

Murdoch H.A., 1940. Hybrid vigor in maize embryos. *J. Hered.* 31, 361-363.

Murphy R.P., 1942. Convergent improvement with four inbred lines of corn. *J. Am. Soc. Agron.* 34, 138-150.

Myers W.M., 1948. Increased meiotic irregularity and decreased fertility accompanying inbreeding in *Dactylis glomerata* L. *J. Amer. Soc. Agron.* 40, 249-254.

N

Nagy A.H., Bokany A., Bacs B., Doman N.G., Faludi-Daniel A., 1972. Carboxylating enzymes in leaves of two lines of *Sorghum vulgare* cv. *frumentaceum* and their first generation hybrids. *Photosynthetica* 6, 7-12.

Narang R.A., Altmann T., 2001. Phosphate acquisition heterosis in *Arabidopsis thaliana*: A morphological and physiological analysis. *Plant Soil* 234, 91-97.

Nasrallah J.B., 2000. Cell-cell signaling in the self-incompatibility response. *Curr. Opin. Plant Biol.* 3, 368-373.

Neal N.P., 1935. The decrease in yielding capacity in advanced generations of hybrid corn. *J. Am. Soc. Agron.* 27, 666-670.

Nebiolo C.M., Kaczamarczyk W.J., Ulrich V., 1983. Manifestation of hybrid vigor in RNA synthesis parameters by corn seedling protoplasts in the presence and absence of gibberellic acid. *Plant Sci. Let.* 28, 195-206.

Ni Z., Sun Q., Liu Z., Wu L., Wang X., 2000. Identification of a hybrid-specific expressed gene encoding novel RNA-binding protein in wheat seedling leaves using differential display of mRNA. *Mol. Gen. Genet.* 263, 934-938.

Nienhuis J., Sills G., 1990. The potential of hybrid varieties in self-pollinated vegetables. *In* Dattée A., Dumas C., Gallais A. (Eds), *Reproductive biology and plant breeding*. Spronger-Verlag, p. 387-396.

O

Ohno S., 1970. *Evolution by gene duplication*. Springer-Verlag, Berlin.

Omholt S.W., Plahte E., Oyehaug L., Xiang K., 2000. Gene regulatory networks generating the phenomena of additivity, dominance and epistasis. *Genetics* 155, 969-980.

Orf J.H., Chase K., Adler F.R., Mansur L.M., Lark K.G., 1999. Genetics of soybean agronomic traits: II. Interactions between yield quantitative trait loci in soybean. *Crop Sci.* 39, 1652-1657.

Orozco F., 1987. *Overdominance and heterosis: indirect gene action through general resistance to adverse environments*. 206th meeting of the Genetical Society of Great Britain. Aberystwyth, UK.

Oury F.X., Koenig J., Bérard P., Rousset M., 1990a. Une comparaison entre les blés hybrides produits par voie chimique et leurs parents : niveaux d'hétérosis et élaboration du rendement. *Agronomie* 10, 291-304.

Oury F.X., Brabant P., Pluchard P., Bérard P., Rousset M., 1990b. Étude multilocale des blés hybrides : niveaux d'hétérosis et élaboration du rendement. *Agronomie* 10, 735-748.

Oury F.X., Triboï E., Bérard P., Ollier J.L., Rousset M., 1995. Étude des flux de carbone et d'azote chez des blés hybrides et leurs parents, pendant la période de remplissage des grains. *Agronomie* 15, 193-204.

P

Paigen K., 1989. Experimental approaches to the study of regulatory evolution. *Am. Nat.* 134, 440-458.

Pearson O.H., 1983. Heterosis in vegetable crops. *In* Frankel R. (Ed), *Heterosis. Reappraisal of theory and practice.* Springer-Verlag, p. 138-188.

Pelletier G., Primard C., Vedel F., Chetrit P., Rémy R., Rousselle P., Renard M., 1983. Intergeneric cytoplasmic hybridization in Cruciferae by protoplast fusion. *Mol. Gen. Genet.*, 191, 244-250.

Pernès J., 1983. La génétique de la domestication des céréales. *La Recherche* 146, 910-919.

Petreikow M., 2006. Temporally extended gene expression of the ADP-Glc pyrophosphorylase large subunit (*AgpL1*) leads to increased enzyme activity in developing tomato fruit. *Theor. Appl. Genet.* 224, 1465-1479.

Philouze J., Laterrot H., 1992. La tomate. *In* Gallais A. et Bannerot H., *Amélioration des espèces végétales cultivées.* INRA Ed., Paris, 768 p.

Pitrat M., Foury C., 2003. *Histoire des légumes.* Ed., INRA, 410p.

Pitrat M., Risser G., 1992. Le melon. *In* Gallais A., Bannerot H., *Amélioration des espèces végétales cultivées.* INRA ed.759p.

Place A.R., Powers D.A., 1979. Genetic variation and relative catalytic efficiencies: Lactate dehydrogenase B allozymes of *Fundulus heteroclitus. PNAS USA* 76, 2354-2358.

Powers L., 1944. An expansion of the Jones's theory for the explanation of heterosis. *Am. Nat.* 78, 275-280.

Powers L., 1945. Relative yields of inbred lines and F_1 hybrids of tomato. *Bot. Gaz.* 106, 247-268.

Presterl T., Seitz G., Schmidt W., Geiger H.H., 2002. Improving nitrogen-use efficiency in european maize. Comparison between line per se and testcross performance under high and low soil nitrogen. *Maydica* 47, 83-91.

Price S.C., Kahler A.L., Hallauer A.R., Charmley P., Giegel D.A., 1986. Relationships between performance and multilocus heterozygosity at enzyme loci in single-cross heterosis. *The Journal of Heredity* 77, 341-344.

Q

Quinby J.R., Karper R.E., 1946. Heterosis in sorghum resulting from the heterozygous condition of single gene that affects duration of growth. *Am. J. Bot.* 33, 716-721.

R

Ramage R.T., 1983. Heterosis and hybrid seed production in barley. *In* Frankel R. (Ed), *Heterosis. Reappraisal of theory and practice.* Springer-Verlag, p. 71-93.

Ramani S., Kannan S., 1986. Molybdenum uptake and nitrate reductase activity in *Sorghum* (*Sorghum bicolor* L. Moench). Evidence for heterosis. *Plant Breeding* 97, 334-339.

Rambaud C., Dubois J., Vasseur J., 1993. Male-sterile chicory cybrids obtained by intergeneric protoplast fusion. *Theor. Appl. Genet.* 87, 347-352.

Rawlings J.O., Thompson D.L., 1962. Performance level as criterion for the choice of maize testers. *Crop Sci.* 2, 217-220.

Rebaï A., Goffinet B., 1993. Power of tests for QTL detection using replicated progenies derived from a diallel cross. *Theor. Appl. Genet.* 86, 1014-1022.

Redden R.J., Jensen N.F., 1974. Mass selection and mating systems in cereals. *Crop Sci.* 14, 345-350.

Rasmusson D.C., Philipps R.L., 1997. Plant breeding progress and genetic diversity from *de novo* variation and elevated epistasis. *Crop Sci.* 37, 303-310.

Redei G.P., 1962. Single locus heterosis. *Z. Vererbungsl.* 93, 164-170.

Rees H.R., 1956. Heterosis in chromosome behaviour. Proc. Roy. Soc. London, Series B, *Biol. Sci.* 144, 150-158.

Reich W.H., Atkins R.E., 1970. Yield stability of four population types of grain sorghum,

Sorghum bicolor (L.) Moench, in different environments. *Crop Sci.* 10, 511-517.

Reznikoff W.S., 1972. The operon revisited. *Annu. Rev. Genet.* 6, 133-156.

Richards A.J., 1997. *Plant Breeding Systems*. G. Allen & Unwin, London.

Richey F.D., 1927. The convergent improvement of selfed lines corn. *Amer. Nat.* 61, 430-449.

Richey F.D., 1942. Mock-dominance and hybrid vigor. *Science* 96, 280-281.

Richey F.D., 1944. The shattered dream of a corn breeder. *J. Amer. Soc. Agron.*, 36, 267-268.

Richey F.D., Sprague G.F., 1931. Experiments on hybrid vigor and convergent improvement in corn. *Tech. Bull. USDA* 267, 47-56.

Robbins W.J., 1941. Growth of excised roots and heterosis in tomato. *Amer. J. Bot.* 28, 216-225.

Robinson H.F., Comstock R.E., Harvey P.H., 1949. Estimates of heritability and the degree of dominance in corn. *Agron. J.* 41, 353-359.

Rocher J.P., Prioul J.L., Lecharny A., Reyss A., Joussaume M., 1989. Genetic variability in carbon fixation, sucrose P-synthase and ADP pyrophosphorylase in maize plants of different growth rate. *Plant Physiol.* 89, 155, 159-171.

Rodgers J.S., 1972. Measures of genetic similarity and genetic distance. *In* Wheeler M.R. (Ed.), *Studies in genetics*. VII. University of Texas Publ. 7213, 145-153.

Rodgers J.P., 1976. Mitochondrial heterosis and complementation in maize. *Rhod. J. Agric. Res.* 14, 47-54.

Rohde P., Hincha D.K., Heyer A.G., 2004. Heterosis in the freezing tolerance of crosses between two *Arabidopsis thaliana* accessions (Columbia-0 and C24) that show differences in non-acclimated and acclimated freezing tolerance. *The Plant Journal* 38, 790-799.

Romagnoli S., Maddaloni M., Livini C., Motto M., 1990. Relationship between gene expression and hybrid vigor in primary root tips of young maize (*Zea mays* L.) plantlets. *Theor. Appl. Genet.* 80, 769-775.

Rood S.B., Buzzell R.I., Mander L.N., Pearce D., Pharis R.P., 1988. Gibberellins: a phytohormonal basis for heterosis in maize. *Science* 241, 1216-1218.

Rood S.B., Buzzell R.I., Major D.J., Pharis R.P., 1990. Gibberellins and heterosis in maize: quantitative relationships. *Crop Sci.* 30, 281-286.

Rood S.B., Pharis R.P., Koshioka M., Major D.J., 1983a. Gibberellins and heterosis in maize. I. *Plant Physiol.* 71, 639-644.

Rood S.B., Pharis R.P., Koshioka M., Major D.J., 1983b. Gibberellins and heterosis in maize. II. *Plant Physiol.* 71, 645-651.

Rooney W.L., Aydin S., 1999. Genetic control of a photoperiod sensitive response in *Sorghum bicolor* (L.) Moench. *Crop Sci.* 39, 397-400.

Russell W.A., Eberhart S.A., Vega U.A., 1973. Recurrent selection for combining ability for yield in two maize populations. *Crop Sci.* 13, 257-261.

Russell W.A., Machado V., 1978. Selection procedures in the development of maize inbred lines and the effects of plant densities on the relationships between inbred traits and hybrid yields. *Iowa Agr. Home Econ. Exp. Sta. Res. Bull.* 585, 909-932.

S

Saint-Martin S.K., 1986. Comparison of selection methods for improvement of the population hybrid. *Theor. Appl. Genet.* 72, 682-688.

Sampoux J.P., Gallais A., Lefort-Buson M., 1989. Intérêt de la valeur propre des descendances S₁ associée à la valeur en croisement avec un testeur pour la sélection du maïs fourrage. *Agronomie* 9, 511-520.

Sarkissian I.V., Kessinger M.A., Harris W., 1964. Differential rates of development of heterotic and non heterotic young maize seedlings. I. Correlation of differential morphological development with physiological differences in germinating seeds. *PNAS* 51, 212-218.

Savidan Y., 1982. *Nature et hérédité de l'apomixie chez* Panicum maximum *Jacq.* Paris, France, ORSTOM, Collection Travaux et Documents n° 153, 160 p.

Savitsky H., 1952. A genetic study of monogerm characters in beets. *Proc. Amer. Soc. Sugar Beet Technology* 7, 331-338.

Scandalios J.G., Liu E.H., Campeau M.A., 1972. The effects of intragenic and intergenic complementation on catalase structure and function in maize: a molecular approach to heterosis. *Archives of Biochemistry and Biophysics* 153, 695-705.

Schadt E.E., Monks S.A., Drake T.A., Lusis A.J., Che N., Colinayo V., Ruff T.G., Milligan S.B., Lamb J.R., Gavet G., Linsley P.S., Mao M.,

Stoughton R.B., Friend S.H., 2003. Genetics of gene expression surveyed in maize, mouse and man. *Nature* 422, 297-302.

Schnell F.W., 1974. *Trends and problems in breeding methods for hybrid corn*. Proc. 16th British Poultry Breeders Round Table, Birmingham, England, 86-98.

Schnell F.W., 1975. Type of variety and average performance in hybrid maize. *Z. Pflanzenzüchtung* 74, 177-188.

Schnell F.W., Becker H.C., 1986. Yield and yield stability in a balanced system of widely differing population structures in *Zea mays* L. *Plant Breed.* 97, 30-38.

Schnell F.W., Cockerham C.C., 1992. Multiplicative vs arbitrary gene action in heterosis. *Genetics* 131, 461-469.

Schrader L.E., Peterson D.M., Leng E.R., Hageman R.H., 1966. Nitrate reductase activity of maize hybrids and their parental inbred. *Crop Sci.* 6, 169-173.

Schrag T.A., Maurer H.P., Melchinger A.E., Piepho H.P., Peleman J., Frisch M., 2007. Prediction of single-cross performance in maize using haplotype blocks associated with QTL for grain yield. *Theor. Appl. Genet.* 114, 1345-1355.

Schrag T.A., Melchinger A.E., Sorensen, Frisch M., 2006. Prediction of single-cross hybrid performance for grain yield and grain dry matter content in maize using AFLP markers associated to QTLs. *Theor. Appl. Genet.* 113, 1037-1047.

Schwartz D., Laughner W.J., 1969. A molecular basis for heterosis. *Science* 166, 626-627.

Sedcole J.R., 1981. A review of the theories of heterosis. *Egypt. J. Genet. Cytol.* 10, 117-146.

Semel Y., Nissenbaum J., Menda N., Zinder M., Krieger U., Issman N., Pleban T., Lippman Z., Gur A., Zamir D., 2006. Overdominant quantitative trait loci for yield and fitness in tomato. *PNAS USA* 103, 12981-12986.

Sen D., 1981. An evaluation of mitochondrial heterosis and in vitro mitochondrial complementation in wheat, barley and maize. *Theor. Appl. Genet.* 59, 153-160.

Shen J-X., Fu T-D., Yang G-S., Tu J-X., Ma C-Z., 2006. Prediction of heterosis using QTLs for yield traits in rapeseed (*Brassica napus* L.). *Euphytica* 151, 165-171.

Shull G.H., 1908. The composition of a field of maize. *Amer. Breed Assoc. Rep. IV*, 296-301.

Shull G.H., 1909. A pure-line method in corn breeding. *Amer. Breed. Assoc. Rep. V*, 51-59.

Shull G.H., 1911a. The genotypes of maize. *Am. Nat.*, 45, 234-252.

Shull G.H., 1911b. Hybridization methods in corn breeding. *Amer. Breed. Assoc. Rep. VI*, 63-72.

Shull G.H., 1914. Duplicate genes for capsule form in *Bursa bursa pasteuris*. *Zeitschr.Indukt. Abstamm-uVererbungs* 12, 97-149.

Shull G.H., 1948. What is heterosis? *Genetics* 33, 439-436.

Sinnott E.W., Dunn L.C., 1939. *Principles of Genetics*. McGraw-Hill Book Company, Inc., New-York and London.

Silva J.C., Hallauer A.R., 1975. Estimation of epistatic variances in Iowa Stiff Stalk Synthetic maize. *J. Heredity* 66, 290-296.

Singh R.S., Hubby J.L., Lewontin R.C., 1974. Molecular heterosis for heat-sensitive enzyme alleles. *PNAS* 71, 1808-1810.

Singh H., Sharma S.N., Sain R.S., 2004. Heterosis studies for yield and its components in bread wheat over environments. *Hereditas* 141, 106-114.

Sinha S.K., Balasubramanian V., Khanna-Chopra R., Shanthakumari P., 1976. Growth analysis and photosynthetic systems in relation to hybrid vigour in maize *Zea mays* L. *Indian J. Exp. Biol.* 14, 459-462.

Sinha S.K., Khanna R., 1975. Physiological, biochemical and genetic basis of heterosis. *Adv. Agron.* 27, 123-174.

Smith O.S., Smith J.S.C., Bowen S.L., Tenborg R.A., Wall S.J., 1990. Similarities among a group of elite maize inbreds as measured by pedigree, F_1 grain yield, grain yield heterosis and RFLPs. *Theor. Appl. Genet.* 80, 833-840.

Snyder L.H., 1946. *The principles of heredity*. D.C. Heath and Company, Boston.

Song R.T., Messing J., 2003. Gene expression of a gene family in maize based on non-colinear haplotypes. *PNAS* 100, 9055-9060.

Sorrells M.E., Fritz S.E., 1982. Application of a dominant male sterile allele to the improvement of self-pollinated crops. *Crop Sci.* 22, 1033-1035.

Sprague G.F., 1980. The changing role of the private and public sectors in corn breeding. *In Rel. 35th Ann. Corn Sorghum Res. Conf.* 35, 1-9.

Sprague G.F., 1983. Heterosis in maize : theory and practice. *In* Frankel R. (Ed), *Heterosis. Reappraisal of theory and practice*. Springer-Verlag, p. 47-70.

Sprague G.F., Miller P.A., 1950. A suggestion for evaluating current concepts of the genetic mechanisms of heterosis in corn. *Agr. J.*, 42, 161-162.

Sprague G.F., Tatum L.A., 1942. General versus specific combining ability in single crosses of corn. *J. Amer. Soc. Agron.* 34, 923-932.

Springer N.M., Stupar R.M., 2007. Allelic variation and heterosis in maize: how do two halves make more than a whole? *Genome Research* 17, 264-275.

Srivastava H.K., 1980. Heterosis for chiasma frequency and quantitative traits in common beans (*Phaseolus vulgaris* L.). *Theor. Appl. Genet.* 56, 25-29.

Stebbins G.L., 1957. Self-fertilization and population variability in higher plants. *Amer. Nat.* 337-354

Stebbins G.L., 1963. *Variation and evolution in plants*. Columbia University Press, N.Y., London, 643 p.

Stead A.D., 1992. Pollination-induced flower senescence: a review. *Plant Growth Regulation* 11, 13-20.

Steinmetz L.M., Sinha H., Richards D.R., Splegelman J.I., Oefner P.J., Mc Cushker J.H., Davis R.W., 2002. Dissecting the architecture of a quantitative trait locus in yeast. *Nature* 416, 326-330.

Strauss S.H., Libby W.J., 1987. Allozyme heterosis in radiata pine is poorly explained by overdominance. *Am. Nat.*, 130, 879.

Stromberg L.D., Dudley J.W., Rufener G.K., 1994. Comparing conventional early generation selection with molecular assisted selection in maize. *Crop Sci.* 34, 1221-1225.

Stuber C.W., 1989. Marker-based selection for quantitative traits. *Vortr. Plflanzenzüchtg* 16, 31-49.

Stuber C.W., Edwards M.D., Wendel J.F., 1987. Molecular marker-facilitated investigations of quantitative trait loci in maize. 2. Factors influencing yield and its component traits. *Crop Sci.* 27, 639-648.

Stuber C.W., Sisco P.H., 1991. *Marker-facilitated transfer of QTL alleles between elite inbred line and responses in hybrids*. Proc. 46th Annual Corn and Sorghum Industry Research Conf., American Seed Trade Assoc., 46, 104.

Stuber C.W., Lincoln S.E., Wolff D.W., Helentjaris T., Lander E.S., 1992. Indentification of genetic factors contributing to heterosis in a hybrid from two maize elite inbred lines using molecular markers. *Genetics* 132, 823-839.

Stupar R.M., Gardiner J.M., Oldre A.G., Haun W.J., Chandler V.L., Springer N.M., 2008. Gene expression analyses in maize inbreds and hybrids with varying levels of heterosis. *BMC Plant Biology* 8:33, 19 p.

Stupar R.M., Springer N.M., 2006. Cis-transcriptional variation in maize inbred lines B73 and Mo17 leads to additive expression patterns in the F_1 hybrid. *Genetics* 173, 2199-2210.

Sun Q., Zhongfou N., Zhiyong L., 1999. Differential gene expression between wheat hybrids and their parental inbreds in seedling leaves. *Euphytica* 106, 117-123.

Suneson C.A., 1951. Male sterility facilitated synthetic hybrid barley. *Agron. J.* 43, 234-236.

Swanson-Wagner R.A., Jia Y., DeCook R., Borsuk L.A., Nettleton D., Snable P.S., 2006. All possible modes of gene action are observed in a global comparison of gene expression in a maize F_1 hybrid and its inbred parents. *PNAS* 103, 6805-6810.

Sybenga J., 1973. Allopolyploidization of autopolyploids. 2. Manipulation of the chromosome pairing system. *Euphytica* 22, 433-444.

Syed NH., Chen Z.J., 2004. Molecular marker genotypes, heterozygosity and genetic interactions explain heterosis in *Arabidopsis thaliana*. *Heredity* 94, 295-304.

Szalma S.J., Hostert B.M., LeDeaux J.R., Stuber C.W., Holland J.B., 2007. QTL mapping with near-isogenic lines in maize. *Theor. Appl. Genet.* 114, 1211-1228.

T

Tang J.H., Ma X.Q., Teng W.T., Yan J.B., Wu W.R., Dai J.R., Li J.S., 2007. *Chinese Sci. Bull.* 52, 477-483.

Tariq M., Paszkowski J., 2004. DNA and histone methylation in plants. *Trends Genet.* 20, 244-251.

Tatum L.A., 1971. The Southern corn leaf blight epidemic. *Science* 171, 1113-1116.

Templeton A.R., 1986. Coadaptation and outbreeding depression. *In* Soule M. (Ed), *Conservation biology: the science of scarcity and diversity*. Sinauer, MA., p. 105-116.

Thomas W.T.B., Powell W., Waugh R., Chalmers K.J., Barua U.M., Jack P., Lea V., Forster B.P., Swanston J.S., Ellis R.P., 1995.

Detection of quantitative trait loci for agronomic, yield, grain and disease characters in spring barley (*Hordeum vulgare* L.). *Theor. Appl. Genet.* 91, 1037-1047.

Tollenaar M., Ahmadzadeh A., Lee E.A., 2004. Crop physiology and metabolism. Physiological basis of heterosis for grain yield in maize. *Crop Sci.* 44, 2086-2094.

Torii K.U., Mitsukawa N., Oosumi T., Matsuura Y., Yokoyama R., Whittier R.F., Komeda Y., 1996. The Arabidopsis Erecta gene encodes a putative receptor protein kinase with extracellular leucine-rich repeats. *The Plant Cell* 8, 735-746.

Trehan K.S., Gill K.S., 1987. Subunit interaction: a molecular basis of heterosis. *Biochemical Genet.* 25, 855-862.

Trehan K.S., Gill K.S., 2002. Epigenetics of dominance for enzyme activity. *J. Biosci.* 27, 127-134.

Troyer A.F., Rocheford T.R., 2002. Germplasm ownership : related corn inbreds. *Crop Sci.* 42, 3-11.

Tsaftaris A.S., 1995. Molecular aspects of heterosis in plants. *Physiol. Plant.* 94, 362-370.

Tsaftaris A.S., Kafka M., 1998. Mechanisms of heterosis in crop plants. *J. Crop Prod.* 1, 95-111.

Tsaftaris A.S., Kafka M., Polidoros A., Tani E., 1999. Epigenetic changes in maize DNA and heterosis. *In* Coors J.G., Pandey S. (Eds), *The genetics and exploitation of heterosis in crops.* CSSA, Madison USA, 195-204.

Tsaftaris A.S., Polidoros A.N., 1993. *Studying the expression of genes in maize parental inbreds and their heterotic and non heterotic hybrids.* Proc. XVIth Eucarpia Maize and Sorghim Conference, Ed. A. Bianci, E. Lupotto, Motto M., Bergamo, Italy, p. 283-292.

Tsai C.L., Tsai C.Y., 1990. Endosperm modified by cross-pollinating maize to induce changes in dry matter and nitrogen accumulation. *Crop Sci.* 30, 804-808.

U

Uchimiya H., Takahashi, 1973. Kinetics of heterosis in growth of the leaf blade in *Zea Mays* L. *Ann. Bot.* 37, 247-252

Uzarowska A., Keller B., Piepho H.P., Schwarz G., Ingvardsen C., Wenzel G., Lubberstedt T., 2007. Comparative expression profiling in

meristems of inbred-hybrid triplets of maize based on morphological investigations of heterosis for plant height. *Plant Mol. Biol.* 63, 21-34.

V

Van der Meulen-Muisers J.J.M., Van Oeveren J.C., Sandbrink J.M., Van Tuyl J.M., 1995. Molecular-markers as a tool for breeding for flower longevity in Asiatic hybrid lilies. *Acta Horticulturae* 420, 68-71.

Van Berloo R., Stam P., 1998. Marker-assisted selection in autogamous RIL populations: a simulation study. *Theor. Appl. Genet.* 96, 147-154.

Verhalen L.M., Baker J.L., Mc New R.N., 1975. Gardner's grid system and plant selection efficiency in cotton. *Crop Sci.* 15, 588-591.

Vielle-Calzada J.P., Baskar R., Grossniklaus U., 2000. Delayed activation of the paternal genome during seed development. *Nature* 404, 91-94.

Vielle-Calzada J.P., Baskar R., Grossniklaus U., 2001. Seed development - Early paternal gene activity in *Arabidopsis* - Reply. *Nature* 414, 710.

Vrebalov J., Ruezinsky D., Padmanabhan V., White R., Medrano D., Drake R., Schuch W., Giovanonni J., 2002. A MADS-box gene necessary for fruit ripening at the tomato ripening-inhibitor (*rin*) locus. *Science* 296, 343-346.

Vuylsteke M., Van Eeuwijk F., Van Hummelen P., Kuiper M., Zabeau M., 2005. Genetic analysis of variation in gene expression in *Arabidopsis thaliana*. *Genetics* 171, 1267-1275.

Vuylsteke M., Van den Daele H., Vzercauteren A., Zabeau M., Kuiper M., 2006. Genetic dissection of transcriptional regulation by cDNA-AFLP. *The Plant Journal* 45, 439-446.

W

Walejko R.N., Russell, W.A., 1977. Evaluation of recurrent selection for specific combining ability in two open-pollinated maize cultivars. *Crop Sci.* 17, 647-651.

Wallace B., 1963. Genetic diversity, genetic uniformity and heterosis. *Canad. J. Genet. Cytol.* 5, 239-253.

Wallace B., Kass T., 1974. On the structure of gene control regions. *Genetics* 77, 541-558.

Wang F.H., 1947. Embryological development of inbred and hybrid *Zea mays* L. *Am. J. Bot.* 34, 113-125.

Wang Z., Ni Z., Wu H., Nie X., Sun Q., 2006. Heterosis in root development and differential gene expression between hybrids and their parental inbreds in wheat (*Triticum aestivum* L.). *Theor. Appl. Genet.* 113, 1283-1294.

Wardyn B.M., Edwards J.W., Lamkey K.R., 2007. The genetic structure of a maize population: the role of dominance. *Crop Sci.* 47, 467-476.

Warner R.L., Hageman R.H., Dudley J.W., Lambert R.J., 1969. Inheritance of nitrate reductase activity in *Zea mays* L. *PNAS USA* 62, 785-792.

Warren A., 2005. *Régulation de l'expression des gènes dupliqués chez les polyploïdes : approche protéomique appliquée à l'analyse des Brassicacées autopolyploïdes et allopolyploïdes*. Thèse Doctorat, Univ. Paris XI, Orsay.

Weatherspoon J.H., 1970. Comparative yields of single, three-way and double crosses of maize. *Crop Sci.* 10, 157-159.

Weber J.J., Goodwillie C., 2007. Timing of self-compatibility, flower longevity, and potential for male outcross success in *Leptosiphon jepsonii* (Polemoniaceae). *Amer. J. Bot.* 94, 1330-1343.

Weijers D., Geldner N., Offringa R., Jürgens G., 2001. Seed development – Early paternal gene activity in *Arabidopsis*. *Nature* 414, 709-710.

Weingartner U., Kaeser O., Long M., Stamp P., 2002. Combining cytoplasmic male sterility and xenia increases grain yield in maize hybrids. *Crop Sci.* 42, 1848-1856.

Wenzel G., Schieder O., Przewozny T., Sopory S.K., Melchers G., 1979. Comparison of single cell culture derived *Solanum tuberosum* L. plants and a model for their application in breeding programs. *Theor. Appl. Genet.* 55, 49-55.

Welcker C., Thé C., Andréau B., de Léon C., Parentoni S.N., Bernal J., Félicité J., Zonkeng C., Salazar F., Narro L., Charcosset A., Horst W.J., 2005. Heterosis and combining ability for maize adaptation to tropical acid soils: implications for future breeding strategies. *Crop Sci.* 45, 2405-2413.

Williams W., 1959. Heterosis and the genetics of complex characters. *Nature* (London) 184, 527-530.

Williams W., 1960. Heterosis and the genetics of complex traits. *Heredity* 15, 327-328.

Williams W., Gilbert N., 1960. Heterosis and the inheritance of yield in tomato. *Heredity* 15, 327-328. *Heredity* 14, 133-149.

Wilson A.C., 1985. Les bases moléculaires de l'évolution. *Pour la Science* 98, 148-159.

Wilson A.C., Carlson S., White T., 1977. Biochemical evolution. *Annu. Rev. Biochem.* 46, 573-639.

Wilson P., Driscoll C.J., 1983. Hybrid wheat. *In* Frankel R. (Ed.), *Heterosis. Reappraisal of theory and practice*. Springer-Verlag, p. 94-123.

Wittkopp P.J., Haerum B.K., Clark A.G., 2004. Evolutionary changes in cis and trans gene regulation. *Nature* 430, 85-88.

Wolf D.P., Hallauer A.R., 1997. Triple testcross analysis to detect epistasis in maize. *Crop Sci.* 37, 763-770.

Wright A.J., 1981. A comparison of the expected efficiencies of some methods of population improvement. *In* Gallais A. (Ed), *Quantitative Genetics and breeding methods*. Proc. 4th Meeting of the Eucarpia section "Biometrics in plant breeding". INRA, Versailles, p. 34-41.

Wu L.M., Ni Z.F., Meng F.R., Lin Z., Sun Q.X., 2003. Cloning and characterization of leaf cDNA that are differentially expressed between wheat hyb rids and their parents. *Mol. Genet. Genomics* 270, 281-286.

X

Xiao J.H., Li J.M., Yuan L.P., Tanksley S.D., 1995. Dominance is the major genetic basis of heterosis in rice as revealed by QTL analysis using molecular markers. *Genetics* 140, 745-754.

Xiong L.Z., Yang G.P., Xu C.G., Zhang Q., Saghai-Maroff M.A., 1998. Relationships of differential gene expression in leaves with heterosis and heterozygozity in a rice diallel cross. *Mol. Breed.* 4, 129-136.

Xiong L.Z., Xu C.G., Saghai-Maroof M.A., Zhang Q., 1999. Patterns of cytosine methylation in an elite rice hybrid and its parental lines, detected by a methylation sensitive amplification polymorphism technique. *Mol. Gen. Genet.* 261, 439-436.

Xizhi L., Mao C.X., 1994. *Hybrid rice in China. A success story*. APAARI Publication 1994/3, 1-26.

Y

Yamauchi M., Toshida S., 1985. Heterosis in net photosynthetic rate, leaf area, tillering and some physiological characters of 35 rice hybrids. *J. Exp. Bot.* 36, 274-280.

Yan J-B., Tang H., Huang Y-Q., Zheng Y-L., Li J-S., 2006. Quantitative trait loci mapping and epistatic analysis for grain yield and yield components using molecular markers with an elite maize hybrids. *Euphytica* 149, 121-131.

Yao Y., Ni Z., Zhang Y., Chen Y., Ding Y., Han Z., Liu Z., Sun Q., 2005. Identification of differentially expressed genes in leaf and root between wheat hybrid and its parental inbreds using PCR-based cDNA subtraction. *Plant Mol. Biol.* 58, 367-384.

Yordanov M., 1983. Heterosis in tomato. *In* Frankel R. (Ed), *Heterosis. Reappraisal of theory and practice.* Springer-Verlag, p. 189-219.

Yu S.B., Li J.X., Tan Y.F., Gao Y.J., Li X.H., Zhang Q., Maroof M.A.S., 1997. Importance of epistasis as the genetic basis of heterosis in an elite rice hybrid. *PNAS USA* 94, 9226-9231.

Z

Zaidi P.H., Selvan P.M., Sultana R., Srivastava A., Singh A.K., Srinivasan G., Singh R.P., Singh P.P., 2007. Association between line per se and hybrid performance under excessive soil moisture stress in tropical maize (*Zea mays* L.). *Field Crops Res.* 101, 117-126.

Zaidi P.H., Srinivasan G., Sanchez C., 2003. Relationship between line per se and cross performance under low nitrogen fertility in tropical maize. *Maydica* 48, 221-231.

Zhang Q., Gao Y.J., Yang S., Ragab R., Saghai Maroof M.A., Li Z.B., 1994. *Theor. Appl. Genet.* 89, 185-192.

Zhao X., Chai Y., Liu B., 2007. Epigenetic inheritance and variation of DNA methylation level and pattern in maize intra-specific hybrids. *Plant Sci.* 172, 930-938.

Zirkle C., 1952. Early ideas on inbreeding and crossbreeding. *In* Gowen J.W. (Ed), *Heterosis.* Iowa State College Press, p. 1-13.

Zouros E., 1976. Hybrid molecules and the superiority of the heterozygote. *Nature* 262, 227-229.

Glossaire

Acide aminé : brique élémentaire des protéines dont la synthèse est codée par un triplet de bases nucléotidiques (A, T, G, C). C'est une molécule organique portant sur un même carbone un radical aminé (NH_2) et un radical carboxyl (COOH). Il y a au total 20 acides aminés.

Acide nucléique : macromolécule linéaire, non ramifiée, issue de la polymérisation de nucléotides. Voir ADN et ARN.

Additivité : en génétique quantitative, du point de vue des effets géniques à un locus, il y a additivité stricte lorsque la valeur de l'hétérozygote est égale à la moyenne des deux homozygotes. Dans une population panmictique, l'effet additif (« statistique ») d'un allèle correspond à la moyenne des génotypes ayant reçu cet allèle d'un parent donné.

ADN (acide désoxyribonucléique) : macromolécule support de l'information génétique, formée de désoxyribonucléotides.

ADNc : ADN résultant de la lecture par une transcriptase réverse d'un ARN ; cela correspond donc à un ADN de gène exprimé, sans introns.

AFLP (*Amplified Fragment Length Polymorphism*) : type de marqueurs moléculaires dominants basés sur l'amplification de fragments d'ADN obtenus après digestion avec deux enzymes de restriction et ligation d'un adaptateur d'environ 20 paires de bases.

AGC (aptitude générale à la combinaison) : valeur moyenne des descendants d'un génotype en croisement avec un grand nombre de génotypes, ou avec la population à laquelle appartient ce génotype (cas d'une population panmictique).

Allèles : gènes homologues à un locus ayant la même fonction mais avec des effets différents.

Angiospermes : embranchement des plantes à fleurs, avec les graines incluses dans un carpelle, qui comprend les monocotylédones et les dicotylédones ; par opposition à gymnospermes qui sont les plantes à graines nues, ou seulement protégées par une écaille (par exemple, les conifères).

Allogame, allogamie : système de reproduction à fécondation croisée (par exemple, le maïs, le tournesol).

Allopolyploïdie : état d'un génome formé en fait par la juxtaposition de plusieurs génomes diploïdes ; avec deux génomes, le colza est un allotétraploïde ; avec trois génomes, le blé est allohexaploïde.

Apomixie (apomictique, adj.) : système de reproduction sans fécondation qui reproduit le génotype de la plante mère. C'est le système de reproduction du pissenlit. Voir parthénogenèse.

Apparentement : deux individus sont dits apparentés s'ils ont au moins un ancêtre commun.

Aptitude à la combinaison : valeur en croisement d'un génotype ; elle peut être générale ou spécifique. L'aptitude générale à la combinaison d'un génotype est sa valeur moyenne en croisement avec un grand nombre de génotypes. L'aptitude spécifique à la combinaison de deux génotypes est la différence entre la valeur observée d'un croisement et sa valeur prévue sur la base de l'additivité des aptitudes générales de ses parents.

ARNm (ARN messager) : ARN résultant de la transcription de l'ADN.

ASC (aptitude spécifique à la combinaison) : écart entre la valeur observée d'un croisement de deux génotypes et sa valeur prévue sur la base de l'additivité des AGC de ces génotypes.

Autofécondation : système de reproduction par lequel une plante se reproduit avec elle-même.

Autogame, autogamie : système de reproduction par autofécondation (par exemple le blé, la tomate, etc.).

Auto-incompatibilité : barrière à l'autofécondation ayant une base génétique simple (un ou deux locus avec des allèles d'auto-incompatibilité) ; elle peut être gamétophytique (un grain de pollen ne peut pas germer sur un stigmate portant le même allèle) ou sporophytique (le phénotype du grain de pollen pour la compatibilité dépend du génotype de la plante dont il est issu, avec des relations de dominance entre allèles).

Autotétraploïdie : état d'un génome formé par la présence de quatre exemplaires d'un même génome haploïde de base (exemples d'autotétraploïdes naturels : le poireau, la luzerne, le dactyle, etc.). On crée aussi des autotétraploïdes par doublement du nombre chromosomique d'un individu diploïde.

Autopolyploïdie : état d'un génome formé par la présence de plusieurs exemplaires d'un même génome haploïde de base. à la méiose, il peut se former des multivalents, ou sinon, s'il ne se forme que des bivalents, ils se forment au hasard. Seuls les nombres pairs permettent une méiose normale. Exemples de plantes naturellement autopolyploïdes : le poireau est autotétraploïde, la fléole des prés est autohéxaploïde.

Back-cross : recroisement des descendants d'un croisement avec l'un des parents.

Carte génétique : représentation graphique de l'arrangement des gènes ou des marqueurs moléculaires d'un génome en tenant compte de leur distance génétique. Pour le génome nucléaire, elle représente les groupes de liaison ou chromosomes.

Caractère qualitatif : caractère oligénique à variation discontinue dont la ségrégation est visible dans une F_2.

Caractère quantitatif : caractère souvent contrôlé par de nombreux gènes et influencé par le milieu, à variation continue.

Cartographie fine de QTL : étude fine, dans une région chromosomique donnée de la position d'un QTL. Cela demande un marquage assez dense dans cette région et l'élimination de toute autre source de variation que celle due au segment chromosomique étudié, d'où le recours à une lignée presqu'isogénique (isogénique en dehors du segment ; le segment ayant été mis en évidence dans une population en ségrégation, la lignée donneuse est l'un des parents de cette population et la lignée receveuse l'autre parent). La lignée introgressée avec le segment favorable est alors recroisée avec la lignée receveuse, ce qui permet au niveau des générations F2 ou suivantes de « couper » le segment en fragments plus courts ou chevauchants et d'étudier dans quel « sous-segment » se situe le QTL.

Catalogue officiel des variétés : établi par le comité technique permanent de la sélection (CTPS), liste des variétés d'une espèce cultivée qui peuvent être commercialisées en France ou en Europe. Ces variétés satisfont aux critères de DHS et de VAT.

CentiMorgan (cM) : unité de mesure de la distance entre deux locus correspondant pour les petites distances au pourcentage de recombinaison.

Chiasma : croisement de deux chromatides homologues à la méiose, conséquence d'un crossing-over (au point de croisement).

Chromatide : à la méiose, chaque chromosome, suite à un processus de duplication, se divise en deux chromatides.

Chromosome : structure nucléoprotéique qui correspond à des gènes liés sur une même molécule d'ADN.

Chloroplaste : organite cytoplasmique avec de l'ADN, spécifique aux plantes, qui est le siège de la photosynthèse.

Cis : voir régulation en *cis*.

Cléistogamie : fécondation avant l'ouverture de la fleur.

Clone : chez les plantes, copie par multiplication végétative d'un individu ; en biologie moléculaire, copie par duplication d'un gène.

Codon : au niveau de l'ADN, groupe de 3 bases (A, T, G ou C) codant pour un acide aminé.

Coefficient de consanguinité : mesure du degré de consanguinité ; c'est la probabilité qu'à un locus, chez une espèce diploïde, les deux gènes soient identiques.

Coefficient de parenté : mesure du degré de parenté entre deux individus à un locus ; c'est la probabilité pour qu'en tirant un gène chez un individu et un gène chez l'autre individu, ces deux gènes soient identiques.

Coefficient de variation résiduel (génétique) : rapport de l'écart-type résiduel (génétique) à la moyenne d'un caractère (exprimé souvent en pourcentage).

Consanguinité : reproduction entre apparentés.

COV (certificat d'obtention végétale) : certificat qui protège l'obtenteur d'une variété, lui permet d'avoir des droits de licence et interdit son utilisation par un tiers sauf comme ressource génétique.

Croisement factoriel : plan de croisement dans lequel m génotypes mâles sont croisés à f génotypes femelles.

Croisement diallèle : plan de croisement dans lequel sont réalisées toutes les combinaisons 2 à 2 de n génotypes.

Crossing-over : recombinaison entre deux chromatides de chromosomes homologues à la méiose.

Culture *in vitro* : ensemble de méthodes et techniques permettant de « cultiver » au laboratoire, sur un milieu artificiel, d'une part des embryons ou des plantes et d'autre part des méristèmes, des fragments de tissus ou des cellules, souvent dans le but de régénérer des plantes.

CTPS (comité technique permanent de la sélection) : organisme qui sous la tutelle du ministère de l'Agriculture est en particulier chargé de l'inscription des variétés au catalogue officiel français.

CVO (contribution volontaire obligatoire) : taxe payée par l'agriculteur, chez le blé tendre, en cas d'auto-approvisionnement en semences.

Degré de dominance : à un locus, rapport entre la dominance biologique et la demi-différence entre les deux homozygotes.

Dérive génétique : fluctuation au hasard des fréquences géniques dans les populations de taille limitées.

Déséquilibre de liaison : non-association au hasard des locus dans une population. Il peut y avoir déséquilibre de liaison sans linkage.

DHS (distinction, homogénéité, stabilité) : ensemble de critères qui sont étudiés pour l'identification d'une variété et sa protection.

Diallèle : plan de croisement dans lequel tous les croisements deux à deux de n génotypes sont réalisés.

Dicotylédones : plantes formant un sous-embranchement des angiospermes (plantes à fleurs) avec des graines à deux cotylédons et des feuilles à nervation radiale. Voir monocotylédones.

Dimère : protéine formée de deux sous-unités ; chez un homodimère les deux sous-unités sont identiques, alors que chez un hétérodimère les deux sous-unités sont différentes.

Dioécie : état d'une espèce végétale correspondant à la séparation des sexes.

Diploïdie : état dû à l'existence chez une espèce de deux génomes homologues qui s'apparient à la méiose ; les chromosomes vont donc par paires et les gamètes d'un individu diploïde sont haploïdes.

Disomique (hérédité) : mode d'hérédité identique à celle d'un organisme diploïde, même si l'organisme n'est pas diploïde.

Distance génétique : *en génétique formelle*, distance entre deux locus liés, mesurée en centiMorgan (un centiMorgan correspondant à 1 % de taux de recombinaison pour des gènes assez proches, moins de 20 % de taux de recombinaison). *En génétique des populations*, mesure du degré de dissemblance génétique entre deux populations.

Domestication : pour les plantes, adaptation à leur culture par l'homme.

Dominance : à un locus, chez un génotype hétérozygote, masquage de l'effet d'un gène par l'effet de l'autre gène (allèle).

Dominance « biologique » : à un locus, pour un caractère quantitatif, différence entre la valeur de l'hétérozygote et la moyenne des deux homozygotes.

Dominance « statistique » : à un locus, pour un caractère quantitatif, dans une population panmictique, différence entre la valeur d'un génotype et sa valeur prévue sur la base des effets additifs (statistiques).

Écart-type : racine carrée d'une variance. écart-type résiduel : racine carrée de la variance résiduelle ; écart-type génétique : racine carrée de la variance génétique.

Électrophorèse bidimensionnelle (pour des polypeptides) : séparation des polypeptides selon leur charge électrique (première dimension) et leur poids moléculaire (deuxième dimension).

Élément transposable : voir transposon.

Enzyme : protéine qui catalyse une réaction chimique du métabolisme d'une cellule vivante. La réaction chimique est en général accélérée et peut se dérouler dans des conditions normales de température et de pression.

Épigénétique : modification de l'expression des gènes, non codée par la séquence de l'ADN et qui peut être héréditaire.

Épistasie : interaction entre gènes non homologues.

Espèce : unité taxonomique correspondant à des individus qui peuvent naturellement se reproduire entre eux en donnant des descendants fertiles (définition génétique, de plus en plus admise).

EST (*Expressed Sequence Tag*) : courte séquence de 300 à 500 nucléotides résultant du séquençage partiel des clones d'une banque d'ADNc.

Exon : séquence codante d'un gène, la seule conservée au niveau des ARNm.

Eucaryote : organisme supérieur formé de cellules avec un noyau et un cytoplasme séparé par une membrane.

Facteur de transcription : protéine qui intervient dans la transcription d'un gène par l'ARN polymérase.

Factoriel : plan de croisement dans lequel chacun des f génotypes pris comme femelles est croisé à m génotypes pris comme mâles.

Fardeau génétique : ensemble des gènes défavorables portés par les individus d'une population et qui se maintiennent dans la population par un équilibre mutation et sélection. Chez les plantes allogames, ces gènes récessifs défavorables sont masqués à l'état hétérozygote.

F_1, F_2, etc. : la F_1 est le résultat du croisement de deux parents (le plus souvent des lignées). La F_2 est la génération obtenue par autofécondation de la F_1 (ou par reproduction en isolement de la F_1). Les générations suivantes par autofécondation sont notées F_3, F_4, etc.

Gamète : cellule résultant de la méiose (chez les plantes pollen pour le mâle, ovule pour la femelle) à nombre chromosomique divisé par deux ; chez les organismes diploïdes, les gamètes sont haploïdes.

Gamétophyte : dans le cycle du développement des végétaux, organisme haploïde qui produit les gamètes.

Gène : séquence d'ADN codant un ARN, traduit ou non en protéine.

Gène de régulation : gène qui contrôle le taux de transcription d'un gène de structure, *via* un ARN ou une protéine.

Gène de structure : gène codant une protéine qui détermine une fonction ou un caractère.

Gène majeur : gène à effet fort, codant pour un caractère qualitatif, dont la ségrégation est visible en F_2.

Gène régulateur : gène dont le produit est une protéine agissant sur le taux de transcription d'un gène de structure (ou plus généralement de tout autre gène). Un gène régulateur agit sur le taux d'expression d'un gène.

Génétique : science qui étudie à la fois les bases de l'hérédité des caractères et leur mécanisme de transmission d'une génération à l'autre.

Génome : au sens restreint, ensemble des gènes d'un individu ; au sens large, ensemble des gènes d'une espèce.

Génomique : science qui étudie l'organisation et le fonctionnement de l'ensemble des gènes au niveau du génome.

Génotype : au sens large, ensemble des gènes d'un individu ; au sens restreint : ensemble des gènes d'un individu à des locus particuliers.

Gymnospermes : embranchement des plantes à fleurs, sans carpelles, à graines nues, ou seulement protégées par une écaille (par exemple les conifères).

Haploïdie : niveau de ploïdie des gamètes d'un individu diploïde, correspondant à un seul exemplaire du génome de base.

Haplodiploïdisation : système artificiel de reproduction qui consiste à régénérer un individu à partir de cellules haploïdes (mâles ou femelles) puis à doubler le nombre chromosomique, ce qui conduit à un individu complètement homozygote.

Hémizygote : état d'un génotype où, dans le cas de diploïdie, à un locus donné, un gène n'est présent qu'une fois, l'autre gène homologue étant absent (conséquence de délétions ou de la transgénèse).

Héritabilité : au sens large, part de la variance génétique dans la variance phénotypique ; au sens étroit ou strict : part de la variance d'additivité dans la variance phénotypique.

Hétérosis : phénomène de supériorité du produit d'un croisement par rapport à ses parents.

Hétéromère (ou hétéropolymère) : protéine dont les sous-unités sont différentes.

Hétérozygote : état d'un génotype diploïde avec deux allèles à un locus (par exemple Aa).

Homéologie : état de chromosomes présentant une même organisation génétique, avec les mêmes locus, mais qui ne s'apparient pas à la méiose (sauf dans des situations exceptionnelles). Ainsi les génomes A, B et D du blé sont des génomes homéologues.

Homéostase : aptitude d'un génotype (ou d'une population) à se comporter de façon assez stable dans des conditions de milieux variables.

Homologie : peut caractériser des gènes ou des chromosomes. Gènes homologues : gènes qui sont situés au même locus, qui ont donc la même fonction. Chromosomes homologues : chromosomes qui s'apparient au moment de la méiose et qui ont les mêmes locus (définis comme les classes de gènes homologues).

Homomère : protéine dont toutes les sous-unités sont identiques.

Homozygote : état d'un génotype avec un seul allèle à un locus, ayant deux gènes avec la même fonction (par exemple AA ou aa).

Hybride : se dit pour une variété, le plus souvent, résultat du croisement de deux lignées non apparentées (F_1) = hybride simple.

Hybride trois-voies : résultat du croisement d'un hybride simple et d'une lignée.

Hybride double : résultat du croisement de deux hybrides simples.

Identité : deux gènes sont dits identiques lorsqu'ils dérivent par copie d'un même gène ancêtre.

Intensité de sélection : paramètre lié à la proportion d'individus sélectionnés qui exprime en unités d'écart-type de la distribution d'une population d'individus candidats à la sélection, la différence entre la moyenne des individus sélectionnés et la moyenne de la population.

Interaction génotype × milieu (G × E) : situation dans laquelle les effets génotype et milieu ne sont pas additifs, ce qui traduit une réaction différente (non parallèle) des génotypes aux différents milieux, avec une adaptation de certains génotypes à certains milieux.

Intercroisement : en sélection récurrente, interfécondation le plus possible au hasard des unités sélectionnées.

Introgression : insertion dans un génome d'un gène ou d'un segment chromosomique d'une autre espèce.

Intron : partie non codante d'un gène dont le transcrit est éliminé au cours de la maturation des ARN.

Isogénicité : terme introduit pour caractériser le retour par le parent récurrent en back-cross ; il signifie l'identité des gènes.

Isozymes : enzymes de même fonction catalytique, mais avec des propriétés moléculaires différentes (par exemple charge électrique différente, ce qui les rend séparables en électrophorèse).

Liaison en répulsion : voir linkage en répulsion.

Lignée, lignée pure : ensemble d'individus homozygotes à tous ses locus, tous identiques entre eux, et qui par autofécondation se reproduit donc de façon identique à lui-même.

Lignées presqu'isogéniques : lignées isogéniques, sauf pour un gène ou un segment chromosomique.

Lignée recombinantes : lignées obtenues sans sélection (par SSD) du croisement de deux lignées. Elles sont très utilisées pour la détection de QTL.

Linkage : liaison physique entre locus (sur un même chromosome).

Linkage en répulsion : association entre un gène favorable et un gène défavorable en excès par rapport aux associations entre deux gènes favorables.

Locus : position d'un gène sur le génome ; classe des gènes homologues. À un locus, il y a généralement plusieurs allèles.

Loi de Hardy-Weinberg : loi qui exprime qu'une population panmictique, à un locus, a toujours la même structure génotypique d'une génération à l'autre. à un locus avec les allèles A et a de fréquence p et q, la composition de la population est la suivante : $p^2 AA$, $2pq Aa$ et $q^2 aa$.

Mainteneur (de stérilité) : génotype qui, croisé à une plante mâle-stérile, maintient la stérilité-mâle.

Marqueur moléculaire : sorte d'étiquette sur la chaîne d'ADN, conséquence de la succession des bases de cette molécule, qui peut être révélée au laboratoire après extraction de l'ADN et traitement par des outils de la biologie moléculaire (par exemple RFLP, microsatellites).

Méiose : division dite réductionnelle des cellules mères des gamètes qui conduit chez les diploïdes à des cellules (les gamètes) avec le nombre haploïde de chromosomes.

Méthylation : fixation sur certaines bases de l'ADN, en particulier la cytosine, d'un groupement méthyle (CH_3). Cette fixation se fait peu après la réplication.

***Micro-array* (ou puce d'expression génétique)** : support miniaturisé de fragments d'ADNc d'un grand nombre de gènes (plusieurs milliers) qui permet d'identifier les gènes qui s'expriment (à partir de leur ARNm) et de quantifier leur expression.

Microsatellites : répétitions en tandem de 1, 2, 3 ou 4 nucléotides (A, T, G, C). La variation du nombre de répétitions d'un individu à l'autre génère un polymorphisme de longueur important utilisé pour le marquage moléculaire du génome (les locus de ces marqueurs sont identifiés par les régions flanquantes des séquences répétées, et les allèles par la longueur du segment).

Mitochondries : organites cytoplasmiques avec de l'ADN, qui jouent un rôle important dans le contrôle des transports d'énergie dans la cellule.

Mitose : division dite équationnelle d'une cellule qui conduit à deux cellules filles avec le même nombre de chromosomes.

Monocotylédones : plantes formant un sous-embranchement des angiospermes (plantes à fleurs) avec des graines à un seul cotylédon et des feuilles à nervure parallèle (par exemple les graminées).

Mutation : résultat de la mutagénèse.

Mutagénèse : au sens restreint, modification spontanée ou provoquée de la fonction d'un gène par action sur la séquence de bases de l'ADN ; au sens large elle correspond à l'induction de nouveaux caractères pouvant aussi résulter de micro-délétion, d'inversion ou de translocation de segments chromosomiques.

Nucléotide : ester phosphorique d'un nucléoside, complexe d'une base nucléique et d'un sucre.

Organites cytoplasmiques : chez les plantes, chloroplastes et mitochondries.

Panmixie (panmictique, adj.) : système de reproduction dans une population de grande taille avec rencontre au hasard des gamètes mâles et femelles, sans sélection (ni zygotique ni gamétique), et sans mutation ni migration. à un locus, il conduit à la loi de Hardy-Weinberg : la composition de la population est stable d'une génération à l'autre.

Parent donneur : dans le back-cross ou rétrocroisement, parent qui est le donneur du gène à transférer.

Parent receveur : dans le back-cross ou rétrocroisement, parent qui est le receveur du gène à transférer (on parle aussi de parent récurrent).

Parthénogenèse : reproduction d'un organisme sans intervention de la reproduction sexuée. Voir apomixie.

PCR (*Polymerase Chain Reaction*) : technique d'amplification de l'ADN utilisant une enzyme (réverse transcriptase) qui permet d'obtenir plusieurs copies d'un brin d'ADN.

Phénotype : le phénotype d'un individu correspond à ce qui est vu, observé ou mesuré sur cet individu, dans les conditions de milieu où il est, et à un niveau d'observation donné. Pour un caractère donné, le phénotype est le résultat de l'interaction entre le génotype et le milieu.

Pléiotropie : situation dans laquelle un gène agit simultanément sur plusieurs caractères.

Plan factoriel : voir croisement factoriel.

Pollen : chez les plantes gamétophyte mâle, qui donne le gamète mâle.

Polyploïdie : état du génome formé la présence de plusieurs exemplaire d'un même génome haploïde de base (on parle d'autopolyploïdie) ou par la juxtaposition de plusieurs génomes diploïdes (on parle d'allopolyploïdie). Voir autopolyploïdie / allopolyploïdie.

Porte-graines : génotype ou famille utilisé comme femelle dans la production d'hybrides.

Progrès génétique : en amélioration des plantes, progrès dû à la modification des génotypes, à ne pas confondre avec le progrès agronomique qui intègre à la fois l'amélioration des variétés et l'amélioration des techniques culturales.

Procaryote : organisme dépourvu de compartiment nucléaire (par exemple les bactéries). Voir eucaryotes.

Promoteur : séquence nucléotidique qui contrôle la transcription d'un gène, sur laquelle se fixe l'ARN polymérase et éventuellement d'autres protéines.

Protéome : ensemble des protéines exprimées par un génome.

Protoplaste : cellule végétale sans ses parois pectino-cellulosiques (digérées).

Puces d'expression (*micro-arrays*) : support miniaturisé de fragments d'ADNc (sondes marquées) d'un grand nombre de gènes (plusieurs milliers) qui permet d'identifier les gènes s'exprimant (à partir de leur ARNm) et de quantifier leur expression.

QTL (*Quantitative Trait Loci*) : locus impliqué dans la variation d'un caractère quantitatif.

Régulateur : gène qui modifie l'expression d'un autre gène régulé. Régulateur en *cis* : gène régulateur très lié au gène régulé. Régulateur en *trans* : gène régulateur indépendant du gène régulé.

Répresseur : protéine qui, en se liant à une région de régulation, bloque le processus de transcription.

Répulsion : voir linkage en répulsion.

Restaurateur (de fertilité) : génotype qui, croisé à un génotype mâle-stérile, restaure sa fertilité mâle.

Rétrocroisement (ou back-cross) : recroisement d'un individu issu de croisement avec l'un de ses parents.

Rétrotransposons : éléments transposables apparentés aux rétrovirus des vertébrés. Ils forment les éléments transposables les plus fréquents chez les plantes. Voir transposon.

RFLP (*Restriction Fragment Length Polymorphism*) : polymorphisme de longueur de fragments de restriction de l'ADN, révélé après digestion de l'ADN par des enzymes de restriction, électrophorèse et hybridation avec une sonde d'ADN dénaturé, monobrin. Ce polymorphisme pour une combinaison sonde-enzyme peut être utilisé comme marqueurs.

Ribonucléase : enzyme qui hydrolyse les fonctions phosphodiesters de l'ARN.

Ribosome : complexe cytoplasmique ribonucléoprotéique qui permet la traduction de l'ARNm en une chaîne polypeptidique (protéines).

Ribozyme : molécule d'ARN capable d'une activité enzymatique d'hydrolyse sur une molécule d'ARN.

RNAi (*RNA interference*) : inactivation post-traductionnelle d'un gène par introduction d'un ARN double-brin homologue à la séquence codante du gène (il y a dégradation des ARNm). Si l'ARN correspond à la séquence promotrice, il y a blocage de la transcription.

RubisCo (ribulose bis-phosphate carboxylase/oxygénase) : enzyme de la première étape de la photosynthèse qui catalyse la fixation du gaz carbonique.

S_0, S_1, S_2 : une plante S_0 est une plante non consanguine, issue d'une population panmictique. Une famille S_1 résulte de l'autofécondation d'une plante S_0 ; une famille S_2 résulte de l'autofécondation d'une plante S_1.

Sélection assistée par marqueurs : toute forme de sélection qui fait intervenir au cours de son application les marqueurs moléculaires. Les principales applications des marqueurs en sélection sont le marquage des gènes ou le marquage de segments chromosomiques.

Sélection conservatrice : dispositif mis en place pour assurer le maintien et la stabilité d'une variété (opposée à la sélection créatrice qui recouvre toutes les formes de sélection artificielle).

Sélection généalogique : le plus souvent à partir d'une population résultant du croisement de deux lignées, sélection en même temps que l'autofécondation dans le but de créer une nouvelle lignée.

Sélection récurrente : au sens restreint, sélection au niveau de populations, basée sur des cycles courts de sélection suivie d'intercroisement des individus sélectionnés. Au sens large, toute forme de sélection à cycle assez court, avec réintroduction systématique dans le matériel de départ de matériel résultant de sélection.

Semences de base : semences mères des semences certifiées.

Semences certifiées : semences vendues à l'agriculteur pour la culture de consommation. Elles répondent à certaines normes de pureté génétique et de qualité sanitaire et germinative, certifiées par le service officiel de contrôle (SOC).

Semi-hybride : variété « hybride » obtenue sans contrôle strict du croisement et présentant donc un certain taux de semences non-hybrides.

Sonde : fragment d'ADN ou d'ARN marqué soit par un élément radioactif (sonde chaude) ou par un élément chimique ou physique (sonde froide), utilisé *in vitro* pour repérer une séquence nucléotidique complémentaire (par hybridation).

Sporophyte : dans le cycle de développement des végétaux, organisme issu de la fusion de deux gamètes et producteur de spores, à l'origine du gamétophyte.

SSD (*Single Seed Descent*) ou filiation monograine : système de fixation par autofécondation, sans sélection, tel que pour passer à la génération suivante, une seule graine est prise par famille résultant de l'autofécondation des plantes de la génération précédente.

Superdominance : situation dans laquelle, à un locus, l'hétérozygote est supérieur au meilleur des deux parents.

Superdominance conditionnelle : superdominance qui dépend du milieu.

Taille effective : plusieurs définitions sont possibles ; dans le cadre de l'ouvrage : nombre d'individus non apparentés qui, intercroisés entre eux, génèrent une population de même niveau de consanguinité qu'une population (plus ou moins consanguine) de grande taille.

Testeur : génotype (lignée, hybride ou population) utilisé pour étudier la valeur en croisement.

Tétraploïde (autotétraploïde) : se dit d'un génotype qui a quatre fois le génome haploïde de base, obtenu par doublement chromosomique d'un diploïde.

Tétraploïdisation : action de doubler le nombre chromosomique d'une espèce diploïde.

Top-cross : plan de croisement entre une série de génotypes candidats à la sélection et un testeur pour évaluer leur aptitude à la combinaison.

Traduction : synthèse d'une protéine à partir d'un ARN messager.

Trans **:** voir régulateur en *trans*.

Transcription : lecture de l'ADN par l'intervention d'une transcriptase, qui conduit à l'ARN.

Transcriptome : ensemble des ARNm.

Transcrit : ARN issu de la transcription de l'ADN.

Transduction (de signaux) : processus par lequel une cellule reçoit et convertit un type de signal extérieur en un autre type de signal.

Transposon : séquence d'ADN capable de se déplacer au niveau du génome sous l'action d'une enzyme, la transposase.

Transposition : changement de place de transposons (certains transposons « bougent » en permanence, d'autres ne « bougent » que sous l'action de certains facteurs tels que le choc thermique, etc.).

Valeur en lignée : valeur moyenne des lignées dérivables d'un génotype.

Valeur propre : valeur génotypique ou valeur *per se*.

Valeur en synthèse : la valeur en synthèse de n génotypes ($n < k$) est la valeur moyenne des variétés synthétiques à k constituants qu'il est possible de développer avec ces n génotypes.

Valeur sélective : en sélection naturelle, nombre de descendants laissés par un génotype dans le passage à la génération suivante. C'est le produit de la probabilité de survie par la fertilité.

Variance : mesure de la variation.

Variance génétique : variance des valeurs génétiques, en l'absence d'épistasie ; somme de la variance d'additivité et de la variance de dominance.

Variance phénotypique : variance des valeurs phénotypiques ; somme de la variance génétique et de la variance environnementale (résiduelle).

Variance résiduelle (ou environnementale) : variance des effets résiduels après élimination de la variance des effets principaux (génotypes, milieux) et de leurs interactions. Elle représente souvent la variation environnementale aléatoire dans un milieu donné.

Variété (au sens du généticien sélectionneur) : population artificielle, à base génétique plus ou moins étroite, reproductible et de caractéristiques agronomiques bien définies. Par exemple, les lignées chez les plantes autogames, les hybrides ou variétés synthétiques chez les plantes allogames.

Variété semi-hybride : variété hybride obtenue sans contrôle strict de l'hybridation dont les semences peuvent donc comporter un certain taux de semences non-hybrides.

Variété synthétique : population artificielle résultant de la multiplication pendant un nombre déterminé de générations de la descendance du croisement naturel d'un nombre limité de plantes sélectionnées. Type de variétés développé chez les plantes allogames pour lesquelles il n'est pas possible de contrôler l'hybridation à grande échelle pour produire des variétés hybrides.

VAT (valeur agronomique et technologique) : ensemble de caractères d'intérêt agronomique et technologiques qui sont étudiés pour l'inscription d'une variété au catalogue officiel français et européen.

Xénie : effet des gènes du pollen sur les caractéristiques de la graine ou du fruit.

Liste des abréviations

ADN : acide désoxyribonucléique

ADNc : ADN complémentaire

AFLP : *Amplified Fragment Length Polymorphism*

AGC : aptitude générale à la combinaison

AGPM : Association générale des producteurs de maïs

ANR : activité nitrate réductase

ARN : acide ribonucléique

ARNm : ARN messager

ASC : aptitude spécifique à la combinaison

CE : Communauté européenne

CETIOM : Centre technique interprofessionnel des oléagineux métropolitains

CIMMYT : Centre international d'amélioration du maïs et du blé (Mexico)

Cirad : Centre international de recherche agronomique pour le développement

cM : centiMorgan

COV : certificat d'obtention végétale

CTPS : Comité technique permanent de la sélection

CPOV : Comité pour la protection des obtentions végétales (France)

CVO : contribution volontaire obligatoire

DHS : distinction, homogénéité, stabilité

EST : *Expressed Sequence Tag*

FAO : *Food and Agriculture Organisation*

GEVES : Groupe d'études des variétés et des semences

GNIS : Groupement national interprofessionnel des semences

GS : enzyme glutamine synthétase

ha : hectare

HD : hybride double

HS : hybride simple

HTV : hybride trois-voies

Inra : Institut national de la recherche agronomique

IRRI : *International Rice Reseach Center*

OCVV : Office communautaire des variétés végétales

OGM : organisme génétiquement modifié

PAC : politique agricole commune

PCR : *Polymerase Chain Reaction*

PEPC : phosphoénolpyruvate-carboxylase

PQL : *Protein Quantity Locus*

PVD : pays en voie de développement

q : quintal

QTL : *Quantitative Trait Loci*

RFLP : *Restriction Fragment Length Polymorphism*

SOC : Service officiel de contrôle

SR : sélection récurrente

SRR : sélection récurrente réciproque

SSD : *Single Seed Descent*

UPOV : Union pour la protection des obtentions végétales (international)

USDA : *United States Department of Agriculture*

VAT : valeur agronomique et technologique

Index

Densité de semis 191, 282, 286

Déséquilibre de liaison 97, 104, 106, 114-118, 145, 163, 253, 264, 305

Dioecie 9, 98, 191, 311

Distance génétique 32, 36, 43-46, 129

Distance phénotypique 45

Domestication 99, 139, 219

Dominance 55-70

Dominance favorable 60, 73, 110, 186

Dosage optimal (gènes, enzymes) 76-78, 131, 161

Doublement chromosomique 32, 40, 43, 132

Duplication 80, 87, 95-96, 100-101, 107, 269

E

Entreprises de sélection 145, 295-298

Enzymes dimériques (polymériques) 87-88, 131

Epigénétique 55, 92, 128-129

Epistasie 34, 39, 61, 69-75, 80, 95, 105-108, 114-116, 123

Expression (génétique, gènes) (voir Transcription) 21, 26, 121-123, 126-127

Expression différentielle 124, 127-131

F

Fardeau génétique 65-75

Financement de la recherche (sur les variétés) 159-160, 297

Fixation de l'hétérosis 61, 63, 91, 94, 96, 100, 107, 109-113, 157-158, 268-271

Flux métaboliques 60-61, 71-77, 102-105

G

Gènes régulateurs (régulation) 43, 61, 68, 77, 86, 105, 120-131

Genome wide selection 260

Germination 21, 25-26, 88

Groupes hétérotiques 49, 167, 171, 176, 186, 203-205

H

Haplodiploïdisation 33, 61, 158-160, 178, 181, 184, 191, 206, 210, 229-235, 237, 244

Hétérogénéité (*vs* Homogénéité) 30-32, 140-145, 156-159, 163, 205, 285

Hétérosis entre populations 43-46, 97, 112, 167

Hétérosis fixable (voir Fixation hétérosis)

Hétérosis mitochondrial 24

Hétérosis progressif 40-43, 101, 165-166

Homéostase (homéostasie) 27, 29-31, 64, 85, 94, 156, 158, 163, 171

Homogénéité (voir Hétérogénéité)

Hybride double 31, 42, 148, 153, 163-165, 171, 182, 205-206, 239, 278, 284

Hybride simple 42, 140, 148, 152, 159, 164-165, 171, 185, 276, 278, 290

Hybride trois voies 148, 152, 163, 171, 172, 176, 182, 278

I

Intensité de la sélection 160, 212, 217-218, 221-223, 237

Interactions génotype × milieu (voir Homéostase, Adaptation au milieu) 94, 164, 222, 257

Introgression de segments chromosomiques 188-190

Inversion de dominance 76, 81-85

L

Liaison variance-moyenne 50, 102

Lignées 11, 31, 65-67, 110, 143-144, 280, 290

M

Marqueurs moléculaires 47, 49, 59, 108, 114, 120, 123, 173, 186, 188, 202, 249-261

Mélanges (de variétés) 30-31, 141-143, 148

Métabolisme azoté (voir aussi Azote) 23, 125

Métabolisme carboné (voir aussi Photosynthèse) 24, 125-126

Méthylation 128, 264

Mitochondrie(s) 24-25, 301

www.ingramcontent.com/pod-product-compliance
Lightning Source LLC
LaVergne TN
LVHW020943200726
843508LV00004B/1346